NCS기반 최신 출제 기준에 의한

모든 문제에 해설 및 풀이 과정 100% 수록

일반기계 기사 필기

7개년 과년도 문제풀이집

이상만 · 노수황 공저

 동영상 강의 교재

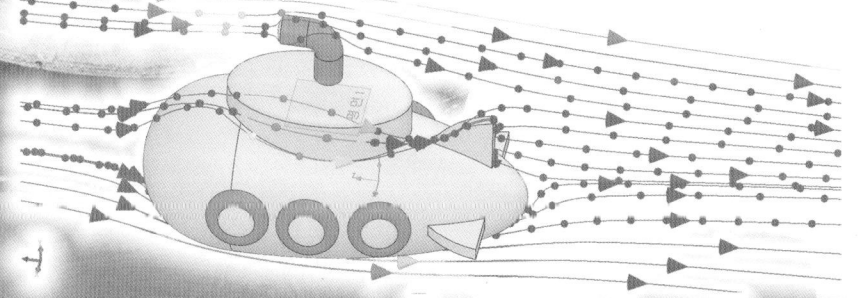

- 최신 출제기준안 기반
- 국가기술 자격시험 대비 단기학습
- 최신 과년도 기출문제 수록 및 최적하고 명료한 풀이적용
- 시험대비 개별능력 최종검토

메카피아

머 리 말

본 도서에서는 일반기계기사 과년도 7개년 기출문제에 대한 풀이와 해설을 수록하였다.

구체적인 세부내용은 재료역학, 기계열역학, 기계유체역학, 기계재료와 유압기기 및 기계동력학과 기계제작법의 5부분으로, 자격시험을 준비하는 수험생들의 단기학습용을 목표로 하며, 각 과목에서 수식의 변수들은 도서의 전체과정에서 적용이 가능하도록 일치시켜 이해가 용이하도록 하였다.

실전 시험장에서, 난이도에 서로 차이가 있는 문제들을 제한된 시험시간(과목당 30분) 내에 풀어내기 위해서는 각 문제지문의 정확한 이해와 최적의 수식의 적용이 가장 중요하며, 이후 기본단위 풀이과정과 최종 단위환산 과정이 순차적으로 진행되어야 할 것으로 판단되므로 다음의 기술(?)적인 사항들이 필요하게 될 것이다.

- 기본적인 중요공식의 암기.
- 수식의 전반적인 이해와 가장 쉽고 최적한 풀이방법을 적용가능한 문제부터 실행.
- 시간이 많이 소요되는 문제의 판단 및 우선 pass한 후에 적절한 시간에 다시 시도.
- 유효한 숫자 및 상식과의 최종검토.

본 도서의 효과적인 학습방법은 다음과 같이 요약된다.

    1 단계 : 시험에 대비힌 필수요약의 수식과 정의 암기과정
    2 단계 : 가장 쉽고 최적한 풀이적용의 훈련과정
    3 단계 : 중요용어의 정의를 이해하고 적용할 수 있는 훈련과정
    4 단계 : 응용 및 실전 과년도 기출문제의 출제경향 분석과 점검과정

다온 디자인 박상희 대표와 (주)메카피아 임직원들에게 감사의 뜻을 전합니다.
또한 수험생 여러분들의 성공과 건투를 기원합니다.

2021년 1월

기계공학박사   이 상 만
노 수 황

CONTENTS

| 2020년 |
- 기사 제1&2회 출제문제 · 18
- 기사 제3회 출제문제 · 44

| 2019년 |
- 기사 제1회 출제문제 · 68
- 기사 제2회 출제문제 · 92
- 기사 제4회 출제문제 · 116

| 2018년 |
- 기사 제1회 출제문제 · 140
- 기사 제2회 출제문제 · 163
- 기사 제4회 출제문제 · 187

| 2017년 |
- 기사 제1회 출제문제 · 212
- 기사 제2회 출제문제 · 235
- 기사 제4회 출제문제 · 258

| 2016년 |

- 기사 제1회 출제문제 · 282
- 기사 제2회 출제문제 · 306
- 기사 제4회 출제문제 · 329

| 2015년 |

- 기사 제1회 출제문제 · 352
- 기사 제2회 출제문제 · 374
- 기사 제4회 출제문제 · 398

| 2014년 |

- 기사 제1회 출제문제 · 424
- 기사 제2회 출제문제 · 446
- 기사 제4회 출제문제 · 469

출제기준-(필기)

직무 분야	기 계	중직무 분야	기계제작	자격 종목	일반기계기사	적용 기간	2019. 1. 1 ~ 2021.12.31
○ 직무내용 : 재료역학, 기계열역학, 기계유체역학, 기계재료 및 유압기기, 기계제작법 및 기계동력학 등 기계에 관한 지식을 활용하여 일반기계 및 구조물을 설계, 견적, 제작, 시공, 감리 등과 관련된 업무 수행							
필기검정방법	객관식		문제수	100		시험시간	2시간 30분

필기과목명	문제수	주요항목	세부항목	세세항목
재료역학	20	1. 재료역학의 기본사항	1. 힘과 모멘트	1. 힘의 성분 2. 힘과 모멘트 평형 3. 자유물체도 4. 마찰력
			2. 평면도형의 성질	1. 도심 2. 관성 모멘트 3. 극관성 모멘트 4. 평행축 정리
		2. 응력과 변형률	1. 응력의 개념	1. 인장응력 2. 압축응력 3. 전단응력
			2. 변형률의 개념 및 탄, 소성 거동	1. 재료의 물성치 2. 응력-변형률 선도 3. 전단변형률 4. 충격하중 5. 탄성-소성 거동 6. 크리프 및 피로 7. 응력 집중 8. 후크의 법칙 9. 포아송의 비 10. 파손이론 11. 허용응력 12 안전계수
			3. 축하중을 받는 부재	1. 수직응력 및 변형률 2. 변형량 3. 부정정 문제 4. 탄성변형에너지 5. 열응력

필기과목명	문제수	주요항목	세부항목	세세항목
		3. 비틀림	1. 비틀림 하중을 받는 부재	1. 비틀림 강도 2. 전단응력 3. 비틀림 모멘트 4. 전단 변형률 5. 비틀림 각도 6. 비틀림 강성 7. 비틀림 변형에너지 8. 동력 전달 및 강도설계(축, 풀리) 9. 스프링 10. 박막튜브의 비틀림
		4. 굽힘 및 전단	1. 굽힘 하중	1. 반력 2. 굽힘 모멘트 선도 3. 하중, 전단력 및 굽힘모멘트 이론
			2. 전단 하중	1. 보의 전단력 2. 보의 모멘트
		5. 보	1. 보의 굽힘과 전단	1. 곡률, 변형률 및 굽힘 모멘트 관계 2. 굽힘공식 3. 굽힘응력 및 변형률 4. 전단공식 5. 전단응력 및 변형률 6. 탄성에너지 7. 전단류
			2. 보의 처짐	1. 보의 처짐 2. 모멘트면적법, 중첩법 3. 보의 설계(응용) 4. 처짐과 응력의 조합문제 5. 처짐각(기울기)
			3. 보의 응용	1. 부정정보 2. 카스틸리아노 정리

필기과목명	문제수	주요항목	세부항목	세세항목
		6. 응력과 변형률 해석	1. 응력 및 변형률 변환	1. 평면 응력과 평면 변형률 2. 응력 및 변형률 변환 3. 주응력과 최대전단응력 4. 모어 원
		7. 평면응력의 응용	1. 압력용기, 조합하중 및 응력상태	1. 평면응력상태의 후크의 법칙 2. 삼축 응력상태(Bulk modulus & Dilatation) 3. 압력용기 4. 원심력에 의한 응력 5. 조합하중 6. 보의 최대응력(굽힘응력과 전단응력 조합)
		8. 기둥	1. 기둥 이론	1. 회전반경 2. 편심하중을 받는 단주 3. 기둥의 좌굴

필기과목명	문제수	주요항목	세부항목	세세항목
기계 열역학	20	1. 열역학의 기본사항	1. 기본개념	1. 열역학시스템과 검사체적 2. 물질의 상태와 상태량 3. 과정과 사이클 등
			2. 용어와 단위계	1. 열역학 관련 용어 2. 질량, 길이, 시간 및 힘의 단위계 등
		2. 순수물질의 성질	1. 물질의 성질과 상태	1. 순수물질 2. 순수물질의 상변화 3. 순수물질의 열역학적 상태량 4. 습증기
			2. 이상기체	1. 이상기체와 실제기체 2. 이상기체의 상태방정식 3. 이상기체의 성질 및 상태변화 등
		3. 일과 열	1. 일과 동력	1. 일과 열의 정의 및 단위 2. 열역학적 시스템 3. 일과 열의 비교

필기과목명	문제수	주요항목	세부항목	세세항목
			2. 열전달	1. 전도 2. 대류 3. 복사
		4. 열역학의 법칙	1. 열역학 제1법칙	1. 열역학 제0법칙 2. 밀폐계와 개방계 3. 검사체적 4. 질량 및 에너지 해석
			2. 열역학 제2법칙	1. 가역, 비가역 과정 2. 카르노의 원리 2. 엔트로피 3. 엑서지
		5. 각종 사이클	1. 동력 사이클	1. 동력시스템개요 2. 랭킨사이클 3. 공기표준 동력사이클 4. 오토, 디젤, 사바테 사이클 5. 기타 동력 사이클
			2. 냉동사이클	1. 냉동시스템 개요 2. 증기압축 냉동사이클 3. 암모니아 흡수식 냉동사이클 4. 공기표준 냉동사이클 5. 열펌프 및 기타 냉동사이클
		6. 열역학의 적용사례	1. 열역학적 장치	1. 압축기 2. 엔진 3. 냉동기 4. 보일러 5. 증기터빈 등
			2. 열역학적 응용	1. 열역학적 관계식 2. 혼합물과 공기조화 3. 화학반응과 연소

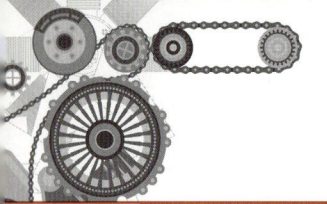

필기과목명	문제수	주요항목	세부항목	세세항목
기계 유체 역학	20	1. 유체의 기본개념	1. 차원 및 단위	1. 유체의 정의 2. 연속체의 개념 3. 뉴턴 유체의 개념 4. 차원 및 단위
			2. 유체의 점성법칙	1. 뉴턴의 점성법칙 2. 점성계수, 동점성계수 3. 전단응력 및 속도구배
			3. 유체의 기타 특성	1. 밀도, 비중, 압축률과 체적탄성계수 2. 음속, 상태방정식 3. 표면장력 4. 모세관 현상, 물방울 및 비누방울
		2. 유체정역학	1. 유체정역학의 기초	1. 정역학의 개념, 파스칼 원리 2. 절대압력/계기압력, 대기압 3. 가속/회전시 압력분포 4. 부력
			2. 정수압	1. 액주계, 마노미터 2. 용기, 해수 중 압력의 계산
			3. 작용 유체력	1. 작용점 2. 평면과 곡면에 작용하는 힘 및 모멘트
		3. 유체역학의 기본 물리법칙	1. 연속방정식	1. 질량보존의 법칙 2. 평균 유속, 유량
			2. 베르누이방정식	1. 정압, 정체압, 동압, 수두 2. 베르누이방정식의 응용
			3. 운동량 방정식	1. 선운동량 방정식의 응용 2. 각운동량 방정식의 응용
			4. 에너지 방정식	1. 에너지 방정식 응용, 마찰 2. 펌프 및 터빈 동력, 효율 3. 수력 및 에너지 기울기선

필기과목명	문제수	주요항목	세부항목	세세항목
		4. 유체운동학	1. 운동학 기초	1. 속도장, 가속도장 2. 유선, 유적선 3. 오일러 방정식 4. 나비에-스톡스 방정식
			2. 포텐셜 유동	1. 포텐셜, 유동함수, 와도
		5. 차원해석 및 상사법칙	1. 차원해석	1. 무차원수, 차원해석, 파이정리
			2. 상사법칙	1. 모형과 원형, 상사법칙
		6. 관내유동	1. 관내유동의 개념	1. 층류/난류 판별
			2. 층류점성유동	1. 하겐-포아젤 유동
			3. 관로내 손실	1. 난류에서의 직관손실 2. 부차적 손실 3. 비원형관 유동
		7. 물체 주위의 유동	1. 외부유동의 개념	1. 경계층 유동 2. 박리, 후류
			2. 항력 및 양력	1. 항력, 양력
		8. 유체계측	1. 유체계측	1. 벤투리, 노즐 2. 오리피스 유량계 3. 유량계수, 송출계수 4. 점도계, 압력계 등

필기과목명	문제수	주요항목	세부항목	세세항목
기계재료 및 유압기기	20	1. 기계재료	1 개요	1. 금속의 조직과 상태도
			2. 철과 강	1. 탄소강의 특성 및 용도 2. 특수강의 특성 및 용도 3. 주철의 특성 및 용도
			3. 기계재료의 시험법과 열처리	1. 기계재료의 조직검사 및 기계적시험법 2. 탄소강의 열처리 및 표면 경화처리
			4. 비철금속재료	1. 구리(銅) 및 그 합금의 특성과 용도 2. 알루미늄 및 그 합금의 특성과 용도 3. 마그네슘 및 그 합금의 특성과 용도 4. 티타늄 및 그 합금의 특성과 용도 5. 니켈 및 그 합금의 특성과 용도 6. 기타 비철금속의 특성과 용도
			5. 비금속 재료	1. 주요 비금속재료의 특성과 용도
		2. 유압기기	1. 유압의 개요	1. 유압기초 2. 유압장치의 구성 및 유압유
			2. 유압기기	1. 유압펌프 2. 유압밸브 3. 유압실린더와 유압모터 4. 부속기기
			3. 유압회로	1. 유압회로의 기호 2. 유압회로의 구성 3. 유압회로 및 응용(전자제어시스템 포함)
			4. 유압을 이용한 기계	1. 유압기계의 일반 2. 하역운반기계 3. 공작기계 4. 자동차 및 중장비기계

필기과목명	문제수	주요항목	세부항목	세세항목
기계 제작법 및 기계 동력학	20	1. 기계제작법	1. 비절삭가공	1. 원형 및 주조 2. 소성가공 3. 열처리 및 표면처리 4. 용접 및 판금/제관
			2. 절삭가공	1. 절삭이론 2. 절삭가공법 및 CNC가공 3. 손다듬질 가공
			3. 특수가공	1. 특수가공 2. 정밀입자가공
			4. 치공구 및 측정	1. 지그 및 고정구 2. 측정
		2. 기계동역학	1. 동력학의 기본이론과 질점의 운동학	1. 힘의 평형 2. 위치, 속도, 가속도 3. 질점의 직선운동 4. 질점의 곡선운동
			2. 질점의 동역학 (뉴튼의 제2법칙)	1. 뉴튼의 운동 제2법칙 2. 질점의 선형 운동량과 각 운동량 3. 중심력에 의한 운동
			3. 질점의 동역학 (에너지 운동량 방법)	1. 질점의 운동에너지와 위치에너지 2. 일과 에너지 법칙 3. 충격량과 운동량 법칙
			4. 질점계의 동역학	1. 충돌 2. 질점계의 선형 운동량과 각 운동량 3. 질점계의 에너지 보존 4. 질점계에 대한 충격량과 운동량 법칙

필기과목명	문제수	주요항목	세부항목	세세항목
			5. 강체의 운동학	1. 강체의 속도, 가속도, 각속도, 각가속도 2. 순간 회전 중심 3. 평면운동에서의 절대속도와 상대속도
			6. 강체의 동역학	1. 강체에 작용하는 힘과 가속도 2. 에너지 방법과 운동량 방법 3. 강체의 각운동량
			7. 진동의 용어 및 기본이론	1. 힘의 평형, 스프링의 합성 2. 단순조화운동, 주기운동, 진폭과 위상각 3. 진동에 관한 용어 　(진동수, 각진동수, 주기, 진폭 등)
			8. 1자유도 비감쇠계의 자유진동	1. 운동방정식과 고유진동수 2. 에너지 보존법칙
			9. 1자유도 감쇠계의 자유진동	1. 감쇠비, 감쇠고유진동수 2. 대수감쇠 3. 점성감쇠진동
			10. 1자유도계의 강제진동 및 다자유도계의 진동	1. 단순조화력에 대한 응답, 공진 2. 진동절연 - 전달력과 전달계수 3. 진동계측 - 지진계와 가속도계 4. 고유진동수와 고유모드, 맥놀이 5. 흡진기

출제기준-(실기)

직무분야	기 계	중직무분야	기계제작	자격종목	일반기계기사	적용기간	2019. 1. 1 ~ 2021.12.31

○ 직무내용 : 재료역학, 기계열역학, 기계유체역학, 기계재료 및 유압기기, 기계제작법 및 기계동력학 등 기계에 관한 지식을 활용하여 일반기계 및 구조물을 설계, 견적, 제작, 시공, 감리 등과 관련된 업무 수행
○ 수행준거 : 1. 기계설계 기초지식을 활용할 수 있다.
　　　　　　 2. 체결용, 전동용, 제어용 기계요소 및 유체 기계요소를 설계할 수 있다.
　　　　　　 3. 설계조건에 맞는 계산 및 견적을 할 수 있다.
　　　　　　 4. CAD S/W를 이용하여 CAD도면을 작성할 수 있다.

실기검정방법	복합형	시험시간	필답형 : 2시간, 작업형 : 5시간 정도

실기과목명	주요항목	세부항목	세세항목
일반기계 설계실무	1. 일반기계요소의 설계	1. 기계요소설계하기	1. 단위, 규격, 끼워맞춤, 공차 등을 활용하여 기계설계에 적용할 수 있다. 2. 나사, 키, 핀, 코터, 리벳 및 용접이음 등의 체결용 요소를 설계할 수 있다. 3. 축, 축이음, 베어링, 마찰차, 캠, 벨트, 체인, 로우프, 기어 등의 전동용 요소를 설계할 수 있다. 4. 브레이크, 스프링, 플라이휠 등의 제어용 요소를 설계할 수 있다. 5. 펌프, 밸브, 배관 등 유체기계요소를 설계할 수 있다. 6. 요소부품재질을 선정할 수 있다.
		2. 설계 계산하기	1. 선정된 기계요소부품에 의하여, 관련된 설계변수들을 선정할 수 있다. 2. 계산의 조건에 적절한 설계계산식을 적용할 수 있다. 3. 설계 목표의 기능과 성능을 만족하는 설계변수를 계산 할 수 있다. 4. 부품별 제원 및 성능곡선표, 특성을 고려하여 설계계산에 반영할 수 있다. 5. 표준 운영절차에 따라, 설계계산 프로그램 또는 장비를 설정하고, 결과를 도출할 수 있다.
	2. 일반기계 실무	1. 조립도, 구조물 및 부속장치설계하기	1. 조립도, 구조물 및 부속장치를 설계할 수 있다.
		2. 기계설비 견적하기	1. 기계설비 견적을 할 수 있다.

15

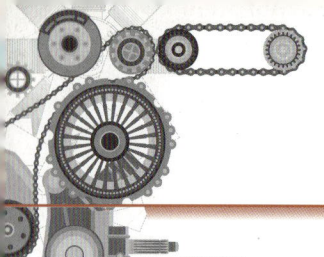

실기과목명	주요항목	세부항목	세세항목
	3. 기계제도 (CAD)작업	1. CAD를 이용한 도면작성하기	1. CAD 를 이용하며, KS규격에 맞는 부품 제작도를 작성할 수 있다. 2. 표준 운영절차에 따라 요구되는 형상을 2D 또는 3D로 구현할 수 있다. 3. 작성된 2D 또는 3D 도면을 KS규격에 규정한 도면 작성법에 의하여 정확하게 기입되었는가를 확인할 수 있다. 4. 부품 간 기구학적 간섭을 확인하고, 오류발생 시 수정할 수 있다.
		2. 도면출력 및 데이터 관리하기	1. 요구되는 데이터 형식에 맞도록 저장할 수 있다. 2. 프린터, 플로터 등 인쇄장치를 이용하여 도면을 출력할 수 있다 3. CAD데이터 형식에 대하여 각각의 용도 및 특성을 파악하고 이를 변환할 수 있다. 4. 작업된 도면의 용도 및 활용성을 파악하고 분류하여 저장할 수 있다.
		3. CAD 장비의 운영	1. CAD 프로그램을 설치하고 출력장치를 사용하여, CAD 장비를 운영할 수 있다.

2020년

국가기술자격 필기시험문제

2020년 기사 제1&2회 과년도 유사문제

| 자격종목 | 일반기계기사 | 시험시간 2시간 30분 | 형별 A | 수험번호 | 성명 |

제1과목 : 재료역학

01 직사각형 단면의 단주에 450 kN 하중이 중심에서 1 m만큼 편심되어 작용할 때 이 부재 BD에서 생기는 최대압축응력은 약 몇 kPa인가?

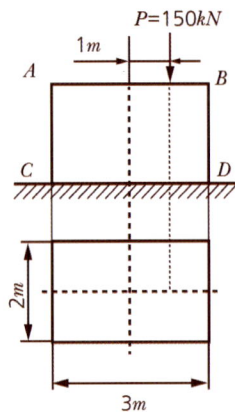

① 25 ② 50
③ 75 ④ 100

풀이

$$\sigma_{BD} = \frac{P}{A} + \frac{M}{Z} = \frac{P}{bh} + \frac{6M}{bh^2}$$

$$= \frac{150}{2\times 3} + \frac{6(150\times 1)}{2\times 3^2} = 75\ kPa$$

02 오일러 공식이 세장비 $\frac{\ell}{k} > 100$ 에 대해 성립한다고 할 때, 양단이 힌지인 원형단면 기둥에서 오일러 공식이 성립하기 위한 길이 "ℓ"과 지름 "d" 와의 관계가 옳은 것은? (단, 단면의 회전반경을 k라 한다.)

① $\ell > 4d$ ② $\ell > 25d$
③ $\ell > 50d$ ④ $\ell > 100d$

풀이

지름이 d 인 원형단면의 회전반경

$$k = \sqrt{\frac{I}{A}} = \sqrt{\frac{\pi d^4}{64}\times \frac{4}{\pi d^2}} = \sqrt{\frac{d^2}{16}} = \frac{d}{4}$$

세장비 $\lambda = \frac{l}{k} > 100 = \frac{l}{d} > 25$

$\therefore\ l > 25d$

03 원형 봉에 축 방향 인장하중 P = 88 kN이 작용할 때, 직경의 감소량은 약 몇 mm인가? (단, 봉은 길이 L = 2 m, 직경 d = 40 mm, 세로탄성계수는 70 GPa, 포아송비 μ = 0.30이다.)

① 0.006 ② 0.012
③ 0.018 ④ 0.036

풀이

$$\sigma = \frac{P}{A} = E\epsilon\ \Rightarrow\ \frac{88\times 10^3}{\pi/4\times 0.04^2} = 70\times 10^9\ \epsilon$$

$$\Rightarrow\ \epsilon = 0.001$$

$$\nu = \mu = 0.3 = \frac{\epsilon'}{\epsilon}\ \Rightarrow\ \epsilon' = 0.0003$$

$$\therefore\ \delta = d\epsilon' = 40\times 0.0003$$

$$= 0.012\ mm$$

04 원형단면 축에 147 kW의 동력을 회전수 2000 rpm으로 전달시키고자 한다. 축 지름은 약 몇 cm로 해야 하는가? (단, 허용전단응력은 τ_w = 50 MPa이다.)

정답 01. ③ 02. ② 03. ② 04. ①

① 4.2 ② 4.6
③ 8.5 ④ 9.9

풀이

$$T = 974 \frac{H_{kW}}{N} \; [kN \cdot cm], \quad T = \tau Z_P$$

$$H_{kW} = \frac{\tau \pi d^3 N}{16 \times 974 \times 10^6}$$

$$\Rightarrow d = \sqrt[3]{\frac{16 \times 974 \times 10^6 \times H_{kW}}{\tau \pi N}}$$

$$= \sqrt[3]{\frac{16 \times 974 \times 147}{50 \times \pi \times 2000}} \times 10^{-1}$$

$$\fallingdotseq 4.2 \; cm$$

05 양단이 고정된 축을 그림과 같이 m − n 단면에 T 만큼 비틀면 고정단 AB에서 생기는 저항 비틀림 모멘트의 비 T_A / T_B는?

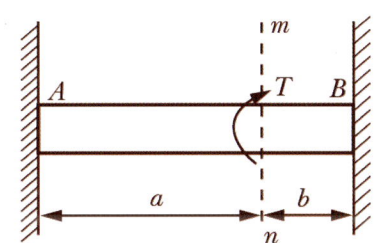

① $\dfrac{b^2}{a^2}$ ② $\dfrac{b}{a}$
③ $\dfrac{a}{b}$ ④ $\dfrac{a^2}{b^2}$

풀이

$$\theta = \frac{Tl}{GI_P} \Rightarrow T = \frac{\theta GI_P}{l}$$

$$\Rightarrow T \propto \frac{1}{l} \Rightarrow \frac{T_A}{T_B} \propto \frac{l_B}{l_A} = \frac{b}{a}$$

06 외팔보의 자유단에 연직방향으로 10 kN의 집중하중이 작용하면 고정단에 생기는 굽힘응력은 약 몇 MPa인가? (단, 단면(폭×높이) b × h = 10 cm ×15cm, 길이 1.5 m이다.)

① 0.9 ② 5.3
③ 40 ④ 100

풀이

$$M_{max} = M_{고정단} = \sigma_{max} Z$$

$$\Rightarrow \sigma_{고정단} = \frac{M_{고정단}}{Z} = \frac{Pl}{bh^2/6}$$

$$= \frac{6 \times 10 \times 10^3 \times 1.5}{0.1 \times 0.15^2} \times 10^{-6}$$

$$= 40 \; MPa$$

07 지름 300 mm의 단면을 가진 속이 찬 원형보가 굽힘을 받아 최대굽힘응력이 100 MPa이 되었다. 이 단면에 작용한 굽힘모멘트는 약 몇 kN·m인가?

① 265 ② 315
③ 360 ④ 425

풀이

$$M_{max} = \sigma_{max} Z$$

$$= 100 \times 10^6 \times \frac{\pi \times 0.3^3}{32} \times 10^{-3}$$

$$= 265 \; kN \cdot m$$

08 철도레일의 온도가 50℃에서 15℃로 떨어졌을 때 레일에 생기는 열응력은 약 몇 MPa인가? (단, 선팽창계수 α는 0.000012 /℃, 세로탄성계수는 210 GPa이다.)

① 4.41 ② 8.82
③ 44.1 ④ 88.2

풀이

$$\sigma_H = E\epsilon = E\alpha(t_2 - t_1)$$

$$= 210 \times 10^9 \times 0.000012 \times (50 - 15) \times 10^{-6}$$

$$= 88.2 \; MPa$$

09 그림과 같은 트러스 구조물에서 B점에 10 kN의 수직하중을 받으면 BC에 작용하는 힘은 몇 kN인가?

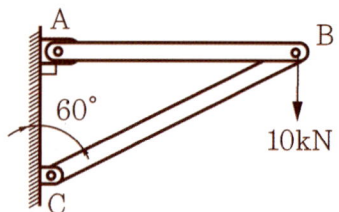

① 20
② 17.32
③ 10
④ 8.66

> **풀이**
> 공점력 계에 대한 평형문제이므로 라미의 정리를 적용하여
> $$\frac{\sin 60°}{F_{AB}} = \frac{\sin 30°}{10} = \frac{\sin 270°}{F_{BC}}$$
> $$\therefore F_{BC} = 10 \times \frac{\sin 270°}{\sin 30°} = -20\,kN \text{ 압축}$$

10 지름 D인 두께가 얇은 링(ring)을 수평면 내에서 회전시킬 때, 링에 생기는 인장응력을 나타내는 식은? (단, 링의 단위길이에 대한 무게를 W, 링의 원주속도를 V, 링의 단면적을 A, 중력가속도를 g로 한다.)

① $\dfrac{WV^2}{DAg}$
② $\dfrac{WDV^2}{Ag}$
③ $\dfrac{WV^2}{Ag}$
④ $\dfrac{WV^2}{Dg}$

> **풀이**
> $$\sigma = \frac{\gamma V^2}{g} \Leftrightarrow \gamma = \frac{W}{A}$$
> $$\Rightarrow \sigma = \frac{W \times V^2}{A \times g} = \frac{WV^2}{Ag}$$

11 그림의 평면응력 상태에서 최대주응력은 약 몇 MPa인가? (단, $\sigma_x = 175\,MPa$, $\sigma_y = 35\,MPa$, $\tau_{xy} = 60\,MPa$ 이다.)

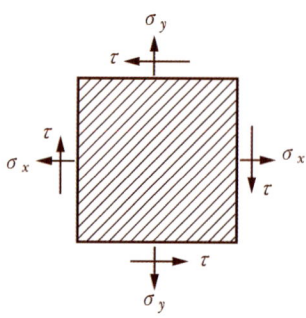

① 92
② 105
③ 163
④ 197

> **풀이**
> 조건으로부터
> $\sigma_x = 175\,MPa$, $\sigma_y = 35\,MPa$, $\tau_{xy} = 60\,MPa$
> $$\sigma_{\max} = \frac{1}{2}(\sigma_x + \sigma_y) + \frac{1}{2}\sqrt{(\sigma_x - \sigma_y)^2 + 4\tau_{xy}^2}$$
> $$= \frac{1}{2}(175+35) + \frac{1}{2}\sqrt{(175-35)^2 + 4 \times 60^2}$$
> $$= 197.2\,MPa$$

12 그림과 같이 외팔보의 중앙에 집중하중 P가 작용하는 경우 집중하중 P가 작용하는 지점에서의 처짐은? (단, 보의 굽힘강성 EI는 일정하고 L은 보 전체의 길이이다.)

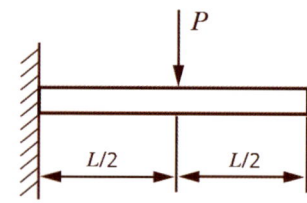

① $\dfrac{PL^3}{3EI}$
② $\dfrac{PL^3}{24EI}$
③ $\dfrac{PL^3}{8EI}$
④ $\dfrac{5PL^3}{48EI}$

정답 09. ① 10. ③ 11. ④ 12. ②

풀이

$$\delta_{\max} = \frac{P(L/2)^3}{3EI} = \frac{PL^3}{24EI}$$

13 전체길이가 L이고, 일단지지 및 타단고정보에서 삼각형 분포하중이 작용할 때, 지지점 A에서의 반력은? (단, 보의 굽힘강성 EI는 일정하다.)

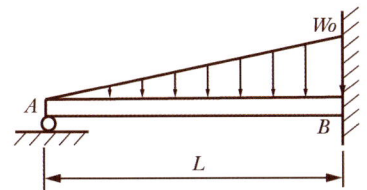

① $\dfrac{1}{2}w_0 L$ ② $\dfrac{1}{3}w_0 L$

③ $\dfrac{1}{5}w_0 L$ ④ $\dfrac{1}{10}w_0 L$

풀이

$\delta_A = \dfrac{w_0 L^4}{30EI}$, $\delta_A' = -\dfrac{R_A L^3}{3EI}$

A 점에서의 처짐은 0 이므로

$\Rightarrow \dfrac{w_0 L^4}{30EI} - \dfrac{R_A L^3}{3EI} = 0$

$\therefore R_A = \dfrac{1}{10}w_0 L$

14 동일한 길이와 재질로 만들어진 두 개의 원형단면 축이 있다. 각각의 지름이 d_1, d_2일 때 각 축에 저장되는 변형에너지 u_1, u_2의 비는? (단, 두 축은 모두 비틀림모멘트 T를 받고 있다.

① $\dfrac{u_1}{u_2} = \left(\dfrac{d_2}{d_1}\right)^4$ ② $\dfrac{u_2}{u_1} = \left(\dfrac{d_2}{d_1}\right)^3$

③ $\dfrac{u_1}{u_2} = \left(\dfrac{d_2}{d_1}\right)^3$ ④ $\dfrac{u_2}{u_1} = \left(\dfrac{d_2}{d_1}\right)^4$

풀이

$U_1 = \dfrac{1}{2}T\theta_1 = \dfrac{1}{2}T\dfrac{Tl}{GI_{p1}} = \dfrac{T^2 l}{2GI_{p1}} = \dfrac{32T^2 l}{2G\pi d_1^4}$

$U_2 = \dfrac{1}{2}T\theta_2 = \dfrac{1}{2}T\dfrac{Tl}{GI_{p2}} = \dfrac{T^2 l}{2GI_{p2}} = \dfrac{32T^2 l}{2G\pi d_2^4}$

$\therefore \dfrac{U_1}{U_2} = \dfrac{u_1}{u_2} = \left(\dfrac{d_2}{d_1}\right)^4$

15 그림과 같은 균일단면의 돌출보에서 반력 R_A는? (단, 보의 자중은 무시한다.)

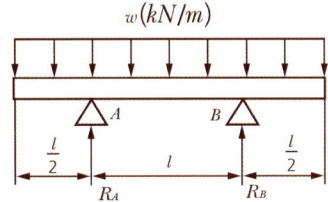

① $w\ell$ ② $\dfrac{w\ell}{4}$ ③ $\dfrac{w\ell}{3}$ ④ $\dfrac{w\ell}{2}$

풀이

우측 지지점 B에 대한

$\sum M_B = 0$

$\Rightarrow R_A \times l - w\left(l + \dfrac{l}{2}\right) \times \dfrac{\left(l + \dfrac{l}{2}\right)}{2} + w\dfrac{l}{2} \times \dfrac{l}{4} = 0$

$\therefore R_A = wl$

16 그림과 같이 양단에서 모멘트가 작용할 경우 A지점의 처짐각 θ_A는? (단, 보의 굽힘강성 EI는 일정하고, 자중은 무시한다.)

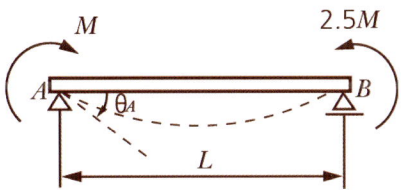

정답 13. ④ 14. ① 15. ① 16. ④

① $\dfrac{ML}{2EI}$ ② $\dfrac{2ML}{5EI}$
③ $\dfrac{ML}{6EI}$ ④ $\dfrac{3ML}{4EI}$

풀이

$\theta_A = \dfrac{ML}{3EI}$, $\theta_B = \dfrac{2.5ML}{6EI}$

처짐 각의 방향이 동일하므로

$\theta = \theta_A + \theta_B = \dfrac{ML}{3EI} + \dfrac{2.5ML}{6EI} = \dfrac{3ML}{4EI}$

17 그림과 같은 빗금친 단면을 갖는 중공축이 있다. 이 단면의 O점에 관한 극단면 2차모멘트는?

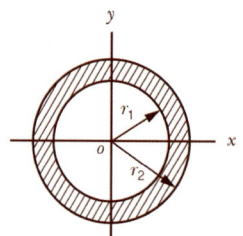

① $\pi(r_2^4 - r_1^4)$ ② $\dfrac{\pi}{2}(r_2^4 - r_1^4)$
③ $\dfrac{\pi}{4}(r_2^4 - r_1^4)$ ④ $\dfrac{\pi}{16}(r_2^4 - r_1^4)$

풀이

$I_p = \dfrac{\pi}{32}(d_2^4 - d_1^4)$

$= \dfrac{\pi}{32}[(2r_2)^4 - (2r_1)^4] = \dfrac{\pi}{2}(r_2^4 - r_1^4)$

18 그림과 같이 깊고 얇은 평판이 평면변형률 상태로 σ_x를 받고 있을 때, ϵ_x는?

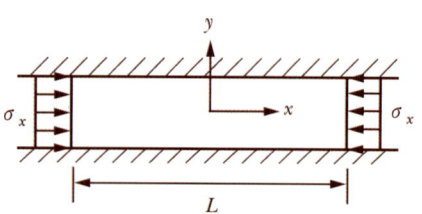

① $\epsilon_x = \dfrac{1-\nu}{E}\sigma_x$

② $\epsilon_x = \dfrac{1+\nu}{E}\sigma_x$

③ $\epsilon_x = \left(\dfrac{1-\nu^2}{E}\right)\sigma_x$

④ $\epsilon_x = \left(\dfrac{1+\nu^2}{E}\right)\sigma_x$

풀이

$\sigma = E\epsilon$, $\nu = \dfrac{\epsilon'}{\epsilon}$

$\sigma_x = \dfrac{E\epsilon_x}{(1-\nu^2)} \Rightarrow \epsilon_x = \dfrac{(1-\nu^2)\sigma_x}{E}$

19 그림과 같은 단면을 가진 외팔보가 있다. 그 단면의 자유단에 전단력 V = 40 kN이 발생한다면 단면 a – b 위에 발생하는 전단응력은 약 몇 MPa 인가?

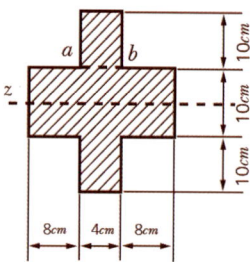

① 4.57   ② 4.22
③ 3.87   ④ 3.14

풀이

단면 2차모멘트

$= \dfrac{20 \times 10^3}{12} + 2 \times \left(\dfrac{4 \times 10^3}{12} + 4000\right) = 10333 \ cm^4$

단면 1차모멘트

$= 40 \times 10 = 400 \ cm^3$

$\therefore \tau = \dfrac{VQ}{Ib}$

$= \dfrac{40 \times 10^3 \times (400 \times 10^{-6})}{(10333 \times 10^{-8}) \times 0.04} \times 10^{-6}$

$= 3.87 \ MPa$

20 단면적이 4 cm²인 강봉에 그림과 같은 하중이 작용하고 있다. W = 60 kN, P = 25 kN, ℓ = 20 cm일 때 BC 부분의 변형률 ε은 약 얼마인가? (단, 세로탄성계수는 200 GPa이다.)

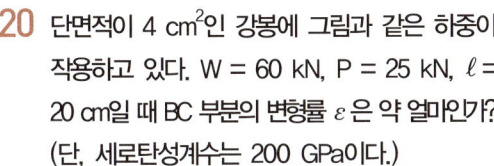

① 0.00043 ② 0.0043
③ 0.043   ④ 0.43

풀이

$P_{BC} = W - P = 60 - 25 = 35\ kN$

$\sigma = \dfrac{P}{A} = E\epsilon$

$\Rightarrow \dfrac{P_{BC}}{A} = E\epsilon = \dfrac{35 \times 10^3}{4 \times 10^{-4}} = 200 \times 10^9 \times \epsilon$

$\therefore \epsilon = \dfrac{35 \times 10^3}{800 \times 10^5} = 0.0004375$

제2과목 : 기계열역학

21 압력 1000 kPa, 온도 300°C 상태의 수증기(엔탈피 3051.15 kJ/kg, 엔트로피 7.1228 kJ/kg·K)가 증기터빈으로 들어가서 100 kPa 상태로 나온다. 터빈의 출력일이 370 kJ/kg 일 때 터빈의 효율(%)은?

수증기의 포화 상태표 (압력 100 kPa / 온도 99.62°C)			
엔탈피(kJ/kg)		엔트로피(kJ/kg·K)	
포화 액체	포화 증기	포화 액체	포화 증기
417.44	2675.46	1.3025	7.3593

① 15.6   ② 33.2
③ 66.8   ④ 79.8

풀이

터빈팽창 과정은 등엔트로피 과정이므로 터빈출구에 대하여

$s_x = s' + x(s'' - s')$

$\Rightarrow 7.1228 = 1.3025 + x(7.3593 - 1.3025)$

$\Rightarrow x = 0.96$

$h_x = h' + x(h'' - h')$

$\Rightarrow h_{0.96} = 417.44 + 0.96(2675.46 - 417.44)$

$= 2585.14\ kJ/kg$

$\therefore \eta_T = \dfrac{370}{3051.15 - 2585.14} \times 100 = 79.4\%$

22 피스톤-실린더 장치에 들어있는 100 kPa, 27°C의 공기가 600 kPa까지 가역단열과정으로 압축된다. 비열비가 1.4로 일정하다면 이 과정동안에 공기가 받은 일(kJ/kg)은? (단, 공기의 기체상수 0.287 kJ/(kg·K)이다.)

① 283.6   ② 171.8
③ 143.5   ④ 116.9

풀이

단열과정의 관계식

$\dfrac{T_2}{T_1} = \left(\dfrac{p_2}{p_1}\right)^{\frac{k-1}{k}} = \left(\dfrac{v_1}{v_2}\right)^{k-1}$

$\Rightarrow T_2 = T_1\left(\dfrac{p_2}{p_1}\right)^{\frac{k-1}{k}} = (27 + 273.15) \times (6)^{\frac{0.4}{1.4}}$

$= 227.65\ °C$

$w_{12} = \dfrac{1}{k-1}R(T_2 - T_1)$

$= \dfrac{1}{1.4-1} \times 0.287 \times (227.65 - 27)$

$= 143.97\ kJ/kg$

23 다음은 시스템(계)과 경계에 대한 설명이다. 옳은 내용을 모두 고른 것은?

정답 20. ① 21. ④ 22. ③ 23. ③

가. 검사하기 위하여 선택한 물질의 양이나 공간내의 영역을 시스템(계)이라 한다.
나. 밀폐계는 일정한 양의 체적으로 구성된다.
다. 고립계의 경계를 통한 에너지출입은 불가능하다.
라. 경계는 두께가 없으므로 체적을 차지하지 않는다.

① 가, 다
② 나, 라
③ 가, 다, 라
④ 가, 나, 다, 라

풀이
나. 밀폐계는 일정한 양의 질량으로 구성되므로 경계를 통과하는 열과 일은 허용하지만 물질(질량)은 통과할 수 없다.

24 보일러에 온도 40℃, 엔탈피 16 kJ/kg인 수증기가 발생한다. 입구와 출구에서의 유속은 각각 5 m/s, 50 m/s이고, 공급되는 물의 양이 2000 kg/h일 때, 보일러에 공급해야 할 열량(kW)은? (단, 위치에너지 변화는 무시한다.)

① 631
② 832
③ 1237
④ 1638

풀이
질량유동율은
$\dot{m} = \frac{2000}{3600} = 0.56\, kg/s$

$\therefore Q = \dot{m}q = 0.56 \times [\Delta h + \frac{1}{2}(w_2^2 - w_1^2)]$
$= 0.56 \times [16 \times 10^3 + \frac{1}{2}(50^2 - 5^2) \times 10^{-3}]$
$= 0.56 \times 2925 = 1638\, kW$

25 실린더 내의 공기가 100 kPa, 20℃ 상태에서 300 kPa이 될 때까지 가역 단열과정으로 압축된다. 이 과정에서 실린더 내의 계에서 엔트로피의 변화 (kJ/(kg·K))는? (단, 공기의 비열비(k)는 1.4이다.)

① -1.3
② 0
③ 1.35
④ 13.5

풀이
단열과정 $(\delta Q = 0)$, $\Delta S = \frac{\delta Q}{T} = 0\, kJ/K$
($\Delta S = 0$, 등엔트로피 과정)

26 초기압력 100 kPa, 초기체적 0.1 m³인 기체를 버너로 가열하여 기체체적이 정압과정으로 0.5 m³이 되었다면 이 과정동안 시스템이 외부에 한 일(kJ)은?

① 10
② 20
③ 30
④ 40

풀이
정압과정일
$W = \int_1^2 p\, dV$
$\Rightarrow W = p(V_2 - V_1)$
$= 100 \times (0.5 - 0.1) = 40\, kJ$

27 단열된 가스터빈의 입구측에서 압력 2 MPa, 온도 1200K인 가스가 유입되어 출구측에서 압력 100 kPa, 온도 600K로 유출된다. 5 MW의 출력을 얻기 위해 가스의 질량유량(kg/s)은 얼마이어야 하는가? (단, 터빈효율은 100%이고, 가스의 정압비열은 1.12 kJ/(kg·K)이다.

① 6.44
② 7.44
③ 8.44
④ 9.44

풀이
$dq = dh - vdp$
$\Rightarrow dq = 0$ $\Rightarrow dh = vdp = w_T$
$\Rightarrow w_T = \int C_p dT = C_p(T_1 - T_2)$

$\dot{W} = \dot{m} w_T$ 이므로

$$\dot{m} = \frac{\dot{W}}{w_T} = \frac{\dot{W}}{C_p(T_1 - T_2)}$$
$$= \frac{5 \times 10^3}{1.12 \times (1200 - 600)} = 7.44 \text{ kg/s}$$

28 이상적인 냉동사이클에서 응축기온도가 30℃, 증발기온도가 -10℃ 일 때 성적계수는?

① 4.6 ② 5.2
③ 6.6 ④ 7.5

풀이

$$COP_{RC} = \frac{T_L}{T_H - T_L}$$
$$= \frac{-10 + 273.15}{(30 + 273.15) - (-10 + 273.15)}$$
$$\fallingdotseq 6.6$$

29 1 kW의 전기히터를 이용하여 101 kPa, 15℃의 공기로 차 있는 100 m³의 공간을 난방하려고 한다. 이 공간은 견고하고 밀폐되어 있으며 단열되어 있다. 히터를 10분동안 작동시킨 경우, 이 공간의 최종온도(℃)는? (단, 공기의 정적비열은 0.718 kJ/kg·K이고, 기체상수는 0.287 kJ/kg·K이다.)

① 18.1 ② 21.8
③ 25.3 ④ 29.4

풀이

정적가열이므로 밀폐공간 내의 질량은
$$m = \frac{pV}{RT} = \frac{101 \times 100}{0.287 \times (15 + 273.15)} = 122.13 \text{ kg}$$
히터 가열량
$W_{12} = 1 \times 10 \times 60 = 600 \, kJ$
$\delta Q = dU + \delta W \iff \delta Q = 0$
$\Rightarrow dU = -\delta W$
$\Rightarrow U_2 - U_1 = W_{12}$
$\Rightarrow m C_v (T_2 - T_1) = W_{12}$

$\Rightarrow T_2 = T_1 + \dfrac{W_{12}}{m C_v}$
$\quad = (15 + 273.15) + \dfrac{600}{122.13 \times 0.718}$
$\quad = 21.84 \text{ ℃}$

30 용기안에 있는 유체의 초기 내부에너지는 700 kJ 이다. 냉각과정 동안 250 kJ의 열을 잃고, 용기 내에 설치된 회전날개로 유체에 100 kJ의 일을 한다. 최종상태의 유체 내부에너지(kJ)는 얼마인가?

① 350 ② 450
③ 550 ④ 650

풀이

$Q = U + W$
$\Rightarrow \Delta U = U_2 - U_1 = \Delta Q - \Delta W$
$\Rightarrow U_2 = U_1 + \Delta Q - \Delta W$
$\quad = 700 - 250 - (-100) = 550 \, kJ$

31 랭킨사이클에서 보일러입구 엔탈피 192.5 kJ/kg, 터빈입구 엔탈피 3002.5 kJ/kg, 응축기입구 엔탈피 2361.8 kJ/kg 일 때 열효율(%)은? (단, 펌프의 동력은 무시한다.)

① 20.3 ② 22.8
③ 25.7 ④ 29.5

풀이

$$\eta_R = \frac{w_T}{q_B + q_{SH}} = \frac{(h_3 - h_4)}{(h_3 - h_1)}$$
$$= \frac{(3002.5 - 2361.8)}{(3002.5 - 192.5)} \times 100$$
$$= 22.8\%$$

32 공기 10 kg이 압력 200 kPa, 체적 5 m³인 상태에서 압력 400 kPa, 온도 300℃인 상태로 변한 경우 최종체적(m³)은 얼마인가? (단, 공기의 기체

상수는 0.287 kJ/kg·K이다.)

① 10.7　　② 8.3
③ 6.8　　　④ 4.1

풀이

$pV = mRT$

$\Rightarrow T_1 = \dfrac{p_1 V_1}{mR} = \dfrac{200 \times 5}{10 \times 0.287} = 348.4\,K$

$\dfrac{p_1 V_1}{T_1} = \dfrac{p_2 V_2}{T_2}$

$\Rightarrow V_2 = \dfrac{p_1 T_2}{p_2 T_1} V_1$

$= \dfrac{200 \times (300 + 273.15)}{400 \times 348.4} \times 5$

$= 4.11\,m^3$

33 300 L 체적의 진공인 탱크가 25℃, 6 MPa의 공기를 공급하는 관에 연결된다. 밸브를 열어 탱크안의 공기압력이 5 MPa이 될 때까지 공기를 채우고 밸브를 닫았다. 이 과정이 단열이고 운동에너지와 위치에너지의 변화를 무시한다면 탱크안의 공기의 온도(℃)는 얼마가 되는가? (단, 공기의 비열비는 1.4이다.)

① 1.5　　　② 25.0
③ 84.4　　④ 144.2

풀이

탱크내부의 내부에너지 변화는

$u_2 - u_1 = p_1 v_1 = RT_1$

$\Rightarrow \dfrac{1}{k-1} R(T_2 - T_1) = RT_1$

$\Rightarrow T_2 - T_1 = (k-1)T_1$

$\therefore T_2 = kT_1 = 1.4 \times (25 + 273.15)$

$= 417.4\,K = 144.3\,℃$

34 열역학적 관점에서 다음 장치들에 대한 설명으로 옳은 것은?

① 노즐은 유체를 서서히 낮은 압력으로 팽창하여 속도를 감속시키는 기구이다.
② 디퓨저는 저속의 유체를 가속하는 기구이며 그 결과 유체의 압력이 증가한다.
③ 터빈은 작동유체의 압력을 이용하여 열을 생성하는 회전식기계이다.
④ 압축기의 목적은 외부에서 유입된 동력을 이용하여 유체의 압력을 높이는 것이다.

풀이

①과 ②는 설명이 서로 반대이며,
③은 일을 생성하는 회전식기계이다.

35 그림과 같은 공기표준 브레이튼(Brayton)사이클에서 작동유체 1 kg당 터빈 일(kJ/kg)은? (단, $T_1 = 300K$, $T_2 = 475.1K$, $T_3 = 1100K$, $T_4 = 694.5K$이고, 공기의 정압비열과 정적비열은 각각 1.0035 kJ/(kg·K), 0.7165 kJ/(kg·K)이다.)

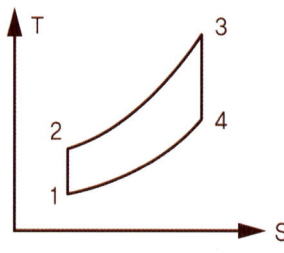

① 290　　② 407
③ 448　　④ 627

풀이

$w_T = (h_3 - h_4) = C_p(T_3 - T_4)$
$= 1.0035 \times (1100 - 694.5)$
$= 406.92\,kJ/kg$

36 다음 중 가장 큰 에너지는?

① 100 kW 출력의 엔진이 10시간 동안 한 일

② 발열량 10000 kJ/kg의 연료를 100 kg 연소시켜 나오는 열량
③ 대기압 하에서 10℃의 물 10 m³를 90℃로 가열하는데 필요한 열량 (단, 물의 비열은 4.2 kJ/(kg·K)이다.)
④ 시속 100 km로 주행하는 총 질량 2000 kg인 자동차의 운동에너지

풀이

① $E_W = 100\ kWh \times 10h = 100\ kJ/s \times 36000\ s$
$= 3,600,000\ kJ$
② $E_Q = 10000\ kJ/kg \times 100\ kg = 1,000,000\ kJ$
③ $E_Q = 10000\ kg \times 80℃ \times 4.2\ kJ/kg℃$
$= 3,360,000\ kJ$
④ $E_K = \frac{1}{2} \times 2000 \times \left(\frac{100 \times 1000}{3600}\right)^2 \times 10^{-3}$
$= 771.6\ kJ$

37 열역학 제 2법칙에 대한 설명으로 틀린 것은?

① 효율이 100%인 열기관은 얻을 수 없다.
② 제 2종의 영구기관은 작동물질의 종류에 따라 가능하다.
③ 열은 스스로 저온의 물질에서 고온의 물질로 이동하지 않는다.
④ 열기관에서 작동물질이 일을 하게 하려면 그 보다 더 저온인 물질이 필요하다.

풀이

② 제 2종 영구기관은 작동물질과 관계없이 열역학 제 2법칙에 위배되므로 불가능하다.

38 준 평형 정적과정을 거치는 시스템에 대한 열 전달량은? (단, 운동에너지와 위치에너지의 변화는 무시한다.)

① 0 이다.
② 이루어진 일량과 같다.
③ 엔탈피 변화량과 같다.
④ 내부에너지 변화량과 같다.

풀이

① 단열과정 ② 등온과정 ③ 정압과정

39 이상기체 1 kg을 300K, 100 kPa에서 500K까지 "$PV^n =$ 일정"의 과정(n = 1.2)을 따라 변화시켰다. 이 기체의 엔트로피 변화량(kJ/K)은? (단, 기체의 비열비는 1.3, 기체상수는 0.287 kJ/(kg·K)이다.)

① -0.244
② -0.287
③ -0.344
④ -0.373

풀이

문제의 조건에서 Polytropic 지수 $n = 1.2$
비열비 $k = 1.3$, 기체상수 $R = 0.287$이므로
$C_p + C_v = 0.287$, $\frac{C_p}{C_v} = 1.3$으로부터
$\Rightarrow C_v = \frac{1}{k-1}R = \frac{1}{1.3-1} \times 0.287 = 0.957$
$C_n = C_v \frac{n-k}{n-1}$
$= 0.957 \times \frac{1.2-1.3}{1.2-1} = -0.479$
$\triangle S = \int \frac{\delta Q}{T}$
$= \int_{300}^{500} mC_n \frac{dT}{T} = mC_n [\ln T]_{300}^{500}$
$= 1 \times (-0.479) \times \ln\left(\frac{500}{300}\right) = -0.244\ kJ/K$

40 펌프를 사용하여 150 kPa, 26℃의 물을 가역단열과정으로 650 kPa까지 변화시킨 경우, 펌프의 일(kJ/kg)은? (단, 26℃ 포화액의 비체적은 0.001 m³/kg이다.)

① 0.4
② 0.5
③ 0.6
④ 0.7

풀이

펌프일 = 공업일 = 개방계의 일

정답 37. ② 38. ④ 39. ① 40. ②

$$w_P = -\int_1^2 v\,dp = -v(p_2 - p_1)$$
$$= 0.001 \times (650 - 150) = 0.5\ kJ/kg$$

제3과목 : 기계유체역학

41 담배연기가 비정상 유동으로 흐를 때 순간적으로 눈에 보이는 담배연기는 다음 중 어떤 것에 해당하는가?

① 유맥선
② 유적선
③ 유선
④ 유선, 유적선, 유맥선 모두에 해당됨

풀이
①

42 중력가속도 g, 체적유량 Q, 길이 L로 얻을 수 있는 무차원수는?

① $\dfrac{Q}{\sqrt{gL}}$ ② $\dfrac{Q}{\sqrt{gL^3}}$
③ $\dfrac{Q}{\sqrt{gL^5}}$ ④ $Q\sqrt{gL^3}$

풀이
모든 지수차원의 합은 0
$\dot{Q}\ [m^3/s]\ \Rightarrow L^3 T^{-1}$
$g\ [m/s^2]\ \Rightarrow LT^{-2}$
$L\ [m]\ \Rightarrow L$
$(Q)^\alpha = [L^3 T^{-1}]^\alpha$
$(g)^\beta = [LT^{-2}]^\beta$
$(L)^\gamma = [L]^\gamma$
L 의 차원 : $3\alpha + \beta + \gamma = 0$
T 의 차원 : $-\alpha - 2\beta = 0$
$\therefore \alpha = 1,\ \beta = -\dfrac{1}{2},\ \gamma = -\dfrac{5}{2}$

무차원수는
$$\Pi = Q^1 (g)^{-\frac{1}{2}} L^{-\frac{5}{2}} = \dfrac{Q}{\sqrt{gL^5}}$$

43 속도퍼텐셜 $\phi = K\theta$ 인 와류유동이 있다. 중심에서 반지름 r 인 원주에 따른 순환(circulation) 식으로 옳은 것은? (단, K 는 상수이다.)

① 0   ② K
③ πK ④ $2\pi K$

풀이
$\phi = K\theta$
$\Rightarrow \vec{V} = V_r \vec{i_r} + V_\theta \vec{j_\theta}$
$\vec{V_r} = \dfrac{\partial \phi}{\partial r} = 0,\ \vec{V_\theta} = \dfrac{1}{r}\dfrac{\partial \phi}{\partial \theta} = \dfrac{1}{r}\dfrac{\partial (K\theta)}{\partial \theta} = \dfrac{K}{r}$
순환
$\Gamma = \oint \vec{V} \cdot \vec{ds} = \int_0^{2\pi} V_\theta\, ds$
$= \int_0^{2\pi} \dfrac{K}{r} r\, d\theta = [K\theta]_0^{2\pi} = 2\pi K$

44 그림과 같이 평행한 두 원판 사이에 점성계수 $\mu = 0.2\ N \cdot s/m^2$ 인 유체가 채워져 있다. 아래 판은 정지되어 있고 윗 판은 1800 rpm으로 회전할 때 작용하는 돌림힘은 약 몇 N·m인가?

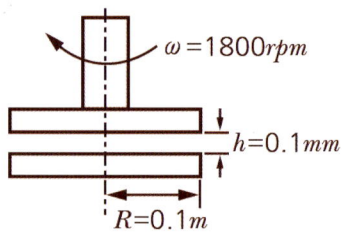

① 9.4   ② 38.3
③ 46.3   ④ 59.2

풀이
회전속도
$\omega = u = \dfrac{\pi DN}{60} = \dfrac{\pi \times 0.2 \times 1800}{60} = 18.84\ m/s$

뉴턴의 점성법칙

$$F = \tau A = \mu \frac{u}{h} A$$
$$= 0.2 \times \frac{18.84}{0.0001} \times \frac{\pi \times 0.2^3}{16} = 59.2 \ N$$

45 평판 위에 점성, 비압축성 유체가 흐르고 있다. 경계층두께 δ 에 대하여 유체의 속도 u 의 분포는 아래와 같다. 이 때, 경계층 운동량 두께에 대한 식으로 옳은 것은? (단, U 는 상류속도, y 는 평판과의 수직거리이다.)

$$0 \leq y \leq \delta : \frac{u}{U} = \frac{2y}{\delta} - \left(\frac{y}{\delta}\right)^2$$
$$y > \delta : u = U$$

① $0.1 \ \delta$ ② $0.125 \ \delta$
③ $0.133 \ \delta$ ④ $0.166 \ \delta$

풀이

경계층 두께

$$\delta^* = \int_0^\delta \left(1 - \frac{u}{U}\right) dy = \int_0^\delta \left[1 - \left(\frac{2y}{\delta} - \left(\frac{y}{\delta}\right)^2\right)\right]$$
$$= [y]_0^\delta - \frac{1}{\delta^{1/7}} \left[\frac{1}{1/7+1} y^{1/7+1}\right]_0^\delta dy$$
$$= \frac{\delta}{8} = 0.125 \ \delta$$

경계층 운동량두께

$$\delta^* = \int_0^\delta \left[\frac{2y}{\delta} - \left(\frac{y}{\delta}\right)^2\right] \left[1 - \frac{2y}{\delta} + \left(\frac{y}{\delta}\right)^2\right] dy$$
$$= \frac{\delta}{7.5} = 0.133 \ \delta$$

46 지름이 10 cm인 원통에 물이 담겨져 있다. 수직인 중심축에 대하여 300 rpm의 속도로 원통을 회전시킬 때 수면의 최고점과 최저점의 수직 높이차는 약 몇 cm인가?

① 0.126 ② 4.2
③ 8.4 ④ 12.6

풀이

$$\omega = \frac{2\pi N}{60} = 10\pi = 31.4 \ rad/s$$
$$h = \frac{r_0^2 \omega^2}{2g}$$
$$\Rightarrow h = \frac{0.05^2 \times \left(\frac{2\pi \times 300}{60}\right)^2}{2 \times 9.8} \times 10^2$$
$$\approx 12.6 \ cm$$

47 밀도가 0.84 kg/m³이고 압력이 87.6 kPa인 이상기체가 있다. 이 이상기체의 절대온도를 2배 증가시킬 때, 이 기체에서의 음속은 약 몇 m/s인가? (단, 비열비는 1.40이다.)

① 280 ② 340
③ 540 ④ 720

풀이

$$C_1 = \sqrt{\frac{kp}{\rho}} = \sqrt{kRT}$$
$$= \sqrt{\frac{1.4 \times 87.6 \times 10^3}{0.84}} = 382.1 \ m/s$$

음속은 $C \propto \sqrt{T}$ 이므로

$$\therefore C_2 = C_1 \sqrt{\frac{T_2}{T_1}} = 382.1 \sqrt{2} = 540.3 \ m/s$$

48 지름 100 mm 관에 글리세린이 9.42 L/min의 유량으로 흐른다. 이 유동은? (단, 글리세린의 비중은 1.26, 점성계수는 $\mu = 2.9 \times 10^{-4} \ kg/m \cdot s$ 이다.)

① 난류유동 ② 층류유동
③ 천이유동 ④ 경계층유동

풀이

$$V = \frac{\dot{Q}}{A} = \frac{9.42 \times 10^{-3}}{\pi/4 \times 0.1^2 \times 60} \approx 0.02 \ m/s$$
$$Re = \frac{\rho VL}{\mu} = \frac{\rho_w s Vd}{\mu}$$

정답 45. ③ 46. ④ 47. ③ 48. ①

$$= \frac{1000 \times 1.26 \times 0.02 \times 0.1}{2.9 \times 10^{-4}} = 8689.7 > 2300$$

∴ 난류

49 그림과 같이 날카로운 사각모서리 입·출구를 갖는 관로에서 전 수두 H는? (단, 관의 길이를 ℓ, 지름은 d, 관 마찰계수는 f, 속도수두는 $\frac{V^2}{2g}$ 이고, 입구손실계수는 0.5, 출구손실계수는 1.0이다.)

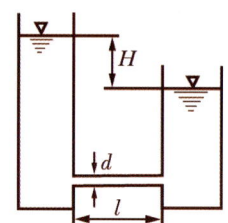

① $H = \left(1.5 + f\frac{\ell}{d}\right)\frac{V^2}{2g}$

② $H = \left(1 + f\frac{\ell}{d}\right)\frac{V^2}{2g}$

③ $H = \left(0.5 + f\frac{\ell}{d}\right)\frac{V^2}{2g}$

④ $H = f\frac{\ell}{d}\frac{V^2}{2g}$

풀이

입 출구 손실계수를 각각 K_1, K_2라 하면

$h_L = K_1 \frac{V^2}{2g} + f\frac{L}{d}\frac{V^2}{2g} + K_2 \frac{V^2}{2g}$

⇨ $H = 0.5 \frac{V^2}{2g} + f\frac{\ell}{d}\frac{V^2}{2g} + 1.0 \frac{V^2}{2g}$

⇨ $H = \left(1.5 + f\frac{\ell}{d}\right)\frac{V^2}{2g}$

50 현의 길이가 7 m인 날개의 속력이 500 km/h로 비행할 때 이 날개가 받는 양력이 4200 kN이라고 하면 날개의 폭은 약 몇 m인가? (단, 양력계수 $C_L = 1$, 항력계수 $C_D = 0.02$, 밀도 $\rho = 1.26\ kg/m^3$ 이다.)

① 51.84 ② 63.17
③ 70.99 ④ 82.36

풀이

폭을 b, 현의길이를 l 이라 하면

$F_L = C_L A \frac{\rho V^2}{2} = C_L (bl)\frac{\rho V^2}{2} = 4200$

⇨ $b = \frac{F_L}{C_L l} \frac{2}{\rho V^2}$

$= \frac{4200 \times 10^3}{1 \times 7} \times \frac{2}{1.2 \times \left(\frac{500 \times 10^3}{3600}\right)^2}$

$= 51.84\ m$

51 길이 150 m인 배를 길이 10 m인 모형으로 조파저항에 관한 실험을 하고자 한다. 실형의 배가 70 km/h로 움직인다면, 실형과 모형사이의 역학적 상사를 만족하기 위한 모형의 속도는 약 몇 km/h 인가?

① 271 ② 56
③ 18 ④ 10

풀이

Froude수 상사

$\left(\frac{V}{\sqrt{Lg}}\right)_p = \left(\frac{V}{\sqrt{Lg}}\right)_m$

⇨ $V_m = V_p \left(\sqrt{\frac{l_m}{l_p}}\right) = 70 \times \left(\sqrt{\frac{10}{150}}\right)$

$= 18.07\ m/s$

52 그림과 같이 물이 유량 Q로 저수조로 들어가고, 속도 $V = \sqrt{2gh}$ 로 저수조 바닥에 있는 면적 A_2 의 구멍을 통하여 나간다. 저수조의 수면높이 가 변화하는 속도 $\frac{dh}{dt}$ 는?

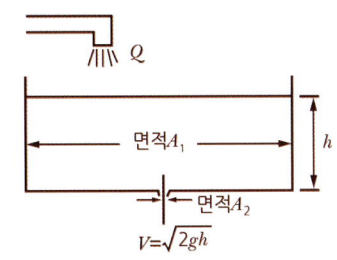

① $\dfrac{Q}{A_2}$

② $\dfrac{A_2\sqrt{2gh}}{A_1}$

③ $\dfrac{Q - A_2\sqrt{2gh}}{A_2}$

④ $\dfrac{Q - A_2\sqrt{2gh}}{A_1}$

풀이

A_1 단면에서 물의 변화량 $= A_1 \times \dfrac{dh}{dt}\ m^3/s$

출구에서 물의 변화량 $= Q - A_2\sqrt{2gh}$

$A_1 \times \dfrac{dh}{dt} = Q - A_2\sqrt{2gh}$

$\therefore\ \dfrac{dh}{dt} = \dfrac{Q - A_2\sqrt{2gh}}{A_1}$

53 그림과 같이 오일이 흐르는 수평관로 두 지점의 압력차 $p_1 - p_2$를 측정하기 위하여 오리피스와 수은을 넣은 U자관을 설치하였다. $p_1 - p_2$로 옳은 것은? (단, 오일의 비중량은 γ_{oil}이며, 수은의 비중량은 γ_{Hg}이다.)

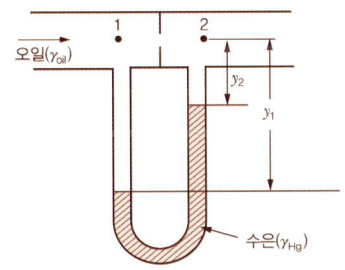

① $(y_1 - y_2)(\gamma_{Hg} - \gamma_{oil})$
② $y_2(\gamma_{Hg} - \gamma_{oil})$
③ $y_1(\gamma_{Hg} - \gamma_{oil})$
④ $(y_1 - y_2)(\gamma_{oil} - \gamma_{Hg})$

풀이

수은경계를 기준으로 하여 1과 2점간에서는
$p_1 + \gamma_{oil} y_1 = p_2 + \gamma_{oil} y_2 + \gamma_{Hg}(y_1 - y_2)$
$\Rightarrow p_1 - p_2 = \gamma_{oil} y_2 - \gamma_{oil} y_1 + \gamma_{Hg} y_1 - \gamma_{Hg} y_2$
$= (y_1 - y_2)(\gamma_{Hg} - \gamma_{oil})$

54 그림과 같이 비중이 1.3인 유체위에 깊이 1.1 m로 물이 채워져 있을 때, 직경 5 cm의 탱크출구로 나오는 유체의 평균속도는 약 몇 m/s인가? (단, 탱크의 크기는 충분히 크고 마찰손실은 무시한다.)

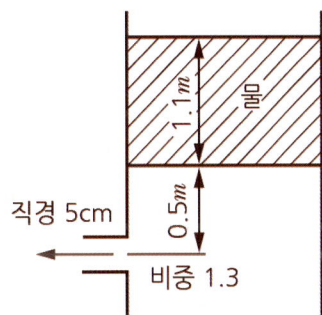

① 3.9　② 5.1
③ 7.2　④ 7.7

풀이

탱크출구 위치를 기준으로 하고 수면을 1위치 출구를 2위치로 하여 베르누이 식을 적용하면

$\dfrac{p_1}{\gamma} + \dfrac{V_1^2}{2g} + 1.1 + 0.5 \times 1.3 = \dfrac{p_2}{\gamma} + \dfrac{V_2^2}{2g}$

　　⇧ $p_1 = p_2,\ V_1 \fallingdotseq 0$ 적용

$\Rightarrow 1.1 + 0.5 \times 1.3 = \dfrac{V_2^2}{2g}$

$\therefore$ 분출속도
$V_2 = \sqrt{2 \times 9.8 \times (1.1 + 0.5 \times 1.3)}$
$= 5.86\ m/s$

55 그림과 같이 폭이 2 m인 수문 ABC가 A점에서 힌지로 연결되어 있다. 그림과 같이 수문이 고정될 때 수평인 케이블 CD에 걸리는 장력은 약 몇 kN인가? (단, 수문의 무게는 무시한다.)

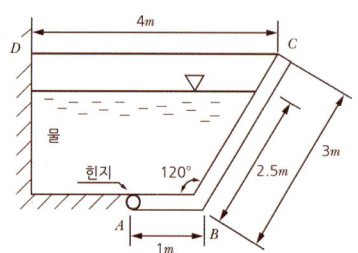

① 38.3 ② 35.4
③ 25.2 ④ 22.9

풀이

- 작용위치 : 압심의 y 좌표는

$$y_p = y_c + \frac{I_{도심}}{Ay_c}$$

$$= 1.25 + \frac{2 \times 2.5^3}{12} \times \frac{1}{(2 \times 2.5) \times 1.25}$$

$$= 1.67 \text{ m}$$

$F_1 = 1.25 \cos 30° \times 5 \times 9800 = 53044 \, N$

$F_2 = 2.5 \cos 30° \times 2 \times 9800 = 42435 \, N$

$\sum M_{힌지} = 0$

$F_3 \times 3 \sin 60° = 1.333 \times 53044 + 0.5 \times 42435$

$\therefore F_3 = 35.4 \, kN$

56 관로의 전 손실수두가 10 m인 펌프로부터 21 m 지하에 있는 물을 지상 25 m의 송출액면에 10 m³/min의 유량으로 수송할 때 축 동력이 124.5 kW이다. 이 펌프의 효율은 약 얼마인가?

① 0.70 ② 0.73
③ 0.76 ④ 0.80

풀이

$P = \gamma H Q$

$= 9800 \times (10 + 21 + 25) \times \frac{10}{60} \times 10^{-3}$

$= 91.5 \, kW$

$\therefore \eta = \frac{P}{P_{shaft}} = \frac{91.5}{124.5} = 0.73$

57 모세관을 이용한 점도계에서 원형관 내의 유동은 비압축성 뉴턴유체의 층류유동으로 가정할 수 있다. 원형관의 입구측과 출구측의 압력차를 2배로 늘렸을 때, 동일한 유체의 유량은 몇 배가 되는가?

① 2배 ② 4배
③ 8배 ④ 16배

풀이

유량 $Q = \frac{\triangle p \pi d^4}{128 \mu L}$

$\Rightarrow Q \propto \triangle p \quad \therefore 2배$

58 다음 유체역학적 양 중 질량차원을 포함하지 않는 양은 어느 것인가? (단, MLT 기본차원을 기준으로 한다.)

① 압력 ② 동점성계수
③ 모멘트 ④ 점성계수

풀이

② 동점성계수의 차원 $\mu = \rho \nu$

$\Rightarrow \nu = \frac{\mu}{\rho} = \frac{ML^{-1}T^{-1}}{ML^{-3}} = L^2 T^{-1}$

59 그림과 같이 속도가 V인 유체가 속도 U로 움직이는 곡면에 부딪혀 90°의 각도로 유동방향이 바뀐다. 다음 중 유체가 곡면에 가하는 힘의 수평방향 성분크기가 가장 큰 것은? (단, 유체의 유동단면적은 일정하다.)

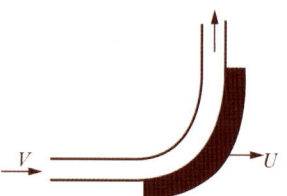

정답 55. ② 56. ② 57. ① 58. ② 59. ③

① $V = 10$ m/s , $U = 5$ m/s
② $V = 20$ m/s , $U = 15$ m/s
③ $V = 10$ m/s , $U = 4$ m/s
④ $V = 25$ m/s , $U = 20$ m/s

풀이
$F_x = \rho Q(V-U) \Rightarrow F_x \propto (V-U)$

60 피에조미터 관에 대한 설명으로 틀린 것은?

① 계기유체가 필요 없다.
② U자관에 비해 구조가 단순하다.
③ 기체의 압력측정에 사용할 수 있다.
④ 대기압 이상의 압력측정에 사용할 수 있다.

풀이
③ 피에조미터(piezo meter) : 정압측정 장치

제4과목 : 기계재료 및 유압기기

61 배빗메탈(babbit metal)에 관한 설명으로 옳은 것은?

① Sn-Sb-Cu계 합금으로서 베어링재료로 사용된다.
② Cu-Ni-Si계 합금으로서 도전율이 좋으므로 강력 도전 재료로 이용된다.
③ Zn-Cu-Ti계 합금으로서 강도가 현저히 개선된 경화형 합금이다.
④ Al-Cu-Mg계 합금으로서 상온시효처리 하여 기계적 성질을 개선시킨 합금이다.

풀이
배빗 메탈(Babbitt metal)은 미끄럼 베어링용 합금으로 화이트 메탈이라고도 한다. Sn(주석)을 주성분으로 하고 Sb(안티몬)과 Cu(구리)를 첨가한 합금이다.

62 담금질한 공석강의 냉각곡선에서 시편을 20℃의 물 속에 넣었을 때 ㉮와 같은 곡선을 나타낼 때의 조직은?

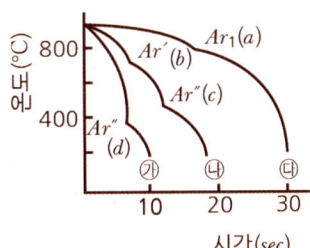

① 펄라이트
② 오스테나이트
③ 마텐자이트
④ 베이나이트 + 펄라이트

풀이
탄소(C)를 과포화하게 고용한 α 철을 마텐자이트라 하고 현미경 조직적으로 침상 및 백색이다.
결정구조는 체심정방, 체심입방 등으로서 담금질했을 때 나타나는 조직을 체심정방, 뜨임 했을 때 나타나는 조직을 체심입방이라 하고 잔류 오스테나이트를 150~300℃로 뜨임했을 때 유냉시 200℃에서 제 2변화(Ar″), 수냉시 280℃에서 Ar″ 변태에 의해서 생성된다.

63 고강도 합금으로써 항공기용 재료에 사용되는 것은?

① 베릴륨 동
② Naval brass
③ 알루미늄 청동
④ Extra Super Duralumin

풀이
알루미늄 합금의 꽃이라고 해도 과언이 아닌 두랄루민은 구리와 마그네슘 및 그 외 1~2종의 원소를 알루미늄에 첨가하여 시효경화성을 가지게 한 고력(高力) 알루미늄 합금으로서 두랄루민(A2017)과 초두랄루민(A2024) 및 초초 두랄루민(A7075)으로 구분한다.
초초두랄루민(ESD, Extra Super Duraumin)은 1930년대에 일본에서 개발된 것으로 8%의 아연, 1.5%의 구

리, 1.5%의 마그네슘을 첨가한 것으로 항공업계에서 널리 사용되며 오늘날 항공기에 사용되는 재료 중 약 50~70%는 알루미늄으로 이루어졌다고 보면 된다.

64 플라스틱 재료의 일반적인 특징으로 옳은 것은?

① 내구성이 매우 높다.
② 완충성이 매우 낮다.
③ 자기 윤활성이 거의 없다.
④ 복합화에 의한 재질의 개량이 가능.

풀이
합성수지라 총칭되는 플라스틱은 고분자 화합물의 구조에 따라 분류되는 방법이 있지만 공업적으로 열을 가했을 때 발생되는 유동(流動)에 따라 크게 두 개의 타입으로 분류된다.
하나는 열가소성(熱加塑性) 플라스틱이며 또 하나는 열경화성(熱硬化性) 플라스틱이다.
에틸렌이나 프로필렌 등 화학반응의 기술을 같은 물질의 분자와 분자를 결합시켜(중합반응이라고 함) 지금까지 없었던 새로운 성질의 물질로 만들 수 있다.

65 고 Mn강(hadfield steel)에 대한 설명으로 옳은 것은?

① 고온에서 서랭하면 M_3C가 석출하여 취약해진다.
② 소성변형 중 가공경화성이 없으며, 인장강도가 낮다.
③ 1200℃ 부근에서 급랭하여 마텐자이트 단상으로 하는 수인법을 이용한다.
④ 열전도성이 좋고 팽창계수가 작아 열변형을 일으키지 않는다.

풀이
고망간강(하드필드강)은 1,000~1,100℃에서 수중 담금질 하여 인성을 부여하는 수인법(Water toughening) 처리하여 내마모성이 아주 크므로 철도 교차점 등에 사용으로 사용된다.
하드필드 강을 수인 처리하면 오스테나이트 조직이 되므로 절삭이 가능하고 응력을 받으면 마텐자이트 조직이 되면서 내마모성를 발휘하는데 열처리 후 서냉하면 결정립계에 M_3C가 석출하여 취약해진다.
수인법 : 고Mn강, 18-8스테인리스 강 등과 같이 서냉시켜도 오스테나이트 조직으로 되는 합금을 1,000℃ 정도에서 수중에 급냉시키면 완전한 오스테나이트 조직의 연성과 인성을 증가시켜 가공이 쉽도록하는 열처리법

66 현미경 조직검사를 실시하기 위한 철강용 부식제로 옳은 것은?

① 왕수   ② 질산 용액
③ 나이탈 용액   ④ 염화 제2철 용액

풀이
왕수 : Au, Pt 등 귀금속
질산 용액 : 주석(Sn)합금
나이탈(Nital) : 순철, 탄소강, 주철
염화제2철 용액 : 구리, 황동 청동

67 고용체 합금의 시효경화를 위한 조건으로서 옳은 것은?

① 급랭에 의해 제 2상의 석출이 잘 이루어져야 한다.
② 고용체의 용해도 한계가 온도가 낮아짐에 따라 증가해야만 한다.
③ 기지상은 단단하여야 하며, 석출물은 연한 상이어야 한다.
④ 최대강도 및 경도를 얻기 위해서는 기지조직과 정합상태를 이루어야만 한다.

풀이
고용체의 용해한도가 온도감소에 따라 급감해야 하며 석출물이 기지조직과 정합상태이어야 함.

68 상온의 금속(Fe)을 가열 하였을 때 체심입방격자에서 면심입방격자로 변하는 점은?

① A_0 변태점   ② A_2 변태점

③ A_3 변태점 ④ A_4 변태점

풀이
A_3 변태점(동소변태)
- 결정구조의 변화
- 철의 동소변태점
- α 철(체심입방격자)에서 γ 철(면심입방격자)로 격자변화가 있는 온도
- 탄소함유량에 따라 변하며 순철의 경우 910 ℃, 탄소 함량 0.85%에서 723℃

69 스테인리스강을 조직에 따라 분류할 때의 기준조직이 아닌 것은?

① 페라이트 계   ② 마텐자이트 계
③ 시멘타이트 계 ④ 오스테나이트 계

풀이
스테인리스는 성분적으로 Cr계와 Cr-Ni계 두 가지로 분류하며 기본적으로 오스테나이트계(SUS 304), 페라이트계(SUS430), 마텐자이트계(SUS410)의 세 가지가 되며, 강도를 향상시킨 혼합조직인 석출경화계와 내식성을 향상시킨 2상계(Duplex)두가지를 포함하여 모두 5가지 정도로 구분한다.

70 항온 열처리 방법에 해당하는 것은?

① 뜨임(tempering)
② 어닐링(annealing)
③ 마퀜칭(marquenching)
④ 노멀라이징(normalizing)

풀이
항온 열처리(Isothermal Heat Treatment)
변태점 이상으로 가열한 강을 보통의 열처리와 같이 연속적으로 냉각하지 않고 염욕중에 담금질하여 그 온도로 일정한 시간 동안 항온 유지하였다가 냉각하는 열처리를 항온 열처리라 함. 담금질과 뜨임을 같이할 수 있고, 담금질의 균열을 방지할 수 있어 경도와 인성이 동시에 요구되는 공구강, 합금강의 열처리에 사용된다.
마퀜칭(marquenching) : 담금질 온도까지 가열된 강을 Ar″(Ms)점보다 다소 높은 온도의 염욕에 담금질한 후 마텐자이트로 변태를 시켜서 담금질 균열과 변형을 방지하는 방법으로 복잡하고, 변형이 많은 강재에 적합하다.

71 유체 토크컨버터의 주요 구성요소가 아닌 것은?

① 펌프   ② 터빈
③ 스테이터 ④ 릴리프 밸브

풀이
토크 컨버터는 유체 커플링으로부터 개발되었다. 토크 컨버터의 구조는 유체 커플링에서 펌프와 터빈의 날개를 적당한 각도로 만곡(彎曲)시키고, 유체의 유동방향을 변화시키는 역할을 하는 스테이터(stator)를 추가한 형태이다. 토크 컨버터는 하우징 내에 펌프, 터빈 및 스테이터가 밀봉되어 있고 동작유체로 채워져 있다.

72 유압장치의 특징으로 적절하지 않은 것은?

① 원격제어가 가능하다.
② 소형장치로 큰 출력을 얻을 수 있다.
③ 먼지나 이물질에 의한 고장의 우려가 있다.
④ 오일에 기포가 섞여 작동이 불량할 수 있다.

풀이
[유압 장치의 장점]
① 입력에 대한 출력의 응답이 빠르다.
② 시동, 정지, 역전, 변속, 가속 등의 제어가 간단하다.
③ 힘과 속도를 자유로이 변속시킬 수 있다.
④ 무단변속이 가능하다.
⑤ 소형장치로 큰 출력을 얻는다.
⑥ 진동이 적고, 원격조작이 가능하다.
⑦ 신호시에 응답이 빠르고 전기적인 조작이 가능하다.
⑧ 속도 및 방향, 토크 제어가 용이하다.
⑨ 수동 및 자동조작이 가능하다.
⑩ 최대출력 토크의 제한이 용이하다.
⑪ 정, 역회전이 가능하다.
⑫ 각종 제어밸브에 의해 압력, 유량, 방향 등 의 제어가 간단하다.

[유압 장치의 단점]
① 온도의 영향을 쉽게 받는다.

② 작동유의 점도의 변화에 따라 효율이 변한다.
③ 작동유에 먼지나 이물질이 침입하지 않도록 주의해야 한다.
④ 화재의 우려가 있는 곳에서 사용은 곤란하다.

73 채터링 현상에 대한 설명으로 적절하지 않은 것은?

① 소음을 수반한다.
② 일종의 자려 진동현상이다.
③ 감압 밸브, 릴리프 밸브 등에서 발생한다.
④ 압력, 속도변화에 의한 것이 아닌 스프링의 강성에 의한 것이다.

풀이
채터링 현상은 감압, 체크, 릴리프 밸브 등에서 밸브 시트를 두드려 비교적 높은 소음을 내는 일종의 자려 진동현상이다.

74 그림의 유압회로도에서 ⓐ의 밸브 명칭으로 옳은 것은?

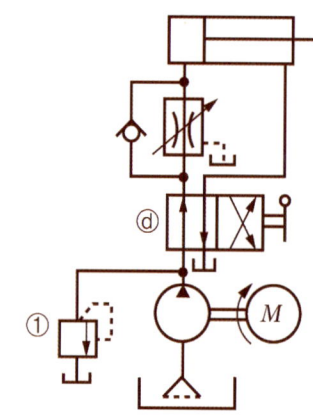

① 스톱 밸브
② 릴리프 밸브
③ 무부하 밸브
④ 카운터 밸런스 밸브

풀이

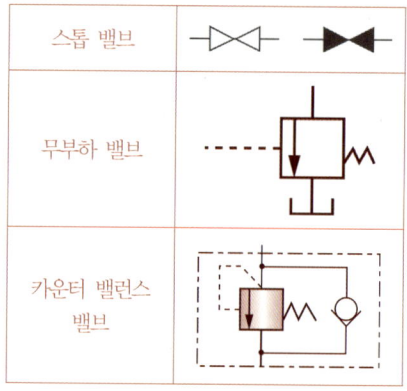

스톱 밸브	
무부하 밸브	
카운터 밸런스 밸브	

75 압력제어 밸브의 종류가 아닌 것은?

① 체크 밸브
② 감압 밸브
③ 릴리프 밸브
④ 카운터 밸런스 밸브

풀이
압력제어밸브(pressure control valve) : 회로압력의 제한, 과부하동작 조작의 순서 동작 외부부하와의 평형 작동 등을 하는 밸브로 작동식과 파일롯 작동식이 있으며 파일롯 밸브로부터 먼 곳에서 작동시키면 원격제어가 가능하다.
릴리프 밸브, 감압 밸브(리듀싱 밸브), 시퀀스 밸브, 카운터 밸런스 밸브, 언로딩 밸브, 압력 스위치 등이 있다. 체크 밸브는 방향 제어 밸브로 한 방향의 유동을 허용하지만 역방향의 유동은 완전히 저지하는 역할을 하는 밸브이다.

76 유압유의 구비조건으로 적절하지 않은 것은?

① 압축성이어야 한다.
② 점도지수가 커야한다.
③ 열을 방출시킬 수 있어야 한다.
④ 기름중의 공기를 분리시킬 수 있어야 한다.

풀이
[유압유의 구비조건]

① 불활성이며, 작동유를 확실히 전달시키기 위하여 비압축성이어야 한다.
② 동력손실, 운동부 마모 방지, 누유방지 등을 최소화하기 위하여 장치의 오일 온도범위에서 회로 내를 유연하게 유동할 수 있는 점도가 유지되어야 한다.
③ 수명이 길고 열, 물, 산화 및 전단에 대해 안정성이 커야 한다.
④ 체적탄성계수가 크고, 인화점과 발화점이 높아야 한다.
⑤ 장시간 사용하여도 화학적으로 안정하여야 한다. (산화안정성 및 내유화성)
⑥ 녹이나 부식 등의 발생을 방지하여야 한다. (방청 및 방식성이 우수할 것)
⑦ 외부로부터 침입한 먼지나 오일 속에 혼입한 공기 등의 분리를 신속히 할 수 있어야 한다.
⑧ 점도지수가 높아야 한다(온도변화에 대한 점도 변화가 적을 것).
⑨ 열전달률이 높고, 열팽창계수, 비중이 작아야 하며 물과의 상호 용해성이 매우 작아야 한다.
⑩ 압력의 변화 및 전단에 의한 점도변화가 작아야 한다.

77 그림과 같은 유압기호의 명칭은?

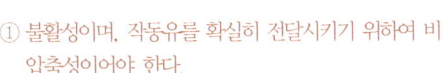

① 경음기 ② 소음기
③ 리밋 스위치 ④ 아날로그 변환기

풀이

경음기	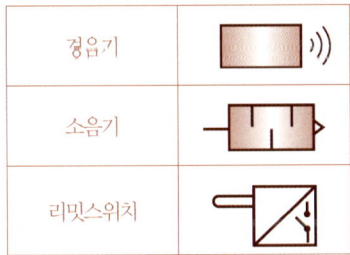
소음기	
리밋스위치	

78 펌프에 대한 설명으로 틀린 것은?

① 피스톤 펌프는 피스톤을 경사판, 캠, 크랭크 등에 의해서 왕복운동시켜, 액체를 흡입 쪽에서 토출 쪽으로 밀어 내는 형식의 펌프이다.
② 레이디얼 피스톤 펌프는 피스톤의 왕복운동 방향이 구동축에 거의 직각인 피스톤 펌프이다.
③ 기어펌프는 케이싱 내에 물리는 2개 이상의 기어에 의해 액체를 흡입 쪽에서 토출 쪽으로 밀어내는 형식의 펌프이다.
④ 터보펌프는 덮개차를 케이싱 외에 회전시켜, 액체로부터 운동에너지를 뺏어 액체를 토출하는 형식의 펌프이다.

풀이

터보펌프는 가장 복잡하고 정밀한 구조를 가진 펌프 중 하나로 고속모터의 중심축에 정해진 간격을 따라 로터라고 불리는 회전디스크와 스테터라고 하는 고정디스크가 번갈아 달려 있다. 임펠러를 케이싱 내에서 회전시켜 액체에 에너지를 공급하는 펌프이다.

79 미터아웃 회로에 대한 설명으로 틀린 것은?

① 피스톤 속도를 제어하는 회로이다.
② 유량제어 밸브를 실린더의 입구측에 설치한 회로이다.
③ 기본형은 부하변동이 심한 공작기계의 이송에 사용된다.
④ 실린더에 배압이 걸리므로 끌어당기는 하중이 작용해도 자주 할 염려가 없다.

풀이

미터아웃 회로는 유량제어밸브를 실린더의 출구 쪽에 직렬로 접속하여 액추에이터에서 유출되는 유량을 제어함으로서 실린더의 속도를 제어하는 방식이다. 따라서 실린더에는 항상 배압이 작용된다.
드릴링 머신이나 보링 머신과 같이 제한속도 이상의 속도를 실린더가 하강할 염려가 있는 경우나 또는 항시 실린더에 배압을 걸 필요가 있는 경우 등에 사용된다.

80 유압실린더 취급 및 설계 시 주의사항으로 적절하지 않은 것은?

① 적당한 위치에 공기구멍을 장치한다.
② 쿠션장치인 쿠션밸브는 감속범위의 조정용으로 사용된다.
③ 쿠션장치인 쿠션링은 헤드 엔드축에 흐르는 오일을 촉진한다.
④ 원칙적으로 더스트 와이퍼를 연결해야 한다.

풀이
쿠션링은 로드 엔드 축에 흐르는 오일을 차단한다.

제5과목 : 기계제작법 및 기계동력학

81 다음 중 계의 고유진동수에 영향을 미치지 않는 것은?

① 계의 초기조건
② 진동물체의 질량
③ 계의 스프링 계수
④ 계를 형성하는 재료의 탄성계수

풀이
$f = \dfrac{\omega_n}{2\pi}\ Hz$

$\omega_n = \sqrt{\dfrac{k}{m}} = \sqrt{\dfrac{W/\delta}{W/g}} = \sqrt{\dfrac{g}{\delta}}\ rad/s$

$\delta \propto \dfrac{1}{E}$

82 엔진(질량 m)의 진동이 공장 바닥에 직접 전달될 때 바닥에 힘이 $F_0 \sin \omega t$로 전달된다. 이 때 전달되는 힘을 감소시키기 위해 엔진과 바닥사이에 스프링(스프링상수 k)과 댐퍼(감쇠상수 c)를 달았다. 이를 위해 진동계의 고유진동수(ω_n)와 외력의 진동수(ω)는 어떤 관계를 가져야 하는가?

(단, $\omega_n = \sqrt{\dfrac{k}{m}}$ 이고, t 는 시간을 의미한다.)

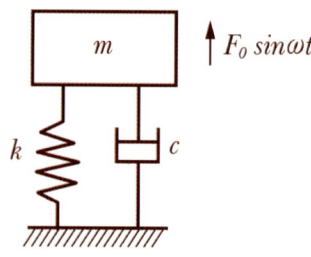

① $\omega_n > \omega$ ② $\omega_n < 2\omega$
③ $\omega_n < \dfrac{\omega}{\sqrt{2}}$ ④ $\omega_n > \dfrac{\omega}{\sqrt{2}}$

풀이
진동절연 TR < 1 일 때,
진동수 비 $\gamma = \dfrac{\omega}{\omega_n} > \sqrt{2}$ 이므로

$\omega_n < \dfrac{\omega}{\sqrt{2}}$

83 스프링상수가 20 N/cm와 30 N/cm인 두 개의 스프링을 직렬로 연결했을 때 등가스프링 상수값은 몇 N/cm인가?

① 10   ② 12
③ 25   ④ 50

풀이
$k = \dfrac{1}{\dfrac{1}{20} + \dfrac{1}{30}} = \dfrac{60}{5} = 12\ N/cm$

84 그림과 같이 질량이 10 kg인 봉의 끝단이 홈을 따라 움직이는 블록 A, B에 구속되어 있다. 초기에 $\theta = 0°$에서 정지하여 있다가 블록 B에 수평력 P = 50 N이 작용하여 $\theta = 45°$가 되는 순간에 봉의 각속도는 약 몇 rad/s인가? (단, 블록 A와 B의 질량과 마찰은 무시하고, 중력가속도 g = 9.81 m/s²이다.)

정답 80. ③ 81. ① 82. ③ 83. ② 84. ④

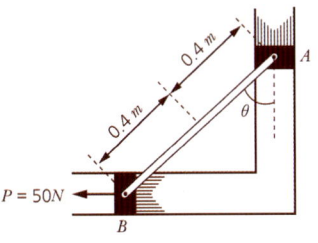

① 3.11　② 4.11
③ 5.11　④ 6.11

풀이

$50 \times \dfrac{0.8}{\sqrt{2}} + 10 \times 9.81 \times \left(0.4 - \dfrac{0.4}{\sqrt{2}}\right)$

$= \dfrac{I\omega^2 + mv^2}{2}$

$= \dfrac{1}{2}\left(\dfrac{1}{12} \times 10 \times 0.8^2\right)\omega^2 + \dfrac{1}{2} \times 10 \times (0.4\omega)^2$

$\therefore \omega \fallingdotseq 6.107 \ rad/s$

85 그림과 같이 최초 정지상태에 있는 바퀴에 줄이 감겨있다. 힘을 가하여 줄의 가속도(a)가 $a = 4t \ [m/s^2]$일 때 바퀴의 각속도(ω)를 시간의 함수로 나타내면 몇 rad/s인가?

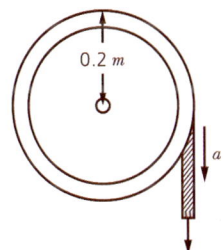

① $8t^2$　② $9t^2$
③ $10t^2$　④ $11t^2$

풀이

$v = \displaystyle\int a(t)\,dt = \int 4t\,dt = 2t^2 \ m/s$

$v = r\omega \ \Rightarrow \ 2t^2 = 0.2\,\omega$

$\omega = \dfrac{2t^2}{0.2} = 10t^2$

86 그림과 같이 질량이 동일한 두 개의 구슬 A, B가 있다. 초기에 A의 속도는 v이고 B는 정지되어 있다. 충돌 후 A와 B의 속도에 관한 설명으로 맞는 것은? (단, 두 구슬 사이의 반발계수는 1 이다.)

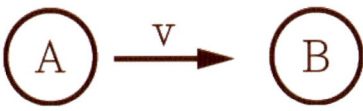

① A와 B 모두 정지한다.
② A와 B 모두 v의 속도를 가진다.
③ A와 B 모두 $\dfrac{v}{2}$ 의 속도를 가진다.
④ A는 정지하고 B는 v의 속도를 가진다.

풀이

반발계수가 1일 때는 충돌 전 상대속도 크기와 충돌 후 상대속도의 크기가 동일하다.
따라서 충돌 후 A는 정지하고, B는 충돌 전 상대속도인 v의 속도를 가진다.

87 90 km/h의 속력으로 달리던 자동차가 100 m 전방의 장애물을 발견한 후 제동을 하여 장애물 바로 앞에 정지하기 위해 필요한 제동력의 크기는 몇 N인가? (단, 자동차의 질량은 1000 kg이다.)

① 3125　② 6250
③ 40500　④ 81000

풀이

자동차의 속력 : $V = \dfrac{90 \times 1000}{3600} = 25 \ m/s$

제동거리 : $s = 100 \ m$

$E_{제동일} = E_K$

$\Rightarrow F_{제동} \cdot s = \dfrac{1}{2} m V^2$

$\Rightarrow F_{제동} = \dfrac{1}{2s} m V^2 = \dfrac{1}{2 \times 100} \times 1000 \times 25^2$

$= 3125 \ N$

88 국제단위체계(SI)에서 1 N에 대한 설명으로 맞는

정답 85. ③　86. ④　87. ①　88. ③

것은?

① 1 g의 질량에 $1\,m/s^2$ 의 가속도를 주는 힘이다.
② 1 g의 질량에 $1\,m/s$ 의 속도를 주는 힘이다.
③ 1 kg의 질량에 $1\,m/s^2$ 의 가속도를 주는 힘이다.
④ 1 kg의 질량에 $1\,m/s$ 의 속도를 주는 힘이다.

풀이
③

89 그림과 같이 질량이 m 인 물체가 탄성스프링으로 지지되어 있다. 초기위치에서 자유낙하를 시작하고, 초기 스프링의 변형량은 0 일 때, 스프링의 최대변형량(x)은? (단, 스프링의 질량은 무시하고, 스프링상수는 k, 중력가속도는 g 이다.)

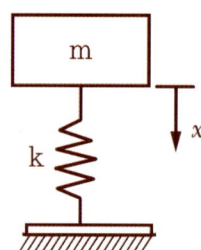

① $\dfrac{mg}{k}$ ② $\dfrac{2mg}{k}$

③ $\sqrt{\dfrac{mg}{k}}$ ④ $\sqrt{\dfrac{2mg}{k}}$

풀이
자유낙하 변형량
⇒ $x_{\max} = \delta_0\left(1 + \sqrt{1 + \dfrac{2h}{\delta_0}}\right)$ ⇐ $h = 0$
스프링 변형량 $\delta_0 = \dfrac{mg}{k}$
∴ $x_{\max} = \delta_0 + \sqrt{\delta_0^{\,2}} = 2\delta_0 = \dfrac{2mg}{k}$

90 30°로 기울어진 표면에 질량 50 kg인 블록이 질량 m인 추와 그림과 같이 연결되어 있다. 경사 표면과 블록 사이의 마찰계수가 0.5일 때 이 블록을 경사면으로 끌어올리기 위한 추의 최소 질량은 약 몇 kg인가?

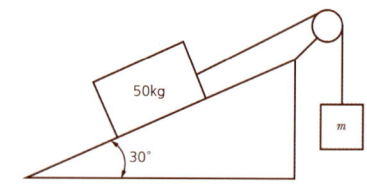

① 36.5 ② 41.8
③ 46.7 ④ 54.2

풀이
FBD로부터 경사면 방향의
$\sum F = 0$인 경우를 검토한다.
⇒ $mg = 50g\sin 30° + \mu N$
⇒ $mg = 50g\sin 30° + 0.5 \times 50 \times g\cos 30°$
∴ $m ≒ 46.65\,kg$

91 전기도금의 반대현상으로 가공물을 양극, 전기저항이 적은 구리, 아연을 음극에 연결한 후 용액에 침지하고 통전하여 금속표면의 미소 돌기부분을 용해하여 거울 면과 같이 광택이 있는 면을 가공할 수 있는 특수가공은?

① 방전가공 ② 전주가공
③ 전해연마 ④ 슈퍼피니싱

풀이
전해연마(Electropolishing)란 전기-화학적 반응을 이용한 연마법으로 피연마재를 양극, 전극을 음극으로 하여 양극 표면에서의 금속용출을 이용해 금속표면을 거울 면과 같이 매끄럽게 만드는 연마의 한 종류이다.

92 주물사에서 가스 및 공기에 해당하는 기체가 통과하여 빠져나가는 성질은?

① 보온성 ② 반복성

③ 내구성 ④ 통기성

풀이
주물사의 구비조건으로 성형성, 내열성, 통기성, 내화성, 신축성, 보온성 등이 있으며, 주물사가 기체를 통과시키는 정도를 통기성이라고 한다.

93 프레스가공에서 전단가공의 종류가 아닌 것은?
① 블랭킹 ② 트리밍
③ 스웨이징 ④ 셰이빙

풀이
[전단가공의 종류]
① 블랭킹(Blanking) : 제품의 윤곽형상대로 금형을 사용하여 재료를 전단하는 것이 소정의 제품이 되는 방법
② 피어싱(Piercing) : 블랭킹과 사용목적이 반대이며 가공재료에 구멍을 뚫는 작업이다. 따낸 부분은 스크랩이 된다.
③ 분단(Parting) : 가공제품을 중심선에 따라 또는 제품 사이를 절단하여 동일형상의 제품을 2개 이상으로 나누는 방법
④ 트리밍(Trimming) : 제품을 소요형상으로 하기 위하여 온 둘레 또는 부분적으로 스크랩을 절단하는 방법이다.
⑤ 노칭(Notching) : 재료, 부품, 블랭크 등의 외형의 일부분을 떼어내는 방법
⑥ 슬리팅(Slitting) : 스크랩을 내지 않고 코일 재를 둥근 날로 절단할 때와 판의 일부를 결정한 길이만큼 분할하는 방법
⑦ 하프블랭킹(Half blanking) : 블랭킹 위료작지에 피치를 멈추게 하는 방법
⑧ 셰이빙(Shaving) : 전가공된 전단면을 정확한 치수로 다듬질하거나, 또는 매끈하게 하기 위하여 하는 방법
⑨ 콤파운드(Compound) : 프레스 램의 1행정으로 블랭킹이나 피어싱등 전단가공을 2종류 이상을 동시에 하는 방법

94 침탄법에 비하여 경화층은 얇으나, 경도가 크고, 담금질이 필요 없으며, 내식성 및 내마모성이 커서 고온에도 변화되지 않지만 처리시간이 길고 생산비가 많이 드는 표면경화법은?
① 마퀜칭 ② 질화법
③ 화염 경화법 ④ 고주파 경화법

풀이
질화법(Nitriding) : 강의 표면에 질소를 침투시켜 강의 표면을 경화시키는 열화학적처리 방법으로 침탄과 비교하여 열처리 변형이 적은 장점을 가지고 있다.

침탄법	질화법
1. 침탄층의 경도는 질화층보다 작다. 2. 침탄 후 열처리가 필요하다. 3. 침탄 후에도 수정이 가능하다. 4. 단시간에 표면경화 할 수 있다. 5. 경화에 의한 변형이 생긴다. 6. 고온이 되면 뜨임에 의해 경도가 낮아진다. 7. 침탄층은 여리지 않는다. 8. 처리비용이 비교적 저렴하다. 9. 처리적용 강의 종류에 제한이 적다.	질화층의 경도가 크다. 질화 후 열처리가 필요 없다. 질화 후 수정이 불가하다. 표면경화 시간이 길다. 경화로 인한 변형이 적다. 고온 가열해도 경도저하가 없다. 질화층은 여리다. 처리비용이 많이 든다. 처리적용 강의 종류에 제한을 받는다.

95 두께 50 mm의 연강판을 압연롤러를 통과시켜 40 mm가 되었을 때 압하율은 몇 %인가?
① 10 ② 15
③ 20 ④ 25

풀이
$$압하율 = \frac{H_0 - H_1}{H_0} \times 100\%$$
$$= \frac{50-40}{50} \times 100 = 20\%$$

정답 93. ③ 94. ② 95. ③

96 숏피닝(shot peening)에 대한 설명으로 틀린 것은?

① 숏피닝은 얇은 공작물일수록 효과가 크다.
② 가공물 표면에 작은 헤머와 같은 작용을 하는 형태로 일종의 열간 가공법이다.
③ 가공물 표면에 가공경화 된 잔류 압축 응력층이 형성된다.
④ 반복하중에 대한 피로파괴에 큰 저항을 갖고 있기 때문에 각종 스프링에 널리 이용된다.

풀이
쇼트피닝 가공이란 금속 부품의 표면에 쇼트볼(shot ball)이라는 강구를 고속으로 금속의 표면에 투사하여 금속의 표면을 햄머링(hammering)하는 일종의 냉간 가공이다.

97 오스테나이트 조직을 굳은 조직인 베이나이트로 변환시키는 항온변태 열처리 법은?

① 서브제로 ② 마템퍼링
③ 오스포밍 ④ 오스템퍼링

풀이
항온 열처리는 변태점 이상으로 가열한 강을 일반 열처리와 같이 연속적으로 냉각하지 않고, 염욕 중에 담금질하여 특정온도에서 일정한 시간 동안 항온유지하여 이 온도에서의 변태를 완료한 후 냉각하는 열처리를 말한다.
오스템퍼링(Austempering)은 Ar' 와 Ar" 사이의 온도로 유지된 염욕에 담금질하고 과냉각의 오스테나이트 변태가 끝날 때까지 항온유지해 주는 방법이며 이 때 얻어지는 조직이 베이나이트(Bainite)이다.

98 주철과 같은 강하고 깨지기 쉬운 재료(메진재료)를 저속으로 절삭할 때 생기는 칩의 형태는?

① 균열형 칩 ② 유동형 칩
③ 열단형 칩 ④ 전단형 칩

풀이
균열형 칩(crack type chip)은 주철과 같은 취성재료를 저속절삭할 때 나타나며, 순간적으로 균열(crack)이 발생하는 불연속칩(discontinuous chip)때문에 절삭저항(절삭력)이 크게 변동한다.
따라서 가공면은 홈을 깊게 파면서 거칠게 된다.

99 선반가공에서 직경 60 mm, 길이 100 mm의 탄소강 재료 환봉을 초경바이트를 사용하여 1회 절삭 시 가공시간은 약 몇 초 인가? (단, 절삭깊이 1.5 mm, 절삭속도 150 m/min, 이송은 0.2 mm/rev 이다.)

① 38 ② 42
③ 48 ④ 52

풀이
$$V = \frac{\pi d N}{1000}\ m/min$$
$$\Rightarrow N = \frac{1000V}{\pi d} = \frac{1000 \times 150}{\pi \times 60} = 795.77$$
$$\Rightarrow T = \frac{l}{Nf} = \frac{100}{795.77 \times 0.2} ≒ 38\ sec$$

100 용접의 일반적인 장점으로 틀린 것은?

① 품질검사가 쉽고 잔류응력이 발생하지 않는다.
② 재료가 절약되고 중량이 가벼워진다.
③ 작업공정수가 감소한다.
④ 기밀성이 우수하며 이음효율이 향상된다.

풀이
[용접의 장단점]
① 이음효율이 높다.
② 재료가 절감된다. 보통 20~30% 정도의 재료가 절감된다.
③ 기밀성이 높아 파괴되기 전까지는 누설될 염려가 없다.
④ 소음이 없다.
⑤ 페인팅 작업을 쉽게 할 수 있다.

정답 96. ② 97. ④ 98. ① 99. ① 100. ①

⑥ 공정수를 줄일 수 있으므로 제작비가 상대적으로 저렴한 편이다.
⑦ 이음할 판재의 두께에 제한이 없다.
⑧ 생산효율이 좋고 보수가 용이하다.
⑨ 소량생산에 적합하며 제작기간이 단축된다.
⑩ 완성제품의 무게를 줄일 수 있다.
⑪ 제작비 및 설비비가 상대적으로 저렴하다.

용접의 단점
① 최적의 용접조건을 만족하지 않으면 결함이 발생하기 쉽다.
② 결함으로 인한 응력집중현상이 일어나게 되면 기밀성 유지가 어렵다.
③ 제품의 진동을 감쇠하는 능력이 부족하다.
④ 용접시 발생하는 열로 인해 변형 및 잔류응력을 남긴다.
⑤ 용접부의 결함검사가 어렵다.
⑥ 응력집중에 민감하며, 결함이 발생하면 연속적으로 파괴가 진행될 우려가 있다.

국가기술자격 필기시험문제

2020년 기사 제3회 과년도 유사문제

| 자격종목 | 일반기계기사 | 시험시간 2시간 30분 | 형별 A | 수험번호 | 성명 |

제1과목 : 재료역학

01 다음 외팔보가 균일분포 하중을 받을 때, 굽힘에 의한 탄성변형에너지는? (단, 굽힘강성 EI는 일정하다.)

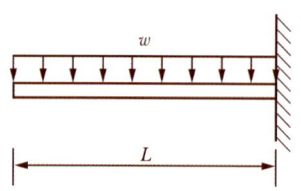

① $U = \dfrac{w^2L^5}{20EI}$ ② $U = \dfrac{w^2L^5}{30EI}$

③ $U = \dfrac{w^2L^5}{40EI}$ ④ $U = \dfrac{w^2L^2}{50EI}$

[풀이]

탄성변형에너지 $U = \int_0^L \dfrac{M^2}{2EI}\,dx$

등분포하중 $M = wx \times \dfrac{x}{2} = \dfrac{wx^2}{2}$

$\therefore\ U = \int_0^L \dfrac{(wx^2)^2}{8EI}\,dx = \dfrac{w^2L^5}{40EI}$

02 길이 10 m, 단면적 2 cm²인 철봉을 100℃에서 그림과 같이 양단을 고정했다. 이 봉의 온도가 20℃로 되었을 때 인장력은 약 몇 kN인가? (단, 세로탄성계수는 200 GPa, 선팽창계수 α=0.000012/℃이다.)

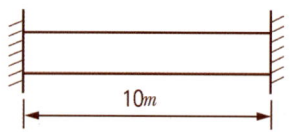

① 19.2 ② 25.5
③ 38.4 ④ 48.5

[풀이]

$\lambda_H = l\,\alpha\,\Delta T = 10 \times 0.000012 \times (-80)$
$= -0.0096 = -96 \times 10^{-4}\ m$

$P = \dfrac{AE\lambda}{l}$

$= \dfrac{2 \times 10^{-4} \times 200 \times 10^9 \times 96 \times 10^{-4}}{10} \times 10^{-3}$

$= 38.4\ kN$

03 그림과 같은 단순지지보에 모멘트(M)와 균일 분포 하중(w)이 작용할 때, A점의 반력은?

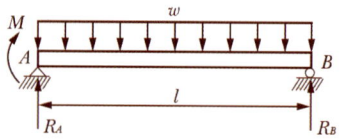

① $\dfrac{w\ell}{2} - \dfrac{M}{\ell}$ ② $\dfrac{w\ell}{2} - M$

③ $\dfrac{w\ell}{2} + M$ ④ $\dfrac{w\ell}{2} + \dfrac{M}{\ell}$

[풀이]

$\sum M_B = R_A \times l + M - wl \times \dfrac{l}{2} = 0$

$\therefore\ R_A = \dfrac{wl}{2} - \dfrac{M}{l}$

04 그림과 같이 원형단면을 가진 보가 인장하중 P = 90 kN을 받는다. 이 보는 강(steel)으로 이루어져 있고, 세로탄성계수 210 GPa이며 포와송비

정답 1. ③ 2. ③ 3. ① 4. ④

$\mu = 1/30$이다. 이 보의 체적변화 △V는 약 몇 mm³인가? (단, 보의 직경 d = 30 mm, 길이 L = 5 m이다.)

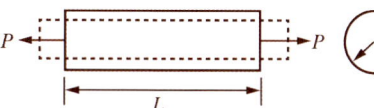

① 114.28   ② 314.28
③ 514.28   ④ 714.28

풀이

$$\lambda = \frac{Pl}{AE} = \frac{90 \times 10^3 \times 5}{(\pi \times 0.03^2/4) \times 210 \times 10^9}$$
$$= 0.003 \ m$$

$$\triangle V = V \epsilon_v \Leftarrow \epsilon_v = (1-2\nu)\epsilon_x = (1-2\nu)\frac{\lambda}{l}$$
$$= \frac{\pi \times 0.03^2}{4} \times 5 \times \left(1 - 2 \times \frac{1}{3}\right) \times \frac{0.003}{5} \times 10^{-9}$$
$$= 706.5 \ mm^3$$

05 길이 3 m, 단면의 지름 3 cm인 균일단면의 알루미늄 봉이 있다. 이 봉에 인장하중 20 kN이 걸리면 봉은 약 몇 cm 늘어나는가? (단, 세로탄성계수는 72 GPa이다.)

① 0.118   ② 0.239
③ 1.18   ④ 2.39

풀이

$$\lambda = \frac{Pl}{AE} = \frac{20 \times 10^3 \times 3}{\pi/4 \times 0.03^2 \times 72 \times 10^9} \times 10^2$$
$$\fallingdotseq 0.118 \ cm$$

06 판 두께 3 mm를 사용하여 내압 20 N/cm²을 받을 수 있는 구형(spherical) 내압용기를 만들려고 할 때, 이 용기의 최대안전내경 d를 구하면 몇 cm인가? (단, 이 재료의 허용인장응력을 σ_w= 800 kN/cm²로 한다.)

① 24   ② 48
③ 72   ④ 96

풀이

구형 압력용기의 응력은
$$\sigma = \frac{pd}{4t}$$
$$\Rightarrow d = \frac{4\sigma t}{p}$$
$$= \frac{4 \times 800 \times 10^4 \times 0.003}{20 \times 10^4} \times 100$$
$$= 48 \ cm$$

07 그림과 같은 돌출보에서 w = 1200 kN/m의 등분포하중이 작용할 때, 중앙부분에서의 최대 굽힘응력은 약 몇 MPa 인가? (단, 단면은 표준 I 형보로 높이 h = 60 cm이고, 단면 2차모멘트 I = 982000 cm4이다.)

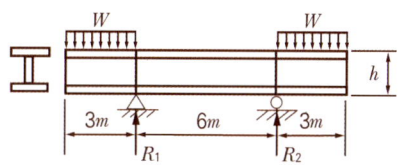

① 125   ② 165
③ 185   ④ 195

풀이

$$Z = \frac{I}{y} = \frac{982000 \times 10^{-8}}{0.3} \fallingdotseq 0.033 \ m^3$$

$$\sum M_{R_1}$$
$$= R_A \times 6 - 1200 \times 3 \times 7.5 + 1200 \times 3 \times 1.5 = 0$$
$$\therefore R_A = 3600 \ kN$$

$$\Rightarrow M_{중앙} = 3600 \times 1.5 = 5400 \ kN \cdot m$$

$$M_{중앙} = \sigma_{중앙} Z \Rightarrow \sigma_{중앙} = \frac{M_{중앙}}{Z}$$
$$= \frac{5400 \times 10^3}{0.033} \times 10^{-6} \fallingdotseq 163.6 \ MPa$$

08 다음과 같이 스팬(span) 중앙에 힌지(hinge)를

가진 보의 최대 굽힘모멘트는 얼마인가?

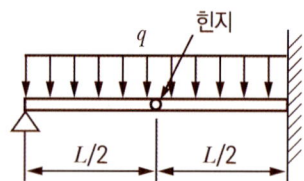

① $qL^2/4$ ② $qL^2/6$
③ $qL^2/8$ ④ $qL^2/12$

풀이

$R_A = \dfrac{qL}{4}$, $R_B = \dfrac{3qL}{4}$

$\therefore M_{최대} = M_{힌지}$

$= \dfrac{3qL}{4} \times \dfrac{L}{2} - \dfrac{qL}{4} \times \dfrac{L}{2} = \dfrac{qL^2}{4}$

09 다음 그림과 같은 부채꼴 도심(centroid)의 위치 $\bar{x}$ 는?

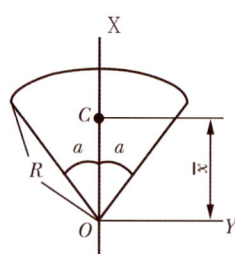

① $\bar{x} = \dfrac{2}{3}R$ ② $\bar{x} = \dfrac{3}{4}R$
③ $\bar{x} = \dfrac{3}{4}R\sin\alpha$ ④ $\bar{x} = \dfrac{2R}{3\alpha}\sin\alpha$

풀이

부채꼴의 도심 $\bar{x} = \dfrac{2R}{3\alpha}\sin\alpha$

$\bar{x} = \dfrac{\int_A x\,dA}{A}$

$= \dfrac{\int_0^R r^2\,dr \int_{-\alpha}^{\alpha} \cos\theta\,d\theta}{\alpha R^2} = \dfrac{2R\sin\alpha}{3\alpha}$

10 그림과 같이 800 N의 힘이 브래킷 A에 작용하고 있다. 이 힘의 점 B에 대한 모멘트는 약 몇 N·m 인가?

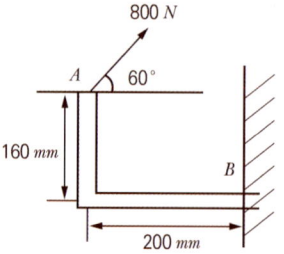

① 160.6   ② 202.6
③ 238.6   ④ 253.6

풀이

$M_B = 800\cos 60° \times 0.16 + 800\sin 60° \times 0.2$
$= 202.6\ N\cdot m$

11 다음과 같은 평면응력 상태에서 최대주응력 σ_1은?

$$\sigma_x = \tau,\ \sigma_y = 0,\ \tau_{xy} = -\tau$$

① 1.414τ ② 1.80τ
③ 1.618τ ④ 2.828τ

풀이

$\sigma_1 = \dfrac{1}{2}(\sigma_x + \sigma_y) + \dfrac{1}{2}\sqrt{(\sigma_x - \sigma_y)^2 + 4\tau_{xy}^2}$

$= \dfrac{1}{2}(\tau + 0) + \dfrac{1}{2}\sqrt{(\tau - 0)^2 + 4 \times (-\tau)^2}$

$= 1.618\,\tau$

12 0.4 m × 0.4 m인 정사각형 ABCD를 아래 그림에 나타내었다. 하중을 가한 후의 변형상태는 점선으로 나타내었다. 이때 A 지점에서 전단변형률 성분의 평균값(γ_{xy})는?

정답 9. ④ 10. ② 11. ③ 12. ③

기출문제

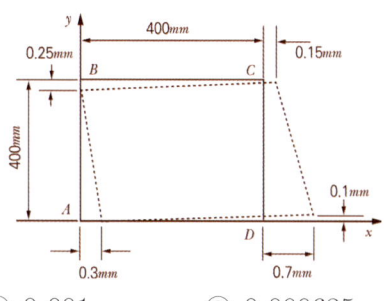

① 0.001
② 0.000625
③ −0.0005
④ −0.000625

풀이

전단변형률 $\gamma = \dfrac{\lambda}{L}$

$\gamma_A = -\dfrac{0.3}{400}, \ \gamma_B = -\dfrac{0.25}{400}$

$\gamma_C = -\dfrac{0.15}{400}, \ \gamma_D = -\dfrac{0.1}{400}$

$\gamma_{xy} = \dfrac{-(0.3+0.25+0.15+0.1)}{400 \times 4}$

$= -0.0005$

13 비틀림모멘트 2 kN·m가 지름 50 mm인 축에 작용하고 있다. 축의 길이가 2 m일 때 축의 비틀림각은 약 몇 rad인가? (단, 축의 전단탄성계수는 85 GPa이다.)

① 0.019
② 0.028
③ 0.054
④ 0.077

풀이

$\theta = \dfrac{Tl}{GI_P}$

$= \dfrac{2 \times 10^3 \times 2 \times 32}{85 \times 10^9 \times \pi \times 0.05^4} = 0.077$

14 그림과 같이 외팔보의 끝에 집중하중 P가 작용할 때 자유단에서의 처짐각 θ 는? (단, 보의 굽힘강성 EI 는 일정하다.)

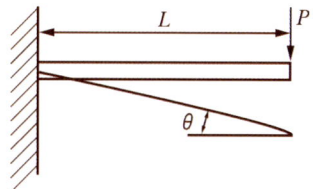

① $PL^2/2EI$
② $PL^3/6EI$
③ $PL^2/8EI$
④ $PL^2/12EI$

풀이

자유단 최대처짐각은 $\theta_{max} = \dfrac{Pl^2}{2EI}$

15 지름 70 mm인 환봉에 20 MPa의 최대전단응력이 생겼을 때 비틀림모멘트는 약 몇 kN·m인가?

① 4.50
② 3.60
③ 2.70
④ 1.35

풀이

$T_{max} = \tau_{max} Z_P$

$= 20 \times 10^6 \times \dfrac{\pi \times 0.07^3}{16} \times 10^{-3}$

$= 1.35 \ kN \cdot m$

16 다음 구조물에 하중 P = 1 kN이 작용할 때 연결핀에 걸리는 전단응력은 약 얼마인가? (단, 연결핀의 지름은 5 mm이다.)

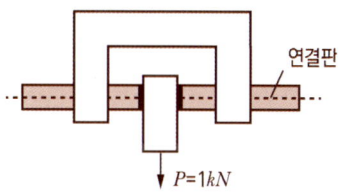

① 25.46 kPa
② 50.92 kPa
③ 25.46 MPa
④ 50.92 MPa

풀이

전단면이 2개이므로

정답 13. ④ 14. ① 15. ④ 16. ③

$$\tau = \frac{F}{2A} = \frac{P_s}{2A} = \frac{P_s}{2 \times \frac{\pi d^2}{4}}$$

$$= \frac{2 \times 1 \times 10^3}{\pi \times 0.005^2} \times 10^{-6} = 25.48 \ MPa$$

17 100 rpm으로 30 kW를 전달시키는 길이 1 m, 지름 7 cm인 둥근 축단의 비틀림각은 약 몇 rad인가? (단, 전단탄성계수는 83 GPa이다.)

① 0.26　　② 0.30
③ 0.015　　④ 0.009

풀이

$$T = 974 \frac{H_{kW}}{N} = 974 \frac{30}{100}$$
$$= 292.2 \ kN \cdot cm = 2922 \ N \cdot m$$

$$\theta = \frac{1}{2} \frac{Tl}{GI_P} = \frac{1}{2} \times \frac{2922 \times 2 \times 32}{83 \times 10^9 \times \pi \times 0.07^4}$$
$$\fallingdotseq 0.015 \ rad$$

18 그림과 같이 균일단면을 가진 단순보에 균일하중 w kN/m가 작용할 때, 이 보의 탄성곡선식은? (단, 보의 굽힘강성 EI는 일정하고, 자중은 무시한다.)

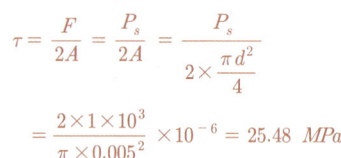

① $y = \frac{wx}{24EI}(L^3 - 2Lx^2 + x^3)$

② $y = \frac{w}{24EI}(L^3 - Lx^2 + x^3)$

③ $y = \frac{w}{24EI}(L^3x - Lx^2 + x^3)$

④ $y = \frac{wx}{24EI}(L^3 - 2x^2 + x^3)$

풀이

$\frac{d^2y}{dx^2} = -\frac{M(x)}{EI}$: 탄성곡선 방정식

FBD로부터　$EI \frac{d^2y}{dx^2} = \frac{1}{2}wx^2 - \frac{1}{2}wLx$

적분(1)　$EI \frac{dy}{dx} = \frac{1}{6}wx^3 - \frac{1}{4}wLx^2 + C_1$

적분(2)　$EI y = \frac{1}{24}wx^4 - \frac{1}{12}wLx^3 + C_1 x + C_2$

B.C. (1)　$x \to 0, \ y \to 0$　　$C_2 = 0$

B.C. (2)　$x \to L, \ y \to 0$　　$C_1 = \frac{1}{24}wL^3$

$$\therefore \ y = \frac{wx}{24EI}(L^3 - 2Lx^2 + x^3)$$

19 길이가 5 m이고 직경이 0.1 m인 양단고정보 중앙에 200 N의 집중하중이 작용할 경우 보의 중앙에서의 처짐은 약 몇 m인가? (단, 보의 세로탄성계수는 200 GPa이다.)

① 2.36×10^{-5}　② 1.33×10^{-4}
③ 4.58×10^{-4}　④ 1.06×10^{-3}

풀이

$$\delta_{\max} = \frac{Pl^3}{192EI}$$

$$= \frac{200 \times 5^3 \times 64}{192 \times 200 \times 10^9 \times \pi \times 0.1^4}$$

$$= 1.33 \times 10^{-4} \ m$$

20 그림과 같은 단주에서 편심거리 e 에 압축하중 P = 80 kN이 작용할 때 단면에 인장응력이 생기지 않기 위한 e 의 한계는 몇 cm 인가? (단, G는 편심하중이 작용하는 단주끝단의 평면상 위치를 의미한다.)

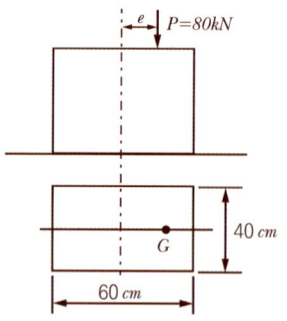

① 8 ② 10
③ 12 ④ 14

풀이
사각형 단면인 경우, 응력이 생기지 않는 핵 반지름은 $\frac{b}{6}$, $\frac{h}{6}$ 인 마름모의 경우가 되므로
$$\therefore e = \frac{b}{6} = \frac{60}{6} = 10\ cm$$

제2과목 : 기계열역학

21 단열된 노즐에 유체가 10 m/s의 속도로 들어와서 200 m/s의 속도로 가속되어 나간다. 출구에서의 엔탈피가 2770 kJ/kg일 때 입구에서의 엔탈피는 약 몇 kJ/kg인가?

① 4370 ② 4210
③ 2850 ④ 2790

풀이
$$h_1 + \frac{w_1^2}{2} = h_2 + \frac{w_2^2}{2}$$
$$\Rightarrow h_1 + \frac{10^2}{2 \times 1000} = 2770 + \frac{200^2}{2 \times 1000}$$
$$\therefore h_2 = 2790\ kJ/kg$$

22 이상적인 교축과정(throttling process)을 해석하는데 있어서 다음 설명 중 옳지 않은 것은?

① 엔트로피는 증가한다.
② 엔탈피의 변화가 없다고 본다.
③ 정압과정으로 간주한다.
④ 냉동기의 팽창밸브의 이론적인 해석에 적용될 수 있다.

풀이
③ 교축과정
교축과정이란 좁은 공간을 통과하는 과정으로 압력이 저하하는 과정이다. 실제기체에서는 마찰이 발생하여 온도도 내려가지만 이상기체에서는 다시 유체로 회수되므로 교축과정 전후의 엔탈피는 변화하지 않는다.

23 다음은 오토(Otto)사이클의 온도-엔트로피(T-S) 선도이다. 이 사이클의 열효율을 온도를 이용하여 나타낼 때 옳은 것은? (단, 공기의 비열은 일정한 것으로 본다.)

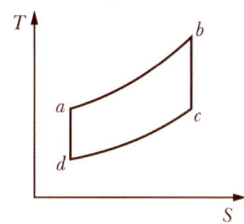

① $1 - \dfrac{T_c - T_d}{T_b - T_a}$ ② $1 - \dfrac{T_b - T_a}{T_c - T_d}$

③ $1 - \dfrac{T_a - T_d}{T_b - T_c}$ ④ $1 - \dfrac{T_b - T_c}{T_a - T_d}$

풀이
$$\eta_{th\ O} = 1 - \frac{T_4 - T_1}{T_3 - T_2} = 1 - \frac{T_c - T_d}{T_b - T_a}$$

24 전류 25A, 전압 13V를 가하여 축전지를 충전하고 있다. 충전하는 동안 축전지로부터 15W의 열손실이 있다. 축전지의 내부에너지 변화율은 약 몇 W인가?

① 310 ② 340
③ 370 ④ 420

풀이
$$Q = U + W \Rightarrow \triangle U = \triangle Q - \triangle W$$
$$\triangle W = V \times I = -(13 \times 25) = -325\ W$$
$$Q = -15\ W$$
$$\therefore \triangle U = \triangle Q - \triangle W$$
$$= -15 - (-325) = 310\ W$$

정답 21. ④ 22. ③ 23. ① 24. ①

25 이상적인 랭킨사이클에서 터빈입구 온도가 350℃이고, 75 kPa과 3 MPa의 압력범위에서 작동한다. 펌프입구와 출구, 터빈입구와 출구에서 엔탈피는 각각 384.4 kJ/kg, 387.5 kJ/kg, 3116 kJ/kg, 2403 kJ/kg이다. 펌프일을 고려한 사이클의 열효율과 펌프일을 무시한 사이클의 열효율 차이는 약 몇 %인가?

① 0.0011 ② 0.092
③ 0.11   ④ 0.18

풀이

$$\eta_R = \frac{w_T - w_p}{q_B + q_{SH}} = \frac{(h_3 - h_4) - (h_2 - h_1)}{(h_3 - h_2)}$$

$$= \left(\frac{(3116 - 2403) - (387.5 - 384.4)}{3116 - 384.4}\right) \times 100$$

$$\fallingdotseq 25.99\%$$

$$\eta_R{'} = \frac{w_T}{q_B + q_{SH}} = \frac{(h_3 - h_4)}{(h_3 - h_2)}$$

$$= \left(\frac{3116 - 2403}{3116 - 384.4}\right) \times 100 \fallingdotseq 26.1\%$$

$$\therefore 26.1 - 25.99 = 0.11\%$$

26 다음 중 강도성상태량(intensive property)이 아닌 것은?

① 온도   ② 내부에너지
③ 밀도   ④ 압력

풀이

강도성 상태량 ⇨ 질량과 무관한 상태량
 cf) 용량성 상태량 ⇨ 질량에 비례하는 상태량

27 압력이 0.2 MPa, 온도가 20℃의 공기를 압력이 2 MPa로 될 때까지 가역 단열압축할 때 온도는 약 몇 ℃ 인가? (단, 공기는 비열비가 1.4인 이상기체로 간주한다.)

① 225.7 ② 273.7
③ 292.7 ④ 358.7

풀이

$$\frac{T_2}{T_1} = \left(\frac{p_2}{p_1}\right)^{\frac{k-1}{k}} = \left(\frac{v_1}{v_2}\right)^{k-1}$$

$$\Rightarrow T_2 = T_1 \left(\frac{p_2}{p_1}\right)^{\frac{k-1}{k}} = T_1 \left(\frac{p_2}{p_1}\right)^{\frac{k-1}{k}}$$

$$= (20 + 273.15) \times (10)^{\frac{1.4-1}{1.4}}$$

$$= 292.8\ ℃$$

28 100℃의 구리 10 kg을 20℃의 물 2 kg이 들어있는 단열용기에 넣었다. 물과 구리 사이의 열전달을 통한 평형온도는 약 몇 ℃인가? (단, 구리비열은 0.45 kJ/(kg·K), 물 비열은 4.2 kJ/(kg·K)이다.)

① 48   ② 54
③ 60   ④ 68

풀이

$Q_{방열량} = Q_{흡열량}$
$\Rightarrow Q = mC\Delta T$
$\Rightarrow 10 \times 0.45 \times (100 - t) = 2 \times 4.2 \times (t - 20)$
$\therefore t \fallingdotseq 48℃$

29 고온열원(T_1)과 저온열원(T_2) 사이에서 작동하는 역카르노 사이클에 의한 열펌프(heat pump)의 성능계수는?

① $\dfrac{T_1 - T_2}{T_1}$ ② $\dfrac{T_2}{T_1 - T_2}$
③ $\dfrac{T_1}{T_1 - T_2}$ ④ $\dfrac{T_1 - T_2}{T_2}$

풀이

$$COP_{RC} = \frac{T_H}{T_H - T_L} = \frac{T_1}{T_1 - T_2}$$

30 다음 중 스테판-볼츠만의 법칙과 관련이 있는 열전달은?

정답 25. ③ 26. ② 27. ③ 28. ① 29. ③ 30. ②

① 대류 ② 복사
③ 전도 ④ 응축

풀이
② 복사

31 이상기체로 작동하는 어떤기관의 압축비가 17이다. 압축전의 압력 및 온도는 112 kPa, 25℃이고 압축후의 압력은 4350 kPa이었다. 압축후의 온도는 약 몇 ℃인가?

① 53.7 ② 180.2
③ 236.4 ④ 407.8

풀이
$pv = RT$

$\Rightarrow R = \dfrac{p_1 v_1}{T_1} = \dfrac{p_2 v_2}{T_2} \Rightarrow T_2 = \dfrac{p_2}{p_1} \times \dfrac{v_2}{v_1} T_1$

$\Rightarrow T_2 = \dfrac{4350}{112} \times \dfrac{1}{17} \times 298.15 = 681.17\ K$

$\therefore t_2 = 408.02\ ℃$

32 어떤 물질에서 기체상수(R)가 0.189 kJ/(kg·K), 임계온도가 305K, 임계압력이 7380 kPa이다. 이 기체의 압축성인자(compressibility factor, Z)가 다음과 같은 관계식을 나타낸다고 할 때 이 물질의 20℃, 1000 kPa 상태에서의 비체적(v)은 약 몇 m³/kg인가? (단, P는 압력, T는 절대온도, P_r은 환산압력, T_r은 환산온도를 나타낸다.)

$$Z = \dfrac{Pv}{RT} = 1 - 0.8 \dfrac{P_r}{T_r}$$

① 0.0111 ② 0.0303
③ 0.0491 ④ 0.0554

풀이
$Z = \dfrac{Pv}{RT} = 1 - 0.8 \dfrac{P_r}{T_r}$

$\Rightarrow \dfrac{1000\ v}{0.189 \times 293.15} = 1 - 0.8 \times \dfrac{1000 \times 305}{7380 \times 293.15}$

$\therefore v = 0.0491\ m^3/s$

33 어떤 유체의 밀도가 740 kg/m³ 이다. 이 유체의 비체적은 약 몇 m³/kg인가?

① 0.78×10^{-3} ② 1.35×10^{-3}
③ 2.35×10^{-3} ④ 2.98×10^{-3}

풀이
$\rho = 740\ kg/m^3$

$\Rightarrow v = \dfrac{1}{\rho} = \dfrac{1}{740} = 1.35 \times 10^{-3}\ m^3/kg$

34 클라우지우스(Clausius)의 부등식을 옳게 나타낸 것은? (단, T는 절대온도, Q는 시스템으로 공급된 전체열량을 나타낸다.)

① $\oint T\delta Q \leq 0$ ② $\oint T\delta Q \geq 0$
③ $\oint \dfrac{\delta Q}{T} \leq 0$ ④ $\oint \dfrac{\delta Q}{T} \geq 0$

풀이
$\oint \dfrac{\delta Q}{T} \leq 0$:
가역사이클이면 등호(=)
비가역 사이클이면 부등호(<)

35 이상기체 2 kg이 압력 98 kPa, 온도 25℃ 상태에서 체적이 0.5 m³이었다면 이 이상기체의 기체상수는 약 몇 J/(kg·K)인가?

① 79 ② 82
③ 97 ④ 102

풀이
$pV = mRT$

$\Rightarrow 98 \times 10^3 \times 0.5 = 2 \times R \times (25 + 273.15)$

$\therefore R = 82.2\ J/kg \cdot k$

36 압력(P)-부피(V) 선도에서 이상기체가 그림과 같은 사이클로 작동한다고 할 때 한 사이클 동안 행한 일은 어떻게 나타내는가?

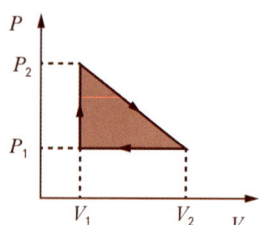

① $\dfrac{(P_2+P_1)(V_2+V_1)}{2}$

② $\dfrac{(P_2-P_1)(V_2+V_1)}{2}$

③ $\dfrac{(P_2+P_1)(V_2-V_1)}{2}$

④ $\dfrac{(P_2-P_1)(V_2-V_1)}{2}$

풀이
p - V 선도 상의 면적은 사이클 수행일

$$_1W_2 = \dfrac{(p_2-p_1)(V_2-V_1)}{2}$$

37 기체가 0.3 MPa로 일정한 압력 하에 8 m³에서 4 m³까지 마찰없이 압축되면서 동시에 500 kJ의 열을 외부로 방출하였다면, 내부에너지의 변화는 약 몇 kJ인가?

① 700　　② 1700
③ 1200　　④ 1400

풀이
밀폐계에서의 일 = 절대일

$$_1W_2 = \int_1^2 p\,dV = p(V_2-V_1)$$
$$= 0.3 \times 10^6 \times (4-8) \times 10^{-3}$$
$$= -1200\ kJ$$

$Q = U + W \Rightarrow \delta Q = dU + \delta W$
$\Rightarrow \triangle U = \triangle Q - \triangle W$
$= -500 + 1200 = 700\ kJ$

38 카르노사이클로 작동하는 열기관이 1000℃의 열원과 300K의 대기사이에서 작동한다. 이 열기관이 사이클 당 100 kJ의 일을 할 경우 사이클 당 1000℃의 열원으로부터 받은 열량은 약 몇 kJ인가?

① 70.0　　② 76.4
③ 130.8　　④ 142.9

풀이
$\eta_c = 1 - \dfrac{T_L}{T_H} = \left(1 - \dfrac{300}{1000+273.15}\right)$
$= 0.764$
$W = 100 = 0.764\ Q_H$ 이므로
$\Rightarrow Q_H = \dfrac{100}{0.764} = 130.9\ kJ$

39 냉매가 갖추어야 할 요건으로 틀린 것은?
① 증발온도에서 높은 잠열을 가져야 한다.
② 열전도율이 커야 한다.
③ 표면장력이 커야 한다.
④ 불활성이고 안전하며 비가연성이어야 한다.

풀이
③ 표면장력이 커지면 관 벽에 부착이 잘 되므로 유동성이 나빠진다.

40 어떤 습증기의 엔트로피가 6.78 kJ/(kg·K)라고 할 때 이 습증기의 엔탈피는 약 몇 kJ/kg 인가? (단, 이 기체의 포화액 및 포화증기의 엔탈피와 엔트로피는 다음과 같다.)

정답　36. ④　37. ①　38. ③　39. ③　40. ①

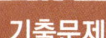

	포화액	포화증기
엔탈피(kJ/kg)	384	2666
엔트로피 (kJ/(kg·K))	1.25	7.62

① 2365 ② 2402
③ 2473 ④ 2511

풀이

$s_x = xs'' + (1-x)s' = s' + x(s''-s')$
$\Rightarrow 6.78 = 1.25 + x(7.62-1.25)$
$\therefore$ 건도 $x \fallingdotseq 0.868$

$h_{0.868} = (1-x)h' + xh''$
$= (1-0.868) \times 384 + 0.868 \times 2666$
$= 2364.8 \ kJ/kg$

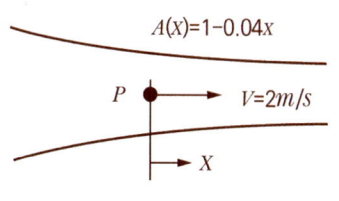

① -0.08 ② 0
③ 0.08   ④ 0.16

풀이

$Q = AV = 1 \times 2 = 2 \ m^3/s$

문제의 조건에서
$\Rightarrow 2 = (1-0.04x) \times v(x)$
$\Rightarrow v(x) = \dfrac{2}{1-0.04x}$
$\Rightarrow a(x) = \dfrac{dv}{dt} = \dfrac{0.08}{(1-0.04x)^2} \times \dfrac{dx}{dt}$
$\therefore a_{x=0} = 0.08 \times 2 = 0.16 \ m/s^2$

제3과목 : 기계유체역학

41 유체의 정의를 가장 올바르게 나타낸 것은?

① 아무리 작은 전단응력에도 저항할 수 없어 연속적으로 변형하는 물질
② 탄성계수가 0을 초과하는 물질
③ 수직응력을 가해도 물체가 변하지 않는 물질
④ 전단응력이 가해질 때 일정한 양의 변형이 유지되는 물질

풀이

① 내부에 전단응력이 작용하는 한 연속적으로 변형하는(흘러가는) 물질

42 비압축성 유체가 그림과 같이 단면적 A(x) = 1 - 0.04x [m²]로 변화하는 통로 내를 정상상태로 흐를 때 P점(x=0)에서의 가속도[m/s²]는 얼마인가? (단, P점에서의 속도는 2 m/s, 단면적은 1 m²이며, 각 단면에서 유속은 균일하다고 가정한다.)

43 낙차가 100 m인 수력발전소에서 유량이 5 m³/s 이면 수력터빈에서 발생하는 동력[MW]은 얼마인가? (단, 유도관의 마찰손실은 10 m이고, 터빈의 효율은 80%이다.)

① 3.53 ② 3.92
③ 4.41 ④ 5.52

풀이

$P = \gamma H Q \times \eta_T$
$= 9800 \times (100-10) \times 5 \times 0.8 \times 10^{-6}$
$= 3.53 \ MW$

44 공기의 속도 24 m/s인 풍동 내에서 익현길이 1 m, 익의 폭 5 m인 날개에 작용하는 양력[N]은 얼마인가? (단, 공기의 밀도는 1.2 kg/m³, 양력계수는 0.4550이다.)

① 1572 ② 786
③ 393   ④ 91

정답 41. ① 42. ④ 43. ① 44. ②

풀이

$$F_L = C_L A \frac{\rho V^2}{2}$$
$$= 0.455 \times (1 \times 5) \times \frac{1.2 \times 24^2}{2}$$
$$= 786.2 \ N$$

45 그림과 같이 유리관 A, B 부분의 안지름은 각각 30 cm, 10 cm이다. 이 관에 물을 흐르게 하였더니 A에 세운 관에는 물이 60 cm, B에 세운 관에는 물이 30 cm 올라갔다. A와 B 각 부분에서 물의 속도[m/s]는?

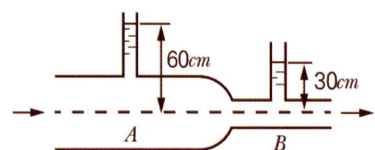

① $V_A = 2.73$, $V_B = 24.5$
② $V_A = 2.44$, $V_B = 22.0$
③ $V_A = 0.542$, $V_B = 4.88$
④ $V_A = 0.271$, $V_B = 2.44$

풀이

$$\frac{p_A}{\gamma} + \frac{V_A^2}{2g} + z_A = \frac{p_B}{\gamma} + \frac{V_B^2}{2g} + z_B$$
$$\Rightarrow \frac{V_A^2}{2 \times 9.8} + 0.6 = \frac{V_B^2}{2 \times 9.8} + 0.3 \ \ldots\ldots \text{①}$$
$$\dot{Q} = A_A V_A = A_B V_B \ \ m^3/s$$
$$\Rightarrow V_A = V_B \left(\frac{A_B}{A_A}\right) = V_B \left(\frac{0.3^2}{0.1^2}\right) = 9 V_B \ \ldots \text{②}$$

②식을 ①식에 대입하고 풀면
$$V_A = 0.271 \ m/s, \ V_B = 2.44 \ m/s$$

46 직경 1 cm인 원형관내의 물의 유동에 대한 천이 레이놀즈수는 2300이다. 천이가 일어날 때 물의 평균유속[m/s]은 얼마인가? (단, 물의 동점성계수는 1×10⁻⁶ m²/s이다.)

① 0.23   ② 0.46
③ 2.3   ④ 4.6

풀이

$$Re = \frac{\rho V L}{\mu} = \frac{Vd}{\nu}$$
$$\Rightarrow 2300 = \frac{V \times 0.01}{1 \times 10^{-6}}$$
$$V = \frac{2300 \times 10^{-6}}{0.01} = 0.23 \ m/s$$

47 해수의 비중은 1.025이다. 바닷물 속 10 m 깊이에서 작업하는 해녀가 받는 계기압력[kPa]은 약 얼마인가?

① 94.4   ② 100.5
③ 105.6   ④ 112.7

풀이

$$p_{gauge} = \gamma h = \gamma_w s h$$
$$= 9800 \times 1.025 \times 10 \times 10^{-3}$$
$$= 100.45 \ kN$$

48 체적이 30 m³인 어느 기름의 무게가 247 kN이었다면 비중은 얼마인가? (단, 물의 밀도는 1000 kg/m³이다.)

① 0.80   ② 0.82
③ 0.84   ④ 0.86

풀이

$$W_{기름} = m_{기름} g = \rho_{기름} V g = \rho_w s V g$$
$$\Rightarrow 247 \times 10^3 = 1000 s \times 30 \times 9.8$$
$$\therefore s = 0.84$$

49 3.6 m³/min을 양수하는 펌프의 송출구의 안지름이 23 cm일 때 평균 유속[m/s]은 얼마인가?

① 0.96   ② 1.20
③ 1.32   ④ 1.44

정답 45. ④ 46. ① 47. ② 48. ③ 49. ④

풀이

$\dot{Q} = AV$

$\Rightarrow V = \dfrac{\dot{Q}}{A} = \dfrac{3.6/60}{\pi/4 \times 0.23^2} = 1.44 \; m/s$

50 어떤 물리적인 계(system)에서 물리량 F가 물리량 A, B, C, D의 함수관계가 있다고 할 때, 차원해석을 한 결과 두 개의 무차원수, F/AB^2와 B/CD^2를 구할 수 있었다. 그리고 모형실험을 하여 A = 1, B = 1, C = 1, D = 1 일 때 F = F_1을 구할 수 있었다. 여기서 A = 2, B = 4, C = 1, D = 2인 원형의 F는 어떤 값을 가지는가? (단, 모든 값들은 SI단위를 가진다.)

① F_1
② $16F_1$
③ $32F_1$
④ 위의 자료만으로는 예측할 수 없다.

풀이

$\dfrac{F}{AB^2} \times \dfrac{B}{CD^2} = \dfrac{F}{ABCD^2} = $ 무차원수

$\Rightarrow F = \dfrac{F_2}{2 \times 4 \times 1 \times 2^2} = F_1$

$\therefore F_2 = 32F_1$

51 (x, y)평면에서의 유동함수(정상, 비압축성 유동)가 다음과 같이 정의된다면 x = 4 m, y = 5 m 위치에서의 속도[m/s]는 얼마인가?

$$\psi = 3x^2 y - y^3$$

① 123 ② 92
③ 52 ④ 38

풀이

$\vec{V_x}\big|_{(4,5)} = \dfrac{\partial \Psi}{\partial y}\big|_{(4,5)} = |3x^2 - 3y^2|_{(4,5)} = -27$

$\vec{V_y}\big|_{(4,5)} = -\dfrac{\partial \Psi}{\partial x}\big|_{(4,5)} = -|6xy|_{(4,5)} = -120$

$\therefore V = \sqrt{V_x^2 + V_y^2} = 123$

52 수면의 차이가 H인 두 저수지 사이에 지름 d, 길이 ℓ 인 관로가 연결되어 있을 때 관로에서의 평균유속(V)을 나타내는 식은? (단, f 는 관 마찰계수이고, g 는 중력가속도이며, K_1, K_2는 관입구와 출구에서의 부차적 손실계수이다.)

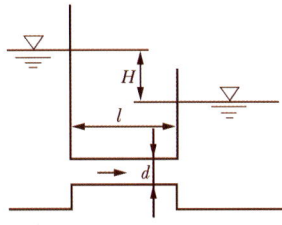

① $V = \sqrt{\dfrac{2gdH}{K_1 + f\ell + K_2}}$

② $V = \sqrt{\dfrac{2gH}{K_1 + fd\ell + K_2}}$

③ $V = \sqrt{\dfrac{2gdH}{K_1 + \dfrac{f}{\ell} + K_2}}$

④ $V = \sqrt{\dfrac{2gH}{K_1 + f\dfrac{\ell}{d} + K_2}}$

풀이

$h_L = K_1 \dfrac{V^2}{2g} + f\dfrac{L}{d}\dfrac{V^2}{2g} + K_2 \dfrac{V^2}{2g}$

$\Rightarrow H = K_1 \dfrac{V^2}{2g} + f\dfrac{\ell}{d}\dfrac{V^2}{2g} + K_2 \dfrac{V^2}{2g}$

$\therefore V = \sqrt{\dfrac{2gH}{K_1 + f\dfrac{\ell}{d} + K_2}}$

53 그림과 같은 두 개의 고정된 평판사이에 얇은 판이 있다. 얇은 판 상부에는 점성계수가 0.05 N·s/m²인 유체가 있고 하부에는 점성계수가 0.1 N·s/m²인 유체가 있다. 이 판을 일정속도 0.5 m/s

정답 50. ③ 51. ① 52. ④ 53. ③

로 끌 때, 끄는 힘이 최소가 되는 거리 y는? (단, 고정평판 사이의 폭은 h [m], 평판들 사이의 속도분포는 선형이라고 가정한다.)

(단, A_1, A_2는 노즐단면 1, 2에서의 단면적이고 ρ는 유체의 밀도이다.)

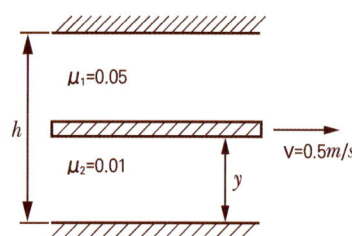

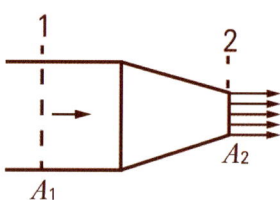

① 0.293h   ② 0.482h
③ 0.586h   ④ 0.879h

① $F = \dfrac{\rho A_2 Q^2}{2} \left(\dfrac{A_2 - A_1}{A_1 A_2} \right)^2$

② $F = \dfrac{\rho A_2 Q^2}{2} \left(\dfrac{A_1 + A_2}{A_1 A_2} \right)^2$

③ $F = \dfrac{\rho A_1 Q^2}{2} \left(\dfrac{A_1 + A_2}{A_1 A_2} \right)^2$

④ $F = \dfrac{\rho A_1 Q^2}{2} \left(\dfrac{A_1 - A_2}{A_1 A_2} \right)^2$

풀이

윗면 $F_1 = \gamma_1 A = 0.05 \times \dfrac{0.5}{h-y} A$

아랫면 $F_2 = \gamma_2 A = 0.1 \times \dfrac{0.5}{y} A$

⇒ $F = F_1 + F_2 = 0.05 A \left(\dfrac{0.5}{h-y} + \dfrac{1}{y} \right)$

⇒ $y^2 - 4hy + 2h^2 = 0$

∴ $y_1 = 3.414h$, $y_2 = 0.586h$

54 어떤 물리량 사이의 함수관계가 다음과 같이 주어졌을 때, 독립무차원수 P_i항은 몇 개인가? (단, a는 가속도, V는 속도, t는 시간, ν는 동점성계수, L은 길이이다.)

$$F(a, V, t, \nu, L) = 0$$

① 1   ② 2
③ 3   ④ 4

풀이

무차원 P_i 항의 총수 =
    독립적 물리량의 총수 − 기본차원의 총수
∴ 5 − 2 = 3개

55 그림과 같은 노즐을 통하여 유량 Q 만큼의 유체가 대기로 분출될 때, 노즐에 미치는 유체의 힘 F는?

풀이

분출하는 방향을 x 방향으로 하면 노즐에 미치는 유체의 힘 F_x는

$F_x = p_1 A_1 - p_2 A_2 - \rho Q (V_{2x} - V_{1x})$

여기서 $p_2 A_2 = 0$ 이고 ⇐ $p_2 = 0$

$V_{2x} = V_2$, $V_{1x} = V_1$ 이며

$V_1 = \dfrac{Q}{A_1}$, $V_2 = \dfrac{Q}{A_2}$ 이므로

$F_x = p_1 A_1 - \rho Q (V_2 - V_1)$

    $= p_1 A_1 - \rho Q^2 \left(\dfrac{1}{A_2} - \dfrac{1}{A_1} \right)$ ……①

단면 1과 2에 베르누이 식을 적용하고 정리하면

$\dfrac{p_1}{\gamma} + \dfrac{V_1^2}{2g} = \dfrac{p_2}{\gamma} + \dfrac{V_2^2}{2g}$

⇒ $p_1 = \dfrac{\rho}{2} (V_2^2 - V_1^2)$ ⇐ $\gamma = \rho g$

    $= \dfrac{\rho}{2} \left[\left(\dfrac{Q}{A_2} \right)^2 - \left(\dfrac{Q}{A_1} \right)^2 \right]$

    $= \dfrac{\rho Q^2}{2} \left[\left(\dfrac{1}{A_2} \right)^2 - \left(\dfrac{1}{A_1} \right)^2 \right]$ ……②

②를 ①에 대입하고 정리하면 … …

$$F_x = F = \frac{pA_1Q^2}{2}\left(\frac{A_1-A_2}{A_1A_2}\right)^2$$

56 국소대기압이 1 atm이라고 할 때, 다음 중 가장 높은 압력은?

① 0.13 atm(gage pressure)
② 115 kPa(absolute pressure)
③ 1.1 atm(absolute pressure)
④ 11 mH₂O(absolute pressure)

풀이
$p_{abs} = p_{atm} \pm p_{gauge}$
① $p_{abs} = 1 + 0.13 = 1.13\,atm = 114497\,Pa$
② $p_{abs} = 115\,kPa = 115 \times 10^3\,Pa = 115000\,Pa$
③ $p_{abs} = 1.1\,atm = 111457\,Pa$
④ $p_{abs} = 11\,mH_2O = \dfrac{11}{10.336} \times 101325\,Pa$
  $= 107834\,Pa$

57 프란틀의 혼합거리(mixing length)에 대한 설명으로 옳은 것은?

① 전단응력과 무관하다.
② 벽에서 0 이다.
③ 항상 일정하다.
④ 층류유동 문제를 계산하는데 유용하다.

풀이
프란틀의 혼합거리는 벽면에서 0이다.

58 수평원관 속에 정상류의 층류흐름이 있을 때 전단응력에 대한 설명으로 옳은 것은?

① 단면 전체에서 일정하다.
② 벽면에서 0이고 관 중심까지 선형적으로 증가한다.
③ 관 중심에서 0이고 반지름 방향으로 선형적으로 증가한다.
④ 관 중심에서 0이고 반지름 방향으로 중심으로부터의 거리제곱에 비례하여 증가한다.

풀이
전단응력은 관 중심에서 0 이고 벽면으로 접근할수록 선형적으로 증가한다.

59 밀도 1.6 kg/m³인 기체가 흐르는 관에 설치한 피토정압관(Pitot-static tube)의 두 단자간 압력차가 4 cmH₂O 이었다면 기체의 속도[m/s]는 얼마인가?

① 7   ② 14
③ 22 ④ 28

풀이
$$p_T = p + \frac{\rho_{기체} V_1^2}{2g}$$
⇨ $p_T - p = 0.04 \times 1000 = \dfrac{1.6 \times V_1^2}{2g}$
⇨ $V_1 = \sqrt{2g(h_T - h)}$
  $= \sqrt{2 \times 9.8 \times 0.04 \times 1000 / 1.6}$
  $= 22.1\,m/s$

60 그림과 같이 원판수문이 물속에 설치되어 있다. 그림 중 C는 압력의 중심이고, G는 원판의 도심이다. 원판의 지름을 d라 하면 작용점의 위치 η는?

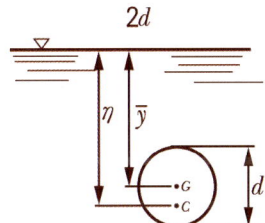

① $\eta = \bar{y} + \dfrac{d^2}{8\bar{y}}$ ② $\eta = \bar{y} + \dfrac{d^2}{16\bar{y}}$
③ $\eta = \bar{y} + \dfrac{d^2}{32\bar{y}}$ ④ $\eta = \bar{y} + \dfrac{d^2}{64\bar{y}}$

정답 56. ② 57. ② 58. ③ 59. ③ 60. ②

> **풀이**
> 압심의 y 좌표(전압력의 작용점)는
> $$h_p = h_c + h_{cp} = h_c + \frac{I_{도심}}{Ah_c}$$
> $$\Rightarrow \eta = \bar{y} + \frac{\frac{\pi d^4}{64}}{\pi\left(\frac{d}{2}\right)^2 \times \bar{y}} = \bar{y} + \frac{d^2}{16\bar{y}}$$

제4과목 : 기계재료 및 유압기기

61 다음 중 강종 중 탄소의 함유량이 가장 많은 것은?
① SM25C ② SKH51
③ STC105 ④ STD11

> **풀이**
> 기계 구조용 탄소강 SM25C : 0.22~0.28%C
> 몰리브데늄계 고속도공구강 SKH51 : 0.80~0.88%C
> 탄소공구강 STC105 : 1.00~1.10%C
> 냉간 금형용 합금공구강 STD11 : 1.4~1.60% C

62 주철의 조직을 지배하는 요소로 옳은 것은?
① S, Si의 양과 냉각속도
② C, Si의 양과 냉각속도
③ P, Cr의 양과 냉각속도
④ Cr, Mg의 양과 냉각속도

> **풀이**
> 주철의 조직을 지배하는 요소인 C와 Si의 함유량 및 냉각속도에 따른 주철의 조직관계를 나타내는 조직도를 마우러조직도(Maurer's diagram)라 한다.

63 강을 생산하는 제강로를 염기성과 산성으로 구분하는데 이것은 무엇으로 구분하는가?
① 로 내의 내화물
② 사용되는 철광석
③ 발생하는 가스의 성질
④ 주입하는 용제의 성질

> **풀이**
> 초기 제강법은 내화물의 종류에 따라 산성과 염기성으로 구분한다.

64 염욕의 관리에서 강박시험에 대한 다음 ( ) 안에 알맞은 내용은?

> 강박시험 후 강박을 손으로 구부려서 휘어지면 이 염욕은 ( )작용을 한 것으로 판단한다.

① 산화 ② 환원
③ 탈탄 ④ 촉매

> **풀이**
> 강박을 손으로 구부려 미세하게 깨지면 이 염욕은 탈탄작용을 하지 않으며, 구부려서 휘어지면 탈탄작용을 한 것으로 판단한다.

65 5~20%Zn의 황동을 말하며, 강도는 낮으나 전연성이 좋고, 색깔이 금에 가까워서 모조금이나 판 및 선 등에 사용되는 것은?
① 톰백 ② 두랄루민
③ 문쯔메탈 ④ Y-합금

> **풀이**
> 아연함량 5~20%의 저 아연황동은 톰백(tombac) 또는 길딩메탈이라 하여 금의 대용품으로 많이 사용된다.

66 다음 중 결합력이 가장 약한 것은?
① 이온결합(ionic bond)
② 공유결합(covalent bond)
③ 금속결합(metallic bond)
④ 반데르발스결합(Van der Waals bond)

> **풀이**
> 1차 결합 : 이온결합, 공유결합, 금속결합 원자나 분자의

상호인력은 모든 원자사이에 존재하며, 일반적으로 그 인력(결합력)은 매우 미약하고, 인력이 미치는 결합거리도 3~5A으로 비교적 넓은 편이다. 이러한 인력을 반데르발스 인력이라 하며, 이 인력에 의한 결합을 반데르 발스 결합이라 한다.

67 Ni-Fe계 합금에 대한 설명으로 틀린 것은?

① 엘린바는 온도에 따른 탄성율의 변화가 거의 없다.
② 슈퍼인바는 20℃에서 팽창계수가 거의 0(zero)에 가깝다.
③ 인바는 열팽창계수가 상온부근에서 매우 작아 길이의 변화가 거의 없다.
④ 플래티나이트는 60%Ni와 15%Sn 및 Fe의 조성을 갖는 소결합금이다.

풀이
플래티나이트(Platinite)는 Ni42~48%의 Fe-Ni계 합금으로 열팽창계수가 9×10^{-6} 정도로 유리나 백금과 거의 유사하며 주로 전구도입선으로 널리 사용한다.

68 Fe-Fe₃C 평형상태도에서 A$_{cm}$선 이란?

① 마텐자이트가 석출되는 온도선을 말한다.
② 트루스타이트가 석출되는 온도선을 말한다.
③ 시멘타이트가 석출되는 온도선을 말한다.
④ 소르바이트가 석출되는 온도선을 말한다.

풀이
오스테나이트(γ)로부터 시멘타이트(Fe₃C)가 석출하기 시작하는 온도를 나타내며 Acm선이라고 부른다. A : Austenite, cm : cementite

69 피로한도에 대한 설명으로 옳은 것은?

① 지름이 크면 피로한도는 커진다.
② 노치가 있는 시험편의 피로한도는 크다.
③ 표면이 거친 것이 고운 것보다 피로한도가 커진다.
④ 노치가 있을 때와 없을 때의 피로한도 비를 노치 계수라 한다.

풀이
피로(fatigue)는 금속등의 재료가 항복강도보다 작은 응력을 반복적으로 받는 것으로 하중반복 횟수와 관계없이 구조물이 견딜 수 있는 응력범위가 일정한 값을 갖는 응력범위를 피로한도(fatigue limit)라 한다.

기계부품에 노치가 있으면 하중이 작용할 때, 응력집중이 발생한다. 노치효과란 반복하중으로 인하여 노치부분에 균열이 발생하여 피로한도가 작아지는 현상을 말하며 노치계수 또는 피로응력 집중계수는 노치가 있을 때와 없을 때의 피로한도를 의미한다.

70 유화물 계통의 편석 및 수지상 조직을 제거하여 연신율을 향상시킬 수 있는 열처리 방법으로 가장 적합한 것은?

① 퀜칭   ② 템퍼링
③ 확산 풀림   ④ 재결정 풀림

풀이
주괴 편석이나 섬유상 편석을 없애고 강을 균질화 시키기 위해서는 고온에서 장시간 가열하여 확산시킬 필요가 있는데 이와 같은 열처리를 확산풀림(diffusion annealing) 또는 균질화 풀림이라 한다.

71 상시 개방형 밸브로 옳은 것은?

① 감압 밸브
② 무부하 밸브
③ 릴리프 밸브
④ 카운터 밸런스 밸브

풀이
감압밸브는 유압회로 내의 일부압력을 릴리프밸브 설정압력보다 낮게 제어하는 용도로 밸브중앙에 있는 스풀을 압력조정 스프링으로 밀어 상시 개방상태로 되어 유체가 유동한다.

정답 67. ④ 68. ③ 69. ④ 70. ③ 71. ①

72 그림과 같은 단동실린더에서 피스톤에 F = 500 N의 힘이 발생하면, 압력 P는 약 몇 kPa이 필요한가? (단, 실린더의 직경은 40 mm이다.)

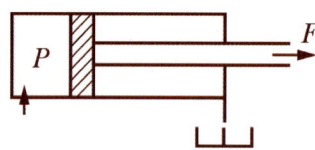

① 39.8   ② 398
③ 79.6   ④ 796

풀이

$$P = \frac{F}{A} = \frac{0.5}{\frac{\pi}{4} \times 0.04^2} = 398\,kPa$$

73 실린더 입구의 분기회로에 유량제어 밸브를 설치하여 실린더 입구측의 불필요한 압유를 배출시켜 작동효율을 증진시키는 회로는?

① 로킹회로   ② 증강회로
③ 동조회로   ④ 블리드오프 회로

풀이

블리드오프 회로(bleed off circuit)
• 실린더 입구 측의 분기회로에 유량제어밸브 설치
• 실린더 입구측의 불필요한 압유를 배출시켜 작동효율을 증진시킨 회로
• 미터 인 회로나 미터 아웃 회로처럼 플런저 이송을 정확하게 조절하기 어렵다.

74 감압밸브, 체크밸브, 릴리프밸브 등에서 밸브시트를 두드려 비교적 높은 음을 내는 일종의 자려진동 현상은?

① 컷인   ② 점핑
③ 채터링   ④ 디컴프레션

풀이

채터링 현상은 릴리프밸브 등에서 스프링의 장력이 약하거나 스프링의 고유진동으로 인해 밸브가 닫힐 때 밸브가 떨리는 현상으로 비교적 고음이 발생한다.

75 그림과 같은 유압기호가 나타내는 것은? (단, 그림의 기호는 간략기호이며, 간략기호에서 유로의 화살표는 압력의 보상을 나타낸다.)

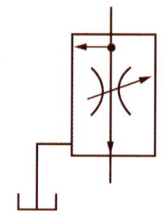

① 가변 교축밸브
② 무부하 릴리프밸브
③ 직렬형 유량조정밸브
④ 바이패스형 유량조정밸브

풀이

압력보상형 유량조정 밸브는 압력변화에 따른 유량변화가 작은 밸브로 바이패스형 유량조정 밸브는 과대유량을 탱크로 바이패스시켜 압력차를 일정하게 한다.

76 기어펌프의 폐입현상에 관한 설명으로 적절하지 않은 것은?

① 진동, 소음의 원인이 된다.
② 한 쌍의 이가 맞물려 회전할 경우 발생한다.
③ 폐입부분에서 팽창시 고압이, 압축시 진공이 형성된다.
④ 방지책으로 릴리프 홈에 의한 방법이 있다.

풀이

기어펌프의 폐입현상은 두 개의 기어가 맞물리기 때 기어 홈 사이에 갇힌 작동유가 앞뒤로 출구가 막혀 갖히게 되는 현상으로 폐입체적 내부의 압력이 높아지면 축동력과 축하중이 증가하고 진동과 소음이 발생한다. 방지책으로 릴리프홈이 적용된 기어를 사용한다.

77 어큐뮬레이터의 용도와 취급에 대한 설명으로 틀린 것은?

① 누설유량을 보충해 주는 펌프대용 역할을 한다.
② 어큐뮬레이터에 부속쇠 등을 용접하거나 가공, 구멍뚫기 등을 해서는 안 된다.
③ 어큐뮬레이터를 운반, 결합, 분리 등을 할 때는 봉입가스를 유지하여야 한다.
④ 유압펌프에 발생하는 맥동을 흡수하여 이상압력을 억제하여 진동이나 소음을 방지한다.

풀이
어큐뮬레이터(축압기)를 운반, 설치, 제거시에는 반드시 봉입한 가스를 빼고 작업해야 한다.

78 유압회로에서 속도제어 회로의 종류가 아닌 것은?

① 미터 인 회로
② 미터 아웃 회로
③ 블리드 오프 회로
④ 최대압력제한 회로

풀이
속도제어 회로는 유압실린더, 유압모터의 직선 또는 회전속도를 무단계로 흡입유량을 제어하여 속도를 제어하며, 속도제어는 유량의 제어를 사용한다.
● 유량제어회로 : 미터인, 미터 아웃, 블리드 오프 회로 압력제어회로는 유압펌프의 토출압력을 일정하게 유지하거나, 최고압력을 제어하고, 회로중의 압력으로 유압 액추에이터의 작동순서를 제한하거나 일정한 배압을 액추에이터에 부여하는 회로
● 최대압력제한회로 : 릴리프밸브를 두 개 설치하여 프레스의 손상을 막아주고 동력의 손실이 없도록 하기 위한 회로

79 유압유의 점도가 낮을 때 유압장치에 미치는 영향으로 적절하지 않은 것은?

① 배관저항 증대
② 유압유의 누설 증가
③ 펌프의 용적효율 저하
④ 정확한 작동과 정밀한 제어의 곤란

풀이
● 유압작동유의 점도가 너무 낮은 경우
  ① 마모증가
  ② 정밀한 조정과 제어곤란
  ③ 유압작동유의 누설증가
  ④ 펌프효율 증가에 따른 온도상승
● 유압작동유의 점도가 너무 높은 경우
  ① 관내저항에 의한 압력증가
  ② 동력손실 증가
  ③ 내부마찰 증가와 온도상승
  ④ 작동의 비활성

80 일반적인 베인펌프의 특징으로 적절하지 않은 것은?

① 부품수가 많다.
② 비교적 고장이 적고 보수가 용이하다.
③ 펌프의 구동동력에 비해 형상이 소형이다.
④ 기어펌프나 피스톤펌프에 비해 토출압력의 맥동이 크다.

풀이
베인펌프의 장점
① 기어펌프나 피스톤펌프에 비해 토출압력의 맥동이 적다.
② 베인의 마모에 의한 압력저하가 발생되지 않는다.
③ 비교적 고장이 적고 수리 및 관리가 용이하다.
④ 펌프출력에 비해 형상치수가 작다.
⑤ 수명이 길고 장시간 안정된 성능을 발휘할 수 있다.

제5과목 : 기계제작법 및 기계동력학

81 다음 그림과 같은 조건에서 어떤 투사체가 초기속

도 360 m/s로 수평방향과 30°의 각도로 발사되었다. 이때 2초후 수직방향에 대한 속도는 약 몇 m/s인가? (단, 공기저항 무시, 중력가속도는 9.81 m/s²이다.)

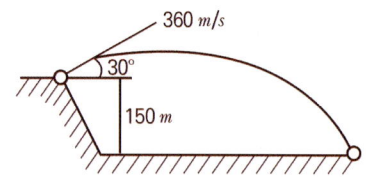

① 40.1 ② 80.2
③ 160 ④ 321

풀이

$v = v_0 + at$

$\Rightarrow v_{수직} = v_0 \cos 30° - gt$

$\Rightarrow v_{수직\,t=2} = 360 \sin 30° - 9.81 \times 2$
$= 160.4 \ m/s$

82 1 자유도의 질량-스프링 계에서 스프링상수 k가 2 kN/m, 질량 m이 20 kg일 때, 이 계의 고유주기는 약 몇 초인가? (단, 마찰은 무시한다.)

① 0.63 ② 1.54
③ 1.93 ④ 2.34

풀이

고유 각진동수

$\omega_n = \sqrt{\dfrac{k}{m}} = \sqrt{\dfrac{2 \times 10^3}{20}} = 10$

고유주기

$\therefore T = \dfrac{1}{f} = \dfrac{2\pi}{\omega_n} = \dfrac{2 \times 3.14}{10} ≒ 0.63 \ s$

83 두 조화운동 $x_1 = 4 \sin 10t$와 $x_2 = 4 \sin 10.2t$를 합성하면 맥놀이(beat)현상이 발생하는데 이때 맥놀이 진동수(Hz)는 약 얼마인가? (단, t의 단위는 s이다.)

① 31.4 ② 62.8
③ 0.0159 ④ 0.0318

풀이

맥놀이(울림) 진동수

$f_b = f_2 - f_1 = \dfrac{\omega_2}{2\pi} - \dfrac{\omega_1}{2\pi} = \dfrac{\omega_2 - \omega_1}{2\pi}$

$= \dfrac{10.2 - 10}{2\pi} = \dfrac{0.2}{2\pi} ≒ 0.0318 \ Hz$

84 어떤 물체가 $x(t) = A \sin(4t + \Phi)$로 진동할 때 진동주기 T[s]는 약 얼마인가?

① 1.57 ② 2.54
③ 4.71 ④ 6.28

풀이

$T = \dfrac{2\pi}{\omega}$

$\omega = 4 \quad \therefore T = \dfrac{2\pi}{4} = 1.57$

85 200 kg의 파일을 땅속으로 박고자 한다. 파일 위의 1.2 m 지점에서 무게가 1 ton인 해머가 떨어질 때 완전 소성충돌이라고 한다면 이때 파일이 땅속으로 들어가는 거리는 약 몇 m인가? (단, 파일에 가해지는 땅의 저항력은 150 kN이고, 중력가속도는 9.81 m/s²이다.)

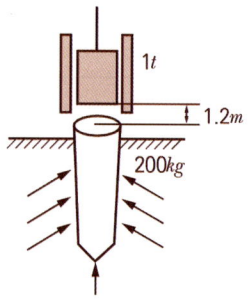

① 0.07 ② 0.09
③ 0.14 ④ 0.19

풀이

운동량보존 식으로부터 $m_1 V_1 = m_2 V_2$

$\Rightarrow 1000\sqrt{2 \times 9.81 \times 1.2} = 1200 V_2$

정답 82. ① 83. ④ 84. ① 85. ①

⇨ $V_2 = 4.04\ m/s$

에너지보존 식으로부터 $E_1 = \dfrac{1}{2}mV^2 + mgh$

⇨ $E_2 = 0,\ W = 150 \times 10^3 h$

$\Delta E = W$ 로부터

$\dfrac{1}{2} \times 1200 \times (4.04)^2 + 1200 \times 9.81 \times h = 150000 h$

∴ $h = 0.07\ m$

86 1 자유도 시스템에서 감쇠비가 0.1인 경우 대수감소율은?

① 0.2315   ② 0.4315
③ 0.6315   ④ 0.8315

풀이

감쇠비 $\zeta = 0.1$ 이므로
대수감소율
$\delta = \dfrac{2\pi \zeta}{\sqrt{1-\zeta^2}} = \dfrac{2\pi \times 0.1}{\sqrt{1-0.1^2}} = 0.6312$

87 수평면과 a의 각을 이루는 마찰이 있는(마찰계수 μ) 경사면에서 무게가 W인 물체를 힘 P를 가하여 등속으로 끌어올릴 때, 힘 P가 한 일에 대한 무게 W인 물체를 끌어올리는 일의 비, 즉 효율은?

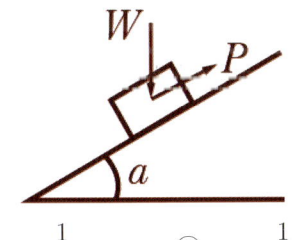

① $\dfrac{1}{1+\mu \cot(a)}$ ② $\dfrac{1}{1-\mu \cot(a)}$
③ $\dfrac{1}{1+mu \cos(a)}$ ④ $\dfrac{1}{1-\mu \sin(a)}$

풀이

$W = F \times s$
$P = mg \sin\alpha + \mu mg \cos\alpha$
$\quad = W\sin\alpha + \mu W\cos\alpha$

$W_{한일} = (W\sin\alpha + \mu W\cos\alpha) \cdot s$
$W_{실제일} = W \cdot s \sin\alpha$

∴ 효율 $= \dfrac{W \cdot s \sin\alpha}{(W\sin\alpha + \mu W\cos\alpha)s}$
$\quad = \dfrac{\sin\alpha}{\sin\alpha + \mu\cos\alpha} = \dfrac{1}{1+\mu \cot\alpha}$

88 반경이 r인 실린더가 위치 1의 정지상태에서 경사를 따라 높이 h만큼 굴러 내려갔을 때, 실린더 중심의 속도는? (단, g는 중력가속도이며, 미끄러짐은 없다고 가정한다.)

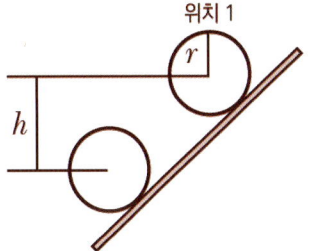

① $\sqrt{2gh}$ ② $0.707\sqrt{2gh}$
③ $0.816\sqrt{2gh}$ ④ $0.845\sqrt{2gh}$

풀이

경사면 운동에너지 $E_k = E_{k_1} + E_{k_2}$
$E_k = \dfrac{1}{2}mV^2 + \dfrac{1}{2}J_G\omega^2$
$\quad = \dfrac{1}{2}mV^2 + \dfrac{1}{2} \times \dfrac{1}{2}mr^2 \times \left(\dfrac{V}{r}\right)^2$
$\quad = \dfrac{1}{2}mV^2 + \dfrac{1}{4}mV^2 = \dfrac{3}{4}mV^2$

중력 퍼텐셜에너지 $E_p = mgh$
에너지 보존법칙에 의해
$E_k = E_p \Rightarrow \dfrac{3}{4}mV^2 = mgh$
$V^2 = \dfrac{2}{3} \times 2gh$
∴ $V = 0.816\sqrt{2gh}$

89 평탄한 지면 위를 미끄럼이 없이 구르는 원통중심의 가속도가 1 m/s² 일 때 이 원통의 각가속도는

몇 rad/s² 인가? (단, 반지름 r은 2 m이다.)

① 0.2　　　② 0.5
③ 5　　　　④ 10

풀이
$a = r\alpha \Leftrightarrow a = 1,\ r = 2$
$\Rightarrow \alpha = 0.5\ rad/s^2$

90 자동차가 반경 50 m의 원형도로를 25 m/s의 속도로 달리고 있을 때, 반경방향으로 작용하는 가속도는 몇 m/s² 인가?

① 9.8　　　② 10.0
③ 12.5　　　④ 25.0

풀이
반경방향 가속도
$a_n = \dfrac{V^2}{r} = \dfrac{25^2}{50} = 12.5\ m/s^2$

91 3차원 측정기에서 측정물의 측정위치를 감지하여 X, Y, Z축의 위치데이터를 컴퓨터에 전송하는 기능을 가진 것은?

① 프로브　　　② 측정암
③ 컬럼　　　　④ 정반

풀이
3차원 측정기(CMM)의 구성요소에서 프로브(probe)는 공작물의 좌표를 검출하는 센서로 피측정물의 좌표위치를 검출하는 것으로 접촉프로브와 비접촉프로브가 있다.

92 피복아크용접봉의 피복제 역할로 틀린 것은?

① 아크를 안정시킨다.
② 모재표면의 산화물을 제거한다.
③ 용착금속의 급랭을 방지한다.
④ 용착금속의 흐름을 억제한다.

풀이

피복제의 역할
① 중성 또는 환원성 분위기를 만들어 용융금속을 보호한다.
② 아크를 안정하게 한다.
③ 용융점이 낮은 가벼운 슬래그를 만든다.
④ 용착금속의 탈산정련작용을 한다.
⑤ 용착금속에 적당한 합금원소를 첨가한다.
⑥ 용적을 미세화하고 용착효율을 높인다.
⑦ 용착금속의 응고와 냉각속도를 느리게 한다.
⑧ 슬래그를 제거하기 쉽다.
⑨ 모재표면의 산화물을 제거한다.
⑩ 스패터링을 적게 한다.

93 와이어 컷 방전가공에서 와이어 이송속도 0.2 mm/min, 가공물두께가 10 mm일 때 가공속도는 몇 mm²/min인가?

① 0.02　　　② 0.2
③ 2　　　　④ 20

풀이
가공속도 = 전극이송속도 × 가공물두께
$\Rightarrow 0.2 \times 10 = 2\ mm^2/min$

94 단조용공구 중 소재를 올려놓고 타격을 가할 때 받침대로 사용하며 크기는 중량으로 표시하는 것은?

① 대뫼　　　② 앤빌
③ 정반　　　④ 단조용 탭

풀이
앤빌(Anvil, 모루)은 기계력에 의하지 않는 손 단조에 사용되며 대장간의 금속단조용이나 공장에서 공구제작 시 받침대로 사용한다.

95 두께 5 mm의 연강 판에 직경 10 mm의 편칭작업을 하는데 크랭크프레스 램의 속도가 10 m/min라면 이 때 프레스에 공급되어야 할 동력은 약 몇 kW인가? (단, 연강 판의 전단강도는 294.3 MPa

정답　90. ③　91. ①　92. ④　93. ③　94. ②　95. ④

이고, 프레스의 기계적 효율은 80%이다.)

① 21.32　② 15.54
③ 13.52　④ 9.63

풀이

$P_s = \tau A = \tau \pi dt = 294.3 \times \pi \times 10 \times 5$
$= 46228.5 \times 10^3 \, N = 46.2285 \, kN$

$H = \dfrac{P_s V}{\eta_m} = \dfrac{46.2285 \times \dfrac{10}{60}}{0.80} = 9.63 \, kW$

96 목재의 건조방법에서 자연건조법에 해당하는 것은?

① 야적법　② 침재법
③ 자재법　④ 증재법

풀이

야적법은 목재를 잔적하고 덮개를 덮어 직사광선이나 비를 피하면서 잔적내의 공기순환을 양호하게 만들어줌으로써 가능한 한 균일하게 빨리 건조시키는 자연건조(천연건조)법이다.

97 전해연마 가공법의 특징이 아닌 것은?

① 가공면에 방향성이 없다.
② 복잡한 형상의 제품도 연마가 가능하다.
③ 가공변질 층이 있고 평활한 가공면을 얻을 수 있다
④ 연질의 알루미늄, 구리 등도 쉽게 광택면을 얻을 수 있다.

풀이

전해연마(EP, Electrolytic Polishing)
전해액 속에 공작물은 양극, 전기저항이 적은 구리나 아연과 같은 대상물은 음극으로 하여 금속표면의 미소 돌기부분을 용해하는 전기화학적 방법

전해연마의 특징
① 알루미늄, 구리계열은 비교적 쉽게 가공할 수 있다.
② 가공표면의 변질 층이 없고 가공면에 방향성이 없다.
③ 복잡한 형상도 가공이 가능하다.
④ 내식성, 내마멸성이 좋다.
⑤ 광택이 매우 우수하다.
⑥ 잔류응력이 거의 없다.
⑦ 철과 강은 다른금속에 비해 전해연마가 어렵고 주철은 가공이 불가능하다.
⑧ 연마량이 적어 깊은 홈은 제거할 수 없다.

98 절연성의 가공액 내에 도전성재료의 전극과 공작물을 넣고 약 60~300 V의 펄스전압을 걸어 약 5~50 μm까지 접근시켜 발생하는 스파크에 의한 가공방법은?

① 방전가공　② 전해가공
③ 전해연마　④ 초음파가공

풀이

방전가공이란 스파크가공(spark machining)이라고도 하는데, 전기의 양극과 음극이 부딪칠 때 발생하는 스파크로 가공하는 방법이다.
스파크로 발생한 열에너지는 가공하고자 하는 재료를 녹이거나 기화시켜 제거함으로써 원하는 모양으로 만들어 준다.

99 다음 공작기계에 사용되는 속도열 중 일반적으로 가장 많이 사용되고 있는 속도열은?

① 대수급수 속도열
② 등비급수 속도열
③ 등차급수 속도열
④ 조화급수 속도열

풀이

공작기계는 일감과 공구의 재질, 그리고 가공조건에 따라 가장 적합한 절삭속도로 조정할 수 있어야 하며, 변속은 연속적으로 할 수 있는 것이 바람직하다. 공작기계의 속도열은 주로 등비급수 속도열을 사용한다.

100 저온뜨임에 대한 설명으로 틀린 것은?

① 담금질에 의한 응력제거

② 치수의 경년변화 방지
③ 연마균열 생성
④ 내마모성 향상

풀이

담금질한 재료를 안정한 조직으로 변화시키고 잔류응력을 감소시켜, 필요로 하는 성질과 상태를 얻기 위한 것이 뜨임의 목적이다.

공구강 등과 같이 높은경도와 내마모성을 필요로 하는 경우에는 주로 150~200℃의 저온템퍼링을 해서 마르텐사이트 특유의 경도를 떨어뜨리지 않고 치수안정성과 다소의 인성을 개선시키고 있다.

2019년

국가기술자격 필기시험문제

2019년 기사 제1회 과년도 유사 문제				수험번호	성명
자격종목	일반기계기사	시험시간 2시간 30분	형별 B		

제1과목 : 재료역학

01 그림과 같이 길이 $\ell = 4$ m의 단순보에 균일분포하중 w가 작용하고 있으며 보의 최대굽힘응력이 $\sigma_{max} = 85$ N/cm²일 때 최대전단응력은 약 몇 kPa인가? (단, 보의 단면적은 지름이 11 cm인 원형단면이다.)

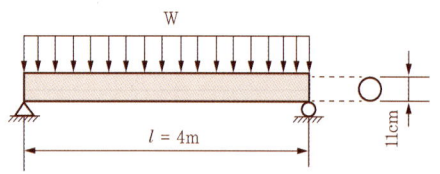

① 1.7 ② 15.6
③ 22.9 ④ 25.5

풀이

$$M_{max} = \frac{wl^2}{8} = \frac{w \times 4^2}{8} = 2w$$

$$M = \sigma Z \Rightarrow M_{max} = \sigma_{max} Z$$

$$\Rightarrow \sigma_{max} = \frac{M_{max}}{Z}$$

$$\Rightarrow 85 \times 10^4 = \frac{2w \times 32}{\pi \times 0.11^3}$$

$$\therefore w = 55.54 \ N/m^2$$

$$\tau_{max} = \frac{4}{3} \frac{F_{max}}{A} = \frac{4}{3} \frac{V_{max}}{A}$$

$$= \frac{4}{3} \times \frac{2 \times 55.54 \times 4}{\pi \times 0.11^2} \times 10^{-3}$$

$$\therefore \tau_{max} = 15.59 \ kPa$$

02 그림과 같은 균일단면을 갖는 부정정보가 단순지지단에서 모멘트 M_0를 받는다. 단순지지단에서의 반력 R_a는? (단, 굽힘강성 EI는 일정하고 자중은 무시한다.)

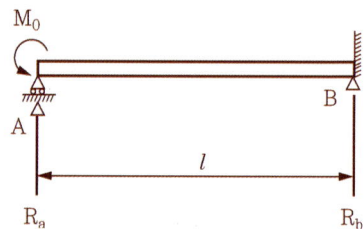

① $\dfrac{3M_0}{2\ell}$ ② $\dfrac{3M_0}{4\ell}$
③ $\dfrac{2M_0}{3\ell}$ ④ $\dfrac{4M_0}{3\ell}$

풀이

중첩법을 적용하면
반력 R_a에 의한 A점의 처짐량과
M_0에 의한 A점의 처짐량은 같아야 하므로

$$\frac{R_a l^3}{3EI} = \frac{M_0 l^2}{2EI} \Rightarrow R_a = \frac{3M_0}{2l}$$

03 폭 b = 60 mm, 길이 L = 340 mm의 균일강도 외팔보의 자유단에 집중하중 P = 3 kN이 작용한다. 허용굽힘응력을 65 MPa이라 하면 자유단에서 250 mm되는 지점의 두께 h는 약 몇 mm인가? (단, 보의 단면은 두께는 변하지만 일정한 폭 b를 갖는 직사각형이다.)

① 24 ② 34
③ 44 ④ 54

정답 1. ② 2. ① 3. ②

풀이

$M_{0.25} = \sigma Z$

$\Rightarrow 3000 \times 0.25 = 65 \times 10^6 \times \dfrac{0.06 \times h^2}{6}$

$\therefore h = 0.03397\,m \fallingdotseq 34\,mm$

04 평면응력상태의 한 요소에 σ_x = 100 MPa, σ_y = –50 MPa, τ_{xy} = 0을 받는 평판에서 평면내에서 발생하는 최대전단응력은 몇 MPa인가?

① 75 ② 50
③ 25 ④ 0

풀이

$\tau_{\max} = \dfrac{1}{2}\sqrt{(\sigma_x - \sigma_y)^2 + 4\tau_{xy}^2}$

$= \dfrac{1}{2}\sqrt{[100 - (-50)]^2}$

$= 75\,MPa$

05 그림과 같은 트러스가 점 B에서 그림과 같은 방향으로 5 kN의 힘을 받을 때 트러스에 저장되는 탄성에너지는 약 몇 kJ인가? (단, 트러스의 단면적은 1.2 cm^2, 탄성계수는 10^6 Pa이다.)

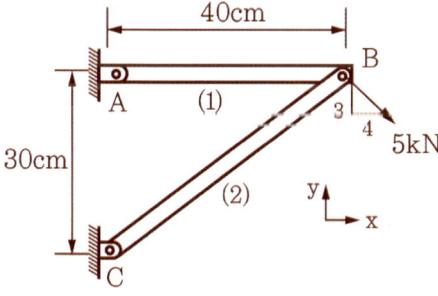

① 52.1 ② 106.7
③ 159.0 ④ 267.7

풀이

AC 와 평행하도록 B점을 지나는 연직선을 도시하고 5 kN 과의 교각을 θ 라 하면

$\theta = \operatorname{Tan}^{-1}\dfrac{4}{3} = 53.13°$

$\beta = \operatorname{Tan}^{-1}\dfrac{30}{40} = 36.87°$

$\alpha = 90° + \theta - \beta = 90° + 53.13° - 36.87°$
$= 106.26°$

$\gamma = 360° - \alpha - \beta = 360° - 106.26° - 36.87°$
$= 216.87°$

공점력계에 대한 평형문제이므로 라미의 정리를 적용하면

$\dfrac{\sin\alpha}{F_{AB}} = \dfrac{\sin\beta}{F} = \dfrac{\sin\gamma}{F_{BC}}$

$\Rightarrow \dfrac{\sin 106.26°}{F_{AB}} = \dfrac{\sin 36.87°}{5} = \dfrac{\sin 216.87°}{F_{BC}}$

$\Rightarrow F_{AB} = 5 \times \dfrac{\sin 106.26°}{\sin 36.87°} = 8\,kN$

$\Rightarrow F_{BC} = 5 \times \dfrac{\sin 216.87°}{\sin 36.87°} = -5\,kN$

$\therefore$ 탄성 E

$U = \dfrac{1}{2}P\lambda = \dfrac{P^2 l}{2AE} = \dfrac{P_{AB}^{\,2}l_{AB}}{2AE} + \dfrac{P_{BC}^{\,2}l_{BC}}{2AE}$

$= \dfrac{8^2 \times 0.4 + (-5)^2 \times 0.5}{2 \times 1.2 \times 10^{-4} \times 10^6} \times 10^{-3}$

$= 158.75\,kJ$

06 그림과 같은 단면에서 대칭축 n-n에 대한 단면 2차모멘트는 약 몇 cm^{4}인가?

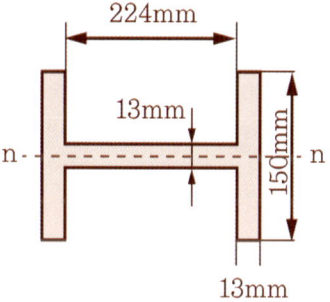

① 535 ② 635
③ 735 ④ 835

풀이

좌측으로부터

$$I = I_1 + I_2 + I_3$$
$$= \frac{1.3 \times 15^3}{12} + \frac{22.4 \times 1.3^3}{12} + \frac{1.3 \times 15^3}{12}$$
$$= 735.35 \ cm^4$$

07 바깥지름 50 cm, 안지름 30 cm의 속이 빈 축은 동일한 단면적을 가지며 같은재질의 원형축에 비하여 약 몇 배의 비틀림모멘트에 견딜 수 있는가? (단, 중공축과 중실축의 전단응력은 같다.)

① 1.1배 ② 1.2배
③ 1.4배 ④ 1.7배

풀이

단면적이 동일한 중실축의 직경은

$$\frac{\pi}{4}(50^2 - 30^2) = \frac{\pi}{4}d^2 \ \Rightarrow \ d = 40 \ cm$$

$T = \tau Z_P$ 이므로

$$\frac{T_{중공축}}{T_{중실축}} = \frac{\tau_{중공축}}{\tau_{중실축}} \cdot \frac{Z_{P중공축}}{Z_{P중실축}}$$
$$= \frac{\pi(d_1^4 - d_2^4)/(d_1/2)}{\pi d^4/(d/2)}$$
$$= \frac{\pi \times (50^4 - 30^4)/(50/2)}{\pi \times 40^4/(40/2)}$$
$$= 1.7 \text{ 배}$$

08 진변형률(ϵ_T)과 진응력(σ_T)을 공칭응력(σ_n)과 공칭변형률(ϵ_n)로 나타낼 때 옳은 것은?

① $\sigma_T = \ln(1+\sigma_n), \epsilon_T = \ln(1+\epsilon_n)$
② $\sigma_T = \ln(1+\sigma_n), \epsilon_T = \ln(\frac{\sigma_T}{\sigma_n})$
③ $\sigma_T = \sigma_n(1+\epsilon_n), \epsilon_T = \ln(1+\epsilon)$
④ $\sigma_T = \ln(1+\epsilon_n), \epsilon_T = \epsilon_n(1+\sigma_n)$

풀이

공칭응력과 공칭변형율은 변형전의 단면적을 적용하여

$$\sigma_n = \frac{P}{A_0}, \ \epsilon_n = \frac{\lambda}{l_0} = \frac{l - l_0}{l_0}$$

진응력과 진변형율은 변형단면적을 적용하여

$$\sigma_T = \frac{P}{A}, \ \epsilon_T \ \text{라 하면}$$

표점거리간의 체적은 동일하므로 진응력은

$$\sigma_T = \frac{P}{A} = \frac{P}{A_0} \times \frac{A_0}{A} = \frac{P}{A_0} \times \frac{l}{l_0}$$
$$= \frac{P}{A_0} \times \frac{l - l_0 + l_0}{l_0} = \sigma_n(1+\epsilon_n)$$

진변형율은

$$\epsilon_T = \int_{l_0}^{l} \frac{dl}{l} = [\ln l]_{l_0}^{l} = \ln l - \ln l_0 = \ln \frac{l}{l_0}$$
$$= \ln \frac{l - l_0 + l_0}{l_0} = \ln(1+\epsilon_n)$$

09 길이 1 m인 외팔보가 아래 그림처럼 q = 5 kN/m의 균일분포하중과 P = 1 kN의 집중하중을 받고 있을 때 B점에서의 회전각은 얼마인가? (단, 보의 굽힘강성은 EI이다.)

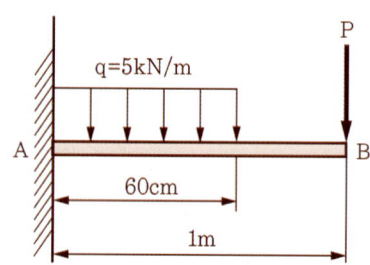

① $\frac{120}{EI}$ ② $\frac{260}{EI}$
③ $\frac{486}{EI}$ ④ $\frac{680}{EI}$

풀이

중첩법을 적용하면

$$\theta_{\max} = \frac{wl'^3}{6EI} + \frac{Pl^2}{2EI}$$

$$\Rightarrow \theta_{\max} = \frac{5 \times 0.6^3}{6EI} + \frac{1 \times 1^2}{2EI} = \frac{680}{EI}$$

풀이

$\vec{F} = 200\,\vec{i}$ 이므로
$F_{ox} = 200\,N, \quad F_{oy} = 0\,N$
$M_z = F \times$ 수직거리 $= 200 \times 4\sin 30°$
$\qquad\qquad\qquad\qquad = 400\,N \cdot m$

10 탄성계수(영계수) E, 전단탄성계수 G, 체적탄성계수 K 사이에 성립되는 관계식은?

① $E = \dfrac{9KG}{2K+G}$

② $E = \dfrac{3K-2G}{6K+2G}$

③ $K = \dfrac{EG}{3(3G-E)}$

④ $K = \dfrac{9EG}{3E+G}$

풀이

$mE = 2G(m+1) = 3K(m-2), \quad m = 1/\nu$

1항과 2항 수식에서 $m = \dfrac{2G}{E-2G}$ …… ①

1항과 3항 수식에서 $E = 3K\left(1 - \dfrac{2}{m}\right)$ …②

①식을 ②식에 대입하고 정리하면

$K = \dfrac{EG}{3(3G-E)}$

11 그림과 같은 막대가 있다. 길이는 4 m이고 힘은 지면에 평행하게 200 N만큼 주었을 때 O점에 작용하는 힘과 모멘트는?

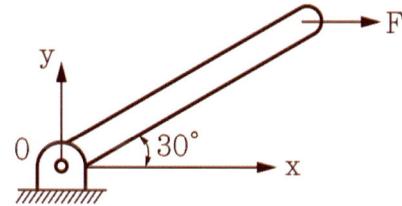

① $F_{ox} = 0, \ F_{oy} = 200\,N, \ M_z = 200\,N \cdot m$
② $F_{ox} = 200\,N, \ F_{oy} = 0, \ M_z = 400\,N \cdot m$
③ $F_{ox} = 200\,N, \ F_{oy} = 200\,N, \ M_z = 200\,N \cdot m$
④ $F_{ox} = 0, \ F_{oy} = 0, \ M_z = 400\,N \cdot m$

12 그림과 같은 치차전동 장치에서 A 치차로부터 D 치차로 동력을 전달한다. B와 C 치차의 피치원 직경의 비가 $\dfrac{D_B}{D_C} = \dfrac{1}{9}$ 일 때, 두 축의 최대 전단 응력들이 같아지게 되는 직경의 비 $\dfrac{d_2}{d_1}$ 는 얼마인가?

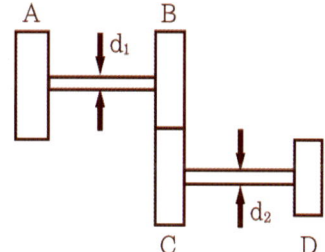

① $\left(\dfrac{1}{9}\right)^{\frac{1}{3}}$ ② $\dfrac{1}{9}$

③ $9^{\frac{1}{3}}$ ④ $9^{\frac{2}{3}}$

풀이

원동치차의 회전수와 직경 : N_B, D_B
종동치차의 회전수와 직경 : N_C, D_C

속도비 $i = \dfrac{\text{종동 }rpm}{\text{원동 }rpm} = \dfrac{N_C}{N_B} = \dfrac{D_B}{D_C} = \dfrac{1}{9}$

$T = \tau Z_P \Rightarrow \tau = \dfrac{T}{Z_P}, \quad T = 974\dfrac{H_{kW}}{N}$

2 축의 전단응력이 같으려면
$(H_{kW})_1 = (H_{kW})_2 = H_{kW}$

$\dfrac{H_1}{\omega_1 Z_{P_1}} = \dfrac{H_2}{\omega_2 Z_{P_2}} \quad \Rightarrow \omega_1 Z_{P_1} = \omega_2 Z_{P_2}$

$\Rightarrow \dfrac{2\pi \times N_B}{60} \times \dfrac{\pi d_1^3}{16} = \dfrac{2\pi \times N_C}{60} \times \dfrac{\pi d_2^3}{16}$

정답 10. ③ 11. ② 12. ③

$$\Rightarrow \frac{2\pi \times 9N_C}{60} \times \frac{\pi d_1^3}{16} = \frac{2\pi \times N_C}{60} \times \frac{\pi d_2^3}{16}$$

$$\therefore \left(\frac{d_2}{d_1}\right)^3 = 9 \Rightarrow \frac{d_2}{d_1} = 9^{\frac{1}{3}}$$

$$\frac{5wl^4}{384EI} - \frac{Pl^3}{48EI} = 0$$

$$\Rightarrow \frac{5 \times 2 \times 6^4}{384EI} - \frac{P \times 6^3}{48EI} = 0$$

$$\therefore P = 7.5 \ kN$$

13 그림과 같이 길이 ℓ인 단순지지된 보 위를 하중 W가 이동하고 있다. 최대굽힘응력은?

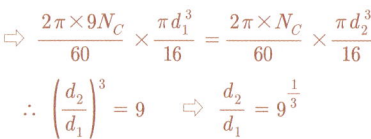

① $\dfrac{Wl}{bh^2}$ ② $\dfrac{9\,Wl}{4bh^3}$

③ $\dfrac{Wl}{2bh^2}$ ④ $\dfrac{3\,Wl}{2bh^2}$

풀이

$M_{\max} = \dfrac{Wl}{4}$

$M_{\max} = \sigma_{\max} Z \Rightarrow \dfrac{Wl}{4} = \sigma_{\max} \dfrac{bh^2}{6}$

$\therefore$ 최대 굽힘응력 $\sigma_{\max} = \dfrac{6\,Wl}{4\,bh^2} = \dfrac{3\,Wl}{2\,bh^2}$

14 그림과 같은 단순지지보에서 2 kN/m의 분포하중이 작용할 경우 중앙의 처짐이 0이 되도록 하기 위한 P의 크기는 몇 kN인가?

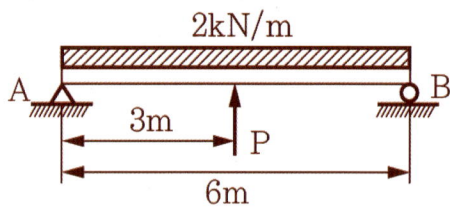

① 6.0 ② 6.5
③ 7.0 ④ 7.5

풀이

중첩법을 적용

15 양단이 고정된 직경 30 mm, 길이가 10 m인 중실축에서 그림과 같이 비틀림모멘트 1.5 kN·m가 작용할 때 모멘트 작용점에서의 비틀림 각은 약 몇 rad인가? (단, 봉재의 전단탄성계수 G = 100 GPa이다.)

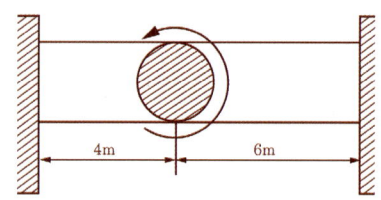

① 0.45 ② 0.56
③ 0.63 ④ 0.77

풀이

좌측(4m)의 비틀림 각(θ_1), 비틀림모멘트(T_1)
우측(6m)의 비틀림 각(θ_2), 비틀림모멘트(T_2)

$$\theta_1 = \theta_2 \Rightarrow \frac{T_1 l_1}{GI_P} = \frac{T_2 l_2}{GI_P}$$

$$\Rightarrow T_1 = \frac{3}{2} T_2$$

$M_0 = 1.5 \ kN \cdot m$ 가 작용하는 단면의 비틀림 모멘트

$M_0 = T_1 + T_2$

$\Rightarrow M_0 = \dfrac{5}{2} T_2$

$\Rightarrow T_2 = \dfrac{2}{5} \times 1.5 \times 10^3 = 600 \ N \cdot m$

$\therefore \theta_2 = \dfrac{T_2 l_2}{GI_P} = \dfrac{600 \times 6}{100 \times 10^9} \times \dfrac{32}{\pi \times 0.03^4}$

$= 0.453 \ rad$

16 부재의 양단이 자유롭게 회전할 수 있도록 되어있고, 길이가 4 m인 압축부재의 좌굴하중을 오일러 공식으로 구하면 약 몇 kN인가? (단, 세로탄성계수는 100 GPa이고, 단면 b × h = 100 mm × 50 mm이다.)

① 52.4　　② 64.4
③ 72.4　　④ 84.4

[풀이]
단말계수 $n = 1$
$$P_B = n\pi^2 \frac{EI}{l^2}$$
$$= 1 \times \pi^2 \times \frac{100 \times 10^9}{4^2} \times \frac{0.1 \times 0.05^3}{12} \times 10^{-3}$$
$$\approx 64.3 \, kN$$

17 그림과 같은 외팔보에 균일분포하중 w 가 전 길이에 걸쳐 작용할 때 자유단의 처짐 δ는 얼마인가? (단, E: 탄성계수, I: 단면 2차모멘트이다.)

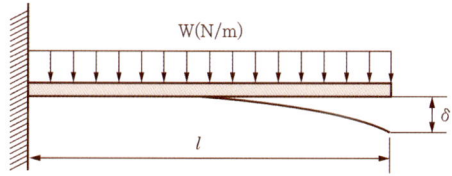

① $\dfrac{w\ell^4}{3EI}$　　② $\dfrac{w\ell^4}{6EI}$
③ $\dfrac{w\ell^4}{8EI}$　　④ $\dfrac{w\ell^4}{24EI}$

[풀이]
$$\delta_{max} = \frac{w l^4}{8EI}$$

18 단면적이 2 cm²이고 길이가 4 m인 환봉에 10 kN의 축 방향 하중을 가하였다. 이때 환봉에 발생한 응력은 몇 N/m²인가?

① 5000　　② 2500
③ 5×10^5　　④ 5×10^7

[풀이]
$$\sigma = \frac{P}{A} = \frac{10 \times 10^3}{2 \times 10^{-4}} = 5 \times 10^7 \, N/m^2$$

19 그림과 같이 단면적이 2 cm²인 AB 및 CD 막대의 B점과 C점이 1 cm만큼 떨어져 있다. 두 막대에 인장력을 가하여 늘인 후 B점과 C점에 판을 끼워 두 막대를 연결하려고 한다. 연결 후 두 막대에 작용하는 인장력은 약 몇 kN인가? (단, 재료의 세로탄성계수는 200 GPa이다.)

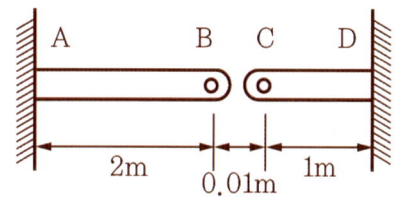

① 33.3　　② 66.6
③ 99.9　　④ 133.3

[풀이]
A와 D단의 반력을 각각 R_A, R_D 라 하면 FBD로부터 $R_A + R_D = P$ 가 성립되는 부정정 문제이다.

한편, $P = \sigma A = E\epsilon A$
$$= 200 \times 10^9 \times \frac{0.01}{2} \times 2 \times 10^4 \times 10^{-3}$$
$$= 200 \, kN$$

하중 P 에 의한 변형 $\lambda_P = \dfrac{P \, l_{AB}}{AE} = \dfrac{P \times 2}{AE}$

반력 R_A 에 의한 변형
$$\lambda_{R_A} = \frac{R_A \, l_{AD}}{AE} = \frac{R_A \times 3}{AE} \text{ 라 하면}$$

$\lambda_P = \lambda_{R_A} \Rightarrow P \times 2 = R_A \times 3$ 가 성립하므로
$$\Rightarrow R_A = \frac{2}{3}P = \frac{2}{3} \times 200 = 133.3 \, kN$$

[정답] 16. ②　17. ③　18. ④　19. ④

20 두께 8 mm의 강판으로 만든 안지름 40 cm의 얇은 원통에 1 MPa의 내압이 작용할 때 강판에 발생하는 후프응력(원주응력)은 몇 MPa인가?

① 25　　　　② 37.5
③ 12.5　　　④ 50

풀이

$$\sigma_{hoop} = \frac{pd}{2t} = \frac{1 \times 0.4}{2 \times 0.008} = 25\,MPa$$

제2과목 : 기계열역학

21 어떤 기체 동력장치가 이상적인 브레이턴 사이클로 다음과 같이 작동할 대 이 사이클의 열효율은 약 몇 %인가? (단, 온도(T)–엔트로피(s) 선도에서 T_1 = 30℃, T_2 = 200℃, T_3 = 1060℃, T_4 = 160℃이다.)

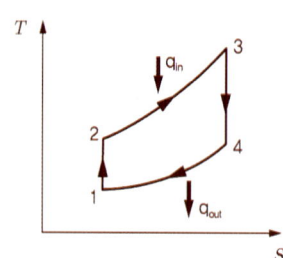

① 81%　　　② 85%
③ 89%　　　④ 92%

풀이

$$\eta_{th\,B} = 1 - \frac{\text{정압 방열량}}{\text{정압 가열량}} = 1 - \frac{T_4 - T_1}{T_3 - T_2}$$
$$= \left(1 - \frac{140 - 30}{1060 - 200}\right) \times 100 = 85\,\%$$

22 체적이 일정하고 단열된 용기내에 80℃, 320 kPa의 헬륨 2 kg이 들어 있다. 용기내에 있는 회전날개가 20 W의 동력으로 30분동안 회전한다고 할 때 용기내의 최종온도는 약 몇 ℃인가? (단, 헬륨의 정적비열은 3.12 kJ/(kg·K)이다.)

① 81.9℃　　　② 83.3℃
③ 84.9℃　　　④ 85.8℃

풀이

$$W_{12} = 20 \times 30 \times 60 = 36000\,J = 36\,kJ$$
$$\delta Q = dU + \delta W$$
$$\Rightarrow dU = -\delta W$$
$$\Rightarrow U_2 - U_1 = W_{12}$$
$$\Rightarrow mC_v(T_2 - T_1) = W_{12}$$
$$\Rightarrow T_2 = T_1 + \frac{W_{12}}{mC_v} = 80 + \frac{36}{2 \times 3.12}$$
$$= 85.77\,℃$$

23 유리창을 통해 실내에서 실외로 열전달이 일어난다. 이때 열전달량은 약 몇 W인가? (단, 대류열전달계수는 50 W/(m²·K), 유리창 표면온도는 25℃, 외기온도는 10℃, 유리창면적은 2 m²이다.)

① 150　　　② 500
③ 1500　　④ 5000

풀이

$$Q_{12} = K_{conv}A(T_2 - T_1)$$
$$= 50 \times 2 \times (25 - 10) = 1500\,W$$

24 밀폐계가 가역정압 변화를 할 때 계가 받은 열량은?

① 계의 엔탈피 변화량과 같다.
② 계의 내부에너지 변화량과 같다.
③ 계의 엔트로피 변화량과 같다.
④ 계가 주위에 대해 한 일과 같다.

풀이

$$\delta q = du + p\,dv = dh - v\,dp$$
$$\Rightarrow dp = 0 \text{ 이므로 } \delta q = dh$$

25 실린더에 밀폐된 8 kg의 공기가 그림과 같이 $P_1 = 800$ kPa, 체적 $V_1 = 0.27$ m³에서 $P_2 = 350$ kPa, 체적 $V_2 = 0.80$ m³으로 직선 변화하였다. 이 과정에서 공기가 한 일은 약 몇 kJ인가?

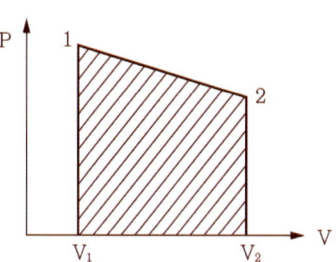

① 305　② 334
③ 362　④ 390

풀이
p − V 선도면적 = 절대일
$$W_{12} = \int_1^2 p\,dV = p(V_2 - V_1)$$
⇒ $W_{12} = 8 \times 350(0.8 - 0.27)$
　　$+ \dfrac{1}{2} \times 8 \times (800 - 350) \times (0.8 - 0.27)$
　≒ $305\ kJ$

26 이상기체에 대한 다음 관계식 중 잘못된 것은? (단, C_v는 정적비열, C_p는 정압비열, u는 내부에너지, T는 온도, V는 부피, h는 엔탈피, R은 기체상수, k는 비열비이다.)

① $C_v = \left(\dfrac{\partial u}{\partial T}\right)_V$

② $C_p = \left(\dfrac{\partial h}{\partial T}\right)_V$

③ $C_p - C_v = R$

④ $C_p = \dfrac{kR}{k-1}$

풀이
② $C_p = \left(\dfrac{\partial h}{\partial T}\right)_V$ ⇒ $C_p = \left(\dfrac{\partial h}{\partial T}\right)_p$

27 터빈, 압축기, 노즐과 같은 정상유동장치의 해석에 유용한 몰리에(Mollier) 선도를 옳게 설명한 것은?

① 가로축에 엔트로피, 세로축에 엔탈피를 나타내는 선도이다.
② 가로축에 엔탈피, 세로축에 온도를 나타내는 선도이다.
③ 가로축에 엔트로피, 세로축에 온도를 나타내는 선도이다.
④ 가로축에 비체적, 세로축에 압력을 나타내는 선도이다.

풀이
Mollier 선도는 건도가 비교적 높은 습증기와 과열증기의 열역학적 상태를 검토하기 쉽도록하는 h-s 실무선도이다.

28 다음 중 강도성상태량(Intensive property)이 아닌 것은?

① 온도　② 압력
③ 체적　④ 밀도

풀이
③ V는 용량성상태량

29 600 kPa, 300K 상태의 이상기체 1 kmol이 등온과정을 거쳐 압력이 200 kPa로 변했다. 이 과정동안의 엔트로피 변화량은 약 몇 kJ/K인가? (단, 일반기체상수($\overline{R}$)은 8.31451 kJ/(kmol·K)이다.

① 0.782　② 6.31
③ 9.13　④ 18.6

풀이
등온과정의 가열량은 모두 일량이 된다.
$$\triangle S = \int_1^2 \dfrac{\delta Q}{T}$$
⇑ $\delta Q = dH - Vdp = -Vdp$

$$\Rightarrow \triangle S = \int_1^2 \frac{-Vdp}{T} = \int_1^2 -n\overline{R}\frac{dp}{p}$$
$$= n\overline{R} \ln \frac{p_1}{p_2}$$
$$= 1 \times 8.3145 \ln \frac{600}{200}$$
$$\fallingdotseq 9.13 \ kJ/K$$

30 공기 1 kg이 압력 50 kPa, 부피 3 m³인 상태에서 압력 900 kPa, 부피 0.5 m³인 상태로 변화할 때 내부에너지가 160 kJ 증가하였다. 이 때 엔탈피는 약 몇 kJ이 증가하였는가?

① 30　　② 185
③ 235　　④ 460

풀이
$$h = u + pv$$
$$\Rightarrow \triangle H = \triangle U + \triangle pV$$
$$\Rightarrow \triangle H = 160 + (900 \times 0.5 - 50 \times 3)$$
$$= 460 \ kJ$$

31 그림과 같은 Rankine사이클로 작동하는 터빈에서 발생하는 일은 약 몇 kJ/kg인가? (단, h는 엔탈피, s는 엔트로피를 나타내며, h_1= 191.8 kJ/kg, h_2= 193.8 kJ/kg, h_3= 2799.5 kJ/kg, h_4= 2007.5 kJ/kg이다.)

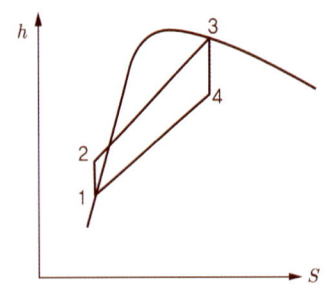

① 2.0 kJ/kg　　② 792.0 kJ/kg
③ 2605.7 kJ/kg　　④ 1815.7 kJ/kg

풀이
$$w_T = h_3 - h_4 = 2799.5 - 2007.5$$
$$= 792 \ kJ/kg$$

32 열역학 제 2법칙에 관해서는 여러가지 표현으로 나타낼 수 있는데, 다음 중 열역학 제 2법칙과 관계되는 설명으로 볼 수 없는 것은?

① 열을 일로 변환하는 것은 불가능하다.
② 열효율이 100% 열기관을 만들 수 없다.
③ 열은 저온물체로부터 고온물체로 자연적으로 전달되지 않는다.
④ 입력되는 일 없이 작동하는 냉동기를 만들 수 없다.

풀이
① 열을 일로 변환하는 것은 가능하지만, 전체 열을 일로 변환시키는 것은 불가능하다.

33 시간당 380000 kg의 물을 공급하여 수증기를 생산하는 보일러가 있다. 이 보일러에 공급하는 물의 엔탈피는 830 kJ/kg이고, 생산되는 수증기의 엔탈피는 3230 kJ/kg이라고 할 때, 발열량이 32000 kJ/kg인 석탄을 시간당 34000 kg씩 보일러에 공급한다면 이 보일러의 효율은 약 몇 %인가?

① 66.9%　　② 71.5%
③ 77.3%　　④ 83.8%

풀이
$$\eta = \frac{\text{단위시간당의 정미일량}}{\text{공급연료의 발열량}} = \frac{\dot{W}}{\dot{Q}}$$
$$\Rightarrow \eta = \frac{\frac{380000}{3600} \times (3230 - 830)}{32000 \times 34000 \times \frac{1}{3600}}$$
$$= 0.8382 \fallingdotseq 83.8\%$$

34 그림과 같은 단열된 용기안에 25℃의 물이 0.8 m³ 들어있다. 이 용기안에 100℃, 50 kg의 쇳덩어리를 넣은 후 열적평형이 이루어 졌을 때 최종 온도는 약 몇 ℃인가? (단, 물의 비열 4.18 kJ/(kg · K), 철의 비열은 0.45 kJ/(kg · K)이다.)

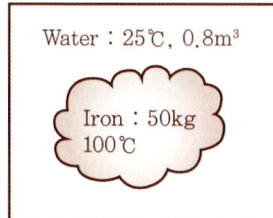

① 25.5 ② 27.4
③ 29.2 ④ 31.4

풀이

$Q_\text{흡열량} = Q_\text{방열량}$

$\Rightarrow m_1 C_1 \Delta t_1 = m_2 C_2 \Delta t_2$

$\Rightarrow 0.8 \times 10^3 \times 4.18 \times (x - 25)$
$\quad = 50 \times 0.45 \times (100 - x)$

$\therefore x \fallingdotseq 25.5$ ℃

35 어느 내연기관에서 피스톤의 흡기과정으로 실린더 속에 0.2 kg의 기체가 들어 왔다. 이것을 압축할 때 15 kJ의 일이 필요하였고, 10 kJ의 열을 방출하였다고 한다면, 이 기체 1 kg당 내부에너지의 증가량은?

① 10 kJ/kg ② 25 kJ/kg
③ 35 kJ/kg ④ 50 kJ/kg

풀이

$Q = U + W = m(\Delta u + w)$

$\Rightarrow -10 = 0.2 \times \Delta u - 15$

$\therefore \Delta u = \dfrac{5}{0.2} = 25\ kJ/kg$

36 압력 2 MPa, 300℃의 공기 0.3 kg이 폴리트로픽 과정으로 팽창하여, 압력이 0.5 MPa로 변화하였다. 이때 공기가 한 일은 약 몇 kJ인가? (단, 공기는 기체상수가 0.287 kJ/(kg · K)인 이상기체이고, 폴리트로픽 지수는 1.30이다.)

① 416 ② 157
③ 573 ④ 45

풀이

$W_{12} = \dfrac{1}{n-1}(p_1 V_1 - p_2 V_2)$

$\quad = \dfrac{mR}{n-1}(T_1 - T_2)$

$\quad = \dfrac{mRT_1}{n-1}\left(1 - \dfrac{T_2}{T_1}\right)$

$\quad = \dfrac{mRT_1}{n-1}\left[1 - \left(\dfrac{p_2}{p_1}\right)^{\frac{n-1}{n}}\right]$

$\quad = \dfrac{0.3 \times 0.287 \times 573.15}{1.3 - 1}\left[1 - \left(\dfrac{0.5}{2}\right)^{\frac{1.3-1}{1.3}}\right]$

$\quad = 45.02\ kJ$

37 이상적인 오토사이클에서 열효율을 55%로 하려면 압축비를 약 얼마로 하면 되겠는가? (단, 기체의 비열비는 1.40이다.)

① 5.9 ② 6.8
③ 7.4 ④ 8.5

풀이

$\eta_{th\,O} = 1 - \left(\dfrac{1}{\epsilon}\right)^{k-1}$

$\Rightarrow 0.55 = 1 - \left(\dfrac{1}{\epsilon}\right)^{1.4-1}$

$\therefore \epsilon = \left(\dfrac{1}{0.45}\right)^{\frac{1}{0.4}} \fallingdotseq 7.4$

38 이상기체 1 kg이 초기에 압력 2 kPa, 부피 0.1 m³를 차지하고 있다. 가역 등온과정에 따라 부피가 0.3 m³로 변화했을 때 기체가 한 일은 약 몇 J인가?

정답 34. ① 35. ② 36. ④ 37. ③ 38. ④

① 9540　　② 2200
③ 954　　④ 220

풀이

등온일량

$$w_{12} = p_1 v_1 \ln \frac{p_1}{p_2}$$

$$\Rightarrow W_{12} = p_1 V_1 \ln \frac{V_2}{V_1} = 2 \times 10^3 \times 0.1 \ln \frac{0.3}{0.1}$$

$$\fallingdotseq 220\,J$$

39 다음 중 기체상수(gas constant, R [kJ/(kg · K)]) 값이 가장 큰 기체는?

① 산소(O_2)
② 수소(H_2)
③ 일산화탄소(CO)
④ 이산화탄소(CO_2)

풀이

$$\overline{R} = MR = C = 8.3143 \ [kJ/kmol \cdot K]$$

∴ 분자량(M)이 가장 작은 수소의 기체상수가 가장 크다.

40 계의 엔트로피 변화에 대한 열역학적 관계식 중 옳은 것은? (단, T는 온도, S는 엔트로피, U는 내부에너지, V는 체적, P는 압력, H는 엔탈피를 나타낸다.)

① $TdS = dU - PdV$
② $TdS = dH - PdV$
③ $TdS = dU - VdP$
④ $TdS = dH - VdP$

풀이

$$\delta q = du + p\,dv = dh - v\,dp$$

$$\Rightarrow \delta Q = dH - Vdp$$

$$dS = \frac{\delta Q}{T}$$

$$\Rightarrow \delta Q = TdS = dH - Vdp$$

제3과목 : 기계유체역학

41 유속 3 m/s로 흐르는 물 속에 흐름방향의 직각으로 피토관을 세웠을 때, 유속에 의해 올라가는 수주의 높이는 약 몇 m인가?

① 0.46　　② 0.92
③ 4.6　　④ 9.2

풀이

$$v = \sqrt{2g\triangle h}$$

$$\Rightarrow \triangle h = \frac{v^2}{2g} = \frac{3^2}{2 \times 9.8} = 0.46\,m$$

42 온도 27℃, 절대압력 380 kPa인 기체가 6 m/s로 지름 5 cm인 매끈한 원관속을 흐르고 있을 때 유동상태는? (단, 기체상수는 187.8 N · m/(kg · K), 점성계수는 1.77 × 10⁻⁵ kg/(m · s), 상, 하 임계 레이놀즈수는 각각 4000, 2100이라 한다.)

① 층류영역　　② 천이영역
③ 난류영역　　④ 퍼텐셜영역

풀이

$$Re = \frac{\rho VL}{\mu} = \frac{\rho Vd}{\mu} = \frac{pVd}{\mu RT} \Leftarrow \frac{p}{\rho} = RT$$

$$\Rightarrow Re = \frac{380 \times 10^3 \times 6 \times 0.05}{1.77 \times 10^{-5} \times 187.8 \times (27 + 273.15)}$$

$$= 114318 \geq 4100 \quad 난류영역$$

43 일정간격의 두 평판사이에 흐르는 완전발달된 비압축성 정상유동에서 x는 유동방향, y는 평판중심을 0으로 하여 x방향에 직교하는 방향의 좌

정답　39. ②　40. ④　41. ①　42. ③　43. ③

기출문제

표를 나타낼 때 압력강하와 마찰손실의 관계로 옳은 것은? (단, P는 압력, τ는 전단응력, μ는 점성계수(상수)이다.)

① $\dfrac{dP}{dy} = \mu \dfrac{d\tau}{dx}$ ② $\dfrac{dP}{dy} = \dfrac{d\tau}{dx}$

③ $\dfrac{dP}{dx} = \dfrac{d\tau}{dy}$ ④ $\dfrac{dP}{dx} = \dfrac{1}{\mu}\dfrac{d\tau}{dy}$

풀이

$\dfrac{d\tau}{dy} = \dfrac{dp}{dx} \Rightarrow \dfrac{dP}{dx} = \dfrac{d\tau}{dy}$

x가 증가할수록 Δp도 증가하며,
y가 증가할수록 τ도 증가한다.

44 2 m × 2 m × 2 m의 정육면체로 된 탱크안에 비중이 0.8인 기름이 가득 차 있고, 위 뚜껑이 없을 때 탱크의 한 옆면에 작용하는 전체압력에 의한 힘은 약 몇 kN인가?

① 7.6 ② 15.7
③ 31.4 ④ 62.8

풀이

$F = pA = \gamma h A = 9800\,s\,h\,A$
$= 9800 \times 0.8 \times 1 \times 4 \times 10^{-3} = 31.36\ kPa$

45 그림과 같은 원형관에 비압축성 유체가 흐를 때 A 단면의 평균속도가 V_1이라면 B단면에서의 평균속도 V는?

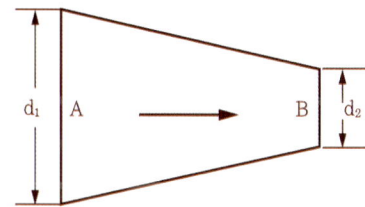

① $V = (\dfrac{d_1}{d_2})^2 V_1$ ② $V = \dfrac{d_1}{d_2} V_1$

③ $V = (\dfrac{d_2}{d_1})^2 V_1$ ④ $V = \dfrac{d_2}{d_1} V_1$

풀이

$\dot{Q} = AV \Rightarrow A_1 V_1 = A_2 V_2$
$\Rightarrow \dfrac{\pi}{4} d_1^2 V_1 = \dfrac{\pi}{4} d_2^2 V$
$\therefore\ V = \left(\dfrac{d_1}{d_2}\right)^2 \times V_1$

46 그림과 같이 유속 10 m/s인 물 분류에 대하여 평판을 3 m/s의 속도로 접근하기 위하여 필요한 힘은 약 몇 N인가? (단, 분류의 단면적은 0.01 m²이다.)

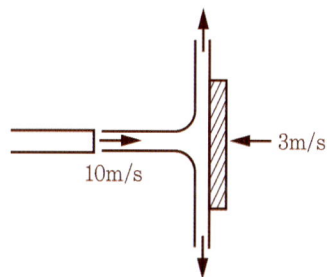

① 130 ② 490
③ 1350 ④ 1690

풀이

$F = \rho Q\,[V-(-u)] = \rho A\,[V-(-u)]^2$
$= 1000 \times 0.01 \times (10+3)^2 = 1690\,N$

47 정상, 2차원, 비압축성 유동장의 속도성분이 아래와 같이 주어질 때 가장 간단한 유동함수(Ψ)의 형태는? (단, u는 x방향, v는 y방향의 속도성분이다.)

$$u = 2y,\ v = 4x$$

① $\Psi = -2x^2 + y^2$

정답 44. ③ 45. ① 46. ④ 47. ①

② $\Psi = -x^2 + y^2$
③ $\Psi = -x^2 + 2y^2$
④ $\Psi = -4x^2 + 4y^2$

> **풀이**
> $u = \dfrac{\partial \Psi}{\partial y} = 2y$, $v = -\dfrac{\partial \Psi}{\partial x} = 4x$
> 2 식을 만족하는 유동함수는 ①

48 중력은 무시할 수 있으나 관성력과 점성력 및 표면장력이 중요한 역할을 하는 미세구조물 중 채널 내부의 유동을 해석하는데 중요한 역할을 하는 무차원수만으로 짝지어진 것은?

① Reynolds수, Froude수
② Reynolds수, Mach수
③ Reynolds수, Weber수
④ Reynolds수, Cauchy수

> **풀이**
> ③ Reynolds 수, Weber 수

49 다음과 같은 베르누이 방정식을 적용하기 위해 필요한 가정과 관계가 먼 것은? (단, 식에서 P는 압력, ρ는 밀도, V는 유속, γ는 비중량, Z는 유체의 높이를 나타낸다.)

$$P_1 + \frac{1}{2}\rho V_1^2 + \gamma Z_1 = P_2 + \frac{1}{2}\rho V_2^2 + \gamma Z_2$$

① 정상유동   ② 압축성 유체
③ 비점성 유체   ④ 동일한 유선

> **풀이**
> 베르누이 방정식을 적용하기 위해 필요한 가정
> ● 정상유동, 비압축성 유동, 비점성 유동, 동일한 유선

50 물을 사용하는 원심펌프의 설계점에서의 전양정이 30 m이고 유량은 1.2 m³/min이다. 이 펌프를 설계점에서 운전할 때 필요한 축동력이 7.35 kW라면 이 펌프의 효율은 약 얼마인가?

① 75%   ② 80%
③ 85%   ④ 90%

> **풀이**
> $P = \gamma H Q = 9800 \times 30 \times \dfrac{1.2}{60} \times 10^{-3}$
> $= 5.88\ kW$
> $\eta = \dfrac{P}{P_{shaft}} = \dfrac{5.88}{7.35} \times 100 = 80\ \%$

51 골프공 표면의 딤플(dimple, 표면굴곡)이 항력에 미치는 영향에 대한 설명으로 잘못된 것은?

① 딤플은 경계층의 박리를 지연시킨다.
② 딤플이 층류경계층을 난류경계층으로 천이시키는 역할을 한다.
③ 딤플이 골프공의 전체적인 항력을 감소시킨다.
④ 딤플은 압력저항보다 점성저항을 줄이는데 효과적이다.

> **풀이**
> 골프공 표면의 딤플은 공기의 압력저항을 줄여서 멀리 날아갈 수 있도록 한다.

52 점성계수가 0.3 N·s/m²이고, 비중이 0.9인 뉴턴 유체가 지름 30 mm인 파이프를 통해 3 m/s의 속도로 흐를 때 Reynolds수는?

① 24.3   ② 270
③ 2700   ④ 26460

> **풀이**
> $Re = \dfrac{\rho V L}{\mu} = \dfrac{\rho_w s V d}{\mu}$

정답 48. ③ 49. ② 50. ② 51. ④ 52. ②

$$= \frac{1000 \times 0.9 \times 3 \times 0.3}{0.3} = 270$$

53 비중 0.85인 기름의 자유표면으로부터 10 m 아래에서의 계기압력은 약 몇 kPa인가?

① 83 ② 830
③ 98 ④ 980

풀이

$p = \gamma h = 9800 sh$
$= 9800 \times 0.85 \times 10 \times 10^{-3} = 83.3 \; kPa$

54 2차원 유동장이 $\vec{V}(x,y) = cx\vec{i} - cy\vec{j}$로 주어질 때, 가속도장 $\vec{a}(x,y)$는 어떻게 표시되는가? (단, 유동장에서 c는 상수를 나타낸다.)

① $\vec{a}(x,y) = cx^2\vec{i} - cy^2\vec{j}$
② $\vec{a}(x,y) = cx^2\vec{i} + cy^2\vec{j}$
③ $\vec{a}(x,y) = c^2x\vec{i} - c^2y\vec{j}$
④ $\vec{a}(x,y) = c^2x\vec{i} + c^2y\vec{j}$

풀이

$u = cx, \; v = -cy$ 이므로
$a_x = \dfrac{dV}{dt} = \dfrac{\partial V}{\partial x}V + \dfrac{\partial V}{\partial t} = u\dfrac{\partial V}{\partial x} + v\dfrac{\partial V}{\partial t}$
$a = \dfrac{dV}{dt} = cx \times c - cy \times (-c) = c^2x + c^2y$
$\therefore \vec{a}(x,y) = c^2x\vec{i} + c^2y\vec{j}$

55 물(비중량 9800 N/m³)위를 3 m/s의 속도로 항진하는 길이 2 m인 모형선에 작용하는 조파저항이 54 N이다. 길이 50 m인 실선을 이것과 상사한 조파상태인 해상에서 항진시킬 때 조파저항은 약 얼마인가? (단, 해수의 비중량은 10075 N/m³이다.)

① 43 kN ② 433 kN
③ 87 kN ④ 867 kN

풀이

● Froude 상사

$\left(\dfrac{V}{\sqrt{Lg}}\right)_p = \left(\dfrac{V}{\sqrt{Lg}}\right)_m$

$\Rightarrow V_p = \sqrt{\dfrac{L_p}{L_m}} \; V_m = \sqrt{\dfrac{50}{2}} \times 3 = 15 \; m/s$

● 항력계수 상사

$D = C_D A \dfrac{\rho V^2}{2}$

$\Rightarrow C_D = \dfrac{2D}{\rho V^2 A} = \dfrac{D}{\rho V^2 L^2}$

$\left(\dfrac{D}{\rho V^2 L^2}\right)_p = \left(\dfrac{D}{\rho V^2 L^2}\right)_m$

$\Rightarrow D_p = \dfrac{\rho_p V_p^2 L_p^2}{\rho_m V_m^2 L_m^2} D_m$

$= \dfrac{10075/9.8 \times 15^2 \times 50^2}{1000 \times 3^2 \times 2^2} \times 54$

$\therefore D_p \fallingdotseq 867 \; kN$

56 동점성계수가 10 cm²/s이고 비중이 1.2인 유체의 점성계수는 몇 Pa·s인가?

① 0.12 ② 0.24
③ 1.2 ④ 2.4

풀이

$\mu = \rho \nu = \rho_w s \nu$
$= 1000 \times 1.2 \times 10 \times 10^{-4} = 1.2 \; Pa \cdot s$

57 어떤 액체의 밀도는 890 kg/m³, 체적탄성계수는 2200 MPa이다. 이 액체 속에서 전파되는 소리의 속도는 약 몇 m/s인가?

① 1572 ② 1483
③ 981 ④ 345

풀이

$C = \sqrt{\dfrac{k}{\rho}} = \sqrt{\dfrac{2200 \times 10^6}{890}}$
$= 1572.23 \; m/s$

정답 53. ① 54. ④ 55. ④ 56. ③ 57. ①

58 펌프로 물을 양수할 때 흡입측에서의 압력이 진공 압력계로 75 mmHg(부압)이다. 이 압력은 절대 압력으로 약 몇 kPa인가? (단, 수은의 비중은 13.6이고, 대기압은 760 mmHg이다.)

① 91.3　　② 10.4
③ 84.5　　④ 23.6

풀이

$p_{abs} = p_{atm} \pm p_{oil}$

$\Rightarrow p_{abs} = 760 - 75$

$= 685\,mmHg \times \dfrac{101.325\,kPa}{760\,mmHg}$

$= 91.33\,kPa$

59 평판위를 어떤유체가 층류로 흐를 때, 선단으로부터 10 cm 지점에서 경계층두께가 1 mm일 때, 20 cm 지점에서의 경계층두께는 얼마인가?

① 1 mm　　② $\sqrt{2}$ mm
③ $\sqrt{3}$ mm　　④ 2 mm

풀이

$\dfrac{\delta}{x} = \dfrac{4.65}{Re_x^{1/2}} \Rightarrow \delta = \dfrac{4.65}{\left(\dfrac{\rho u_\infty x}{\rho}\right)^{1/2}} x$

$\Rightarrow$ 즉, $\delta \propto x^{1/2}$ 이므로

$\sqrt{10} : 1 = \sqrt{20} : \delta$

$\therefore \delta = \sqrt{2}\,mm$

60 원관에서 난류로 흐르는 어떤유체의 속도가 2배로 변하였을 때, 마찰계수가 변경 전 마찰계수의 $\dfrac{1}{\sqrt{2}}$ 로 줄었다. 이때 압력손실은 몇 배로 변하는가?

① $\sqrt{2}$ 배　　② $2\sqrt{2}$ 배
③ 2배　　④ 4배

풀이

$h_L = f \dfrac{L}{d} \dfrac{V^2}{2g}$

$p = \gamma h$

$\Rightarrow \Delta p_1 = \gamma h_L = \gamma f \dfrac{L}{d} \dfrac{V^2}{2g}$

$\Rightarrow \Delta p_2 = \gamma \dfrac{1}{\sqrt{2}} f \dfrac{L}{d} \dfrac{(2V)^2}{2g}$

$= \dfrac{4}{\sqrt{2}} \gamma f \dfrac{L}{d} \dfrac{V^2}{2g} = 2\sqrt{2}\,\Delta p_1$

제4과목 : 기계재료 및 유압기기

61 아름답고 매끈한 플라스틱 제품을 생산하기 위한 금형재료의 요구되는 특성이 아닌 것은?

① 결정입도가 클 것
② 편석 등이 적을 것
③ 핀홀 및 흠이 없을 것
④ 비금속개재물이 적을 것

풀이

결정입도란 결정립의 평균직경을 의미하며, 결정입도가 조대하면 제품의 경화능이 향상되는 반면에 결정입계 크랙(crack)이 야기되어 제품 손상의 원인이 될 수 있으며, 항복강도가 낮아져 금형의 수명을 단축시킬 수도 있으므로 플라스틱 제품 생산용 금형재료는 결정입도가 작아야 한다.

62 경도시험에서 압입체의 다이아몬드 원추각이 120° 이며, 기준하중이 10 kgf인 시험법은?

① 쇼어 경도시험
② 브리넬 경도시험
③ 비커스 경도시험
④ 로크웰 경도시험

풀이
① 쇼어 경도시험 : 낙하시킨 추의 반발높이를 이용하는 충격경도 시험으로 기호는 Hs를 사용한다.
② 브리넬 경도시험 : 지름이 Dmm인 구형(球形) 누르개를 일정한 시험하중으로 시험편에 압입시켜 시험하며, 이 때에 생긴 압입자국의 표면적을 시험편에 가한 하중으로 나눈 값이 브리넬경도 값으로 정의되며, 경도의 기호로는 HB를 사용한다.
③ 비커스 경도시험 : 비커스경도(Vickers hardness)는 대면각(對面角)이 136°인 다이아몬드의 사각뿔을 눌러서 생긴 자국의 표면적으로 경도를 나타내며, 경도의 기호로는 HV를 사용한다.
④ 로크웰 경도시험 : 원추각이 120°, 끝단의 반지름이 0.2 mm인 원뿔형 다이아몬드를 누르는 방법(HRC)과 지름이 1.588mm인 강구를 누르는 방법(HRB)의 2가지가 있다.

63 Al합금 중 개량처리를 통해 Si의 조대한 육각판상을 미세화시킨 합금의 명칭은?

① 라우탈 ② 실루민
③ 문쯔메탈 ④ 두랄루민

풀이
실루민은 알루미늄 규소계 합금으로 소량의 망간이나 마그네슘을 첨가한 것으로 개량처리(개질처리)한 Al합금의 대표이다.

64 S곡선에 영향을 주는 요소들을 설명한 것 중 틀린 것은?

① Ti, Al등이 강재에 많이 함유될수록 S곡선은 좌측으로 이동된다.
② 강중에 첨가원소로 인하여 편석이 존재하면 S곡선의 위치도 변화한다.
③ 강재가 오스테나이트 상태에서 가열도가 상당히 높으면 높을수록 오스테나이트 결정립은 미세해지고, S곡선의 코(nose) 부근도 왼쪽으로 이동한다.
④ 강이 오스테나이트 상태에서 외부로부터 응력을 받으면 응력이 커지게 되어 변태시간이 짧아져 S곡선의 변태개시선은 좌측으로 이동한다.

풀이
항온변태 곡선은 TTT곡선, C곡선, S곡선이라고 불리며, 강재가 오스테나이트 상태에서 가열온도가 상당히 높으면 높을수록 오스테나이트 결정립은 미세해지고, S곡선의 코(nose) 부근도 오른쪽으로 이동한다.

65 구상흑연 주철에서 나타나는 페딩(Fading)현상이란?

① Ce, Mg첨가에 의해 구상흑연화를 촉진하는 것
② 구상화처리 후 용탕상태로 방치하면 흑연구상화 효과가 소멸하는 것
③ 코크스비를 낮추어 고온 용해하므로 용탕에 산소 및 황의 성분이 낮게 되는 것
④ 두께가 두꺼운 주물이 흑연구상화 처리 후에도 냉각속도가 늦어 편상흑연조직으로 되는 것

풀이
흑연의 구상화처리 후, 용탕상태로 방치하면 흑연 구상화효과가 소멸되는데 이것을 페딩(fading)현상이라고 하며, 편상흑연화 되는 것이다.

66 Fe-C 평형 상태도에서 γ 고용체기 시멘타이트를 석출개시하는 온도선은?

① Acm선 ② A_3선
③ 공석선 ④ A_2선

풀이
Acm 변태는 오스테나이트(γ)로부터 시멘타이트(Fe_3C)가 석출되는 현상
A : Austenite, cm : Cementite

정답 63. ② 64. ③ 65. ② 66. ①

67 다음 금속 중 재결정온도가 가장 높은 것은?

① Zn　　② Sn
③ Fe　　④ Pb

풀이

금속원소	재결정 온도(℃)	금속원소	재결정 온도(℃)
W(텅스텐)	1000	Ag(은)	200
Mo(몰리브덴)	900	Zn(아연)	18
Ni(니켈)	600	Pb(납)	-3
Fe(철)	450	Sn(주석)	-10

68 순철의 변태에 대한 설명 중 틀린 것은?

① 동소변태점은 A_3점과 A_4점이 있다.
② Fe의 자기변태점은 약 768℃정도이며, 퀴리(curie)점이라고도 한다.
③ 동소변태는 결정격자가 변화하는 변태를 말한다.
④ 자기변태는 일정온도에서 급격히 비연속적으로 일어난다.

풀이

동소변태는 외적인 조건에 의하여 원자배열이 바뀌는 것으로 A_3점과 A_4점이 있다.
자기변태는 원자배열의 변화는 없고 단지 자기의 강도만 바뀌는 것으로 A_2변태점 즉, 순철(α철)의 경우 강자성체가 상자성체로 변하는 일명 퀴리포인트(M점) 768℃

69 심냉(sub-zero)처리의 목적을 설명한 것 중 옳은 것은?

① 자경강에 인성을 부여하기 위한 방법이다.
② 급열·급냉시 온도이력 현상을 관찰하기 위한 것이다.
③ 항온담금질하여 베이나이트 조직을 얻기 위한 방법이다.
④ 담금질 후 변형을 방지하기 위해 잔류 오스테나이트를 마텐자이트 조직으로 얻기 위한 방법이다.

풀이

심냉처리는 담금질 균열방지책으로 담금질 후 시효변형을 방지하기 위해 장시간 뜨임 및 심냉처리 하여 잔류 오스테나이트(Austenite)를 완전히 마텐자이트(Martensite)로 변태시킬 목적으로 한다.

70 Mg-Al계 합금에 소량의 Zn과 Mn을 넣은 합금은?

① 엘렉트론(elektron) 합금
② 스텔라이트(stellite) 합금
③ 알클래드(alclad) 합금
④ 자마크(zamak) 합금

풀이

① 엘렉트론 합금 : Mg(90%)+Al+Zn(10% 이하) 계 합금에 소량의 Mn을 첨가한 합금이다.
② 스텔라이트 합금 : Co을 주성분으로 한 Co+Cr+W+C계 합금으로 주조경질합금이다.
③ 알클래드 합금 : 고강도 합금판재인 두랄루민의 내식성을 향상시키기 위해 이것에 순수 Al 또는 Al 합금을 피복한 것으로 강도와 내식성을 동시에 증가시킬 목적으로 사용한다.
④ 자마크 합금 : 아연합금으로 알루미늄 다이캐스팅 합금에 비해 뛰어난 감쇠능과 진동저감 성능의 다이캐스팅용 합금이다.

71 저압력을 어떤 정해진 높은 출력으로 증폭하는 회로의 명칭은?

① 부스터 회로
② 플립플롭 회로

③ 온오프제어 회로
④ 레지스터 회로

풀이
① 플립플롭 회로(flip-flop circuit) : 2개의 안정된 출력상태를 가지고, 입력유무에 관계없이 직전에 가해진 입력의 상태를 출력상태로서 유지하는 회로
② 온오프제어 회로(on-off control circuit)) : 제어동작이 밸브의 개폐와 같은 2개의 정해진 상태만을 취하는 제어회로
③ 레지스터 회로(register circuit) : 2진수로서의 정보를 일단 내부에 기억하고, 적당한 때에 그 내용을 이용할 수 있도록 구성한 회로

72 점성계수(coefficient of viscosity)는 기름의 중요 성질이다. 점도가 너무 낮을경우 유압기기에 나타나는 현상은?

① 유동저항이 지나치게 커진다.
② 마찰에 의한 동력손실이 증대된다.
③ 각부품 사이에서 누출손실이 커진다.
④ 밸브나 파이프를 통과할 때 압력손실이 커진다.

풀이
유압기기에서의 적정점도
〈점도가 너무 낮은 경우〉
 ① 마모증가
 ② 정밀한 조정과 제어불가
 ③ 오일누출 증가
 ④ 펌프효율 증가에 따른 온도상승
〈점도가 너무 높은 경우〉
 ① 관내 유동저항에 의한 압력증가
 ② 동력손실 증가
 ③ 내부마찰 증가와 온도상승
 ④ 작동의 비활성

73 베인펌프의 일반적인 구성요소가 아닌 것은?

① 캠링   ② 베인
③ 로터   ④ 모터

풀이
베인펌프의 주요 구성요소
흡입구 및 송출구, 캠링, 베인, 로터, 하우징

74 지름이 2 cm인 관속을 흐르는 물의 속도가 1 m/s 이면 유량은 약 몇 cm³/s인가?

① 3.14   ② 31.4
③ 314   ④ 3140

풀이
유량
$$Q = AV = \frac{\pi \times 2^2}{4} \times 100 ≒ 314 \text{ cm}^3/\text{s}$$

75 감압밸브, 체크밸브, 릴리프밸브 등에서 밸브시트를 두드려 비교적 높은음을 내는 일종의 자려 진동 현상은?

① 유격현상
② 채터링현상
③ 폐입현상
④ 캐비테이션 현상

풀이
① 유격현상 : 방향선환밸브 등의 조작으로 순간적으로 막히게 되면 압력상승이 급격하게 발생하여 작동유의 운동에너지가 압력에너지로 변환되기 때문에 발생하는 현상
② 폐입현상 : 기어펌프에서 두 개의 기어가 물리기 시작하여 끝날 때까지 둘러싸인 공간에 흡입측이나 토출측에 유동하지 않는 상태의 용적이 생길 때의 현상
③ 캐비테이션 현상 : 공동현상, 유동하고 있는 액체의 압력이 국부적으로 저하되어, 포화증기압 또는 공기 분리압에 달하여 증기를 발생시키거나 또는 용해공기 등이 분리되어 기포가 발생하는 현상, 이것들이 흐르면서 터지게 되면 국부적으로 초고압이 생겨 소음 등을 발생시키는 경우가 많다.

76 한 쪽 방향으로 흐름은 자유로우나 역방향의 흐름을 허용하지 않는 밸브는?

① 체크밸브　② 셔틀밸브
③ 스로틀밸브　④ 릴리프밸브

풀이
체크밸브는 방향제어밸브로 한 쪽 방향으로만 흐름을 허용하고 반대방향의 흐름은 차단하는 밸브

77 유압 파워유닛의 펌프에서 이상소음 발생의 원인이 아닌 것은?

① 흡입관의 막힘
② 유압유에 공기 혼입
③ 스트레이너가 너무 큼
④ 펌프의 회전이 너무 빠름

풀이
유압 파워유닛에서 소음발생 원인은 탱크용 필터가 막혔거나 거품상태(공기혼입)의 오일흡입 또는 펌프회전수가 너무 빠르거나 점도가 너무 높은 경우이다.

78 다음 중 유량제어 밸브에 의한 속도제어 회로를 나타낸 것이 아닌 것은?

① 미터 인 회로
② 블리드 오프 회로
③ 미터 아웃 회로
④ 카운터 회로

풀이
속도제어회로 : 미터 인 회로, 미터 아웃 회로, 블리드 오프 회로

79 유공압 실린더의 미끄러짐 면의 운동이 간헐적으로 되는 현상은?

① 모노피딩(Mono-feeding)
② 스틱슬립(Stick-slip)
③ 컷 인 다운(Cut in-down)
④ 듀얼액팅(Dual acting)

풀이
스틱슬립(Stick-slip) : 실린더 접촉부의 마찰에 의해 실린더의 속도가 일정하지 않은 현상으로 미끄럼면의 마찰력이 있는 정도의 크기로 된 미끄럼면의 한쪽이 어느정도 탄성자유도를 갖고 있는 운동이 연속적으로 되지 않고 간헐적으로 되는 현상

80 유체를 에너지원 등으로 사용하기 위하여 가압상태로 저장하는 용기는?

① 디퓨져　② 액추에이터
③ 스로틀　④ 어큐뮬레이터

풀이
어큐뮬레이터(축압기)
　용기내에 고압유를 압입한 것으로 유압유의 에너지를 일시적으로 축적하는 역할

제5과목 : 기계제작법 및 기계동력학

81 반지름이 r인 균일한 원판의 중심에 200 N의 힘이 수평방향으로 가해진다. 원판의 미끄러짐을 방지하는데 필요한 최소마찰력(F)은?

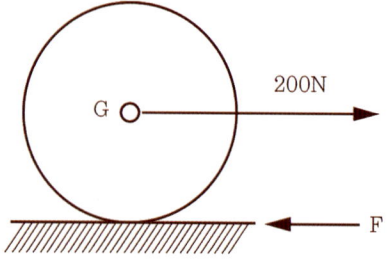

① 200 N　② 100 N
③ 66.67 N　④ 33.33 N

정답　76. ①　77. ③　78. ④　79. ②　80. ④　81. ③

풀이

$200 - F = m\alpha \times r$, $F \times r = \frac{1}{2}mr^2 \times \alpha$

$$F = \frac{mr^2\alpha}{2r} = \frac{mr\alpha}{2}$$

$\Rightarrow 200 - \left(\frac{mr\alpha}{2}\right) = mr\alpha$

$\Rightarrow mr\alpha = \frac{400}{3} = 133.333\,N$

$\therefore F = \frac{133.33}{2} ≒ 66.67\,N$

82 그림은 스프링과 감쇠기로 지지된 기관(engine, 총 질량 m)이며, m_1은 크랭크 기구의 불평형 회전질량으로 회전중심으로부터 r만큼 떨어져 있고, 회전주파수는 ω이다. 이 기관의 운동방정식을 $m\ddot{x} + c\dot{x} + kx = F(t)$라고 할 때 $F(t)$로 옳은 것은?

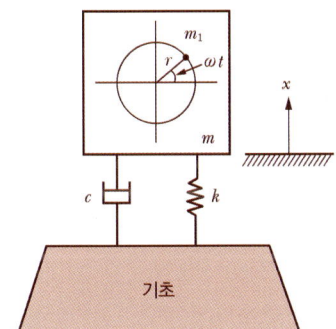

① $F(t) = \frac{1}{2}m_1 r w^2 \sin wt$

② $F(t) = \frac{1}{2}m_1 r w^2 \cos wt$

③ $F(t) = m_1 r w^2 \sin wt$

④ $F(t) = m_1 r w^2 \cos wt$

풀이

질량 m_1 운동의 x 방향 성분은

$x_1 = r\sin \omega t$

$\Rightarrow \dot{x_1} = \omega r \cos \omega t$ $\Rightarrow \ddot{x_1} = -\omega^2 r \sin \omega t$

$\therefore F(t) = m_1 \ddot{x_1} = m_1 r\omega^2 \sin\omega t$

또는, 원심력 $F = m_1 \times a_n = m_1 \times rw^2$
시간의 함수 F(t) = 0 이므로 sin함수

83 길이가 1 m이고 질량이 3 kg인 가느다란 막대에서 막대중심축과 수직하면서 질량중심을 지나는 축에 대한 질량관성모멘트는 몇 kg·m²인가?

① 0.20 ② 0.25
③ 0.30 ④ 0.40

풀이

질량관성 모멘트

$$J_G = \frac{ml^2}{12} = \frac{3 \times 1^2}{12} = \frac{1}{4} = 0.25$$

84 아이스하키 선수가 친 퍽이 얼음바닥 위에서 30 m를 가서 정지하였는데, 그 시간이 9초가 걸렸다. 퍽과 얼음사이의 마찰계수는 얼마인가?

① 0.046 ② 0.056
③ 0.066 ④ 0.076

풀이

$S = -\frac{1}{2}at^2$

$\Rightarrow 30 = \frac{1}{2}a \times 9^2$ $\Rightarrow a ≒ 0.74\,m/s^2$

$\therefore \mu = \frac{a}{g} = \frac{0.74}{9.8} ≒ 0.076$

85 전동기를 이용하여 무게 9800 N의 물체를 속도 0.3 m/s로 끌어올리려 한다. 장치의 기계적효율을 80%로 하면 최소 몇 kW의 동력이 필요한가?

① 3.2 ② 3.7
③ 4.9 ④ 6.2

풀이

$$H_{shaft} = \frac{F \times V}{\eta} = \frac{9800 \times 0.3}{0.8} \times 10^{-3}$$
$$= 3.68\,kW$$

정답 82. ③ 83. ② 84. ④ 85. ②

86 무게 20 N인 물체가 2개의 용수철에 의하여 그림과 같이 놓여 있다. 한 용수철은 1 cm 늘어나는데 1.7 N이 필요하며 다른 용수철은 1 cm 늘어나는데 1.3 N이 필요하다. 변위진폭이 1.25 cm가 되려면 정적평형위치에 있는 물체는 약 얼마의 초기속도(cm/s)를 주어야 하는가? (단, 이 물체는 수직운동만 한다고 가정한다.)

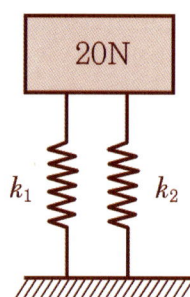

① 11.5　　　　② 18.1
③ 12.4　　　　④ 15.2

풀이

$k_1 = \dfrac{1.7}{0.01} = 170$, $k_2 = \dfrac{1.3}{0.01} = 130$

$\Rightarrow k = k_1 + k_2 = 300$

$\omega_n = \sqrt{\dfrac{k}{m}} = \sqrt{\dfrac{300 \times 9.8}{20}} \fallingdotseq 12.12$

$v_0 = X\omega_n = 1.25\,\omega_n = 1.25 \times 12.12$
$\qquad\qquad\qquad\qquad = 15.15\ cm/s$

87 그림과 같이 Coulomb 감쇠를 일으키는 진동계에서 지면과의 마찰계수는 0.1, 질량 m = 100 kg, 스프링상수 k = 981 N/cm이다. 정지상태에서 초기변위를 2 cm 주었다가 놓을 때 4 cycle후의 진폭은 약 몇 cm가 되겠는가?

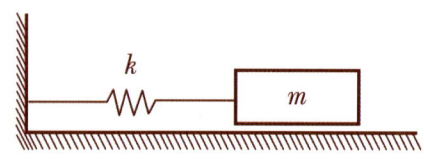

① 0.4　　　　② 0.1
③ 1.2　　　　④ 0.8

풀이

FBD로부터 $\sum F_x = m\ddot{x} = -kx - \mu N$

운동방정식은 $m\ddot{x} + kx + \mu mg = 0$

마찰력은 k에 비례하므로 $\mu mg = ak$

쿨롱 감쇠계수는

$a = \dfrac{\mu mg}{k} = \dfrac{0.1 \times 100 \times 9.8}{981} = 0.00099$

4 사이클이므로 $n = 8$이고

$\omega_n = \sqrt{\dfrac{k}{m}} = \sqrt{\dfrac{981 \times 10^2}{100}} \fallingdotseq 31.325$ 이므로

진폭 $|X_n| = X_0 - 2an$

$\Rightarrow X_0 = \dfrac{\sqrt{\omega_n^2 \times x_0^2 + v_0^2}}{\omega_n}$

$= \dfrac{\sqrt{31.32^2 \times 0.02^2 + 0}}{31.32} = 0.02$

$\therefore X_n = (0.02 - 2 \times 0.00099 \times 8) \times 100$
$\qquad\quad = 0.42\ cm$

88 단순조화운동(Harmonic motions)일 때 속도와 가속도의 위상차는 얼마인가?

① $\dfrac{\pi}{2}$　　　　② π
③ 2π　　　　④ 0

풀이

속도는 cos, 가속도는 sin 함수가 되므로
$90° = \left(\dfrac{\pi}{2}\right) radian$의 위상차가 발생한다.

89 어떤 물체가 정지상태로부터 다음 그래프와 같은 가속도(a)로 속도가 변화한다. 이 때 20초 경과 후의 속도는 약 m/s인가?

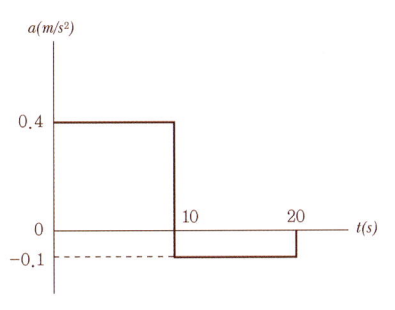

① 1   ② 2
③ 3   ④ 4

풀이

t = 0 ~ 10초일 때
$v = v_0 + at = 0.4 \times 10 = 4 m/s$
t = 10 ~ 20초일 때
$v = v_0 + at = 4 - 0.1 \times 10 = 3 m/s$

90 축구공을 지면으로부터 1 m의 높이에서 자유낙하시켰더니 0.8 m 높이까지 다시 튀어올랐다. 이 공의 반발계수는 얼마인가?

① 0.89   ② 0.83
③ 0.80   ④ 0.77

풀이

$v_{지면} = \sqrt{2 \times 9.8 \times 1} ≒ 4.42$
$v_{반발} = \sqrt{2 \times 9.8 \times 0.8} ≒ 3.96$
$e = \dfrac{-(0 - 3.96)}{4.42} = \dfrac{3.96}{4.42} ≒ 0.8959$

91 구성인선(built up edge)의 방지대책으로 틀린 것은?

① 공구경사각을 크게 한다.
② 절삭깊이를 작게 한다.
③ 절삭속도를 낮게 한다.
④ 윤활성이 좋은 절삭유제를 사용한다.

풀이

구성인선 발생을 감소시키기 위한 방법
① 절삭깊이를 작게
② 윗면경사각을 크게, 절삭날 끝을 예리하게
③ 고속절삭(120~150m/min)
④ 유동성있는 절삭유 사용

92 다음 중 저온뜨임의 특성으로 가장 거리가 먼 것은?

① 내마모성 저하
② 연마균열 방지
③ 치수의 경년변화 방지
④ 담금질에 의한 응력제거

풀이

담금질만 실시한 강은 아주 경하고 인성이 없어 취약하므로 인성(toughness)을 주기 위해서 A점(723℃) 이하에서 실시하는 열처리로 150~300℃ 사이에서 이루어지는 것이 저온뜨임으로 내부응력과 취성감소, 경도 및 내마모성 증가, 조직의 안정화로 치수의 경년변화 방지 등의 이점이 있어 측정공구, 절삭공구, 롤링베어링 제작 등에 사용한다.

93 다음 중 나사의 유효지름 측정과 가장 거리가 먼 것은?

① 나사 마이크로미터
② 센터게이지
③ 공구현미경
④ 삼침법

풀이

나사의 유효지름 측정법에는 삼침법, 나사 마이크로미터, 공구현미경에 의한 측정법이 있다.

94 다이(die)에 탄성이 뛰어난 고무를 적층으로 두고 가공소재를 형상을 지닌 펀치로 가압하여 가공하는 성형가공법은?

① 전자력성형법
② 폭발성형법

정답 90. ① 91. ③ 92. ① 93. ② 94. ④

③ 엠보싱법
④ 마폼법

> **풀이**
> 마폼법(marforming)
> 용기 모양의 홈 안에 고무를 넣고 이것을 다이(die) 대신 사용하는 것으로 베드에 설치되어 있는 펀치가 소재판을 위에 고정되어 있는 고무에 밀어넣어 성형 가공한다. 고무는 탄성에 의하여 펀치의 압력을 흡수할 수 있기 때문에 소재판의 성형이 가능하고, 또 고무의 압력으로 측면의 성형도 원만하게 이루어 질 수 있다. 구조가 비교적 간단한 용기제작에 이용된다.

95 다음 인발가공에서 인발조건의 인자로 가장 거리가 먼 것은?

① 절곡력(folding force)
② 역장력(back tension)
③ 마찰력(friction force)
④ 다이각(die angle)

> **풀이**
> 인발력에 영향을 미치는 인자에는 다이각, 마찰력, 단면감소율, 역장력, 인발속도를 들 수 있다.

96 TIG용접과 MIG용접에 해당하는 용접은?

① 불활성가스 아크용접
② 서브머지드 아크용접
③ 교류아크 셀룰로스계 피복용접
④ 직류아크 일미나이트계 피복용접

> **풀이**
> 불활성 가스 아크용접(Shield Insert Gas Arc Welding)은 고온에서도 금속과 반응하지 않는 불활성가스인 아르곤(Ar.) 헬륨(He)을 공급하면서 그 분위기에서 텅스텐 또는 금속전극과 모재사이에 아크를 발생시켜 용접하는 방법으로 TIG용접(Tungsten Inert Gas Arc Welding)과 MIG용접(Metal Inert Gas Arc Welding)이 있다.

97 주조에서 탕구계의 구성요소가 아닌 것은?

① 쇳물받이   ② 탕도
③ 피이더   ④ 주입구

> **풀이**
> 탕구계의 주요구성은 주입대야(pouring cup), 탕구(sprue), 탕구저(sprue base), 탕도(runner), 주입구(gate), 초우크(choke)등이 있다.

98 다음 중 전주가공의 특징으로 가장 거리가 먼 것은?

① 가공시간이 길다.
② 복잡한 현상, 중공축 등을 가공할 수 있다.
③ 모형과의 오차를 줄일 수 있어 가공정밀도가 높다.
④ 모형전체면에 균일한 두께로 전착이 쉽게 이루어진다.

> **풀이**
> 전주가공(electroforming) : 전해연마에서 석출된 금속이온이 음극의 공작물 표면에 붙은 전착층을 이용하여 원형과 반대형상의 제품을 만드는 가공법을 말한다.
> 〈전주가공법의 특징〉
> ① 가공(생산)시간이 길다.
> ② 복잡한 형상, 이음매없는 관, 중공축 등을 제작할 수 있다.
> ③ 가공정밀도가 높아 모형과의 오차를 ±25 ㎛ 정도로 할 수 있다.
> ④ 모형전면에 일정한 두께로 전착하기가 어렵다.
> ⑤ 제품의 크기에 제한을 받지 않는다.
> ⑥ 언더컷형이 아니면 대량생산이 가능하다.
> ⑦ 첨가제와 전주조건으로 전착금속의 기계적성질을 쉽게 조정할 수 있다.
> ⑧ 금속의 종류에 제한을 받는다.

99 연강을 고속도강 바이트로 세이퍼가공 할 때 바이트의 1분간 왕복횟수는? (단, 절삭속도 = 15

정답 95. ① 96. ① 97. ③ 98. ④ 99. ④

m/min이고 공작물의 길이(행정의 길이)는 150 mm, 절삭행정의 시간과 바이트 1왕복의 시간과의 비 k = 3/5이다.)

① 10회　② 15회
③ 30회　④ 60회

풀이

$$V = \frac{Nl}{1000k} \ m/min$$

$$N = \frac{1000kV}{l} = \frac{1000 \times \frac{3}{5} \times 15}{150} = 60 회$$

100 드릴링 머신으로 할 수 있는 기본작업 중 접시머리 볼트의 머리부분이 묻히도록 원뿔자리 파기 작업을 하는 가공은?

① 태핑　　　　② 카운터 싱킹
③ 심공 드릴링　④ 리밍

풀이

① 태핑(tapping) : 탭(tap)을 이용하여 암나사를 가공하는 작업
② 카운터 싱킹(counter sinking) : 이미 가공되어 있는 구멍에 원추모양의 구멍을 가공하는 작업
③ 심공 드릴링(Deep Hole Drilling) : 구멍지름에 비해 비교적 깊은구멍을 가공하는 작업
④ 리밍(reaming) : 드릴가공한 구멍을 리머(reamer)로 정밀하게 다듬질하는 작업

정답 100. ②

국가기술자격 필기시험문제

2019년 기사 제2회 과년도 유사 문제

자격종목	일반기계기사	시험시간 2시간 30분	형별 A	수험번호	성명

제1과목 : 재료역학

01 원형축(바깥지름 d)을 재질이 같은 속이 빈 원형축 (바깥지름 d, 안지름 d/2)으로 교체하였을 경우 받을 수 있는 비틀림모멘트는 몇 % 감소하는가?

① 6.25　　② 8.25
③ 25.6　　④ 52.6

풀이

$T = \tau Z_P$

$\Rightarrow T_1 = \tau \dfrac{\frac{\pi d^4}{32}}{d/2} = \tau \dfrac{\pi d^3}{16}$

$T_2 = \tau \dfrac{\frac{\pi [d^4 - (d/2)^4]}{32}}{d/2}$

$= \tau \dfrac{\pi d^3}{16}\left(1 - \left(\dfrac{1}{2}\right)^4\right)$

$= 0.9375\,\tau \dfrac{\pi d^3}{16}$

∴ T_2는 $(1 - 0.9375) \times 100 = 6.25\%$ 감소

02 포아송의 비 0.3, 길이 3 m인 원형단면의 막대에 축방향의 하중이 가해진다. 이 막대의 표면에 원주 방향으로 부착된 스트레인 게이지가 -1.5×10^{-4}의 변형률을 나타낼 때, 이 막대의 길이변화로 옳은 것은?

① 0.135mm 압축
② 0.135mm 인장
③ 1.5mm 압축
④ 1.5mm 인장

풀이

$\nu = \left|\dfrac{\epsilon'}{\epsilon}\right|$

$\Rightarrow \epsilon = \left|\dfrac{\epsilon'}{\nu}\right| = \left|\dfrac{-1.5 \times 10^{-4}}{0.3}\right| = 0.0005$

$\epsilon = \dfrac{\lambda}{l}$

$\Rightarrow \lambda = l\epsilon$

$= (3 \times 0.0005) \times 10^3 = 1.5mm$ 인장

03 안지름이 80 mm, 바깥지름이 90 mm이고 길이가 3 m인 좌굴하중을 받는 파이프 압축부재의 세장비는 얼마 정도인가?

① 100　　② 110
③ 120　　④ 130

풀이

세장비

$\lambda = \dfrac{l}{K} = \dfrac{l}{\sqrt{\dfrac{I}{A}}} = \dfrac{l}{\sqrt{\dfrac{\frac{\pi}{64}(d_2^4 - d_1^4)}{\frac{\pi}{4}(d_2^2 - d_1^2)}}}$

$= \dfrac{l}{\sqrt{\dfrac{d_2^2 + d_1^2}{16}}} = \dfrac{3}{\sqrt{\dfrac{0.09^2 + 0.08^2}{16}}} \fallingdotseq 100$

04 지름 30 mm의 환봉시험편에서 표점거리를 10 mm로 하고 스트레인 게이지를 부착하여 신장을 측정한결과 인장하중 25 kN에서 신장 0.0418 mm가 측정되었다. 이때의 지름은 29.97 mm이었다. 이 재료의 포아송 비(ν)는?

정답　1. ①　2. ④　3. ①　4. ①

① 0.239 ② 0.287
③ 0.0239 ④ 0.0287

풀이

$$\epsilon = \frac{\lambda}{l},\ \epsilon' = \frac{\delta}{d}$$

$$\nu = \left|\frac{\epsilon'}{\epsilon}\right| = \left|\frac{\delta/d}{\lambda/l}\right| = \left|\frac{(29.97-30)/30}{0.0418/10}\right|$$
$$= 0.239$$

05 다음과 같은 단면에 대한 2차모멘트 I_z는 약 몇 mm^4인가?

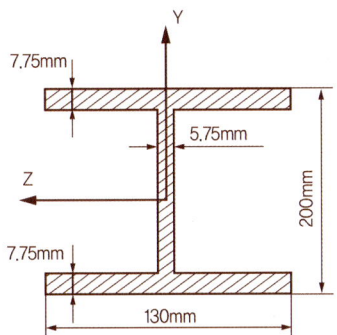

① 18.6×10^6
② 21.6×10^6
③ 24.6×10^6
④ 27.6×10^6

풀이

상측으로부터 평행축의 정리
$I' = I_G + Al^2$ 을 도심축 $Z-Z$ 에 적용하면
$\Rightarrow I' = I'_1 + I_2 + I'_3$
$= \left(\frac{130 \times 7.75^3}{12} + 130 \times 7.75 \times (100-3.775)^2\right)$
$+ \frac{5.75 \times 184.5^3}{12}$
$+ \left(\frac{130 \times 7.75^3}{12} + 130 \times 7.75 \times (100-3.775)^2\right)$
$\fallingdotseq 21.6 \times 10^6\ mm^4$

06 지름 4 cm, 길이 3 m인 선형탄성 원형축이 800 rpm으로 3.6 kW를 전달할 때 비틀림 각은 약 몇 도(°)인가? (단, 전단탄성계수는 84 GPa이다.)

① 0.0085° ② 0.35°
③ 0.48° ④ 5.08°

풀이

$$T = 974\frac{H_{kW}}{N}$$
$$= 974 \times \frac{3.6}{800} \times 10 = 43.8\ N \cdot m$$

$$\theta° = \frac{180}{\pi} \times \frac{Tl}{GI_P}$$
$$= \frac{180}{\pi} \times \frac{43.8 \times 3}{84 \times 10^9 \times \frac{\pi \times 0.04^4}{32}} \fallingdotseq 0.357°$$

07 그림과 같이 한쪽 끝을 지지하고 다른 쪽을 고정한 보가 있다. 보의 단면은 직경 10 cm의 원형이고 보의 길이는 L이며, 보의 중앙에 2094 N의 집중하중 P가 작용하고 있다. 이 때 보에 작용하는 최대굽힘응력이 8 MPa라고 한다면, 보의 길이 L은 약 몇 m인가?

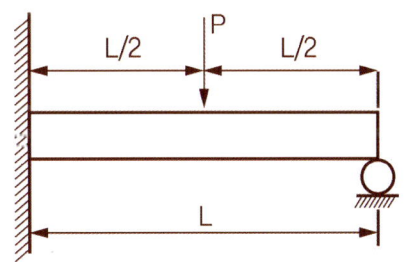

① 2.0 ② 1.5
③ 1.0 ④ 0.7

풀이

$$R_A = \frac{11P}{16}$$
$$R_B = \frac{5P}{16} = \frac{5 \times 2094}{16} = 654.4\ N$$

$$M_{\max} = M_A = \frac{Pl}{2} - R_B\, l$$
$$= \frac{2094 \times l}{2} - 654.4 \times l$$
$$= 1047\, l - 654.4\, l = 392.6\, l$$
$$M_{\max} = \sigma_{\max} Z$$
$$\Rightarrow \sigma_{\max} = \frac{M_{\max}}{Z} = \frac{392.6\, l}{\pi d^3/32}$$
$$\Rightarrow 8 \times 10^6 = \frac{392.6\, l}{\pi \times 0.1^3/32}$$
$$\therefore\ l \fallingdotseq 2\,m$$

08 다음과 같이 길이 L인 일단고정, 타단지지보에 등분포하중 w가 작용할 때, 고정단 A로부터 전단력이 0이 되는 거리(X)는 얼마인가?

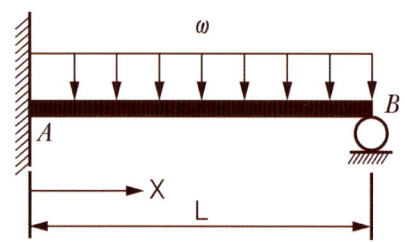

① $\dfrac{2}{3}L$ ② $\dfrac{3}{4}L$

③ $\dfrac{5}{8}L$ ④ $\dfrac{3}{8}L$

풀이

$R_A = \dfrac{5wl}{8}$, $R_B = \dfrac{3wl}{8}$

$\therefore\ V_x = \dfrac{5wL}{8} - wx = 0$ 으로부터

$x = \dfrac{5}{8}L$

09 두께 10 mm의 강판에 지름 23 mm의 구멍을 만드는데 필요한 하중은 약 몇 kN인가? (단, 강판의 전단응력 τ = 750 MPa이다.)

① 243   ② 352
③ 473   ④ 542

풀이

$\tau = \dfrac{F}{A} = \dfrac{P_s}{A} = \dfrac{P_s}{\pi d t}$

$\Rightarrow P_s = \pi d t\, \tau$
$= \pi \times 0.023 \times 0.01 \times 750 \times 10^6 \times 10^{-3}$
$\fallingdotseq 542\,kN$

10 그림과 같은 구조물에서 점 A에 하중 P = 50 kN이 작용하고 A점에서 오른편으로 F = 10 kN이 작용할 때 평형위치의 변위 x는 몇 cm인가? (단, 스프링탄성계수(k) = 5 kN/cm이다.)

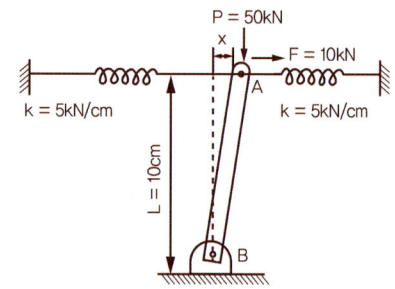

① 1   ② 1.5
③ 2   ④ 3

풀이

힘 P에 의한 x 방향 성분력은
$M_B = 0$ 으로부터
$P_x \times 10 = 50 \times x$ $\Rightarrow P_x = 5x\ kN$

전체 작용력이 스프링의 변형과 같으므로
$P_x + F = 2kx$ $\Rightarrow 5x + 10 = 2 \times 5 \times x$
$\therefore\ x = 2\,cm$

11 직육면체가 일반적인 3축응력 σ_x, σ_y, σ_z를 받고 있을 때 체적변형률 ϵ_v는 대략 어떻게 표현되는가?

① $\epsilon_v \simeq \dfrac{1}{3}(\epsilon_x + \epsilon_y + \epsilon_z)$

② $\epsilon_v \simeq \epsilon_x + \epsilon_y + \epsilon_z$
③ $\epsilon_v \simeq \epsilon_x \epsilon_y + \epsilon_y \epsilon_z + \epsilon_z \epsilon_x$
④ $\epsilon_v \simeq \dfrac{1}{3}(\epsilon_x \epsilon_y + \epsilon_y \epsilon_z + \epsilon_z \epsilon_x)$

풀이
$\epsilon_v = \epsilon_x + \epsilon_y + \epsilon_z$

12 다음 그림과 같이 C점에 집중하중 P가 작용하고 있는 외팔보의 자유단에서 경사각 θ를 구하는 식은? (단, 보의 굽힘강성 EI는 일정하고, 자중은 무시한다.)

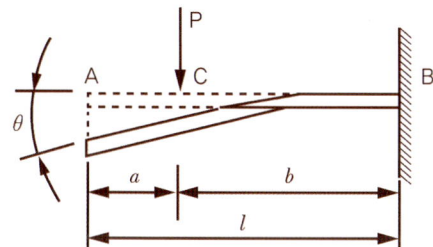

① $\theta = \dfrac{P\ell^2}{2EI}$ ② $\theta = \dfrac{3P\ell^2}{2EI}$

③ $\theta = \dfrac{Pa^2}{2EI}$ ④ $\theta = \dfrac{Pb^2}{2EI}$

풀이
$\theta_{\max} = \dfrac{Pl^2}{2EI} \Rightarrow \theta = \dfrac{Pb^2}{2EI}$

13 단면적이 7 cm²이고, 길이가 10 m인 환봉의 온도를 10℃ 올렸더니 길이가 1 mm 증가했다. 이 환봉의 열팽창계수는?

① 10^{-2} /℃ ② 10^{-3} /℃
③ 10^{-4} /℃ ④ 10^{-5} /℃

풀이
$\lambda_H = l \alpha \Delta T$
$\Rightarrow \alpha = \dfrac{\lambda_H}{l \Delta T} = \dfrac{0.001}{10 \times 10} = 10^{-5}$ /℃

14 단면 20 cm × 30 cm, 길이 6 m의 목재로 된 단순보의 중앙에 20 kN의 집중하중이 작용할 때, 최대처짐은 약 몇 cm인가? (단, 세로 탄성계수 E = 10 GPa이다.)

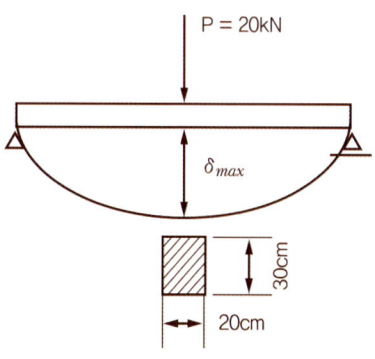

① 1.0 ② 1.5
③ 2.0 ④ 2.5

풀이
$I_\text{사} = \dfrac{bh^3}{12}$
$\Rightarrow I = \dfrac{0.2 \times 0.3^3}{12} = 0.00045 \, m^4$

$\delta_{\max} = \dfrac{Pl^3}{48EI}$
$\Rightarrow \delta_{\max} = \dfrac{20 \times 10^3 \times 6^3}{48 \times 10 \times 10^9 \times 0.00045} \times 100$
$= 2 \, cm$

15 끝이 닫혀있는 얇은 벽의 둥근원통형 압력용기에 내압 p가 작용한다. 용기벽의 안쪽표면 응력상태에서 일어나는 절대 최대전단응력을 구하면? (단, 탱크의 반경 = r, 벽 두께 = t이다.)

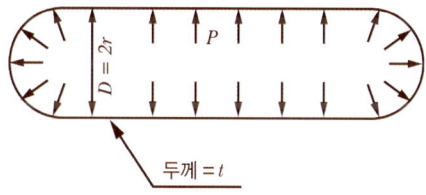

① $\dfrac{pr}{2t} - \dfrac{p}{2}$ ② $\dfrac{pr}{4t} - \dfrac{p}{2}$

③ $\dfrac{pr}{4t} + \dfrac{p}{2}$ ④ $\dfrac{pr}{2t} + \dfrac{p}{2}$

풀이

$\sigma_{hoop} = \dfrac{pd}{2t} = \dfrac{p \times 2r}{2t} = \dfrac{pr}{t}$

$\sigma_{축} = \dfrac{pd}{4t} = \dfrac{p \times 2r}{4t} = \dfrac{pr}{2t}$

최대 전단응력은 직교좌표 각각의 축(3가지)에 대하여 45°이며, z 방향으로 내압 p 를 설정하면 3축 응력인 경우가 되므로

$(\tau_{\max})_x = \dfrac{\sigma_{hoop} + p}{2} = \dfrac{pr}{2t} + \dfrac{p}{2}$

$(\tau_{\max})_y = \dfrac{\sigma_{축} + p}{2} = \dfrac{pr}{4t} + \dfrac{p}{2}$

$(\tau_{\max})_z = \dfrac{\sigma_{hoop} + \sigma_{축}}{2} = \dfrac{pr}{4t}$ 이고

이 중에서 절대 최대전단응력은 $\dfrac{pr}{2t} + \dfrac{p}{2}$ 이다.

16 길이 3 m의 직사각형 단면 b × h = 5 cm × 10 cm을 가진 외팔보에 w의 균일분포하중이 작용하여 최대굽힘응력 500 N/cm²이 발생할 때, 최대 전단응력은 약 몇 N/cm²인가?

① 20.2   ② 16.5
③ 8.3   ④ 5.4

풀이

$M_{\max} = \sigma_{\max} Z$, $\sigma_{\max} = 500 \times 10^4$

$\Rightarrow \sigma_{\max} = \dfrac{M_{\max}}{Z} = \dfrac{\dfrac{wl^2}{2}}{\dfrac{bh^2}{6}}$

$= \dfrac{3wl^2}{bh^2} = \dfrac{3w \times 3^2}{0.05 \times 0.1^2}$

$\therefore w = 92.59 \ N/m$

$\tau_{사} = \dfrac{3}{2}\dfrac{F}{A} = \dfrac{3}{2}\dfrac{V_{\max}}{A}$

$= \dfrac{3}{2} \times \dfrac{92.59 \times 3}{5 \times 10} = 8.33 \ N/cm^2$

17 그림에서 C점에서 작용하는 굽힘모멘트는 몇 N·m인가?

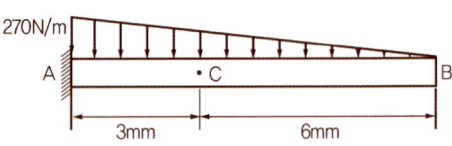

① 270   ② 810
③ 540   ④ 1080

풀이

A 점의 반력과 반모멘트는

$R_A = \dfrac{270 \times 9}{2} = 1215 \ N$

$M_A = \dfrac{270 \times 9 \times 3}{2} = 3645 \ N \cdot m$

그러나, C점($l = 3m$)위치에서의 굽힘모멘트는 B점으로부터 구하는 것이 더 용이하다.
먼저, C점에서의 변 분포하중을 구하면
비례식 $270 : 9 = x : 6$ 으로부터
$x = 180 \ N/m$ 이므로

$M_C = \dfrac{180 \times 6}{2} \times 2 = 1080 \ N \cdot m$

18 그림과 같은 형태로 분포하중을 받고 있는 단순지지보가 있다. 지지점 A에서의 반력 R_A 는 얼마인가? (단, 분포하중 $w(x) = w_o \sin\dfrac{\pi x}{L}$ 이다.)

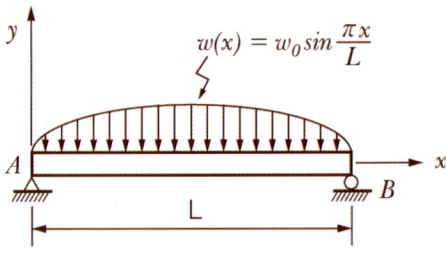

① $\dfrac{2w_o L}{\pi}$ ② $\dfrac{w_o L}{\pi}$

③ $\dfrac{w_o L}{2\pi}$ ④ $\dfrac{w_o L}{2}$

기출문제

[풀이]
총 하중
$$W = \int_0^L w(x)\,dx = \int_0^L w_0 \sin\frac{\pi x}{L}$$
$$= -w_0 \cdot \frac{L}{\pi}\left[\cos\frac{\pi x}{L}\right]_0^L$$
$$= -w_0 \cdot \frac{L}{\pi}(\cos\pi - \cos 0)$$
$$= -w_0 \cdot \frac{L}{\pi}(-1-1) = \frac{2w_0 L}{\pi}$$
$$\therefore R_A = \frac{w_0 L}{\pi}$$

19 그림과 같은 평면응력 상태에서 최대주응력은 약 몇 MPa인가? (단, $\sigma_x = 500$ MPa, $\sigma_y = -300$ MPa, $\tau_{xy} = -300$ MPa이다.)

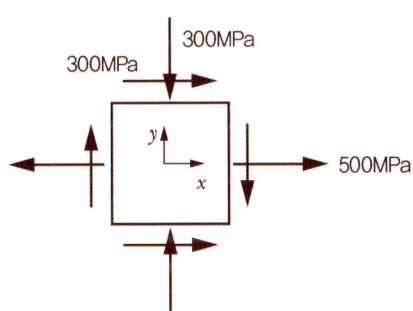

① 500　② 600
③ 700　④ 800

[풀이]
$$\sigma_{\max} = \frac{1}{2}(\sigma_x + \sigma_y) + \frac{1}{2}\sqrt{(\sigma_x - \sigma_y)^2 + 4\tau_{xy}^2}$$
$$\Rightarrow \sigma_{\max} = \frac{1}{2}\times(500 - 300)$$
$$+ \frac{1}{2}\times\sqrt{(500+300)^2 + 4\times(-300)^2}$$
$$= 600\ MPa$$

20 강재 중공축이 25 kN·m의 토크를 전달한다. 중공축의 길이가 3 m이고, 이 때 축에 발생하는 최대 전단응력이 90 MPa이며, 축에 발생된 비틀림각이 2.5°라고 할 때 축의 외경과 내경을 구하면 각각 약 몇 mm인가? (단, 축 재료의 전단탄성계수는 85 GPa이다.)

① 146, 124　② 136, 114
③ 140, 132　④ 133, 112

[풀이]
$$T = \tau Z_P$$
$$\Rightarrow Z_P = \frac{T}{\tau} = \frac{25 \times 10^3}{90 \times 10^6}$$
$$= 277.78 \times 10^{-6}\ m^3$$
$$\theta° = \frac{180}{\pi} \times \frac{Tl}{GI_P} = \frac{180}{\pi} \times \frac{Tl}{G\frac{d_1}{2}Z_P}$$
$$\Rightarrow 2.5 = \frac{180}{\pi}$$
$$\times \frac{25 \times 10^3 \times 3}{85 \times 10^9 \times \frac{d_1}{2} \times 277.78 \times 10^{-6}}$$
$$\therefore 외경\ d_1 ≒ 0.1456\ m = 145.6\ mm$$
$$Z_P = \frac{I_P}{y} = \frac{\frac{\pi(0.1456^4 - d_2^4)}{32}}{\frac{0.1456}{2}} = 277.78 \times 10^{-6}$$
$$\therefore 내경\ d_2 ≒ 0.1249\ m = 124.9\ mm$$

제2과목 : 기계열역학

21 어떤 사이클이 다음 온도(T)-엔트로피(s)선도와 같을 때 작동유체에 주어진 열량은 약 몇 kJ/kg인가?

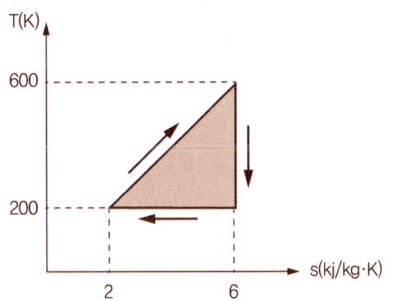

① 4 ② 400
③ 800 ④ 1600

풀이

$ds = \dfrac{\delta q}{T} \Rightarrow \delta q = Tds$

즉, 사이클로 작동하는 유체의 $T-s$ 선도상의 면적은 작동유체에 주어진 열량과 같다.

$\therefore \delta q = \dfrac{1}{2} \times (600-200) \times (6-2)$
$\quad = 800 \ kJ/kg$

22 압력이 100 kPa이며 온도가 25℃인 방의 크기가 240 m³이다. 이 방에 들어있는 공기의 질량은 약 몇 kg인가? (단, 공기는 이상기체로 가정하며, 공기의 기체상수는 0.287 kJ/(kg·K)이다.)

① 0.00357 ② 0.28
③ 3.57 ④ 280

풀이

$pV = mRT$

$\Rightarrow m = \dfrac{pV}{RT} = \dfrac{100 \times 240}{0.287 \times (25+273.15)}$
$\quad = 280 \ kg$

23 용기에 부착된 압력계에 읽힌 계기압력이 150 kPa이고 국소대기압이 100 kPa일 때 용기안의 절대압력은?

① 250 kPa ② 150 kPa
③ 100 kPa ④ 50 kPa

풀이

$p_{abs} = p_{atm} \pm p_{gauge}$
$\quad = 100 + 150 = 250 \ kPa$

24 수증기가 정상과정으로 40 m/s의 속도로 노즐에 유입되어 275 m/s로 빠져나간다. 유입되는 수증기의 엔탈피는 3300 kJ/kg, 노즐로부터 발생되는 열손실은 5.9 kJ/kg일 때 노즐출구에서의 수증기 엔탈피는 약 몇 kJ/kg인가?

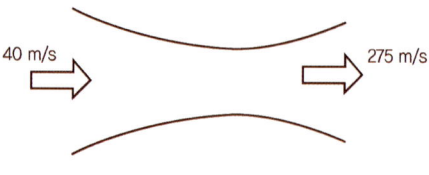

① 3257 ② 3024
③ 2795 ④ 2612

풀이

$q_{12} + h_1 + \dfrac{w_1^2}{2} + gz_1 = h_2 + \dfrac{w_2^2}{2} + gz_2 + w_T$

$\Rightarrow q_{12} + h_1 + \dfrac{w_1^2}{2} = h_2 + \dfrac{w_2^2}{2}$

$\Rightarrow h_2 = q_{12} + h_1 + \left(\dfrac{w_1^2}{2} - \dfrac{w_2^2}{2}\right)$

$\Rightarrow h_2 = -5.9 + 3300 + \left(\dfrac{40^2}{2} - \dfrac{275^2}{2}\right) \times 10^{-3}$

$\quad \fallingdotseq 3257 \ kJ/kg$

25 클라우지우스(Clausius) 부등식을 옳게 표현한 것은? (단, T는 절대온도, Q는 시스템으로 공급된 전체열량을 표시한다.)

① $\oint \dfrac{\delta Q}{T} \geq 0$

② $\oint \dfrac{\delta Q}{T} \leq 0$

③ $\oint T\delta Q \geq 0$

④ $\oint T\delta Q \leq 0$

풀이

(Clausius 부등식) $\Delta S = \oint \dfrac{\delta Q}{T} \leq 0$

26 500 W의 전열기로 4 kg의 물을 20℃에서 90℃까지 가열하는데 몇 분이 소요되는가? (단, 전열기

정답 22. ④ 23. ① 24. ① 25. ② 26. ③

에서 열은 전부 온도상승에 사용되며 물의 비열은 4180 J/(kg·K)이다.)

① 16   ② 27
③ 39   ④ 45

풀이

$Q = mC\Delta T$, $\quad Q = P \times t$
$= 4 \times 4180 \times (90-20) = 500 \times 60 \times x$
$\therefore x \fallingdotseq 39\ \min$

27 R-12를 작동유체로 사용하는 이상적인 증기압축 냉동사이클이 있다. 여기서 증발기출구 엔탈피는 229 kJ/kg, 팽창밸브출구 엔탈피는 81 kJ/kg, 응축기입구 엔탈피는 255 kJ/kg일 때 이 냉동기의 성적계수는 약 얼마인가?

① 4.1   ② 4.9
③ 5.7   ④ 6.8

풀이

$COP_R = \dfrac{q_L}{q_H - q_L} = \dfrac{q_L}{w_c}$

$\Rightarrow COP_R = \dfrac{229 - 81}{255 - 229} = 5.69$

28 보일러에 물(온도 20℃, 엔탈피 84 kJ/kg)이 유입되어 600 kPa의 포화증기(온도 159℃, 엔탈피 2757 kJ/kg) 상태로 유출된다. 물의 질량유량이 300 kg/h이라면 보일러에 공급된 열량은 약 몇 kW인가?

① 121   ② 140
③ 223   ④ 345

풀이

$q_B = h_2 - h_1 = 2757 - 84 = 2673\ kJ/kg$

$\therefore \dot{Q}_B = \dot{m}(h_2 - h_1) = \dfrac{300}{3600} \times 2673$
$\qquad\qquad\quad = 222.75\ kW$

29 가역과정으로 실린더 안의 공기를 50 kPa, 10℃ 상태에서 300 kPa까지 압력(P)과 체적(V)의 관계가 다음과 같은 과정으로 압축할 때 단위질량 당 방출되는 열량은 약 몇 KJ/kg인가? (단, 기체상수는 0.287 kJ/(kg·K)이고 정적비열은 0.7 kJ/(kg·K)이다.)

$$PV^{1.3} = 일정$$

① 17.2   ② 37.2
③ 57.2   ④ 77.2

풀이

(Polytropic 과정)

$\dfrac{T_2}{T_1} = \left(\dfrac{p_2}{p_1}\right)^{\frac{n-1}{n}}$

$\Rightarrow T_2 = T_1 \times \left(\dfrac{p_2}{p_1}\right)^{\frac{n-1}{n}} = 283.15 \times \left(\dfrac{300}{50}\right)^{\frac{1.3-1}{1.3}}$

$\therefore T_2 = 428.1\ K$ (압축 후의 온도)

(Polytropic 일)

$w_{12} = \dfrac{1}{n-1}(p_1 v_1 - p_2 v_2)$
$\quad\ = \dfrac{1}{n-1} R(T_1 - T_2)$
$\quad\ = \dfrac{1}{1.3-1} \times 0.287 \times (283.15 - 428.1)$

$\therefore w_{12} = -138.7\ kJ/kg$ (받은 일량)

(Polytropic 열량)

$Q = U + W$
$\Rightarrow q_{12} = C_v(T_2 - T_1) + w_{12}$
$\Rightarrow q_{12} = 0.7 \times (428.1 - 283.15) - 138.7$
$\therefore q_{12} = -37.5\ kJ/kg$ (방열)

30 효율이 40%인 열기관에서 유효하게 발생되는 동력이 110 kW라면 주위로 방출되는 총열량은 약 몇 KW인가?

① 375   ② 165

③ 135　　　　④ 85

풀이

$\eta = 1 - \dfrac{Q_2}{Q_1} = \dfrac{W}{Q_1} \Rightarrow 0.4 = \dfrac{110}{Q_1}$

$\Rightarrow Q_1 = \dfrac{110}{0.4} = 275 \ kW$

$\therefore Q_2 = 275 \times (1 - 0.4) = 165 \ kW$

31 화씨온도가 86°F 일 때 섭씨온도는 몇 ℃인가?

① 30　　　　② 45
③ 60　　　　④ 75

풀이

$℃ = \dfrac{5}{9} \times (°F - 32) = \dfrac{5}{9} \times (86 - 32) = 30 ℃$

32 압력이 0.2 MPa이고, 초기온도가 120℃인 1 kg의 공기를 압축비 18로 가역 단열압축하는 경우 최종 온도는 약 몇 ℃인가? (단, 공기는 비열비가 1.4인 이상기체이다.)

① 676℃　　　② 776℃
③ 876℃　　　④ 976℃

풀이

$\dfrac{T_2}{T_1} = \left(\dfrac{p_2}{p_1}\right)^{\frac{k-1}{k}} = \left(\dfrac{v_1}{v_2}\right)^{k-1}$

$\Rightarrow T_2 = T_1 \times \left(\dfrac{v_1}{v_2}\right)^{k-1}$

$= (120 + 273.15) \times (18)^{1.4-1}$

$\therefore T_2 = 1249.3 \ K = 976.2 ℃$

33 그림과 같이 실린더내의 공기가 상태 1 에서 상태 2 로 변화할 때 공기가 한 일은? (단, P는 압력, V는 부피를 나타낸다.)

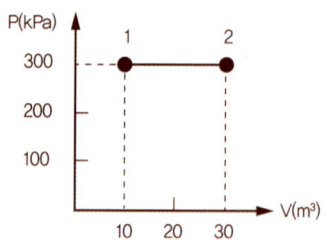

① 30 kJ　　　② 60 kJ
③ 3000 kJ　　④ 6000 kJ

풀이

p - V 선도상의 면적은 절대일이다.

$\Rightarrow W_{12} = \displaystyle\int_1^2 p \, dV$

$= 300 \times (30 - 10) = 6000 \ kJ$

34 등엔트로피 효율이 80%인 소형 공기터빈의 출력이 270 kJ/kg이다. 입구온도는 600K이며, 출구압력은 100 kPa이다. 공기의 정압비열은 1.004 kJ/(kg·K), 비열비는 1.4 일 때, 입구압력(kPa)은 약 몇 kPa인가? (단, 공기는 이상기체로 간주한다.)

① 1984　　　② 1842
③ 1773　　　④ 1621

풀이

공기터빈은 연소과정이 없이 압축기 출구의 공기가 터빈에서 팽창하는 기관이다.

효율　$\dot{W_c} = \dfrac{\dot{W_T}}{\eta}$

$\Rightarrow w_c = \dfrac{w_T}{\eta} = \dfrac{270}{0.8} = 337.5 \ kJ/kg$

한편, $w_T = h_3 - h_4 = C_p(T_3 - T_4)$

$T_3 = T_2, \ T_4 = T_1 \ . \ T_2 = 600 \ K$

를 적용하면

$w_c = C_p(T_2 - T_1)$

$337.5 = 1.004 \times (600 - T_1) \ \therefore \ T_1 = 263.85 \ K$

단열과정 $\dfrac{T_2}{T_1} = \left(\dfrac{p_2}{p_1}\right)^{\frac{k-1}{k}}$

정답 31. ① 32. ④ 33. ④ 34. ③

$$\Rightarrow p_1 = p_2 \left(\frac{T_2}{T_1}\right)^{\frac{k}{k-1}}$$
$$= 100 \times \left(\frac{600}{263.85}\right)^{\frac{1.4}{1.4-1}}$$
$$= 1773.3 \; kPa$$

35 100℃와 50℃ 사이에서 작동하는 냉동기로 가능한 최대 성능계수(COP)는 약 얼마인가?

① 7.46 ② 2.54
③ 4.25 ④ 6.46

풀이

$$COP_{RC} = \frac{T_L}{T_H - T_L} = \frac{323.15}{373.15 - 323.15}$$
$$= 6.463$$

36 카르노사이클로 작동되는 열기관이 고온체에서 100 kJ의 열을 받고 있다. 이 기관의 열효율이 30%라면 방출되는 열량은 약 몇 kJ인가?

① 30 ② 50
③ 60 ④ 70

풀이

$$\eta_c = 1 - \frac{T_2}{T_1}$$
$$= \frac{Q_H - Q_L}{Q_H} = \frac{W}{Q_H} = \frac{T_H - T_L}{T_H}$$
$$\Rightarrow 0.3 = 1 - \frac{Q_L}{100}$$
$$\therefore Q_L = (1 - 0.3) \times 100 = 70 \; kJ$$

37 Van der Waals 상태방정식은 다음과 같이 나타낸다. 이식에서 $\frac{a}{v^2}$, b는 각각 무엇을 의미하는 것인가? (단, P는 압력, v는 비체적, R은 기체상수, T는 온도를 나타낸다.)

$$\left(p + \frac{a}{v^2}\right) \times (v - b) = RT$$

① 분자간의 작용인력, 분자 내부에너지
② 분자간의 작용인력, 기체분자들이 차지하는 체적
③ 분자자체의 질량, 분자 내부에너지
④ 분자자체의 질량, 기체분자들이 차지하는 체적

풀이

② 분자간의 상호작용력, 분자가 점유하는 체적

38 어떤 시스템에서 유체는 외부로부터 19 kJ의 일을 받으면서 167 kJ의 열을 흡수하였다. 이때 내부에너지의 변화는 어떻게 되는가?

① 148kJ 상승한다.
② 186kJ 상승한다.
③ 148kJ 감소한다.
④ 186kJ 감소한다.

풀이

$Q = U + W$
$\Rightarrow \triangle Q = 167 \; kJ, \; \triangle W = -19 \; kJ$
$\therefore \triangle U = 167 + 18 = 186 \; kJ$

39 체적이 500 cm³인 풍선에 압력 0.1 MPa, 온도 228K의 공기가 가득 채워져 있다. 압력이 일정한 상태에서 풍선 속 공기온도가 300K로 상승했을 때 공기에 가해진 열량은 약 얼마인가? (단, 공기는 정압비열이 1.005 kJ/(kg·K), 기체상수가 0.287 kJ/(kg·K)인 이상기체로 간주한다.)

① 7.3 J ② 7.3 kJ
③ 14.6 J ④ 14.6 kJ

풀이

$$q_{12} = \int dh = C_p (T_2 - T_1)$$

$$= 1.005 \times (300 - 288)$$
$$= 12.06 \, kJ/kg$$
$$pV = mRT \quad \Rightarrow \quad m = \frac{pV}{RT}$$
$$Q_{12} = m q_{12}$$
$$= 12.6 \times \frac{0.1 \times 10^3 \times 500 \times 10^{-6}}{0.287 \times 288} \times 10^{-3}$$
$$= 7.3 \, J$$

40 어떤 시스템에서 공기가 초기에 290K에서 330K 로 변화하였고, 이 때 압력은 200 kPa에서 600 kPa로 변화하였다. 이 때 단위질량 당 엔트로피 변화는 약 몇 kJ/(kg·K)인가? (단, 공기는 정압 비열이 1.006 kJ/(kg·K)이고, 기체상수가 0.287 kJ/(kg·K)인 이상기체로 간주한다.)

① 0.445　　② -0.445
③ 0.185　　④ -0.185

풀이

$$\delta q = dh - v \, dp \quad , \quad ds = \frac{\delta q}{T}$$
$$\delta q = T ds = dh - v \, dp = C_p \, dT - v \, dp$$
$$\delta s = C_p \frac{dT}{T} - \frac{v}{T} dp = C_p \frac{dT}{T} - R \frac{dp}{p}$$
$$\therefore \Delta s = C_p \ln \frac{T_2}{T_1} - R \ln \frac{p_2}{p_1}$$
$$= 1.006 \times \ln \frac{330}{290} - 0.287 \times \ln \frac{600}{200}$$
$$= -0.185 \, kJ/kg \cdot K$$

제3과목 : 기계유체역학

41 분수에서 분출되는 물줄기높이를 2배로 올리려면 노즐입구에서의 게이지 압력을 약 몇 배로 올려야 하는가? (단, 노즐입구에서의 동압은 무시한다.)

① 1.414　　② 2
③ 2.828　　④ 4

풀이
분수물줄기 하부(첨자 1)로부터 상부(첨자 2)까지의 높 이를 h 라 하고 2 위치에 대한 베르누이 식을 이용한다.

$$\frac{p_1}{\gamma} + \frac{V_1^2}{2g} + z_1 = \frac{p_2}{\gamma} + \frac{V_2^2}{2g} + z_2$$

문제의 의미에서

$$\frac{V_1^2}{2g} = 0, \quad \frac{p_2}{\gamma} = 0 \,(\text{대기압}), \quad \frac{V_2^2}{2g} = 0 \text{ 이므로}$$
$$\frac{p_1}{\gamma} = z_2 - z_1 = h$$
$$\therefore p_1 = \gamma h \text{ 이고 } 2h\text{가 되려면 } 2p_1$$

42 수면의 높이차이가 10 m인 두 개의 호수사이에 손실수두가 2 m인 관로를 통해 펌프로 물을 양수 할 때 3 kW의 동력이 필요하다면 이 때 유량은 약 몇 L/s인가?

① 18.4　　② 25.5
③ 32.3　　④ 45.8

풀이
펌프양정과 손실을 합한 수두가 필요하다.

$$P = \frac{\gamma H Q}{1000}$$
$$\Rightarrow Q = \frac{P \times 1000}{\gamma H} = \frac{3 \times 1000}{9800 \times 12}$$
$$= 0.0255 \, m^3/s = 25.5 \, \ell/s$$

43 체적탄성계수가 2×10^9 N/m²인 유체를 2%압축 하는데 필요한 압력은?

① 1 GPa　　② 10 MPa
③ 4 GPa　　④ 40 MPa

풀이

$$K = -V \frac{dp}{dV} \quad \Rightarrow \quad dp = K \frac{dV}{V}$$
$$\Rightarrow p = 2 \times 10^9 \times 0.02 = 40 \, MPa$$

정답　40. ④　41. ②　42. ②　43. ④

44 정지된 액체 속에 잠겨있는 평면이 받는 압력에 의해 발생하는 합력에 대한 설명으로 옳은 것은?

① 크기가 액체의 비중량에 반비례한다.
② 크기는 도심에서의 압력에 전체면적을 곱한 것과 같다.
③ 경사진 평면에서의 작용점은 평면의 도심과 일치한다.
④ 수직평면의 경우 작용점이 도심보다 위쪽에 있다.

풀이
전압력 $F = p_c A = \gamma h_c A$ ⇐ h_c : 도심의 수심

45 경사가 30°인 수로에 물이 흐르고 있다. 유속이 12 m/s로 흐름이 균일하다고 가정하며 연직방향으로 측정한 수심이 60 cm이다. 수로의 폭을 1 m로 한다면 유량은 약 몇 m³/s인가?

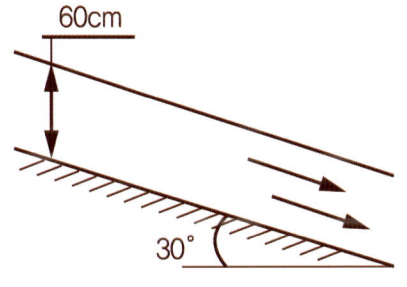

① 5.87   ② 6.24
③ 6.82   ④ 7.26

풀이
$$Q = AV = bH \times V = 1 \times 0.6 \cos 30° \times 12$$
$$= 6.235 \, m^3/s$$

46 일반적으로 뉴턴유체에서 온도상승에 따른 액체의 점성계수 변화에 대한 설명으로 옳은 것은?

① 분자의 무질서한 운동이 커지므로 점성계수가 증가한다.
② 분자의 무질서한 운동이 커지므로 점성계수가 감소한다.
③ 분자간의 결합력이 약해지므로 점성계수가 증가한다.
④ 분자간의 결합력이 약해지므로 점성계수가 감소한다.

풀이
④ 뉴턴유체의 온도가 상승하면 분자간의 결합력이 약해지며 점성계수가 감소한다.

47 경계층 밖에서 퍼텐셜 흐름의 속도가 10 m/s일 때, 경계층의 두께는 속도가 얼마일 때의 값으로 잡아야 하는가? (단, 일반적으로 정의하는 경계층 두께를 기준으로 삼는다.)

① 10m/s   ② 7.9m/s
③ 8.9m/s   ④ 9.9m/s

풀이
일반적으로 정의하는 경계층두께는 $0.99 u_\infty$

48 점성계수(μ)가 0.005 Pa·s인 유체가 수평으로 놓인 안지름이 4 cm인 곧은 관을 30 cm/s의 평균속도로 흘러가고 있다. 흐름상태가 층류일 때 수평 길이 800 cm 사이에서의 압력강하(Pa)는?

① 120   ② 240
③ 360   ④ 480

풀이
유량
$$Q = \frac{\triangle p \, \pi d^4}{128 \mu L}$$
$$\Rightarrow \triangle p = \frac{128 \mu L Q}{\pi d^4}$$
$$= \frac{128 \times 0.005 \times 8 \times \pi \times 0.04^2 \times 0.3}{\pi \times 0.04^4 \times 4}$$
$$= 240 \, Pa$$

49 다음 중 유선(stream line)을 가장 올바르게 설명한 것은?

① 에너지가 같은 점을 이은 선이다.
② 유체입자가 시간에 따라 움직인 궤적이다.
③ 유체입자의 속도벡터와 접선이 되는 가상곡선이다.
④ 비정상유동 때의 유동을 나타내는 곡선이다.

풀이
유선(Stream line)은 유체입자의 속도벡터와 접선이 되는 가상곡선이다.

50 평행한 평판사이의 층류흐름을 해석하기 위해서 필요한 무차원수와 그 의미를 바르게 나타낸 것은?

① 레이놀즈수 = 관성력 / 점성력
② 레이놀즈수 = 관성력 / 탄성력
③ 프루드수 = 중력 / 관성력
④ 프루드수 = 관성력 / 점성력

풀이
층류흐름 해석을 위한 무차원수는 Re수(관성력 / 점성력)이다.

51 물이 지름이 0.4 m인 노즐을 통해 20 m/s의 속도로 맞은편 수직벽에 수평으로 분사된다. 수직벽에는 지름 0.2 m의 구멍이 있으며 뚫린 구멍으로 유량의 25%가 흘러나가고 나머지 75%는 반경방향으로 균일하게 유출된다. 이때 물에 의해 벽면이 받는 수평방향의 힘은 약 몇 kN인가?

① 0   ② 9.4
③ 18.9   ④ 37.7

풀이
25%의 유체는 수직력과 무관하므로

$Q = 0.75 A V$
$= 0.75 \times \dfrac{\pi}{4} \times 0.4^2 \times 20 = 1.884 \ m^3/s$
$F_x = \rho Q (V_{2x} - V_{1x}) = \rho Q [0 - (-20)]$
$= 1000 \times 1.884 \times 20 \times 10^3 = 37.68 \ kN$

52 동점성계수가 1.5×10^{-5} m²/s인 공기중에서 30 m/s의 속도로 비행하는 비행기의 모형을 만들어, 동점성계수가 1.0×10^{-6} m²/s인 물속에서 6 m/s의 속도로 모형시험을 하려한다. 모형(L_m)과 실형(L_p)의 길이비(L_m/L_p)를 얼마로 해야 되는가?

① $\dfrac{1}{75}$ ② $\dfrac{1}{15}$
③ $\dfrac{1}{5}$ ④ $\dfrac{1}{3}$

풀이
$\left(\dfrac{Vd}{\nu}\right)_p = \left(\dfrac{Vd}{\nu}\right)_m \Rightarrow \left(\dfrac{VL}{\nu}\right)_p = \left(\dfrac{VL}{\nu}\right)_m$
$\Rightarrow \dfrac{L_m}{L_p} = \dfrac{\nu_m}{\nu_p} \times \dfrac{V_p}{V_m} = \dfrac{1.0 \times 10^6}{1.5 \times 10^6} \times \dfrac{30}{6} = \dfrac{1}{3}$

53 관속에 흐르는 물의 유속을 측정하기 위하여 삽입한 피토정압관에 비중이 3인 액체를 사용하는 마노미터를 연결하여 측정한 결과 액주의 높이차이가 10 cm로 나타났다면 유속은 약 몇 m/s인가?

① 0.99   ② 1.40
③ 1.98   ④ 2.43

풀이
$v = \sqrt{2g \triangle h}$
$\Rightarrow v = \sqrt{2g \triangle h \left(\dfrac{s_{비중3}}{s_0} - 1\right)}$
$= \sqrt{2 \times 9.8 \times 0.1 \times \left(\dfrac{3}{1} - 1\right)}$
$= 1.98 \ m/s$

정답 49. ③ 50. ① 51. ④ 52. ④ 53. ③

54 바닷물 밀도는 수면에서 1025 kg/m³이고 깊이 100 m마다 0.5 kg/m³씩 증가한다. 깊이 1000 m에서 압력은 계기압력으로 약 몇 kPa인가?

① 9560   ② 10080
③ 10240 ④ 10800

풀이
수심 1000m에서의 바닷물 밀도
$\rho_{1000m} = 1025 + 10 \times 0.5 = 1030 \, kg/m^3$

$\therefore p = \gamma h = \rho g h$
$= 1030 \times 9.8 \times 1000 \times 10^{-3}$
$= 10094 \, kPa$

55 높이가 0.7 m, 폭이 1.8 m인 직사각형 덕트에 유체가 가득차서 흐른다. 이때 수력직경은 약 몇 m인가?

① 1.01   ② 2.02
③ 3.14   ④ 5.04

풀이
수력반경 $R_h = \dfrac{A}{P} = \dfrac{\pi d^2/4}{\pi d} = \dfrac{d}{4}$

수력직경 $d = 4R_h$
$= 4 \times \dfrac{A}{P} = 4 \times \dfrac{1.8 \times 0.7}{2 \times (1.8 + 0.7)}$
$= 1.01 \, m$

56 동점성계수가 1.5×10⁻⁵ m²/s 인 유체가 안지름이 10 cm인 관 속을 흐르고 있을 때 층류 임계속도 (cm/s)는? (단, 층류 임계레이놀즈수는 2100이다.)

① 24.7   ② 31.5
③ 43.6   ④ 52.3

풀이
$Re = \dfrac{\rho V L}{\mu} = \dfrac{V d}{\nu}$

$\Rightarrow V = \dfrac{Re \, \nu}{d} = \dfrac{2100 \times 1.5 \times 10^{-5}}{0.1} \times 10^2$
$= 31.5 \, cm/s$

57 다음 중 유체의 속도구배와 전단응력이 선형적으로 비례하는 유체를 설명한 가장 알맞은 용어는 무엇인가?

① 점성유체   ② 뉴턴유체
③ 비압축성 유체   ④ 정상유동 유체

풀이
뉴턴유체 : 유체의 속도구배와 전단응력이 선형적으로 비례하는 유체

58 속도퍼텐셜이 $\phi = x^2 - y^2$인 2차원유동에 해당하는 유동함수로 가장 옳은 것은?

① $x^2 + y^2$ ② $2xy$
③ $-3xy$ ④ $2x(y-1)$

풀이
$u = \dfrac{\partial \Psi}{\partial y} = \dfrac{\partial \phi}{\partial x}$

$\Rightarrow u = \dfrac{\partial \phi}{\partial x} = 2x = \dfrac{\partial \Psi}{\partial y}$

$\Rightarrow \partial \Psi = 2x \, \partial y$

$\Rightarrow \Psi = 2xy + C = 2xy$

$v = -\dfrac{\partial \Psi}{\partial x} = \dfrac{\partial \phi}{\partial y}$

$\Rightarrow v = \dfrac{\partial \phi}{\partial y} = -2y = -\dfrac{\partial \Psi}{\partial x}$

$\Rightarrow \partial \Psi = 2y \, \partial x$

$\Rightarrow \Psi = 2xy + C = 2xy$

$\therefore \Psi = 2xy$

59 물을 담은 그릇을 수평방향으로 4.2 m/s²으로 운동시킬 때 물은 수평에 대하여 약 몇 도(°) 기울어지겠는가?

① 18.4°   ② 23.2°
③ 35.6°   ④ 42.9°

풀이

$$\tan\theta = \frac{a_x}{g} = \frac{4.2}{9.8} \Rightarrow \theta = 23.2°$$

60 몸무게가 750 N인 조종사가 지름 5.5 m의 낙하산을 타고 비행기에서 탈출하였다. 항력계수가 1.0이고, 낙하산의 무게를 무시한다면 조종사의 최대 종속도는 약 몇 m/s가 되는가? (단, 공기의 밀도는 1.2 kg/m³이다.)

① 7.25   ② 8.00
③ 5.26   ④ 10.04

풀이

$F_D - W = 0$

$D = F_D = C_D A \dfrac{\rho V^2}{2}$

$\Rightarrow W = C_D A \dfrac{\rho V^2}{2}$

$\Rightarrow V = \sqrt{\dfrac{2W}{C_D \rho A}}$

$ = \sqrt{\dfrac{2 \times 750}{1 \times 1.2 \times \pi/4 \times 5.5^2}}$

$ = 7.25 \; m/s$

제4과목 : 기계재료 및 유압기기

61 다음 중 비중이 가장 작고, 항공기 부품이나 전자 및 전기용 제품의 케이스 용도로 사용되고 있는 합금재료는?

① Ni 합금   ② Cu 합금
③ Pb 합금   ④ Mg 합금

풀이

마그네슘(Mg)
① 실용금속상 가장 가벼운 금속으로 비중이 1.74
② 알루미늄합금 보다 비중이 낮아 자동차, 항공기 등의 초경량금속 소재로 사용
③ 치수안정성, 용접성, 절삭성이 좋다.
④ 다른금속과 접촉하면 먼저 부식이 되며 가격이 고가

62 다음의 조직 중 경도가 가장 높은 것은?

① 펄라이트(pearlite)
② 페라이트(ferrite)
③ 마텐자이트(martensite)
④ 오스테나이트(austenite)

풀이

담금질조직의 경도 순서
M > T > S > P > A > F
마텐자이트(600) > 트루스타이트(400) > 소르바이트(230) > 펄라이트(200) > 오스테나이트(150) > 페라이트(100)

63 강의 열처리 방법 중 표면경화법에 해당하는 것은?

① 마퀜칭   ② 오스포밍
③ 침탄질화법   ④ 오스템퍼링

풀이

강의 표면경화법의 분류
① 물리적 표면경화법 : 화염경화법, 고주파경화법, 하드페이싱, 쇼트피이닝
② 화학적 표면경화법 : 침탄법, 질화법, 청화법, 침유법, 금속침투법
③ 금속침투법 : 세라다이징, 크로마이징, 칼로라이징, 실리코나이징, 보로나이징
④ 기타 표면경화법 : 쇼트피이닝, 방전경화법, 하드페이싱

64 칼로라이징은 어떤 원소를 금속표면에 확산침투시키는 방법인가?

① Zn   ② Si

정답 60.① 61.④ 62.③ 63.③ 64.③

③ Al ④ Cr

풀이
금속침투법
① 세라다이징(Sheradizing : Zn침투법)
② 실리코나이징(Siliconizing : Si침투법)
③ 칼로라이징(Calorizing : Al침투법)
④ 크로마이징(Chromizing : Cr침투법)

65 Fe-C 평형상태도에서 온도가 가장 낮은 것은?
① 공석점 ② 포정점
③ 공정점 ④ Fe의 자기변태점

풀이
공석점 : 723℃, 포정점 : 1492℃,
공정점 : 1130℃, 자기변태점 (강 : 770℃,
순철 : 768℃)

66 열경화성 수지에 해당되는 것은?
① ABS 수지 ② 에폭시 수지
③ 폴리아미드 ④ 염화비닐 수지

풀이
열경화성수지 : 에폭시, 페놀, 멜라민, 실리콘, 요소수지 등
열가소성수지 : 폴리에틸렌, 폴리프로필렌, 폴리염화비닐, 폴리스틸렌, ABS, AS수지 등

67 다음 중 반발을 이용하여 경도를 측정하는 시험법은?
① 쇼어경도시험
② 마이어경도시험
③ 비커즈경도시험
④ 로크웰경도시험

풀이
쇼어 경도시험 : 낙하시킨 추의 반발높이를 이용하는 충격 경도시험으로 기호는 Hs를 사용.

68 구리(Cu)합금에 대한 설명 중 옳은 것은?
① 청동은 Cu+Zn 합금이다.
② 베릴륨 청동은 시효경화성이 강력한 Cu합금이다.
③ 애드미럴티 황동은 6-4황동에 Sb을 첨가한 합금이다.
④ 네이벌 황동은 7-3황동에 Ti을 첨가한 합금이다.

풀이
① 청동은 Cu+Sn 합금이다.
② 베릴륨 청동은 Cu에 Be(2.0~3.0%)을 첨가한 시효경화성이 강력한 Cu합금이다.
③ 애드미럴티 황동은 7-3황동에 1% 이하의 Sn을 첨가한 합금이다.
④ 네이벌 황동은 6-4황동에 1.0% 이하의 Sn을 첨가한 합금이다.

69 면심입방격자(FCC)의 단위격자 내에 원자수는 몇 개인가?
① 2개 ② 4개
③ 6개 ④ 8개

풀이
체심입방격자(B.C.C) : 2개
면심입방격자(F.C.C) : 4개
조밀육방격자(H.C.P) : 2개

70 합금주철에서 특수합금 원소의 영향을 설명한 것 중 틀린 것은?
① Ni은 흑연화를 방지한다.
② Ti은 강한 탈산제이다.
③ V은 강한 흑연화 방지원소이다.
④ Cr은 흑연화를 방지하고, 탄화물을 안정화한다.

풀이
① 흑연화 촉진원소

정답 65. ① 66. ② 67. ① 68. ② 69. ② 70. ①

[강] Si, Al, Ti, 미량의 B
[중] Ni, Ca, B(0.1% 이하)
② 흑연화 방해원소
[강] V, S, (S 존재하의 Ce, La, Se), Cr, Sn, Zn, As
[중] Mo, W, Mn, Bi

71 그림과 같은 유압기호가 나타내는 명칭은?

① 전자 변환기
② 압력 스위치
③ 리밋 스위치
④ 아날로그 변환기

풀이

명칭	기호
압력스위치	
아날로그 변환기	
소음기	
마그네트 분리기	

72 부하의 하중에 의한 자유낙하를 방지하기 위해 배압(back pressure)을 부여하는 밸브는?

① 체크밸브
② 감압밸브
③ 릴리프밸브
④ 카운터밸런스 밸브

풀이
카운터밸런스 밸브 수직상태로 실린더에 설치된 중량물의 자유낙하 또는 작업 중 부하가 갑자기 제거되었을 때 급격한 이송을 제어하기 위해 실린더에 배압을 가하여 낙하나 추돌등의 사고를 예방한다.

73 어큐뮬레이터(accumulator)의 역할에 해당하지 않는 것은?

① 갑작스런 충격압력을 막아주는 역할을 한다.
② 축척된 유압에너지의 방출 사이클시간을 연장한다.
③ 유압회로 중 오일누설 등에 의한 압력 강하를 보상하여 준다.
④ 유압펌프에서 발생하는 맥동을 흡수하여 진동이나 소음을 방지한다.

풀이
어큐뮬레이터 용도
① 유압에너지 축적
② 사이클시간 단축
③ 에너지 보조
④ 압력보상
⑤ 서지압력 방지
⑥ 충격압력 흡수
⑦ 유체의 맥동현상(서징현상)흡수
⑧ 2차, 3차 유압회로 구동
⑨ 펌프대용 및 안전장치 역할
⑩ 인화성 액체 수송

74 유압실린더에서 피스톤로드가 부하를 미는 힘이 50 kN, 피스톤속도가 5 m/min인 경우 실린더 내경이 8 cm라면 소요동력은 약 몇 kW인가? (단, 편로드형 실린더이다.)

정답 71. ③ 72. ④ 73. ② 74. ③

① 2.5　　② 3.17
③ 4.17　　④ 5.3

풀이

소요동력 $P = FV = 50 \times \dfrac{5}{60} ≒ 4.17$

$[\text{kN} \cdot \text{m/s} = \text{kJ/s} = \text{kW}]$

75 액추에이터의 공급 쪽 관로에 설정된 바이패스 관로의 흐름을 제어함으로써 속도를 제어하는 회로는?

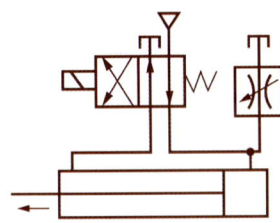

① 배압회로
② 미터 인 회로
③ 플립플롭 회로
④ 블리드 오프 회로

풀이

유량을 제어하는 속도제어 회로
① 미터 인 회로
　유량제어 밸브를 실린더로 유입되는 입구측에 설치하여 공급되는 유량을 조정함으로서 실린더의 속도를 제어하는 방식.
　이 방식은 펌프로부터 항상 실린더에서 요구되는 필요유량 이상을 토출하여야 하고 여분의 유량은 릴리프밸브를 통해 탱크로 귀환시킨다.
　밀링머시인, 연삭기테이블 이송에 주로 사용되며 공정 중 부하가 항상 정부하인 경우에 알맞다.

② 미터 아웃 회로
　유량제어밸브를 실린더의 출구측에 직렬로 접속하여 액추에이터에서 유출되는 유량을 제어함으로서 실린더의 속도를 제어하는 방식이다.
　따라서 실린더에는 항상 배압이 작용된다.
　드릴링머신이나 보링머신과 같이 제한속도 이상의 속도로 실린더가 하강할 염려가 있는 경우나 또는 항시 실린더에 배압을 걸어야 할 필요가 있는경우 등에 사용된다.

③ 블리드 오프 회로
　실린더의 병렬로 유량제어 밸브를 설치하여 실린더로 유입되는 유량을 조절하여 실린더의 속도를 제어하는 방식이다.
　이 방식은 여분의 유량을 릴리프밸브를 통하지 않고 탱크로 복귀시키므로 작동유의 열 발생이 적어 작용효율이 좋다.

76 유압작동유에서 요구되는 특성이 아닌 것은?

① 인화점이 낮고, 증기분리압이 클 것
② 유동성이 좋고, 관로저항이 적을 것
③ 화학적으로 안정될 것
④ 비압축성일 것

풀이

유압유가 갖추어야 할 조건
① 동력을 유효하게 전달하기 위해서 압축되기 힘들고 저온이나 고압의 상태에 있어서도 용이하게 유동해야 한다.
② 적당한 윤활성을 지니고 각부의 유체마찰 저항이 작아야 하고 내마모성이 커야 한다.
③ 물리적 화학적 성질이 변하지 않아야 한다.
④ 녹이나 부식을 촉진하지 않아야 한다.
⑤ 인화점이 높고 온도변화에 대해 점도변화가 작아야 한다.
⑥ 독성이 적고 체적탄성계수가 커야 한다.
⑦ 비중이 낮아야 하고 기포의 생성이 적어야 한다.
⑧ 공기의 흡입도가 적고, 냄새가 없어야 한다.

77 유압시스템의 배관계통과 시스템 구성에 사용되는 유압기의 이물질을 제거하는 작업으로 오랫동안 사용하지 않던 설비의 운전을 다시 시작하였을 때나 유압기계를 처음 설치하였을 때 수행하는 작업은?

① 펌핑　　② 플러싱
③ 스위핑　　④ 클리닝

정답 75. ④　76. ①　77. ②

풀이
플러싱(flushing)
유압장치에서 배관작업을 할 때 부주의로 들어간 이물질을 제거할 목적으로 오염에 따른 오작동이 발생하지 않도록 기름이 흐르는 모든관로를 깨끗이 씻어내어 정상적인 운전을 할 수 있도록 해 주는 역할을 한다.

78 유동하고 있는 액체의 압력이 국부적으로 저하되어, 증기나 함유기체를 포함하는 기포가 발생하는 현상은?

① 캐비테이션 현상
② 채터링 현상
③ 서징현상
④ 역류현상

풀이
① 캐비테이션(cavitation) : 공동현상, 유동하고 있는 액체의 압력이 국부적으로 저하되어, 포화증기압 또는 공기분리압에 도달하여 증기를 발생시키거나 또는 용해공기 등이 분리되어 기포를 일으키는 현상
② 채터링(chattering) : 릴리프밸브 등으로 밸브시트를 두들겨서 비교적 높은 음을 발생시키는 일종의 자력진동 현상
③ 서징현상 : 맥동현상이라고도 하며 펌프의 입 출구에 부착된 압력계와 진공계의 지침이 흔들리고 동시에 토출유량이 변화를 가져오는 현상으로 운전 중에 압력이 주기적으로 변동하여 운전상태가 매우 불안정하게 되는 현상

79 다음 기어펌프에서 발생하는 폐입현상을 방지하기 위한 방법으로 가장 적절한 것은?

① 오일을 보충한다.
② 베인을 교환한다.
③ 베어링을 교환한다.
④ 릴리프 홈이 적용된 기어를 사용한다.

풀이
폐입(trapping) 현상
두 개의 기어 이가 동시에 맞물릴 때 기어 홈 사이에 갇힌 작동유가 앞뒤로 출구가 막혀 갇히게 되는 현상으로 폐입체적 내부의 압력이 높아지면 기포가 발생하고 축 동력과 축하중의 증가, 진동 및 소음의 원인이 된다. 폐입을 해소하기 위해 릴리프홈(relief groove)이 적용된 기어를 사용한다.

80 다음 중 오일의 점성을 이용하여 진동을 흡수하거나 충격을 완화시킬 수 있는 유압응용장치는?

① 압력계   ② 토크 컨버터
③ 쇼크 업소버   ④ 진동개폐밸브

풀이
쇼크 업소버(shock absorber)
유압완충기에 충격이 가해지면 충격력이 완충기의 압축방향으로 작용하여 피스톤이 오일이 가득 차 있는 내부 실린더의 압축유실 내로 높은압력을 가하면서 전진하게 된다.
이때 피스톤에 있는 체크밸브는 닫힌상태로 되며 실린더 내의 가압된 오일은 실린더에 있는 일련의 오리피스홀을 통해 실린더외부로 밀려나가게 된다.
가압된 오일이 오리피스홀을 통해 실린더외부로 밀려나가게 되며, 가압된 오일이 오리피스홀을 통과할 때 저항이 발생하게 되며 이는 열로 전환되는데 이 과정에서 충격력이 흡수된다.

제5과목 : 기계제작법 및 기계동력학

81 20 m/s의 같은 속력으로 달리던 자동차 A, B가 교차로에서 직각으로 충돌하였다. 충돌직후 자동차 A의 속력은 약 몇 m/s인가? (단, 자동차 A, B의 질량은 동일하며 반발계수는 0.7, 마찰은 무시한다.)

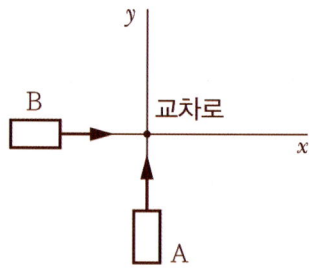

정답 78. ① 79. ④ 80. ③ 81. ①

① 17.3 ② 18.7
③ 19.2 ④ 20.4

풀이

● x방향
$$e = \frac{v_{ax}' - v_{bx}'}{v_{bx}} = 0.7, \quad v_{bx} = 20$$
$$v_{ax}' - v_{bx}' = 14, \quad v_{bx}' = 3, \quad v_{ax}' = 17$$

● y방향
$$e = \frac{-v_{ay}' + v_{by}'}{v_{ay}} = 0.7, \quad v_{ay} = 20$$
$$-v_{ay}' + v_{by}' = 14, \quad v_{by}' = 17, \quad v_{ay}' = 3$$

$$v_a' = \sqrt{17^2 + 3^2} \fallingdotseq 17.3$$

82 80 rad/s로 회전하던 세탁기의 전원을 끈 후 20초가 경과하여 정지하였다면 세탁기가 정지할 때까지 약 몇 바퀴를 회전하였는가?

① 127 ② 254
③ 542 ④ 7620

풀이

초기 회전속도를 $\omega_0 = 80$ 이라 하면
$\omega = \omega_0 - \alpha t = 0 \Rightarrow 80 = 20\alpha$
$\Rightarrow \alpha = 4 \, rad/s^2$
$\theta = \omega_0 t - \frac{1}{2}\alpha t^2$
$\Rightarrow \theta = 80 \times 20 - \frac{1}{2} \times 4 \times 20^2 = 800 \, [rad]$
$\therefore n = \frac{800}{2\pi} \fallingdotseq 127.38$

83 시간 t에 따른 변위 $x(t)$가 다음과 같은 관계식을 가질 때 가속도 $a(t)$에 대한 식으로 옳은 것은?

$$x(t) = X_0 \sin \omega t$$

① $a(t) = \omega^2 X_o \sin \omega t$
② $a(t) = \omega^2 X_o \cos \omega t$
③ $a(t) = -\omega^2 X_o \sin \omega t$
④ $a(t) = -\omega^2 X_o \cos \omega t$

풀이

$\dot{x} = X_0 \times \omega \cos \omega t$
$\ddot{x} = X_0 \times \omega^2 (-\sin \omega t) = -\omega^2 X_0 \sin \omega t$

84 체중이 600 N인 사람이 타고 있는 무게 5000 N의 엘리베이터가 200 m의 케이블에 매달려 있다. 이 케이블을 모두 감아올리는데 필요한 일은 몇 kJ인가?

① 1120 ② 1220
③ 1320 ④ 1420

풀이

$W = Fs = (5000 + 600) \times 200 \times 10^{-3}$
$\quad = 1120 \, kJ$

85 $2\ddot{x} + 2\dot{x} + 8x = 0$으로 주어지는 진동계에서 대수감소율(logarithmic decrement)은?

① 1.28 ② 1.58
③ 2.18 ④ 2.54

풀이

감쇠 자유진동 운동방정식
$m\ddot{x} + c\dot{x} + kx = 0$
$C_c = 2\sqrt{mk} = 2\sqrt{2 \times 8} = 8$,
$\zeta = \frac{c}{2\sqrt{mk}} = \frac{3}{8}$
$\delta = \frac{2\pi \zeta}{\sqrt{1 - \zeta^2}} = \frac{2\pi \times \frac{3}{8}}{\sqrt{1 - \left(\frac{3}{8}\right)^2}} \fallingdotseq 2.54$

86 다음 그림은 물체운동의 $v - t$ 선도(속도-시간 선도)이다. 그래프에서 시간 t_1에서의 접선의 기울

기는 무엇을 나타내는가?

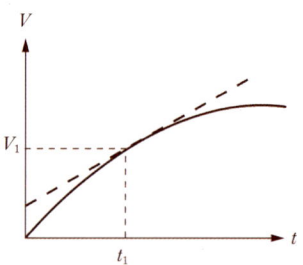

① 변위　　　　② 속도
③ 가속도　　　④ 총 움직인 거리

풀이
속도-시간 선도에서 접선의 기울기는 가속도를 의미한다.

87 달 표면에서 중력가속도는 지구표면에서의 $\frac{1}{6}$ 이다. 지구표면에서 주기가 T인 단진자를 달로 가져가면, 그 주기는 어떻게 변하는가?

① $\frac{1}{6}T$　　　② $\frac{1}{\sqrt{6}}T$
③ $\sqrt{6}\,T$　　　④ $6T$

풀이
주기 $T_{지구} = \frac{2\pi}{\omega} = 2\pi\sqrt{\frac{l}{g}}$

$\therefore T_{달} = 2\pi\sqrt{\frac{l}{\frac{1}{6}g}} = \sqrt{6}\,T_{지구}$

88 감쇠비 ζ가 일정할 때 전달률을 1보다 작게 하려면 진동수비는 얼마의 크기를 가지고 있어야 하는가?

① 1보다 작아야 한다.
② 1보다 커야 한다.
③ $\sqrt{2}$ 보다 작아야 한다.
④ $\sqrt{2}$ 보다 커야 한다.

풀이
전달률 $TR < 1$ 이려면,

진동수 비 $\frac{\omega}{\omega_n} > \sqrt{2}$ 이어야 한다.

89 y축 방향으로 움직이는 질량 m인 질점이 그림과 같은 위치에서 v의 속도를 갖고 있다. O점에 대한 각운동량은 얼마인가? (단, a, b, c는 원점에서 질점까지의 x, y, z 방향의 거리이다.)

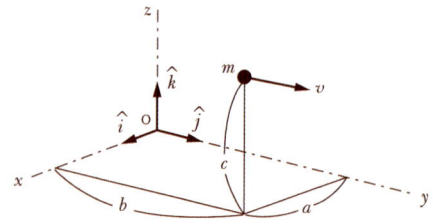

① $mv(c\hat{i} - a\hat{k})$
② $mv(-c\hat{i} + a\hat{k})$
③ $mv(c\hat{i} + a\hat{k})$
④ $mv(-c\hat{i} - a\hat{k})$

풀이
원점 O 에서 질점까지의 위치벡터
$\vec{r} = a\vec{i} + b\vec{j} + c\vec{k}$
속도벡터 $mv\vec{j}$
각운동량
$\vec{H_O} = \vec{r} \times mv\vec{j} = (a\vec{i} + b\vec{j} + c\vec{k}) \times mv\vec{j}$

$= \begin{vmatrix} \vec{i} & \vec{j} & \vec{k} \\ a & b & c \\ 0 & mv & 0 \end{vmatrix}$

$= mv(-c\vec{i} + a\vec{k})$

90 질량 50 kg의 상자가 넘어가지 않도록 하면서 질량 10 kg의 수레에 가할 수 있는 힘 P의 최대값은 얼마인가? (단, 상자는 수레위에서 미끄러지지 않는다고 가정한다.)

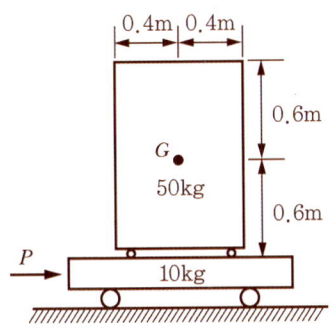

① 292 N ② 392 N
③ 492 N ④ 592 N

풀이

중력과 힘 P에 의한 모멘트가 평형.
$M = 0.6\,ma = 0.4\,mg$, $a ≒ 6.53\,[m/s^2]$
∴ $P = ma = (50+10) \times 6.53 ≒ 392\,N$

91 레이저(laser) 가공에 대한 특징으로 틀린 것은?

① 밀도가 높은 단색성과 평행도가 높은 지향성을 이용한다.
② 가공물에 빛을 쏘이면 순간적으로 일부분이 가열되어, 용해되거나 증발되는 원리이다.
③ 초경합금, 스테인리스강의 가공은 불가능한 단점이 있다.
④ 유리, 플라스틱 판의 절단이 가능하다.

풀이

레이저 가공은 초경합금, 난삭재, 고융점을 갖는 재료의 가공이 가능하다.

92 다음 표준 고속도강의 함유량 표기에서 "18"의 의미는?

18-4-1

① 탄소의 함유량
② 텅스텐의 함유량
③ 크롬의 함유량
④ 바나듐의 함유량

풀이

고속도강의 표준형으로 18-4-1은 W계 고속도강으로 18%W, 4%Cr, 1%V의 첨가원소로 되어 있다.

93 피복 아크용접에서 피복제의 역할로 틀린 것은?

① 아크를 안정시킨다.
② 용착금속을 보호한다.
③ 용착금속의 급랭을 방지한다.
④ 용착금속의 흐름을 억제한다.

풀이

피복제의 역할
① 용적을 미세화하여 용착효율 증대
② 전기절연과 탈산, 정련작용, 안전한 용접
③ 산화 및 질화를 방지하여 용융금속 보호
④ 아크안정 및 모재표면의 산화물제거

94 절삭가공을 할 때 절삭온도를 측정하는 방법으로 사용하지 않는 것은?

① 부식을 이용하는 방법
② 복사고온계를 이용하는 방법
③ 열전대(thermo couple)에 의한 방법
④ 칼로리미터(calorimeter)에 의한 방법

풀이

절삭온도 측정방법
① 칼로리미터에 의한 측정
② 열전대를 공구에 삽입하는 방법
③ 공구와 공작물을 열전대로 하는 방법
④ 복사온도계를 이용하는 방법
⑤ 칩(chip)의 색에 의한 방법
⑥ 시온도료(thermocouple)에 의한 측정

95 선반가공에서 직경 60 mm, 길이 100 mm의 탄소강재료 환봉을 초경바이트를 사용하여 1회 절삭

시 가공시간은 약 몇 초인가? (단, 절삭깊이 1.5 mm, 절삭속도 150 m/min, 이송은 0.2 mm/rev 이다.)

① 38초 ② 42초
③ 48초 ④ 52초

풀이

$V = \dfrac{\pi d N}{1000}$ [m/min]

$N = \dfrac{1000 V}{\pi d} = \dfrac{1000 \times 150}{\pi \times 60} = 795.77$

$\therefore T = \dfrac{l}{fN} = \dfrac{100}{0.2 \times 795.77} = 0.6283$ min

$≒ 38 \sec$

96 300 mm × 500 mm인 주철주물을 만들 때, 필요한 주입 추의 무게는 약 몇 kg인가? (단, 쇳물아궁이 높이가 120 mm, 주물밀도는 7200 kg/m³이다.)

① 129.6 ② 149.6
③ 169.6 ④ 189.6

풀이

압상력은 주물상자가 뜨는 것을 방지하기 위해 중추(weight)를 올려놓으며 중추는 압상력 $P = HA\gamma$ 의 3배

여기서, H : 주물표면에서 주입구 표면까지 수직거리,
γ : 주입금속의 비중량.

주물의 밀도 $\rho = 7200 \ kg/m^3$ 이므로
비중량 $\gamma = 7200 \ kg_f$

$P = HA\gamma = 0.12 \times (0.3 \times 0.5) \times 7200$
$= 129.6 \ kg_f$

97 프레스작업에서 전단가공이 아닌 것은?

① 트리밍(trimming)
② 컬링(curling)
③ 세이빙(shaving)
④ 블랭킹(blanking)

풀이

전단가공 : 전단, 블랭킹, 피어싱, 트리밍, 노칭, 슬로팅, 슬리팅, 세퍼레이팅, 퍼포레이팅, 세이빙

① 트리밍(Trimming) : 제품을 소요형상으로 하기 위하여 온둘레 또는 부분적으로 스크랩을 절단하는 방법이다.
② 세이빙(Shaving) : 전가공된 전단면을 정확한 치수로 다듬질하거나, 또는 매끈하게 하기위하여 하는 방법
③ 블랭킹(Blanking) : 제품의 윤곽형상대로 금형을 사용하여 재료를 전단하는 것이 소정의 제품이 되는 방법
④ 컬링(curling) : 컬링은 성형가공의 일종이며 굽힘가공으로 판 또는 용기의 가장자리부에 원형단면의 테두리를 만드는 가공

98 다음 중 직접측정기가 아닌 것은?

① 측장기
② 마이크로미터
③ 버니어캘리퍼스
④ 공기 마이크로미터

풀이

측정법
① 직접측정 : 버니어캘리퍼스, 마이크로미터, 하이트게이지, 측장기, 각도자 등
② 간접측정 : 사인바 각도 측정, 삼침법에 이한 나사 유효지름 측정, 기어의 측정 등
③ 비교측정 : 다이얼게이지, 블록게이지, 전기마이크로미터, 공기마이크로미터, 스트레인게이지, 옵티미터 등

99 스프링 백(spring back)에 대한 설명으로 틀린 것은?

① 경도가 클수록 스프링 백의 변화도 커진다.
② 스프링 백의 양은 가공조건에 의해 영향을 받는다.

③ 같은두께의 판재에서 굽힘 반지름이 작을수록 스프링 백의 양은 커진다.
④ 같은두께의 판재에서 굽힘각도가 작을수록 스프링 백의 양은 커진다.

풀이

스프링 백(Spring back) 현상은 굽힘가공에서 흔히 나타나는 현상으로 피가공재에 굽힘하중을 가했다가 힘을 제거하면 탄성변형의 회복으로 변형부분이 원상태로 되돌아가는 현상을 말한다.
〈스프링 백의 양이 커지는 원인〉
 ① 굽힘각도가 작을수록
 ② 굽힘반지름이 클수록
 ③ 판두께가 얇을수록

100 내접기어 및 자동차의 3단기어와 같은 단이 있는 기어를 깎을 수 있는 원통형기어 절삭기계로 옳은 것은?

① 호빙머신
② 그라인딩 머신
③ 마그기어 셰이퍼
④ 펠로즈기어 셰이퍼

풀이

공구나 기어절삭방식에 따른 분류
 ① 호브(hob)를 사용한 것 : 호빙머신은 스퍼기어, 헬리컬기어, 웜기어를 절삭할 수 있다.
 ② 피니언 커터(pinion cutter)를 사용한 것 : 펠로즈기어 셰이퍼, 피니언과 형상이 동일한 커터를 사용하며, 스퍼기어나 헬리컬기어, 내접기어, 헤링본기어뿐만 아니라 단이 있는 기어를 절삭할 수 있다.
 ③ 랙 커터(rack cutter)를 사용한 것 : 마그사의 마그기어 셰이퍼, 기어플래너, 랙으로는 내접기어를 절삭할 수 없으나 피니언커터와 같은 효과를 지닌다.

정답 100. ④

국가기술자격 필기시험문제

2019년 기사 제4회 경향성 문제				수험번호	성명
자격종목	일반기계기사	시험시간 2시간 30분	형별 B		

제1과목 : 재료역학

01 단면의 폭(b)과 높이(h)가 6 cm × 10 cm인 직사각형이고, 길이가 100 cm인 외팔보 자유단에 10 kN의 집중하중이 작용할 경우 최대처짐은 약 몇 cm인가? (단, 세로탄성계수는 210 GPa이다.)

① 0.104　② 0.154
③ 0.317　④ 0.542

풀이

$$\delta_{\max} = \frac{Pl^3}{3EI} = \frac{10 \times 10^3}{3 \times 210 \times 10^9 \times \frac{0.06 \times 0.1^3}{12}}$$
$$= 0.00317\ m = 0.317\ cm$$

02 길이가 L이고 직경이 d인 축과 동일재료로 만든 길이 2L인 축이 같은크기의 비틀림모멘트를 받았을 때, 같은 각도만큼 비틀어지게 하려면 직경이 얼마가 되어야 하는가?

① $\sqrt{3}\,d$　② $\sqrt[4]{3}\,d$
③ $\sqrt{2}\,d$　④ $\sqrt[4]{2}\,d$

풀이

$$\theta_1 = \frac{Tl}{GI_P} = \frac{T2l}{GI_P'} = \theta_2 \Rightarrow \frac{1}{d^4} = \frac{2}{d'^4}$$
$$\Rightarrow d' = \sqrt[4]{2}\,d$$

03 그림과 같은 외팔보에 있어서 고정단에서 20 cm 되는 지점의 굽힘모멘트 M은 약 몇 kN·m인가?

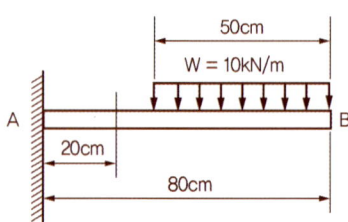

① 1.6　② 1.75
③ 2.2　④ 2.75

풀이

$$M_{\max} = M_{고정단} = 10 \times 0.5 \times 0.55 = 2.75\ kN \cdot m$$
$$R_A = R_{고정단} = 10 \times 0.5 = 5\ kN$$
$$\therefore\ M_{20cm} = 2.75 - 10 \times 0.5 = 1.75\ kN \cdot m$$

04 그림과 같은 양단이 지지된 단순보의 전 길이에 4 kN/m의 등분포하중이 작용할 때, 중앙에서의 처짐이 0 이 되기 위한 P의 값은 몇 kN인가? (단, 보의 굽힘강성 EI는 일정하다.)

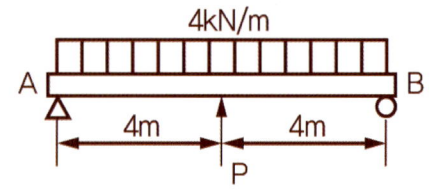

① 15　② 18
③ 20　④ 25

풀이

중첩법　$\delta = \dfrac{5wl^4}{384EI} - \dfrac{Pl^3}{48EI} = 0$

116 • 일반기계기사　　정답　1. ③　2. ④　3. ②　4. ③

$$\Rightarrow \frac{5 \times 4 \times 8^4}{384EI} - \frac{P \times 8^3}{48EI} = 0$$
$$\therefore P = 20\ kN$$

05 철도레일을 20℃에서 침목에 고정하였는데, 레일의 온도가 60℃가 되면 레일에 작용하는 힘은 약 몇 kN인가? (단, 선팽창계수 $\alpha = 1.2 \times 10^{-6}$/℃, 레일의 단면적은 5000 mm², 세로탄성계수는 210 GPa이다.)

① 40.4 ② 50.4
③ 60.4 ④ 70.4

풀이

$$\sigma_H = E\epsilon_H = E\alpha\Delta t$$
$$P = \sigma A = E\alpha\Delta t A$$
$$= 210 \times 10^9 \times 1.2 \times 10^{-6}$$
$$\times (60-20) \times 5000 \times 10^{-6} \times 10^{-3}$$
$$= 50.4\ kN$$

06 안지름 80 cm의 얇은원통에 내압 1 MPa이 작용할 때 원통의 최소두께는 몇 mm인가? (단, 재료의 허용응력은 80 MPa이다.)

① 1.5 ② 5
③ 8   ④ 10

풀이

$$\sigma_{hoop} = \frac{pd}{2t}$$
$$\Rightarrow t = \frac{pd}{2\sigma_{hoop}} = \frac{1 \times 10^6 \times 0.8}{2 \times 80 \times 10^6}$$
$$= 0.005\ m = 5\ mm$$

07 지름이 d인 원형단면 봉이 비틀림모멘트 T를 받을 때, 발생되는 최대전단응력 τ를 나타내는 식은? (단, I_p는 단면의 극단면 2차모멘트이다.)

① $\dfrac{Td}{2I_p}$ ② $\dfrac{I_p d}{2T}$
③ $\dfrac{TI_p}{2d}$ ④ $\dfrac{2T}{I_p d}$

풀이

$$T = \tau Z_P = \tau \frac{I_P}{y} = \tau \frac{I_P}{d/2}$$
$$\therefore \tau = \frac{Td}{2I_P}$$

08 그림과 같이 양단이 고정된 단면적 1 cm² 길이 2 m의 케이블을 B점에서 아래로 10 mm만큼 잡아 당기는 데 필요한 힘 P는 약 몇 N인가? (단, 케이블 재료의 세로탄성계수는 200 GPa이며, 자중은 무시한다.)

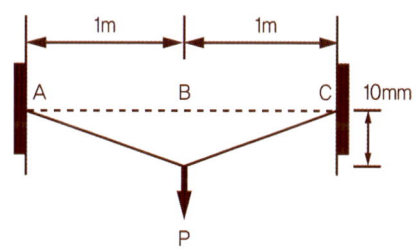

① 10 ② 20
③ 30 ④ 40

풀이

케이블 장력

$$T = \sigma A = E\epsilon A = E\frac{\lambda}{l}A$$
$$= 200 \times 10^9 \times \frac{\sqrt{(1^2 + 0.01^2)} - 1}{1} \times 1 \times 10^{-4}$$
$$= 998\ N$$

각 A와 C를 θ라 하면

$$\theta = Tan^{-1}\frac{0.01}{1} = 0.636°$$

라미의 정리에서

$$\frac{\sin(180° - 2 \times 0.636°)}{P} = \frac{\sin(90° + 0.636°)}{T}$$

$$\Rightarrow \frac{\sin(180° - 2 \times 0.636°)}{P}$$
$$= \frac{\sin(90° + 0.636°)}{998}$$
$$\therefore P \fallingdotseq 22.2\,N$$

09 지름이 2 cm, 길이가 20 cm인 연강봉이 인장하중을 받을 때 길이는 0.016 cm만큼 늘어나고 지름은 0.0004 cm만큼 줄었다. 이 연강봉의 포아송 비는?

① 0.25 ② 0.5
③ 0.75 ④ 4

풀이
$$\nu = \left|\frac{\epsilon'}{\epsilon}\right|,\quad \epsilon = \frac{\lambda}{l},\quad \epsilon' = \frac{\delta}{d}$$
$$\Rightarrow \nu = \left|\frac{\delta/d}{\lambda/l}\right| = \left|\frac{-0.0004/2}{0.016/20}\right| = 0.25$$

10 그림과 같은 외팔보에서 고정부에서의 굽힘모멘트를 구하면 약 몇 kN·m인가?

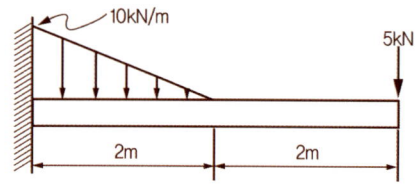

① 26.7(반시계 방향)
② 26.7(시계 방향)
③ 46.7(반시계 방향)
④ 46.7(시계 방향)

풀이
중첩원리 적용
$$M_{\max} = M_{고정단}$$
$$= 10 \times 2/3 + 5 \times 4$$
$$= 26.7\,kN \cdot m\ (반시계\ 방향)$$

11 다음 그림에서 최대굽힘응력은?

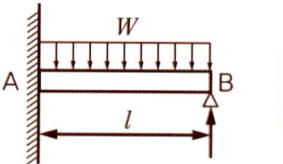 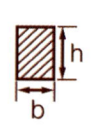

① $\dfrac{27}{64}\dfrac{Wl^2}{bh^2}$ ② $\dfrac{64}{27}\dfrac{Wl^2}{bh^2}$
③ $\dfrac{7}{128}\dfrac{Wl^2}{bh^2}$ ④ $\dfrac{64}{128}\dfrac{Wl^2}{bh^2}$

풀이
$R_A = 5wl/8$, $R_B = 3wl/8$,
$M_A = M_{\max} = wl^2/8$
$M_{\max} = \sigma_{\max} Z$
$$\Rightarrow \sigma_{\max} = \frac{M_{\max}}{Z} = \frac{wl^2/8}{bh^2/6} = \frac{3wl^2}{4bh^2}$$

12 단면이 가로 100 mm, 세로 150 mm인 사각단면이 그림과 같이 하중(P)을 받고 있다. 전단응력에 의한 설계에서 P는 각각 100 kN씩 작용할 때, 이 재료의 허용전단응력은 몇 MPa인가? (단, 안전계수는 2이다.)

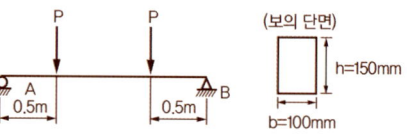

① 10 ② 15
③ 18 ④ 20

풀이
최대 전단력 : $F = 100\,kN$
최대 전단응력 :
$$\tau_{사} = \frac{3}{2}\frac{F}{A} = \frac{3}{2}\frac{100 \times 10^3}{0.1 \times 0.15} = 10\,MPa$$
허용 전단응력 : $\tau_a = 10 \times 2 = 20\,MPa$

기출문제

13 세로탄성계수가 200 GPa, 포아송의 비가 0.3인 판재에 평면하중이 가해지고 있다. 이 판재의 표면에 스트레인 게이지를 부착하고 측정한 결과 $\epsilon_x = 5 \times 10^{-4}$, $\epsilon_y = 3 \times 10^{-4}$일 때, σ_x는 약 몇 MPa인가?

① 99 ② 100
③ 118 ④ 130

풀이

$\sigma_x = E\epsilon_x + E\nu\epsilon_y \Rightarrow \epsilon_x = \dfrac{\sigma_x}{E} - \nu\dfrac{\sigma_y}{E}$ ...... ①

$\sigma_y = E\epsilon_y + E\nu\epsilon_x \Rightarrow \epsilon_y = \dfrac{\sigma_y}{E} - \nu\dfrac{\sigma_x}{E}$

$\Rightarrow \dfrac{\sigma_y}{E} = \epsilon_y + \nu\dfrac{\sigma_x}{E}$ ...... ②

② ⇨ ① 로부터

$\epsilon_x = \dfrac{\sigma_x}{E} - \nu\left(\epsilon_y + \nu\dfrac{\sigma_x}{E}\right)$ ....

$\Rightarrow \sigma_x = \dfrac{E(\epsilon_x + \nu\epsilon_y)}{1-\nu^2}$

$= \dfrac{200 \times 10^9 \times (5 \times 10^{-4} + 0.3 \times 3 \times 10^{-4})}{1 - 0.3^2}$

$= 129.67 \times 10^6 \, Pa = 129.67 \, MPa$

14 그림과 같이 원형단면을 갖는 연강봉이 100 kN의 인장하중을 받을 때 이 봉의 신장량은 약 몇 cm인가? (단, 세로탄성계수는 200 GPa이다.)

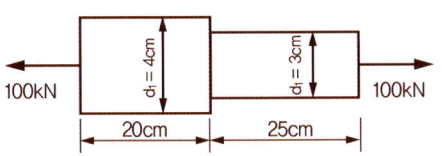

① 0.0478 ② 0.0956
③ 0.143   ④ 0.191

풀이

$\lambda = \lambda_1 + \lambda_2 = \dfrac{Pl_1}{A_1 E} + \dfrac{Pl_2}{A_2 E}$

$= \dfrac{100 \times 10^3 \times 0.2}{\pi/4 \times 0.04^2 \times 200 \times 10^9} + \dfrac{100 \times 10^3 \times 0.25}{\pi/4 \times 0.02^2 \times 200 \times 10^9}$

$= 0.000478 \, m = 0.0478 \, cm$

15 그림과 같이 봉이 평형상태를 유지하기 위해 O점에 작용시켜야 하는 모멘트는 약 몇 N·m인가? (단, 봉의 자중은 무시한다.)

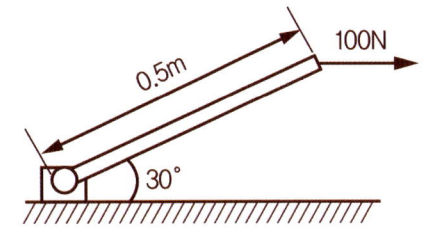

① 0   ② 25
③ 35 ④ 50

풀이

$M_O = F \times$ 수직거리 $= 100 \times 0.5 \sin 30°$
$= 25 \, N \cdot m \, (CCW)$

16 다음 그림에서 단순보의 최대처짐량(δ_1)과 양단 고정보의 최대처짐량(δ_2)의 비(δ_1/δ_2)는 얼마인가? (단, 보의 굽힘강성 EI는 일정하고, 자중은 무시한다.)

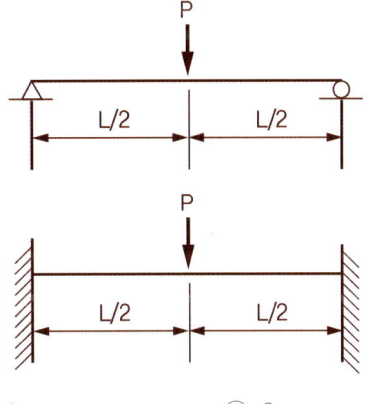

① 1 ② 2
③ 3 ④ 4

정답 13. ④ 14. ① 15. ② 16. ④

풀이

$$\delta_1 = \frac{Pl^3}{48EI}, \quad \delta_2 = \frac{1}{4} \times \frac{Pl^3}{48EI}$$

$$\Rightarrow \delta_1/\delta_2 = 4$$

17 단면의 도심 O를 지나는 단면 2차모멘트 I_x 는 약 얼마인가?

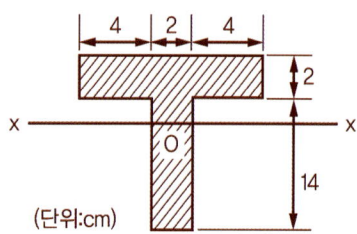

(단위:cm)

① 1210 mm^4 ② 120.9 mm^4
③ 1210 mm^4 ④ 120.9 cm^4

풀이

$$\bar{y} = \frac{G_x}{A} = \frac{\int_A y \, dA}{\int_A dA} \Rightarrow \bar{y} = \frac{A_1 y_1 + A_2 y_2}{A_1 + A_2}$$

$$= \frac{100 \times 20 \times 150 + 20 \times 140 \times 70}{100 \times 20 + 20 \times 140} = 103.3$$

$I' = I_G + Al^2$, $I_{\lambda\uparrow} = \dfrac{bh^3}{12}$ 를 이용하여

$$I_{X-X} = I_G + Al^2$$

$$= \left[\frac{100 \times 20^3}{12} + 100 \times 20 \times (150-103.3)^2\right]$$

$$+ \left[\frac{20 \times 140^3}{12} + 20 \times 140 \times (103.3-70)^2\right]$$

$$\fallingdotseq 1210 \, mm^4$$

18 그림과 같은 비틀림 모멘트 1 kN·m에서 축적되는 비틀림 변형에너지는 약 몇 N·m인가? (단, 세로탄성계수는 100 GPa이고, 포아송의 비는 0.25이다.)

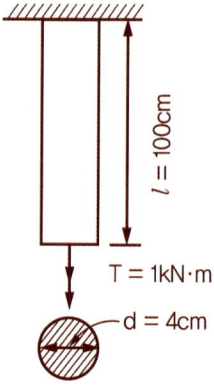

① 0.5 ② 5
③ 50 ④ 500

풀이

$$U = \frac{1}{2} T\theta = \frac{1}{2} T \frac{Tl}{GI_P} = \frac{1}{2} \frac{T^2 l}{GI_P}$$

$$mE = 2G(m+1)$$

$$U = \frac{1}{2} \frac{T^2 l}{\dfrac{E}{2(1+\nu)} \times \dfrac{\pi d^4}{32}}$$

$$= \frac{1}{2} \times \frac{(1 \times 10^3)^2 \times 1}{\dfrac{100 \times 10^9}{2(1+0.25)} \times \dfrac{\pi \times 0.04^4}{32}}$$

$$\fallingdotseq 50 \, N \cdot m$$

19 평면응력상태에 있는 재료내부에 서로 직각인 두 방향에서 수직응력 σ_x, σ_y 가 작용할 때 생기는 최대주응력과 최소주응력을 각각 σ_1, σ_2 라 하면 다음 중 어느 관계식이 성립하는가?

① $\sigma_1 + \sigma_2 = \dfrac{\sigma_x + \sigma_y}{2}$

② $\sigma_1 + \sigma_2 = \dfrac{\sigma_x + \sigma_y}{4}$

③ $\sigma_1 + \sigma_2 = \sigma_x + \sigma_y$

④ $\sigma_1 + \sigma_2 = 2(\sigma_x + \sigma_y)$

풀이

$\sigma_1 + \sigma_2 = \sigma_x + \sigma_y$

20 8 cm × 12 cm인 직사각형 단면의 기둥길이를 L_1, 지름 20 cm인 원형단면의 기둥길이를 L_2라 하고 세장비가 같다면, 두 기둥의 길이의 비(L_2/L_1)는 얼마인가?

① 1.44　　② 2.16
③ 2.5　　　④ 3.2

풀이

$\lambda = \dfrac{l}{K}$

$\Rightarrow \lambda_1 = \dfrac{L_1}{K_1} = \dfrac{L_1}{\sqrt{\dfrac{I_1}{A_1}}} = \dfrac{L_1}{\sqrt{\dfrac{bh^3/12}{bh}}} = \dfrac{L_1}{\sqrt{\dfrac{12^2}{12}}}$

$\Rightarrow \lambda_2 = \dfrac{L_2}{K_2} = \dfrac{L_2}{\sqrt{\dfrac{I_2}{A_2}}} = \dfrac{L_2}{\sqrt{\dfrac{\pi d^4/64}{\pi d^2/4}}} = \dfrac{L_2}{\sqrt{\dfrac{20^2}{16}}}$

$\lambda_1 = \lambda_2$

$\Rightarrow \therefore \dfrac{L_2}{L_1} = \dfrac{K_2}{K_1} = \dfrac{\sqrt{\dfrac{20^2}{16}}}{\sqrt{\dfrac{12^2}{12}}} = 1.44$

제2과목 : 기계열역학

21 압력이 200 KPa인 공기가 압력이 일정한 상태에서 400 kcal의 열을 받으면서 팽창하였다. 이러한 과정에서 공기의 내부에너지가 250 kcal만큼 증가하였을 때, 공기의 부피변화(m³)는 얼마인가? (단, 1 kcal은 4.186 kJ이다.)

① 0.98　　② 1.21
③ 2.86　　④ 3.14

풀이

$Q = U + W \Rightarrow \triangle Q = \triangle U + \triangle W$

$\Rightarrow 400 = 250 + \dfrac{200 \times \triangle V}{4.186}$

$\therefore \triangle V = 3.14 \, m^3$

22 기체가 열량 80 kJ 흡수하여 외부에 대하여 20 kJ 일을 하였다면 내부에너지 변화(kJ)는?

① 20　　　② 60
③ 80　　　④ 100

풀이

$Q = U + W$

$\Rightarrow \triangle Q = \triangle U + \triangle W$

$\Rightarrow \triangle U = \triangle Q - \triangle W = 80 - 20 = 60 \, kJ$

23 열역학 제 2법칙에 대한 설명으로 옳은 것은?

① 과정(process)의 방향성을 제시한다.
② 에너지의 양을 결정한다.
③ 에너지의 종류를 판단할 수 있다.
④ 공학적장치의 크기를 알 수 있다.

풀이

① 에너지변환의 용이성(방향성)을 제시한다.

24 카르노냉동기에서 흡열부와 방열부의 온도가 각각 -20°C와 30°C인 경우, 이 냉동기에 40 KW의 동력을 투입하면 냉동기가 흡수하는 열량(RT)은 얼마인가? (단, 1 RT = 3.86 KW이다.)

① 23.62　　② 52.48
③ 78.36　　④ 126.48

풀이

$COP_{RC} = \dfrac{T_L}{T_H - T_L} = \dfrac{253.15}{303.15 - 253.15} = 5.063$

$COP_R = \dfrac{q_L}{q_H - q_L} = \dfrac{q_L}{w_c} = \dfrac{q_L}{40}$

정답 20. ① 21. ④ 22. ② 23. ① 24. ②

$$\Rightarrow q_L = 40 \times COP_R$$
$$= 40 \times 5.063$$
$$= 202.52 \; kW = 52.47 \; RT$$

25 포화액의 비체적은 0.001242 m³/kg 이고, 포화증기의 비체적은 0.3469 m³/kg인 어떤물질이 있다. 이 물질이 건도 0.65 상태로 2 m³인 공간에 있다고 할 때 이 공간안에 차지하는 물질의 질량(kg)은?

① 8.85 ② 9.42
③ 10.08 ④ 10.84

풀이

건도를 고려하는 물질의 체적
$$v_{0.65} = 0.001242 + 0.65(0.3469 - 0.001242)$$
$$= 0.226 \; m^3/kg$$
$$\therefore \; m = \frac{V}{v} = \frac{2}{0.226} = 8.85 \; kg$$

26 질량이 m이고 비체적이 v인 구(sphere)의 반지름이 R이다. 이때 질량이 4m, 비체적이 2v로 변화한다면 구의 반지름은 얼마인가?

① $2R$ ② $\sqrt{2} \; R$
③ $\sqrt[3]{2} \; R$ ④ $\sqrt[3]{4} \; R$

풀이

$$mv = V = \frac{4}{3}\pi R^3$$

변화된 구의 반경을 x 라 하면
$$4m \times 2v = \frac{4}{3}\pi x^3 \; \Rightarrow \; mv = \frac{\pi}{6}x^3$$

초기체적과의 비교에서
$$mv = \frac{4}{3}\pi R^3 = \frac{\pi}{6}x^3 \; \Rightarrow \; \therefore \; x = 2R$$

27 입구엔탈피 3155 KJ/kg, 입구속도 24 m/s, 출구엔탈피 2385 KJ/kg, 출구속도 98 m/s인 증기터빈이 있다. 증기유량이 1.5 kg/s이고, 터빈의 축출력이 900 kW일 때 터빈과 주위사이의 열전달량은 어떻게 되는가?

① 약 124 kW의 열을 주위로 방열한다.
② 주위로부터 약 124 kW의 열을 받는다.
③ 약 248 kW의 열을 주위로 방열한다.
④ 주위로부터 약 248 kW의 열을 받는다.

풀이

$$\dot{m}\left(q_{12} + h_1 + \frac{w_1^2}{2} + gz_1\right) = \dot{m}\left(h_2 + \frac{w_2^2}{2} + gz_2 + w_T\right)$$

$$\Rightarrow \dot{m}\left(q_{12} + h_1 + \frac{w_1^2}{2}\right) = \dot{m}\left(h_2 + \frac{w_2^2}{2} + w_T\right)$$

$$\Rightarrow \dot{Q} = \dot{m}\left[(h_2 - h_1) + \frac{1}{2}(w_2^2 - w_1^2)\right] + W_T$$

$$\Rightarrow$$
$$\dot{Q} = 1.5\left[(2385 - 3155) + \frac{1}{2} \times (98^2 - 24^2) \times 10^{-3}\right]$$
$$+ 900 = -248.23 \; kW \quad (방열)$$

28 공기 1 kg을 정압과정으로 20℃에서 100℃까지 가열하고, 다음에 정적과정으로 100℃에서 200℃까지 가열한다면, 전체가열에 필요한 총 에너지(KJ)는? (단, 정압비열은 1.009 kJ/kg·K, 정적비열은 0.72 kJ/kg·K이다.)

① 152.7 ② 162.8
③ 139.8 ④ 146.7

풀이

$$\delta q = du + pdv = dh - vdp$$
$$\Rightarrow Q = mC_p(T_2 - T_1) + mC_v(T_3 - T_2)$$
$$= 1 \times 1.009 \times (373.15 - 293.15)$$
$$+ 1 \times 0.72 \times (473.15 - 373.15)$$
$$= 152.7 \; kJ$$

정답 25. ① 26. ① 27. ③ 28. ①

29 질량유량이 10 kg/s인 터빈에서 수증기의 엔탈피가 800 kJ/kg 감소한다면 출력(kW)은 얼마인가? (단, 역학적손실, 열손실은 모두 무시한다.)

① 80 ② 160
③ 1600 ④ 8000

풀이
출력
$\dot{W} = \dot{m}(h_2 - h_1) = 10 \times 800 = 8000 \, kW$

30 다음 그림과 같은 오토사이클의 효율(%)은? (단, $T_1 = 300K$, $T_2 = 689K$, $T_3 = 2364K$, $T_4 = 1029K$ 이고 정적비열은 일정하다.)

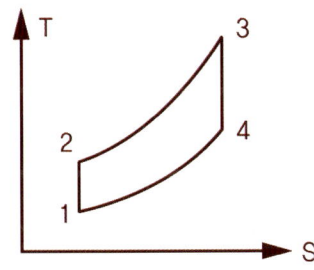

① 42.5 ② 48.5
③ 56.5 ④ 62.5

풀이
$\eta_{thO} = 1 - \left(\frac{1}{\epsilon}\right)^{k-1} = 1 - \frac{T_4 - T_1}{T_3 - T_2}$
$= \left(1 - \frac{1029 - 300}{2364 - 689}\right) \times 100 = 56.5\%$

31 1000K의 고열원으로부터 750 kJ의 에너지를 받아서 300K의 저열원으로 550 kJ의 에너지를 방출하는 열기관이 있다. 이 기관의 효율(η)과 Clausius 부등식의 만족여부는?

① η = 26.7%이고, Clausius 부등식을 만족한다.
② η = 26.7%이고, Clausius 부등식을 만족하지 않는다.
③ η = 73.3%이고, Clausius 부등식을 만족한다.
④ η = 73.3%이고, Clausius 부등식을 만족하지 않는다.

풀이
$\eta = \frac{W}{Q_1} = 1 - \frac{Q_2}{Q_1} = \left(1 - \frac{550}{750}\right) \times 100 = 26.7\%$

$\Delta S = \oint \frac{\delta Q}{T} = \frac{Q_H}{T_H} + \frac{Q_L}{T_L}$

$= \frac{750}{1000} + \frac{-500}{300} = -0.92 < 0$

이므로, 효율은 26.7%이고 Clausius 부등식을 만족한다.

32 메탄올의 정압비열(C_p)이 다음과 같은 온도 T(K)에 의한 함수로 나타날 때, 메탄올 1 kg을 200K에서 400K까지 정압과정으로 가열하는데 필요한 열량(kJ)은? (단, C_p의 단위는 kJ/kg·K이다.)

$C_p = a + bT + cT^2$
$(a = 3.51, \ b = 0.00135, \ c = 3.47 \times 10^{-5})$

① 722.9 ② 1311.2
③ 1268.7 ④ 866.2

풀이
$Q = mC\Delta T = m \int f(T) \, dT$

$\Rightarrow$

$Q_{12} = \int_{200}^{400} (3.51 - 0.00135 \, T + 3.47 \times 10^{-5} \, T^2) \, dT$

$= \left| 3.51T - \frac{0.00135}{2} T^2 + \frac{3.47 \times 10^{-5}}{3} T^3 \right|_{200}^{400}$

$= \cdots\cdots\cdots = 1268.7 \, kJ$

정답 29. ④ 30. ③ 31. ① 32. ③

33 증기압축 냉동기에 사용되는 냉매의 특징에 대한 설명으로 틀린 것은?

① 냉매는 냉동기의 성능에 영향을 미친다.
② 냉매는 무독성, 안정성, 저가격 등의 조건을 갖추어야 한다.
③ 무기화합물 냉매인 암모니아는 열역학적 특성이 우수하고, 가격이 비교적 저렴하여 널리 사용되고 있다.
④ 최근에 오존파괴의 문제로 CFC 냉매 대신에 R-12(CCl_2F_2)가 냉매로 사용되고 있다.

[풀이]
④ R-12 (CCl_2F_2)는 CFC 냉매이며 R-134a등으로 대체

34 열역학적 관점에서 일과 열에 관한 설명으로 틀린 것은?

① 일과 열은 온도와 같은 열역학적 상태량이 아니다.
② 일의 단위는 J(joule)이다.
③ 일의 크기는 힘과 그 힘이 작용하여 이동한 거리를 곱한 값이다.
④ 일과 열은 점함수(point function)이다.

[풀이]
④ 일과 열은 경로함수(path function)

35 다음 중 브레이턴 사이클의 과정으로 옳은 것은?

① 단열압축→정적가열→단열팽창→정적방열
② 단열압축→정압가열→단열팽창→정적방열
③ 단열압축→정적가열→단열팽창→정압방열
④ 단열압축→정압가열→단열팽창→정압방열

[풀이]
④ 정압가열과 정압방열 과정으로 구성된 가스터빈 이론 사이클이다.

36 오토사이클의 효율이 55%일 때 101.3 kPa, 20℃의 공기가 압축되는 압축비는 얼마인가? (단, 공기의 비열비는 1.4이다)

① 5.28   ② 6.32
③ 7.36   ④ 8.18

[풀이]
$$\eta_{th\,O} = 1 - \frac{T_4 - T_1}{T_3 - T_2} = 1 - \left(\frac{1}{\epsilon}\right)^{k-1}$$
$$\Rightarrow 0.55 = 1 - \left(\frac{1}{\epsilon}\right)^{1.4-1}$$
$$\Rightarrow \epsilon = (1 - 0.55)^{-\frac{1}{0.4}} = 7.36$$

37 공기가 등온과정을 통해 압력이 200 kPa, 비체적이 0.02 m³/kg인 상태에서 압력이 100 kPa인 상태로 팽창하였다. 공기를 이상기체로 가정할 때 시스템이 이 과정에서 한 단위질량당 일(kJ/kg)은 약 얼마인가?

① 1.4   ② 2.0
③ 2.8   ④ 5.6

[풀이]
등온과정의 절대일은
$$w_{12} = p_1 v_1 \ln\frac{p_1}{p_2}$$
$$= 200 \times 0.02 \times \ln\frac{200}{100} = 2.77 \, kJ/kg$$

38 100℃의 수증기 10 kg이 100℃의 물로 응축되었다. 수증기의 엔트로피 변화량(kJ/K)은? (단, 물의 잠열은 100℃에서 2257 KJ/kg이다.)

① 14.5 ② 5390
③ -22570 ④ -60.5

풀이

$$\Delta S = \int_1^2 \frac{\delta Q}{T}$$

$$\Rightarrow \Delta S = \int_1^2 \frac{m\,\delta q}{T} = \frac{10 \times (-2257)}{373.15}$$

$$= -60.5 \ kJ/kg \cdot K$$

39 분자량 32인 기체의 정적비열이 0.714 KJ/kg·K 일 때 기체의 비열비는? (단, 일반기체상수는 8.314 kJ/kmol·K이다.)

① 1.364 ② 1.382
③ 1.414 ④ 1.446

풀이

$$C_v = \frac{1}{k-1}R, \quad \overline{R} = MR$$

$$\Rightarrow k = 1 + \frac{\overline{R}}{MC_v} = 1 + \frac{8.314}{32 \times 0.714} = 1.364$$

40 내부에너지가 40 KJ, 절대압력이 200 KPa, 체적이 0.1 m³, 절대온도가 300 K인 계의 엔탈피는(kJ)는?

① 42 ② 60
③ 80 ④ 240

풀이

$$h = u + pv \Rightarrow h = 40 + 200 \times 0.1 = 60 \ kJ$$

제3과목 : 기계유체역학

41 다음 중 유선(steam line)에 대한 설명으로 옳은 것은?

① 유체의 흐름에 있어서 속도벡터에 대하여 수직한 방향을 갖는 선이다.
② 유체의 흐름에 있어서 유동단면의 중심을 연결한 선이다.
③ 비정상류 흐름에서만 유동의 특성을 보여주는 선이다.
④ 속도벡터에 접하는 방향을 가지는 연속적인 선이다.

풀이

유선이란 유동 field의 한 점에서 유체입자의 속도벡터와 접선이 되는 연속적인 가상곡선이다.

42 점성계수(μ)가 0.098 N·s/m²인 유체가 평판 위를 u(y) = 750 y - 2.5 × 10⁻⁶ y³(m/s)의 속도분포로 흐를 때 평판면(y = 0)에서의 전단응력은 약 몇 N/m²인가? (단, y는 평판면으로부터 m단위로 잰 수직거리이다.)

① 7.35 ② 73.5
③ 14.7 ④ 147

풀이

$$\tau = \frac{F}{A} = \mu \frac{u}{y} = \mu \frac{du}{dy}$$

$$\Rightarrow \tau = 0.098 \times (750 - 3 \times 2.5 \times 10^{-6} \times y^2)_{y=0}$$

$$= 73.5 \ N/m^2$$

43 안지름이 0.01 m인 관내로 점성계수가 0.005 N·s/m², 밀도가 800 kg/m³인 유체가 1 m/s의 속도로 흐를 때, 이 유동의 특성은? (단, 천이구간은 레이놀즈수가 2100~4000에 포함될 때를 기준으로 한다.)

① 층류유동
② 난류유동
③ 천이유동
④ 위 조건으로는 알 수 없다.

풀이

$$Re = \frac{\rho VL}{\mu}$$
$$= \frac{800 \times 1 \times 0.01}{0.005} = 1600 < 2100 \quad 층류$$

44 그림과 같이 비중 0.85인 기름이 흐르고 있는 개수로에 피토관을 설치하였다. △h = 30 mm, h = 100 mm일 때 기름의 유속은 약 몇 m/s인가? (단, △h 부분에도 기름이 차있는 상태이다.)

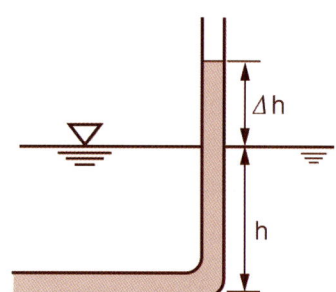

① 0.767　　② 0.976
③ 1.59　　　④ 6.25

풀이

$$v = \sqrt{2g\triangle h} = \sqrt{2 \times 9.8 \times 0.03} = 0.767 \ m/s$$

45 밀도가 500 kg/m³인 원기둥이 1/3만큼 액체면 위로 나온상태로 떠 있다. 이 액체의 비중은?

① 0.33　　② 0.5
③ 0.75　　④ 1.5

풀이

$$sF_B = W \Rightarrow s\gamma_w \frac{2}{3}V = \gamma V$$
$$\therefore s = \frac{3}{2}\frac{\gamma}{\gamma_w} = \frac{3}{2}\frac{\rho g}{\gamma_w} = \frac{3}{2} \times \frac{500 \times 9.8}{9800}$$
$$= 0.75$$

46 마찰계수가 0.02인 파이프(안지름 0.1 m, 길이 50 m) 중간에 부차적 손실계수가 5인 밸브가 부착되어 있다. 밸브에서 발생하는 손실수두는 총 손실수두의 약 몇 %인가?

① 20　　② 25
③ 33　　④ 50

풀이

$$h = h_L + h_{부차} = f\frac{L}{d}\frac{V^2}{2g} + K\frac{V^2}{2g}$$
$$= 0.02 \times \frac{50}{0.1} \times \frac{V^2}{2g} + 5 \times \frac{V^2}{2g} = 15 \times \frac{V^2}{2g}$$
$$\therefore \frac{h_{부차}}{h} = \frac{5 \times \frac{V^2}{2g}}{15 \times \frac{V^2}{2g}} = \frac{1}{3} \times 100 = 33.3 \ \%$$

47 2차원 극좌표계(r, θ)에서 속도퍼텐셜이 다음과 같을 때 원주방향 속도$(u\theta)$는? (단, 속도퍼텐셜 ϕ 는 $\vec{V} = \nabla\phi$로 정의한다.)

$$\phi = 2\theta$$

① $4\pi r$　　② $2r$
③ $\dfrac{4\pi}{r}$　　④ $2/r$

풀이

극 좌표계 $\vec{V} = \nabla\phi = \dfrac{\partial \phi}{\partial r} + \dfrac{1}{r}\dfrac{\partial \phi}{\partial \theta}$ 에서
$\Rightarrow V_\theta = \dfrac{1}{r}\dfrac{\partial \phi}{\partial \theta} = \dfrac{1}{r} \times 2 = \dfrac{2}{r}$

48 그림과 같이 고정된 노즐로부터 밀도가 ρ인 액체의 제트가 속도 V로 분출하여 평판에 충돌하고 있다. 이 때 제트의 단면적이 A이고 평판이 u인 속도로 제트와 반대방향으로 운동할 때 평판에 작용하는 힘 F는?

정답　44. ①　45. ③　46. ③　47. ④　48. ④

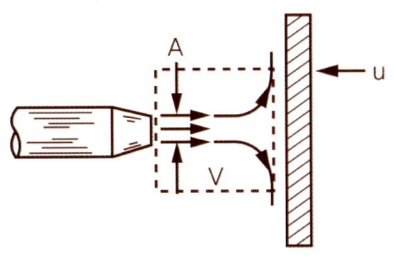

① $F = \rho A(V-u)$
② $F = \rho A(V-u)^2$
③ $F = \rho A(V+u)$
④ $F = \rho A(V+u)^2$

풀이
추력 $F = \rho Q[V-(-u)] = \rho A(V+u)^2$

49 지름이 0.01 m인 구 주위를 공기가 0.001 m/s로 흐르고 있다. 항력계수가 $C_D = \dfrac{24}{Re}$ 로 정의할 때 구에 작용하는 항력은 약 몇 N인가? (단, 공기의 밀도는 1.1774 kg/m³, 점성계수는 1.983×10^{-5} kg/m·s이며, Re는 레이놀즈수를 나타낸다.)

① 1.9×10^{-9} ② 3.9×10^{-9}
③ 5.9×10^{-9} ④ 7.9×10^{-9}

풀이
$Re = \dfrac{\rho VL}{\mu} = \dfrac{1.1774 \times 0.001 \times 0.01}{1.983 \times 10^{-5}} = 0.5937$

항력 $D = F_D = C_D A \dfrac{\rho V^2}{2}$

$= \dfrac{24}{0.5937} \times \dfrac{\pi}{4} \times 0.01^2 \times \dfrac{1.1774 \times 0.001^2}{2}$

$\approx 1.9 \times 10^{-9}$

50 유체속에 잠겨있는 경사진 판의 윗면에 작용하는 압력힘의 작용점에 대한 설명 중 옳은 것은?

① 판의 도심보다 위에 있다.
② 판의 도심에 있다.
③ 판의 도심보다 아래에 있다.
④ 판의 도심과 관계가 없다.

풀이
경사진 판의 전압력 작용점은 도심보다 $\dfrac{I_{도심}}{Ah_c}$ 만큼 아래쪽에 있다.

51 다음중에서 차원이 다른 물리량은?

① 압력   ② 전단응력
③ 동력   ④ 체적탄성계수

풀이
응력과 압력 및 탄성계수의 차원은 모두
$FL^{-2} = ML^{-1}T^{-2}$ 이다.
동력의 차원은 $FLT^{-1} = ML^2T^{-3}$

52 안지름이 4 mm이고, 길이가 10 m인 수평원형관 속을 20°C의 물이 층류로 흐르고 있다. 배관 10 m 길이에서 압력강하가 10 kPa 발생하며, 이 때 점성계수는 1.02×10^{-3} N·s/m²일 때 유량은 약 몇 cm³/s인가?

① 6.16   ② 8.52
③ 9.52   ④ 12.16

풀이 유량
$Q = \dfrac{\triangle p \pi d^4}{128 \mu L} = \dfrac{10 \times 10^3 \times \pi \times 0.004^4}{128 \times 1.02 \times 10^{-3} \times 10} \times 10^6$

$= 6.16 \ cm^3/s$

53 역학적상사가 성립하기 위해 무차원수인 프루드수를 같게해야 되는 흐름은?

① 점성계수가 큰 유체의 흐름
② 표면장력이 문제가 되는 흐름
③ 자유표면을 가지는 유체의 흐름

④ 압축성을 고려해야 되는 유체의 흐름

풀이
자유표면을 보유하는 유체유동은 역학적상사가 성립하기 위하여, 중력을 고려한 Froude수가 같아야 한다.

54 표준대기압 상태인 어떤지방의 호수에서 지름이 d인 공기의 기포가 수면으로 올라오면서 지름이 2배로 팽창하였다. 이때 기포의 최초위치는 수면으로부터 약 몇 m 아래인가? (단, 기포내의 공기는 Boyle법칙에 따르며, 수중의 온도도 일정하다고 가정한다. 또한 수면의 기압(표준대기압)은 101.325 kPa이다.)

① 70.8   ② 72.3
③ 74.6   ④ 77.5

풀이
$p_1 V_1 = p_2 V_2$
$\Rightarrow p_1 = 8p_2 = 8p_0 = 8 \times 101.325 = 810.6 \ kPa$
$p_1 = p_0 + \gamma h$
$\Rightarrow h = \dfrac{p_1 - p_0}{\gamma} = \dfrac{(810.6 - 101.3) \times 10^3}{9800}$
$= 72.38 \ m$

55 평판위를 공기가 유속 15 m/s로 흐르고 있다. 산단으로부터 10 cm인 지점의 경계층두께는 약 몇 mm인가? (단, 공기의 동점성계수는 1.6×10^{-5} m²/s이다.)

① 0.75   ② 0.98
③ 1.36   ④ 1.63

풀이
$\dfrac{\delta}{x} = \dfrac{5.0}{Re_x^{1/2}}$
$\Rightarrow \delta = \dfrac{5.0 \ x}{\sqrt{\dfrac{Vx}{\nu}}} = \dfrac{5.0 \times 0.1}{\sqrt{\dfrac{15 \times 0.1}{1.6 \times 10^{-5}}}} \times 10^3$
$= 1.633 \ mm$

56 비중이 0.8인 액체를 10 m/s 속도로 수직방향으로 분사하였을 때, 도달할 수 있는 최고높이는 약 몇 m인가? (단, 액체는 비압축성, 비점성 유체이다.)

① 3.1   ② 5.1
③ 7.4   ④ 10.2

풀이
분사 하부(첨자 1)로부터 상부(첨자 2)까지의 높이를 h라 하고 2 위치에 대한 베르누이 식을 이용한다.
$\dfrac{p_1}{\gamma} + \dfrac{V_1^2}{2g} + z_1 = \dfrac{p_2}{\gamma} + \dfrac{V_2^2}{2g} + z_2$

문제의 의미에서
$p_1 = p_2 = p_0$ (대기압), $\dfrac{V_2^2}{2g} = 0$ 이므로
$\therefore h = z_2 - z_1 = \dfrac{V_1^2}{2g} = \dfrac{10^2}{2 \times 9.8} = 5.1 \ m$

57 그림과 같이 설치된 펌프에서 물의 유입지점 1의 압력은 98 kPa, 방출지점 2의 압력은 105 kPa이고, 유입지점으로부터 방출지점까지의 높이는 20 m이다. 배관요소에 따른 전체 수두손실은 4 m이고 관 지름이 일정할 때 물을 양수하기 위해서 펌프에 공급해야 할 압력은 약 몇 kPa인가?

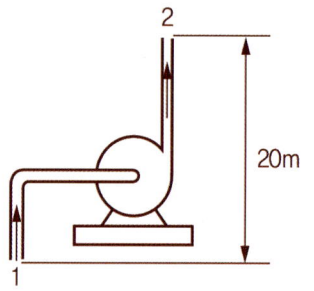

① 242   ② 324
③ 431   ④ 514

풀이
펌프양정과 전체수두 손실을 각각 h_P, h_L라 하고 1과 2에 대한 베르누이 식을 적용하면

$$\frac{p_1}{\gamma} + \frac{V_1^2}{2g} + z_1 + h_P = \frac{p_2}{\gamma} + \frac{V_2^2}{2g} + z_2 + h_L$$

$$\Rightarrow h_P = \frac{p_2 - p_1}{\gamma} + z_2 - z_1 + h_L$$

$$= \frac{(105-98) \times 10^3}{9800} + 20 + 4 = 24.71\ m$$

펌프에 공급해야 할 압력은
$$p = \gamma h_P = 9800 \times 24.71 \times 10^{-3} = 242.16\ kPa$$

58 지상에서의 압력은 P_1, 지상 1000 m 높이에서의 압력은 P_2 라고 할 때 압력비 $\left(\frac{P_2}{P_1}\right)$는? (단, 온도가 15℃로 높이에 상관없이 일정하다고 가정하고, 공기의 밀도는 기체상수가 287 J/kg·K인 이상기체 법칙을 따른다.)

① 0.80　　② 0.89
③ 0.95　　④ 1.1

풀이

지상에서의 밀도
$$\rho = \frac{p}{RT} = \frac{101325}{287 \times (15+273.15)} = 1.23\ kg/m^3$$

지상의 위치를 기준점으로 하면, 1000m 높이의 압력
$$\Rightarrow p_2 = p_1 - \gamma h = p_1 - \rho g h$$
$$= 101325 - 1.23 \times 9.8 \times 1000$$
$$= 89271\ Pa$$

$$\therefore \frac{p_2}{p_1} = \frac{89271}{101325} = 0.881$$

59 비행기 날개에 작용하는 양력 F에 영향을 주는 요소는 날개의 코드길이 L, 받음각 a, 자유유동 속도 V, 유체의 밀도 ρ, 점섬계수 μ, 유체내에서의 음속 c이다. 이 변수들로 만들 수 있는 독립 무차원 매개변수는 몇 개인가?

① 2　　② 3
③ 4　　④ 5

풀이

$$L = F_L = C_L A \frac{\rho V^2}{2} \Rightarrow \text{기본차원 수 3개}$$

무 차원 매개변수의 총 수
= 독립적 물리량의 총 수 − 기본차원의 총 수
= 7 − 3 = 4개

60 원유를 매분 240 L의 비율로 안지름 80 mm인 파이프를 통하여 100 m 떨어진 곳으로 수송할 때 관내의 평균유속은 약 몇 m/s인가?

① 0.4　　② 0.8
③ 2.5　　④ 3.1

풀이

$$\dot{Q} = 240\ L/min = \frac{240 \times 10^{-3}}{60} = 0.004\ m^3/s$$

$$\dot{Q} = AV_{av}$$

$$\Rightarrow V_{av} = \frac{\dot{Q}}{\pi/4 \times d^2} = \frac{4 \times 0.004}{\pi \times 0.08^2} = 0.796\ m/s$$

제4과목 : 기계재료 및 유압기기

61 베이나이트(bainite) 조직을 얻기 위한 항온열처리 조작으로 옳은 것은?

① 마퀜칭　　② 소성가공
③ 노멀라이징　　④ 오스템퍼링

풀이

오스템퍼링(austempering)은 오스테나이트에서 템퍼링 하는 것으로, 담금질 온도 Ms점 바로 위 즉, Ar'와 Ar''중간의 영역으로 담금질해서 항온을 유지한 후, 강인한 하부 베이나이트(bainite, 침상조직)를 얻는다.

62 보자력이 작고, 미세한 외부자기장의 변화에도 크게 자화되는 특징을 가진 연질자성재료는?

① 센더스트　② 알니고자석
③ 페라이트자석　④ 희토류계자석

풀이
연질자성(soft) 재료
① 보자력이 작고, 미세한 외부자기장의 변화에도 크게 자화되는 특성을 가지는 고투자율 재료이다.
② 주로 전동기나 변압기의 자심, 자기헤드 마이크로파 재료 등에 이용된다.
③ 종류로는 규소강판, 퍼멀로이, 센더스트 및 알펌, 퍼멘듈, 슈퍼멘듈 등이 있다.

63 다음의 조직 중 경도가 가장 높은 것은?

① 펄라이트　② 마텐자이트
③ 소르바이트　④ 트루스타이트

풀이
담금질조직의 경도순서
M > T > S > P > A > F
마텐자이트(600) > 트루스타이트(400) > 소르바이트(230) > 펄라이트(200) > 오스테나이트(150) > 페라이트(100)

64 레데뷰라이트에 대한 설명으로 옳은 것은?

① α와 Fe의 혼합물이다.
② γ와 Fe_3C의 혼합물이다.
③ δ와 Fe의 혼합물이다.
④ α와 Fe_3C의 혼합물이다.

풀이
레데뷰라이트(ledeburite) 2.11%C의 γ 고용체(오스테나이트)와 6.68%C의 탄화철(Fe_3C 시멘타이트)의 공정조직으로 4.30%C 인주철의 조직

65 다음 중 공구강 강재의 종류에 해당되지 않는 것은?

① STS 3　② SM25C
③ STC 105　④ SKH 51

풀이
STS : 합금공구강, SM : 기계구조용 탄소강,
STC : 탄소공구강, SKH : 고속도 공구강

66 재료의 전연성을 알기 위해 구리판, 알루미늄판 및 그 밖의 연성판재를 가압하여 변형능력을 시험하는 것은?

① 굽힘시험　② 압축시험
③ 커핑시험　④ 비틀림 시험

풀이
커핑시험(cupping test)은 금속박판 재료의 연성평가 또는 비교하기 위해 널리 사용되는 소성가공성을 평가하는 시험으로 에릭슨시험은 커핑시험의 일종이다.

67 주철의 특징을 설명한 것 중 틀린 것은?

① 백주철은 Si 함량이 적고, Mn 함량이 많아 화합탄소로 존재한다.
② 회주철은 C, Si 함량이 많고, Mn 함량이 적은 파면이 회색을 나타내는 것이다.
③ 구상흑연주철은 흑연의 형상에 따라 판상, 구상, 공정상흑연주철로 나눌 수 있다.
④ 냉경주철은 주물표면을 회주철로 인성을 높게 하고, 내부는 Fe_3C로 단단한 조직으로 만든다.

풀이
칠드주철(chilled casting : 냉경주철)
1) 내마모성이 요구되는 사용면을 주탕 후 급냉하여 표면을 백선화해서 경도를 높게 하고 내부는 서냉하여 유리흑연을 생성시켜 연하게 하여 내충격성, 압축강도, 굽힘강도를 유지시킨 주물이다.
2) Chilled 주철의 주성분 3.0~3.7%C-0.6~2.3% Si-0.6~1.6%Mn-0.2~0.4%P-0.07~0.1%S

정답 62. ① 63. ② 64. ② 65. ② 66. ③ 67. ④

3) 표면(chill부, 외부)층은 금형의 급냉효과에 의해 유리 Cementite와 Pearlite 조직이다.
4) 내부조직은 편상흑연과 Pearlite 조직으로 되어 있다.

68 다음 중 알루미늄합금계가 아닌 것은?
① 라우탈 ② 실루민
③ 하스텔로이 ④ 하이드로날륨

풀이
하스텔로이(Hastelloy) : 내식성이 매우 우수한 니켈기 합금으로 대표적인 합금은 하스텔로이 B가 있으며 몰리브덴(Mo)30%, 철(Fe)5% 정도가 포함

69 황동의 화학적성질과 관계없는 것은?
① 탈아연부식 ② 고온탈아연
③ 자연균열 ④ 가공경화

풀이
황동의 화학적성질에는 탈아연부식(dezincification), 자연균열(season crack), 고온탈아연(dezincing)이 있다.

70 회복과정에서의 축척에너지에 대한 설명으로 옳은 것은?
① 가공도가 적을수록 축적에너지의 양은 증가한다.
② 결정입도가 작을수록 축적에너지의 양은 증가한다.
③ 불순물원자의 첨가가 많을수록 축적에너지의 양은 감소한다.
④ 낮은 가공온도에서의 변형은 축적에너지의 양을 감소시킨다.

풀이
회복(recovery)
① 가공도가 클수록 변형이 복잡하고, 내부변형이 복잡할수록 축적에너지의 양은 증가한다.
② 결정입도가 작을수록 축적에너지의 양은 증가한다.
③ 축적에너지는 가공도, 가공온도, 합금원소 및 결정입도에 의해 크게 변화한다.
④ 낮은 가공온도에서의 변형은 축적에너지의 양을 증가시킨다.

71 유압펌프에서 유동하고 있는 작동유의 압력이 국부적으로 저하되어, 증기나 함유기체를 포함하는 기포가 발생하는 현상은?
① 폐입현상
② 공진현상
③ 케비테이션 현상
④ 유압유의 열화 촉진현상

풀이
공동현상(캐비테이션, cavitation)은 작동유의 압력이 포화증기압 이하로 내려가서 기름이 증발하여 기포가 발생하는 현상
〈방지책〉
적절한 점도의 작동유 선택, 흡입관구경 크게, 밸브 적게, 펌프 설치위치를 가능한 낮게, 흡입관 내의 평균유속이 3.5m/s 이하가 되게 한다.

72 필요에 따라 작동유체의 일부 또는 전량을 분기시키는 관로는?
① 바이패스 관로 ② 드레인 관로
③ 통기관로 ④ 주관로

풀이
관로는 작동유체를 이끄는 역할을 하는 관 계통.
① 바이패스 관로 : 필요에 따라 작동유체의 전량 또는 그 일부를 분기하는 통로 또는 관로
② 드레인 관로 : 드레인을 귀로관로 또는 탱크 등에 이끄는 관로
③ 통기관로 : 대기에 개방되어 있는 관로
④ 주 관로 : 흡입관로, 압력관로 및 귀로관로(또는 배기관로)를 포함한 주된 관로

정답 68. ③ 69. ④ 70. ② 71. ③ 72. ①

73 유압작동유의 구비조건에 대한 설명으로 틀린 것은?

① 인화점 및 발화점이 낮을 것
② 산화안정성이 좋을 것
③ 점도지수가 높을 것
④ 방청성이 좋을 것

풀이
유압작동유의 인화점과 발화점은 높아야 한다.
① 인화점(flash point) : 외부로부터 불씨를 접촉하여 연소를 개시할 수 있는 최저온도
② 발화점(ignition point) : 자기 스스로 연소를 시작하는 최저온도

74 압력 6.86 MPa, 토출량 50 L/min이고 운전 시 소요동력이 7 kW인 유압펌프의 효율은 약 몇 %인가?

① 78   ② 82
③ 87   ④ 92

풀이
$$L_P = \frac{pQ}{\eta_P}$$

$$\eta_P = \frac{6.86 \times 10^3 \times \frac{50 \times 10^3}{60}}{7} = 0.8166 ≒ 82\%$$

75 다음 중 압력제어 밸브에 속하지 않는 것은?

① 카운터 밸런스 밸브
② 릴리프 밸브
③ 시퀀스 밸브
④ 체크 밸브

풀이
압력제어 밸브 : 릴리프밸브, 감압밸브, 시퀀스밸브, 카운터밸런스 밸브, 언로딩 밸브, 압력스위치
방향제어밸브 : 체크밸브, 셔틀밸브, 급속배기 밸브, 교축릴리프 밸브 등

76 액추에이터의 배출 쪽 관로 내의 흐름을 제어함으로써 속도를 제어하는 회로는?

① 방향제어 회로
② 미터 인 회로
③ 미터 아웃 회로
④ 압력제어 회로

풀이
① 미터 인 회로 : 액추에이터의 유입유량을 조절하여 속도를 제어하는 방식으로 실린더 작동시에 스틱슬립이 발생할 수 있어 속도제어가 어렵고 체적이 작은 실린더에 적용된다.
② 미터 아웃 회로 : 액추에이터의 배출유량을 조절하여 배압의 작용으로 속도를 제어하는 방식이며 복동실린더의 속도제어에는 대부분 이 방식이 적용된다. 부하의 방향에 크게 영향을 받지 않으며 초기상태를 제외하고 동작의 안정적인 제어가 용이하다.
③ 블리드 오프 회로 : 주회로에서 파일럿 관로에 유량 제어밸브를 설치하고 오일탱크로 일정량의 작동유를 귀환시켜 유량을 조절함으로써 구동기기의 속도를 제어하는 방식이며, 정밀한 속도제어가 요구되거나 복수의 구동기기가 동시에 작동하는 경우는 적합하지 않다.
하지만 부하변동이 적고 관성이 작은회로에서는 에너지절감의 효과가 있다.

77 그림과 같은 유압기호의 설명이 아닌 것은?

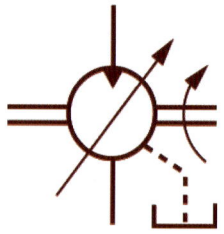

① 유압펌프를 의미한다.
② 1방향 유동을 나타낸다.
③ 가변용량형 구조이다.
④ 외부드레인을 가졌다.

풀이
유압모터, 가변용량형, 1방향유동, 1방향회전, 외부드레인

78 유압속도 제어회로 중 미터아웃 회로의 설치목적과 관계없는 것은?

① 피스톤이 자주할 염려를 제거한다.
② 실린더에 배압을 형성한다.
③ 유압작동유의 온도를 낮춘다.
④ 실린더에서 유출되는 유량을 제어하여 피스톤속도를 제어한다.

풀이
미터아웃 회로(meterout circuit)
유량제어밸브를 액추에이터의 출구측에 설치한 회로로 액추에이터의 배출유량을 조절하여 배압의 작용으로 속도를 제어하는 방식이며 복동실린더의 속도제어에는 대부분 이 방식이 적용된다. 부하의 방향에 크게 영향을 받지 않으며 초기상태를 제외하고 동작의 안정적인 제어가 용이하다. 이 회로는 액추에이터에 배압이 걸리므로 끌어당기는 힘이 작용해도 피스톤이 자주(自走)할 염려는 없다.

79 실린더행정 중 임의의 위치에서 실린더를 고정시킬 필요가 있을 때라 할지라도, 부하가 클 때 또는 장치내의 압력저하로 실린더 피스톤이 이동하는 것을 방지하기 위한 회로로 가장 적합한 것은?

① 축압기 회로   ② 로킹 회로
③ 무부하 회로   ④ 압력설정 회로

풀이
로크회로(lock circuit) 또는 로킹회로(locking circuit)
실린더 행정 중에 임의의 위치에서 실린더를 고정시켜 놓을 필요가 있을 때 부하가 커지면 고정되지 않고, 실린더 피스톤이 이동을 하게 되는데 이 피스톤의 이동을 방지하는 회로

80 긴 스트로크를 줄 수 있는 다단 튜브형의 로드를 가진 실린더는?

① 벨로스형 실린더
② 탠덤형 실린더
③ 가변 스트로크 실린더
④ 텔레스코프형 실린더

풀이
텔레스코프형(telescopic type) 실린더는 다단형 실린더로 1조의 실린더 내부에 다시 별도의 실린더를 내장하여 매우 긴 행정(스트로크, stroke)을 필요로 하는 곳에 사용

제5과목 : 기계제작법 및 기계동력학

81 지면으로부터 경사각이 30°인 경사면에 정지된 블록이 미끄러지기 시작하여 10 m/s의 속력이 될 때까지 걸린 시간은 약 몇 초인가? (단, 경사면과 블록과의 동마찰계수는 0.30이라고 한다.)

① 1.42   ② 2.13
③ 2.84   ④ 4.24

풀이
$mg\sin 30° - \mu mg\cos 30° = ma$
$a = 9.8 \times \sin 30° - 0.3 \times 9.8 \times \cos 30° ≒ 2.35\ m/s^2$
$v = v_0 + at \Rightarrow t = \dfrac{v}{a} = \dfrac{10}{2.35} ≒ 4.255$

82 그림과 같은 단진자 운동에서 길이 L이 4배로 늘어나면 진동주기는 약 몇 배로 변하는가? (단, 운동은 단일 평면상에서만 한다고 가정하고, 진동 각변위(θ)는 충분히 작다고 가정한다.)

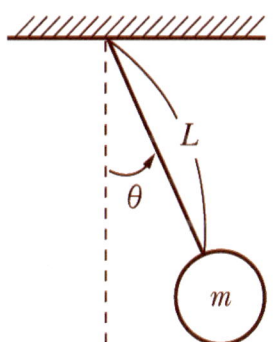

① $\sqrt{2}$ ② 2
③ 4 ④ 16

풀이

$\omega = \sqrt{\dfrac{g}{L}}$

$\Rightarrow \omega' = \sqrt{\dfrac{g}{4L}}, \ \omega' = \dfrac{\omega}{2}$

$\therefore T' = \dfrac{2\pi}{w'} = 2T$

83 길이가 L인 가늘고 긴 일정한 단면의 봉이 좌측단에서 핀으로 지지되어 있다. 봉을 그림과 같이 수평으로 정지시킨 후, 이를 놓아서 중력에 의해 회전시킨다면 봉의 위치가 수직이 되는 순간에 봉의 각속도는? (단, g는 중력가속도를 나타내고, 핀 부분의 마찰은 무시한다.)

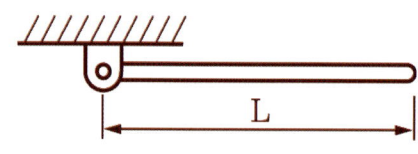

① $\sqrt{\dfrac{g}{L}}$ ② $\sqrt{\dfrac{2g}{L}}$
③ $\sqrt{\dfrac{3g}{L}}$ ④ $\sqrt{\dfrac{5g}{L}}$

풀이

수직 상태에서의 위치에너지 : $mg\dfrac{L}{2}$

수평 상태에서의 회전 운동에너지 :

$T = \dfrac{1}{2}J_0\omega^2 = \dfrac{1}{2}\left[J_G + m\left(\dfrac{L}{2}\right)^2\right]\omega^2$

$= \dfrac{1}{2}\left[\dfrac{mL^2}{12} + m\left(\dfrac{L}{2}\right)^2\right]\omega^2 = \dfrac{mL^2}{6}\omega^2$

위치에너지 = 회전운동에너지로부터

$mg\dfrac{L}{2} = \dfrac{mL^2}{6}\omega^2 \ \Rightarrow \ \omega = \sqrt{\dfrac{3g}{L}}$

84 회전속도가 2000 rpm인 원심팬이 있다. 방진고무로 탄성지지시켜 진동전달률을 0.3으로 하고자 할 때, 방진고무의 정적수축량은 약 몇 mm인가? (단, 방진고무의 감쇠계수는 0으로 가정한다.)

① 0.71   ② 0.97
③ 1.41   ④ 2.20

풀이

감쇠계수가 0 이므로 비감쇠 강제진동이다.

전달률 $TR = \dfrac{1}{\gamma^2 - 1} \Rightarrow \gamma^2 = 1 + \dfrac{1}{TR} = 4.33$

진동수 비 $\gamma = \dfrac{\omega}{\omega_n} = \dfrac{\omega}{\sqrt{\dfrac{k}{m}}} = \dfrac{\omega}{\sqrt{\dfrac{g}{\delta_{st}}}}$

$\gamma^2 = \dfrac{\omega^2 \cdot \delta_{st}}{g} \ \Rightarrow \ \delta_{st} = \dfrac{g\gamma^2}{\omega^2}$

$= \dfrac{9.8 \times 4.33}{\left(\dfrac{2\pi \times 2000}{60}\right)^2} \times 10^{-3} = 0.97 \ mm$

85 x 방향에 대한 운동방정식이 다음과 같이 나타날 때 이 진동계에서의 감쇠 고유진동수(damped natural frequency)는 약 몇 red/s인가?

① 1.35   ② 1.85
③ 2.25   ④ 2.75

풀이

$C_c = 2\sqrt{mk} = 2\sqrt{2 \times 8} = 8$

$\Rightarrow \zeta = \dfrac{C}{C_c} = \dfrac{3}{8} = 0.375$

감쇠 고유진동수 :

$w_d = w_n\sqrt{1-\zeta^2} = \sqrt{\dfrac{k}{m}} \times \sqrt{1 - 0.375^2}$

$= \sqrt{\dfrac{8}{2}} \times \sqrt{1 - 0.375^2} ≒ 1.85 \ rad/s$

86 장력이 100 N 걸려있는 줄을 모터가 지속적으로 5 m/s의 속력으로 끌어당기고 있다면 사용된 모터의 일률(Power)은 몇 W인가?

정답 83. ③ 84. ② 85. ② 86. ④

① 51   ② 250
③ 350   ④ 500

풀이
$P = F \times V = 100 \times 5 = 500 \ W$

87 물리량에 대한 차원표시가 틀린 것은? (단, N : 질량, L : 길이, T : 시간)

① 힘 : MLT^{-2}
② 각가속도 : T^{-2}
③ 에너지 : ML^2T^{-1}
④ 선형운동량 : MLT^{-1}

풀이
$FL = ML^2T^{-2}$

88 A에서 던진 공이 L_1만큼 날아간 후 B에서 튀어올라 다시 날아간다. B에서 반발계수를 e라 하면 다시 날아간 거리 L_2는? (단, 공과 바닥사이에서 마찰은 없다고 가정한다.)

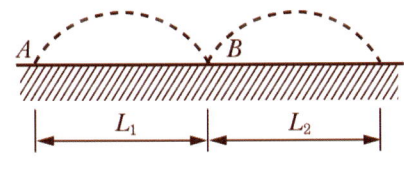

① $\dfrac{L_1}{e}$ ② $\dfrac{L_1}{e^2}$
③ eL_1 ④ e^2L_1

풀이
$s_x = v_x t \ \Rightarrow \ L_1 = v_A t_1, \ L_2 = v_B t_2$

$t_1 = t_2$ 이므로 $L_2 = v_B \times \dfrac{L_1}{v_A}$

반발계수 $e = \dfrac{v_B + 0}{v_A - 0} = \dfrac{v_B}{v_A}$

$\Rightarrow v_B = e \times v_A$

$\therefore L_2 = e \times v_A \times \dfrac{L_1}{v_A} = eL_1$

89 그림과 같이 반지름이 45 mm인 바퀴가 미끄럼없이 왼쪽으로 구르고 있다. 바퀴중심의 속력 0.9 m/s로 일정하다고 할 때, 바퀴끝단의 한 점(A)의 속도(u_A, m/s)의 가속도(a_A, m/s²)의 크기는?

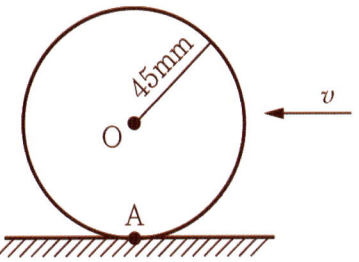

① $u_A = 0, \ a_A = 0$
② $u_A = 0, \ a_A = 18$
③ $u_A = 0.9, \ a_A = 0$
④ $u_A = 0.9, \ a_A = 18$

풀이
$\alpha_t = \dfrac{dv_A}{dt}$ 이므로 $v_A = 0, \ \alpha_t = 0$

$\alpha_A = r\omega^2 = \dfrac{v^2}{r} = \dfrac{0.9^2}{0.045} = 18 \ m/s^2$

90 다음 식과 같은 단순조화운동(simple harmonic motion)에 대한 설명으로 틀린 것은? (단, 변위 x 는 시간 t 에 대한 함수이고, A, ω, ϕ는 상수이다.)

$$x(t) = A\sin(\omega t + \phi)$$

① 변위와 속도사이에 위상차가 없다.
② 주기적으로 같은운동이 반복된다.
③ 가속도의 진폭은 변위의 진폭에 비례한다.
④ 가속도의 주기와 변위주기는 동일하다.

정답 87. ③ 88. ③ 89. ② 90. ①

> **풀이**
> 변위는 $x(t)$
> 속도는 $\dot{x} = \omega A \cos(wt+\phi)$
> 가속도는 $\ddot{x} = -\omega^2 A \sin(wt+\phi)$ $T = \dfrac{2\pi}{w}$
> ∴ 변위와 속도 사이에는 90°의 위상차가 있다.

91 절삭유가 갖추어야 할 조건으로 틀린 것은?

① 미찰계수가 적고 인화점이 높을 것
② 냉각성이 우수하고 윤활성이 좋을 것
③ 장시간 사용해도 변질되지 않고 인체에 무해할 것
④ 절삭유의 표면장력이 크고 칩의 생성부에는 침투되지 않을 것

> **풀이**
> 절삭유 구비조건
> ① 윤활성 및 냉각성이 우수할 것
> ② 화학적으로 안전하고 위생상 해롭지 않을 것
> ③ 공작물과 기계에 녹이 슬지 않을 것
> ④ 칩 분리가 용이하여 회수가 쉬울 것
> ⑤ 휘발성이 없고 인화점이 높을 것
> ⑥ 값이 저렴하고 쉽게 구할 수 있을 것
> ⑦ 표면장력이 작고, 칩 생성(발생)부까지 잘 침투할 것

92 렌치, 스패너 등 작은공구를 단조할 때 다음 중 가장 적합한 것은?

① 로터리 스웨이징
② 프레스 가공
③ 형 단조
④ 자유단조

> **풀이**
> 형 단조(die forging)
> 금형을 사용하는 단조로 형상을 가지고 있는 상·하 두 개의 다이 사이에서 소재를 단조하여 공동부(cavities)의 형상으로 소재를 변형시키는 공정으로 내연기관의 커넥팅로드, 스패너 같은 공구제작에 이용된다.

93 지름 400 mm의 롤러를 이용하여, 폭 300 mm 두께 25 mm의 판재를 열간압연하여 두께 20 mm 가 되었을 때, 압하량과 압하율은?

① 압하량 5mm, 압하율 20%
② 압하량 5mm, 압하율 25%
③ 압하량 20mm, 압하율 25%
④ 압하량 100mm, 압하율 20%

> **풀이**
> 압하량 $= H_0 - H_1 = 25 - 20 = 5$ [mm]
> 압하율
> $= \dfrac{H_0 - H_1}{H_0} \times 100\% = \dfrac{25-20}{25} \times 100\% = 20\%$
> 여기서, H_0 : 롤러를 통과하기 전의 두께
> H_1 : 롤러를 통과한 후의 두께

94 일반적으로 보통 선반의 크기를 표시하는 방법이 아닌 것은?

① 스핀들의 회전속도
② 왕복대 위의 스윙
③ 베드 위의 스윙
④ 주축대와 심압대 양 센터간 최대거리

> **풀이**
> 보통선반의 크기를 표시하는 방법
> ① 왕복대 위의 스윙(주축에 취부할 수 있는 최대직경)
> ② 베드 위의 스윙(피가공물의 최대직경)
> ③ 주축대와 심압대 양 센터간 최대거리(피 가공물의 최대길이)

95 방전가공(Electro Discharge Machining)에서 전극재료의 구비조건으로 적절하지 않은 것은?

① 기계가공이 쉬울 것
② 가공속도가 빠를 것
③ 전극소모량이 많을 것
④ 가공정밀도가 높을 것

정답 91. ④ 92. ③ 93. ① 94. ① 95. ③

풀이
방전가공(EDM)에서 전극재료의 구비조건
① 기계가공성이 좋을 것
② 가공속도가 빠르고, 정밀도가 높을 것
③ 가공에 따른 전극의 소모가 적을 것
④ 저렴하고 쉽게 구할 수 있는 것

96 강재의 표면에 Si를 침투시키는 방법으로 내식성, 내열성 등을 향상시키는 방법은?

① 브로나이징　② 칼로라이징
③ 크로마이징　④ 실리코나이징

풀이
금속 침투확산법
① 브로나이징 : B 침투확산
② 칼로라이징 : Al 침투확산
③ 크로마이징 : Cr 침투확산
④ 실리코나이징 : Si 침투확산

97 주물용으로 가장 많이 사용하는 주물사의 주성분은?

① Al_2O_3　② SiO_2
③ MgO　④ FeO_3

풀이
주물사(moulding sand)는 주형을 만드는데 사용되는 주형재료로 주성분이 SiO_2, 점결성이 없는 규석질의 모래

98 버니어캘리퍼스의 눈금 24.5 mm를 25등분한 경우 최소측정값은 몇 m인가? (단, 본척의 눈금 간격은 0.5 mm이다.)

① 0.01　② 0.02
③ 0.05　④ 0.1

풀이
최소측정값

$$C = \frac{S}{n} = \frac{\text{본척}(=\text{어미자})\text{의 한눈금}(S)}{\text{아들자의 등분수}(n)}$$
$$= \frac{0.25}{25} = \frac{1}{50} = 0.02 \text{ mm}$$

99 용접시 발생하는 불량(결함)에 해당하지 않는 것은?

① 오버랩　② 언더컷
③ 콤퍼지션　④ 용입불량

풀이
용접시 발생하는 주요 결함으로는 균열, 용접변형 및 잔류응력, 언더컷, 오버랩, 용입부족, 기공, 선상조직, 크레이터, 산화, 용접비드 외관불량 등을 들 수 있다.

100 유성형(planetary type) 내면연삭기를 사용한 가공으로 가장 적합한 것은?

① 암나사의 연삭
② 호브(hob)의 치형 연삭
③ 블록게이지의 끝마무리 연삭
④ 내연기관 실린더의 내면 연삭

풀이
유성형(planetary type) 내면연삭기는 내연기관의 실린더와 같이 대형이고 형상이 복잡한 일감에 적합하다.

2018년

국가기술자격 필기시험문제

2018년 기사 제1회 과년도 유사문제

자격종목	일반기계기사	시험시간 2시간 30분	형별 A	수험번호	성명

제1과목 : 재료역학

01 최대사용강도 ($\sigma_{\max}$) = 240 MPa, 내경 1.5 m, 두께 3 mm의 강재 원통형 용기가 견딜 수 있는 최대압력은 몇 kPa인가? (단, 안전계수는 2이다.)

① 240　　② 480
③ 960　　④ 1920

풀이

$S = 2 = \dfrac{\sigma_{\max}}{\sigma_a} \Rightarrow \sigma_a = 120 MPa$

$\sigma_a = \dfrac{pd}{2t} \Rightarrow 120 \times 10^6 = \dfrac{p \times 1.5}{2 \times 0.003}$

$\Rightarrow p = \dfrac{120 \times 10^6 \times 2 \times 0.003}{1.5 \times 10^3} = 480 kPa$

02 그림과 같은 직사각형 단면의 목재 외팔보에 집중하중 P가 C점에 작용하고 있다. 목재의 허용압축응력을 8 MPa, 끝단 B점에서의 허용 처짐량은 23.9 mm라고 할 때 허용압축응력과 허용 처짐량을 모두 고려하여 이 목재에 가할 수 있는 집중하중 P의 최대값은 약 몇 kN인가? (단, 목재의 탄성계수는 12 GPa, 단면 2차모멘트 1022 × 10^{-6} m⁴, 단면계수는 4.601 × 10^{-3} m³ 이다.)

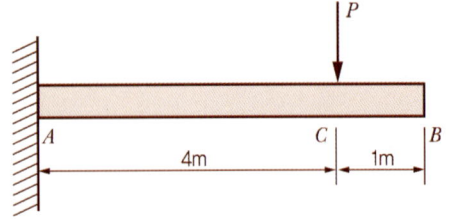

① 7.8　　② 8.5
③ 9.2　　④ 10.0

풀이

허용 압축응력을 고려한 하중
$M_{\max} = M_A = \sigma_a Z$
$\Rightarrow 4 \times P = 8 \times 10^6 \times 4.601 \times 10^{-3}$
$\Rightarrow P = 9.2 kN$

처짐을 고려한 하중

자유단의 처짐 $\delta_{\max} = \dfrac{Pl^3}{3EI} + \dfrac{Pl^2}{2EI} \times l'$

$\Rightarrow 0.0239 = \dfrac{P \times 4^3}{3 \times 12 \times 10^9 \times 1022 \times 10^{-6}}$
$+ \dfrac{P \times 4^2}{2 \times 12 \times 10^9 \times 1022 \times 10^{-6}} \times 1$

$\Rightarrow P = 9992.3\ N \fallingdotseq 9.99\ kN$

∴ 가할 수 있는 최대하중은 $P = 9.2\ kN$

03 길이가 $\ell + 2a$인 균일단면 봉의 양단에 인장력 P가 작용하고, 양단에서의 거리가 a인 단면에 Q의 축하중을 가하여 인장될 때 봉에 일어나는 변형량은 약 몇 cm인가? (단, ℓ = 60 cm, a = 30 cm, P = 10 kN, Q = 5 kN, 단면적 A = 4 ㎠, 탄성계수는 210 GPa이다.)

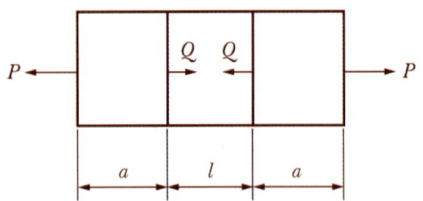

정답 1. ② 2. ③ 3. ①

① 0.0107　② 0.0207
③ 0.0307　④ 0.0407

풀이

$$\lambda_{인장} = \frac{P(\ell + 2a)}{AE} = \frac{10 \times 10^3 \times (0.6 + 0.6)}{4 \times 10^{-4} \times 210 \times 10^9}$$

$$= 0.000142 m = 0.0142 cm$$

$$\lambda_{압축} = \frac{Q\ell}{AE} = \frac{5 \times 10^3 \times 0.6}{4 \times 10^{-4} \times 210 \times 10^9}$$

$$= 0.0000357 m = 0.00357 cm$$

$$\therefore \lambda = \lambda_{인장} - \lambda_{압축} = 0.0107 cm$$

04 양단이 힌지로 지지되어 있고 길이가 1 m인 기둥이 있다. 단면이 30mm x 30mm인 정사각형이라면 임계하중은 약 몇 kN인가? (단, 탄성계수는 210 GPa이고, Euler의 공식을 적용한다.)

① 133　② 137
③ 140　④ 146

풀이

단말계수 $n = 1$, $P_B = n\pi^2 \frac{EI}{l^2}$

$$= 1 \times \pi^2 \times \frac{210 \times 10^9}{1^2} \times \frac{0.03^4}{12} \times 10^{-3}$$

$$\fallingdotseq 140\ kN$$

05 직사각형 단면(폭 x 높이 = 12 cm x 5 cm)이고, 길이 1 m인 외팔보가 있다. 이 보의 허용굽힘응력이 500 MPa이라면 높이와 폭의 치수를 서로 바꾸면 받을수 있는 하중의 크기는 어떻게 변화하는가?

① 1.2배 증가
② 2.4배 증가
③ 1.2배 감소
④ 변화없다.

풀이

$$M_a = \sigma_a Z = \sigma_a \times \frac{bh^2}{6} \quad \therefore P \propto bh^2$$

$$\Rightarrow 0.12 \times 0.05^2 x = 0.05 \times 1.12^2$$

$$x = 2.4 \text{배 증가}$$

06 아래 그림과 같은 보에 대한 굽힘모멘트 선도로 옳은 것은?

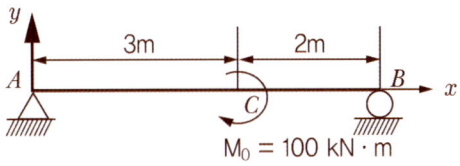

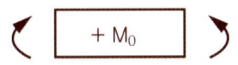

① Mb

② Mb

③ Mb

④ Mb

풀이

SFD는 (−)의 상수 값인 기울기이며 3m인 위치에서 모멘트 변화가 발생하는 BMD 선도이다.

07 코일스프링의 권수를 n, 코일의 지름을 D, 소선의 지름 d인 코일스프링의 전체처짐 δ는? (단, 이 코일에 작용하는 힘은 P, 가로탄성계수는 G이다.)

① $\dfrac{8nPD^3}{Gd^4}$ ② $\dfrac{8nPD^2}{Gd}$

③ $\dfrac{8nPD^2}{Gd^2}$ ④ $\dfrac{8nPD}{Gd^2}$

풀이

$\delta = \dfrac{8nD^3W}{Gd^4} \Rightarrow \delta = \dfrac{8nPD^3}{Gd^4}$

08 그림과 같은 정삼각형 트러스의 B점에 수직으로, C점에 수평으로 하중이 작용하고 있을 때, 부재 AB에 작용하는 하중은?

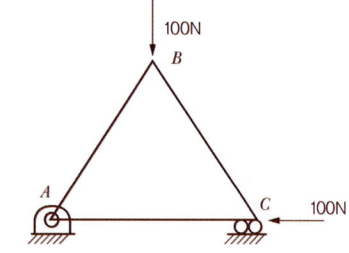

① $\dfrac{100}{\sqrt{3}} N$ ② $\dfrac{100}{3} N$

③ $100\sqrt{3}\, N$ ④ $50 N$

풀이

A 절점에 대한 자유물체도(FBD)를 이용하면 Lami의 정리를 적용할 수 있다.

$\dfrac{\sin 90°}{F_{AB}} = \dfrac{\sin 120°}{R_A}$

$F_{AB} = R_A \times \dfrac{\sin 90°}{\sin 120°} = 50 \times \dfrac{1}{(\sqrt{3}/2)}$

$= \dfrac{100}{\sqrt{3}}$ N

09 $\sigma_x = 700$ MPa, $\sigma_y = -300$ MPa가 작용하는 평면응력 상태에서 최대수직응력($\sigma_{\max}$)과 최대전단응력($\tau_{\max}$)은 각각 몇 MPa인가?

① $\sigma_{\max} = 700$, $\tau_{\max} = 300$
② $\sigma_{\max} = 600$, $\tau_{\max} = 400$
③ $\sigma_{\max} = 500$, $\tau_{\max} = 700$
④ $\sigma_{\max} = 700$, $\tau_{\max} = 500$

풀이

$\sigma_{\max} = \dfrac{1}{2}(\sigma_x + \sigma_y) + \dfrac{1}{2}\sqrt{(\sigma_x - \sigma_y)^2 + 4\tau_{xy}^2}$

$= \dfrac{1}{2}(700 - 300) + \dfrac{1}{2}\sqrt{(700+300)^2} = 700$

$\tau_{\max} = \dfrac{1}{2}\sqrt{(\sigma_x - \sigma_y)^2 + 4\tau_{xy}^2}$

$= \dfrac{1}{2}\sqrt{(700+300)^2} = 500$

10 그림과 같이 초기온도 20℃, 초기길이 19.95 cm, 지름 5 cm인 봉을 간격이 20 cm인 두 벽면사이에 넣고 봉의 온도를 220℃로 가열했을때 봉에 발생되는 응력은 몇 MPa인가? (단, 탄성계수 E = 210 GPa이고, 균일단면을 갖는 봉의 선팽창계수 α = 1.2 × 10^{-5}/℃이다.)

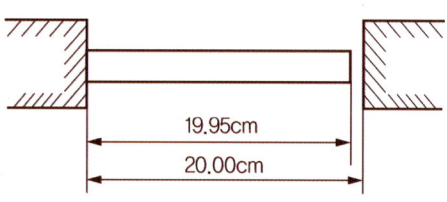

① 0   ② 25.2
③ 257   ④ 504

풀이

$\lambda_H = l\,\alpha\,\Delta T$

$= 19.95 \times 10^{-2} \times 1.2 \times 10^{-5} \times 200$

$= 0.00048 m \fallingdotseq 0.48 mm$

정답 7. ① 8. ① 9. ④ 10. ①

11 그림과 같은 T형 단면을 갖는 돌출보의 끝에 집중하중 P = 4.5 kN이 작용한다. 단면 A – A에서의 최대전단응력은 약 몇 kPa인가? (단, 보의 단면 2차모멘트는 5313 cm⁴이고, 밑면에서 도심까지의 거리는 125 mm이다.)

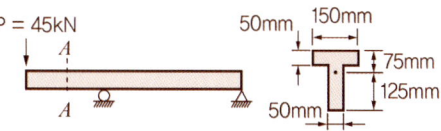

① 421　　　　② 521
③ 662　　　　④ 721

풀이

$$\tau = \frac{FG_{상면}}{bI_G} \Rightarrow \tau_{AA} = \frac{PG_{하면}}{I_G b}$$

도심아래 단면의 1차 모멘트

$$G_{하면} = A\bar{y} = 0.05 \times 0.125 \times \frac{0.125}{2}$$

$$= 0.00039 \ m^3$$

$$\therefore \tau_{AA} = \frac{4.5 \times 0.00039}{5.313 \times 10^{-8} \times 0.05} = 660.64 \ kPa$$

12 다음 금속재료의 거동에 대한 일반적인 설명으로 틀린 것은?

① 재료에 가해지는 응력이 일정하더라고 오랜시간이 경과하면 변형률이 증가할 수 있다.
② 재료의 거동이 탄성한도로 국한된다고 하더라도 반복하중이 작용하면 재료의 강도가 저하될 수 있다.
③ 응력-변형률 곡선에서 하중을 가할 때와 제거할 때의 경로가 다르게 되는 현상을 히스테리시스라 한다.
④ 일반적으로 크리프는 고온보다 저온상태에서 더 잘 발생한다.

풀이

크리프(Creep)는 고온의 분위기에서 변형이 점차 증가하여 응력이 증가하는 현상을 말하며, Ti 등을 첨가하여 고온강도를 증가시키는 방법 등을 적용하여 방지시킨다.

13 다음 그림과 같이 집중하중 P를 받고 있는 고정지지보가 있다. B점에서의 반력의 크기를 구하면 몇 kN인가?

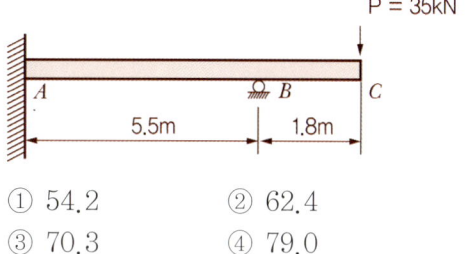

① 54.2　　　　② 62.4
③ 70.3　　　　④ 79.0

풀이

중첩법에 의하여 집중하중 P에 의한 B점에서의 처짐과 B점에서의 반력에 의한 처짐 량의 절대값이 서로 같으면 된다.

$$\delta_B = \frac{M_0 l^2}{2EI} + \frac{Pl^3}{3EI}$$

$$= \frac{1}{6EI}(3M_0 l^2 + 2Pl^2)$$

⇧ $M_0 = 53 \times 1.8$ kN·m , $l = 5.5$ m

$$\delta_B' = \frac{R_B l^3}{3EI} \Rightarrow \delta_B = \delta_B' \Rightarrow R_B = \frac{3M_0}{2l} + P$$

$$= \frac{3 \times 53 \times 1.8}{2 \times 5.5} + 53 = 79.02 \ kN$$

14 지름 80 mm의 원형단면의 중립축에 대한 관성모멘트는 약 몇 mm⁴인가?

① 0.5×10^6　　　　② 1×10^6
③ 2×10^6　　　　④ 4×10^6

풀이

$$I_{원} = \frac{\pi d^4}{64} = \frac{\pi \times 80^4}{64} = 2 \times 10^6 \ mm^4$$

15 길이가 L이며, 관성모멘트가 I_p이고, 전단탄성계수가 G인 부재에 토크 T가 작용될 때 이 부재에 저장된 변형에너지는?

① $\dfrac{TL}{GI_p}$ ② $\dfrac{T^2L}{2GI_p}$

③ $\dfrac{T^2L}{GI_p}$ ④ $\dfrac{TL}{2GI_p}$

풀이

$$U = \frac{1}{2}T\theta = \frac{1}{2}T\frac{TL}{GI_p} = \frac{T^2L}{2GI_p}$$

16 지름 50 mm의 알루미늄 봉에 100 kN의 인장하중이 작용할 때 300 mm의 표점거리에서 0.219 mm의 신장이 측정되고, 지름은 0.01215 mm 만큼 감소되었다. 이 재료의 전단탄성계수 G는 약 몇 GPa인가? (단, 알루미늄 재료는 탄성거동 범위내에 있다.)

① 21.2 ② 26.2
③ 31.2 ④ 36.2

풀이

$P = 100 \times 10^{-3} N, \quad \ell = 0.3 m,$
$\lambda = 0.219 \times 10^{-3} m, \quad d = 0.05 m,$
$\delta = -0.01215 \times 10^{-3} m$

$\nu = \dfrac{\epsilon'}{\epsilon} = \dfrac{\delta/d}{\lambda/\ell} = \dfrac{0.01215/0.05}{0.219 \times 10^{-3}/0.3}$

$\qquad \fallingdotseq 0.33, \quad m = 3$

$\sigma = \dfrac{P}{A} = E\epsilon$

$\Rightarrow E = \dfrac{P}{A}\dfrac{\ell}{\lambda} = \dfrac{100 \times 10^3}{\pi/4 \times 0.05^2}\dfrac{0.3}{0.219 \times 10^{-3}}$

$\qquad = 69.8 GPa$

$mE = 2G(m+1) \Rightarrow G = 26.2 GPa$

17 비틀림 모멘트 T를 받고 있는 직경이 d인 원형축의 최대전단응력은?

① $\tau = \dfrac{8T}{\pi d^3}$ ② $\tau = \dfrac{16T}{\pi d^3}$

③ $\tau = \dfrac{32T}{\pi d^3}$ ④ $\tau = \dfrac{64T}{\pi d^3}$

풀이

$T = \tau Z_p \Rightarrow \tau = \dfrac{T}{Z_p} = \dfrac{16T}{\pi d^3}$

18 그림과 같은 외팔보가 있다. 보의 굽힘에 대한 허용응력을 80 MPa로 하고, 자유단 B로부터 보의 중앙점 C사이에 등분포하중 w를 작용시킬 때, w의 허용 최대값은 몇 kN/m인가? (단, 외팔보의 폭×높이는 5 cm×9 cm이다.)

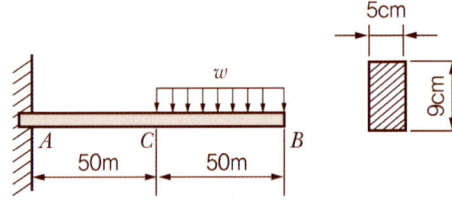

① 12.4 ② 13.4
③ 14.4 ④ 15.4

풀이

$\sigma_a = 80 \times 10^6 N/m^2$

$M_{max} = M_{고정단} = 0.5w \times 0.75 = 0.375w$

$Z = \dfrac{bh^2}{6} = \dfrac{0.05 \times 0.09^2}{6} = 0.0000675 \, m^3$

$M_a = \sigma_a Z$

$\Rightarrow 0.375w = 80 \times 10^6 \times 0.0000675$

$\therefore w = \dfrac{80 \times 10^6 \times 0.0000675}{0.375} \times 10^{-3}$

$\qquad \fallingdotseq 14.4 \, kN/m$

19 다음 정사각형 단면(40 mm×40 mm)을 가진 외

정답 15. ② 16. ② 17. ② 18. ③ 19. ③

팔보가 있다. $a-a$면 에서의 수직응력(σ_n)과 전단응력(τ_s)은 각각 몇 kPa인가?

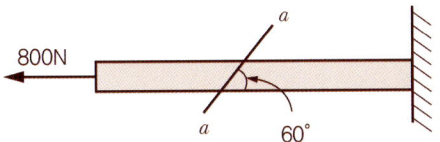

① $\sigma_n = 693$, $\tau_s = 400$
② $\sigma_n = 400$, $\tau_s = 693$
③ $\sigma_n = 375$, $\tau_s = 217$
④ $\sigma_n = 217$, $\tau_s = 375$

풀이

응력 = $\dfrac{\text{단위면적당 내력}}{\text{단면적}}$ ⇒ (공액응력)

$\sigma_n = \sigma_x \cos(90°+\theta) = \dfrac{P}{A_x}\cos(90°+\theta)$

$= \dfrac{800}{0.04 \times 0.04}\cos(150°) \times 10^{-3}$

$= 373\,kPa$

$\tau_s = \dfrac{1}{2}\sigma_x \sin 2(90°+\theta)$

$= \dfrac{1}{2} \times \dfrac{800}{0.04 \times 0.04}\sin(150°) \times 10^{-3}$

$= -217\,kPa$

20 다음 보의 자유단 A지점에서 발생하는 처짐은 얼마인가? (단, EI는 굽힘강성이다.)

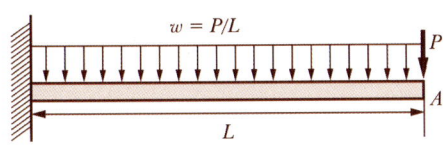

① $\dfrac{5PL^3}{6EI}$
② $\dfrac{7PL^3}{12EI}$
③ $\dfrac{11PL^3}{24EI}$
④ $\dfrac{17PL^3}{48EI}$

풀이

중첩원리 적용

$\delta_{\max} = \dfrac{wl^4}{8EI} + \dfrac{Pl^3}{3EI} = \dfrac{\dfrac{P}{l} \times l^4}{8EI} + \dfrac{Pl^3}{3EI}$

$= \dfrac{P \times l^3}{8EI} + \dfrac{Pl^3}{3EI} = \dfrac{11Pl^3}{24EI}$

제2과목 : 기계열역학

21 이상적인 오토사이클에서 단열압축되기 전 공기가 101.3 kPa, 21℃이며, 압축비 7로 운전할 때 이 사이클의 효율은 약 몇 %인가? (단, 공기의 비열비는 1.40이다.)

① 62%   ② 54%
③ 46%   ④ 42%

풀이

$\eta_{th\,O} = 1 - \left(\dfrac{1}{\epsilon}\right)^{k-1} = 1 - \left(\dfrac{1}{7}\right)^{1.4-1} = 54\%$

22 다음 중 강성적(강도성, intensive)상태량이 아닌 것은?

① 압력   ② 온도
③ 엔탈피   ④ 비체적

풀이

비엔탈피 $h\,(kJ/kg)$는 강도성상태량,
엔탈피 $H\,(kJ)$는 종량성상태량

23 이상기체 공기가 안지름 0.1 m인 관을 통하여 0.2 m/s로 흐르고 있다. 공기의 온도는 20℃, 압력은 100 kPa, 기체상수는 0.287 kJ/(kg·K)라면 질량유량은 약 몇 kg/s인가?

① 0.0019   ② 0.0099
③ 0.0119   ④ 0.0199

정답 20. ③ 21. ② 22. ③ 23. ①

풀이

$$\dot{Q} = \dot{V} = Aw = \frac{\pi}{4}D^2 w = \frac{\pi}{4} \times 0.1^2 \times 0.2$$
$$= 0.00157 \text{ m}^3/\text{s}$$
$$p\dot{V} = \dot{m}RT$$
$$100 \times 0.00157 = \dot{m} \times 0.287 \times (20+273.15)$$
$$\Rightarrow \dot{m} = 0.0019 \text{ kg/s}$$

24 이상기체가 정압과정으로 dT만큼 온도가 변하였을 때 1 kg당 변화된 열량 Q는? (단, C_v는 정적비열, C_p는 정압비열, k는 비열비를 나타낸다.)

① $Q = C_v dT$
② $Q = k^2 C_v dT$
③ $Q = C_p dT$
④ $Q = kC_p dT$

풀이

$Q = mC_p \triangle T = C_p \triangle T = C_p dT$

25 열역학적 변화와 관련하여 다음 설명 중 옳지 않은 것은?

① 단위질량당 물질의 온도를 1℃ 올리는데 필요한 열량을 비열이라 한다.
② 정압과정으로 시스템에 전달된 열량은 엔트로피 변화량과 같다.
③ 내부에너지는 시스템의 질량에 비례하므로 종량적(extensive)상태량이다.
④ 어떤고체가 액체로 변화할 때 융해(Melting)라고 하고, 어떤고체가 기체로 바로 변화할 때 승화(Sublimation)라고 한다.

풀이

② 정압과정으로 시스템에 전달된 열량을 절대온도로 나누어 준 값은 엔트로피 변화량과 같다.

26 저온실로부터 46.4 kW의 열을 흡수할 때 10 kW의 동력을 필요로 하는 냉동기가 있다면, 이 냉동기의 성능계수는?

① 4.64
② 5.65
③ 7.49
④ 8.82

풀이

$$COP_R = \frac{q_L}{q_H - q_L} = \frac{q_L}{w_c} = \frac{46.4}{10} = 4.64$$

27 엔트로피(s) 변화 등과 같은 직접 측정할 수 없는 양들을 압력(P), 비체적(v), 온도(T)와 같은 측정 가능한 상태량으로 나타내는 Maxwell 관계식과 관련하여 다음 중 틀린 것은?

① $(\frac{\partial T}{\partial P})_s = (\frac{\partial v}{\partial s})_P$

② $(\frac{\partial T}{\partial v})_s = (\frac{\partial P}{\partial s})_v$

③ $(\frac{\partial v}{\partial T})_s = -(\frac{\partial s}{\partial P})_T$

④ $(\frac{\partial P}{\partial v})_T = (\frac{\partial s}{\partial T})_v$

풀이

$\frac{\partial s}{\partial T}$ 의 열역학적 상태량은 없다.

28 다음 4가지 경우에서 ( )안의 물질이 보유한 엔트로피가 증가한 경우는?

ⓐ 컵에 있는 (물)이 증발하였다.
ⓑ 목욕탕의 (수증기)가 차가운 타일벽에서 물로 응결되었다.
ⓒ 실린더 안의 (공기)가 가역 단열적으로 팽창되었다.
ⓓ 뜨거운 (커피)가 식어서 주위온도와 같게 되었다.

정답 24. ③ 25. ② 26. ① 27. ④ 28. ①

① ⓐ ② ⓑ
③ ⓒ ④ ⓓ

풀이
ⓒ : 단열, ⓑⓓ : 냉각, ⓐ : 가열

29 공기압축기에서 입구공기의 온도와 압력은 각각 27℃, 100 kPa이고, 체적유량은 0.01 m³/s이다. 출구에서 압력이 400 kPa이고, 이 압축기의 등엔트로피 효율이 0.8일때, 압축기의 소요동력은 약 몇 kW인가? (단, 공기의 정압비열과 기체상수는 각각 1 kJ/(kg·K), 0.287 kJ/(kg·K)이고, 비열비는 1.4이다.)

① 0.9   ② 1.7
③ 2.1   ④ 3.8

풀이
$p\dot{V} = \dot{m}RT$
$100 \times 10^3 \times 0.01 = \dot{m} \times 0.287 \times 10^3 \times 300.15$
$\Rightarrow \dot{m} = 0.0116 \text{ kg/s}$
$w_c = h_{출구} - h_{입구} = C_p(T_2 - T_1)$
$= C_p T_1 \left(\frac{T_2}{T_1} - 1\right) = C_p T_1 \left[\left(\frac{p_2}{p_1}\right)^{\frac{k-1}{k}} - 1\right]$
$= 1 \times 300.15 \times \left[\left(\frac{400}{100}\right)^{\frac{1.4-1}{1.4}} - 1\right]$
$= 145.87 \text{ kJ/kg}$
$\dot{W}_c = \dot{m} w_c = 0.0116 \times 145.87 = 1.692 \text{ kW}$
등 엔트로피(단열)효율을 고려하면
$\therefore \dot{W}_C = \frac{\dot{W}_c}{\eta} = \frac{1.692}{0.8} = 2.115 \text{ kW}$

30 초기압력 100 kPa, 초기체적 0.1 m³인 기체를 버너로 가열하여 기체체적이 정압과정으로 0.5 m³이 되었다면 이 과정동안 시스템이 외부에 한 일은 약 몇 kJ인가?

① 10   ② 20
③ 30   ④ 40

풀이
$_1W_2 = \int_1^2 pdV = p(V_2 - V_1)$
$= 100 \times (0.5 - 0.1) = 40 \text{ [kJ]}$

31 증기터빈 발전소에서 터빈입구의 증기엔탈피는 출구의 엔탈피보다 136 kJ/kg 높고, 터빈에서의 열손실은 10 kJ/kg이다. 증기속도는 터빈입구에서 10 m/s이고, 출구에서 110 m/s일 때 이 터빈에서 발생시킬 수 있는 일은 약 몇 kJ/kg인가?

① 10   ② 90
③ 120 ④ 140

풀이
$q_{12} + h_1 + \frac{w_1^2}{2} + gz_1 = h_2 + \frac{w_2^2}{2} + gz_2 + w_T$
$w_T = q_{12} + (h_1 - h_2) + \left(\frac{w_1^2}{2} - \frac{w_2^2}{2}\right)$
$= -10 + 136 + \frac{1}{2}(10^2 - 110^2) \times 10^{-3}$
$= 120 \text{ kJ/kg}$

32 그림과 같이 온도(T) – 엔트로피(S)로 표시된 이상적인 랭킨사이클에서 각 상태의 엔탈피(h)가 다음과 같다면, 이 사이클의 효율은 약 몇 %인가? (단, $h_1 = 30 \ kJ/kg$, $h_2 = 31 \ kJ/kg$, $h_3 = 274 \ kJ/kg$, $h_4 = 668 \ kJ/kg$, $h_5 = 764 \ kJ/kg$, $h_6 = 478 \ kJ/kg$이다.)

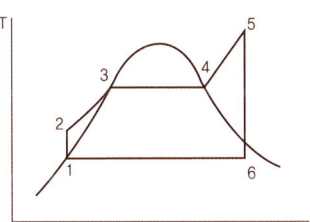

① 39   ② 42
③ 53   ④ 58

풀이

$$\eta_R = \frac{w_T - w_p}{q_B + q_{SH}} = \frac{(h_5 - h_6) - (h_2 - h_1)}{(h_5 - h_2)}$$

$$= \left(\frac{(764 - 478) - (31 - 30)}{(764 - 31)}\right) \times 100$$

$$\fallingdotseq 38.9\%$$

33 이상적인 복합사이클(사바테사이클)에서 압축비는 16, 최고압력비(압력상승비)는 2.3, 체절비는 1.60이고, 공기의 비열비는 1.4일 때 이 사이클의 효율은 약 몇 %인가?

① 55.52 ② 58.41
③ 61.54 ④ 64.88

풀이

$$\eta_{th\,S} = 1 - \left(\frac{1}{\epsilon}\right)^{k-1} \frac{\rho\sigma^k - 1}{(\rho - 1) + k\rho(\sigma - 1)}$$

$$= 1 - \left(\frac{1}{16}\right)^{1.4-1} \frac{2.3 \times 1.6^{1.4} - 1}{(2.3 - 1) + 1.4 \times 2.3 \times (1.6 - 1)}$$

$$\fallingdotseq 64.88\%$$

34 단위질량의 이상기체가 정적과정 하에서 온도가 T_1에서 T_2로 변하였고, 압력도 P_1에서 P_2로 변하였다면, 엔트로피 변화량 $\triangle S$는? (단, C_v와 C_p는 각각 정적비열과 정압비열이다.)

① $\triangle S = C_v \ln \dfrac{P_1}{P_2}$

② $\triangle S = C_p \ln \dfrac{P_2}{P_1}$

③ $\triangle S = C_v \ln \dfrac{T_2}{T_1}$

④ $\triangle S = C_p \ln \dfrac{T_1}{T_2}$

풀이

$$\frac{p_1}{T_1} = \frac{p_2}{T_2}, \quad s_2 - s_1 = C_p \ln \frac{T_2}{T_1} + R \ln \frac{p_1}{p_2}$$

$$= C_v \ln \frac{p_2}{p_1} = C_v \ln \frac{T_2}{T_1}$$

또는

$$\triangle s = \int_1^2 \frac{\delta q}{T} = \int_1^2 \frac{C_v \, dT}{T} = C_v \ln \frac{T_2}{T_1}$$

35 온도가 각기 다른액체 A(50℃), B(25℃), C(10℃)가 있다. A와 B를 동일질량으로 혼합하면 40℃로 되고, A와 C를 동일질량으로 혼합하면 30℃로 된다. B와 C를 동일질량으로 혼합할 때는 몇 ℃로 되겠는가?

① 16.0℃ ② 18.4℃
③ 20.0℃ ④ 22.5℃

풀이

$Q_{평형} = mC\triangle T, \quad Q_{방열량} = Q_{흡열량}$

$\Rightarrow mC_1(50-40) = mC_2(40-25)$

$\therefore 10\,C_1 = 15\,C_2$

$\Rightarrow mC_1(50-30) = mC_3(30-10)$

$\therefore C_1 = C_3$

$mC_2(25-x) = mC_3(x-10)$

$\Rightarrow m\dfrac{2}{3}C_1(25-x) = mC_1(x-10)$

$\therefore x = 16\,℃$

36 어떤기체가 5 kJ의 열을 받고 0.18 kN·m의 일을 외부로 하였다. 이때의 내부에너지의 변화량은?

① 3.24 kJ ② 4.82 kJ
③ 5.18 kJ ④ 6.14 kJ

풀이

$Q = U + W \Rightarrow \delta Q = dU + \delta W$

$\Rightarrow dU = \delta Q - \delta W = 5 - 0.18 = 4.82$ kJ

37 대기압이 100 kPa일 때, 계기압력이 5.23 MPa인 증기의 절대압력은 약 몇 MPa인가?

① 3.02　　② 4.12
③ 5.33　　④ 6.43

풀이

$p_{abs} = p_{atm} \pm p_{gauge}$
$\Rightarrow p_{abs} = 100\,kPa + 5.23\,MPa$
$\qquad = 0.1\,MPa + 5.23\,MPa = 5.33\,MPa$

38 압력 2 MPa, 온도 300℃의 수증기가 20 m/s 속도로 증기터빈으로 들어간다. 터빈출구에서 수증기 압력이 100 kPa, 속도는 100 m/s이다. 가역단열과정으로 가정 시, 터빈을 통과하는 수증기 1 kg당 출력일은 약 몇 kJ/kg인가? (단, 수증기표로부터 2 MPa, 300℃에서 비엔탈피는 3023.5 kJ/kg, 비엔트로피는 6.7663 kJ/(kg·K)이고, 출구에서의 비엔탈피 및 비엔트로피는 아래 표와 같다.)

출구	포화액	포화증기
비 엔트로피 [kJ/(kg·K)]	1.3025	7.3593
비 엔탈피 [kJ/kg]	417.44	2675.46

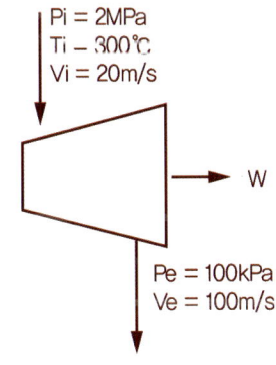

① 1534　　② 564.3
③ 153.4　　④ 764.5

풀이

$q_{12} + h_1 + \dfrac{w_1^2}{2} + gz_1 = h_2 + \dfrac{w_2^2}{2} + gz_2 + w_T$

$\Rightarrow w_T = (h_1 - h_2) + \left(\dfrac{w_1^2}{2} - \dfrac{w_2^2}{2}\right)$

등엔트로피 과정이므로 터빈출구에 대하여
$s_x = s' + x(s'' - s')$

$\Rightarrow 6.7663 = 1.3025 + x(7.3593 - 1.3025)$
$\Rightarrow x = 0.902$

$h_x = h' + x(h'' - h')$
$h_{0.902} = 417.44 + 0.902(2675.46 - 417.44)$
$\Rightarrow h_{0.902} = 2454.17$

$w_T = (3023.5 - 2454.17) + \dfrac{1}{2}(20^2 - 100^2)$
$\qquad \times 10^{-3} = 564.53\,kJ/kg$

39 520K의 고온열원으로부터 18.4 kJ열량을 받고 273K의 저온열원에 13 kJ의 열량을 방출하는 열기관에 대하여 옳은 설명은?

① Clausius 적분값은 −0.0122 kJ/K이고, 가역과정이다.
② Clausius 적분값은 −0.0122 kJ/K이고, 비가역과정이다.
③ Clausius 적분값은 +0.0122 kJ/K이고, 가역과정이다.
④ Clausius 적분값은 +0.0122 kJ/K이고, 비가역과정이다.

풀이

$\oint \dfrac{\delta Q}{T} \leq 0$　　Clausius 적분값은
−0.0122kJ/K이고, 비가역 과정이다.

40 랭킨 사이클에서 25℃, 0.01 MPa압력의 물 1 kg을 5 MPa 압력의 보일러로 공급한다. 이때 펌프가 가역단열과정으로 작용한다고 가정할 경우 펌프가 한 일은 약 몇 kJ인가? (단, 물의 비체적은

0.001 m³/kg이다.)

① 2.58　　② 4.99
③ 20.10　　④ 40.20

풀이

$$q_{12} + h_1 + \frac{w_1^2}{2} + gz_1 = h_2 + \frac{w_2^2}{2} + gz_2 + w_P$$

$$w_P = (h_1 - h_2) = v(p_2 - p_1)$$
$$= 0.001 \times (5 - 0.01) \times 10^6 = 4990 \text{ J/kg}$$
$$\therefore W_P = 4.99 \text{ kJ}$$

제3과목 : 기계유체역학

41 지름 0.1 mm, 비중 2.3인 작은 모래알이 호수 바닥으로 가라앉을 때, 잔잔한 물 속에서 가라앉는 속도는 약 몇 mm/s인가? (단, 물의 점성계수는 1.12×10^{-3} N·s/m²이다.)

① 6.32　　② 4.96
③ 3.17　　④ 2.24

풀이

모래알의 체적

$$V_{모래알} = \frac{4}{3}\pi r^3 = \frac{4}{3}\pi \left(\frac{d}{2}\right)^3 = \frac{\pi d^3}{6}$$

$$\sum F_y = 0 \Rightarrow F_D + F_B - W = 0$$
$$\Rightarrow 3\pi\mu v d + \gamma_w V_{모래알} - s\gamma_w V_{모래알} = 0$$
$$\Rightarrow v = \frac{\gamma_w V_{모래알}(s_{모래알} - 1)}{3\pi\mu d}$$
$$= \frac{9800 \times \pi/6 \times 0.0001^3 \times (2.3 - 1)}{3\pi \times 1.12 \times 10^{-3} \times 0.0001} \times 10^3$$
$$= 6.32 \text{ mm/s}$$

42 반지름 R인 파이프 내에 점도 μ인 유체가 완전발달 층류유동으로 흐르고 있다. 길이 L을 흐르는데 압력손실이 $\triangle p$만큼 발생했을 때, 파이프 벽면에서의 평균전단응력은 얼마인가?

① $\mu \dfrac{R}{4} \dfrac{\triangle p}{L}$　　② $\mu \dfrac{R}{2} \dfrac{\triangle p}{L}$

③ $\dfrac{R}{4} \dfrac{\triangle p}{L}$　　④ $\dfrac{R}{2} \dfrac{\triangle p}{L}$

풀이

$$\tau = -\frac{r}{2}\frac{dp}{d\ell} \Rightarrow \tau = -\frac{R}{2}\frac{\triangle p}{L}$$

43 어느 물리법칙이 $F(a, V, \nu, L) = 0$과 같은 식으로 주어졌다. 이 식을 무차원수의 함수로 표시하고자 할 때 이에 관계되는 무차원수는 몇 개인가? (단, a, V, ν, L은 각각 가속도, 속도, 동점성계수, 길이이다.)

① 4　　② 3
③ 2　　④ 1

풀이

무차원 항의 총 수
= 독립적 물리량의 총 수 - 기본차원의 총 수
∴ 4 - 2 = 2개

44 평균 반지름이 R인 얇은 막 형태의 작은 비누방울의 내부압력을 P_i, 외부압력을 P_o라고 할 경우, 표면장력(σ)에 의한 압력차 $(|P_i - P_o|)$는?

① $\dfrac{\sigma}{4R}$　　② $\dfrac{\sigma}{R}$

③ $\dfrac{4\sigma}{R}$　　④ $\dfrac{2\sigma}{R}$

풀이

$$\triangle p = p - p_0, \quad \triangle p \frac{\pi d^2}{4} = \sigma(\pi d),$$
$$\sigma = \frac{\triangle p \, d}{4} \quad \therefore \triangle p = \frac{4\sigma}{d} = \frac{2\sigma}{R}$$

45 $\dfrac{1}{20}$로 축소한 모형 수력발전 댐과, 역학적으로

정답 41. ① 42. ④ 43. ③ 44. ④ 45. ③

상사한 실제 수력발전 댐이 생성할 수 있는 동력의 비(모형 : 실제)는 약 얼마인가?

① 1 : 1800
② 1 : 8000
③ 1 : 35800
④ 1 : 160000

풀이

자유표면 유동과 관계되는 무차원수에는 중력 항이 포함되므로 Froude 수의 상사가 필요하다.

$$\left(\frac{V}{\sqrt{Lg}}\right)_p = \left(\frac{V}{\sqrt{Lg}}\right)_m$$

$$\Rightarrow V_p = V_m \left(\frac{\sqrt{L_p}}{\sqrt{L_m}}\right) = \sqrt{20}\, V_m \text{ m/s}$$

또한 동력의 상사로부터
$P = \gamma H Q = \gamma H A V$, $\gamma_p = \gamma_m$ 이므로

$$\left(\frac{H}{VL^3}\right)_p = \left(\frac{H}{VL^3}\right)_m$$

$$\Rightarrow \frac{H_p}{\sqrt{20}\, V_m \times 20^3} = \frac{H_m}{V_m \times 1^3}$$

$$\Rightarrow H_m : H_p = 1 : 20^3 \sqrt{20} = 1 : 35777.1$$

46 비압축성 유체의 2차원유동 속도성분이 $u = x^2 t$, $v = x^2 - 2xyt$이다. 시간(t)이 2일 때, $(x, y) = (2, -1)$에서 x방향 가속도(a_x)는 약 얼마인가? (단, u, v는 각각 x, y방향 속도성분이고, 단위는 모두 표준단위이다.)

① 32
② 34
③ 64
④ 68

풀이

$u_{(2,-1), t=2} = x^2 t = 4 \times 2 = 8$,
$v_{(2,-1), t=2} = x^2 - 2xyt$
$= 4 - 2 \times 2 \times (-1) \times 2 = 12$
$a_x = \frac{dV}{dt} = \frac{\partial V}{\partial x} V + \frac{\partial V}{\partial t}$

$= 4x \times 8 + x^2$
$= 4 \times 2 \times 8 + 2^2 = 68$

47 다음과 같이 유체의 정의를 설명할 때 괄호속에 가장 알맞은 용어는 무엇인가?

> 유체란 아무리 작은 ( )에도 저항할 수 없어 연속적으로 변형하는 물질이다.

① 수직응력
② 중력
③ 압력
④ 전단응력

풀이

내부에 전단응력이 작용하는 한 연속적으로 변형하는(흘러가는) 물질

48 안지름 100 mm인 파이프 안에 2.3 m³/min의 유량으로 물이 흐르고 있다. 관 길이가 15 m라고 할 때 이 사이에서 나타나는 손실수두는 약 몇 m인가? (단, 관마찰계수는 0.01로 한다.)

① 0.92
② 1.82
③ 2.13
④ 1.22

풀이

$Q = AV$

$\Rightarrow V = \frac{Q}{A} = \frac{2.3/60}{\pi/4 \times 0.1^2} = 4.88 \text{ m/s}$

$h_L = f \frac{L}{d} \frac{V^2}{2g} = 0.01 \times \frac{15}{0.1} \times \frac{4.88^2}{2 \times 9.8}$

$= 1.823 \text{ m}$

49 지름 20 cm, 속도 1 m/s인 물 제트가 그림과 같은 넓은평판에 60° 경사하여 충돌한다. 분류가 평판에 작용하는 수직방향 힘 F_n은 약 몇 N인가? (단, 중력에 대한 영향은 고려하지 않는다.)

정답 46. ④ 47. ④ 48. ② 49. ①

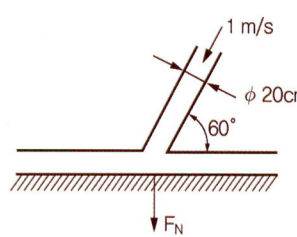

① 27.2 ② 31.4
③ 2.72 ④ 3.14

풀이

$F_N = \rho Q V \sin\theta = \rho A V^2 \sin\theta$
$= 1000 \times \pi/4 \times 0.2^2 \times 1^2 \times \sin 60° = 27.2\ N$

50 경계층(boundary layer)에 관한 설명 중 틀린 것은?

① 경계층 바깥의 흐름은 퍼텐셜 흐름에 가깝다.
② 균일속도가 크고, 유체의 점성이 클수록 경계층의 두께는 얇아진다.
③ 경계층 내에서는 점성의 영향이 크다.
④ 경계층은 평판 선단으로부터 하류로 갈수록 두꺼워진다.

풀이

② 균일속도(free stream)가 작고, 유체의 점성이 클수록 경계층의 두께는 증가한다.

51 안지름이 20 cm, 높이가 60 cm인 수직원통형 용기에 밀도 850 kg/m³인 액체가 밑면으로부터 50 cm 높이만큼 채워져 있다. 원통형 용기가 액체가 일정한 각속도로 회전할 때, 액체가 넘치기 시작하는 각속도는 약 몇 rpm인가?

① 134 ② 189
③ 276 ④ 392

풀이

수심차이가 20 cm이므로

회전에 의한 상승높이

$h = \dfrac{r_0^2 \omega^2}{2g}$

$= \dfrac{0.1^2 \times (2\pi \times N \div 60)^2}{2 \times 9.8} \times 100 = 20$

$\therefore N = 189\ rpm$

52 유체계측과 관련하여 크게 유체의 국소속도를 측정하는 것과 체적유량을 측정하는 것으로 구분할 때 다음 중 유체의 국소속도를 측정하는 계측기는?

① 벤투리미터
② 얇은 판 오리피스
③ 열선 속도계
④ 로터미터

풀이

③ 열선속도계 ① ② ④ 는 유량측정장치

53 유체(비중량 10 N/m³)가 중량유량 6.28 N/s로 지름 40 cm인 관을 흐르고 있다. 이 관 내부의 평균유속은 약 몇 m/s인가?

① 50.0 ② 5.0
③ 0.2 ④ 0.8

풀이

$\dot{G} = \gamma A V$

$\Rightarrow V = \dfrac{\dot{G}}{\gamma A} = \dfrac{6.28 \times 4}{10 \times \pi/4 \times 0.4^2} = 5.0\ m/s$

54 (x,y)좌표계의 비회전 2차원 유동장에서 속도퍼텐셜(potential) ϕ는 $\phi = 2x^2 y$로 주어졌다. 이 때 점(3,2)인 곳에서 속도벡터는? (단, 속도퍼텐셜 ϕ는 $\vec{V} \equiv \nabla\phi = grad\,\phi$로 정의된다.)

① $24\vec{i} + 18\vec{j}$ ② $-24\vec{i} + 18\vec{j}$
③ $12\vec{i} + 9\vec{j}$ ④ $-12\vec{i} + 9\vec{j}$

정답 50. ② 51. ② 52. ③ 53. ② 54. ①

풀이

$\phi = 2x^2 y$ 이므로

$$\vec{V} = \nabla \phi$$
$$= \frac{\partial \phi}{\partial x}\vec{i} + \frac{\partial \phi}{\partial y}\vec{j} = 4xy\vec{i} + (2x^2)\vec{j}$$
$$= (4 \times 3 \times 2)\vec{i} + (2 \times 3^2)\vec{j}$$
$$= 24\vec{i} + 18\vec{j}$$

55 수평면과 60° 기울어진 벽에 지름이 4 m인 원형 창이 있다. 창의 중심으로부터 5 m 높이에 물이 차있을 때 창에 작용하는 합력의 작용점과 원형창의 중심(도심)과의 거리(C)는 약 몇 m인가? (단, 원의 2차 면적모멘트는 $\frac{\pi R^4}{4}$ 이고, 여기서 R은 원의 반지름이다.)

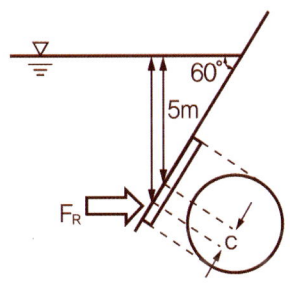

① 0.0866　② 0.173
③ 0.866　④ 1.73

풀이

경사면에 작용하는 힘 : 전압력
- 크기 : $F = p_c A = \gamma h_c A$ [kN]
  $F = p_c A = \gamma y_c \sin\theta A = \gamma h_c A$
- 작용위치 : 압심의 y 좌표는
  $$y_p = y_c + \frac{I_{도심}}{A y_c}$$
  $$= 5 + \frac{\pi \times 4^4}{64} \times \frac{1}{\pi \times 2^2 \times 5} = 5.2 \text{ m}$$

∴ 압심과 도심과의 거리(C)는
   $0.2 \times \sin 60° = 0.173$ m

56 연직하방으로 내려가는 물제트에서 높이 10 m인 곳에서 속도는 20 m/s였다. 높이 5 m인 곳에서의 물의 속도는 약 몇 m/s인가?

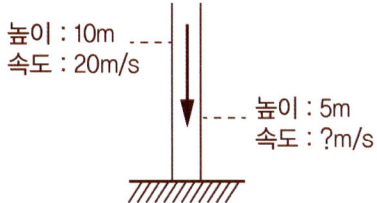

① 29.45　② 26.34
③ 23.88　④ 22.32

풀이

$$\frac{p_1}{\gamma} + \frac{V_1^2}{2g} + z_1 = \frac{p_2}{\gamma} + \frac{V_2^2}{2g} + z_2$$
$$\Rightarrow \frac{V_1^2}{2g} + z_1 = \frac{V_2^2}{2g} + z_2$$
$$\therefore V_2 = \sqrt{V_1^2 + 2g(z_1 - z_2)}$$
$$= \sqrt{20^2 + 2 \times 9.8 \times (10-5)}$$
$$= 22.32 \text{ m/s}$$

57 그림에서 압력차 $(P_x - P_y)$는 약 몇 kPa인가?

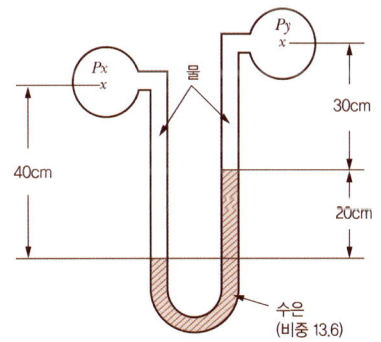

① 25.67　② 2.57
③ 51.34　④ 5.13

풀이

수은경계를 기준면으로 하면
$p_x + 9800 \times 0.4 = p_y + 9800 \times 0.3$
$\qquad\qquad\qquad\qquad + 13.6 \times 9800 \times 0.2$

정답　55. ②　56. ④　57. ①

$$\therefore p_x - p_y = (13.6 \times 9800 \times 0.2 - 9800 \times 0.1)$$
$$\times 10^{-3} = 25.67 \text{ kPa}$$

58 공기로 채워진 0.189 m³의 오일 드럼통을 사용하여 잠수부가 해저 바닥으로부터 오래된 배의 닻을 끌어올리려 한다. 바닷물 속에서 닻을 들어 올리는 데 필요한 힘은 1780 N이고, 공기 중에서 드럼통을 들어 올리는데 필요한 힘은 222 N이다. 공기로 채워진 드럼통을 닻에 연결한 후 잠수부가 이 닻을 끌어올리는 데 필요한 최소 힘은 약 몇 N인가? (단, 바닷물의 비중은 1.025이다.)

① 72.8 ② 83.4
③ 92.5 ④ 103.5

풀이

끌어올리는 힘을 F_D 라 하면

$\sum F_y = 0 \Rightarrow F_D + F_B - W = 0$

$\Rightarrow$ 문제의 의미에서 $F_D + F_B - W = 1780$

$\Rightarrow F_D = 1780 + 222 - F_B$

$F_B = \gamma_{\text{바닷물}} V_{\text{드럼통}} = 1.025 \times 9800 \times 0.189$
$= 1898.5 \text{ N}$

$\therefore F_D = 1780 + 222 - 1898.5 = 103.5 \text{ N}$

59 수력기울기선(Hydraulic Grade Line ; HGL)이 관보다 아래에 있는 곳에서의 압력은?

① 완전 진공이다.
② 대기압보다 낮다.
③ 대기압과 같다.
④ 대기압보다 높다.

풀이

관 위치를 기준으로 하면 $p_{atm} - \gamma h$ 인 경우에 해당하므로 대기압보다 낮다.

60 원관내부의 흐름이 층류 정상유동일 때 유체의 전단응력 분포에 대한 설명으로 알맞은 것은?

① 중심축에서 0이고, 반지름방향 거리에 따라 선형적으로 증가한다.
② 관 벽에서 0이고, 중심축까지 선형적으로 증가한다.
③ 단면에서 중심축을 기준으로 포물선 분포를 가진다.
④ 단면적 전체에서 일정하다.

풀이

① 중심축에서 0이고, 반지름방향 거리에 따라 선형적으로 증가한다.

제4과목 : 기계재료 및 유압기기

61 플라스틱 재료의 일반적인 특징을 설명한 것 중 틀린 것은?

① 완충성이 크다.
② 성형성이 우수하다.
③ 자기 윤활성이 풍부하다.
④ 내식성은 낮으나, 내구성이 높다.

풀이

플라스틱은 종류에 따라 강도와 경도가 금속이상인 것도 있고, 가볍고, 단열성이 우수하며 전기를 잘 전달하지 않는다.
또한 성형성이 우수하고 충격을 흡수하는 성질이 있으며 내식성은 우수하지만 내구성은 떨어진다.

62 주조용 알루미늄 합금의 질별기호 중 T6가 의미하는 것은?

① 어닐링 한 것
② 제조한 그대로의 것
③ 용체화 처리 후 인공시효 경화처리한 것

정답 58. ④ 59. ② 60. ① 61. ④ 62. ③

④ 고온가공에서 냉각 후 자연시효 시킨 것

풀이
T6 : 용체화 처리 후 적극적으로 냉간가공을 하지 않고, 인공 시효경화 처리한 것.

63 주철에 대한 설명으로 옳은 것은?
① 주철은 액상일 때 유동성이 좋다.
② 주철은 C와 Si등이 많을수록 비중이 커진다.
③ 주철은 C와 Si등이 많을수록 용융점이 높아진다.
④ 흑연이 많을 경우 그 파단면은 백색을 띠며 백주철이라 한다.

풀이
주철은 액상일 때 유동성이 좋고, C와 Si의 함유량이 많을수록 비중 및 용융점이 작아진다. 흑연(유리탄소)상태로 유지되면 파단면이 회색을 띠며 회주철이라고 하고 공작기계 베드, 농기구 등에 사용된다.

64 특수강을 제조하는 목적이 아닌 것은?
① 절삭성 개선
② 고온강도 저하
③ 담금질성 향상
④ 내마멸성, 내식성 개선

풀이
특수강의 장점
① 인장 강도, 경도, 강인성, 피로한도 등 기계적성질이 증대한다.
② 내마멸성, 내식성의 증대와 고온 기계적 성질의 저하를 방지한다.
③ 담금질 효과의 증대와 담금질 경도의 저하를 방지한다.
④ 열처리 후에 공작성의 저하를 방지하고 단접 및 용접성을 증가한다.
⑤ 열팽창을 적게, 보자력을 크게 하며 전기저항을 증대한다.
⑥ 결정 입도의 성장을 방지한다.

65 확산에 의한 경화방법이 아닌 것은?
① 고체침탄법 ② 가스질화법
③ 쇼트피이닝 ④ 침탄질화법

풀이
화학적인 표면경화법은 강재 표면의 화학성분을 여러 가지 원소의 확산에 의해 변화시켜 경화층을 얻는다. 침탄법, 질화법, 청화법, 침유법, 금속 침투법 등. 쇼트피이닝은 강재의 화학성분은 변화시키지 않고 물리적으로 표면만 경화한다.

66 조미니 시험(Jominy test)은 무엇을 알기 위한 시험방법인가?
① 부식성   ② 마모성
③ 충격인성   ④ 담금질성

풀이
조미니 시험장치는 조미니 경화능(hardenability) 시험장치로 담금질 법에 있어 담금질 끝 면에서부터의 거리와 경도의 관계를 구할 때 사용하는 시험으로 담금질성이 좋은 강인지 나쁜 강인지를 시험한다.

67 기계태엽, 정밀계측기, 다이얼게이지 등을 만드는 재료로 가장 적합한 것은?
① 인청동   ② 엘린바
③ 미하나이트 ④ 애드미럴티

풀이
불변강인 엘린바는 Fe에 Ni(36%), Cr(12%)의 성분으로 고온에서 탄성계수가 불변하는 특성이있어 고급 시계태엽(스프링), 정밀저울 스프링, 기타 정밀계기재료에 쓰인다.

68 금속재료에 외력을 가했을 때 미끄럼이 일어나는 과정에서 생긴 국부적인 격자배열의 선결함은?
① 전위   ② 공공
③ 적층결함   ④ 결정립 경계

정답 63. ① 64. ② 65. ③ 66. ④ 67. ② 68. ①

> **풀이**
> 결함(defects)이란 원자단위의 격자구조에서 여러 가지 형태(타 원자의 침입, 원자의 부재 등)로 규칙이 파괴된 상태를 일컫는다. 선결함은 매우 중요한 결함의 한 종류로, 격자내에 있는 원자들이 국부적으로 정상적인 원자 배열에서 이탈됨에 따라 형성된 1차원적 결함으로 이러한 형태의 선 결함을 전위(dislocation)라고 부른다.

69 배빗메탈(babbit metal)에 관한 설명으로 옳은 것은?

① Sn-Sb-Cu계 합금으로서 베어링재료로 사용된다.
② Cu-Ni-Si계 합금으로서 도전율이 좋으므로 강력 도전재료로 이용된다.
③ Zn-Cu-Ti계 합금으로서 강도가 현저히 개선된 경화형 합금이다.
④ Al-Cu-Mg계 합금으로서 상온시효 처리하여 기계적성질을 개선시킨 합금이다.

> **풀이**
> 배빗메탈은 주석(Sn)계 화이트 메탈이라고도 하며 미끄럼 베어링용의 합금이다. 일반적인 조성은 주석을 주성분으로 Sb와 Cu, Zn을 첨가한 Sn-Sb-Cu-Zn계 합금이다.

70 Fe-C 평형상태도에서 나타날 수 있는 반응이 아닌 것은?

① 포정반응   ② 공정반응
③ 공석반응   ④ 편정반응

> **풀이**
> Fe-C 평형상태도에서는 포정반응, 공정반응, 공석반응이 있다.

71 부하가 급격히 변화하였을 때 그 자중이나 관성력 때문에 소정의 제어를 못하게 된 경우 배압을 걸어 주어 자유낙하를 방지하는 역할을 하는 유압제어 밸브로 체크밸브가 내장된 것은?

① 카운터밸런스 밸브
② 릴리프 밸브
③ 스로틀 밸브
④ 감압 밸브

> **풀이**
> 카운터밸런스 밸브(counter balance valve) 액추에이터 복귀 측에 저항을 주어 액추에이터 자중 등에 따른 급격한 복귀방지 역할. 부하가 급격히 제거되었을 때 그 자중이나 관성력 때문에 램이 자유낙하 하는 것을 방지하기 위해 귀환 측에 유량에 관계없이 일정한 배압을 걸어주는 밸브(반드시 체크밸브 내장)

72 다음 중 유압장치의 운동부분에 사용되는 실(seal)의 일반적인 명칭은?

① 심레스(seamless)
② 개스킷(gasket)
③ 패킹(packing)
④ 필터(filter)

> **풀이**
> 개스킷 : 한번 조인 상태에서 접합면 사이에 삽입하여 밀봉하는 고정형(정지형) 실
> 패킹 : 회전이나 왕복운동과 같이 지속적으로 움직이는 부분에서 밀봉하는 운동용 실

73 미터-아웃(meter-out) 유량제어 시스템에 대한 설명으로 옳은 것은?

① 실린더로 유입하는 유량을 제어한다.
② 실린더의 출구관로에 위치하여 실린더로부터 유출되는 유량을 제어한다.
③ 부하가 급격히 감소되더라도 피스톤이 급진되지 않도록 제어한다.
④ 순간적으로 고압을 필요로 할 때 사용한다.

풀이

미터-아웃 회로 : 유량제어밸브를 액추에이터의 출구 측에 설치하여 실린더로부터 유출되는 귀환유의 유량을 직접 제어

74 다음기호에 대한 명칭은?

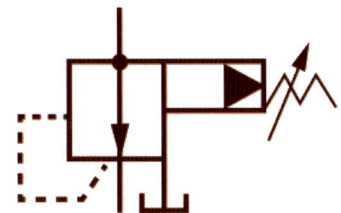

① 비례전자식 릴리프 밸브
② 릴리프붙이 시퀀스 밸브
③ 파일럿 작동형 감압 밸브
④ 파일럿 작동형 릴리프 밸브

풀이

파일럿 작동형 압력제어 밸브(압력조정용 스프링붙이, 외부드레인, 원격조작용 벤트포트 붙이)

75 다음 중 어큐뮬레이터 용도에 대한 설명으로 틀린 것은?

① 에너지 축적용
② 펌프맥동 흡수용
③ 충격압력의 완충용
④ 유압유냉각 및 가열용

풀이

① 유압 에너지 축적
② 사이클 시간 단축
③ 에너지 보조
④ 압력 보상
⑤ 서지 압력 방지
⑥ 충격압력 흡수
⑦ 유체의 맥동현상(서징현상)흡수
⑧ 2차, 3차 유압회로 구동
⑨ 펌프 대용 및 안전장치 역할
⑩ 인화성 액체 수송

76 온도상승에 의하여 윤활유의 점도가 낮아질 때 나타나는 현상이 아닌 것은?

① 누설이 잘된다.
② 기포의 제거가 어렵다.
③ 마찰부분의 마모가 증대된다.
④ 펌프의 용적효율이 저하된다.

풀이

윤활유의 점도 낮은 경우 점도는 액체가 유동할 때 나타나는 내부 저항(끈적거리는 정도)을 말하며, 기계 윤활에 있어서 기계의 운전조건이 동일하다면 마찰손실, 마찰열, 기계적효율이 점도에 의해 결정된다. 점도가 낮으면 윤활유 누설이 쉬우며, 동력의 손실은 작아지지만 유막이 파괴되어 마모가 증가한다. 윤활유는 점도지수가 높을수록 좋다.

77 그림과 같은 유압회로의 명칭으로 옳은 것은?

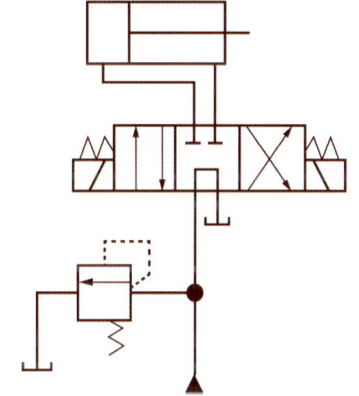

① 브레이크 회로
② 압력설정 회로
③ 최대압력 제한회로
④ 임의위치 로크회로

풀이

실린더 행정 중 임의의 위치에서 행정 단에서 실린더를 고정시킬 때 플런저 이동을 방지하는 회로(솔레노이드조작 4포트 3위치 방향밸브와 릴리프밸브)

정답 74. ③ 75. ④ 76. ② 77. ④

78 크래킹압력(cracking pressure)에 관한 설명으로 가장 적합한 것은?

① 파일럿 관로에 작용시키는 압력
② 압력제어 밸브 등에서 조절되는 압력
③ 체크밸브, 릴리프밸브 등에서 압력이 상승하고 밸브가 열리기 시작하여 어느 일정한 흐름의 양이 인정되는 압력
④ 체크밸브, 릴리프밸브 등의 입구 쪽 압력이 강하하고, 밸브가 닫히기 시작하여 밸브의 누설량이 어느 규정의 양까지 감소했을 때의 압력

풀이
① 크래킹 압력 : 체크밸브 또는 릴리프 밸브 등으로 압력이 상승하여 밸브가 열리기 시작하고 어떤 일정한 흐름의 양이 확인되는 압력
② 리시트 압력 : 체크밸브 또는 릴리프 밸브 등으로 입구 쪽 압력이 강하하여 밸브가 닫히기 시작하여 밸브의 누설량이 규정된 양까지 감소되었을 때의 압력

79 다음 중 기어 모터의 특성에 관한 설명으로 가장 거리가 먼 것은?

① 정회전, 역회전이 가능하다.
② 일반적으로 평기어를 사용한다.
③ 비교적 소형이며 구조가 간단하기 때문에 값이 싸다.
④ 누설량이 적고 토크변동이 작아서 건설기계에 많이 이용된다.

풀이
기어모터는 경량이고 구조가 간단하며 역류하지 않도록 설계되어 있기 때문에 밸브가 필요 없다. 단점으로는 누설량이 많고 토크변동이 크다. 베어링 하중이 크기 때문에 수명이 짧으며 압력맥동, 진동 및 소음이 크다.

80 펌프의 압력이 50 Pa, 토출유량은 40 m³/min인 레이디얼 피스톤펌프의 축동력은 약 몇 W인가? (단, 펌프의 전효율은 0.85이다.)

① 3921   ② 39.21
③ 2352   ④ 23.52

풀이
전효율 $\eta = \dfrac{펌프동력(L_P)}{축동력(L_S)}$

$L_S = \dfrac{L_P}{\eta} = \dfrac{pQ}{\eta} = \dfrac{50 \times \left(\dfrac{40}{60}\right)}{0.85} = 39.2\ W$

제5과목 : 기계제작법 및 기계동력학

81 반지름이 1 m인 원을 각속도 60 rpm으로 회전하는 1 kg 질량의 선형운동량(linear momentum)은 몇 kg · m/s인가?

① 6.28   ② 1.0
③ 62.8   ④ 10.0

풀이
선형운동량 $= 1 \times 1 \times \dfrac{2\pi \times 60}{60} = 6.28\ m/s$

82 질량 m인 물체가 h의 높이에서 자유낙하한다. 공기저항을 무시할 때, 이 물체가 도달할 수 있는 최대속력은? (단, g는 중력가속도이다.)

① $\sqrt{mgh}$ ② $\sqrt{mh}$
③ $\sqrt{gh}$ ④ $\sqrt{2gh}$

풀이
$E_P = E_K \;\Rightarrow\; mgh = \dfrac{1}{2}mV^2$

$\Rightarrow V^2 = \dfrac{2mgh}{m} = 2gh$

$\Rightarrow \therefore V = \sqrt{2gh}$

83 그림과 같이 0.6 m 길이에 질량 5 kg의 균질봉이 축의 직각방향으로 30 N의 힘을 받고 있다. 봉이 $\theta = 0°$일 때 시계방향으로 초기각속도 $\omega_1 = 10\,rad/s$이면 $\theta = 90°$일 때 봉의 각속도는? (단, 중력의 영향을 고려한다.)

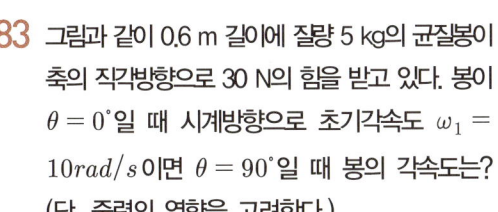

① 12.6 rad/s ② 14.2 rad/s
③ 15.6 rad/s ④ 17.2 rad/s

풀이

중력의 영향을 고려하므로

$$\sum M_A = J_G + m\left(\frac{l^2}{2}\right) = \frac{ml^2}{12} + \frac{ml^2}{4} = \frac{ml^2}{3}$$

$$\Rightarrow \frac{ml^2}{3} \times \alpha = 5 \times 9.8 \times \sin\theta \times 0.3 + 0.6 \times 30$$

$$\Rightarrow \frac{5 \times 0.6^2}{3} \times \alpha = 5 \times 9.8 \times \sin\theta \times 0.3 + 0.6 \times 30$$

$$\Rightarrow \alpha = 24.5\sin\theta + 30$$

각속도 $\omega = \dfrac{d\theta}{dt}$ $\Rightarrow dt = \dfrac{d\theta}{\omega}$

각가속도 $\alpha = \dfrac{d\omega}{dt} = \dfrac{d\omega}{\left(\dfrac{d\theta}{\omega}\right)} = \dfrac{\omega d\omega}{d\theta}$

$$\Rightarrow \omega\,d\omega = \alpha\,d\theta = (24.5\sin\theta + 30)d\theta$$

$$\int_0^{\pi/2}(24.5\sin\theta + 30)d\theta = \int_{\omega_1}^{\omega_2}\omega\,d\omega$$

$$\Rightarrow 24.5 + 30 \times \frac{\pi}{2} = \frac{\omega_2^2 - 10^2}{2}$$

$$\omega_2 = 15.6\,rad/s$$

84 국제 단위체계(SI)에서 1 N에 대한 설명으로 옳은 것은?

① 1 g의 질량에 1 m/s²의 가속도를 주는 힘이다.
② 1 g의 질량에 1 m/s의 속도를 주는 힘이다.
③ 1 kg의 질량에 1 m/s²의 가속도를 주는 힘이다.
④ 1 kg의 질량에 1 m/s의 속도를 주는 힘이다.

풀이
③

85 전기모터의 회전자가 3450 rpm으로 회전하고 있다. 전기를 차단했을 때 회전자는 일정한 각가속도로 속도가 감소하여 정지할 때까지 40초가 걸렸다. 이 때 각가속도의 크기는 약 몇 rad/s²인가?

① 361.0 ② 180.5
③ 86.25 ④ 9.03

풀이

$$\alpha = \frac{2\pi \times 3450}{40 \times 60} \fallingdotseq 9.03\,rad/s^2$$

86 20 m/s의 속도를 가지고 직선으로 날아오는 무게 9.8 N의 공을 0.1초 사이에 멈추게 하려면 약 몇 N의 힘이 필요한가?

① 20 ② 200
③ 9.8 ④ 98

풀이

$$\sum F\,dt = d(mV)$$

$$F = \frac{WV}{\Delta t\,g} = \frac{9.8 \times 20}{0.1 \times 9.8} = \frac{196}{0.98} = 200\,N$$

87 기계진동의 전달율(transmissibility ratio)을 1 이하로 조정하기 위해서는 진동수 비(ω/ω_n)를 얼마로 하면 되는가?

① $\sqrt{2}$ 이하로 한다.
② 1이상으로 한다.
③ 2이상으로 한다.
④ $\sqrt{2}$ 이상으로 한다.

풀이

전달율이 1일 때, 진동수 비 $\dfrac{\omega}{\omega_n} > \sqrt{2}$

88 동일한 질량과 스프링상수를 가진 2개의 시스템에서 하나의 감쇠가 없고, 다른 하나는 감쇠비가 0.12인 점성감쇠가 있다. 이 때 감쇠진동 시스템의 감쇠 고유진동수와 비감쇠진동 시스템의 고유진동수의 차이는 비감쇠진동 시스템 고유진동수의 약 몇 %인가?

② 0.72% ② 1.24%
③ 2.15% ④ 4.24%

풀이

$\dfrac{\omega_n - \omega_d}{\omega_n} = 1 - \dfrac{\omega_d}{\omega_n} = 1 - \sqrt{1 - \zeta^2}$

↑ ζ 는 감쇠비

⇨ $(1 - \sqrt{1 - 0.12^2}) \times 100 = 0.723 \%$

89 스프링상수가 20 N/cm와 30 N/cm인 두 개의 스프링을 직렬로 연결했을 때 등가스프링 상수 값은 몇 N/cm인가?

① 50   ② 12
③ 10   ④ 25

풀이

$k = \dfrac{1}{\dfrac{1}{20} + \dfrac{1}{30}} = \dfrac{60}{5} = 12$

90 그림과 같이 스프링상수는 400 N/m, 질량은 100 kg인 1 자유도계 시스템이 있다. 초기에 변위는 0 이고 스프링 변형량도 없는 상태에서 x방향으로 3 m/s의 속도로 움직이기 시작한다고 가정할 때 이 질량체의 속도 v를 위치 x에 관한 함수로 나타내면?

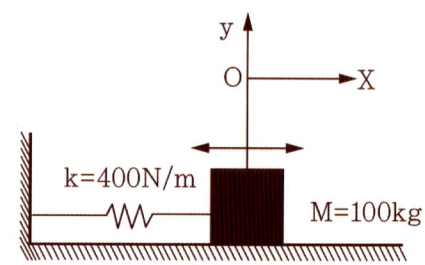

① $\pm (9 - 4x^2)$
② $\pm \sqrt{(9 - 4x^2)}$
③ $\pm (16 - 9x^2)$
④ $\pm \sqrt{(16 - 9x^2)}$

풀이

문제의 의미에서 스프링에 의한 일은 :
(x 음의 방향) : U_{12}

$E_K = U_{12}$

⇨ $\dfrac{1}{2}m(v^2 - v_0^2) = \dfrac{1}{2}k(x_0^2 - x_1^2)$

⇨ $m(v^2 - v_0^2) = k(x_0^2 - x_1^2)$

⇨ $100(v^2 - 3^2) = 400(0 - x^2)$

⇨ $v^2 - 9 = -4x^2$

∴ $v = \pm \sqrt{(9 - 4x^2)}$

91 다음 가공법 중 연삭입자를 사용하지 않는 것은?

① 초음파가공   ② 방전가공
③ 액체호닝   ④ 래핑

풀이

① 연삭입자에 의한 가공 : 연삭, 래핑, 호닝, 초음파가공, 슈퍼 피니싱
② 방전가공(EDM) : 전기의 양극과 음극이 부딪칠 때 일어나는 스파크로 가공하는 방법으로 구멍 뚫기, 조각, 절단 등에 이용되며, 형조 방전가공, 와이어 방전가공으로 분류한다.

정답 88. ② 89. ② 90. ② 91. ②

92 다음 중 주물의 첫 단계인 모형(pattern)을 만들 때 고려사항으로 가장 거리가 먼 것은?

① 목형구배 ② 수축여유
③ 팽창여유 ④ 기계가공 여유

풀이
모형제작 시 고려사항
수축여유, 가공여유, 목형구배(기울기 여유), 라운딩, 덧붙임, 코어프린트 등.

93 선반에서 주분력이 1.8 kN, 절삭속도가 150 m/min일 때, 절삭동력은 약 몇 kW인가?

① 4.5 ② 6
③ 7.5 ④ 9

풀이
절삭동력 $H' = P \times V = 1.8 \times \dfrac{150}{60} = 4.5$ kW

94 정격 2차 전류 300A인 용접기를 이용하여 실제 270A의 전류로 용접을 하였을 때, 허용사용률이 94% 이었다면 정격사용률은 약 몇 %인가?

① 68 ② 72
③ 76 ④ 80

풀이
허용사용률 $= \dfrac{(정격 2차 전류)^2}{(실제의 용접 전류)^2} \times 정격사용률(\%)$

⇒ 정격 사용률 $= \dfrac{(실제의 용접전류)^2}{(정격 2차 전류)^2} \times 허용 사용률$

$= \dfrac{(270)^2}{(300)^2} \times 94 = 76.14\%$

95 다음 중 심냉처리(sub-zero treatment)에 대한 설명으로 가장 적절한 것은?

① 강철을 담금질하기 전에 표면에 붙은 불순물을 화학적으로 제거시키는 것
② 처음에 기름으로 냉각한 다음 계속하여 물속에 담그고 냉각하는 것
③ 담금질직후 바로 템퍼링 하기 전에 얼마 동안 0℃에 두었다가 템퍼링 하는 것
④ 담금질후 0℃ 이하의 온도까지 냉각시켜 잔류 오스테나이트를 마텐자이트화 하는 것

풀이
심랭처리 : Sub Zero-Treatment
: 계단식 열처리의 한 응용법
(초저온처리, 영하처리)
담금질한 강의 경도를 증대시키고 시효변형을 방지하기 위하여 0℃ 이하의 저온에서 처리한 것으로, 심랭처리는 담금질 직후에 -80℃ 이하의 저온에서 실시하고 심랭처리가 끝나면 곧이어 뜨임작업을 한다. 주요목적 중의 하나로 잔류 오스테나이트를 마텐자이트 조직으로 변화시키는 것이다.

96 다음 측정기구 중 진직도를 측정하기에 적합하지 않은 것은?

① 실린더 게이지
② 오토콜리메이터
③ 측미 현미경
④ 정밀 수준기

풀이
실린더 게이지(보어 게이지)는 영점조정이 필요한 비교측정기로 측정자의 움직임을 측정자의 축과 직각방향으로 변화시켜, 다이알게이지 등의 지시기로 그 변위량을 판독하는 내경측정기이다.

97 전해연마의 특징에 대한 설명으로 틀린 것은?

① 가공변질층이 없다.
② 내부식성이 좋아진다.
③ 가공면에는 방향성이 있다.
④ 복잡한 형상을 가진 공작물의 연마도 가능하다.

풀이
전해연마 : 제품을 약품 속에 침전시켜 전기화학적 반응에 따라 연마하는 방식
① 가공 변질 층이 없다.
② 부동태 피막이 형성되므로 내부식성이 향상된다.
③ 평활성이 뛰어나다.
④ 형상이 복잡한 공작물의 다듬질에 적당하다.
⑤ 세정성, 박리성이 향상된다.
⑥ 가공면에 방향성이 없고, 연질의 재질도 쉽게 광택면을 가공할 수 있다.

98 냉간가공에 의하여 경도 및 항복강도가 증가하나 연신율은 감소하는데 이 현상을 무엇이라 하는가?

① 가공경화　　② 탄성경화
③ 표면경화　　④ 시효경화

풀이
냉간가공은 재결정온도 이하에서 소성변형을 주는 가공으로 변형이 진행됨에 따라 강도 및 경도는 증가하며, 연신율, 인성, 단면수축률은 감소한다.

99 절삭유제를 사용하는 목적이 아닌 것은?

① 능률적인 칩 제거
② 공작물과 공구의 냉각
③ 절삭열에 의한 정밀도 저하방지
④ 공구윗면과 칩 사이의 마찰계수 증대

풀이
절삭유제 사용목적
　① 절삭저항, 마찰저항 감소 및 공구 수명의 연장
　② 공작물의 열팽창 방지로 가공정밀도 향상
　③ 칩(Chip)의 흐름이 좋아져 제거용이 우수
　④ 냉각, 윤활, 방청, 세척작용

100 다음 중 자유단조에 속하지 않는 것은?

① 업세팅(up-setting)
② 블랭킹(blanking)
③ 늘리기(drawing)
④ 굽히기(bending)

풀이
블랭킹(Blanking)은 전단가공으로 프레스 작업에서 다이 구멍 속으로 떨어지는 쪽이 제품이 되고 남아 있는 부분이 스크랩이 되는 가공법 (제품외형 전단 가공) ↔ 피어싱
① 자유단조(Free Foring) : 업세팅, 드로잉, 밴딩, 펀칭 등
② 형단조(Die Foring) : 특정한 금형을 사용하여 성형하는 단조방법으로 자유단조와 구분

국가기술자격 필기시험문제

2018년 기사 제2회 경향성 문제				수험번호	성명
자격종목	일반기계기사	시험시간 2시간 30분	형별 B		

제1과목 : 재료역학

01 그림과 같이 A,B의 원형단면봉은 길이가 같고, 지름이 다르며, 양단에서 같은 압축하중 P를 받고 있다. 응력은 각 단면에서 균일하게 분포된다고 할 때 저장되는 탄성변형 에너지의 비 $\dfrac{U_B}{U_A}$ 는 얼마가 되겠는가?

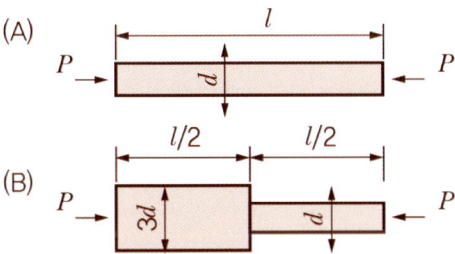

① $\dfrac{1}{3}$ ② $\dfrac{5}{9}$

③ 2 ④ $\dfrac{9}{5}$

[풀이]

$U_A = \dfrac{1}{2}P\lambda_1$

$= \dfrac{1}{2}P\dfrac{Pl}{AE} = \dfrac{1}{2}P\dfrac{Pl}{\dfrac{\pi d^2}{4}E} = \dfrac{4P^2 l}{2\pi d^2 E}$

$U_B = \dfrac{1}{2}P\lambda_2 = \dfrac{1}{2}P\lambda_2 + \dfrac{1}{2}P\lambda_3$

$= \dfrac{1}{2}P\dfrac{P\dfrac{l}{2}}{\dfrac{\pi(3d)^2}{4}E} + \dfrac{1}{2}P\dfrac{P\dfrac{l}{2}}{\dfrac{\pi d^2}{4}E}$

$= \dfrac{4P^2 l}{36\pi d^2 E} + \dfrac{4P^2 l}{4\pi d^2 E} = \dfrac{40P^2 l}{36\pi d^2 E}$

$\therefore \dfrac{U_B}{U_A} = \dfrac{5}{9}$

02 보의 자중을 무시할 때 그림과 같이 자유단 C에 집중하중 2P가 작용할 때 B점에서 처짐곡선의 기울기는? (단, 세로탄성계수 E, 단면 2차모멘트를 I라고 한다.)

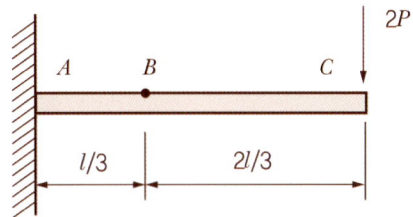

① $\dfrac{5}{9}\dfrac{Pl^2}{EI}$ ② $\dfrac{5}{18}\dfrac{Pl^2}{EI}$

③ $\dfrac{5}{27}\dfrac{Pl^2}{EI}$ ④ $\dfrac{5}{36}\dfrac{Pl^2}{EI}$

[풀이]

처짐각에 대한 탄성곡선 방정식 (성재)

$\theta_{max} = \dfrac{Pl^3}{2EI}$

$\Rightarrow \theta_x = -\dfrac{(2P)x^2}{2EI} + \dfrac{(2P)l^2}{2EI}$

$\Rightarrow \theta_{x=\frac{2}{3}l} = -\dfrac{(2P)\times\left(\dfrac{2}{3}l\right)^2}{2EI} + \dfrac{(2P)l^2}{2EI}$

$= -\dfrac{4Pl^2}{9EI} + \dfrac{Pl^2}{EI} = \dfrac{5}{9}\dfrac{Pl^2}{EI}$

적분상수를 고려하지 않은 예 (오류)

정답 1. ② 2. ①

$$\theta_{\max} = \frac{Pl^3}{2EI} \Rightarrow \theta = \frac{(2P)l^2}{2EI} = \frac{Pl^2}{EI}$$

$$\Rightarrow \theta_{x=\frac{2}{3}l} = \frac{P \times \frac{4}{9}l^2}{EI} = \frac{4}{9}\frac{Pl^2}{EI}$$

03 다음과 같이 3개의 링크를 핀을 이용하여 연결하였다. 2000 N의 하중 P가 작용할 경우 핀에 작용되는 전단응력은 약 몇 MPa인가? (단, 핀의 직경은 1 cm이다.)

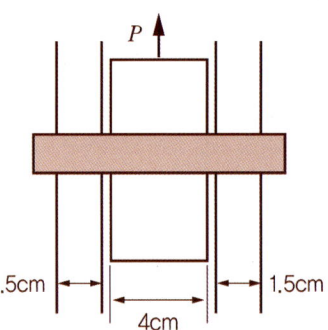

① 12.73 ② 13.24
③ 15.63 ④ 16.56

풀이
전단면이 2개이므로
$$\tau = \frac{F}{2A} = \frac{2000}{2 \times \pi/4 \times 0.01^2} \times 10^{-6} = 12.74$$

04 그림과 같은 외팔보에 대한 전단력선도로 옳은 것은? (단, 아랫방향을 양(+)으로 본다.)

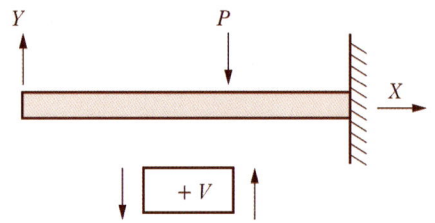

①
②
③
④

풀이
외팔보의 최대 SF는 고정단에서 발생하며, P가 작용하는 위치까지는 0 이다.

05 폭 3 cm, 높이 4 cm의 직사각형 단면을 갖는 외팔보가 자유단에 그림에서와 같이 집중하중을 받을 때 보 속에 발생하는 최대전단응력은 몇 N/cm^2인가?

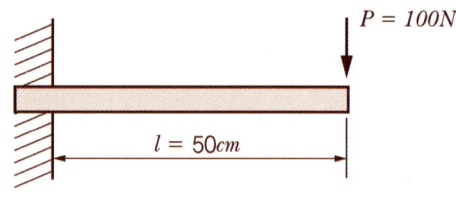

① 12.5 ② 13.5
③ 14.5 ④ 15.5

풀이
$$\tau_{\max} = \frac{3}{2}\frac{F_{\max}}{A} = \frac{3}{2} \times \frac{100}{0.03 \times 0.04} \times 10^{-4}$$
$$= 12.5 \, N/cm^2$$

06 지름이 0.1 m이고 길이가 15 m인 양단힌지인 원형 강 장주의 좌굴임계하중은 약 몇 kN인가? (단, 장주의 탄성계수는 200 GPa이다.)

① 43　② 55　③ 67　④ 79

풀이

단말계수 $n=1$, $P_B = n\pi^2 \dfrac{EI}{l^2}$

$= 1 \times \pi^2 \times \dfrac{200 \times 10^9}{15^2} \times \dfrac{\pi \times 0.1^4}{64} \times 10^{-3}$

$\fallingdotseq 43\ kN$

07 그림의 H형 단면의 도심축인 Z축에 관한 회전반경(radius of gyration)은 얼마인가?

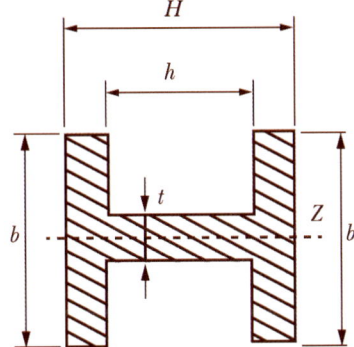

① $K_z = \sqrt{\dfrac{Hb^3 - (b-t)^3 b}{12(bH - bh + th)}}$

② $K_z = \sqrt{\dfrac{12Hb^3 + (b-t)^3 b}{(bH + bh + th)}}$

③ $K_z = \sqrt{\dfrac{ht^3 + Hb^3 - hb^3}{12(bH - bh + th)}}$

④ $K_z = \sqrt{\dfrac{12Hb^3 + (b+t)^3 b}{(bH + bh - th)}}$

풀이

좌측으로부터

$A_1 = \dfrac{H-h}{2} \times b$, $A_2 = h \times t$,

$A_3 = \dfrac{H-h}{2} \times b$

$I = I_1 + I_2 + I_3$

$= \dfrac{\dfrac{(H-h)}{2} \times b^3}{12} + \dfrac{ht^3}{12}$

$+ \dfrac{\dfrac{(H-h)}{2} \times b^3}{12}$

$= \dfrac{(H-h) \times b^3}{12} + \dfrac{ht^3}{12}$

$K_Z = \sqrt{\dfrac{I_Z}{A}}$

$= \sqrt{\dfrac{\dfrac{(H-h)b^3}{12} + \dfrac{ht^3}{12}}{\dfrac{(H-h)b}{2} + ht + \dfrac{(H-h)b}{2}}}$

$= \sqrt{\dfrac{\dfrac{(H-h)b^3 + ht^3}{12}}{b(H-h) + th}}$

$= \sqrt{\dfrac{ht^3 + Hb^3 - hb^3}{12(bH - bh + th)}}$

08 원통형 압력용기에 내압 P가 작용할 때, 원통부에 발생하는 축방향의 변형률 ϵ_x 및 원주방향 변형률 ϵ_y는? (단, 강판의 두께 t는 원통의 지름 D에 비하여 충분히 작고, 강판재료의 탄성계수 및 포아송비는 각각 E, ν이다.)

① $\epsilon_x = \dfrac{PD}{4tE}(1-2\nu)$, $\epsilon_y = \dfrac{PD}{4tE}(1-\nu)$

② $\epsilon_x = \dfrac{PD}{4tE}(1-2\nu)$, $\epsilon_y = \dfrac{PD}{4tE}(2-\nu)$

③ $\epsilon_x = \dfrac{PD}{4tE}(2-\nu)$, $\epsilon_y = \dfrac{PD}{4tE}(1-\nu)$

④ $\epsilon_x = \dfrac{PD}{4tE}(1-\nu)$, $\epsilon_y = \dfrac{PD}{4tE}(2-\nu)$

풀이

축 방향을 x, 원주방향을 y라 하면

$\sigma_{축} = \dfrac{pd}{4t} \Rightarrow \sigma_x = \dfrac{PD}{4t}$

$\sigma_{hoop} = \dfrac{pd}{2t} \Rightarrow \sigma_y = \dfrac{PD}{2t}$

$\epsilon_x = \dfrac{\sigma_x}{E} - \dfrac{\nu}{E}(\sigma_y + \sigma_z) = \dfrac{\dfrac{PD}{4t}}{E} - \dfrac{\nu}{E}\left(\dfrac{PD}{2t} + 0\right)$

$\therefore \epsilon_x = \dfrac{PD}{4tE}(1-2\nu)$

정답 7. ③　8. ②

$$\epsilon_y = \frac{\sigma_y}{E} - \frac{\nu}{E}(\sigma_x + \sigma_z) = \frac{\frac{PD}{2t}}{E} - \frac{\nu}{E}\left(\frac{PD}{4t} + 0\right)$$

$$\therefore \epsilon_y = \frac{PD}{4tE}(2-\nu)$$

09 평면응력 상태에서 $\epsilon_x = -150 \times 10^{-6}$, $\epsilon_y = -280 \times 10^{-6}$, $\gamma_{xy} = 850 \times 10^{-6}$일 때, 최대 주변형률($\epsilon_1$)과 최소 주변형률($\epsilon_2$)은 각각 약 얼마인가?

① $\epsilon_1 = 215 \times 10^{-6}$, $\epsilon_2 = -645 \times 10^{-6}$
② $\epsilon_1 = 645 \times 10^{-6}$, $\epsilon_2 = 215 \times 10^{-6}$
③ $\epsilon_1 = 315 \times 10^{-6}$, $\epsilon_2 = -645 \times 10^{-6}$
④ $\epsilon_1 = -545 \times 10^{-6}$, $\epsilon_2 = 315 \times 10^{-6}$

[풀이]

$$\epsilon_{av} = \frac{1}{2}(\epsilon_x + \epsilon_y) = \frac{1}{2}[-150 + (-280)] \times 10^{-6}$$
$$\therefore \epsilon_{av} = -215 \times 10^{-6}$$

$\epsilon_y - \epsilon_{av} = (280 - 215) \times 10^{-6} = 65 \times 10^{-6}$
$\gamma_{xy}/2 = 850/2 \times 10^{-6} = 425 \times 10^{-6}$ 이므로

Mohr 응력원
$$r = \sqrt{65^2 + 425^2} \times 10^{-6} = 429.94 \times 10^{-6}$$
$$\therefore \epsilon_1 = \epsilon_{max} = \epsilon_{av} + r$$
$$= (-215 + 429.94) \times 10^{-6}$$
$$= 214.94 \times 10^{-6}$$
$$\epsilon_2 = \epsilon_{min} = \epsilon_{av} - r$$
$$= (-215 - 429.94) \times 10^{-6}$$
$$= -644.94 \times 10^{-6}$$

10 지름 20 mm, 길이 1000 mm의 연강봉이 50 kN의 인장하중을 받을 때 발생하는 신장량은 약 몇 mm인가? (단, 탄성계수 E = 210 GPa이다.)

① 7.58   ② 0.758
③ 0.0758   ④ 0.00758

[풀이]
$$\lambda = \frac{Pl}{AE} = \frac{50 \times 10^3 \times 1000}{\pi/4 \times 0.02^2 \times 210 \times 10^9}$$
$$= 0.758 mm$$

11 지름 3 cm인 강축이 26.5 rev/s의 각속도로 26.5 kW의 동력을 전달하고 있다. 이 축에 발생하는 최대 전단응력은 약 몇 MPa인가?

① 30   ② 40
③ 50   ④ 60

[풀이]
$$T = 974 \frac{H_{kW}}{N} = 974 \times \frac{26.5}{26.5 \times 60}$$
$$= 16.23 \, N \cdot m$$

$$T = \tau Z_P$$
$$\Rightarrow \tau = \frac{T}{Z_P} = \frac{16.23 \times 32 \times 0.15}{\pi \times 0.03^4} \times 10^{-6}$$
$$= 30 \, MPa$$

12 그림과 같이 전 길이에 걸쳐 균일분포하중 w를 받는 보에서 최대처짐 δ_{max}를 나타내는 식은? (단, 보의 굽힘강성계수는 EI이다.)

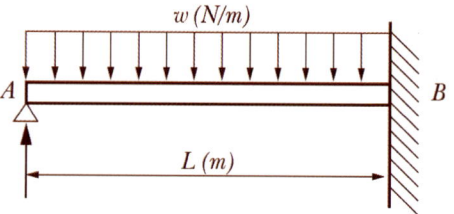

① $\dfrac{wL^4}{64EI}$ ② $\dfrac{wL^4}{128.5EI}$
③ $\dfrac{wL^4}{184.6EI}$ ④ $\dfrac{wL^4}{192EI}$

[풀이]
$$\delta_{max} = \frac{wl^4}{184.6EI}$$

13 그림에서 784.8 N과 평형을 유지하기 위한 힘 F_1과 F_2는?

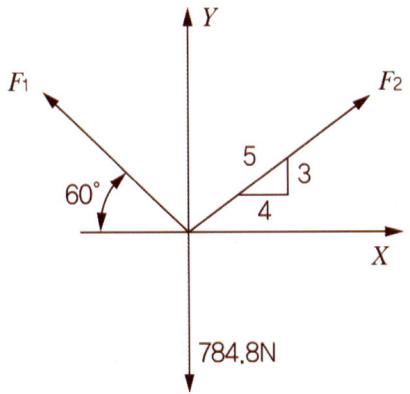

① F_1= 395.2 N, F_2= 632.4 N
② F_1= 790.4 N, F_2= 632.4 N
③ F_1= 790.4 N, F_2= 395.2 N
④ F_1= 632.4 N, F_2= 395.2 N

풀이

$\sum F_x = 0 \Rightarrow F_1 \cos 60° = F_2 \dfrac{4}{5} \Rightarrow F_1 = 1.6 F_2$

$\sum F_y = 0 \Rightarrow F_1 \sin 60° + F_2 \dfrac{3}{5} = 784.8$

$\Rightarrow F_1 = 632.4 N, \ F_2 = 395.2 N$

14 최대 사용강도 400 MPa의 연강봉에 30 kN의 축방향의 인장하중이 가해질 경우 강봉의 최소지름은 몇 cm까지 가능한가? (단, 안전율은 5이다.)

① 2.69   ② 2.99
③ 2.19   ④ 3.02

풀이

$\sigma_a = 80 MPa$

$\sigma_a = \dfrac{P}{A} \Rightarrow 80 \times 10^6 = \dfrac{30 \times 10^3}{\pi/4 \times d^2}$

$\Rightarrow d = \sqrt{\dfrac{4 \times 30 \times 10^3}{\pi \times 80 \times 10^6}} \times 100 = 2.19 cm$

15 그림과 같이 길이가 동일한 2개의 기둥상단에 중심압축 하중 2500 N이 작용할 경우 전체수축량은 약 몇 mm인가? (단, 단면적 A_1 = 1000 mm², A_2 = 2000 mm², 길이 L = 300 mm, 재료의 탄성계수 E = 90 GPa이다.)

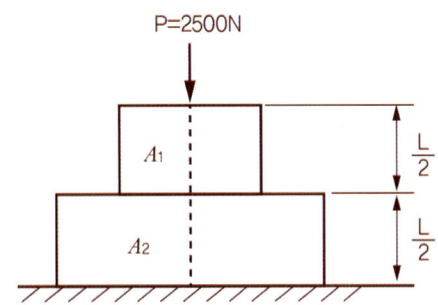

① 0.625   ② 0.0625
③ 0.00625   ④ 0.000625

풀이

$\lambda = \lambda_1 + \lambda_2 = \dfrac{Pl}{A_1 E} + \dfrac{Pl}{A_2 E}$

$= \dfrac{2500 \times 0.15}{1000 \times 10^6 \times 90 \times 10^9} + \dfrac{2500 \times 0.15}{2000 \times 10^6 \times 90 \times 10^9}$

$= 0.00625 mm$

16 원형단면축이 비틀림을 받을 때, 그 속에 저장되는 탄성변형 에너지 U는 얼마인가? (단, T : 토크, L : 길이, G : 가로탄성계수, I_P : 극관성모멘트, I : 관성모멘트, E : 세로탄성계수이다.)

① $U = \dfrac{T^2 L}{2GI}$ ② $U = \dfrac{T^2 L}{2EI}$

③ $U = \dfrac{T^2 L}{2EI_P}$ ④ $U = \dfrac{T^2 L}{2GI_P}$

풀이

$U = \dfrac{1}{2} T\theta = \dfrac{1}{2} T \dfrac{TL}{GI_p} = \dfrac{T^2 L}{2GI_p}$

정답 13. ④ 14. ③ 15. ③ 16. ④

17 그림과 같은 보에서 발생하는 최대 굽힘모멘트는 몇 kN·m인가?

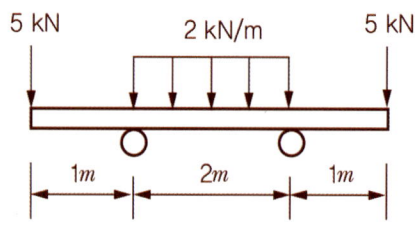

① 2 ② 5
③ 7 ④ 10

풀이
$M_{\max} = M_A = 5 \times 1 = 5 = M_B$

18 길이가 6 m인 단순지지보에 등분포하중 q가 작용할 때 단면에 발생하는 최대 굽힘응력이 337.5 MPa이라면 등분포하중 q는 약 몇 kN/m인가? (단, 보의 단면은 폭×높이 = 40 mm × 100 mm 이다.)

① 4 ② 5
③ 6 ④ 7

풀이
$M_{\max} = \sigma_{\max} Z$
$\Rightarrow \dfrac{q \times 6^2}{8} = 337.5 \times 10^6 \times \dfrac{0.04 \times 0.1^2}{6}$
$\therefore q = 337.5 \times 10^6 \times \dfrac{0.04 \times 0.1^2}{6} \times \dfrac{8}{6^2} \times 10^3$
$= 5\ kN/m$

19 그림에 표시한 단순지지보에서의 최대 처짐량은? (단, 보의 굽힘강성은 EI이고, 자중은 무시한다.)

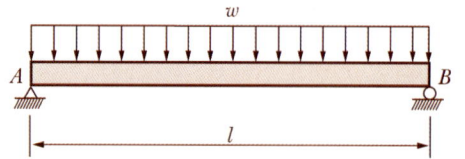

① $\dfrac{w\ell^3}{48EI}$ ② $\dfrac{w\ell^4}{24EI}$
③ $\dfrac{5w\ell^3}{253EI}$ ④ $\dfrac{5w\ell^4}{384EI}$

풀이
$\theta_{\max} = \dfrac{5wl^4}{384EI}$

20 지름이 60 mm인 연강축이 있다. 이 축의 허용전단응력은 40 MPa이며 단위길이 1 m당 허용 회전각도는 1.5°이다. 연강의 전단탄성수를 80 GPa이라 할 때 이 축의 최대 허용토크는 약 몇 N·m인가?

① 696   ② 1696
③ 2664 ④ 3664

풀이
$T = \tau Z_P$
$\Rightarrow T_a = \tau_a Z_P = 40 \times 10^6 \times \pi \times \dfrac{0.06^3}{16}$
$\fallingdotseq 1696\ N \cdot m$

제2과목 : 기계열역학

21 내부에너지가 30 kJ인 물체에 열을 가하여 내부에너지가 50 kJ이 되는 동안에 외부에 대하여 10 kJ의 일을 하였다. 이 물체에 가해진 열량은?

① 10 kJ ② 20 kJ
③ 30 kJ ④ 60 kJ

풀이
$Q = U + W \Rightarrow \delta Q = dU + \delta W$
$= (50 - 30) + 10 = 30\ kJ$

22 습증기 상태에서 엔탈피 h를 구하는 식은? (단, h_f는 포화액의 엔탈피, h_g는 포화증기의 엔탈피, x는 건도이다.)

① $h = h_f + (xh_g - h_f)$
② $h = h_f + x(h_g - h_f)$
③ $h = h_g + (xh_f - h_g)$
④ $h = h_g + x(h_g - h_f)$

풀이
$h_x = h' + x(h'' - h')$
$\Rightarrow h = h_f + x(h_g - h_f)$

23 온도 150℃, 압력 0.5 MPa의 공기 0.2 kg이 압력이 일정한 과정에서 원래체적의 2배로 늘어난다. 이 과정에서의 일은 약 몇 kJ인가? (단, 공기는 기체상수가 0.287 kJ/(kg·K)인 이상기체로 가정한다.)

① 12.3 kJ ② 16.5 kJ
③ 20.5 kJ ④ 24.3 kJ

풀이
$pV = mRT \Rightarrow p_1 V_1 = mRT_1$
$\Rightarrow 500 \times V_1 = 0.2 \times 0.287 \times (150 + 273.15)$
$\therefore V_1 = 0.0485 \ m^3$
$_1W_2 = \int_1^2 pdV = p(2V_1 - V_1)$
$= 500 \times (2 \times 0.00485 - 0.00485) = 24.3 \ [kJ]$

24 온도가 T_1인 고열원으로부터 온도가 T_2인 저열원으로 열전도, 대류, 복사 등에 의해 Q 만큼 열전달이 이루어졌을 때 전체 엔트로피 변화량을 나타내는 식은?

① $\dfrac{T_1 - T_2}{Q(T_1 \times T_2)}$
② $\dfrac{Q(T_1 + T_2)}{T_1 \times T_2}$
③ $\dfrac{Q(T_1 - T_2)}{T_1 \times T_2}$
④ $\dfrac{T_1 + T_2}{Q(T_1 \times T_2)}$

풀이
$\triangle S = \int_1^2 \dfrac{\delta Q}{T} = \dfrac{Q(T_1 - T_2)}{T_1 \times T_2}$

25 다음의 열역학 상태량 중 종량적상태량(extensive property)에 속하는 것은?

① 압력 ② 체적
③ 온도 ④ 밀도

풀이
비체적 $v(m^3/kg)$는 강도성상태량,
체적 $V(m^3)$는 종량성상태량

26 피스톤-실린더 장치내에 있는 공기가 0.3 m³에서 0.1 m³으로 압축되었다. 압축되는 동안 압력(P)과 체적(V) 사이에 P = aV − 2의 관계가 성립하며, 계수 a = 6 kPa·m⁶이다. 이 과정동안 공기가 한 일은 약 얼마인가?

① −53.3 kJ ② −1.1 kJ
③ 253 kJ   ④ −40 kJ

풀이
$p_1 = aV_1^2 = 6 \times 0.3^2 = 66.7 \ kPa$
$p_2 = aV_2^2 = 6 \times 0.1^2 = 600 \ kPa$
$W_{12} = -(p_2 V_2 - p_1 V_1)$
$= -(600 \times 0.1 - 66.7 \times 0.3) = -40 \ [kJ]$

27 다음 중 이상적인 증기터빈의 사이클인 랭킨사이클을 옳게 나타낸 것은?

정답 22. ② 23. ④ 24. ③ 25. ② 26. ④ 27. ②

① 가역등온압축 → 정압가열 → 가역등온
 팽창 → 정압냉각
② 가역단열압축 → 정압가열 → 가역단열
 팽창 → 정압냉각
③ 가역등온압축 → 정적가열 → 가역등온
 팽창 → 정적냉각
④ 가역단열압축 → 정적가열 → 가역단열
 팽창 → 정적냉각

풀이
• Rankine 기관 : 단열압축, 정압가열,
 단열팽창, 정압방열

28 어떤 카르노열기관이 100°C와 30°C사이에서 작동되며 100°C의 고온에서 100 kJ의 열을 받아 40 kJ의 유용한 일을 한다면 이 열기관에 대하여 가장 옳게 설명한 것은?

① 열역학 제 1법칙에 위배된다.
② 열역학 제 2법칙에 위배된다.
③ 열역학 제 1법칙과 제 2법칙에 모두 위배되지 않는다.
④ 열역학 제 1법칙과 제 2법칙에 모두 위배된다.

풀이
$\eta_c = 1 - \dfrac{T_2}{T_1} = \left(1 - \dfrac{30+273.15}{100+273.15}\right) = 19\%$

유효일량이 19% 인데 40 kJ(40%)의 열효율은 열역학 제 2 법칙에 위배된다.

29 이상적인 카르노사이클의 열기관이 500°C인 열원으로부터 500 kJ을 받고, 25°C에 열을 방출한다. 이 사이클의 일(W)과 효율(η_{th})은 얼마인가?

① W=307.2 kJ, η_{th} = 0.6143
② W=207.2 kJ, η_{th} = 0.5748
③ W=250.3 kJ, η_{th} = 0.8316
④ W=401.5 kJ, η_{th} = 0.6517

풀이
$\eta_c = \dfrac{Q_H - Q_L}{Q_H} = \dfrac{W}{Q_H} = \dfrac{T_H - T_L}{T_H}$
$= 1 - \dfrac{25+273.15}{500+273.15} = 0.615$
$\therefore W = 500 \times 0.615 = 307.2 \text{ kJ}$

30 온도 20°C에서 계기압력 0.183 MPa의 타이거가 고속주행으로 온도 80°C로 상승할 때 압력은 주행 전과 비교하여 약 몇 kPa 상승하는가? (단, 타이어의 체적은 변하지 않고, 타이어내의 공기는 이상기체로 가정한다. 그리고 대기압은 101.3 kPa이다.)

① 37 kPa ② 58 kPa
③ 286 kPa ④ 445 kPa

풀이
$p_1 = 101.3 + 183 = 284.3 \text{ kPa}$
$\dfrac{pv}{T} = C \Rightarrow \dfrac{p_1}{T_1} = \dfrac{p_2}{T_2}$
$p_2 = p_1 \times \dfrac{T_2}{T_1} = 284.3 \times \dfrac{(80+273.15)}{(20+273.15)}$
$= 342.52 \text{ kPa}$
$\therefore \Delta p = 342.52 - 284.3 = 58.2 \text{ kPa}$

31 1 kg의 공기가 100°C를 유지하면서 가역등온 팽창하여 외부에 500 kJ의 일을 하였다. 이 때 엔트로피의 변화량은 약 몇 kJ/K인가?

① 1.895 ② 1.665
③ 1.467 ④ 1.340

풀이
완전가스의 등온과정에서는 가열량이 모두 외부에 대한 일량이 되므로
$ds = \dfrac{\delta q}{T}$
$\Rightarrow \Delta s = \dfrac{500}{(100+273.15)} = 1.34 \text{ kJ/K}$

32 매시간 20 kg의 연료를 소비하여 74 kW의 동력을 생산하는 가솔린기관의 열효율은 약 몇 %인가? (단, 가솔린의 저위발열량은 43470 kJ/kg이다.)

① 18　② 22
③ 31　④ 43

풀이

$$\eta = \frac{\text{단위시간당의 정미일량}}{\text{공급연료의 발열량}}$$

$$= \frac{\text{동력[kW]}}{\text{연료의 저발열량} \times \text{시간당 연료소비량}}$$

$$\Rightarrow \eta = \frac{74 \times 3600}{43470 \times 20} \times 100 ≒ 31\ \%$$

33 마찰이 없는 실린더 내에 온도 500K, 비엔트로피 3 kJ/(kg·K)인 이상기체가 2 kg 들어있다. 이 기체의 비엔트로피가 10 kJ/(kg·K)이 될 때까지 등온과정으로 가열한다면 가열량은 약 몇 kJ인가?

① 1400 kJ　② 2000 kJ
③ 3500 kJ　④ 7000 kJ

풀이

완전가스의 등온과정에서는 가열량이 모두 외부에 대한 일량이 되므로

$$ds = \frac{\delta q}{T} \Rightarrow \triangle s = \frac{q}{500} = 7\ kJ/kg \cdot K$$

$$\Rightarrow q = 3500\ kJ/kg$$

$$\therefore Q = 2 \times 3500 = 7000\ kJ$$

34 천제연폭포의 높이가 55 m이고 주위와 열교환을 무시한다면 폭포수가 낙하한 후 수면에 도달할 때까지 온도상승은 약 몇 K인가? (단, 폭포수의 비열은 4.2 kJ(kg·K)이다.)

① 0.87　② 0.31
③ 0.13　④ 0.68

풀이

$$q_{12} + h_1 + \frac{w_1^2}{2} + gz_1 = h_2 + \frac{w_2^2}{2} + gz_2 + W_{12}$$

$$\Rightarrow q_{12} + gz_1 = gz_2 \Rightarrow q_{12} = C\triangle T$$

$$= 4.2 \times 1000 \times \triangle T = gz_2 - gz_1 = 9.8 \times 55$$

$$\therefore \triangle T = 0.13\ K$$

35 증기압축 냉동사이클로 운전하는 냉동기에서 압축기입구, 응축기입구, 증발기입구의 엔탈피가 각각 387.2 kJ/kg, 435.1 kJ/kg, 241.8 kJ/kg일 경우 성능계수는 약 얼마인가?

① 3.0　② 4.0
③ 5.0　④ 6.0

풀이

$$COP_R = \frac{q_L}{q_H - q_L} = \frac{q_L}{w_c}$$

$$= \frac{h_1 - h_4}{h_2 - h_1} = \frac{387.2 - 241.8}{435.1 - 387.2} = 3.03$$

36 유체의 교축과정에서 Joule-Thomson 계수(μ_J)가 중요하게 고려되는데 이에 대한 설명으로 옳은 것은?

① 등엔탈피 과정에 대한 온도변화와 압력변화의 비를 나타내며 $\mu_J < 0$인 경우 온도상승을 의미한다.
② 등엔탈피 과정에 대한 온도변화와 압력변화의 비를 나타내며 $\mu_J < 0$인 경우 온도강하를 의미한다.
③ 정적과정에 대한 온도변화와 압력 변화의 비를 나타내며 $\mu_J < 0$인 경우 온도상승을 의미한다.
④ 정적과정에 대한 온도변화와 압력변화의 비를 나타내며 $\mu_J < 0$인 경우 온도강하를 의미한다.

풀이

등엔탈피 과정에 대한 온도변화와 압력변화의 비를

정답 32. ③　33. ④　34. ③　35. ①　36. ①

나타내며 $\mu_J < 0$ 인 경우의 비 가역과정인 유체마찰에 의한 온도상승을 의미한다.

37 Brayton사이클에서 압축기소요일은 175 kJ/kg, 공급열은 627 kJ/kg, 터빈발생일은 406 kJ/kg로 작동될 때 열효율은 약 얼마인가?

① 0.28 ② 0.37
③ 0.42 ④ 0.48

풀이

$$\eta_{th\,B} = \frac{\text{터빈 팽창일} - \text{압축기 소요일}}{\text{공급열량}}$$

$$= \frac{406 - 175}{627} \fallingdotseq 0.37$$

38 그림과 같이 다수의 추를 올려놓은 피스톤이 장착된 실린더가 있는데, 실린더 내의 초기압력은 300 kPa, 초기체적은 0.05 m³이다. 이 실린더에 열을 가하면서 적절히 추를 제거하여 폴리트로픽 지수가 1.3인 폴리트로픽 변화가 일어나도록 하여 최종적으로 실린더 내의 체적이 0.2 m³이 되었다면 가스가 한 일은 약 몇 kJ인가?

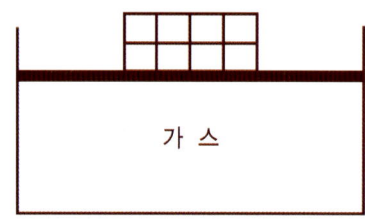

① 17 ② 18
③ 19 ④ 20

풀이

$pv^{1.3} = C$ ⇨ $300 \times 0.05^{1.3} = p_2 \times 0.2^{1.3}$

∴ $p_2 = 49.48$ kPa

$W_{12} = \frac{1}{n-1}(p_1 V_1 - p_2 V_2)$

$= \frac{1}{1.3-1}(300 \times 0.05 - 49.48 \times 0.2)$

$= 17.01$ kJ/kg

39 랭킨사이클의 열효율을 높이는 방법으로 틀린 것은?

① 복수기의 압력을 저하시킨다.
② 보일러 압력을 상승시킨다.
③ 재열(reheat)장치를 사용한다.
④ 터빈 출구온도를 높인다.

풀이

랭킨사이클 효율증대 방법
1. 터빈에서의 초온, 초압 증가
2. 보일러 압력증가
3. 복수기 배압 감소
4. 재열과 재생장치 이용

40 이상기체에 대한 관계식 중 옳은 것은? (단, C_p, C_v는 정압 및 정적비열, k는 비열비이고, R은 기체 상수이다.)

① $C_p = C_v - R$
② $C_v = \frac{k-1}{k}R$
③ $C_p = \frac{k}{k-1}R$
④ $R = \frac{C_p + C_v}{2}$

풀이

$C_p - C_v = R$, $k = \frac{C_p}{C_v}$

⇨ $C_v = \frac{1}{k-1}R$, $C_p = kC_v = \frac{k}{k-1}R$

제3과목 : 기계유체역학

41 그림과 같은 수문(폭 × 높이 = 3 m × 2 m)이 있을 경우 수문에 작용하는 힘의 작용점은 수면에서 몇 m 깊이에 있는가?

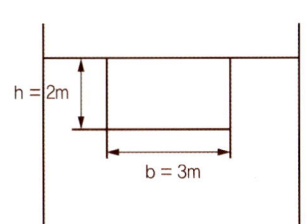

① 약 0.7 m ② 약 1.1 m
③ 약 1.3 m ④ 약 1.5 m

풀이
연직면에 작용하는 힘 : 전압력
• 작용위치 : 압심

$$h_p = h_c + h_{cp} = h_c + \frac{I_{도심}}{Ah_c}$$
$$= 1 + \frac{3 \times 2^3}{3 \times 2 \times 1 \times 12} = 1.33 \text{ m}$$

42 개방된 탱크내에 비중이 0.8인 오일이 가득 차 있다. 대기압이 101 kPa라면, 오일탱크 수면으로부터 3 m 깊이에서 절대압력은 약 몇 kPa인가?

① 25   ② 249
③ 12.5 ④ 125

풀이
$$p_{abs} = p_{atm} \pm p_{oil}$$
$$= 101 + (9800 \times 0.8 \times 3) \times 10^{-3}$$
$$= 124.52 \text{ kPa}$$

43 길이 150 m의 배가 10 m/s의 속도로 항해하는 경우를 길이 4 m의 모형배로 실험하고자 할 때 모형배의 속도는 약 몇 m/s로 해야 하는가?

① 0.133   ② 0.534
③ 1.068   ④ 1.633

풀이
$$\left(\frac{V}{\sqrt{Lg}}\right)_p = \left(\frac{V}{\sqrt{Lg}}\right)_m \Rightarrow \frac{V_p}{\sqrt{L_p}} = \frac{V_m}{\sqrt{L_m}}$$

$$V_m = V_p \sqrt{\frac{L_m}{L_p}} = 10 \times \sqrt{\frac{4}{150}}$$
$$= 1.633 \text{ m/s}$$

44 표면장력의 차원으로 맞는 것은? (단, M : 질량, L : 길이, T : 시간)

① MLT^{-2} ② ML^2T^{-1}
③ $ML^{-1}T^{-2}$ ④ MT^{-2}

풀이
$$\sigma = \frac{\Delta p \, d}{4} \text{ [N/m]}$$
$$\Rightarrow [FL^{-1}] = [MT^{-2}]$$

45 x, y 평면의 2차원 비압축성 유동장에서 유동함수(stream function) ψ는 $\psi = 3xy$로 주어진다. 점(6, 2)과 점 (4, 2)사이를 흐르는 유량은?

① 6   ② 12
③ 16   ④ 24

풀이
유동함수 $\psi_{(6,2)} = 3 \times 6 \times 2 = 36$
$\psi_{(4,2)} = 3 \times 4 \times 2 = 24$
∴ $Q = 36 - 24 = 12$

46 다음의 무차원수 중 개수로와 같은 자유표면 유동과 가장 밀접한 관련이 있는 것은?

① Euler 수   ② Froude 수
③ Mach 수   ④ Plantl 수

풀이
개수로와 같은 자유표면 유동과 관계되는 무차원수는 중력 항이 포함되는 Froude 수

47 지름이 10 mm의 매끄러운 관을 통해서 유량 0.02 L/s의 물이 흐를 때 길이 10 m에 대한 압력손실은

약 몇 Pa인가?

① 1.140 Pa ② 1.819 Pa
③ 1140 Pa ④ 1819 Pa

풀이

$\dot{Q} = AV$

$\Rightarrow V = \dfrac{\dot{Q}}{A} = \dfrac{0.02 \times 10^{-3}}{\pi/4 \times 0.01^2} = 0.255 \text{ m/s}$

$Re = \dfrac{\rho VL}{\mu} = \dfrac{Vd}{\nu} = \dfrac{0.255 \times 0.01}{1.4 \times 10^{-6}}$

$= 1821.4 < 2300 \quad \therefore \text{층류}$

$h_L = f\dfrac{L}{d}\dfrac{V^2}{2g} = \dfrac{64}{1821.4} \times \dfrac{10}{0.01} \times \dfrac{0.255^2}{2 \times 9.8}$

$= 1.137 \text{ m}$

$\therefore \triangle p = \gamma h_L = 1.137 \text{ Pa}$

48 구형물체 주위의 비압축성 점성유체의 흐름에서 유속이 대단히 느릴 때(레이놀즈수가 1보다 작을 경우) 구형물체에 작용하는 항력 D_r은? (단, 구의 지름은 d, 유체의 점성계수를 μ, 유체의 평균속도를 V라 한다.)

① $D_r = 3\pi\mu dV$
② $D_r = 6\pi\mu dV$
③ $D_r = \dfrac{3\pi\mu dV}{g}$
④ $D_r = \dfrac{3\pi dV}{\mu g}$

풀이

Stoke's 의 법칙 : 항력
$D_r = 3\pi\mu VD = 3\pi\mu dV \quad \Leftarrow \quad Re < 1$

49 경계층의 박리(separation)현상이 일어나기 시작하는 위치는?

① 하류방향으로 유속이 증가할 때
② 하류방향으로 압력이 감소할 때
③ 경계층 두께가 0으로 감소될 때
④ 하류방향의 압력기울기가 역으로 될 때

풀이

박리(separation)현상의 시작점은 역 압력구배(박리점)가 발생하는 위치이다.

50 원통속의 물이 중심축에 대하여 ω의 각속도로 강체와 같이 등속회전하고 있을 때 가장 압력이 높은지점은?

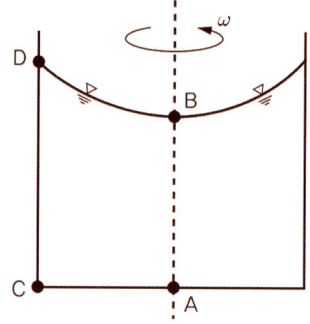

① 바닥면의 중심점 A
② 액체표면의 중심점 B
③ 바닥면의 가장자리 C
④ 액체표면의 가장자리 D

풀이

수심이 가장 깊은 C 위치의 압력(수압)이 가장 높다.

51 원관내의 완전발달 층류유동에서 유량에 대한 설명으로 옳은 것은?

① 관의 길이에 비례한다.
② 관 지름의 제곱에 반비례한다.
③ 압력강하에 반비례한다.
④ 점성계수에 반비례한다.

풀이

④ $Q = \dfrac{\triangle p \pi d^4}{128\mu L} \quad \Rightarrow$ 점성계수에 반비례한다.

52 여객기가 888 km/h로 비행하고 있다. 엔진의 노즐에서 연소가스를 375 m/s로 분출하고, 엔진의 흡기량과 배출되는 연소가스의 양은 같다고 가정한다면 엔진의 추진력은 약 몇 N인가? (단, 엔진의 흡기량은 30 kg/s이다.)

① 3850 N   ② 5325 N
③ 7400 N   ④ 11250 N

풀이

$F_{th} = \rho_2 Q_2 V_2 - \rho_1 Q_1 V_1$
$\quad = \rho Q(V_2 - V_1) = \rho A V(V_2 - V_1)$

문제의 조건에서
$\dot{m} = \rho A V = 30$ kg/s, $\quad V_2 = 375$ m/s,
$V_1 = 888$ km/h $= \dfrac{888 \times 1000}{3600} = 246.6$ m/s

$\therefore F_{th} = 30 \times (375 - 246.6) = 3852$ N

53 체적탄성계수가 2.086 GPa인 기름의 체적을 1% 감소시키려면 가해야 할 압력은 몇 Pa인가?

① 2.086×10^7
② 2.086×10^4
③ 2.086×10^3
④ 2.086×10^2

풀이

$K = -V \dfrac{dp}{dV}$

$\Rightarrow dp = -K \dfrac{dV}{V} = -2.086 \times 10^9 \times 0.01$
$\qquad\qquad = 2.086 \times 10^7$

54 수평으로 놓인 안지름 5 cm인 곧은 원관속에서 점성계수 0.4 Pa·s의 유체가 흐르고 있다. 관의 길이 1 m당 압력강하가 8 kPa이고 흐름상태가 층류일 때 관 중심부에서의 최대유속(m/s)은?

① 3.125   ② 5.217
③ 7.312   ④ 9.714

풀이

$Q = AV = \dfrac{\pi}{4} \times d^2 \times V$,

$Q = \dfrac{\triangle p \pi d^4}{128 \mu L} = \dfrac{\pi}{4} \times d^2 \times V$

$V = \dfrac{\triangle p d^4}{128 \mu L} \times \dfrac{4}{\pi d^2} = \dfrac{\triangle p d^2 \times 4}{128 \mu L}$

$\quad = \dfrac{8000 \times 0.05^2 \times 4}{128 \times 0.4 \times 1} = 1.5625$ m/s

∴ 관 중심부에서의 최대 유속
$\quad V_{max} = 2 \times 1.5625 = 3.125$ m/s

55 그림과 같이 물이 고여있는 큰 댐 아래에 터빈이 설치되어 있고, 터빈의 효율이 85%이다. 터빈 이외에서의 다른 모든손실을 무시할 때 터빈의 출력은 약 몇 kW인가? (단, 터빈출구관의 지름은 0.8 m, 출구속도 V는 10 m/s이고 출구압력은 대기압이다.)

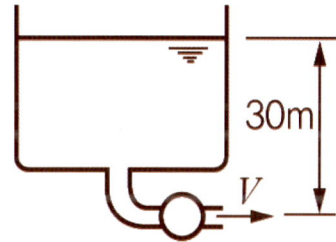

① 1043   ② 1227
③ 1470   ④ 1732

풀이

$\dfrac{p_1}{\gamma} + \dfrac{V_1^2}{2g} + z_1 = \dfrac{p_2}{\gamma} + \dfrac{V_2^2}{2g} + z_2 + H_T$

$H_T = (z_1 - z_2) - \dfrac{V_2^2}{2g} = 30 - \dfrac{10^2}{2 \times 9.8}$
$\qquad = 24.9$ m

$P_T = \dfrac{\gamma H Q}{1000} = \dfrac{9800 \times 24.9 \times \pi/4 \times 0.8^2 \times 10}{1000}$
$\qquad = 1226.0$ kW

$\therefore P_T = \eta_{터빈} \times 1226.0 = 1042.1$ kW

정답 52. ① 53. ① 54. ① 55. ①

56 지름 2 cm의 노즐을 통하여 평균속도 0.5 m/s로 자동차의 연료탱크에 비중 0.9인 휘발유 20 kg을 채우는데 걸리는 시간은 약 몇 s인가?

① 66　　② 78
③ 102　　④ 141

풀이
$m = \dot{m} \times t = \rho AV \times t = \rho_w s AV \times t$
$\Rightarrow t = \dfrac{20}{1000 \times 0.9 \times \pi/4 \times 0.02^2 \times 0.5}$
$= 141.5 \text{ sec}$

57 2차원 정상유동의 속도방정식이 V = 3 (−xi + yj)라고 할 때, 이 유동의 유선의 방정식은? (단, C는 상수를 의미한다.)

① $xy = C$　　② $y/x = C$
③ $x^2 y = C$　　④ $x^3 y = C$

풀이
$u = -3x$, $v = 3y$ 이므로
$\dfrac{dx}{u} = \dfrac{dy}{v} \Rightarrow \dfrac{dx}{-3x} = \dfrac{dy}{3y}$
$\Rightarrow \dfrac{dx}{3x} + \dfrac{dy}{3y} = 0$
$\Rightarrow \ln x + \ln y = \ln C$
$\Rightarrow xy = C$

58 그림과 같이 비중 0.8인 기름이 흐르고 있는 개수로에 단순피토관을 설치하였다. △h = 20 mm, h = 30 mm일 때 속도 V는 약 몇 m/s인가?

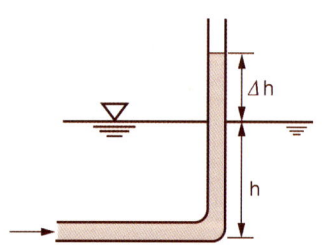

① 0.56　　② 0.63
③ 0.77　　④ 0.99

풀이
자유표면(수면)을 기준면으로 하면 △h는 속도수두이므로
$v = \sqrt{2g \triangle h} = \sqrt{2 \times 9.8 \times 0.02}$
$= 0.63 \text{ m/s}$

59 벽면에 평행한 방향의 속도(u) 성분만이 있는 유동장에서 전단응력을 τ, 점성계수를 μ, 벽면으로부터의 거리를 y로 표시하면 뉴턴의 점성법칙을 옳게 나타낸 식은?

① $\tau = \mu \dfrac{dy}{du}$　　② $\tau = \mu \dfrac{du}{dy}$
③ $\tau = \dfrac{1}{\mu} \dfrac{du}{dy}$　　④ $\mu = \tau \sqrt{\dfrac{du}{dy}}$

풀이
$\tau = \dfrac{F}{A} = \mu \dfrac{u}{y} \Rightarrow \tau = \mu \dfrac{du}{dy}$

60 흐르는 물의 속도가 1.4m/s일 때 속도수두는 약 몇 m인가?

① 0.2　　② 10
③ 0.1　　④ 1

풀이
$\dfrac{V^2}{2g} = \dfrac{1.4^2}{2 \times 9.8} = 0.1 \, m$

제4과목 : 기계재료 및 유압기기

61 탄소함유량이 0.8%가 넘는 고탄소강의 담금질온도로 가장 적당한 것은?

정답 56. ④ 57. ① 58. ② 59. ② 60. ③ 61. ①

① A_1 온도보다 30~50℃ 정도 높은온도
② A_2 온도보다 30~50℃ 정도 높은온도
③ A_3 온도보다 30~50℃ 정도 높은온도
④ A_4 온도보다 30~50℃ 정도 높은온도

풀이
과공석강(0.8~2.0% C) : A_1 변태점(723℃)보다 30~50℃ 정도 높은온도로 가열 후 급랭
아공석강(0.025~0.8% C) : A_3 변태점(910℃) 보다 30~50℃ 정도 높은온도로 가열 후 급랭

62 다음은 일반적으로 수지에 나타나는 배향특성에 대한 설명으로 틀린 것은?

① 금형온도가 높을수록 배향은 커진다.
② 수지의 온도가 높을수록 배향이 작아진다.
③ 사출시간이 증가할수록 배향이 증대된다.
④ 성형품의 살두께가 얇아질수록 배향이 커진다.

풀이
약간 높은 금형온도의 설정은 수지의 유동저항을 적게 하며, 배향이 작아지고 잔류응력도 작아진다.

63 다음 합금 중 베어링용 합금이 아닌 것은?

① 화이트메탈 ② 켈밋합금
③ 배빗메탈   ④ 문쯔메탈

풀이
〈베어링용 합금〉
① 화이트메탈 : Sn, Sb, Pb, Zn, Cu의 합금을 화이트메탈이라 하고 백색으로 용융점이 낮고 약하며 주조용으로 사용하지 않고 다이캐스팅 재료로 사용된다.
② 켈밋합금 : 청동의 베어링 합금에 Pb 20~40%+Cu의 합금으로 마찰계수가 적고 열전도율이 좋아 고온 고하중을 받는 베어링에 사용한다.
③ 배빗메탈 : Sn+Cu5%+Sb5%의 합금으로 납계통의 것보다 마찰계수가 적다. 고온 고압에서 점도가 강하고 내식성이 풍부하며 주조가 용이하며 고속 베어링에 사용.

〈황동〉6·4강도 7·3가공
문쯔메탈(Munz Metal) : 6:4 황동으로 Cu(60%)+Zn(40%)의 성분으로 전연성이 낮고 인장강도가 커서 기계부품에 많이 사용된다.

64 황(S) 성분이 적은 선철을 용해로에서 용해한 후 주형에 주입 전 Mg, Ca등을 첨가시켜 흑연을 구상화한 주철은?

① 합금주철   ② 칠드주철
③ 가단주철   ④ 구상흑연주철

풀이
구상흑연주철 P나 S의 성분이 회주철보다 1/10정도 낮은 선철을 전기로 등의 용해로에서 용해한 후, 주형에 주입전에 Mg, Ca, Ce 등을 첨가하여 흑연을 구상화시켜 균열발생을 억제하고 연성을 향상시킨 주철.

65 상온에서 순철의 결정격자는?

① 체심입방격자   ② 면심입방격자
③ 조밀육방격자   ④ 정방격자

풀이
상온에서 순철은 α 고용체로 체심입방격자(B.C.C)이다. 순철의 경우 1400℃ 이상과 910℃ 이하에서 이 구조를 갖는다.

66 금속나트륨 또는 플루오르화 알칼리 등의 첨가에 의해 조직이 미세화 되어 기계적성질의 개선 및 가공성이 증대되는 합금은?

① Al - Si   ② Cu - Sn
③ Ti - Zr   ④ Cu - Zn

풀이 ①
실루민(알펙스)은 Al-Si계 합금 개량처리(개질처리)한 대표적인 알루미늄 합금이다. Al-Si계 합금에 Na, 플루오르화 알칼리, 수산화나트륨, 알칼리염 등을 주입 전에 용탕안에 넣어 10~50분 유지하면 조직이 미세화되며 공정점은 14%Si(개질처리의 최대효과를 나타냄), 556℃로 이동한다. 이 처리를 개량처리라고 한다.

정답 62. ④ 63. ④ 64. ④ 65. ① 66. ①

67 금속침투법 중 Zn을 강 표면에 침투 확산시키는 표면처리법은?

① 크로마이징   ② 세라다이징
③ 칼로라이징   ④ 보로나이징

풀이
금속 침투법
① 세라다이징(Sheradizing : Zn 침투법)
② 크로마이징(Chromizing : Cr 침투법)
③ 칼로라이징(Calorizing : Al 침투법)
④ 실리코나이징(Siliconizing : Si 침투법)
⑤ 보로나이징(Boronizing : B 침투법)

68 영구자석강이 갖추어야 할 조건으로 가장 적당한 것은?

① 잔류자속 밀도 및 보자력이 모두 클 것
② 잔류자속 밀도 및 보자력이 모두 작을 것
③ 잔류자속 밀도가 작고 보자력이 클 것
④ 잔류자속 밀도가 크고 보자력이 작을 것

풀이
영구 자석강은 아주 강한 자력을 가진 특수강의 하나로 코발트, 텅스텐, 크로뮴, 탄소등을 함유하여 잔류자속밀도(잔류자기)및 보자력(항자기력)이 크고, 기계적 강도가 커야 한다. KS자석강, MK, NKS, OP자석강 등이 있다.

69 다음 그림과 같은 상태도의 명칭은?

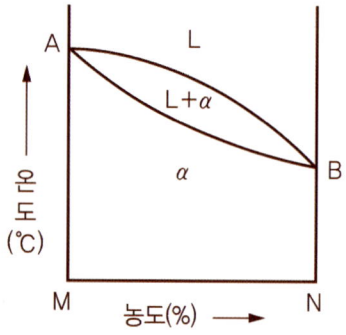

① 편정형 고용체 상태도
② 전율고용체 상태도
③ 공정형 한율 상태도
④ 부분고용체 상태도

풀이
상태도란 상의 구조에 영향을 미치는 3가지 온도, 압력, 조성간의 관계를 나타낸 것으로 전율고용체란 전체 조성 범위에서 용해도를 갖는 고용체이다.

70 표점거리가 100 mm, 시험편의 평행부 지름이 14 mm인 시험편을 최대하중 6400 kgf으로 인장한 후 표점거리가 120 mm로 변화되었을 때 인장강도는 약 몇 kgf/mm²인가?

① 10.4   ② 32.7
③ 41.6   ④ 61.4

풀이
인장강도 구하는 식
$$\sigma_t = \frac{P_{\max}}{A_0} = \frac{6400}{\frac{\pi \times 14^2}{4}} = 41.58 \text{ kg}_f/mm^2$$

$P_{\max}$: 최대하중, A_0 : 시험편의 단면적

71 유압기본회로 중 미터인 회로에 대한 설명으로 옳은 것은?

① 유량제어 밸브는 실린더에서 유압작동 유의 출구측에 설치한다.
② 유량제어 밸브를 탱크로 바이패스 되는 관로쪽에 설치한다.
③ 릴리프밸브를 통하여 분기되는 유량으로 인한 동력손실이 크다.
④ 압력설정 회로로 체크밸브에 의하여 양 방향만의 속도가 제어된다.

풀이
미터인 제어 : 유량제어밸브를 액츄에이터의 입구측에 설치한 회로로 액츄에이터에 공급되는 유량(또는 압력)

을 유량제어밸브로 직접 제어하며, 펌프에서 송출되는 여분의 유량은 릴리프밸브를 통하여 탱크로 방출되므로 동력손실이 크다.

72 체크밸브, 릴리프밸브 등에서 압력이 상승하고 밸브가 열리기 시작하여 어느 일정한 흐름의 양이 인정되는 압력은?

① 토출압력   ② 서지압력
③ 크래킹 압력   ④ 오버라이드 압력

풀이
서지압력 : 과도적 상승압력의 최대값
크래킹 압력 : 체크밸브 또는 릴리프밸브 등으로 압력이 상승하여 밸브가 열리기 시작하고 어떤 일정한 흐름의 양이 확인되는 압력
오버라이드 압력 : 설정압력과 크래킹 압력의 차이를 말하며 이 압력차가 클수록 릴리프밸브의 성능이 나쁘고 포핏을 진동시키는 원인이 된다.

73 카운터밸런스 밸브에 관한 설명으로 옳은 것은?

① 두 개 이상의 분기회로를 가질 때 각 유압실린더를 일정한 순서로 순차 작동시킨다.
② 부하의 낙하를 방지하기 위해서, 배압을 유지하는 압력제어 밸브이다.
③ 회로내의 최고압력을 설정해 준다.
④ 펌프를 무부하 운전시켜 동력을 절감시킨다.

풀이
카운터밸런스 밸브회로 일부에 배압을 발생시키고자 할 때 사용하며 한 방향의 흐름에는 설정된 배압을 주고 반대방향의 흐름을 자유흐름으로 하는 밸브로 수직으로 설치된 실린더에 무거운 하중물이 매달린 상태에서 하강 동작 시 안전을 위해 카운터밸런스 밸브를 통해 설정압력에 도달하는 경우에 기름을 통과시키는데 결국 실린더에서 나가는 기름을 막아주는 제어를 하여 실린더 하강 시 자유낙하를 방지하는 역할을 한다.

74 유압모터의 종류가 아닌 것은?

① 회전피스톤 모터
② 베인모터
③ 기어모터
④ 나사모터

풀이 ④
유압 모터의 종류
① 기어 모터 : 외접식, 내접식
② 베인 모터 : 로커암식, 캠 로터식
③ 피스톤 모터 : 레이디얼, 액시얼
④ 요동 모터 : 베인식, 피스톤식

75 다음 어큐뮬레이터의 종류 중 피스톤형의 특징에 대한 설명으로 가장 적절하지 않는 것은?

① 대형도 제작이 용이하다.
② 축유량을 크게 잡을 수 있다.
③ 형상이 간단하고 구성품이 적다.
④ 유실에 가스침입의 염려가 없다.

풀이
피스톤형 어큐뮬레이터의 특징
① 대형도 제작이 용이하다.
② 축 유량을 크게 잡을 수 있다.
③ 형상이 간단하고 구성품이 적다.
④ 유실에 가스침입의 염려가 있다.

76 유압 베인모터의 1회전 당 유량이 50cc일 때, 공급 압력을 800 N/cm², 유량을 30 L/min으로 할 경우 베인모터의 회전수는 약 몇 rpm인가? (단, 누설량은 무시한다.)

① 600   ② 1200
③ 2666   ④ 5333

풀이
$Q = qN$
$N = \dfrac{Q}{q} = \dfrac{30 \times 10^3 \ell (= cm^3)/min}{50 cc (= cm^3)}$
$= 600 \, rpm$

정답 72. ③ 73. ② 74. ① 75. ④ 76. ①

77 그림과 같은 유압잭에서 지름이 $D_2 = 2D_1$ 일 때 누르는 힘 F_1과 F_2의 관계를 나타낸 식으로 옳게 것은?

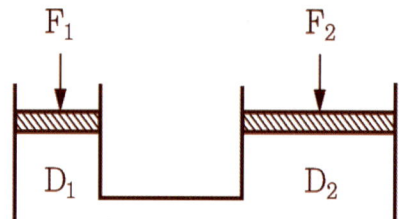

① $F_2 = F_1$　　② $F_2 = 2F_1$
③ $F_2 = 4F_1$　　④ $F_2 = 8F_1$

풀이
$P_1 = P_2$ 에서
$$\frac{F_1}{A_1} = \frac{F_2}{A_2} \Rightarrow \frac{F_1}{\frac{\pi D_1^2}{4}} = \frac{F_2}{\frac{\pi D_2^2}{4}}$$
$$\Rightarrow \frac{F_1}{D_1^2} = \frac{F_2}{D_2^2} \Rightarrow \frac{F_1}{D_1^2} = \frac{F_2}{(2D_1)^2}$$
$$\Rightarrow F_2 = 4F_1$$

78 다음 유압회로는 어떤회로에 속하는가?

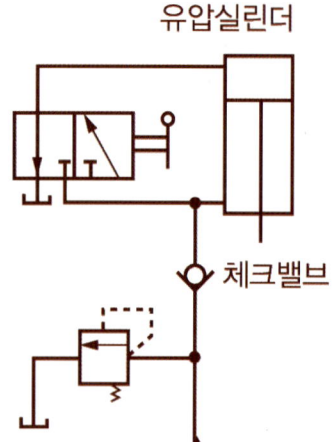

① 로크회로
② 무부하 회로
③ 블리드오프 회로
④ 어큐뮬레이터 회로

풀이
상측의 임의위치 로크회로(lock circuit)는 실린더 행정 중 임의의 위치의 행정단에서 실린더를 고정시킬 때 플런저 이동을 방지하는 회로로 수동조작 3포트 2위치 방향밸브, 릴리프 밸브, 체크밸브로 구성되어 있다.

79 주로 펌프의 흡입구에 설치되어 유압작동유의 이물질을 제거하는 용도로 사용하는 기기는?
① 드레인플러그　　② 스트레이너
③ 블래더　　　　　④ 배플

풀이
스트레이너 : 펌프의 흡입 측에 설치하여 유압작동 유중의 이물질 및 불순물 등을 제거하고 청정한 작동유로 만드는 기기

80 그림은 KS 유압 도면기호에서 어떤 밸브를 나타낸 것인가?

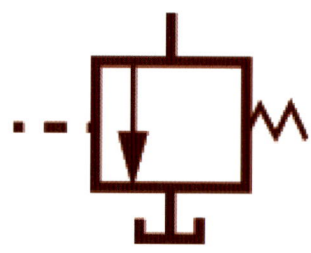

① 릴리프 밸브　　② 무부하 밸브
③ 시퀀스 밸브　　④ 감압 밸브

풀이
무부하 밸브(unloading valve)는 언로딩 밸브라고도 하며, 회로내의 압력이 설정한 압력에 도달했을 때 압력을 떨어뜨리지 않고 송출량을 그대로 오일탱크로 되돌려 펌프를 무부하로 하고 회로의 압력이 설정 압력까지 저하하면 다시 압력을 형성시켜주는 밸브

제5과목 : 기계제작법 및 기계동력학

81 펌프가 견고한 지면위의 네 모서리에 하나씩 총 4개의 동일한 스프링으로 지지되어 있다. 이 스프링의 정적처짐이 3 cm일 때, 이 기계의 고유진동수는 약 몇 Hz인가?

① 3.5
② 7.6
③ 2.9
④ 4.8

풀이

$\omega_n = \sqrt{\dfrac{k}{m}} = \sqrt{\dfrac{g}{\delta_{st}}} = \sqrt{\dfrac{9.8}{0.03}} \fallingdotseq 18.073$

$f = \dfrac{18.073}{2\pi} \fallingdotseq 2.878 \text{ Hz}$

82 경사면에 질량 M의 균일한 원기둥이 있다. 이 원기둥에 감겨있는 실을 경사면과 동일한 방향으로 위쪽으로 잡아당길 때, 미끄럼이 일어나지 않기 위한 실의 장력 T의 조건은? (단, 경사면의 각도를 α, 경사면과 원기둥사이의 마찰계수를 μ_s, 중력가속도를 g라 한다.)

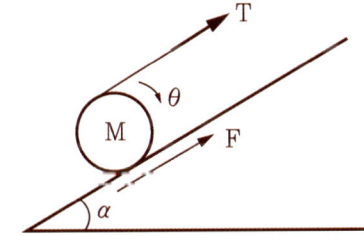

① $T \leq Mg(3\mu_s \sin\alpha + \cos\alpha)$
② $T \leq Mg(3\mu_s \sin\alpha \pm \cos\alpha)$
③ $T \leq Mg(3\mu_s \cos\alpha + \sin\alpha)$
④ $T \leq Mg(3\mu_s \cos\alpha - \sin\alpha)$

풀이

경사각 α 에 대한 FBD에서

$\sum F_t = ma_t$, $a_t = r\alpha$ 를 적용하면

$T + \mu_s Mg\cos\alpha - Mg\sin\alpha = Mr\alpha$ ……… ❶

질량중심에 대한 moment는 질량관성 moment와 각가속도의 곱 ($\sum M_G = J_G\alpha$)과 같으므로

$Tr - \mu_s Mg\cos\alpha \cdot r = \dfrac{1}{2}Mr^2\alpha$

$\Rightarrow 2T - 2\mu_s Mg\cos\alpha = Mr\alpha$ ……… ②

❶과 ②식으로부터

$Mr\alpha = 2T - 2\mu_s Mg\cos\alpha$
$\quad = T + \mu_s Mg\cos\alpha - Mg\sin\alpha$

$T = 3\mu_s Mg\cos\alpha - Mg\sin\alpha$
$\quad = Mg(3\mu_s\cos\alpha - \sin\alpha)$

T 가 이 값보다 크면 미끄럼이 발생한다.

83 엔진(질량 m)의 진동이 공장바닥에 직접 전달될 때 바닥에는 힘이 $F_0 \sin wt$로 전달된다. 이 때 전달되는 힘을 감소시키기 위해 엔진과 바닥사이에 스프링(스프링상수 k)과 댐퍼(감쇠계수 c)를 달았다. 이를 위해 진동계의 고유진동수(ω_n)과 외력의 진동수(ω)는 어떤 관계를 가져야 하는가? (단, $\omega_n = \sqrt{\dfrac{k}{m}}$ 이고, t는 시간을 의미한다.)

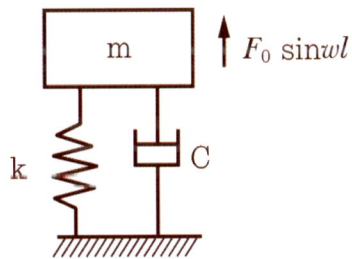

① $\omega_n < \omega$
② $\omega_n > \omega$
③ $\omega_n < \dfrac{\omega}{\sqrt{2}}$
④ $\omega_n > \dfrac{\omega}{\sqrt{2}}$

풀이

진동절연 TR < 1 일 때,

정답 81. ③ 82. ④ 83. ③

진동수비 $\gamma = \dfrac{\omega}{\omega_n} > \sqrt{2}$ 이므로

$\omega_n < \dfrac{\omega}{\sqrt{2}}$

③ $k_{eq} = k_1 + \dfrac{1}{k_2}$

④ $k_{eq} = \dfrac{1}{k_1} + \dfrac{1}{k_2}$

[풀이] 직렬연결 : 합성스프링상수의 역수는 각 스프링 상수의 역수 합과 같다.

84 그림과 같은 질량 3 kg인 원판의 반지름이 0.2 m일 때 x – x '축에 대한 질량관성모멘트의 크기는 약 몇 kg·m²인가?

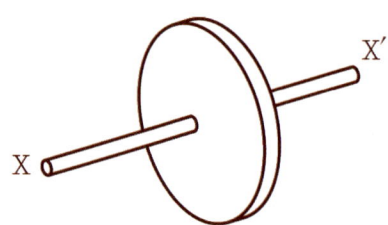

① 0.03　② 0.04
③ 0.05　④ 0.06

[풀이] 질량관성모멘트 $J_G = \dfrac{1}{2}mr^2 = \dfrac{1}{2} \times 3 \times 0.2^2$
$= 0.06 \text{ kg·m}^2$

86 그림과 같은 진동계에서 무게 W는 22.68 N, 댐핑계수 C는 0.0579 N·s/cm, 스프링정수 k가 0.357 N/cm일 때 감쇠비(damping ratio)는 약 얼마인가?

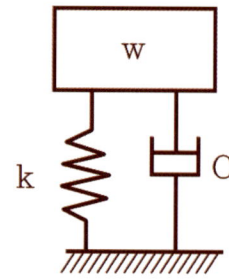

① 0.19　② 0.22
③ 0.27　④ 0.32

[풀이]
$C_c = 2\sqrt{mK} = 2\sqrt{\dfrac{W}{g}K}$
$= 2 \times \sqrt{\dfrac{22.68}{9.8} \times 0.357 \times 10^2} \fallingdotseq 18.18$

감쇠비 $\zeta = \dfrac{C}{C_c} = \dfrac{0.0579 \times 10^2}{18.18} \fallingdotseq 0.32$

85 그림(a)를 그림(b)와 같이 모형화 했을 때 성립되는 관계식은?

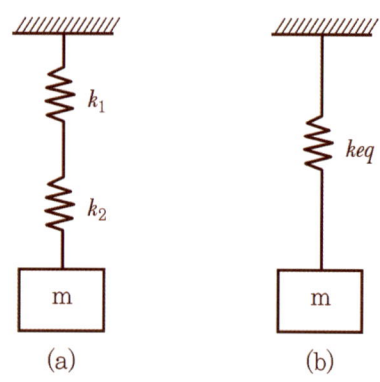

① $\dfrac{1}{k_{eq}} = \dfrac{1}{k_1} + \dfrac{1}{k_2}$

② $k_{eq} = k_1 + k_2$

87 그림과 같이 2개의 질량이 수평으로 놓인 마찰이 없는 막대위를 미끄러진다. 두 질량의 반발계수가 0.6일 때 충돌 후 A의 속도 (v_A)와 B의 속도 (v_B)로 옳은 것은? (단, 오른쪽 방향이 +이다.)

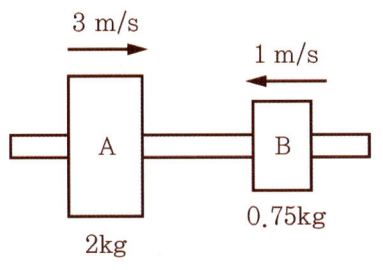

① $v_A = 3.65$ m/s, $v_B = 1.25$ m/s
② $v_A = 1.25$ m/s, $v_B = 3.65$ m/s
③ $v_A = 3.25$ m/s, $v_B = 1.65$ m/s
④ $v_A = 1.65$ m/s, $v_B = 3.25$ m/s

풀이

충돌전의 속도를 V_A, V_B 충돌후의 속도를 v_A, v_B 라 하면

⇨ $v_A = V_A - \dfrac{m_B}{m_A+m_B}(1+e)(V_A - V_B)$

   $= 3 - \dfrac{0.75}{2+0.75}(1+0.6)(3-(-1))$

   $= 1.25$ m/s

⇨ $v_B = V_B + \dfrac{m_A}{m_A+m_B}(1+e)(V_A - V_B)$

   $= -1 + \dfrac{2}{2+0.75}(1+0.6)(3-(-1))$

   $= 3.65$ m/s

88 다음 설명 중 뉴턴(Newton)의 제 1법칙으로 맞는 것은?

① 질점의 가속도는 작용하고 있는 합력에 비례하고 그 합력의 방향과 같은방향에 있다.
② 질점에 외력이 작용하지 않으면, 정지상태를 유지하거나 일정한 속도로 일직선상에서 운동을 계속한다.
③ 상호작용하고 있는 물체간의 작용력과 반작용력은 크기가 같고 방향이 반대이며, 동일직선상에 있다.
④ 자유낙하하는 모든물체는 같은 가속도를 가진다.

풀이
관성의 법칙

89 공을 지면에서 수직방향으로 9.81 m/s의 속도로 던져졌을 때 최대 도달높이는 지면으로부터 약 몇 m인가?

① 4.9   ② 9.8
③ 14.7   ④ 19.6

풀이

$h = \dfrac{v^2}{2g} = \dfrac{9.81^2}{2 \times 9.8} ≒ 4.91$

90 압축된 스프링으로 100 g의 추를 밀어올려 위에 있는 종을 치는 완구를 설계하려고 한다. 스프링 상수가 80 N/m라면 종을 치게 하기 위한 최소의 스프링 압축량은 약 몇 cm인가? (단, 그림의 상태는 전혀 변형되지 않은 상태이며 추가 종을 칠 때는 이미 추와 스프링은 분리된 상태이다. 또한 중력은 아래로 작용하고 스프링의 질량은 무시한다.)

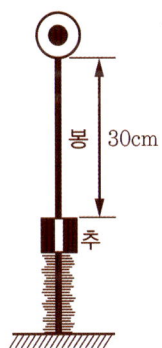

① 8.5 cm   ② 9.9 cm
③ 10.6 cm   ④ 12.4 cm

풀이
스프링 압축량을 x 라 하면, 중력위치 Energy와

정답 88. ② 89. ① 90. ②

스프링 탄성 Energy가 같아야 하므로
$$mg(h+x) = \frac{1}{2}kx^2$$
⇒ $kx^2 - 2mgx - 2mgh = 0$
   $80x^2 - 2 \times 0.1 \times 9.8x - 2 \times 0.1 \times 9.8 \times 0.3 = 0$
⇒ $x = 0.09885 \text{ m} = 9.89 \text{ cm}$

91 사형(砂型)과 금속형(金屬型)을 사용하며 내마모성이 큰 주물을 제작할 때 표면은 백주철이 되고 내부는 회주철이 되는 주조방법은?

① 다이캐스팅법   ② 원심주조법
③ 칠드주조법   ④ 셀주조법

풀이
칠드주조법(Chilled Casting, 냉경주물) 사형과 열전도율이 큰 금속형으로 주형을 완성하여 주조하는 것으로 특별한 기계적성질을 가진 주철주물을 제작할 때 주로 사용된다. 금형에 의하여 급냉되는 표면부분은 탄소가 흑연으로 석출하지 못하고, 탄화철이 되면서 백선조직의 백주철이 되며 표면은 경하고 내부는 회주철의 연질조직이 된다.

92 연삭가공을 한 후 가공표면을 검사한 결과 연삭크랙(crack)이 발생되었다. 이 때 조치하여야 할 사항으로 옳지 않은 것은?

① 비교적 경(硬)하고 연삭성이 좋은 지석을 사용하고 이송을 느리게 한다.
② 연삭액을 사용하여 충분히 냉각시킨다.
③ 결합도가 연한숫돌을 사용한다.
④ 연삭깊이를 적게 한다.

풀이
연삭균열
연삭열에 의하여 열팽창 또는 재질의 변화 등으로 가공물에 연삭균열이 발생할 수 있으며, 이러한 균열은 미세하여 육안으로 식별하기가 어렵다.
연삭균열 방지책으로 연한숫돌을 사용하고 절입깊이를 작게 하고 이송을 크게 하며 충분한 연삭유를 공급한다.

93 다음 중 연삭숫돌의 결합제(bond)로 주성분이 점토와 장석이고, 열에 강하며 연삭액에 대해서도 안전하므로 광범위하게 사용되는 결합제는?

① 비트리파이드   ② 실리케이트
③ 레지노이드   ④ 셀락

풀이
결합제의 종류
① 비트리파이드 숫돌 (Vitrified bond wheel, V)
   – 결합제의 주성분인 점토와 장석 등에 용제를 가하여 연삭입자와 충분히 혼합시킨 후 성형 건조하고 1300℃ 전후에서 오랜시간 가열
   – 연삭가공에 가장 많이 사용, 정밀연삭에 적합하지만 탄성이 적다.
② 실리케이트 숫돌 (Silicate bond wheel, S)
   – 규산나트륨(규산소다)과 입자혼합하여 300℃ 가열
   – 대형숫돌로 제작가능
   – 열에 의한 표면 변질하거나 균열이 생기기 쉬운 재료연삭이나 절삭공구 연삭에 적합
③ 레지노이드 숫돌 (Resinoid bond wheel, B)
   – 결합제의 주성분은 페놀수지
   – 건식절단용이나 거친연삭에 적합
④ 고무숫돌 (Rubber bond wheel, R)
   – 결합제의 주성분인 고무에 유황 등을 첨가하여 입자 혼합제작 – 마찰계수가 가장 큼
   – 절삭용이나 센터리스 연삭기의 조정숫돌로 사용

94 0℃ 이하의 온도에서 냉각시키는 조직으로 공구강의 경도증가 및 성능을 향상시킬 수 있으며, 담금질된 오스테나이트를 마텐자이트화하는 열처리법은?

① 질량효과(mass effect)
② 완전풀림(full annealing)
③ 화염경화(frame hardening)
④ 심냉처리(sub-zero treatment)

풀이
심냉처리(sub-zero)는 담금질 균열 방지책으로 담금

질 후 시효변형을 방지하기 위해 0℃ 이하의 온도로 냉각하여 잔류 오스테나이트(Austenite)를 완전히 마텐자이트(Martensite)로 변태시킬 목적으로 한다.

95 불활성가스가 공급되면서 용가재인 소모성 전극 와이어를 연속적으로 보내서 아크를 발생시켜 용접하는 불활성가스 아크 용접법은?

① MIG 용접　② TIG 용접
③ 스터드 용접　④ 레이저 용접

[풀이]
용극식 불활성가스 아크용접

96 회전하는 상자 속에 공작물과 숫돌입자, 공작액, 콤파운드 등을 넣고 서로 충돌시켜 표면의 요철을 제거하며 매끈한 가공면을 얻는 가공법은?

① 호닝(honing)
② 배럴(barrel)가공
③ 숏 피닝(shot peening)
④ 슈퍼 피니싱(super finishing)

[풀이]
배럴가공(barrel finishing)
원통형이나 8각형의 배럴상자속에 공작물과 숫돌입자, 공작액, 콤파운드를 넣고 배럴을 회전시킴으로써 연마 또는 광택을 내는 가공.

97 두께 4 mm인 탄소강판에 지름 1000 mm의 펀칭을 할 때 소요되는 동력은 약 kW인가? (단, 소재의 전단저항은 245.25 MPa, 프레스 슬라이드의 평균속도는 5 m/min, 프레스의 기계효율(η)은 65%이다.)

① 146　② 280
③ 396　④ 538

[풀이]
$P_s = \tau A = \tau \pi dt = 245.25 \times \pi \times 1000 \times 4$
$= 3081.9 \times 10^3 \, \text{N} = 3081.9 \, \text{kN}$

동력 $H = \dfrac{P_s V}{\eta_m} = \dfrac{3081.9 \times \dfrac{5}{60}}{0.65} = 395 \, \text{kW}$

98 압연가공에서 압하율을 나타내는 공식은? (단, H_o는 압연전의 두께, H_1은 압연후의 두께이다.)

① $\dfrac{H_1 - H_o}{H_1} \times 100 \, (\%)$

② $\dfrac{H_o - H_1}{H_o} \times 100 \, (\%)$

③ $\dfrac{H_1 + H_o}{H_o} \times 100 \, (\%)$

③ $\dfrac{H_1}{H_o} \times 100 \, (\%)$

[풀이]
압하량 $= H_0 - H_1$
압하율 $= \dfrac{H_0 - H_1}{H_0} \times 100\%$

99 절삭공구에 발생하는 구성인선의 방지법이 아닌 것은?

① 절삭깊이를 작게 할 것
② 절삭속도를 느리게 할 것
③ 절삭공구의 인선을 예리하게 할 것
④ 공구 윗면경사각(rake angle)을 크게 할 것

[풀이]
구성인선의 방지책
① 윗면경사각을 크게 한다.(30° 이상)
② 절삭속도를 높인다.
③ 절삭깊이를 적게 해 준다.
④ 이송속도를 빠르게 한다.
⑤ 공구의 경사면을 매끈하게 한다.
⑥ 유동성 있는 절삭유를 사용하여 날 끝을 냉각시켜 준다.

정답 95. ① 96. ② 97. ③ 98. ② 99. ②

100 다음 중 아크(Arc) 용접봉의 피복제 역할에 대한 설명으로 가장 적절한 것은?

① 용착효율을 낮춘다.
② 전기통전 작용을 한다.
③ 응고와 냉각속도를 촉진시킨다.
④ 산화방지와 산화물의 제거작용을 한다.

풀이

피복제의 역할
① 용적을 미세화하여 용착효율을 증대시킨다.
② 전기절연과 탈산작용을 하고, 용접을 안전하게 한다.
③ 산화 및 질화를 방지하여 용융금속을 보호.

정답 100. ④

국가기술자격 필기시험문제

2018년 기사 제4회 경향성 문제			수험번호	성명
자격종목	일반기계기사	시험시간 2시간 30분 / 형별 B		

제1과목 : 재료역학

01 그림과 같은 구조물에 1000 N의 물체가 매달려 있을 때 두 개의 강선 AB와 AC에 작용하는 힘의 크기는 약 몇 N인가?

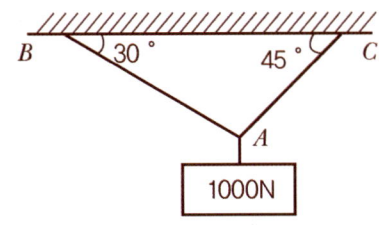

① AB = 732, AC = 897
② AB = 707, AC = 500
③ AB = 500, AC = 707
④ AB = 897, AC = 732

풀이

Lami 의 정리

$$\frac{\sin 105°}{1000} = \frac{\sin 135°}{F_{AB}} = \frac{\sin 120°}{F_{AC}}$$

$\Rightarrow F_{AB} = 732, \ F_{AC} = 897$

02 그림과 같은 선형탄성 균일단면 외팔보의 굽힘 모멘트 선도로 가장 적당한 것은?

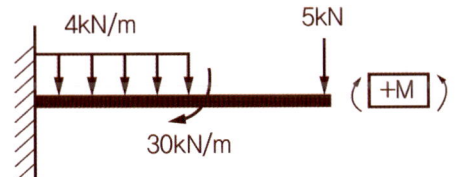

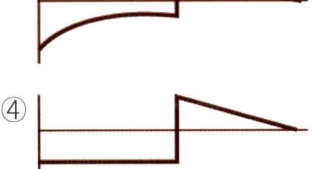

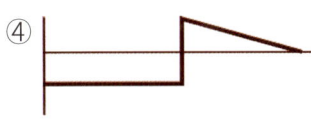

풀이
외팔보 최대 SF와 최대 BM은 고정단에서 발생

03 포아송(Poission)비가 0.3인 재료에서 세로탄성계수(E)와 가로탄성계수(G)의 비(E/G)는?

① 0.15   ② 1.5
③ 2.6   ④ 3.2

풀이

$mE = 2G(m+1), \ m = \dfrac{1}{\mu}$

$\Rightarrow \dfrac{E}{\nu} = 2G\left(\dfrac{1}{\nu}+1\right)$

$\Rightarrow \dfrac{E}{0.3} = 2G\left(\dfrac{1}{0.3}+1\right)$

$\therefore \dfrac{E}{G} = 2 \times 0.3 \left(\dfrac{1}{0.3}+1\right) = 2.6$

정답 1. ① 2. ② 3. ③

04 그림과 같이 원형단면을 갖는 외팔보에 발생하는 최대 굽힘응력 σ_b는?

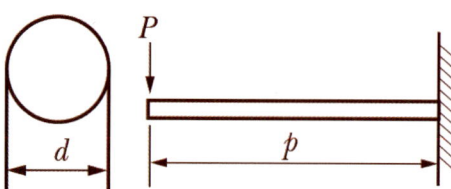

① $\dfrac{32P\ell}{\pi d^3}$ ② $\dfrac{32P\ell}{\pi d^4}$

③ $\dfrac{6P\ell}{\pi d^2}$ ④ $\dfrac{\pi d}{6P\ell}$

풀이

$M_{\max} = \sigma_{\max} Z$

$\Rightarrow \sigma_b = \dfrac{M_{\max}}{Z} = \dfrac{Pl}{\dfrac{\pi d^3}{32}} = \dfrac{32Pl}{\pi d^3}$

05 볼트에 7200 N의 인장하중을 작용시키면 머리부에 생기는 전단응력은 몇 MPa인가?

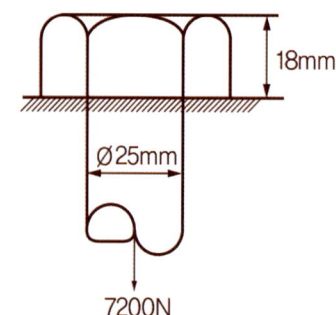

① 2.55 ② 3.1
③ 5.1 ④ 6.25

풀이

$\tau = \dfrac{F}{A} = \dfrac{F}{\pi dh}$

$= \dfrac{7200}{\pi \times 0.025 \times 0.0018} \times 10^{-6}$

$\fallingdotseq 5.1\,MPa$

06 그림과 같은 단순 지지보에서 길이(ℓ)는 5 m, 중앙에서 집중하중 P가 작용할 때 최대처짐이 43 mm라면 이때 집중하중 P의 값은 약 몇 kN인가? (단, 보의 단면(폭(b) × 높이(h) = 5 cm × 12 cm), 탄성계수 E = 210 GPa로 한다.)

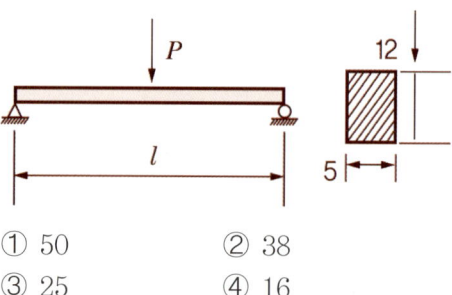

① 50 ② 38
③ 25 ④ 16

풀이

$\theta_{\max} = \dfrac{Pl^3}{48EI} = 0.043\,mm$

$\Rightarrow 0.043 = \dfrac{P \times 10^3 \times 5^3}{48 \times 210 \times 10^9} \times \dfrac{12}{0.05 \times 0.12^3}$

$\therefore P = \dfrac{0.043 \times 48 \times 210 \times 10^9 \times 0.05 \times 0.12^3}{5^3 \times 12} \times 10^{-3}$

$= 24.97\,kN$

07 그림과 같이 스트레인 로제트(strain rosette)를 45°로 배열한 경우 각 스트레인 게이지에 나타나는 스트레인량을 이용하여 구해지는 전단 변형률 γ_{xy}는?

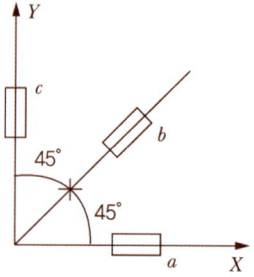

① $\sqrt{2}\,\epsilon_b - \epsilon_a - \epsilon_c$ ② $2\epsilon_b - \epsilon_a - \epsilon_c$
③ $\sqrt{3}\,\epsilon_b - \epsilon_a - \epsilon_c$ ④ $3\epsilon_b - \epsilon_a - \epsilon_c$

풀이
문제의 의미에서 $\epsilon_x = \epsilon_a$, $\epsilon_y = \epsilon_c$, $\theta = 45°$

$\sigma_n = \dfrac{1}{2}(\sigma_x + \sigma_y) + \dfrac{1}{2}(\sigma_x - \sigma_y)\cos 2\theta + \dfrac{\gamma_{xy}}{2}\sin 2\theta$

$\Rightarrow \epsilon_n = \dfrac{1}{2}(\epsilon_x + \epsilon_y) + \dfrac{1}{2}(\epsilon_x - \epsilon_y)\cos 2\theta + \dfrac{\gamma_{xy}}{2}\sin 2\theta$

$\Rightarrow \epsilon_b = \dfrac{1}{2}(\epsilon_a + \epsilon_c) + \dfrac{1}{2}(\epsilon_a - \epsilon_c)\cos 90 + \dfrac{\gamma_{xy}}{2}\sin 90$

$\Rightarrow \epsilon_b = \dfrac{1}{2}(\epsilon_a + \epsilon_c) + \dfrac{\gamma_{xy}}{2}$

$\therefore \gamma_{xy} = 2\epsilon_b - \epsilon_a - \epsilon_c$

08 다음 단면에서 도심의 Y축좌표는 얼마인가?

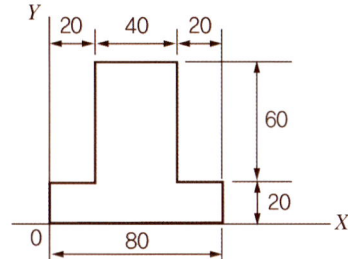

① 30　　② 34
③ 40　　④ 44

풀이
$\bar{y} = \dfrac{G_x}{A} = \dfrac{\int_A y\,dA}{\int_A dA} = \dfrac{A_1 y_1 + A_2 y_2}{A_1 + A_2}$

$= \dfrac{(80\times 20\times 10) + (40\times 60\times 50)}{(80\times 20) + (40\times 60)} = 34$

09 다음 단면의 도심 축(X-X)에 대한 관성모멘트는 약 몇 m^4인가?

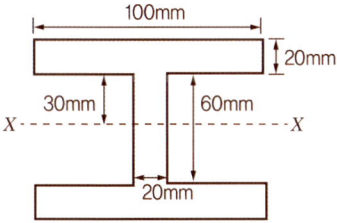

① 3.627×10^{-6}　　② 4.267×10^{-7}
③ 4.933×10^{-7}　　④ 6.893×10^{-6}

풀이
$I' = I_G + Al^2$

$\Rightarrow I' = I'_1 + I_2 + I'_3$

$= \left(\dfrac{0.1\times 0.02^3}{12} + 0.1\times 0.02\times 0.04^2\right)$

$+ \dfrac{0.02\times 0.06^3}{12}$

$+ \left(\dfrac{0.1\times 0.02^3}{12} + 0.1\times 0.02\times 0.04^2\right)$

$\fallingdotseq 6.893\times 10^{-6}\,m^4$

10 강선의 지름이 5 mm이고 코일의 반지름이 50 mm인 15회 감긴 스프링이 있다. 이 스프링에 힘이 작용할 때 처짐량이 50 mm일 때, P는 약 몇 N인가? (단, 재료의 전단탄성계수 G = 100 GPa이다.)

① 18.32　　② 22.08
③ 26.04　　④ 28.43

풀이
$\delta = \dfrac{8nD^3 W}{Gd^4} = \dfrac{8nD^3 P}{Gd^4}$

$\Rightarrow P = \dfrac{Gd^4\delta}{8nD^3}$

$= \dfrac{100\times 10^9 \times 0.005^4 \times 0.05}{8\times 15\times 0.1^3}$

$= 26.04\,N$

11 그림과 같은 양단고정보에서 고정단 A에서 발생하는 굽힘모멘트는? (단, 보의 굽힘 강성계수는 EI이다.)

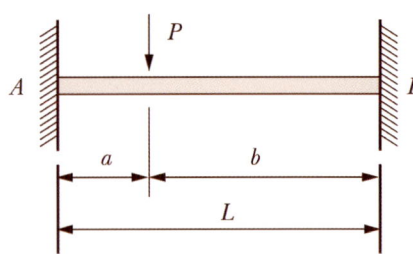

① $M_A = \dfrac{Pab}{L}$

② $M_A = \dfrac{Pab(a-b)}{L}$

③ $M_A = \dfrac{Pab}{L} \times \dfrac{a}{L}$

④ $M_A = \dfrac{Pab}{L} \times \dfrac{b}{L}$

[풀이]

$M_A = \dfrac{Pab^2}{l^2}$, $M_B = \dfrac{Pa^2b}{l^2}$

$\Rightarrow \dfrac{Pab}{L} \times \dfrac{b}{L}$

12 한 변의 길이가 10 mm인 정사각형 단면의 막대가 있다. 온도를 60℃ 상승시켜서 길이가 늘어나지 않게 하기 위해 8 kN의 힘이 필요할 때 막대의 선팽창계수(a)는 약 몇 ℃$^{-1}$인가? (단, 탄성계수 E = 200 GPa이다.)

① $\dfrac{5}{3} \times 10^{-6}$ ② $\dfrac{10}{3} \times 10^{-6}$

③ $\dfrac{15}{3} \times 10^{-6}$ ④ $\dfrac{20}{3} \times 10^{-6}$

[풀이]

$\lambda_H = \lambda_{하중}$

$\Rightarrow \lambda_H = l\,\alpha\,\Delta t = 0.01 \times \alpha \times 60$

$\lambda_{하중} = \dfrac{Pl}{AE} = \dfrac{8 \times 10^3 \times 0.01}{0.01^2 \times 200 \times 10^9}$

$\alpha = \dfrac{8 \times 10^3 \times 0.01}{0.01^2 \times 200 \times 10^9 \times 0.01 \times 60} ≒ \dfrac{20}{3} \times 10^6$

13 양단이 힌지로 된 길이 4 m인 기둥의 임계하중을 오일러 공식을 사용하여 구하면 약 몇 N인가? (단, 기둥의 세로탄성계수 E = 200 GPa이다.)

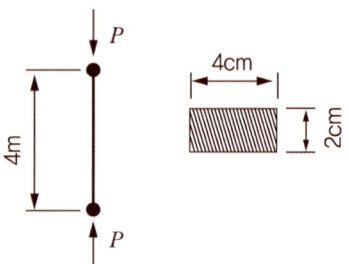

① 1645   ② 3290
③ 6580   ④ 13160

[풀이]

단말계수 $n = 1$.

$P_B = n\pi^2 \dfrac{EI}{l^2}$

$= 1 \times \pi^2 \times \dfrac{200 \times 10^9}{4^2} \times \dfrac{0.04 \times 0.02^3}{12}$

$≒ 3287\,N$

14 길이가 ℓ인 외팔보에서 그림과 같이 삼각형 분포하중을 받고 있을 때 최대 전단력과 최대 굽힘모멘트는?

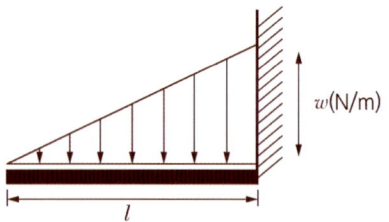

① $\dfrac{w\ell}{2}$, $\dfrac{w\ell^2}{6}$ ② $w\ell$, $\dfrac{w\ell^2}{3}$

③ $\dfrac{w\ell}{2}$, $\dfrac{w\ell^2}{3}$ ④ $\dfrac{w\ell^2}{2}$, $\dfrac{w\ell}{6}$

풀이

외팔보의 최대SF와 최대BM은 고정단에서 발생

$F_{\max} = \dfrac{w_0 l}{2} = \dfrac{wl}{2}$

$M_{\max} = \dfrac{w_0 l}{2} \times \dfrac{l}{3} = \dfrac{wl}{2} \times \dfrac{l}{3} = \dfrac{wl^2}{6}$

15 그림과 같이 단순지지보가 B점에서 반시계 방향의 모멘트를 받고 있다. 이 때 최대의 처짐이 발생하는 곳은 A점으로부터 얼마나 떨어진 거리인가?

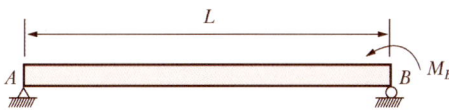

① $\dfrac{L}{2}$ ② $\dfrac{L}{\sqrt{2}}$

③ $L\left(1 - \dfrac{1}{\sqrt{3}}\right)$ ④ $\dfrac{L}{\sqrt{3}}$

풀이

M_0 적용 처짐방정식 $\delta_{\max} = \dfrac{Ml^2}{16EI}$

$\Rightarrow \delta_{\max} = \dfrac{M_B L^2}{16EI}$ at $\dfrac{L}{\sqrt{3}}$

〈 참고 〉

$EI y'' = M(x)$, $M(x) = R_A x = \dfrac{M_0}{L} x$

$EI y' = EI \theta = \dfrac{M_0}{L} \dfrac{x^2}{2} + C_1$

$EI y = \dfrac{M_0}{L} \dfrac{x^3}{6} + C_1 x + C_2$,

< Boundary Condition 1 > $x \to 0$ $y \to 0$

$EI y = \dfrac{M_0}{L} \dfrac{x^3}{6} + C_1 x + C_2 = 0$ $C_2 = 0$

< Boundary Condition 2 > $x \to L$ $y \to 0$

$EI y = \dfrac{M_0}{L} \dfrac{L^3}{6} + C_1 L = 0$ $C_1 = -\dfrac{M_0 L}{6}$

$EI y = \dfrac{M_0}{L} \dfrac{x^3}{6} - \dfrac{M_0 L}{6} x$

< Boundary Condition 3 > x, $\theta \to 0$

$EI y' = EI \theta = \dfrac{M_0}{L} \dfrac{x^2}{2} - \dfrac{M_0 L}{6}$

$0 = \dfrac{M_0}{L} \dfrac{x^2}{2} - \dfrac{M_0 L}{6}$ $\Rightarrow x = \dfrac{L}{\sqrt{3}}$

16 그림에서 클램프(clamp)의 압축력이 P = 5 kN일 때 m – n 단면의 최소두께 h를 구하면 약 몇 cm인가? (단, 직사각형 단면의 폭 b = 10 mm, 편심거리 e = 50 mm, 재료의 허용응력 σ_w = 200MPa이다.)

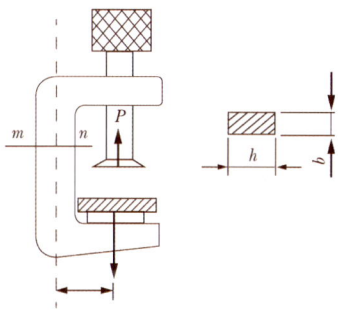

① 1.34 ② 2.34
③ 2.86 ④ 3.34

풀이

합성응력 $\sigma = \sigma_1 + \sigma_2$

하중응력 $\sigma_1 = \dfrac{P}{A}$ 굽힘 모멘트 응력 σ_2

굽힘모멘트 응력

$\sigma_2 = \dfrac{M}{Z} = \dfrac{P \times e \times 6}{bh^2}$

$\sigma_{\max} = \sigma_1 + \sigma_2 = \dfrac{P}{bh} + \dfrac{P \times e \times 6}{bh^2}$

$\Rightarrow \sigma_w bh^2 - Ph - 6Pe = 0$

$\Rightarrow$
$200 \times 10^6 \times 0.01 h^2 - 5 \times 10^3 h - 6 \times 5 \times 10^3 \times 0.05 = 0$
$\therefore h = 2.87\, cm$

17 길이가 50 cm인 외팔보의 자유단에 정적인 힘을 가하여 자유단에서의 처짐량이 1 cm가 되도록 외팔보를 탄성변형 시키려고 한다. 이 때 필요한 최소한의 에너지는 약 몇 J인가? (단, 외팔보의 세로탄성계수는 200 GPa, 단면은 한변의 길이가 2 cm인 정사각형이라고 한다.)

① 3.2　　② 6.4
③ 9.6　　④ 12.8

풀이

$\delta_{\max} = \dfrac{Pl^3}{3EI}$

$\Rightarrow P = \dfrac{3EI\delta}{l^3}$

$= \dfrac{3 \times 200 \times 10^9 \times 0.02 \times 0.02^3 \times 0.01}{12 \times 0.5^3}$

$= 640 \text{ N}$

탄성변형에너지

$U = \dfrac{1}{2}P\lambda = \dfrac{1}{2}P\delta = \dfrac{1}{2} \times 640 \times 0.01$

$= 3.2 \text{ J}$

18 단면적이 4 cm²인 강봉에 그림과 같이 하중이 작용할 때 이 봉은 약 몇 cm 늘어나는가? (단, 세로탄성계수 E = 210 GPa이다.)

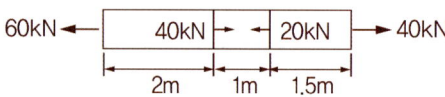

① 0.80　　② 0.24
③ 0.0028　　④ 0.015

풀이

좌측으로부터　ℓ_1, ℓ_2, ℓ_3 라 하면

$\lambda_{인장} = \dfrac{P_1\ell_1 + P_2(\ell_2 + \ell_3)}{AE}$

$= \dfrac{60 \times 10^3 \times 2 + 40 \times 10^3 \times 2.5}{4 \times 10^{-4} \times 210 \times 10^9}$

$= 0.002619m = 0.2619cm$

$\lambda_{압축} = -\dfrac{Q\ell_2}{AE} = -\dfrac{20 \times 10^3 \times 1}{4 \times 10^{-4} \times 210 \times 10^9}$

$= -0.000238m = -0.0238cm$

$\therefore \lambda = \lambda_{인장} - \lambda_{압축} = 0.2381cm$

19 지름 d인 강봉의 지름을 2배로 했을 때 비틀림 강도는 몇 배가 되는가?

① 2배　　② 4배
③ 8배　　④ 16배

풀이

$T = \tau Z_P = \tau \dfrac{\pi d^3}{16}$　$\Rightarrow T \propto d^3$　$\therefore$ 8배

20 400 rpm으로 회전하는 바깥지름 60 mm, 안지름 40 mm인 중공단면축의 허용 비틀림각도가 1°일 때 이 축이 전달할 수 있는 동력의 크기는 약 몇 kW인가? (단, 전단탄성계수 G = 80 GPa, 축길이 L = 3 m이다.)

① 15　　② 20
③ 25　　④ 30

풀이

$T = 974\dfrac{H_{kW}}{N}$　$\Rightarrow H_{kW} = \dfrac{NT}{974}$ ⋯⋯⋯⋯❶

$\theta = \dfrac{180}{\pi}\dfrac{Tl}{GI_P}$,

$T = \dfrac{\pi}{180}\dfrac{\theta GI_P}{l}$

$= \dfrac{\pi}{180} \times \dfrac{1 \times 80 \times 10^9 \times \pi(0.06^4 - 0.04^4)}{3 \times 32}$

$= 474.7 \text{ N·m}$

$T = 474.7 \text{ N·m} ≒ 47.5 \text{ kN·cm}$

❶식에 대입하여

$H_{kW} = \dfrac{400 \times 47.5}{974} ≒ 20 \text{ kW}$

정답　17. ①　18. ②　19. ③　20. ②

제2과목 : 기계열역학

21 피스톤-실린더로 구성된 용기 안에 이상기체 공기 1 kg이 400K, 200 kPa 상태로 들어있다. 이 공기가 300K의 충분히 큰 주위로 열을 빼앗겨 온도가 양쪽 다 300K가 되었다. 그 동안 압력은 일정하다고 가정하고, 공기의 정압비열은 1.004 kJ/(kg·K)일 때 공기와 주위를 합친 총 엔트로피 증가량은 약 몇 kJ/K인가?

① 0.0229 ② 0.0458
③ 0.1674 ④ 0.3347

풀이

① 공기의 엔트로피 변화량

$$dS = \frac{\delta Q}{T} = mC_p \frac{dT}{T}$$

$$\Rightarrow S_2 - S_1 = mC_p \ln \frac{T_2}{T_1}$$

$$= 1 \times 1.004 \times \ln \frac{300}{400} = -0.289 \text{ kJ/K}$$

② 주위의 엔트로피 변화량

$$Q_{12} = mC_p(T_2 - T_1)$$

$$= 1 \times 1.004 \times (300 - 400) = -100.4 \text{ kJ}$$

$$\Rightarrow \Delta S = \frac{-Q_{12}}{T} = \frac{100.4}{300} = 0.335 \text{ kJ/K}$$

∴ 총 엔트로피 변화량은   ① + ②
$$= 0.046 \text{ kJ/K}$$

22 질량이 4 kg인 단열된 강재용기 속에 온도 25℃의 물 18 L가 들어가 있다. 이 속에 200℃의 물체 8 kg을 넣었더니 열평형에 도달하여 온도가 30℃가 되었다. 물의 비열은 4.187 kJ/(kg·K)이고, 강재의 비열은 0.4648 kJ/(kg·K)일 때 이 물체의 비열은 약 몇 kJ/(kg·K)인가? (단, 외부와의 열교환은 없다고 가정한다.)

① 0.244 ② 0.267
③ 0.284 ④ 0.302

풀이

$$Q_{평형} = mC\Delta T$$

$$Q_{방열량} = 8\,C_{물체}(200-30) = Q_{흡열량}$$

$$= 18 \times 4.187(30-25) + 4 \times 0.4648(30-25)$$

$$\therefore C_{물체} = 0.284 \text{ kJ/kg·K}$$

23 체적이 200 L인 용기속에 기체가 3 kg 들어있다. 압력이 1 MPa, 비내부에너지가 219 kJ/kg일 때 비엔탈피는 약 몇 kJ/kg인가?

① 286 ② 258
③ 419 ④ 442

풀이

$$h = u + pv$$

$$\Rightarrow h = 219 + 1000 \times 200 \times 10^{-3} \div 3$$

$$= 286 \text{ kJ/kg}$$

24 100 kPa의 대기압하에서 용기 속 기체의 진공압이 15 kPa이었다. 이 용기 속 기체의 절대압력은 약 몇 kPa인가?

① 85 ② 90
③ 95 ④ 115

풀이

$$p_{abs} = p_{atm} \pm p_{gauge}$$

$$\Rightarrow p_{abs} = 100\,kPa - 15\,kPa = 85\,kPa$$

25 물질이 액체에서 기체로 변해가는 과정과 관련하여 다음 설명 중 옳지 않은 것은?

① 물질의 포화온도는 주어진 압력하에서 그 물질의 증발이 일어나는 온도이다.
② 물의 포화온도가 올라가면 포화압력도 올라간다.
③ 액체의 온도가 현재압력에 대한 포화온도보다 낮을 때 그 액체를 압축액 또는

정답 21. ② 22. ③ 23. ① 24. ① 25. ④

과냉각 액이라 한다.
④ 어떤 물질이 포화온도 하에서 일부는 액체로 존재하고 일부는 증기로 존재할 때, 전체질량에 대한 액체질량의 비를 건도로 정의한다.

풀이
어떤 물질이 포화온도 하에서 일부는 액체로 존재하고 일부는 증기로 존재할 때, 전체질량에 대한 건포화증기 질량의 비를 건도로 정의한다.

26 열기관이 1100K인 고온열원으로부터 1000 kJ의 열을 받아서 온도가 320K인 저온열원에서 600 kJ의 열을 방출한다고 한다. 이 열기관이 클라우지우스 부등식($\oint \frac{\delta Q}{T} \leq 0$)을 만족하는지 여부와 동일온도 범위에서 작동하는 카르노열기관과 비교하여 효율은 어떠한가?

① 클라우지우스 부등식을 만족하지 않고, 이론적인 카르노열기관과 효율이 같다.
② 클라우지우스 부등식을 만족하지 않고, 이론적인 카르노열기관보다 효율이 크다.
③ 클라우지우스 부등식을 만족하고, 이론적인 카르노열기관과 효율이 같다.
④ 클라우지우스 부등식을 만족하고, 이론적인 카르노열기관보다 효율이 작다.

풀이
$\eta = \frac{W}{Q_1} = 1 - \frac{Q_2}{Q_1} = \left(1 - \frac{600}{1000}\right) \times 100 = 40\%$
$\eta_c = \frac{W}{Q_H} = 1 - \frac{Q_L}{Q_H} = 1 - \frac{T_L}{T_H} = 70.9\% > 40\%$
이므로 부등식을 만족한다.

27 공기 1 kg을 1 MPa, 250℃의 상태로부터 등온과정으로 0.2 MPa까지 압력변화를 할 때 외부에 대하여 한 일은 약 몇 kJ인가? (단, 공기는 기체상수가 0.287 kJ/(kg·K)인 이상기체이다.)

① 157　② 242
③ 313　④ 465

풀이
$w_{12} = p_1 v_1 \ln \frac{v_2}{v_1} = p_1 v_1 \ln \frac{p_1}{p_2}$
$= RT \ln \frac{p_1}{p_2} = RT \ln \frac{v_2}{v_1}$
$\Rightarrow W_{12} = mRT \ln \frac{p_1}{p_2}$
$= 1 \times 0.287 \times (250 + 273.15) \times \ln \frac{1000}{200}$
$= 241.65$ kJ

28 정압비열이 0.8418 kJ/(kg·K)이고, 기체상수가 0.1889 kJ/(kg·K)인 이상기체의 정적비열은 약 몇 kJ/(kg·K)인가?

① 4.456　② 1.220
③ 1.031　④ 0.653

풀이
$C_p - C_v = R$
$\Rightarrow C_v = C_p - R = 0.8418 - 0.1889$
$= 0.6529$ kJ/kg·K

29 다음 열역학성질(상태량)에 대한 설명 중 옳은 것은?

① 엔탈피는 점함수(point function)다.
② 엔트로피는 비가역과정에 대해서 경로함수이다.
③ 시스템 내 기체가 열평형(thermal equilibrium)상태라 함은 압력이 시간에 따라 변하지 않는 상태를 말한다.
④ 비체적은 종량적(extensive) 상태량이다.

풀이
엔탈피는 상태가 결정되면 상수 값이 되는 점함수(point function)이다.

기출문제

30 위치에너지의 변화를 무시할 수 있는 단열노즐 내를 흐르는 공기의 출구속도가 600 m/s이고 노즐출구에서의 엔탈피가 입구에 비해 179.2 kJ/kg 감소할 때 공기의 입구속도는 약 몇 m/s인가?

① 16　　　② 40
③ 225　　　④ 425

풀이

$$q_{12} + h_1 + \frac{w_1^2}{2} + gz_1 = h_2 + \frac{w_2^2}{2} + gz_2 + W_{12}$$

$$\Rightarrow h_1 + \frac{w_1^2}{2} = h_2 + \frac{w_2^2}{2}$$

$$\Rightarrow h_1 + \frac{w_1^2}{2} = (h_1 - 172.9) \times 1000 + \frac{600^2}{2}$$

$$\therefore w_1 = 40 \, m/s$$

31 압축비가 7.5이고, 비열비가 1.4인 이상적인 오토 사이클의 열효율은 약 몇 %인가?

① 55.3　　　② 57.6
③ 48.7　　　④ 51.2

풀이

$$\eta_{th\,O} = 1 - \left(\frac{1}{\epsilon}\right)^{k-1} = 1 - \left(\frac{1}{7.5}\right)^{1.4-1} = 55.3\%$$

32 엔트로피에 관한 설명 중 옳지 않은 것은?

① 열역학 제 2법칙과 관련한 개념이다.
② 우주전체의 엔트로피는 증가하는 방향으로 변화한다.
③ 엔트로피는 자연현상의 비가역성을 측정하는 척도이다.
④ 비가역현상은 엔트로피가 감소하는 방향으로 일어난다.

풀이

엔트로피는 열역학 제 2 법칙에서 정의한 무효에너지의 열역학적인 계산이며 비가역성을 측정하는 척도이고 자연계에서는 항상 증가하는 방향으로 발생한다. 또한, 비가역현상은 엔트로피가 증가하는 방향으로 진행된다.

33 산소(O_2) 4 kg, 질소(N_2) 6 kg, 이산화탄소(CO_2) 2 kg으로 구성된 기체혼합물의 기체상수 (kJ/(kg·K))는 약 얼마인가?

① 0.328　　　② 0.294
③ 0.267　　　④ 0.241

풀이

전체질량은 12kg, 혼합가스는 4/12×32 + 6/12×28 + 2/12×44 = 32 kg/kmol

$\overline{R} = MR = C$ = 8.3143 [kJ/kmol·K]

$\Rightarrow 8.3143 = 32R \quad \therefore R = 0.26$ [kJ/kg·K]

34 비열이 0.475 kJ/(kg·K)인 철 10 kg을 20℃에서 80℃로 올리는데 필요한 열량은 몇 kJ인가?

① 222　　　② 252
③ 285　　　④ 315

풀이

$Q = mC\Delta T = 10 \times 0.475 \times 60 = 285\,kJ$

35 효율이 30%인 증기동력 사이클에서 1 kW의 출력을 얻기 위하여 공급되어야 할 열량은 약 몇 kW인가?

① 1.25　　　② 2.51
③ 3.33　　　④ 4.60

풀이

$$\eta = \frac{단위시간당의\ 정미일량}{공급연료의\ 발열량} = \frac{\dot{W}}{\dot{Q}}$$

$$\Rightarrow 30 = \frac{동력[kW]}{공급열량} \times 100$$

$$\Rightarrow 공급열량 = \frac{1}{0.3} = 3.33\,kW$$

정답 30. ②　31. ①　32. ④　33. ③　34. ③　35. ③

36 실린더내부의 기체압력을 150 kPa로 유지하면서 체적을 0.05 m³에서 0.1 m³까지 증가시킬 때 실린더가 한 일은 약 몇 kJ인가?

① 1.5 ② 15
③ 7.5 ④ 75

풀이

$$W = \int_1^2 p\,dV$$
$$\Rightarrow W = p(V_2 - V_1)$$
$$= 150 \times (0.1 - 0.05) = 7.5 \text{ kJ}$$

37 4 kg의 공기를 압축하는데 300 kJ의 일을 소비함과 동시에 110 kJ의 열량이 방출되었다. 공기온도가 초기에는 20℃이었을 때 압축후의 공기온도는 약 몇 ℃인가? (단, 공기는 정적비열이 0.716 kJ/(kg·K)인 이상기체로 간주한다.)

① 78.4 ② 71.7
③ 93.5 ④ 86.3

풀이

$$Q = U + W$$
$$\Rightarrow \triangle Q = \triangle U + \triangle W$$
$$\Rightarrow -110 = \triangle U - 300$$
$$\Rightarrow \triangle U = 190 \text{ kJ}$$
$$du = C_v dT$$
$$\Rightarrow \triangle U = m C_v \triangle T$$
$$\Rightarrow 190 = 4 \times 0.716 \times (T_2 - 293.15)$$
$$\therefore T_2 = 86.3℃$$

38 그림의 증기압축 냉동사이클(온도(T) – 엔트로피(s) 선도)이 열펌프로 사용될 때의 성능계수는 냉동기로 사용될 때의 성능계수의 몇 배인가? (단, 각 지점에서의 엔탈피는 $h_1 = 180 \text{kJ/kg}$, $h_2 = 210 \text{kJ/kg}$, $h_3 = h_4 = 50 \text{kJ/kg}$이다.)

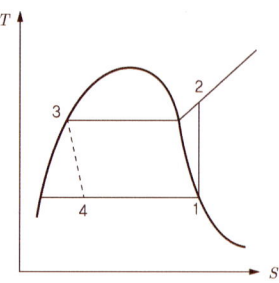

① 0.81 ② 1.23
③ 1.63 ④ 2.12

풀이

$$COP_R = \frac{q_L}{q_H - q_L} = \frac{q_L}{w_c}$$
$$= \frac{h_1 - h_4}{h_2 - h_1} = \frac{180 - 50}{210 - 180} = 4.33$$

$$COP_H = \frac{q_H}{q_H - q_L} = \frac{q_H}{w_c} = 1 + COP_R$$
$$= 1 + 4.33 = 5.33$$

$$\therefore \frac{COP_H}{COP_R} = 1.23$$

39 폴리트로프 지수가 1.33인 기체가 폴리트로프 과정으로 압력이 2배가 되도록 압축된다면 절대온도는 약 몇 배가 되는가?

① 1.19배 ② 1.42배
③ 1.85배 ④ 2.24배

풀이

$$\frac{T_2}{T_1} = \left(\frac{p_2}{p_1}\right)^{\frac{n-1}{n}} = \left(\frac{v_1}{v_2}\right)^{n-1}$$
$$\Rightarrow \frac{T_2}{T_1} = \left(\frac{p_2}{p_1}\right)^{\frac{n-1}{n}} = (2)^{\frac{0.33}{1.33}} = 1.19$$

40 그림과 같은 압력(P) – 부피(V) 선도에서 $T_1 = 561K$, $T_2 = 1010K$, $T_3 = 690K$, $T_4 = 383K$인 공기(정압비열 1 kJ/kg·K)를 작동유

정답 36. ③ 37. ④ 38. ② 39. ① 40. ③

체로 하는 이상적인 브레이턴 사이클(Brayton cycle)의 열효율은?

① 0.388 ② 0.444
③ 0.316 ④ 0.412

풀이

$$\eta_{th\,B} = 1 - \frac{\text{정압 방열량}}{\text{정압 가열량}}$$
$$= 1 - \frac{C_p(T_3 - T_4)}{C_p(T_2 - T_1)}$$
$$= 1 - \frac{690 - 383}{1010 - 561} \fallingdotseq 0.316$$

제3과목 : 기계유체역학

41 다음 물리량을 질량, 길이, 시간의 차원을 이용하여 나타내고자 한다. 이 중 질량의 차원을 포함하는 물리량은?

㉠ 속도 ㉡ 가속도
㉢ 동점성계수 ㉣ 체적탄성계수

① ㉠ ② ㉡
③ ㉢ ④ ㉣

풀이

④ ㉣ 체적탄성계수 $K = \frac{1}{\beta} = -V\frac{dp}{dV}$

$[\text{Pa} = \text{N/m}^2 = \text{kg} \cdot \text{m/s}^2/\text{m}^2]$

42 안지름이 50 cm인 원관에 물이 2 m/s의 속도로 흐르고 있다. 역학적상사를 위해 관성력과 점성력만을 고려하여 $\frac{1}{5}$로 축소된 모형에서 같은 물로 실험할 경우 모형에서의 유량은 약 몇 L/s인가? (단, 물의 동점성계수는 1×10^{-6} ㎡/s이다.)

① 34 ② 79
③ 118 ④ 256

풀이

$Re = \frac{\rho VL}{\mu} = \frac{Vd}{\nu} \Rightarrow V_P\,d_P = V_m\,d_m$

$\Rightarrow 2 \times 50 = V_m \times 10$

$\Rightarrow V_m = 10$ m/s

$\dot{Q}_m = A_m V_m = \frac{\pi}{4} \times 0.1^2 \times 10 = 0.0785$ m³/s

$= 78.5\,L/s$

43 안지름이 각각 2 cm, 3 cm인 두 파이프를 통하여 속도가 같은 물이 유입되어 하나의 파이프로 합쳐져서 흘러나간다. 유출되는 속도가 유입속도와 같다면 유출파이프의 안지름은 약 몇 cm인가?

① 3.61 ② 4.24
③ 5.00 ④ 5.85

풀이

$\dot{Q} = A_1 V_1 + A_2 V_2 = A_3 V_3$ ...... ①

문제의 조건에서 $V_1 = V_2 = V_3 = V$ 이므로

① 식에서 $\frac{\pi}{4} \times 2^2 + \frac{\pi}{4} \times 3^2 = \frac{\pi}{4} \times D^2$

$\therefore D = 3.61$ cm

44 수두차를 읽어 관내유체의 속도를 측정할 때 U자관(U tube) 액주계 대신 역 U자관(inverted U tube) 액주계가 사용되었다면 그 이유로 가장 적절한 것은?

① 계기유체(gauge fluid)의 비중이 관내

유체보다 작기 때문에
② 계기유체(gauge fluid)의 비중이 관내 유체보다 크기 때문에
③ 계기유체(gauge fluid)의 점성계수가 관내유체보다 작기 때문에
④ 계기유체(gauge fluid)의 점성계수가 관내유체보다 크기 때문에

풀이
① 관내의 유체보다 가벼워야(비중이 작아야) 압력차를 볼 수 있으므로

45 60 N의 무게를 가진 물체를 물속에서 측정하였을 때 무게가 10 N이었다. 이 물체의 비중은 약 얼마인가? (단, 물속에서 측정할 시 물체는 완전히 잠겼다고 가정한다.)

① 1.0　　② 1.2
③ 1.4　　④ 1.6

풀이
$\sum F_y = 0$
$\Rightarrow F_D + F_B - W = 0$
$\Rightarrow 10 + F_B - 60 = 0 \Rightarrow F_B = 50\,\text{N}$
$F_B = 50\,\text{N} = \gamma_w V_B = 9800 \times V_B$
$\Rightarrow V_B = 0.0051\,\text{m}^3$

물체무게(W) $= 60\text{N} = \gamma_B V_B = s_{물체} \gamma_w V_B$
$\therefore s_{물체} = \dfrac{60}{\gamma_w V_B} = \dfrac{60}{9800 \times 0.0051} = 1.2$

46 원관내 완전발달 층류유동에 관한 설명으로 옳지 않은 것은?

① 관 중심에서 속도가 가장 크다.
② 평균속도는 관 중심속도의 절반이다.
③ 관 중심에서 전단응력이 최대값을 갖는다.
④ 전단응력은 반지름 방향으로 선형적으로 변화한다.

풀이
③ 전단응력이 최대인 위치는 벽면이다.

47 경계층의 박리(separation)가 일어나는 주 원인은?

① 압력이 증기압 이하로 떨어지기 때문에
② 유동방향으로 밀도가 감소하기 때문에
③ 경계층 두께가 0으로 수렴하기 때문에
④ 유동과정에서 역 압력구배가 발생하기 때문에

풀이
박리(separation)현상은 역 압력구배가 발생하기 때문이다.

48 극좌표계(r, θ)로 표현되는 2차원 퍼텐셜유동(potential flow)에서 속도퍼텐셜(velocity potential, ϕ)이 다음과 같을 때 유동함수(stream function, Ψ)로 가장 적절한 것은? (단, A, B, C는 상수이다.)

$$\phi = A \ln r + Br\cos\theta$$

① $\Psi = \dfrac{A}{r} \cos\theta + Br\sin\theta + C$
② $\Psi = \dfrac{A}{r} \sin\theta - Br\cos\theta + C$
③ $\Psi = A\theta + Br\sin\theta + C$
④ $\Psi = A\theta - Br\cos\theta + C$

풀이
극 좌표계에 대한 stream function과 velocity potential
$\Psi(r, \theta, t), \quad V_r = -\dfrac{1}{r}\dfrac{\partial \psi}{\partial \theta}, \quad V_\theta = -\dfrac{\partial \psi}{\partial \theta}$
문제의 조건에서 2차원 potential flow
$\phi = A \ln r + Br \cos\theta$
$\Rightarrow \dfrac{\partial \phi}{\partial r} = A\dfrac{1}{r} + B\cos\theta$

정답　45. ②　46. ③　47. ④　48. ③

$$\Rightarrow -\frac{\partial \phi}{\partial r} = -A\frac{1}{r} - B\cos\theta = -\frac{1}{r}\frac{\partial \psi}{\partial \theta}$$

$$\Rightarrow \frac{\partial \psi}{\partial \theta} = A + Br\cos\theta$$

$$\Rightarrow \partial \psi = (A + Br\cos\theta)\partial \theta$$

$$\Rightarrow \Psi = A\theta + Br\sin\theta + C$$

49 2차원 속도장이 다음 식과 같이 주어졌을 때 유선의 방정식은 어느 것인가? (단, 직각 좌표계에서 u, v는 x, y 방향의 속도성분을 나타내며 C는 임의의 상수이다.)

$$u = x,\ v = -y$$

① $xy = C$ ② $\dfrac{x}{y} = C$

③ $x^2y = C$ ④ $xy^2 = C$

[풀이]

$$\frac{dx}{u} = \frac{dy}{v} \Rightarrow \frac{dx}{x} = \frac{dy}{-y}$$

$$\Rightarrow \frac{dx}{x} + \frac{dy}{y} = 0 \Rightarrow \ln x + \ln y = \ln C$$

$$\Rightarrow xy = C$$

50 지름 2 mm인 구가 밀도 0.4 kg/m³, 동점성계수 1.0×10^{-4} m²/s인 기체 속을 0.03 m/s로 운동한다고 하면 항력은 약 몇 N인가?

① 2.26×10^{-8} ② 3.52×10^{-7}

③ 4.54×10^{-8} ④ 5.86×10^{-7}

[풀이]

$$Re_x = \frac{\rho u_\infty x}{\mu} = \frac{u_\infty x}{\nu}$$

$$= \frac{0.03 \times 0.002}{1 \times 10^{-4}} = 0.6 \quad < 1 \quad \Leftarrow Re < 1$$

Stoke's 의 법칙으로부터 항력은

$$F_D = 3\pi\mu VD$$

$$= 3\pi \times 0.4 \times 1.0 \times 10^{-4} \times 0.03 \times 0.002$$

$$= 2.26 \times 10^{-8} = 2.26 \times 10^{-8} \text{ N}$$

51 물 펌프의 입구 및 출구의 조건이 아래와 같고 펌프의 송출유량이 0.2 m³/s이면 펌프의 동력은 약 몇 kW인가? (단, 손실은 무시한다.)

> 입구 : 계기압력 –3 kPa, 안지름 0.2 m, 기준면으로부터 높이 +2m
>
> 출구 : 계기압력 250 kPA, 안지름 0.15 m, 기준면으로부터 높이 +5m

① 45.7   ② 53.5
③ 59.3   ④ 65.2

[풀이]

$$\dot{Q} = A_1 V_1 = A_2 V_2$$

$$\Rightarrow V_1 = \frac{\dot{Q}}{A_1} = \frac{4 \times 0.2}{\pi \times 0.2^2} = 6.37 \text{ m/s}$$

$$\Rightarrow V_2 = \frac{\dot{Q}}{A_2} = \frac{4 \times 0.2}{\pi \times 0.15^2} = 11.32 \text{ m/s}$$

$$\frac{p_1}{\gamma} + \frac{V_1^2}{2g} + z_1 + H_P = \frac{p_2}{\gamma} + \frac{V_2^2}{2g} + z_2$$

$$\Rightarrow H_P = \frac{p_2 - p_1}{\gamma} + \frac{V_2^2 - V_1^2}{2g} + (z_2 - z_1)$$

$$= \frac{(250 + 3)}{9800} \times 10^{-3} + \frac{(11.32^2 - 6.37^2)}{2 \times 9.8}$$

$$+ (5 - 2) = 33.284 \text{ m}$$

$$\therefore P_P = \gamma H_P Q$$

$$= (9800 \times 33.284 \times 0.2) \times 10^{-3}$$

$$= 65.2 \text{ kW}$$

52 그림과 같이 용기에 물과 휘발유가 주입되어 있을 때, 용기 바닥면에서의 게이지압력은 약 몇 kPa인

가? (단, 휘발유의 비중은 0.7이다.)

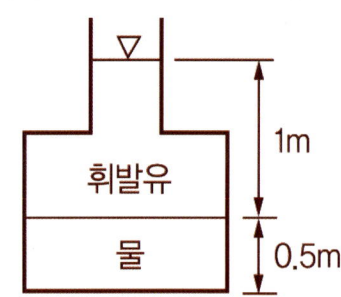

① 1.59   ② 3.64
③ 6.86   ④ 11.77

풀이

$p_{gauge} = p_{바닥면} = \gamma h = 9800\,sh$
$= (9800 \times 0.7 \times 1 + 9800 \times 1 \times 0.5) \times 10^{-3}$
$= 11.76\ kPa$

53 온도 25°C인 공기에서의 음속은 약 몇 m/s인가? (단, 공기의 비열비는 1.4, 기체상수는 287 J/(kg·K)이다.)

① 312   ② 346
③ 388   ④ 433

풀이

$C = \sqrt{\dfrac{kp}{\rho}} = \sqrt{kRT}$
$= \sqrt{1.4 \times 287 \times (25+273)} = 346.1\ m/s$

54 다음 그림에서 벽 구멍을 통해 분사되는 물의 속도(V)는? (단, 그림에서 S는 비중을 나타낸다.)

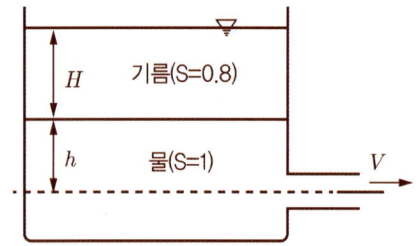

① $\sqrt{2gH}$
② $\sqrt{2g(H+h)}$
③ $\sqrt{2g(0.8H+h)}$
④ $\sqrt{2g(H+0.8h)}$

풀이

$\dfrac{p_1}{\gamma} + \dfrac{V_1^2}{2g} + 0.8H + h = \dfrac{p_2}{\gamma} + \dfrac{V^2}{2g}$

⇨ $0.8H + h = \dfrac{V^2}{2g}$

⇨ $V = \sqrt{2g(0.8H+h)}$

55 정지유체 속에 잠겨있는 평면이 받는 힘에 관한 내용 중 틀린 것은?

① 깊게 잠길수록 받는 힘이 커진다.
② 크기는 도심에서의 압력에 전체면적을 곱한 것과 같다.
③ 수평으로 잠긴 경우, 압력중심은 도심과 일치한다.
④ 수직으로 잠긴 경우, 압력중심은 도심보다 약간 위쪽에 있다.

풀이

④ 수직으로 잠긴 경우, 압력중심은 도심보다 $\dfrac{I_{도심}}{A\,h_c}$ 만큼 아래쪽에 있다.

56 안지름 0.1 m의 물이 흐르는 관로에서 관 벽의 마찰손실수두가 물의 속도수두와 같다면 그 관로의 길이는 약 몇 m인가? (단, 관마찰계수는 0.03이다.)

① 1.58   ② 2.54
③ 3.33   ④ 4.52

풀이

$h_L = f\dfrac{L}{d}\dfrac{V^2}{2g}$

⇨ 문제의 의미에서

정답 53. ② 54. ③ 55. ④ 56. ③

$$h_L = \frac{V^2}{2g} \quad \therefore L = \frac{d}{f} = \frac{0.1}{0.03} = 3.33 \text{ m}$$

57 시속 800 km의 속도로 비행하는 제트기가 400 m/s의 상대속도로 배기가스를 노즐에서 분출할 때의 추진력은? (단, 이때 흡기량은 25 kg/s이고, 배기되는 연소가스는 흡기량에 비해 2.5% 증가하는 것으로 본다.)

① 3922 N ② 4694 N
③ 4875 N ④ 6346 N

풀이
$F_{th} = \rho Q(V_2 - V_1) = \rho AV(V_2 - V_1)$
문제의 조건에서
$m = \rho AV = 25 \text{ kg/s}, \quad V_2 = 400 \text{ m/s},$
$V_1 = 800 \text{ km/h} = \frac{800 \times 1000}{3600} = 222.2 \text{ m/s}$
$F_{th} = 25 \times (400 \times 1.025 - 222.2) = 4694.4 \text{ N}$

58 지름 200 mm 원형관에 비중 0.9, 점성계수 0.52 poise인 유체가 평균속도 0.48 m/s로 흐를 때 유체흐름의 상태는? (단, 레이놀즈 수(Re)가 2100 ≤ Re ≤ 4000 일 때 천이구간으로 한다.)

① 층류 ② 천이
③ 난류 ④ 맥동

풀이
$\mu = 0.52 \text{ poise} =$
$0.52 \text{ dyne} \cdot s/cm^2 = 0.52 \times 10^{-5} \times 10^4 \text{ N} \cdot s/m^2$

$Re = \frac{\rho VL}{\mu} = \frac{\rho Vd}{\mu}$
$= \frac{0.9 \times 1000 \times 0.48 \times 0.2}{0.052}$
$= 1661.5 < 2100$

$\therefore$ 층류

59 다음 4가지의 유체중에서 점성계수가 가장 큰 뉴턴유체는?

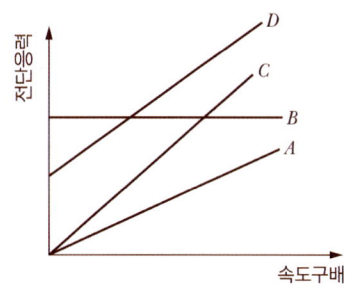

① A ② B ③ C ④ D

풀이
$\tau = \mu \frac{du}{dy}$ ③ C : 기울기가 가장 크다.

60 함수 $f(a, V, t, \nu, L) = 0$을 무차원변수로 표시하는데 필요한 독립무차원수 π는 몇 개인가? (단, a는 음속, V는 속도, t는 시간, ν는 동점성계수, L은 특성길이이다.)

① 1 ② 2
③ 3 ④ 4

풀이
무 차원 항의 총수
= 독립적 물리량의 총수 − 기본차원의 총수
$\therefore 5 - 2 = 3$개

제4과목 : 기계재료 및 유압기기

61 금속을 소성가공 할 때에 냉간가공과 열간가공을 구분하는 온도는?

① 변태온도 ② 단조온도
③ 재결정온도 ④ 담금질온도

풀이
재결정온도 : 냉간가공, 열간가공 등에서 소성변형을 일

정답 57. ② 58. ① 59. ③ 60. ③ 61. ③

으킨 결정이 가열되면 내부응력이 서서히 감소되어 변형이 잔류하고 있는 원래의 결정입자에서 내부변형이 없는 새로운 결정의 핵이 발생하고, 이것이 차츰 성장하여 원래의 결정입자와 대치되어 가는 현상을 재결정이라 하고 이때 필요한 온도를 재결정온도라고 한다.
냉간(상온)가공(cold working) : 재결정온도 이하에서 가공
열간(고온)가공(hot working) : 재결정온도 이상에서 가공

62 0℃ 이하의 온도로 냉각하는 작업으로 강의 잔류 오스테나이트를 마텐자이트로 변태시키는 것을 목적으로 하는 열처리는?

① 마퀜칭 ② 마템퍼링
③ 오스포밍 ④ 심랭처리

풀이
심냉처리(sub-zero treatment) 담금질 후 경도 증가, 시효변형을 방지하기 위하여 0℃ 이하의 온도로 냉각하면 잔류 오스테나이트를 마텐자이트로 만드는 처리를 심냉처리라 한다.
특히, 스테인리스강에서의 기계적성질 개선과 조직안정화와 게이지강에서의 자연시효 및 경도증대를 위해 실시한다.
〈심냉처리의 목적〉
1. 공구강의 경도증대 및 성능이 향상되고 강을 강인하게 만든다.
2. 게이지 등 정밀기계부품의 조직을 안정화시키고, 형상 및 치수의 변형을 방지한다.
3. 스테인리스강에서의 기계적성질을 개선시킴.

63 60~70% Ni에 Cu를 첨가한 것으로 내열·내식성이 우수하므로 터빈날개, 펌프임펠러 등의 재료로 사용되는 합금은?

① Y 합금 ② 모넬메탈
③ 콘스탄탄 ④ 문쯔메탈

풀이
모넬메탈(monel metal) : Ni(65-70%) + Fe(1-3%)

+Cu(나머지)계 합금. 구리와 니켈로 이루어진 합금의 하나로 소량의 철, 망가니즈, 규소등이 함유된 자연합금으로 내식성이 크고, 강도가 높아 각종 화학기계, 열기관 등에 이용된다.

64 다음 조직 중 경도가 낮은 것은?

① 페라이트 ② 마텐자이트
③ 시멘타이트 ④ 트루스타이트

풀이
담금질조직의 경도순서 M〉T〉S〉P〉A〉F
마텐자이트(600) 〉 트루스타이트(400) 〉 소르바이트(230) 〉 펄라이트(200) 〉 오스테나이트(150) 〉 페라이트(100)

65 다음 금속 중 자기변태점이 가장 높은 것은?

① Fe ② Co
③ Ni ④ Fe_3C

풀이
Fe : 768°C, A_2 변태, 순철(α 철)이나 α 고용체에 생기는 자기변태
Co : 1160°C
Ni : 358°C
Fe_3C : 강 속에서 생성되는 금속간 화합물인 탄화철

66 켈밋합금(kelmet alloy)의 주요성분으로 옳은 것은?

① Pb-Sn ② Cu-Pb
③ Sn-Sb ④ Zn-Al

풀이
켈밋합금은 베어링용 청동으로 Cu에 Pb(8~42%)를 첨가한 합금이며 고속회전용 베어링, 광산기계 등에 사용한다.

정답 62. ④ 63. ② 64. ① 65. ② 66. ②

기출문제

67 저탄소강 기어(gear)의 표면에 내마모성을 향상시키기 위해 붕소(B)를 기어표면에 확산 침투시키는 처리는?

① 세러다이징(sherardizing)
② 아노다이징(anodizing)
③ 보로나이징(boronizing)
④ 칼로라이징(calorizing)

풀이
금속침투법
① 세라다이징(Sheradizing : Zn 침투법)
② 크로마이징(Chromizing : Cr 침투법)
③ 칼로라이징(Calorizing : 알리티어링, Al 침투법)
④ 실리코나이징(Siliconizing : Si 침투법)
⑤ 보로나이징(Boronizing : B 침투법)

아노다이징(Anodizing)은 양극산화법으로 알루미늄의 표면 후처리 방식으로 전해액에서 양극(Anode)으로 하고, 통전하면 양극에 발생하는 산소에 의해서 알루미늄면이 산화(Oxidizing)되어 산화알루미늄(Al_2O_3)의 피막이 생기는데 이 피막은 단단하고 내식성이, 내마모성, 장식성 등이 좋다.

68 금속에서 자유도(F)를 구하는 식으로 옳은 것은? (단, 압력은 일정하며, C : 성분, P : 상의 수이다.)

① F=C−P+1
② F=C+P+1
③ F=C−P+2
④ F=C+P+2

풀이
Gibbs의 상률 : 평형상태에서 상의 수와 화학성분의 수로 자유도를 나타내는 규칙 문제의 조건은 압력이 일정하므로 F=C−P+N ⇨ F=C−P+1 이다.

69 산화알루미나(Al_2O_3) 등을 주성분으로 하며 철과 친화력이 없고, 열을 흡수하지 않으므로 공구를 과열시키지 않아 고속 정밀가공에 적합한 공구의 재질은?

① 세라믹
② 인코넬
③ 고속도강
④ 탄소공구강

풀이
세라믹(ceramics) 공구
장점 : 내마모성이 좋고 열팽창률이 적으며 고온에서 높은 경도
단점 : 진동에 약하고, 초경합금 보다 충격에 약함
① Al_2O_3를 주성분으로 소결시켜 제작
② 고온경도가 높고 내마멸성이 우수(980℃)
③ 고속절삭 시 구성인선이 생기지 않아 가공면이 좋다.
④ 절삭열에 의한 냉각제를 사용하지 않는다.

70 구상흑연 주철을 제조하기 위한 접종제가 아닌 것은?

① Mg
② Sn
③ Ce
④ Ca

풀이
구상흑연주철(nodular cast iron ; ductile castiron)은 불순물 특히 황(S)이 적은 선철을 녹여 Ce 나 Ca, Mg을 첨가하고 다시 페로실리콘(Fe−Si)을 첨가해 흑연을 구슬모양으로 만들어 강인성을 향상시킨 주철.

71 유압펌프에 있어서 체적효율이 90%이고 기계효율이 80%일 때 유압펌프의 전 효율은?

① 90%
② 88.8%
③ 72%
④ 23.7%

풀이
유압펌프의 전효율
η = 체적효율 × 기계효율 = $\eta_v \times \eta_m$
= $0.9 \times 0.8 = 0.72 = 72\%$

72 다음 유압기호는 어떤 밸브의 상세기호인가?

정답 67. ③ 68. ① 69. ① 70. ② 71. ③ 72. ②

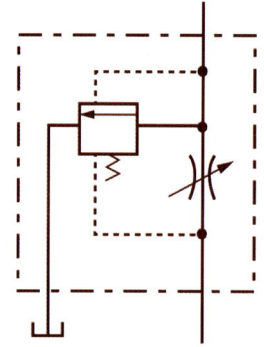

① 직렬형 유량조정 밸브
② 바이패스형 유량조정 밸브
③ 체크밸브 붙이 유량조정 밸브
④ 기계조작 가변 교축밸브

풀이

바이패스형 유량조정 밸브는 오리피스와 스프링을 사용하여 유량을 제어하며, 과다유량을 탱크로 바이패스시켜 압력차를 일정하게 유지시키는 역할.

73 두 개의 유입관로의 압력에 관계없이 정해진 출구 유량이 유지되도록 합류하는 밸브는?

① 집류밸브 ② 셔틀밸브
③ 적층밸브 ④ 프리필밸브

풀이

① 집류밸브 : 두 개의 관로의 압력에 관계없이 소정의 출구유량이 유지되도록 합류하는 밸브
② 셔틀밸브 : 고압측과 자동적으로 접속되고, 동시에 저압측 포트를 막아 항상 고압측의 유압유만 통과시키는 전환밸브
③ 적층밸브 : 모듈러 밸브라고도 하며 각각의 기능을 가진 밸브를 쌓아서 하나로 적층화한 집적식(적층식) 밸브
④ 프리필밸브 : 유압실린더와 탱크사이의 오일흡입·배출용 밸브

74 다음의 설명에 맞는 원리는?

> 정지하고 있는 유체 중의 압력은 모든 방향에 대하여 같은 압력으로 작용한다.

① 보일의 원리
② 샤를의 원리
③ 파스칼의 원리
④ 아르키메데스의 원리

풀이

파스칼의 원리
밀폐된 용기 속에서 정지하고 있는 유체의 일부에 압력을 가할 때, 각 부분의 압력은 어느 면에서도 일정하다는 원리

75 유압펌프의 종류가 아닌 것은?

① 기어펌프   ② 베인펌프
③ 피스톤펌프   ④ 마찰펌프

풀이

유압펌프는 크게 나누어 ① 기어펌프, ② 베인펌프, ③ 액시얼 피스톤펌프 ④ 레이디얼 피스톤펌프로 분류한다.

76 그림과 같은 유압기호의 명칭은?

① 모터   ② 필터
③ 가열기   ④ 분류밸브

풀이

필터의 일반기호이다. 필터는 유압장치의 작동유 중의 불순물을 여과작용에 의해 제거하는 역할을 한다.

77 그림과 같은 유압회로도에서 릴리프 밸브는?

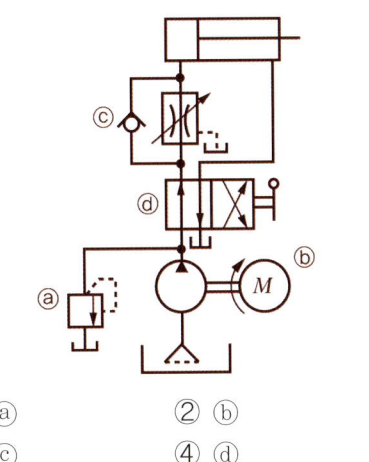

① ⓐ ② ⓑ
③ ⓒ ④ ⓓ

풀이
릴리프밸브 : 과도한 압력으로부터 시스템을 보호하는 안전밸브 역할, 최고 압력설정 값을 항상 일정하게 유지시켜주는 압력제어밸브.

78 다음 중 어큐뮬레이터 회로(accumulator circuit)의 특징에 해당되지 않는 것은?

① 사이클 시간단축과 펌프용량 저감
② 배관파손 방지
③ 서지압의 방지
④ 맥동의 발생

풀이
축압기(어큐뮬레이터)
① 유압에너지 축적
② 사이클 시간단축
③ 에너지 보조
④ 압력보상
⑤ 서지압력 방지
⑥ 충격압력 흡수
⑦ 유체의 맥동현상(서징현상) 흡수
⑧ 2차, 3차 유압회로 구동
⑨ 펌프대용 및 안전장치 역할
⑩ 인화성 액체수송

79 동일 축상에 2개 이상의 펌프 작용요소를 가지고, 각각 독립한 펌프작용을 하는 형식의 펌프는?

① 다단펌프
② 다련펌프
③ 오버센터 펌프
④ 가역회전형 펌프

풀이
① 다단펌프(staged pump) : 2개 이상의 펌프 작용 요소가 직렬로 작동하는 펌프
② 다련펌프(multiple pump) : 동일 축 상에 2개 이상의 펌프 작용요소를 가지고, 각각 독립 펌프작용을 하는 형식의 펌프
③ 오버센터 펌프(overcenter pump) : 구동축의 회전방향을 바꾸지 않고 흐름방향을 반전시키는 펌프
④ 가역회전형 펌프(reversible pump) : 구동축의 회전방향을 바꾸지 않고 흐름방향을 반전시키는 펌프

80 유압펌프에서 실제토출량과 이론토출량의 비를 나타내는 용어는?

① 펌프의 토크효율
② 펌프의 전효율
③ 펌프의 입력효율
④ 펌프의 용적효율

풀이
① 펌프의 토크효율 : 유압펌프의 축에 작용하는 이론적 토크와 실제로 작용하는 토크와의 비
② 펌프의 전효율 : 유압펌프가 축을 통해 받은 축 동력과 유압유에 준 유동력(oil power)의 비(유체출력과 축 입력의 비)
④ 펌프의 용적효율 : 체적효율, 유입되는 이론적 유량과 펌프로부터 송출된 실제유량의 비

제5과목 : 기계제작법 및 기계동력학

81 네 개의 가는막대로 구성된 정사각프레임이 있다.

막대 각각의 질량과 길이는 m과 b이고, 프레임은 ω의 각속도로 회전하고 질량중심 G는 v의 속도로 병진운동하고 있다. 프레임의 병진운동에너지와 회전운동에너지가 같아질 때 질량중심 G의 속도(v)는 얼마인가?

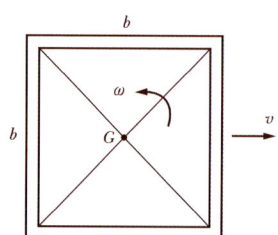

① $\dfrac{b\omega}{\sqrt{2}}$ ② $\dfrac{b\omega}{\sqrt{3}}$

③ $\dfrac{b\omega}{2}$ ④ $\dfrac{b\omega}{\sqrt{5}}$

풀이

문제의 조건에서 병진운동 E = 회전운동 E

$\Rightarrow \dfrac{1}{2}mv^2 = \dfrac{1}{2}J_0 \times \omega^2$ ……❶

사각프레임 1개 당

$J_0 = J_G + m\left(\dfrac{b}{2}\right)^2$

$\quad = \dfrac{mb^2}{12} + \dfrac{mb^2}{4} = \dfrac{mb^2}{3}$ 이므로

❶식에 대입하여

$\Rightarrow \dfrac{1}{2}\times 4m \times v^2 = \dfrac{1}{2}\times 4 \times \dfrac{mb^2}{3}\times \omega^2$

$\Rightarrow v^2 = \dfrac{b^2\omega^2}{3} \quad \Rightarrow v = \dfrac{b\omega}{\sqrt{3}}$

82 원판의 각속도가 5초 만에 0부터 1800 rpm까지 일정하게 증가하였다. 이 때 원판의 각가속도는 몇 rad/s² 인가?

① 360   ② 60
③ 37.7   ④ 3.77

풀이

각가속도 $\alpha = \dfrac{d\omega}{dt} = Const.$

$\alpha = \dfrac{\omega}{\Delta t} = \dfrac{\frac{2\pi N}{60}}{\Delta t} = \dfrac{\frac{2\pi \times 1800}{60}}{5}$

$\quad ≒ 37.7 \text{ rad/s}^2$

83 다음 그림은 시간(t)에 대한 가속도(a) 변화를 나타낸 그래프이다. 가속도를 시간에 대한 함수식으로 옳게 나타낸 것은?

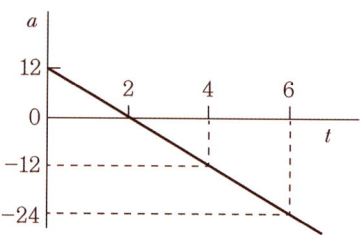

① $a = 12 - 6t$
② $a = 12 + 6t$
③ $a = 12 - 12t$
④ $a = 12 + 12t$

풀이

기울기 $= \dfrac{-24-0}{6-2} = -6$

$\Rightarrow$ 직선의 방정식은 $a = 12 - 6t$

84 공 A가 v_0의 속도로 그림과 같이 정지된 공 B와 C지점에서 부딪힌다. 두 공 사이의 반발계수가 1 이고 충돌각도가 θ일 때 충돌 후에 공 B의 속도의 크기는? (단, 두 공의 질량은 같고, 마찰은 없다고 가정한다.)

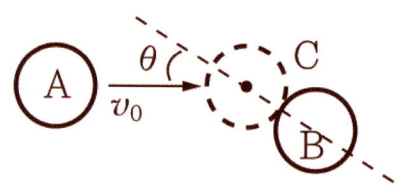

① $\dfrac{1}{2}v_0\sin\theta$ ② $\dfrac{1}{2}v_0\cos\theta$

③ $v_0\sin\theta$ ④ $v_0\cos\theta$

풀이
충돌후의 A의 진행방향은 점선과 수직방향이며 B의 진행방향은 점선방향(n)이다. 점선방향은 충격방향이며 선형운동량 보존식으로부터
$$m_A(v_A)_n + m_B(v_B)_n = m_A(v_{A'})_n + m_B(v_{B'})_n$$

● 문제의 의미에서 $m_A = m_B$, $(v_B)_n = 0$

$\Rightarrow (v_A)_n = (v_{A'})_n + (v_{B'})_n$ ············ ❶

● 반발계수 $e = \dfrac{(v_{B'})_n - (v_{A'})_n}{(v_A)_n - (v_B)_n} = 1$

$\Rightarrow (v_A)_n = (v_{B'})_n - (v_{A'})_n$ ············ ❷

❶과 ❷식으로부터 $(v_{A'})_n = 0$ 이며

$(v_A)_n = v_A \cos\theta = v_0 \cos\theta = (v_{B'})_n$

점선과 수직방향은 질점의 운동량보존식이 성립한다.

85 스프링과 질량만으로 이루어진 1 자유도 진동시스템에 대한 설명으로 옳은 것은?

① 질량이 커질수록 시스템의 고유진동수는 커지게 된다.
② 스프링상수가 클수록 움직이기가 힘들어서 진동주기가 길어진다.
③ 외력을 가하는 주기와 시스템의 고유주기가 일치하면 이론적으로는 응답변위는 무한대로 커진다.
④ 외력의 최대진폭의 크기에 따라 시스템의 응답주기는 변한다.

풀이
$\dfrac{\omega}{\omega_n} = 1$ 이면, 이론적으로는 공진이 발생하여 응답변위는 무한대로 커진다.

86 다음과 같은 운동방정식을 갖는 진동시스템에서 감쇠비(damping ratio)를 나타내는 식은?

$$m\ddot{x} + c\dot{x} + kx = 0$$

① $\dfrac{c}{2\sqrt{mk}}$ ② $\dfrac{k}{2\sqrt{mc}}$

③ $\dfrac{m}{2\sqrt{ck}}$ ④ $2\sqrt{mck}$

풀이
감쇠비 $\zeta = \dfrac{C}{C_c} = \dfrac{C}{2\sqrt{mk}}$

87 스프링 상수가 k인 스프링을 4등분하여 자른 후 각각의 스프링을 그림과 같이 연결하였을 때, 이 시스템의 고유진동수(ω_n)는 약 몇 rad/s인가?

① $\omega_n = \sqrt{\dfrac{2k}{m}}$ ② $\omega_n = \sqrt{\dfrac{3k}{m}}$

③ $\omega_n = 2\sqrt{\dfrac{k}{m}}$ ④ $\omega_n = \sqrt{\dfrac{5k}{m}}$

풀이
4등분하면 각 스프링상수는 $4k$이며 그림의 배치에서는 등가 스프링상수가

$\dfrac{1}{k_e} = \dfrac{1}{12k} + \dfrac{1}{4k} = \dfrac{1}{3k}$ $\Rightarrow k_e = 3k$ 이므로

$\omega_n = \sqrt{\dfrac{k_e}{m}} = \sqrt{\dfrac{3k}{m}}$

88 20 g의 탄환이 수평으로 1200 m/s의 속도로 발사

되어 정지해 있던 300 g의 블록에 박힌다. 이후 스프링에 발생한 최대 압축길이는 약 몇 m인가? (단, 스프링상수는 200 N/m이고 처음에 변형되지 않은 상태였다. 바닥과 블록사이의 마찰은 무시한다.)

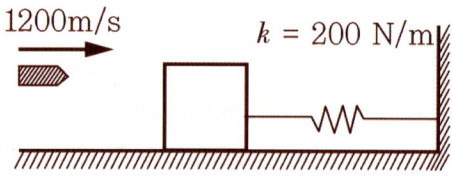

① 2.5　　② 3.0
③ 3.5　　④ 4.0

풀이

탄환의 운동 E ⇨ 블록의 운동 E ⇨ 스프링 탄성위치 E 이므로

$$\frac{1}{2}m_1 v_1^2 = \frac{1}{2}m_2 v_2^2$$

⇨ $20 \times 1200^2 = 300 \times v_2^2$

⇨ $v_2 = 309.84 \text{ m/s}$

$$\frac{1}{2}m_1 v_2^2 = \frac{1}{2}kx^2$$

⇨ $0.02 \times 309.84^2 = 200 \times x^2$

∴ 스프링 최대 압축길이는 $x ≒ 3.1 \text{ m}$

89 그림에서 질량 100 kg의 물체 A와 수평면 사이의 마찰계수는 0.3이며 물체 B의 질량은 30 kg이다. 힘 Py의 크기는 시간(t[s])의 함수이며 Py[N] = 15 t² 이다. t 는 0s에서 물체 A가 오른쪽으로 2 m/s로 운동을 시작한다면 t 가 5 s일 때 이 물체(A)의 속도는 약 몇 m/s인가?

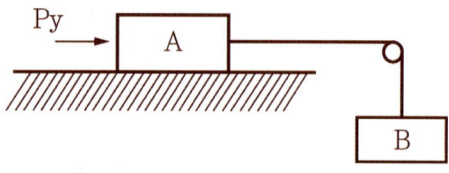

① 6.81　　② 7.22
③ 7.81　　④ 8.64

풀이

질량 A의 하부면에서는 운동과 반대방향의 마찰력이 존재한다.
뉴턴의 제 2 법칙을 적용하면

$$\sum F = ma = m\frac{dv}{dt} \Rightarrow \sum F\,dt = m\,dv$$

FBD로부터

$(P_y - \mu m_A g + m_B g)dt = (m_A + m_B)dv$

$(15t^2 - 0.3 m_A g + m_B g)dt = (m_A + m_B)dv$

⇨ $\int_0^5 (15t^2 - 0.3 m_A g + m_B g)\,dt$

$= \int_{v_1}^{v_2} (m_A + m_B)\,dv$

⇨ $\left[15\frac{t^3}{3} - 0.3 m_A g t + m_B g t\right]_0^5$

$= (m_A + m_B)[v]_2^{v_2}$

⇨ $5 \times 5^3 - 0.3 \times 100 \times 9.8 \times 5 + 30 \times 9.8 \times 5$
$= (100 + 30) \times (v_2 - 2)$

∴ $v_2 ≒ 6.81 \text{ m/s}$

90 물체의 최대가속도가 680 cm/s², 매분 480사이클의 진동수로 조화운동을 한다면 물체의 진동 진폭은 약 몇 mm인가?

① 1.8 mm　　② 1.2 mm
③ 2.4 mm　　④ 2.7 mm

풀이

문제의 조건에서

$a_{max} = 6.8 \text{ m/s}^2$, $f = \dfrac{480\,cycle}{60\,s} = 8\,cycle/s$

$f = \dfrac{\omega}{2\pi}$ ⇨ $\omega = 2\pi f = 16\pi$

$x(t) = X\sin\omega t$ ⇨ $v(t) = \omega X\cos\omega t$

⇨ $a(t) = -\omega^2 X\sin\omega t$ ⇨ $a_{max} = \omega^2 X$

⇨ $6.8 = (16 \times \pi)^2 X$

∴ 진동진폭 $X = \dfrac{6.8}{(16 \times \pi)^2} \times 10^3 ≒ 2.694 \text{ mm}$

91 압연공정에서 압연하기 전 원재료의 두께를 50

mm, 압연 후 재료의 두께를 30 mm로 한다면 압하율(draft percent)은 얼마인가?

① 20% ② 30%
③ 40% ④ 50%

풀이

$$압하율 = \frac{H_0 - H_1}{H_0} \times 100\%$$
$$= \frac{50 - 30}{50} \times 100 = 40\%$$

92 1차로 가공된 가공물의 안지름보다 다소 큰 강구를 압입하여 통과시켜서 가공물의 표면을 소성변형시켜 가공하는 방법으로 표면거칠기가 우수하고 정밀도를 높이는 것은?

① 래핑 ② 호닝
③ 버니싱 ④ 슈퍼 피니싱

풀이

버니싱(burnishing)
가공된 공작물의 구멍의 진원도 및 직진도 등 정밀도를 향상시키는 가공법으로 가공구멍의 지름보다 약간 큰 강구를 강제 통과시켜 다듬질하는 방법으로 연질 재료에는 강구(steel ball)를 강재에는 초경합금 볼을 사용한다.

93 특수 윤활제로 분류되는 극압 윤활유에 첨가하는 극압물이 아닌 것은?

① 염소 ② 유황
③ 인 ④ 동

풀이

극압첨가제는 윤활시스템에서 두 금속의 치명적인 접촉을 방지하기 위해 사용하며, 극압첨가제는 두 금속표면 사이에 강한 흡착막과 더불어 화학반응에 의한 보호막을 형성시켜 양호한 윤활시스템을 유지시키는 역할을 하며, 황, 염소, 인 및 카르복실염의 화합물로 구성된다.

94 지름이 50 mm인 연삭숫돌로 지름이 10 mm인 공작물을 연삭할 때 숫돌바퀴의 회전수는 약 몇 rpm인가? (단, 숫돌의 원주속도는 150 m/min이다.)

① 4759 ② 5809
③ 7449 ④ 9549

풀이

$$V = \frac{\pi d N}{1000}$$
$$N = \frac{1000 V}{\pi d} = \frac{1000 \times 1500}{\pi \times 50} ≒ 9549 \text{ [rpm]}$$

95 단식분할법을 이용하여 밀링가공으로 원을 중심각 $5\frac{2}{3}°$씩 분할하고자 한다. 분할판 27구멍을 사용하면 가장 적합한 가공법은?

① 분할법 27구멍을 사용하여 17구멍씩 돌리면서 가공한다.
② 분할판 27구멍을 사용하여 20구멍씩 돌리면서 가공한다.
③ 분할판 27구멍을 사용하여 12구멍씩 돌리면서 가공한다.
④ 분할판 27구멍을 사용하여 8구멍씩 돌리면서 가공한다.

풀이

단식분할법(single indexing)은 직접분할법으로 분할이 어려운 경우에 사용하며 40 : 1의 웜기어와 웜으로 구성되며, 각도분할에서는 분할크랭크가 1회전하면 스핀들이 $\frac{360°}{40} = 9°$ 회전한다. 분할각을 각도로 표시하면 다음과 같다.

$$n = \frac{D°}{9} = \frac{5\frac{2}{3}}{9} = \left(\frac{\frac{17}{3}}{9}\right) = \frac{17}{27}$$

∴ 분할 판 27구멍을 사용하여 17구멍씩 돌리면서 가공한다.

정답 91. ③ 92. ③ 93. ④ 94. ④ 95. ①

96 선반에서 연동척에 대한 설명으로 옳은 것은?

① 4개의 돌려맞출 수 있는 조(jaw)가 있고, 조는 각각 개별적으로 조절된다.
② 원형 또는 6각형 단면을 가진 공작물을 신속히 고정할 수 있는 척이며, 조(jaw)는 3개가 있고, 동시에 작동한다.
③ 스핀들 테이퍼구멍에 슬리브를 꽂고, 여기에 척을 꽂은 것으로 가는지름 고정에 편리하다.
④ 원판인에 전자석을 장입하고, 이것에 직류전류를 보내어 척(chuck)을 자화시켜 공작물을 고정한다.

> **풀이**
> 연동척(universal chuck)
> 연동척은 일명 만능척이라고도 하며 척 핸들을 돌리면 3개의 조(jaw)가 동시에 같은양의 거리를 방사상으로 이동된다. 연동척은 공작물의 단면이 원형, 정삼각형, 정육각형 등의 규칙적인 외경을 가진 재료를 가공할 때 특히 편리하나 고정력은 단동척보다 약하다. 보통 3-jaw 척을 스크롤(scrool)척이라 한다.

97 스폿용접과 같은 원리로 접합할 모재의 한쪽 판에 돌기를 만들어 고정전극위에 겹쳐놓고 가동전극으로 통전과 동시에 가압하여 저항열로 가열된 돌기를 접합시키는 용접법은?

① 플래시버트 용접
② 프로젝션 용접
③ 업셋 용접
④ 단접

> **풀이**
> 프로젝션용접(돌기용접)은 저항용접의 일종으로 금속부재의 돌기(projection, embossing)를 전극으로 가압하고 이 전류를 돌기부에 집중시켜 재료에 저항발열을 일으키고, 이 저항열을 이용하여 용접하는 방법으로 주로 강판, 스테인리스강, 니켈합금의 용접에 사용되며, 이종금속간의 용접도 가능하다.

98 용융금속에 압력을 가하여 주조하는 방법으로 주형을 회전시켜 주형내면을 균일하게 압착시키는 주조법은?

① 셸 몰드법
② 원심주조법
③ 저압주조법
④ 진공주조법

> **풀이**
> 원심주조법(centrifugal casting)
> 원통의 주형을 300~3000rpm으로 회전시키면서 용융금속을 주입하면 원심력에 의해 용융금속은 주형의 내면에 압착 응고하게 된다. 주물의 조직이 치밀하고 기공, 결함이 없는 주물을 대량생산하는 방식이다.

99 강의 열처리에서 탄소(C)가 고용된 면심입방격자 구조의 γ 철로서 매우 안정된 비자성체인 급냉조직은?

① 오스테나이트(Austenite)
② 마텐자이트(Martensite)
③ 트루스타이트(Troostite)
④ 소르바이트(sorbite)

> **풀이**
> 오스테나이트(Austenite) : γ 철에 탄소를 고용한 γ 고용체의 조직으로 결정구조는 면심입방격자(F.C.C)이다. 탄소강을 가열해서 A_3점 또는 Acm점 이상에서 급냉하면 상온에서도 볼 수 있다. 마텐자이트보다 경도는 낮고 인성은 크다.

100 내경측정용 게이지가 아닌 것은?

① 게이지 블록
② 실린더 게이지
③ 버니어 켈리퍼스
④ 내경 마이크로미터

> **풀이**
> 게이지블록은 블록게이지, 요한슨게이지라고도 하며, 길이측정의 기준으로 사용하고 있는 평행단도기로 온도에 영향이 크므로 측정용 장갑을 착용하고 사용하며 헝겊이나 가죽위에서 사용.

정답 96. ② 97. ② 98. ② 99. ① 100. ①

국가기술자격 필기시험문제

2017년 기사 제1회 경향성 문제

자격종목	일반기계기사	시험시간 2시간 30분	형별 B	수험번호	성명

제1과목 : 재료역학

01 단면 2차모멘트가 251 cm⁴인 I 형강 보가 있다. 이 단면의 높이가 20 cm라면, 굽힘모멘트 M = 2510 N·m을 받을 때 최대 굽힘응력은 몇 MPa인가?

① 100　② 50　③ 20　④ 5

풀이

$M_{max} = \sigma_{max} Z$

$\Rightarrow \sigma_{max} = \dfrac{M_{max}}{Z} = \dfrac{M_{max}\, y}{I}$

$= \dfrac{2510 \times 0.1}{251 \times 10^{-8}} \times 10^{-6} = 100\, MPa$

02 그림과 같은 구조물에서 AB 부재에 미치는 힘은 몇 kN인가?

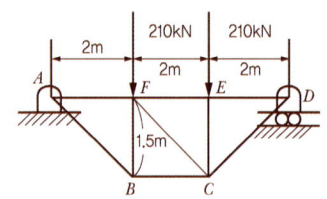

① 450　② 350　③ 250　④ 150

풀이

B점에 대한 $\sum F_y = 0$

$\Rightarrow F_{BA} \dfrac{1.5}{\sqrt{2^2 + 1.5^2}} = 210$

$\Rightarrow F_{BA} = \dfrac{2.5}{1.5} \times 210 = 350\, kN$

03 다음 그림과 같은 외팔보에 하중 P_1, P_2가 작용될 때 최대 굽힘모멘트의 크기는?

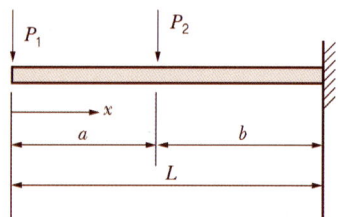

① $P_1 \cdot a + P_2 \cdot b$
② $P_1 \cdot b + P_2 \cdot a$
③ $(P_1 + P_2) \cdot L$
④ $P_1 \cdot L + P_2 \cdot b$

풀이

$M_{max} = M_{고정단} \Rightarrow M_{max} = P_1 L + P_2 b$

04 열응력에 대한 다음 설명 중 틀린 것은?

① 재료의 선팽창계수와 관계있다.
② 세로탄성계수와 관계있다.
③ 재료의 비중과 관계있다.
④ 온도차와 관계있다.

풀이

$\sigma_H = E\epsilon = E\alpha(t_2 - t_1)$

05 중공원형 축에 비틀림 모멘트 T = 100N·m가 작용할 때, 안지름이 20 mm, 바깥지름이 25 mm 라면 최대 전단응력은 약 몇 MPa인가?

① 42.2　② 55.2　③ 77.2　④ 91.2

정답 1. ②　2. ②　3. ④　4. ③　5. ②

풀이

$T = \tau Z_P$

$\Rightarrow \tau = \dfrac{T}{Z_P} = \dfrac{Ty}{I_P}$

$= \dfrac{100 \times 0.025 \times 32}{\pi(0.025^4 - 0.02^4)} \times 10^{-6}$

$\fallingdotseq 55.2\,MPa$

풀이

그림의 조건으로부터 $\sigma_x = 20\,MPa$,

$\sigma_y = -10\,MPa$, $\tau_{xy} = 10\,MPa$, $\theta = 30°$

$\sigma_{x'} = \dfrac{1}{2}(\sigma_x + \sigma_y) + \dfrac{1}{2}(\sigma_x - \sigma_y)\cos 2\theta - \tau_{xy}\sin 2\theta$

$= \dfrac{1}{2}(20-10) + \dfrac{1}{2}(20+10)\cos 60° - 10\sin 60°$

$= 3.84\,MPa$

06 그림과 같이 원형단면의 원주에 접하는 x – x 축에 관한 단면 2차모멘트는?

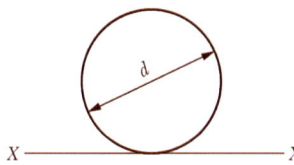

① $\dfrac{\pi d^4}{32}$ ② $\dfrac{\pi d^4}{64}$

③ $\dfrac{3\pi d^4}{64}$ ④ $\dfrac{5\pi d^4}{64}$

풀이

$I' = I_G + Al^2$

$= \dfrac{\pi d^4}{64} + \dfrac{\pi d^2}{4} \times \left(\dfrac{d}{2}\right)^2 = \dfrac{5\pi d^4}{64}$

08 직경 20 mm인 구리합금 봉에 30 kN의 축 방향 인장하중이 작용할 때 체적변형률은 대략 얼마인가? (단, 탄성계수 E = 100 GPa, 포와송비 μ = 0.3)

① 0.38   ② 0.038
③ 0.0038   ④ 0.00038

풀이

조건으로부터

$A = \dfrac{\pi}{4} \times 0.02^2\,m^2$, $P = 30 \times 10^3\,N$

$\sigma_x = E\epsilon_x = \dfrac{P}{A}$ $\Rightarrow \epsilon_x = 0.000955$

$\Rightarrow \epsilon_v = \epsilon_x + \epsilon_y + \epsilon_z = \epsilon_x(1 - 2\mu)$

$= 0.000955(1 - 2 \times 0.3) = 0.00038$

07 다음과 같은 평면응력 상태에서 X축으로부터 반시계방향으로 30° 회전된 X'축 상의 수직응력 ($\sigma_{x'}$)은 약 몇 MPa인가?

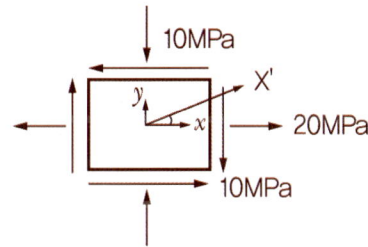

① $\sigma_{x'} = 3.84$ ② $\sigma_{x'} = -3.84$
③ $\sigma_{x'} = 17.99$ ④ $\sigma_{x'} = -17.99$

09 그림과 같이 하중 P가 작용할 때 스프링의 변위 δ는? (단, 스프링상수는 k이다.)

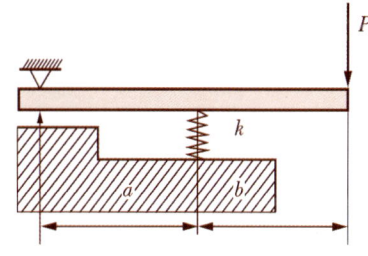

① $\delta = \dfrac{(a+b)}{bk}P$

② $\delta = \dfrac{(a+b)}{ak}P$

③ $\delta = \dfrac{ak}{(a+b)}P$

④ $\delta = \dfrac{bk}{(a+b)}P$

풀이
- 차원해석
- 변형력 = 스프링복원력 ⇨ $\sum M_A = 0$
  ⇨ $P(a+b) = k\delta \cdot a$ ⇨ $\delta = \dfrac{(a+b)}{ak}P$

10 그림과 같은 하중을 받고 있는 수직 봉의 자중을 고려한 총 신장량은? (단, 하중 = P, 막대단면적 = A, 비중량 = γ, 탄성계수 = E이다.)

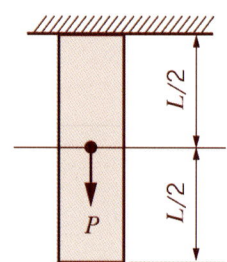

① $\dfrac{L}{E}(\gamma L + \dfrac{P}{A})$

② $\dfrac{L}{2E}(\gamma L + \dfrac{P}{A})$

③ $\dfrac{L^2}{2E}(\gamma L + \dfrac{P}{A})$

④ $\dfrac{L^2}{E}(\gamma L + \dfrac{P}{A})$

풀이
하중의 작용위치가 L/2이므로 하중 P에 의한 변형은 상단 L/2에만 관련되어 신장하며, 자중γx 에 의한 변형은 전체길이 L에 작용함.
⇨ $\dfrac{1}{2}\dfrac{PL}{AE} + \dfrac{\gamma L^2}{2E} = \dfrac{L}{2E}(\gamma L + \dfrac{P}{A})$

11 다음 그림과 같은 양단고정보 AB에 집중하중 P = 14 kN이 작용할 때 B점의 반력 R_B[kN]는?

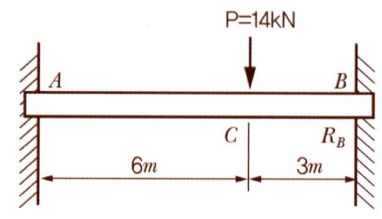

① $R_B = 8.06$ ② $R_B = 9.25$
③ $R_B = 10.37$ ④ $R_B = 11.08$

풀이
$R_B = \dfrac{Pa^2}{l^3}(a+3b)$

$= \dfrac{14 \times 6^2}{9^3}(6+3\times 3) = 10.37\, kN$

12 다음 중 좌굴(buckling)현상에 대한 설명으로 가장 알맞은 것은?

① 보에 힘하중이 작용할 때 굽어지는 현상
② 트러스의 부재에 전단하중이 작용할 때 굽어지는 현상
③ 단주에 축방향의 인장하중을 받을 때 기둥이 굽어지는 현상
④ 장주에 축방향의 압축하중을 받을 때 기둥이 굽어지는 현상

풀이
④

13 두께 10 mm의 강판을 사용하여 직경 2.5 m의 원통형 압력용기를 제작하였다. 용기에 작용하는 최대 내부압력이 1200 kPa일 때 원주응력(후프응력)은 몇 MPa인가?

① 50   ② 100
③ 150   ④ 200

풀이
$\sigma_{hoop} = \dfrac{pd}{2t} = \dfrac{1.2 \times 2.5}{2 \times 0.01} = 150\, MPa$

기출문제

14 길이가 l이고 원형단면의 직경이 d인 외팔보의 자유단에 하중 P가 가해진다면, 이 외팔보의 전체 탄성에너지는? (단, 재료의 탄성계수는 E이다.)

① $U = \dfrac{3P^2l^3}{64\pi Ed^4}$

② $U = \dfrac{62P^2l^3}{9\pi Ed^4}$

③ $U = \dfrac{32P^2l^3}{3\pi Ed^4}$

④ $U = \dfrac{64P^2l^3}{3\pi Ed^4}$

풀이

$U = \dfrac{1}{2}P\lambda$

$\Rightarrow U = \dfrac{1}{2}P\delta = \dfrac{1}{2}P \times \dfrac{Pl^3}{3EI}$

$= \dfrac{P^2l^3}{6EI} = \dfrac{P^2l^3}{6E} \times \dfrac{64}{\pi d^4} = \dfrac{32P^2l^3}{3\pi Ed^4}$

15 직경 20 mm인 와이어 로프에 매달린 1000 N의 중량물(W)이 낙하하고 있을 때, A점에서 갑자기 정지시키면 와이어 로프에 생기는 최대응력은 약 몇 GPa인가? (단, 와이어 로프의 탄성계수 E = 20 GPa이다.)

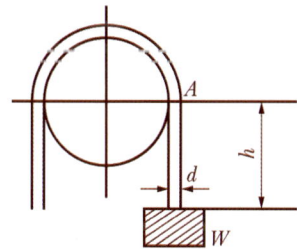

① 0.93　② 1.13
③ 1.72　④ 1.93

풀이 갑자기 정지시키므로 충격응력을 적용하면

$\sigma = \dfrac{W}{A}\left(1 + \sqrt{1 + \dfrac{2h}{\lambda_0}}\right) = \dfrac{W}{A}\left(1 + \sqrt{1 + \dfrac{2AE}{W}}\right)$

$= \dfrac{1000}{\pi/4 \times 0.02^2}\left(1 + \sqrt{1 + \dfrac{2 \times \pi/4 \times 0.02^2 \times 20 \times 10^9}{1000}}\right)$

$\times 10^{-9} = 0.36 \text{ GPa}$　답 없음

16 전단 탄성계수가 80 GPa인 강봉(steel bar)에 전단응력이 1 kPa로 발생했다면 이 부재에 발생한 전단변형률은?

① 12.5×10^{-3}　② 12.5×10^{-6}
③ 12.5×10^{-9}　④ 12.5×10^{-12}

풀이

$\tau = G\gamma$

$\Rightarrow \gamma = \dfrac{\tau}{G} = \dfrac{10^3}{80 \times 10^9} = 12.5 \times 10^{-9}$

17 단순지지보의 중앙에 집중하중(P)이 작용한다. 점 C에서의 기울기를 $\dfrac{M}{EI}$ 선도를 이용하여 구하면? (단, E = 재료의 종탄성계수, I = 단면 2차모멘트)

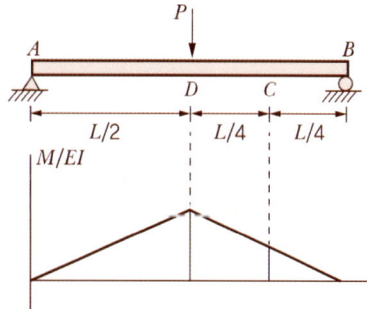

① $\dfrac{1}{64}\dfrac{PL^2}{EI}$　② $\dfrac{1}{32}\dfrac{PL^2}{EI}$

③ $\dfrac{3}{64}\dfrac{PL^2}{EI}$　④ $\dfrac{1}{16}\dfrac{PL^2}{EI}$

풀이 중앙부 최대 BM은 $M_D = \dfrac{PL}{4}$

정답 14. ③　15. 답 없음　16. ③　17. ③

C 점의 BM은 $M_C = \dfrac{PL}{8}$

DC 간의 면적은 DB면적 - CB면적이므로

$\theta_C = \dfrac{1}{EI}\left(\dfrac{1}{2} \times \dfrac{L}{2} \times \dfrac{PL}{4} - \dfrac{1}{2} \times \dfrac{L}{4} \times \dfrac{PL}{8}\right)$

$= \dfrac{1}{EI}\left(\dfrac{PL^2}{16} - \dfrac{PL^2}{64}\right) = \dfrac{3}{64}\dfrac{PL^2}{EI}$

18 그림과 같은 단순보에서 보 중앙의 처짐으로 옳은 것은? (단, 보의 굽힘강성 EI는 일정하고, M_0는 모멘트, ℓ은 보의 길이이다.)

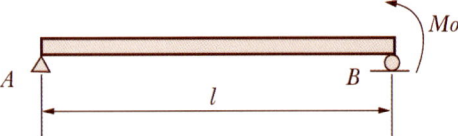

① $\dfrac{M_0 \ell^2}{16EI}$ ② $\dfrac{M_0 \ell^2}{48EI}$

③ $\dfrac{M_0 \ell^2}{120EI}$ ④ $\dfrac{5M_0 \ell^2}{384EI}$

풀이

Mo 적용 처짐 값은

$\delta_{max} = \dfrac{Ml^2}{16EI} \Rightarrow \delta_{max} = \dfrac{M_0 l^2}{16EI}$

19 그림과 같이 등분포하중이 작용하는 보에서 최대 전단력의 크기는 몇 kN인가?

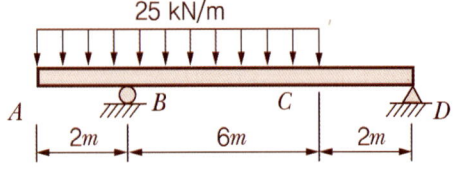

① 50   ② 100
③ 150   ④ 200

풀이

$\sum M_D = 0 \Rightarrow R_B \times 8 = 25 \times 8 \times 6$
$\Rightarrow R_B = 150$

$SF_B = 150 - 2 \times 25 = 100\ kN$

20 동일한 길이와 재질로 만들어진 두 개의 원형단면 축이 있다. 각각의 지름이 d_1, d_2일 때 각 축에 저장되는 변형에너지 u_1, u_2의 비는? (단, 두 축은 모두 비틀림 모멘트 T를 받고 있다.)

① $\dfrac{u_1}{u_2} = \left(\dfrac{d_2}{d_1}\right)^4$ ② $\dfrac{u_2}{u_1} = \left(\dfrac{d_2}{d_1}\right)^3$

③ $\dfrac{u_1}{u_2} = \left(\dfrac{d_2}{d_1}\right)^3$ ④ $\dfrac{u_2}{u_1} = \left(\dfrac{d_2}{d_1}\right)^4$

풀이

$U_1 = \dfrac{1}{2}T\theta_1 = \dfrac{1}{2}T\dfrac{Tl}{GI_{p1}} = \dfrac{T^2 l}{2GI_{p1}} = \dfrac{32T^2 l}{2G\pi d_1^4}$

$U_2 = \dfrac{1}{2}T\theta_2 = \dfrac{1}{2}T\dfrac{Tl}{GI_{p2}} = \dfrac{T^2 l}{2GI_{p2}} = \dfrac{32T^2 l}{2G\pi d_2^4}$

$\therefore \dfrac{U_1}{U_2} = \left(\dfrac{d_2}{d_1}\right)^4$

제2과목 : 기계열역학

21 4 kg의 공기가 들어있는 체적 0.4 m³의 용기(A)와 체적이 0.2 m³인 진공의 용기(B)를 밸브로 연결하였다. 두 용기의 온도가 같을 때 밸브를 열어 용기 A와 B의 압력이 평형에 도달했을 경우, 이 계의 엔트로피 증가량은 약 몇 J/K인가? (단, 공기의 기체상수는 0.287 kJ/(kg · K)이다.)

① 712.8   ② 595.7
③ 465.5   ④ 348.2

풀이

등온 자유팽창이므로 $pV = C$
$\Rightarrow p_1 V_1 = p_2 V_2 \Rightarrow p_1 \times 0.4 = p_2 \times 0.6$

$\therefore \dfrac{p_1}{p_2} = 1.5$

$$S_2 - S_1 = mR \ln \frac{p_1}{p_2}$$
$$= 4 \times 287 \times \ln 1.5 ≒ 465.5 \text{ J/K}$$

22 이상적인 증기-압축 냉동사이클에서 엔트로피가 감소하는 과정은?

① 증발과정 ② 압축과정
③ 팽창과정 ④ 응축과정

풀이
엔트로피가 감소하는 과정 ⇨ 정압방열(응축)

23 다음 냉동사이클에서 열역학 제 1법칙과 제 2법칙을 모두 만족하는 Q_1, Q_2, W는?

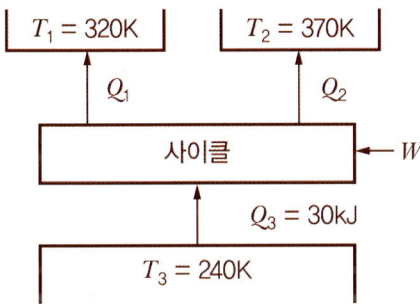

① $Q_1 = 20$ kJ, $Q_2 = 20$ kJ, $W = 20$ kJ
② $Q_1 = 20$ kJ, $Q_2 = 30$ kJ, $W = 20$ kJ
③ $Q_1 = 20$ kJ, $Q_2 = 20$ kJ, $W = 10$ kJ
④ $Q_1 = 20$ kJ, $Q_2 = 15$ kJ, $W = 5$ kJ

풀이
열역학 제 1법칙은 $Q_3 + W = Q_1 + Q_2$ 이므로 모두 만족한다.
열역학 제 2법칙(엔트로피 증가의 법칙)은 ②번만 만족한다.

저열원 $\frac{Q_3}{T_3} = \frac{30}{240} = 0.125$ kJ/K

$\frac{Q_1}{T_1} + \frac{Q_2}{T_2} = \frac{20}{320} + \frac{30}{370} = 0.144$ kJ/K 고열원

24 증기터빈의 입구조건은 3 MPa, 350℃이고 출구의 압력은 30 kPa이다. 이 때 정상 등엔트로피 과정으로 가정할 경우, 유체의 단위질량당 터빈에서 발생되는 출력은 약 몇 kJ/kg인가? (단, 표에서 h는 단위질량당 엔탈피, s는 단위질량당 엔트로피이다.)

	h(kJ/kg)	s(kJ/(kg·K))
터빈입구	3115.3	6.7428

	엔트로피(kJ/(kg·K))		
	포화액	증발	포화증기
	s_f	s_{fg}	s_g
터빈출구	0.9439	6.8247	7.7686

	엔탈피(kJ/K)		
	포화액	증발	포화증기
	h_f	h_{fg}	h_g
터빈출구	289.2	2336.1	2625.3

① 679.2 ② 490.3
③ 841.1 ④ 970.4

풀이
등엔트로피 과정으로부터 터빈출구에 대하여
$s_x = s' + x(s'' - s')$
⇨ $6.7428 = 0.9439 + x(7.7686 - 0.9439)$
⇨ $x = 0.85$
$h_x = h' + x(h'' - h')$
⇨ $h_{0.85} = 289.2 + 0.85(2625.3 - 289.2)$
⇨ $h_{0.85} = 2274.9$
∴ $w_T = 3115.3 - 2274.9 = 840.4$ kJ/kg

정답 22. ④ 23. ② 24. ③

25 폴리트로픽 과정 $PV^n = C$에서 지수 $n = \infty$ 인 경우는 어떤 과정인가?

① 등온과정　　② 정적과정
③ 정압과정　　④ 단열과정

[풀이]
$n = \infty$: 정적변화

26 300 L 체적의 진공인 탱크가 25℃, 6 MPa의 공기를 공급하는 관에 연결된다. 밸브를 열어 탱크 안의 공기압력이 5 MPa이 될 때 까지 공기를 채우고 밸브를 닫았다. 이 과정이 단열이고 운동에너지와 위치에너지의 변화는 무시해도 좋을 경우에 탱크 안의 공기의 온도는 약 몇 ℃가 되는가? (단, 공기의 비열비는 1.4이다.)

① 1.5 ℃　　② 25.0 ℃
③ 84.4 ℃　　④ 144.3 ℃

[풀이]
탱크내부의 내부에너지 변화는
$u_2 - u_1 = p_1 v_1 = RT_1$
⇨ $\dfrac{1}{k-1} R(T_2 - T_1) = RT_1$
⇨ $T_2 - T_1 = (k-1)T_1$
∴ $T_2 = kT_1 = 1.4 \times (25 + 273.15)$
　　　　　$= 417.4\ K = 144.3℃$

27 분자량이 M이고 질량이 2V인 이상기체 A가 압력 p, 온도 T(절대온도)일 때 부피가 V이다. 동일한 질량의 다른 이상기체 B가 압력 $2p$, 온도 2T (절대온도)일 때 부피가 2V이면 이 기체의 분자량은 얼마인가?

① 0.5M　　② M
③ 2M　　　④ 4M

[풀이]
$pV = mRT$

⇨ $pV = 2VR_A T = 2V \dfrac{R}{M} T$

⇨ $2p\,2V = 2VR_B\,2T = 2V \dfrac{R}{x}\,2T$

⇨ $4pV = 4V \dfrac{R}{x} T$　　∴ $x = 0.5M$

28 열역학 제 1법칙에 관한 설명으로 거리가 먼 것은?

① 열역학적 계에 대한 에너지 보존법칙을 나타낸다.
② 외부에 어떠한 영향을 남기지 않고 계가 열원으로부터 받은 열을 모두 일로 바꾸는 것은 불가능하다.
③ 열은 에너지의 한 형태로서 일을 열로 변환하거나 열을 일로 변환하는 것이 가능하다.
④ 열을 일로 변환하거나 일을 열로 변환할 때, 에너지의 총량은 변하지 않고 일정하다.

[풀이]
열역학 제 1 법칙은 열과 일이 동질인 에너지로서 보존된다는 열과 일의 변환(전환)에 대한 법칙이며, ② 항은 열역학 제 2 법칙의 표현으로 에너지 변환에서의 엔트로피 증가에 대한 서술이다.

29 압력 5 kPa, 체적이 0.3 m³인 기체가 일정한 압력 하에서 압축되어 0.2 m³로 되었을 때 이 기체가 한 일은? (단, +는 외부로 기체가 일을 한 경우이고, -는 기체가 외부로부터 일을 받은 경우이다.)

① -1000 J　　② 1000 J
③ -500 J　　 ④ 500 J

[풀이]
$W = \displaystyle\int_1^2 p\,dV$
⇨ $W = p(V_2 - V_1)$
　　　$= 5000 \times (0.2 - 0.3) = -500\ J$

30 온도 300K, 압력 100 kPa 상태의 공기 0.2 kg이 완전히 단열된 강체용기 안에 있다. 패들(paddle)에 의하여 외부로부터 공기에 5 kJ의 일이 행해질 때 최종온도는 약 몇 K인가? (단, 공기의 정압비열과 정적비열은 각각 1.0035 kJ/(kg·K), 0.7165kJ/(kg·K)이다.)

① 315　② 275
③ 335　④ 255

풀이

$Q = U + W \Rightarrow Q_{12} = U_2 - U_1 + W_{12}$

단열이므로

$U_2 - U_1 = m C_v (T_2 - T_1) = W_{12}$

$\Rightarrow T_2 = T_1 + \dfrac{W_{12}}{m C_v}$

$= 300 + \dfrac{5}{0.2 \times 0.7165} = 334.9 \text{ K}$

31 오토사이클로 작동되는 기관에서 실린더의 간극체적이 행정체적의 15%라고 하면 이론열효율은 약 얼마인가? (단, 비열비 k = 1.4이다.)

① 45.2%　② 50.6%
③ 55.7%　④ 61.4%

풀이

압축비는 $\epsilon = \dfrac{v_1}{v_2} = \dfrac{간극체적 + 행정체적}{간극체적}$

$= \dfrac{0.15 \times V_S + V_S}{0.15 \times V_S} = 7.7$ 이므로

$\eta_{th\,O} = 1 - \left(\dfrac{1}{\epsilon}\right)^{k-1} = 1 - \left(\dfrac{1}{7.7}\right)^{1.4-1} = 55.8\%$

32 14.33 W의 전등을 매일 7시간 사용하는 집이 있다. 1개월(30일)동안 약 몇 kJ의 에너지를 사용하는가?

① 10830　② 15020
③ 17420　④ 22840

풀이

14.33 W = 0.01433 kW 이므로
$0.01433 \times 7 \times 30$
　　$= 3.0093 \text{ kWh} \times 3600 \text{ kJ/kWh}$
　　$= 10833.5 \text{ kJ}$

33 10℃에서 160℃까지 공기의 평균 정적비열은 0.7315 kJ/(kg·K)이다. 이 온도변화에서 공기 1 kg의 내부에너지 변화는 약 몇 kJ인가?

① 101.1 kJ　② 109.7 kJ
③ 120.6 kJ　④ 131.7 kJ

풀이

$du = C_v dT \,[\text{kJ/kg}]$
$\Rightarrow \triangle U = m C_v \triangle T$
$= 1 \times 0.7315 \times 150 = 109.7 \text{ kJ}$

34 물 1 kg이 포화온도 120℃에서 증발할 때, 증발잠열은 2203 kJ이다. 증발하는 동안 물의 엔트로피 증가량은 약 몇 kJ/K인가?

① 4.3　② 5.6
③ 6.5　④ 7.4

풀이

$ds = \dfrac{\delta q}{T} = \dfrac{dh}{T} \,[\text{kJ/kg·K}]$

$\Rightarrow \triangle S = \dfrac{\triangle Q}{T} = \dfrac{2203}{120 + 273.15}$

$= 5.6 \text{ kJ/kg}$

35 Rankine 사이클에 대한 설명으로 틀린것은?

① 응축기에서의 열방출 온도가 낮을수록 열효율이 좋다.
② 증기의 최고온도는 터빈재료의 내열특성에 의하여 제한된다.
③ 팽창일에 비하여 압축일이 적은 편이다.

④ 터빈출구에서 건도가 낮을수록 효율이 좋아진다.

풀이

랭킨사이클 효율증대 방법
1. 터빈에서의 초온, 초압 증가
2. 보일러 압력증가
3. 복수기 배압 감소
④ 터빈 출구에서 건도가 낮아지면 포화액선에 접근하므로 터빈부식이 발생하며 효율과는 관계없음.

36 단열된 가스터빈의 입구 측에서 가스가 압력 2 MPa, 온도 1200 K로 유입되어 출구 측에서 압력 100 kPa, 온도 600 K로 유출된다. 5 MW의 출력을 얻기 위한 가스의 질량유량은 약 몇 kg/s인가? (단, 터빈의 효율은 100%이고, 가스의 정압비열은 1.12 kJ/(kg·K)이다.)

① 6.44 ② 7.44
③ 8.44 ④ 9.44

풀이

$dq = dh - vdp$
$\Rightarrow dq = 0$ $\Rightarrow dh = vdp = w_T$
$\Rightarrow w_T = \int C_p dT = C_p(T_1 - T_2)$
$\dot{W} = \dot{m} w_T$ 이므로
$\dot{m} = \dfrac{\dot{W}}{w_T} = \dfrac{\dot{W}}{C_p(T_1 - T_2)}$
$= \dfrac{5 \times 10^3}{1.12 \times (1200 - 600)} = 7.44 \, kg/s$

37 다음에 열거한 시스템의 상태량 중 종량적상태량인 것은?

① 엔탈피 ② 온도
③ 압력   ④ 비체적

풀이

비엔탈피 $h\,(kJ/kg)$ 는 강도성상태량,
엔탈피 $H\,(kJ)$ 는 종량성상태량

38 다음 압력값 중에서 표준대기압(1 atm)과 차이가 가장 큰 압력은?

① 1 MPa ② 100 kPa
③ 1 bar ④ 100 hPa

풀이

$1 \, atm = 1.0332 \, kg_f/cm^2 = 760 \, mmHg$
$= 10.332 \, mAq = 0.1013 \, MPa$
$= 101.325 \, kPa = 0.98 \, bar = 1013.25 \, hPa$

39 1 kg의 공기가 100°C를 유지하면서 등온팽창하여 외부에 100 kJ의 일을 하였다. 이 때 엔트로피의 변화량은 약 몇 kJ/(kg·K)인가?

① 0.268 ② 0.373
③ 1.00   ④ 1.54

풀이

완전가스의 등온과정에서는 가열량이 모두 외부에 대한 일량이 되므로
$ds = \dfrac{\delta q}{T}$
$\Rightarrow \Delta s = \dfrac{100}{(100 + 273.15)}$
$= 0.268 \, kJ/kg \cdot K$

40 피스톤-실린더 시스템에 100 kPa의 압력을 갖는 1 kg의 공기가 들어있다. 초기체적은 0.5 m³이고, 이 시스템에 온도가 일정한 상태에서 열을 가하여 부피가 1.0 m³이 되었다. 이 과정 중 전달된 에너지는 약 몇 kJ인가?

① 30.7 ② 34.7
③ 44.8 ④ 50.5

풀이

$Q = W = m\,p_1 V_1 \ln\dfrac{v_2}{v_1}$
$= 1 \times 100 \times 0.5 \times \ln\dfrac{1.0}{0.5} = 34.7 \, kJ$

정답 36. ② 37. ① 38. ① 39. ① 40. ②

제3과목 : 기체유체역학

41 체적 2 × 10⁻³ m³의 돌이 물속에서 무게가 40 N이었다면 공기 중에서의 무게는 약 몇 N인가?

① 2   ② 19.6
③ 42 ④ 59.6

풀이

$F_D + F_B - W = 0$
$\Rightarrow 40 + \gamma_w V_{돌} - W$
$= 40 + 9800 \times 2 \times 10^{-6} - W = 0$
$\therefore W = 59.6 \text{ N}$

42 안지름 35 cm인 원관으로 수평거리 2000 m 떨어진 곳에 물을 수송하려고 한다. 24시간 동안 15000 m³을 보내는 데 필요한 압력은 약 몇 kPa인가? (단, 관마찰계수는 0.032이고, 유속은 일정하게 송출한다고 가정한다.)

① 296   ② 423
③ 537   ④ 351

풀이

$\dot{Q} = \dfrac{15000}{24 \times 3600} = 0.174 \text{ m}^3/\text{s}$

$\Rightarrow V = \dfrac{\dot{Q}}{A} = \dfrac{0.174}{\pi/4 \times 0.35^2} = 1.81 \text{ m/s}$

$h_L = f \dfrac{L}{d} \dfrac{V^2}{2y} = 0.032 \times \dfrac{2000}{0.35} \times \dfrac{1.81^2}{2 \times 9.8}$
$= 30.56 \text{ m}$

$\triangle p = \gamma h_L = 9800 \times 30.56 \times 10^{-3}$
$= 299.5 \text{ kPa}$

43 지름 5 cm의 구가 공기중에서 매초 40 m의 속도로 날아갈 때 항력은 약 몇 N인가? (단, 공기의 밀도는 1.23 kg/m³이고, 항력계수는 0.6이다.)

① 1.16   ② 3.22
③ 6.35   ④ 9.23

풀이

$F_D = C_D A \dfrac{\rho V^2}{2}$
$= 0.6 \times \dfrac{\pi}{4} \times 0.05^2 \times \dfrac{1.23 \times 40^2}{2} = 1.159 \text{ N}$

44 경계층 밖에서 퍼텐셜 흐름의 속도가 10 m/s일 때, 경계층의 두께는 속도가 얼마일 때의 값으로 잡아야 하는가? (단, 일반적으로 정의하는 경계층 두께를 기준으로 삼는다.)

① 10 m/s   ② 7.9 m/s
③ 8.9 m/s ④ 9.9 m/s

풀이

$0.99 u_\infty = 9.9 \text{ m/s}$

45 지름이 0.1 mm이고 비중이 7인 작은입자가 비중이 0.8인 기름속에서 0.01 m/s의 일정한 속도로 낙하하고 있다. 이 때 기름의 점성계수는 약 몇 kg/(m·s)인가? (단, 이 입자는 기름 속에서 Stokes 법칙을 만족한다고 가정한다.)

① 0.003379   ② 0.009542
③ 0.02486   ④ 0.1237

풀이

$\sum F_y = 0 \quad \Rightarrow \quad F_D + F_B - W = 0$

$3\pi\mu_{oil} Vd + s_{oil}\gamma_w \dfrac{4}{3}\pi\left(\dfrac{d}{2}\right)^3 - s_{입자}\gamma_w \dfrac{4}{3}\pi\left(\dfrac{d}{2}\right)^3 = 0$

$\Rightarrow \mu_{oil} = \dfrac{\gamma_w \dfrac{\pi d^3}{6}(s_{입자} - s_{oil})}{3\pi V}$

$= \dfrac{9800 \times \pi/6 \times 0.0001^2 \times (7 - 0.8)}{3\pi \times 0.01}$

$= 0.003376 \text{ kg/m·s}$

46 유체의 정의를 가장 올바르게 나타낸 것은?

① 아무리 작은 전단응력에도 저항할 수

정답 41. ④ 42. ① 43. ① 44. ④ 45. ① 46. ①

없어 연속적으로 변형하는 물질
② 탄성계수가 0을 초과하는 물질
③ 수직응력을 가해도 물체가 변하지 않는 물질
④ 전단응력이 가해질 때 일정한 양의 변형이 유지되는 물질

풀이
① 내부에 전단응력이 작용하는 한 연속적으로 변형하는(흘러가는) 물질

47 새로 개발한 스포츠카의 공기역학적 항력을 기온 25℃(밀도는 1.184 kg/m³, 점성계수는 1.849 × 10⁻⁵ kg/(m·s)), 100 km/h 속도에서 예측하고자 한다. 1/3 축척 모형을 사용하여 기온이 5℃(밀도는 1.269 kg/m³, 점성계수는 1.754 × 10⁻⁵ kg/(m·s))인 풍동에서 항력을 측정할 때 모형과 원형사이의 상사를 유지하기 위해 풍동 내 공기의 유속은 약 몇 km/h가 되어야 하는가?

① 153　　② 266
③ 442　　④ 549

풀이
역학적 상사인 Reynolds 수가 같아야 하므로
$$\left(\frac{\rho V L}{\mu}\right)_p = \left(\frac{\rho V L}{\mu}\right)_m$$
$$V_m = \frac{\mu_m \rho_p V_p L_p}{\mu_p \rho_m L_m}$$
$$= \frac{1.754 \times 10^{-5} \times 1.184 \times 100 \times 3}{1.849 \times 10^{-5} \times 1.269}$$
$$= 265.52 \text{ km/s}$$

48 다음 무차원 수 중 역학적상사(inertia force) 개념이 포함되어있지 않은 것은?
① Froude number
② Reynolds number
③ Mach number
④ Fourier number

풀이
④ Fourier number : 뿌리에 수는 역학의 무차원수가 아니다.

49 그림과 같은 (1), (2), (3), (4)의 용기에 동일한 액체가 동일한 높이로 채워져 있다. 각 용기의 밑바닥에서 측정한 압력에 관한 설명으로 옳은 것은? (단, 가로방향 길이는 모두 다르나, 세로방향 길이는 모두 동일하다.)

① (2)의 경우가 가장 낮다.
② 모두 동일하다.
③ (3)의 경우가 가장 높다.
④ (4)의 경우가 가장 낮다.

풀이
② 수심이 모두 같으므로 압력은 같다.

50 안지름이 20 mm인 수평으로 놓인 곧은 파이프 속에 점성계수 0.4 N·s/m², 밀도 900 kg/m³인 기름이 유량 2 × 10⁻⁵ m³/s로 흐르고 있을 때, 파이프 내의 10 m 떨어진 두 지점 간의 압력강하는 약 몇 kPa인가?

① 10.2　　② 20.4
③ 30.6　　④ 40.8

풀이
$$Q = \frac{\triangle p \pi d^4}{128 \mu L}$$

정답 47. ② 48. ④ 49. ② 50. ②

$$\Rightarrow \triangle p = Q \times \frac{128\mu L}{\pi d^4}$$
$$= 2\times 10^3 \times \frac{128 \times 0.4 \times 10}{\pi \times 0.02^4} \times 10^{-3}$$
$$= 20.38 \text{ kPa}$$

51 원관내의 완전발달된 층류유동에서 유체의 최대속도(V_e)와 평균속도(V)의 관계는?

① $V_e = 1.5 V$
② $V_e = 2 V$
③ $V_e = 4 V$
④ $V_e = 8 V$

풀이
② $V_e = 2V$

52 지름의 비가 1 : 2인 2개의 모세관을 물속에 수직으로 세울 때, 모세관 현상으로 물이 관 속으로 올라가는 높이의 비는?

① 1 : 4
② 1 : 2
③ 2 : 1
④ 4 : 1

풀이
$h = \dfrac{4\sigma \cos\beta}{\gamma d}$ ∴ 2 : 1

53 비압축성 유동에 대한 Navier-Stokes 방정식에서 나타나지 않는 힘은?

① 체적력(중력)
② 압력
③ 점성력
④ 표면장력

풀이
④ 표면장력

54 다음과 같은 비회전 속도장의 속도퍼텐셜을 옳게 나타낸 것은? (단, 속도퍼텐셜 Φ는 $\vec{V} \equiv \nabla\Phi$ = $grad\Phi$로 정의되며, a와 C는 상수이다.)

$$u = a(x^2 - y^2), \quad v = -2axy$$

① $\Phi = \dfrac{ax^4}{4} - axy^2 + C$
② $\Phi = \dfrac{ax^3}{3} - \dfrac{axy^2}{2} + C$
③ $\Phi = \dfrac{ax^4}{4} - \dfrac{axy^2}{2} + C$
④ $\Phi = \dfrac{ax^3}{3} - axy^2 + C$

풀이
④ $\dfrac{\partial \phi}{\partial x} = u = ax^2 - ay^2 = a(x^2 - y^2)$

$\dfrac{\partial \phi}{\partial y} = v = -2axy$

55 지면에서 계기압력이 200 kPa인 급수관에 연결된 호스를 통하여 임의의 각도로 물이 분사될 때, 물이 최대로 멀리 도달할 수 있는 수평거리는 약 몇 m인가? (단, 공기저항은 무시하고, 발사점과 도달점의 고도는 같다.)

① 20.4
② 40.8
③ 61.2
④ 81.6

풀이
초기분출 속도는
$$v_0 = \sqrt{2g\triangle h} = \sqrt{2g\dfrac{p}{\gamma}}$$
$$= \sqrt{2 \times 9.8 \times \dfrac{200 \times 10^3}{9800}} = 20 \text{ m/s}$$

가속도를 a, 도달거리를 S라 하면
$v = v_0 + at$
$S - S_0 = v_0 t + \dfrac{1}{2}at^2$ ………①

분출 각이 45°인 경우가 물이 최대로 멀리 도달할 수 있으므로
$v_{x_0} = 20\cos 45° = 14.14 \text{ m/s}$

정답 51. ② 52. ③ 53. ④ 54. ④ 55. ②

$$v_{y_0} = 20\sin 45° = 14.14 \ m/s$$
$$v_y = v_{y_0} + at \quad \text{이므로 최대높이 도달시간은}$$
$$0 = 14.14 - 9.8t \quad \Rightarrow \quad t = 1.44 초$$
$$\therefore \text{도달거리 } S_x = S_{x_0} + v_{x_0}t + \frac{1}{2}at^2$$
$$= 0 + 14.14 \times 2.88 = 40.72 \ m$$

56 안지름 10 cm의 원관 속을 0.0314 m³/s의 물이 흐를 때 관 속의 평균유속은 약 몇 m/s인가?

① 1.0 ② 2.0
③ 4.0 ④ 8.0

풀이
$$\dot{Q} = AV$$
$$\Rightarrow V = \frac{\dot{Q}}{A} = \frac{0.0314}{\pi/4 \times 0.1^2} = 4.0 \ m/s$$

57 그림과 같이 속도 V인 유체가 속도 U로 움직이는 곡면에 부딪혀 90°의 각도로 유동방향이 바뀐다. 다음 중 유체가 곡면에 가하는 힘의 수평방향 성분 크기가 가장 큰 것은? (단, 유체의 유동단면적은 일정하다.)

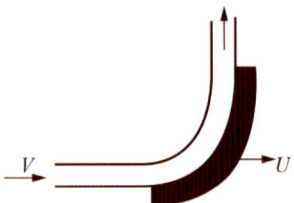

① V=10 m/s, U=5 m/s
② V=20 m/s, U=15 m/s
③ V=10 m/s, U=4 m/s
④ V=25 m/s, U=20 m/s

풀이
$$F_x = \rho Q(V-U) \quad \Rightarrow \quad F_x \propto (V-U)$$

58 뉴턴유체(Newtonian fluid)에 대한 설명으로 가장 옳은 것은?

① 유체유동에서 마찰 전단응력이 속도 구배에 비례하는 유체이다.
② 유체유동에서 마찰 전단응력이 속도 구배에 반비례하는 유체이다.
③ 유체유동에서 마찰 전단응력이 일정한 유체이다.
④ 유체유동에서 마찰 전단응력이 존재하지 않는 유체이다.

풀이
① 유체 유동에서 마찰 전단응력이 속도구배에 비례하는 유체이다.

59 입구 단면적이 20 cm²이고 출구 단면적이 10 cm²인 노즐에서 물의 입구속도가 1 m/s일 때, 입구와 출구의 압력차이 $P_{입구} - P_{출구}$는 약 몇 kPa인가? (단, 노즐은 수평으로 놓여 있고 손실은 무시할 수 있다.)

① -1.5 ② 1.5
③ -2.0 ④ 2.0

풀이
$$\dot{Q} = A_1 V_1 = A_2 V_2 = Const.$$
$$\Rightarrow 20 \times 10^{-4} \times 1 = 10 \times 10^{-4} \times V_2$$
$$\Rightarrow \therefore V_2 = 2$$
$$\frac{p_{입구}}{\gamma} + \frac{V_1^2}{2g} = \frac{p_{출구}}{\gamma} + \frac{V_2^2}{2g}$$
$$\Rightarrow p_{입구} - p_{출구}$$
$$= \frac{9800 \times (2^2 - 1^2)}{2 \times 9.8} \times 10^{-3} = 1.5 \ kPa$$

60 공기 중에서 질량이 166 kg인 통나무가 물에 떴다. 통나무에 납을 매달아 통나무가 완전히 물속에 잠기게 하고자 하는 데 필요한 납(비중 : 11.3)의 최소질량이 34 kg이라면 통나무의 비중은 얼마인가?

정답 56.③ 57.③ 58.① 59.② 60.④

① 0.600 ② 0.670
③ 0.817 ④ 0.843

풀이

$W_{통나무} = m_{통나무} \times g = 166 \times 9.8 = 1626.8$ N

$W_{납} = m_{납} \times g = 34 \times 9.8 = 333.2$ N

$W = \gamma V$

$\Rightarrow V_{납} = \dfrac{W_{납}}{\rho_{납} \times g} = \dfrac{333.2}{11.3 \times 1000 \times 9.8}$

$\qquad = 0.003$ m³

$W_{전체} = W_{통나무} + W_{납}$

$\Rightarrow W = \gamma V$

$\Rightarrow F_B = \gamma_w (V_{통나무} + V_{납}) = 1960$ N

$V_{통나무} = \dfrac{F_B}{\gamma_w} - V_{납} = \dfrac{1960}{9800} - 0.003$

$\qquad = 0.197$ m³

$\Rightarrow \gamma_{통나무} = \dfrac{W_{통나무}}{V_{통나무}} = \dfrac{1626.8}{0.197}$

$\qquad = 8257.87$ N/m³

$\therefore s_{통나무} = \dfrac{\gamma_{통나무}}{\gamma_w} = 0.843$

제4과목 : 기계재료 및 유압기기

61 마그네슘(Mg)의 특징을 설명한 것 중 틀린 것은?

① 감쇠능이 주철보다 크다.
② 소성가공성이 높아 상온변형이 쉽다.
③ 마그네슘(Mg)의 비중은 약 1.74이다.
④ 비강도가 커서 휴대용기기 등에 사용된다.

풀이

마그네슘(Mg)
① 비강도(비중 대비 강도), 비강성, 주조성, 충격특성, 진동감쇠능(진동을 흡수해 진동을 점차 작게 만드는 능력) 등이 우수하다.
② 알루미늄, 구리에 비해 냉간가공성이 나쁘며, 절삭성은 좋으나 조밀육방격자(H.C.P)이므로 소성가공성이 나쁘다.
③ 은백색을 띠며, 비중은 상온에서 1.74(Al의 약

30%)로 실용금속 중 가장 가볍다.

62 자기변태의 설명으로 옳은 것은?

① 상은 변하지 않고 자기적 성질만 변한다.
② Fe-C 상태도에서 자기변태점은 A_3, A_4 이다.
③ 한 원소로 이루어진 물질에서 결정구조가 바뀌는 것이다.
④ 원자내부의 변화로 자기적 성질이 비연속적으로 변화한다.

풀이

자기변태
원자 배열의 변화는 없고 단지 자기의 강도만 변하는 것. 철의 자기변태점(A_2)인 768℃(퀴리포인트) 이하에서는 강자성체이나 그 이상에서는 상자성체로 자기의 강도가 매우 약해진다.

63 A_1 변태점 이하에서 인성을 부여하기 위하여 실시하는 가장 적합한 열처리는?

① 뜨임 ② 풀림
③ 담금질 ④ 노멀라이징

풀이

뜨임(Tempering)
뜨임은 담금질하여 경화한 강재를 재가열함으로써 인성(점성)을 높여주기 위한 열처리로 A_1변태점 이하에서 재가열하여 시냉 또는 급냉시켜주는 열처리

64 다음 중 비파괴 시험방법이 아닌 것은?

① 충격시험법
② 자기탐상 시험법
③ 방사선 비파괴 시험법
④ 초음파탐상 시험법

풀이

충격시험은 재료의 인성과 취성이 어느정도인지를 알아보는 파괴시험(기계적시험)이다.

65 공정주철(eutectic cast iron)의 탄소함량은 약 몇 %인가?

① 4.3 %
② 0.80~2.0 %
③ 0.025~0.80 %
④ 0.025 %이하

풀이
아공정주철 : 탄소함유량이 2.0~4.3%인 주철
공정주철 : 탄소함유량이 4.3%인 주철
과공정주철 : 탄소함유량이 4.3~6.68%인 주철

66 플라스틱을 결정성 플라스틱과 비결정성 플라스틱으로 나눌 때, 결정성 플라스틱의 특성에 대한 설명 중 틀린 것은?

① 수지가 불투명하다.
② 배향(Orientation)의 특성이 작다.
③ 굽힘, 휨, 뒤틀림 등의 변형이 크다.
④ 수지용융시 많은 열량이 필요하다.

풀이
결정성 플라스틱과 비결정성 플라스틱의 비교
결정성 플라스틱은 일반적으로 수지가 흐름방향으로 크게 배향하기 때문에 흐름방향과 직각방향의 수축률차가 크게 되어 성형품의 굽힘, 휨, 뒤틀림이 발생하기 쉽다.

구분	결정성 플라스틱	비결정성 플라스틱
수지 현상	불투명	투명
수축률, 변형률	크다	작다
치수정밀도	좋지 않다	좋다
수지 용융	많은열량 필요	상대적으로 적은 열량 필요
배향	배향특성이 크다	배향특성이 작다
용융 온도	특별한 용융온도나 고화온도를 갖는다	특별한 용융온도를 갖지 않는다

67 같은 조건하에서 금속의 냉각속도가 빠르면 조직은 어떻게 변화하는가?

① 결정입자가 미세해진다.
② 금속의 조직이 조대해진다.
③ 소수의 핵이 성장해서 응고된다.
④ 냉각속도와 금속의 조직과는 관계가 없다.

풀이
금속이 응고 과정 중에 냉각 속도가 빠르면 결정핵의 생성속도가 결정립의 성장속도보다 빠르게 되어 결정립의 크기가 작고 단위체적당 수가 많아진다.
반대로 냉각 속도가 느리면 결정핵 생성 속도보다 결정립의 성장속도가 빠르게 되어 결정립의 크기가 크고 단위체적당 수가 작아진다.

68 Al-Cu-Si계 합금의 명칭은?

① 실루민 ② 라우탈
③ Y합금 ④ 두랄루민

풀이
라우탈 : Al-Cu-Si계의 대표적인 합금으로 Si를 첨가하여 주조성을 개선하고 Cu를 첨가하여 피삭성을 좋게 한 것이다.

69 고속도강(SKH51)을 퀀칭온도(quenching temperature)는 약 몇 ℃인가?

① 720 ℃ ② 910 ℃
③ 1220 ℃ ④ 1580 ℃

풀이
고속도강의 열처리
① 1단계-전기저항로 : 500~550 ℃
② 2단계-염욕로(중온용) : 850~900 ℃
③ 3단계-염욕로(고온용) : 1220~1250 ℃ (담금질, 퀜칭온도)
④ 뜨임-전기로 : 550~600 ℃ (2차 경화)
2차경화란 뜨임온도에 따라서 탄화물의 종류가 다양하게 석출하는 현상

정답 65. ① 66. ② 67. ① 68. ② 69. ③

70 탄소강이 950℃ 전후의 고온에서 적열메짐(red brittleness)을 일으키는 원인이 되는 것은?

① Si ② P
③ Cu ④ S

풀이
적열메짐(고온메짐, 적열취성)
S(황)을 많이 함유한 탄소강은 900~1000 ℃에서 발생하며, 강의 용접성을 나쁘게 하고, 유동성을 해친다. 망간을 첨가하면 이 적열메짐 현상을 방지하는 효과를 얻을 수 있다.

71 유압실린더에서 유압유 출구 측에 유량제어 밸브를 직렬로 설치하여 제어하는 속도제어 회로의 명칭은?

① 미터 인 회로
② 미터 아웃 회로
③ 블리드 온 회로
④ 블리드 오프 회로

풀이
미터 아웃 회로(meter out circuit)
유량제어밸브를 실린더 출구 측에 설치하여 실린더에서 빠지는 유압을 조절할 필요가 있을 때 사용하는 회로

72 유압 프레스의 작동원리는 다음 중 어느 이론에 바탕을 둔 것인가?

① 파스칼의 원리
② 보일의 법칙
③ 토리첼리의 원리
④ 아르키메데스의 원리

풀이
파스칼의 원리(pascal's principle)
밀폐된 용기 속에서 정지하고 있는 유체의 일부에 압력을 가할 때, 각 부분의 압력은 모든 방향에서 같은 크기로 일정하다는 원리

73 유압용어를 설명한 것으로 올바른 것은?

① 서지압력 : 계통 내 흐름의 과도적인 변동으로 인해 발생하는 압력
② 오리피스 : 길이가 단면치수에 비해서 비교적 긴 죔구
③ 초크 : 길이가 단면치수에 비해서 비교적 짧은 죔구
④ 크래킹 압력 : 체크밸브, 릴리프밸브 등의 입구 쪽 압력이 강화하고, 밸브가 닫히기 시작하여 밸브의 누설량이 규정량까지 감소했을 때의 압력

풀이
② 오리피스 : 면적을 감소시킨 통로로서, 그 길이가 단면치수에 비해서 비교적 짧은 경우의 흐름의 조임, 이 경우에 압력 강하는 유체 점도에 따라 크게 영향을 받지 않는다.
③ 초크 : 면적을 감소시킨 통로로서, 그 길이가 단면치수에 비해서 비교적 긴 경우의 흐름의 조임, 이 경우에 압력 강하는 유체 점도에 따라 크게 영향을 받지 않는다.
④ 크래킹 압력 : 체크 밸브, 릴리프 밸브 등으로 압력이 상승하여 밸브가 열리기 시작하고 어떤 일정한 흐름의 양이 확인되는 압력
리시트 압력 : 체크 밸브, 릴리프 밸브 등의 입구 쪽 압력이 강화하고, 밸브가 닫히기 시작하여 밸브의 누설량이 어떤 규정량까지 감소되었을 때의 압력

74 그림과 같은 실린더에서 A측에서 3 MPa의 압력으로 기름을 보낼 때 B측 출구를 막으며 B측에 발생하는 압력 P_B는 몇 MPa인가? (단, 실린더 안지름은 50 mm, 로드지름은 25 mm이며, 로드에는 부하가 없는 것으로 가정한다.)

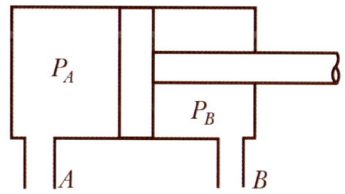

① 1.5　　② 3.0
③ 4.0　　④ 6.0

풀이

$P_A A_A = P_B A_B$

$3 \times \dfrac{\pi \times 0.05^2}{4} = P_B \times \dfrac{\pi(0.05^2 - 0.025^2)}{4}$

$\therefore P_B = 4 \ MPa$

75 다음 중 점성계수의 차원으로 옳은 것은? (단, M은 질량, L은 길이, T는 시간이다.)

① $ML^{-2} T^{-1}$
② $ML^{-1} T^{-1}$
③ MLT^{-2}
④ $ML^{-2} T^{-2}$

풀이

점성계수 $\mu = N \cdot s/m^2 = [FL^{-2} T]$
$= [MLT^{-2} L^{-2} T]$
$= [ML^{-1} T^{-1}]$

76 그림에서 표기하고 있는 밸브의 명칭은?

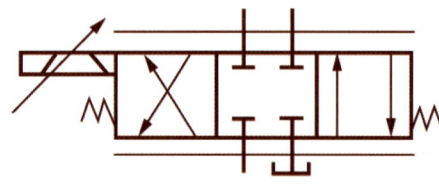

① 셔틀 밸브
② 파일럿 밸브
③ 서보 밸브
④ 교축전환 밸브

풀이

③

77 오일탱크의 구비조건에 관한 설명으로 옳지 않은 것은?

① 오일탱크의 바닥면은 바닥에서 일정간격 이상을 유지하는 것이 바람직하다.
② 오일탱크는 스트레이너의 삽입이나 분리를 용이하게 할 수 있는 출입구를 만든다.
③ 오일탱크 내에 방해판은 오일의 순환거리를 짧게 하고 기포의 방출이나 오일의 냉각을 보존한다.
④ 오일탱크의 용량은 장치의 운전중지 중 장치내의 작동유가 복귀하여도 지장이 없을만큼의 크기를 가져야 한다.

풀이

오일(작동유) 탱크의 구비 조건
오일탱크 내의 방해판(격판, baffle plate)은 오일의 순환거리를 길게 한다.
① 작동유 탱크는 중력에 의하여 복귀되는 장치내의 모든 오일을 받아들일 수 있는 크기여야 한다.(유압펌프 토출량의 2~3배가 표준)
② 흡입관과 복귀관 사이에 격리판을 설치할 것
③ 배유구(드레인 플러그)와 유면계를 설치할 것
④ 흡입오일 여과를 위한 스트레이너를 둘 것
⑤ 이물질이 들어가지 않도록 밀폐되어 있을 것

78 다음 필터 중 유압유에 혼입된 자성 고형물을 여과하는 데 가장 적합한 것은?

① 표면식 필터
② 적층식 필터
③ 다공체식 필터
④ 자기식 필터

풀이

자기식 필터 : 영구자석을 활용해 유압유 속의 철분 등의 자성체 불순물을 여과

79 가변용량형 베인펌프에 대한 일반적인 설명으로 틀린 것은?

① 로터와 링 사이의 편심량을 조절하여 토출량을 변화시킨다.
② 유압회로에 의하여 필요한 만큼의 유량을 토출할 수 있다.
③ 토출량 변화를 통하여 온도상승을 억제시킬 수 있다.
④ 펌프의 수명이 길고 소음이 적은 편이다.

풀이

가변 용량형 베인 펌프 : 베인 펌프는 평형형(정용량형)과 비평형형(가변용량형)이 있으며, 구조면에서 소음 및 진동이 약간 크고 압력 평형형이 아니므로 축 받침용 베어링의 수명이 짧아지는 단점이 있다.
① 송출 압력이 높아지면, 제어 실린더에 등으로 송출량을 줄이도록 펌프동작을 조절하여 압력상승 억제
② 펌프의 송출량을 펌프 자체의 조절나사로 자유롭게 변경가능
③ 펌프 최고압력을 펌프자체의 압력조정 나사로 설정할 수 있는 압력보상 기능보유

80 방향전환밸브에 있어서 밸브와 주 관로를 접속시키는 구멍을 무엇이라 하는가?

① port ② way
③ spool ④ position

풀이

포트(port) : 밸브와 주관로를 접속시키는 구멍으로 작동유체 통로의 열린 부분

제5과목 : 기계제작법 및 기계동력학

81 무게가 5.3 kN인 자동차가 시속 80 km로 달릴 때 선형운동량의 크기는 약 몇 N·s인가?

① 4240 ② 8480
③ 12010 ④ 16020

풀이

선형운동량

$$mV = \frac{W}{g}V = \frac{5.3 \times 10^3}{9.8} \times \frac{80 \times 10^3}{3600}$$
$$= 12018.14\ N \cdot m$$

82 질량과 탄성스프링으로 이루어진 시스템이 그림과 같이 높이 h에서 자유낙하를 하였다. 그 후 스프링의 반력에 의해 다시 튀어오른다고 할 때 탄성스프링의 최대변형량(x_{max})은? (단, 탄성스프링 및 밑판의 질량은 무시하고 스프링상수는 k, 질량은 m, 중력가속도는 g이다. 또한 아래그림은 스프링의 변형이 없는 상태를 나타낸다.)

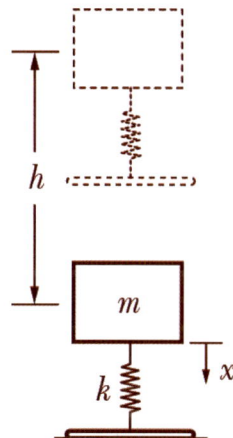

① $\sqrt{2gh}$

② $\sqrt{\dfrac{2mgh}{k}}$

③ $\dfrac{mg + \sqrt{(mg)^2 + 2kmgh}}{k}$

④ $\dfrac{mg + \sqrt{(mg)^2 + kmgh}}{k}$

풀이

자유낙하 변형량 $x_{max} = \delta_0\left(1 + \sqrt{1 + \dfrac{2h}{\delta_0}}\right)$

스프링 변형량 $\delta_0 = \dfrac{mg}{k}$

∴ $x_{max} = \delta_0 + \sqrt{\delta_0^2 + 2h \times \delta_0}$

정답 80. ① 81. ③ 82. ③

$$= \frac{mg}{k} + \sqrt{\frac{(mg)^2 + 2kmgh}{k^2}}$$

$$= \frac{mg + \sqrt{(mg)^2 + 2kmgh}}{k}$$

83 회전하는 막대의 홈을 따라 움직이는 미끄럼 블록 P의 운동을 r과 θ로 나타낼 수 있다. 현재위치에서 r = 300 mm, $\dot{r}$ = 40 mm/s(일정), $\dot{\theta}$ = 0.1 rad/s, $\ddot{\theta}$ = −0.04 rad/s²이다. 미끄럼 블록 P의 가속도는 약 몇 m/s²인가?

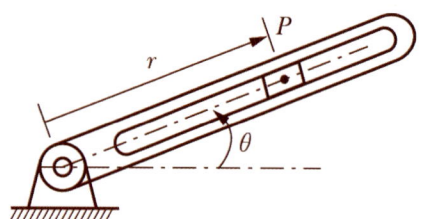

① 0.01　　　　② 0.001
③ 0.002　　　　④ 0.005

> **풀이**

문제의 조건에서
$r = 0.3\,m$, $\dot{r} = 0.04\,m/s$
$\dot{\theta} = 0.1\,rad/s$, $\ddot{\theta} = -0.04\,rad/s^2$
$a_r = \ddot{r} - r\dot{\theta}^2 = 0 - 0.3 \times 0.1^2 = -0.003\,m/s^2$
$a_\theta = r\ddot{\theta} + 2\dot{r}\dot{\theta} = 0.3 \times (-0.04) + 2 \times 0.04 \times 0.1$
$\qquad = -0.004\,m/s^2$
∴ P의 가속도 $= \sqrt{a_r^2 + a_\theta^2}$
$\qquad\qquad = \sqrt{(-0.003)^2 + (-0.004)^2}$
$\qquad\qquad = 0.005\,m/s^2$

84 같은차종인 자동차 B, C가 브레이크가 풀린 채 정지하고 있다. 이 때 같은차종의 자동차 A가 1.5 m/s의 속력으로 B와 충돌하면, 이후 B와 C가 다시 충돌하게 되어 결국 3대의 자동차가 연쇄 충돌하게 된다. 이때, B와 C가 충돌한 직후 자동차 C의 속도는 약 몇 m/s 인가? (단, 모든 자동차 간 반발계수는 e = 0.75이다.)

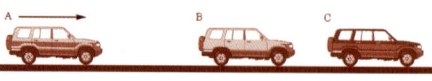

① 0.16　　　　② 0.39
③ 1.15　　　　④ 1.31

> **풀이**

초기조건　$V_A = 1.5\,m/s$, $V_B = V_C = 0$
1차 충돌　$V_A{'}$, $V_B{'}$
$e = \frac{-(V_A{'} - V_B{'})}{V_A - V_B} = \frac{-V_A{'} + V_B{'}}{1.5} = 0.75$
$V_A{'} = V_B{'} - 1.125$

운동량보존
$m \times 1.5 = m(V_B{'} - 1.125) + mV_B{'}$
$\Rightarrow 2V_B{'} = 1.5 + 1.125 = 2.625$
$\Rightarrow V_B{'} = 1.3125\,m/s$

2차 충돌　$V_B{''}$, $V_C{'}$
$e = \frac{-(V_B{''} - V_C{'})}{V_B{'} - V_C} = \frac{-V_B{''} + V_C{'}}{1.3125} = 0.75$
$V_B{''} = V_C{'} - 0.9843$

운동량보존
$m \times 1.3125 = m(V_C{'} - 0.9843) + mV_C{'}$
$\Rightarrow 2V_C{'} = 1.3125 + 0.9843 = 2.2965$
$\Rightarrow V_C{'} = 1.1484\,m/s$

85 1 자유도 진동시스템의 운동방정식은 $m\ddot{x} + c\dot{x} + kx = 0$으로 나타내고 고유진동수가 ω_n일 때 임계감쇠계수로 옳은 것은? (단, m은 질량, c는 감쇠계수, k는 스프링상수를 나타낸다.)

① $2\sqrt{mk}$　　　　② $\sqrt{\dfrac{\omega_n}{2k}}$
③ $\sqrt{2m\omega_2}$　　　　④ $\sqrt{\dfrac{2k}{\omega_n}}$

> **풀이**

임계감쇠계수

$$C_c = \frac{2k}{\omega} = 2k\sqrt{\frac{m}{k}} = 2\sqrt{mk} = 2m\omega_n$$

86 질량이 m, 길이가 L인 균일하고 가는막대 AB가 A점을 중심으로 회전한다. $\theta = 60°$에서 정지상태인 막대를 놓는순간 막대 AB의 각가속도(α)는? (단, g는 중력가속도이다.)

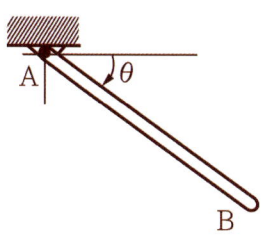

① $\alpha = \frac{3}{2}\frac{g}{L}$ ② $\alpha = \frac{3}{4}\frac{g}{L}$

③ $\alpha = \frac{3}{2}\frac{g}{L^2}$ ④ $\alpha = \frac{3}{4}\frac{g}{L^2}$

풀이

$$J_A = J_G + m\left(\frac{L}{2}\right)^2 = \frac{mL^2}{12} + \frac{mL^2}{4} = \frac{mL^2}{3}$$

$$\sum M_A = J_A \alpha = \frac{mL^2}{3}\alpha = mg\frac{L}{2}\cos 60°$$

$$\Rightarrow \alpha = \frac{3g}{2L}\cos 60° = \frac{3g}{2L} \times \frac{1}{2} = \frac{3g}{4L}$$

87 작은공이 그림과 같이 수평면에 비스듬히 충돌한 후 튕겨나갔을 경우에 대한 설명으로 틀린 것은? (단, 공과 수평면 사이의 마찰, 그리고 공의 회전은 무시하며 반발계수는 1 이다.)

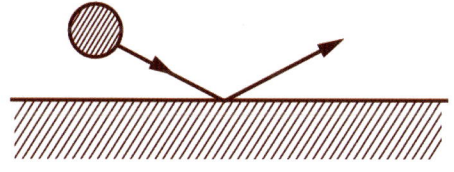

① 충돌직전과 직후, 공의 운동량은 같다.
② 충돌직전과 직후, 공의 운동에너지는 보존된다.
③ 충돌과정에서 공이 받은 충격량과 수평면이 받은 충격량의 크기는 같다.
④ 공의 운동방향이 수평면과 이루는 각의 크기는 충돌직전과 직후가 같다.

풀이

완전 탄성충돌 전후의 선형운동량은 같다.

88 질량 20 kg의 기계가 스프링상수 10 kN/m인 스프링 위에 지지되어 있다. 100 N의 조화가진력이 기계에 작용할 때 공진진폭은 약 몇 cm인가?

① 0.75 ② 7.5
③ 0.0075 ④ 0.075

풀이

$$\omega_n = \sqrt{\frac{k}{m}} = \sqrt{\frac{10 \times 10^3}{20}} ≒ 22.36 \, rad/s$$

공진진폭

$$X = \frac{F}{C \times \omega_n} = \frac{100}{6000 \times 22.36} \times 10^2$$

$$= 0.075 \, cm$$

89 원판 A와 B는 중심점이 각각 고정되어 있고, 고정점을 중심으로 회전운동을 한다. 원판 A가 정지하고 있다가 일정한 각가속도 $\alpha_A = 2 \, rad/s^2$으로 회전한다. 이 과정에서 원판 A는 원판 B와 접촉하고 있으며, 두 원판사이에 미끄럼은 없다고 가정한다. 원판 A가 10회전하고 난 직후 원판 B의 각속도는 약 몇 rad/s인가? (단, 원판 A의 반지름은 20 cm, 원판 B의 반지름은 15 cm이다.)

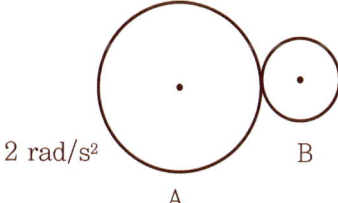

정답 86. ② 87. ① 88. ④ 89. ②

① 15.9　　② 21.1
③ 31.4　　④ 62.8

풀이

$\omega_A^2 = 2\alpha_A \times \theta = 2 \times 2 \times 10 \times 2\pi$
$\omega_A = 15.85 \ rad/s$
$\omega_A D_A = \omega_B D_B \Rightarrow \omega_A r_A = \omega_B r_B$
$\Rightarrow \omega_B = \dfrac{\omega_A r_A}{r_B} = \dfrac{15.85 \times 20}{15} = 21.1 \ rad/s$

90 스프링으로 지지되어 있는 어떤물체가 매분 60회 반복하면서 상하로 진동한다. 만약 조화운동으로 움직인다면, 이 진동수를 rad/s 단위와 Hz로 옳게 나타낸 것은?

① 6.28 rad/s, 0.5 Hz
② 6.28 rad/s, 1 Hz
③ 12.56 rad/s, 0.5 Hz
④ 12.56 rad/s, 1 Hz

풀이

진동수　　$f = \dfrac{1}{T} = \dfrac{60 \ cycle}{60 \ s} = 1 \ Hz$
고유 각진동수　$\omega_n = 2\pi f = 6.28 \ rad/s$

91 버니싱가공에 관한 설명으로 틀린 것은?

① 주철만을 가공할 수 있다.
② 작은지름의 구멍을 매끈하게 마무리 할 수 있다.
③ 드릴, 리머 등 전단계의 기계가공에서 생긴 스크래치 등을 제거하는 작업이다.
④ 공작물 지름보다 약간 더 큰 지름의 볼 (Ball)을 압입통과시켜 구멍내면을 가공한다.

풀이

버니싱(burnishing)은 예비 가공된 공작물의 구멍보다 약간 큰 볼(강구 또는 초경합금 볼)을 강제 통과시켜 내면을 매끄럽게 하고, 구멍의 진원도 및 진직도 등 정밀도를 향상시키는 가공법

92 용접 시 발생하는 불량(결함)에 해당하지 않는 것은?

① 오버랩　　② 언더컷
③ 용입불량　④ 콤퍼지션

풀이

용접 결함의 종류 : 슬래그 혼입, 기공 발생, 언더컷, 용입불량, 오버랩, 스펠트, 크랙킹, 피트, 비드의 외관 불량 등

93 단조에 관한 설명 중 틀린 것은?

① 열간단조에는 콜드헤딩, 코이닝, 스웨이징이 있다.
② 자유단조는 앤빌위에 단조물을 고정 하고 해머로 타격하여 필요한 형상으로 가공한다.
③ 형단조는 제품의 형상을 조형한 한 쌍의 다이사이에 가열한 소재를 넣고 타격이나 높은압력을 가하여 제품을 성형한다.
④ 업셋단조는 가열된 재료를 수평틀에 고정하고 한 쪽 끝을 돌출시키고 돌출부를 축 방향으로 압축하여 성형한다.

풀이

단조는 가공 시 온도에 따라
열간 단조, 온간 단조, 냉간 단조로 분류
열간 단조는 공작물에 열을 가하여 두드려 성형
(해머 단조, 프레스 단조, 업세트 단조, 압연 단조)
냉간 단조는 상온 상태에서 공작물을 두드려 성형(콜드 헤딩, 코이닝(압인), 스웨이징, 마킹 등)

94 공작물의 길이가 340 mm이고, 행정여유가 25 mm, 절삭 평균속도가 15 m/min일 때 셰이퍼의

기출문제

1분간 바이트 왕복횟수는 약 얼마인가? (단, 바이트 1 왕복시간에 대한 절삭 행정시간의 비는 3/5이다.)

① 20회
② 25회
③ 30회
④ 35회

풀이

$V = \dfrac{Nl}{1000a}$

$\Rightarrow N = \dfrac{1000aV}{l} = \dfrac{1000 \times \left(\dfrac{3}{5}\right) \times 15}{340}$
$= 26.47 \, \text{회/min}$

95 방전가공의 특징으로 틀린 것은?

① 전극이 필요하다.
② 가공부분에 변질층이 남는다.
③ 전극 및 가공물에 큰 힘이 가해진다.
④ 통전되는 가공물은 경도와 관계없이 가공이 가능하다.

풀이

방전가공(Electrical Discharge Machining, EDM)의 특징
① 가공에 필요한 전극이 필요
② 가공면의 열변질층 생성, 방전 클리어런스로 인한 오차 발생
③ 전극과 가공물에 기계적인 힘이 가해지지 않은 상태에서 가공 가능
④ 통전되는 가공물은 경도에 관계없이 가공이 가능하며 가공면 균일
⑤ 복잡한 형상, 인성 및 취성이 큰 재료, 미세 구멍이나 홈 가공 가능

96 얇은 판재로 된 목형은 변형되기 쉽고 주물의 두께가 균일하지 않으면 용융금속이 냉각응고 시에 내부응력에 의해 변형 및 균열이 발생 할 수 있으므로, 이를 방지하기 위한 목적으로 쓰고 사용한 후에 제거하는 것은?

① 구배
② 덧붙임
③ 수축여유
④ 코어프린트

풀이

덧붙임(stop off) : 형상이 복잡하거나 두께가 균일하지 않은 주물은 냉각시 내부응력에 의한 변형이나 힘이 발생할 수 있는데 이를 방지하기 위하여 보강대를 설치(덧붙임)하고 냉각 후 잘라낸다.
구배 : 목형을 주형에서 뽑을 때 주형이 파손되는 것을 방지하기 위하여 목형의 측면을 경사지게 한다.
코어 프린트 : 속이 빈 주물 제작시 코어를 주형 내부에서 지지하기 위해 목형에 덧붙인 돌기부분

97 밀링머신에서 직경 100 mm, 날수 8인 평면커터로 절삭속도 30 m/min, 절삭깊이 4 mm, 이송속도 240 m/min에서 절삭할 때 칩의 평균두께 t_m (mm)는?

① 0.0584
② 0.0596
③ 0.0625
④ 0.0734

풀이

절삭속도 $V = \dfrac{\pi d N}{1000}$

회전수 $N = \dfrac{1000V}{\pi d} = \dfrac{1000 \times 30}{\pi \times 100} = 95.5 \, rpm$

이송속도 $f = f_z N Z$

$f_z = \dfrac{f}{NZ} = \dfrac{240}{95.5 \times 8} = 0.314 \, rpm$

$\therefore t_m = f_z \sqrt{\dfrac{t}{d}} = 0.314 \sqrt{\dfrac{4}{100}}$
$= 0.0628 \, mm$

98 인발가공 시 다이의 압력과 마찰력을 감소시키고 표면을 매끈하게 하기 위해 사용하는 윤활제가 아닌 것은?

① 비누
② 석회
③ 흑연
④ 사염화탄소

풀이

인발가공에서 윤활제에는 건식(乾式)과 습식(濕式)이

정답 95. ③ 96. ② 97. ③ 98. ④

있으며 건식윤활제에는 석회, 그리스(grease), 비누, 흑연 등이 있고 습식에는 종유(種油) 등에 비누 1.5~3%를 첨가하고 다량의 물을 혼합한 것 등이 있다.

금질 후 시효변형을 방지하기 위해 0℃ 이하의 온도로 냉각하여 잔류 오스테나이트(Austenite)를 완전히 마텐자이트(Martensite)로 변태시킬 목적으로 한다.

99 빌트업 에지(built up edge)의 크기를 좌우하는 인자에 관한 설명으로 틀린 것은?

① 절삭속도 : 고속으로 절삭할수록 빌트업 에지는 감소된다.
② 칩 두께 : 칩 두께를 감소시키면 빌트업 에지의 발생이 감소한다.
③ 윗면 경사각 : 공구의 윗면 경사각이 클수록 빌트업 에지는 커진다.
④ 칩의 흐름에 대한 저항 : 칩의 흐름에 대한 저항이 클수록 빌트업 에지는 커진다.

풀이
구성인선(built up edge)은 연성이 큰 재질을 절삭할 때 칩의 일부가 공구에 달라붙어 공구의 날과 같은 역할을 하는 것으로 구성인선의 과정은 발생→성장→최대→분열→탈락(1/10~1/200초)을 반복한다.

〈구성인선 발생을 감소시키기 위한 방법〉
① 절삭 깊이를 작게
② 윗면 경사각을 크게, 절삭날 끝을 예리하게
③ 고속 절삭(120~150m/min)
④ 유동성 있는 절삭유 사용

100 담금질한 강을 상온이하의 적합한 온도로 냉각시켜 잔류 오스테나이트를 마르텐사이트 조직으로 변화시키는 것을 목적으로 하는 열처리 방법은?

① 심냉처리
② 가공경화법 처리
③ 가스침탄법 처리
④ 석출경화법 처리

풀이
심냉처리(sub-zero)는 담금질 균열 방지책으로 담

국가기술자격 필기시험문제

2017년 기사 제2회 경향성 문제

| 자격종목 | 일반기계기사 | 시험시간 2시간 30분 | 형별 B | 수험번호 | 성명 |

제1과목 : 재료역학

01 공칭응력(nominal stress : σ_n)과 진응력(true stress : σ_t)사이의 관계식으로 옳은 것은? (단, ϵ_n은 공칭변형률(nominal strain), ϵ_t는 진변형률(true strain)이다.)

① $\sigma_t = \sigma_n(1+\epsilon_t)$
② $\sigma_t = \sigma_n(1+\epsilon_n)$
③ $\sigma_t = \ln(1+\sigma_n)$
④ $\sigma_t = \ln(\sigma_n + \epsilon_t)$

풀이
진응력은 공칭응력보다 공칭변형을 고려한 만큼 크다.

02 그림과 같이 전체길이가 3 L인 외팔보에 하중 P가 B점과 C점에 작용할 때 자유단 B에서의 처짐량은? (단, 보의 굽힘강성 EI는 일정하고, 자중은 무시한다.)

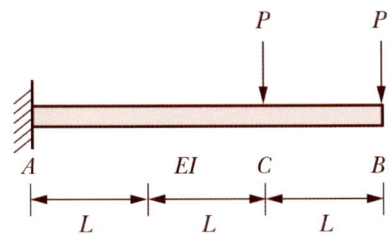

① $\dfrac{35}{3}\dfrac{PL^3}{EI}$
② $\dfrac{37}{3}\dfrac{PL^3}{EI}$
③ $\dfrac{41}{3}\dfrac{PL^3}{EI}$
④ $\dfrac{44}{3}\dfrac{PL^3}{EI}$

풀이
$\delta = \delta_1 + \delta_2 + \delta_3 = \delta_1 + \delta_2 + \theta_C \times L$
$= \dfrac{P(2L)^3}{3EI} + \dfrac{P(3L)^3}{3EI} + \dfrac{P(2L)^3}{2EI} \times L$
$= \dfrac{41PL^3}{3EI}$

03 그림과 같은 단순보에서 전단력이 0이 되는 위치는 A지점에서 몇 m 거리에 있는가?

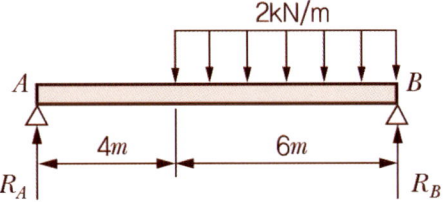

① 4.8
② 5.8
③ 6.8
④ 7.8

풀이
$\sum M_B = 0 \Rightarrow R_A \times 10 = 12 \times 3$
$\Rightarrow R_A = \dfrac{36}{10} = \dfrac{18}{5} \Rightarrow \dfrac{18}{5} = 2x$
$\Rightarrow x = \dfrac{9}{5}$

∴ A 지점으로부터의 거리는 $4 + \dfrac{9}{5} = 5.8\,m$

04 직경 d, 길이 ℓ인 봉의 양단을 고정하고 단면 m—m의 위치에 비틀림모멘트 T를 작용시킬 때 봉의 A부분에 작용하는 비틀림모멘트는?

정답 1. ② 2. ③ 3. ② 4. ③

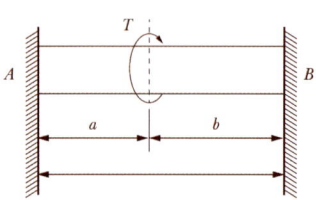

① $T_A = \dfrac{a}{\ell+a}T$

② $T_A = \dfrac{a}{a+b}T$

③ $T_A = \dfrac{b}{a+b}T$

④ $T_A = \dfrac{a}{\ell+b}T$

풀이

$T = T_A + T_B$ ……… ①

T_A 에 의한 비틀림 각은 $\theta_A = \dfrac{T_A \times a}{GI_{P_A}}$

T_B 에 의한 비틀림 각은 $\theta_B = \dfrac{T_B \times b}{GI_{P_B}}$

θ_A 와 θ_B 는 서로 같고, G 는 동일하며, 단면의 변화가 없으므로 I_{P_A} 와 I_{P_B} 도 같다.

∴ $\theta_A = \theta_B$ ⇨ $T_A \times a = T_B \times b$

⇨ $T_B = \dfrac{a}{b}T_A$ ⇨ ①식에 대입하여

⇨ $T = T_A + \dfrac{a}{b}T_A$

⇨ $T_A = \dfrac{b}{a+b}T$

05 오일러의 좌굴응력에 대한 설명으로 틀린 것은?

① 단면의 회전반경의 제곱에 비례한다.
② 길이의 제곱에 반비례한다.
③ 세장비의 제곱에 비례한다.
④ 탄성계수에 비례한다.

풀이

$\sigma_B = \dfrac{P_B}{A} = \dfrac{n\pi^2 EI}{Al^2} = \dfrac{n\pi^2 EAk^2}{Al^2}$

$= \dfrac{n\pi^2 E}{\left(\dfrac{l}{k}\right)^2} = \dfrac{n\pi^2 E}{\lambda^2}$

06 그림과 같은 직사각형 단면의 보에 P = 4kN의 하중이 10° 경사진 방향으로 작용한다. A점에서의 길이방향의 수직응력을 구하면 약 몇 MPa인가?

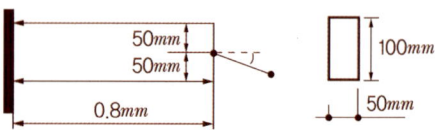

① 3.89　② 5.67
③ 0.79　④ 7.46

풀이

힘 P의 세로방향 성분력은

$P\cos 10° = 4\times 10^3 \times \cos 10° = 3939.2\ N$

가로(단면)방향 성분력은

$P\sin 10° = 4\times 10^3 \times \sin 10° = 694.6\ N$

세로방향 성분력에 의한 응력은

$\sigma_1 = \dfrac{P_1}{A} = \dfrac{3939.2}{0.05\times 0.1}\times 10^{-6} = 0.788\ MPa$

가로(단면)방향 성분력에 의한 응력은

$\sigma_2 = \sigma_b = \dfrac{M}{Z} = \dfrac{P_2\times 0.8}{\dfrac{bh^2}{6}}$

$= \dfrac{694.6\times 0.8\times 6}{0.05\times 0.1^2}\times 10^{-6} = 6.668\ MPa$

∴ A점의 세로방향 전체응력　$\sigma = \sigma_1 + \sigma_2$
$= 6.668 + 0.788 ≒ 7.46\ MPa$

07 세로탄성계수가 210 GPa인 재료에 200 MPa의 인장응력을 가했을 때 재료내부에 저장되는 단위체적당 탄성변형에너지는 약 몇 N·m/m³인가?

① 95.238
② cicatrice5238

③ 18.538
④ Cs85380

① 0.52 ② 0.64
③ 0.73 ④ 0.85

풀이

$$u = \frac{\sigma^2}{2E} = \frac{1}{2} \times \frac{(200 \times 10^6)^2}{2 \times 210 \times 10^9}$$
$$= 95.238 \text{ N} \cdot \text{m/m}^3$$

풀이

$$\lambda = \frac{Pl}{AE} = \frac{8 \times 10^3 \times 1500}{\pi/4 \times 1^2 \times 210} = 0.727 cm$$

08 그림과 같이 강선이 천정에 매달려 100 kN의 무게를 지탱하고 있을 때, AC 강선이 받고 있는 힘은 약 몇 kN인가?

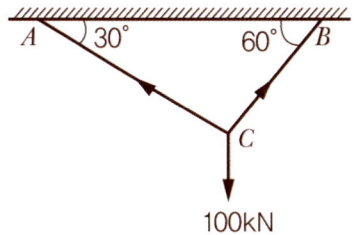

① 30 ② 40
③ 50 ④ 60

10 그림과 같은 단순보(단면 8 cm x 6 cm)에 작용하는 최대 전단응력은 몇 kPa인가?

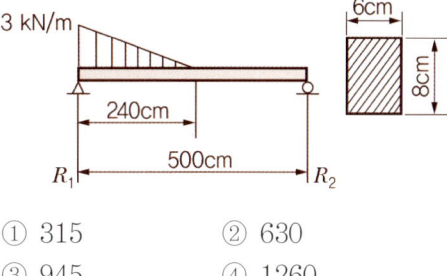

① 315 ② 630
③ 945 ④ 1260

풀이

최대 전단력은 R_A 에서 발생하므로 A점의 위치에서 최대 전단응력이 발생

$\sum M_B = 0 \Rightarrow R_A \times 5 = (3 \times 2.4)/2 \times 4.2$
$\Rightarrow R_A = 3.02 kN$

$\therefore \tau_{\max} = \frac{3}{2} \frac{F}{A} = \frac{3}{2} \times \frac{3.02}{0.06 \times 0.08}$
$\fallingdotseq 945 kPa$

풀이

$\frac{T_{AC}}{\sin 150°} = 100$

$\Rightarrow T_{AC} = 100 \sin 150° = 50$

09 길이 15 m, 봉의 지름 10 mm인 강봉에 P = 8 kN을 적용시킬 때 이 봉의 길이방향 변형량은 약 몇 cm인가? (단, 이 재료의 세로탄성계수는 210 GPa이다.)

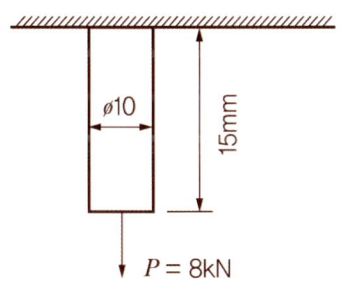

11 다음 막대의 z 방향으로 80 kN의 인장력이 작용할 때 x 방향의 변형량은 몇 μm인가? (단, 탄성계수 E = 200 GPa, 포아송 비 ν = 0.32, 막대크기 x = 100 mm, y = 50 mm, z = 1.5 m이다)

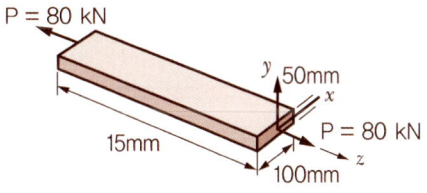

① 2.56 ② 25.6
③ −2.56 ④ 25.6

정답 8. ③ 9. ③ 10. ③ 11. ③

풀이

$$\frac{P_z}{A_{xy}} = \frac{80 \times 10^3}{0.05 \times 0.1} = \sigma_z = E\epsilon_z = 200 \times 10^9 \epsilon_z$$

$\Rightarrow \epsilon_z = 0.00008$

$\nu = -0.32 = \dfrac{\epsilon_x{'}}{\epsilon_z} \quad \Rightarrow \epsilon_x{'} = -0.32\epsilon_z$

$\lambda_x = 100 \times 1000 \times (-0.32\epsilon_z)$
$\quad = 100 \times 1000 \times (-0.32 \times 0.00008)$
$\quad = -2.56\,\mu m$

12 두께가 1 cm, 지름 25 cm의 원통형 보일러에 내압이 작용하고 있을 때, 면내 최대전단응력이 -62.5 MPa이었다면 내압 P는 몇 MPa인가?

① 5   ② 10
③ 15   ④ 20

풀이

2축 응력의 문제이므로

$\sigma_{hoop} = \dfrac{pd}{2t} = \dfrac{p \times 0.25}{2 \times 0.01} = 12.5p$

$\sigma_{축} = \dfrac{pd}{4t} = \dfrac{p \times 0.25}{4 \times 0.01} = 6.25p$

$\tau_{max} = \tau_{45}$
$\quad = (-\sigma_{hoop} + \sigma_{축})\cos 45 \sin 45 = -62.5$
$\Rightarrow (-12.5p + 6.25p) \times 0.5 = -62.5$
$\therefore p = 20\,MPa$

13 그림과 같은 일단고정 타단지지보의 중앙에 P = 4800N의 하중이 작용하면 지지점의 반력(R_B)은 약 몇 kN인가?

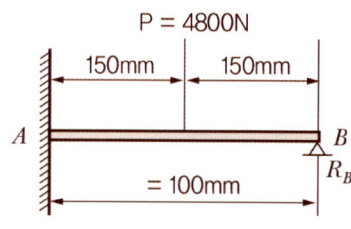

① 3.2   ② 2.6
③ 1.5   ④ 1.2

풀이

$R_{지지단} = \dfrac{5}{16}P = \dfrac{5}{16} \times 4800 \div 10^3 = 1.5\,kN$

14 동일한 전단력이 작용할 때 원형단면 보의 지름을 d에서 3d로 하면 최대전단응력의 크기는? (단, τ_{max}는 지름이 d일 때의 최대전단응력이다.)

① $9\tau_{max}$ ② $3\tau_{max}$
③ $\dfrac{1}{3}\tau_{max}$ ④ $\dfrac{1}{9}\tau_{max}$

풀이

$\tau_{max} = \dfrac{4}{3}\dfrac{F}{A} = \dfrac{4}{3}\dfrac{4F}{\pi d^2} \propto \dfrac{1}{d^2}$

$\rightarrow \dfrac{1}{(3d)^2} = \dfrac{1}{9d^2}$

즉, $\tau_{max} = \dfrac{1}{9}\tau_{max}$

15 그림과 같이 단순화한 길이 1 m의 차축 중심에 집중하중 100 kN이 작용하고, 100 rpm으로 400 kW의 동력을 전달할 때 필요한 차축의 지름은 최소 몇 cm인가? (단, 축의 허용굽힘응력은 85 MPa로 한다.)

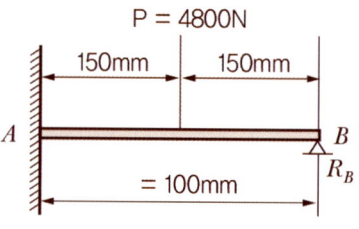

① 4.1   ② 8.1
③ 12.3   ④ 16.3

풀이

굽힘과 비틀림을 동시에 받으므로 상당모멘트로부터 계산한다.

$M_{max} = \dfrac{Pl}{4} = \dfrac{100 \times 10^3 \times 1}{4} = 25\,kN \cdot m$

$$T = 974 \frac{H_{kW}}{N} \ kN \cdot cm$$
$$= 974 \times \frac{400}{\frac{2\pi \times 100}{60}} \times 10^{-2} = 38.2 \ kNm$$

상당모멘트는
$$M_{eq} = \frac{1}{2}(M + \sqrt{M^2 + T^2}) = 35.33 \ kNm$$
$$M = M_{eq} = \sigma_a Z = \sigma_a \frac{\pi d^3}{32}$$
$$\Rightarrow d = \sqrt[3]{\frac{32 M_{eq}}{\pi \sigma_a}} = \sqrt[3]{\frac{32 \times 35.33}{\pi \times 85 \times 10^3}}$$
$$= 0.1618 \ m \fallingdotseq 16.2 \ cm$$

16 그림과 같이 한변의 길이가 d인 정사각형 단면의 Z-Z 축에 관한 단면계수는?

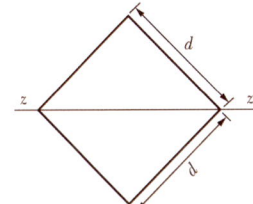

① $\frac{\sqrt{2}}{6}d^3$ ② $\frac{\sqrt{2}}{12}d^3$
③ $\frac{d^3}{24}$ ④ $\frac{\sqrt{2}}{24}d^3$

풀이
$$I_{나} = \frac{a^4}{12} = \frac{d^4}{12} \ , \ Z = \frac{I}{y} = \frac{d^4/12}{d/\sqrt{2}} = \frac{\sqrt{2}\,d^3}{12}$$

17 그림과 같은 부정정보의 전 길이에 균일 분포하중이 작용할 때 전단력이 0이 되고 최대 굽힘모멘트가 작용하는 단면은 B단에서 얼마나 떨어져 있는가?

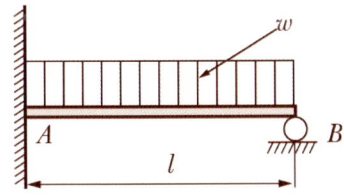

① $\frac{2}{3}\ell$ ② $\frac{3}{8}\ell$
③ $\frac{5}{8}\ell$ ④ $\frac{3}{4}\ell$

풀이
$$R_{저지단} = \frac{3}{8}wl$$

좌측으로부터 $\frac{3}{8}wl = wx$ ∴ $x = \frac{3}{8}l$

18 J를 극단면 2차모멘트, G를 전단탄성계수, ℓ을 축의 길이, T를 비틀림모멘트라 할 때 비틀림각을 나타내는 식은?

① $\frac{\ell}{GT}$ ② $\frac{TJ}{G\ell}$
③ $\frac{J\ell}{GT}$ ④ $\frac{T\ell}{GJ}$

풀이
$$\theta = \frac{Tl}{GI_P} \Rightarrow \theta = \frac{Tl}{GJ}$$

19 그림과 같은 직사각형 단면을 갖는 단순지지보에 3 kN/m의 균일 분포하중과 축방향으로 50 kN의 인장력이 작용할 때 단면에 발생하는 최대 인장응력은 약 몇 MPa인가?

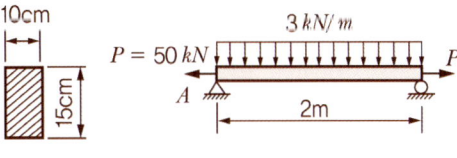

① 0.67 ② 3.33
③ 4 ④ 7.33

풀이
축방향 하중에 의한 인장응력
$$\sigma_1 = \frac{P}{A} = \frac{50 \times 10^3}{0.1 \times 0.15} \times 10^{-3} = 3.33 \ MPa$$

최대 굽힘모멘트에 의한 중앙부에서의 응력

정답 16. ② 17. ② 18. ④ 19. ④

$$M_{중앙} = 3000 \times 1 - 3000 \times 0.5 = 1500\ N \cdot m$$
$$M_{중앙} = \sigma_b Z$$
$$\Rightarrow \sigma_b = \frac{M_{중앙}}{Z} = \frac{M_{중앙}}{\frac{bh^2}{6}}$$
$$= \frac{1500}{\frac{0.1 \times 0.15^2}{6}} \times 10^{-3} = 4\ MPa$$
$$\therefore \sigma_{\max} = \sigma_1 + \sigma_b = 3.33 + 4 = 7.33\ MPa$$

20 정사각형의 단면을 가진 기둥에 P = 8 kN의 압축하중이 작용할 때 6 MPa의 압축응력이 발생하였다면 단면의 한변의 길이는 몇 cm인가?

① 11.5 ② 15.4
③ 20.1 ④ 23.1

풀이

$$\sigma_c = \frac{P}{A} = \frac{P}{a^2}$$
$$\Rightarrow a = \sqrt{\frac{P}{\sigma_c}} = \sqrt{\frac{80 \times 10^3}{6 \times 10^6}} \times 10^2$$
$$= 11.5\ cm$$

제2과목 : 기계열역학

21 출력 10000 kW의 터빈플랜트의 시간당 연료소비량이 5000 kg/h이다. 이 플랜트의 열효율은 약 몇 %인가? (단, 연료의 발열량은 33440 kJ/kg이다.)

① 25.4% ② 21.5%
③ 10.9% ④ 40.8%

풀이

$$\eta = \frac{단위시간당의\ 정미일량}{공급연료의\ 발열량} = \frac{\dot{W}}{\dot{Q}}$$
$$= \frac{10000\,[kWh]}{5000 \times 33440\,[kJ]} \times \frac{3600[kJ]}{1[kWh]} \times 100$$
$$= 21.53\ \%$$

22 역 Carnot cycle로 300K와 240K 사이에서 작동하고 있는 냉동기가 있다. 이 냉동기의 성능계수는?

① 3 ② 4
③ 5 ④ 6

풀이

$$COP_{RC} = \frac{q_L}{w_c} = \frac{T_L}{T_H - T_L}$$
$$\Rightarrow COP_{RC} = \frac{240}{300 - 240} = 4$$

23 보일러 입구의 압력이 9800 kN/m² 이고, 응축기의 압력이 4900 N/m² 일 때 펌프가 수행한 일은 약 몇 kJ/kg인가? (단, 물의 비체적은 0.001 m³/kg이다.)

① 9.79 ② 15.17
③ 87.25 ④ 180.52

풀이

$$w_p = \int v\,dp$$
$$= 0.001 \times (9800 - 4.9) = 9.79\,[kJ/kg]$$

24 다음 온도에 관한 설명 중 틀린 것은?

① 온도는 뜨겁거나 차가운 정도를 나타낸다.
② 열역학 제 0법칙은 온도측정과 관계된 법칙이다.
③ 섭씨온도는 표준기압 하에서 물의 어는 점과 끓는점을 각각 0과 100으로 부여한 온도 척도이다.
④ 화씨온도 F와 절대온도 K 사이에는 K=F+273.15의 관계가 성립한다.

풀이

섭씨온도 ℃와 절대온도 K 사이에는
K = ℃ + 273.15의 관계가 성립한다.

정답 20. ① 21. ② 22. ② 23. ① 24. ④

25. 10 kg의 증기가 온도 50℃, 압력 38 kPa, 체적 7.5 m³일 때 총 내부에너지는 6700 kJ이다. 이와 같은 상태의 증기가 가지고 있는 엔탈피는 약 몇 kJ인가?

① 606　　② 1794
③ 3305　　④ 6985

풀이
$H = U + pV = 6700 + 38 \times 7.5 = 6985 \text{ kJ}$

26. 밀폐계에서 기체의 압력이 100 kPa로 일정하게 유지되면서 체적이 1 m³에서 2 m³으로 증가되었을 때 옳은 설명은?

① 밀폐계의 에너지 변화는 없다.
② 외부로 행한 일은 100kJ이다.
③ 기체가 이상기체라면 온도가 일정하다.
④ 기체가 받은 열은 100kJ이다.

풀이
System이 일을 하면 (+), 받으면 (−)
$W = \int_1^2 p\, dV$
$\Rightarrow W = p(V_2 - V_1) = 100 \times (2-1) = 100 \text{ J}$

27. 열역학 제 2법칙과 관련된 설명으로 옳지 않은 것은?

① 열효율이 100%인 열기관은 없다.
② 저온물체에서 고온물체로 열은 자연적으로 전달되지 않는다.
③ 폐쇄계와 그 주변계가 열교환이 일어날 경우 폐쇄계와 주변계 각각의 엔트로피는 모두 상승한다.
④ 동일한 온도범위에서 작동되는 가역 열기관은 비가역 열기관보다 열효율이 높다.

풀이
계 내의 엔트로피는 상승하지 않고 주변계의 엔트로피는 상승한다.
가역기관의 열효율은 엔트로피를 발생하지 않으므로 무효 에너지가 없는 최대효율이 된다.

28. 오토(Otto)사이클에 관한 일반적인 설명 중 틀린 것은?

① 불꽃점화 기관의 공기표준 사이클이다.
② 연소과정을 정적가열과정으로 간주한다.
③ 압축비가 클수록 효율이 높다.
④ 효율은 작업기체의 종류와 무관하다.

풀이
④ 작업기체의 종류와 관계없이 절대온도에만 관계하는 열기관은 카르노 열기관(가역기관)이다.

29. 다음 중 정확하게 표기된 SI 기본단위(7가지)의 개수가 가장 많은 것은? (단, SI 유도단위 및 그 외 단위는 제외한다.)

① A, Cd, ℃, kg, m, Mol, N, s
② cd, J, K, kg, m, Mol, Pa, s
③ A, J, ℃, kg, km, mol, S, W
④ K, kg, km, mol, N, Pa, S, W

풀이
SI 기본단위는 질량 kg, 길이 m, 시간 s, 힘 N, 온도 K, 압력 Pa, 에너지 J, 화학적 량 Mol 등을 사용한다.

30. 8℃의 이상기체를 가역단열 압축하여 그 체적을 1/5로 하였을 때 기체의 온도는 약 몇 ℃인가? (단, 이 기체의 비열비는 1.4이다.)

① −125℃　　② 294℃
③ 222℃　　　④ 262℃

정답 25. ④　26. ②　27. ③　28. ④　29. ②　30. ④

풀이

$$\frac{T_2}{T_1} = \left(\frac{p_2}{p_1}\right)^{\frac{k-1}{k}} = \left(\frac{v_1}{v_2}\right)^{k-1}$$

$$\Rightarrow T_2 = T_1\left(\frac{v_1}{v_2}\right)^{k-1}$$

$$= (8+273.15)\times(5)^{1.4-1} = 262.06\ ℃$$

31 그림의 랭킨사이클(온도(T)-엔트로피(s)선도)에서 각각의 지점에서 엔탈피는 표와 같을 때 이 사이클의 효율은 약 몇 %인가?

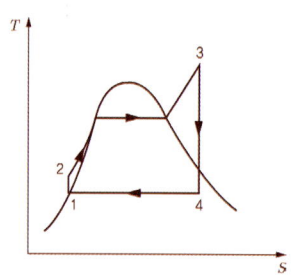

	엔탈피(kJ/kg)
1지점	185
2지점	210
3지점	3100
4지점	2100

① 33.7% ② 28.4%
③ 25.2% ④ 22.9%

풀이

$$\eta_R = \frac{w_T - w_p}{q_B + q_{SH}} = \frac{(h_3-h_4)-(h_2-h_1)}{(h_3-h_2)}$$

$$= \left(\frac{(3100-2100)-(210-185)}{(3100-210)}\right)\times 100$$

$$\fallingdotseq 33.7\%$$

32 압력이 10^6 N/m², 체적이 1 m³인 공기가 압력이 일정한 상태에서 400 kJ의 일을 하였다. 변화 후의 체적은 약 몇 m³인가?

① 1.4 ② 1.0
③ 0.6 ④ 0.4

풀이

$$_1W_2 = \int_1^2 p\,dV = p(V_2 - V_1)$$

$$= 1000\times(V_2 - 1) = 400$$

$$\therefore V_2 = 1.4\ m^3$$

33 온도 15℃, 압력 100 kPa 상태의 체적이 일정한 용기안에 어떤 이상기체 5 kg이 들어있다. 이 기체가 50℃가 될 때까지 가열되는 동안의 엔트로피 증가량은 약 몇 kJ/K인가? (단, 이 기체의 정압비열과 정적비열은 각각 1.001 kJ/(kg·K), 0.7171 kJ/(kg·K)이다.)

① 0.411 ② 0.486
③ 0.575 ④ 0.732

풀이

$$\delta Q = mC\,dT$$

$$\Rightarrow Q = mC_v\triangle T_1$$

$$= 5\times 0.7171\times(50-15) = 125.5\ kJ$$

$$\triangle S = \frac{\delta Q}{T} = \frac{125.5}{305.65} = 0.411\ kJ/K$$

34 저열원 20℃와 고열원 700℃ 사이에서 작동하는 카르노열기관의 열효율은 약 몇 %인가?

① 30.1% ② 69.9%
③ 52.9% ④ 74.1%

풀이

$$\eta_c = 1 - \frac{Q_2}{Q_1} = 1 - \frac{T_2}{T_1}$$

$$\Rightarrow \eta_A = \left(1 - \frac{20+273.15}{700+273.15}\right)\times 100 \fallingdotseq 69.9\%$$

35 열교환기를 흐름배열(flow arrangement)에 따라 분류할 때 그림과 같은 형식은?

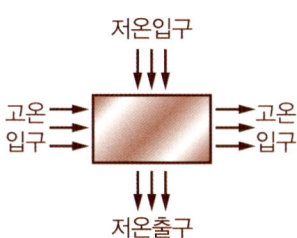

① 평행류 ② 대향류
③ 병행류 ④ 직교류

풀이
유체유동 방향이 같으면 병행(평행)류, 반대이면 대향류, 수직이면 직교류

36 어느 증기터빈에 0.4 kg/s로 증기가 공급되어 260 kW의 출력을 낸다. 입구의 증기엔탈피 및 속도는 각각 3000 kJ/kg, 720 m/s, 출구의 증기엔탈피 및 속도는 각각 2500 kJ/kg, 120 m/s이면, 이 터빈의 열손실은 약 몇 kW가 되는가?

① 15.9   ② 40.8
③ 20.0   ④ 104

풀이
$$Q_{12} + mh_1 + m\frac{w_1^2}{2} + mgz_1$$
$$= mh_2 + m\frac{w_2^2}{2} + mgz_2 + W_{12}$$
$$\Rightarrow Q_{12} + 0.4 \times 3000 + 0.4 \times \frac{720^2}{2 \times 1000}$$
$$= 0.4 \times 2500 + 0.4 \times \frac{120^2}{2 \times 1000} + 260$$
$$\therefore Q_{12} = -40.8 \text{ kW}$$

37 100 kPa, 25℃ 상태의 공기가 있다. 이 공기의 엔탈피가 298.615 kJ/kg이라면 내부에너지는 약 몇 kJ/kg인가? (단, 공기는 분자량 28.97인 이상기체로 가정한다.)

① 213.05 kJ/kg   ② 241.07 kJ/kg
③ 298.15 kJ/kg   ④ 383.72 kJ/kg

풀이
$$h = u + pv = u + RT$$
$$\Rightarrow u = h - RT$$
$$= 298.615 - \frac{8.3143}{28.97} \times 298.15$$
$$= 213.05 \text{ kJ/kg}$$

38 그림과 같이 상태 1, 2 사이에서 계가 1 → A → 2 → B → 1과 같은 사이클을 이루고 있을 때, 열역학 제 1 법칙에 가장 적합한 표현은? (단, 여기서 Q는 열량, W는 계가 하는 일, U는 내부에너지를 나타낸다.)

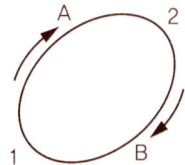

① $dU = \delta Q + \delta W$
② $\triangle U = Q - W$
③ $\oint \delta Q = \oint \delta W$
④ $\oint \delta Q = \oint \delta U$

풀이
열역학 제 1 법칙 $\delta Q = dU + \delta W$,
$\delta q = du + p\,dv = dh - v\,dp$ (Energy 보존)

$\Rightarrow$ 사이클의 성립 $\oint \delta Q = \oint \delta W$
가열량은 모두 일로 변한다. (효율 100%)

39 압력이 일정할 때 공기 5 kg을 0℃에서 100℃까지 가열하는데 필요한 열량은 약 몇 kJ인가? (단, 비열(C_p)은 온도 T(℃)에 관계한 함수로 C_p (kJ/(kg·℃)) = 1.01 + 0.000079T이다.))

① 365   ② 436

③ 480　　　④ 507

풀이

$$Q = mC_p \int_0^{100} dT$$
$$= 5 \times (1.01 \times 100 + \frac{0.000079}{2} \times (373.15^2 - 273.15^2))$$
$$= 507 \text{ kJ}$$

40 다음 중 비가역 과정으로 볼 수 없는 것은?

① 마찰현상
② 낮은 압력으로의 자유팽창
③ 등온 열전달
④ 상이한 조성물질의 혼합

풀이

대표적인 비가역 과정 : 마찰(교축), 자유팽창, 가스 혼합

제3과목 : 기계유체역학

41 압력용기에 장착된 게이지 압력계의 눈금이 400 kPa을 나타내고 있다. 이 때 실험에 놓여진 수은 기압계에서 수은의 높이는 750 mm이었다면 압력용기의 절대압력은 약 몇 kPa인가? (단, 수은의 비중은 13.6이다)

① 300　　　② 500
③ 410　　　④ 620

풀이

$$p_{abs} = p_{atm} \pm p_{gauge}$$
$$= 101.325 \times \frac{750}{760} + 400 = 500 \text{ kPA}$$

42 점성계수의 차원으로 옳은 것은? (단, F는 힘, L은 길이, T는 시간의 차원이다.)

① FLT^{-2}　　　② FL^2T
③ $FL^{-1}T^{-1}$　　④ $FL^{-2}T$

풀이

$$\mu = \frac{\tau}{du/dy} = \frac{FL^{-2}}{LT^{-1}/L} = FL^{-2}T$$
$$= (MLT^{-2})L^{-2}T = ML^{-1}T^{-1}$$

43 정상 2차원 속도장 $\vec{V} = 2x\vec{i} - 2y\vec{j}$ 내의 한 점 (2,3)에서 유선의 기울기 $\frac{dy}{dx}$ 는?

① $-3/2$　　　② $-2/3$
③ $2/3$　　　④ $3/2$

풀이

$$\vec{V}_{(2,3)} = 4\vec{i} - 6\vec{j}$$

유선의 방정식은 $\frac{dx}{u} = \frac{dy}{v}$ ⇒ $\frac{dx}{4} = \frac{dy}{-6}$

∴ $\frac{dy}{dx} = -\frac{3}{2}$

44 스프링쿨러의 중심축을 통해 공급되는 유량은 총 3 L/s이고 네 개의 회전이 가능한 관을 통해 유출된다. 출구부분은 접선방향과 30°의 경사를 이루고 있고 회전반지름은 0.3 m이며 각 출구지름은 1.5 cm로 동일하다. 작동과정에서 스프링쿨러의 회전에 대한 저항토크가 없을 때 회전각속도는 약 몇 rad/s인가? (단, 회전축상의 마찰은 무시한다.)

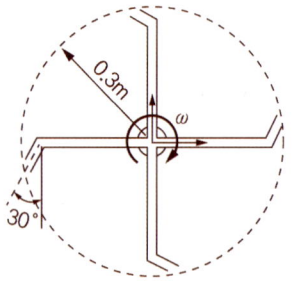

① 1.225　　　② 42.4
③ 4.24　　　④ 12.25

풀이

$$\dot{Q} = AV$$
$$\Rightarrow V = \frac{\dot{Q}}{A} = \frac{(3 \times 10^{-3}) \div 4}{\pi/4 \times 0.0015} = 4.24 \text{ m/s}$$
$$V_{exit} = V\cos 30° = rw$$
$$\Rightarrow w = \frac{V\cos 30°}{r} = \frac{4.24 \times \cos 30°}{0.3}$$
$$= 12.24 \text{ rad/s}$$

45 평판 위의 경계층 내 에서의 분포속도(u)가 $\frac{u}{U} = \left(\frac{y}{\delta}\right)^{1/7}$ 일 때 경계층 배제두께(boundary layer displacement thickness)는 얼마인가? (단, y는 평판에서 수직한 방향으로의 거리이며, U는 자유유동의 속도, δ는 경계층의 두께이다.)

① $\frac{\delta}{8}$ ② $\frac{\delta}{7}$
③ $\frac{6}{7}\delta$ ④ $\frac{7}{8}\delta$

풀이

경계층 배제두께

$$\delta^* = \int_0^\delta \left(1 - \frac{u}{U}\right)dy = \int_0^\delta \left(1 - \left(\frac{y}{\delta}\right)^{1/7}\right)dy$$
$$= [y]_0^\delta + \frac{1}{\delta^{1/7}}\left[\frac{1}{1/7+1}y^{1/7+1}\right]_0^\delta dy = \frac{\delta}{8}$$

46 5℃의 물(밀도 1000 kg/m³, 점성계수 1.5 × 10⁻³ kg/(m·s))이 안지름 3 mm, 길이 9 m인 수평 파이프 내부를 평균속도 0.9 m/s로 흐르게 하는데 필요한 동력은 약 몇 W인가?

① 0.14   ② 0.28
③ 0.42   ④ 0.56

풀이

$$Re = \frac{\rho VL}{\mu} = \frac{\rho Vd}{\mu}$$
$$= \frac{1000 \times 0.9 \times 0.003}{1.5} = 1080 < 2300$$

∴ 층류
$$h_L = f\frac{L}{d}\frac{V^2}{2g} = \frac{64}{1080} \times \frac{9}{0.003} \times \frac{0.9^2}{2 \times 9.8}$$
$$= 4.46 \text{ m}$$
$$\therefore P = \gamma HQ = \gamma h_L Q$$
$$= 9800 \times 4.46 \times \pi/4 \times 0.003^2 \times 0.9$$
$$= 0.278 \text{ W}$$

47 2 m/s의 속도로 물이 흐를 때 피토관 수두높이 h는?

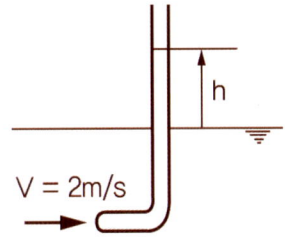

① 0.053 m   ② 0.102 m
③ 0.204 m   ④ 0.412 m

풀이

속도수두가 위치수두로 변화되므로 Bernoulli 식으로부터

$$\frac{p}{\gamma} + \frac{V^2}{2g} + z = H \Rightarrow \frac{V_1^2}{2g} + z_1 = z_2$$
$$\Rightarrow h = \frac{V_1^2}{2g} = \frac{4}{2 \times 9.8} = 0.204 \text{ m}$$

48 동점성계수가 0.1 × 10⁻² m²/s인 유체가 안지름 10 m인 원관 내에 1 m/s로 흐르고 있다. 관마찰계수가 0.022이며 관의 길이가 200 m일 때의 손실수두는 약 몇 m인가? (단, 유체의 비중량은 9800 N/m³이다.)

① 22.2   ② 11.0
③ 6.58   ④ 2.24

풀이

$$h_L = f\frac{L}{d}\frac{V^2}{2g}$$

$$= 0.022 \times \frac{200}{0.1} \times \frac{1^2}{2 \times 9.8} = 2.24 \text{ m}$$

49 그림과 같은 반지름 R인 원추와 평판으로 구성된 점도측정기(cone and plate viscometer)를 사용하여 액체시료의 점성계수를 측정하는 장치가 있다. 위쪽의 원추는 아래쪽 원판과의 각도를 0.5° 미만으로 유지하고 일정한 각속도 w로 회전하고 있으며 갭 사이를 채운 유체의 점도는 위 평판을 정상적으로 돌리는데 필요한 토크를 측정하여 계산한다. 여기서 갭 사이의 속도분포가 반지름 방향 길이에 선형적일 때, 원추의 밑면에 작용하는 전단응력의 크기에 관한 설명으로 옳은 것은?

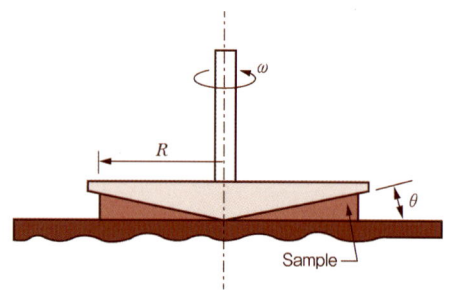

① 전단응력의 크기는 반지름방향 길이에 관계없이 일정하다.
② 전단응력의 크기는 반지름방향 길이에 비례하여 증가한다.
③ 전단응력의 크기는 반지름방향 길이의 제곱에 비례하여 증가한다.
④ 전단응력의 크기는 반지름방향 길이의 1/2승에 비례하여 증가한다.

풀이
① 전단응력의 크기는 반지름 방향 길이에 관계없이 일정하다.

50 그림과 같이 폭이 2 m, 길이가 3 m인 평판이 물속에 수직으로 잠겨있다. 이 평판의 한쪽 면에 작용하는 전체압력에 의한 힘은 약 얼마인가?

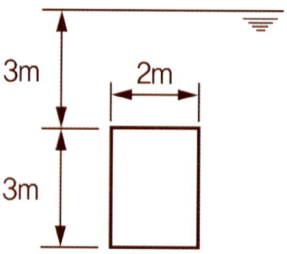

① 88 kN ② 176 kN
③ 265 kN ④ 353 kN

풀이
전압력
$$F = p_c A = \gamma h_c A$$
$$= 9800 \times 4.5 \times (2 \times 3) \times 10^{-3} \fallingdotseq 254 \, kN$$

51 다음 중 2차원 비압축성 유동이 가능한 유동은 어떤 것인가? (단, u는 x방향 속도성분이고, v는 y방향 속도성분이다.)

① $u = x^2 - y^2, \; v = -2xy$
② $u = 2x^2 - y^2, \; v = 4xy$
③ $u = x^2 + y^2, \; v = 3x^2 - 2y^2$
④ $u = 2x + 3xy, \; v = -4xy + 3y$

풀이
$\vec{V} = u\vec{i} + v\vec{j} = \frac{\partial u}{\partial x}\vec{i} + \frac{\partial v}{\partial y}\vec{j} = 0$ 을 만족하는 것은   ① $2x - 2x = 0$

52 다음 변수 중에서 무차원 수는 어느 것인가?

① 가속도 ② 동점성계수
③ 비중   ④ 비중량

풀이
③ 비중
$\Rightarrow$
$$\frac{임의\,물체의\,질량(kg)}{4℃\,물의\,질량(1000\,kg)} = \frac{임의\,물체의\,중량(N)}{4℃\,물의\,중량(9800\,N)}$$

53 밀도가 ρ인 액체와 접촉하고 있는 기체사이의 표면장력이 σ라고 할 때 그림과 같은 지름 d의 원통 모세관에서 액주의 높이 h를 구하는 식은? (단, g는 중력가속도이다.)

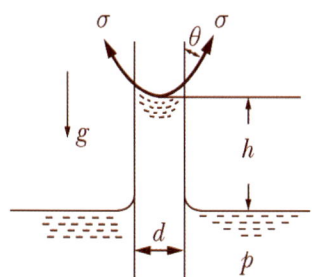

① $\dfrac{\sigma \sin\theta}{\rho g d}$ ② $\dfrac{\sigma \cos\theta}{\rho g d}$

③ $\dfrac{4\sigma \sin\theta}{\rho g d}$ ④ $\dfrac{4\sigma \cos\theta}{\rho g d}$

풀이

$h = \dfrac{4\sigma \cos\beta}{\gamma\, d} = \dfrac{4\sigma \cos\beta}{\rho g\, d}$

54 유량측정장치 중 관의 단면에 축소부분이 있어서 유체를 그 단면에서 가속시킴으로써 생기는 압력 강하를 이용하여 측정하는 것이 있다. 다음 중 이러한 방식을 사용한 측정장치가 아닌 것은?

① 노즐   ② 오리피스
③ 로터미터   ④ 벤투리미터

풀이

③ 로터미터 : 용적식 유량계

55 그림과 같은 수압기에서 피스톤의 지름이 d_1 = 300 mm, 이것과 연결된 램(ram)의 지름이 d_2 = 200 mm이다. 압력 P_1이 1 MPa의 압력을 피스톤에 작용시킬 때 주램의 지름이 d_3 = 400 mm이면 주램에서 발생하는 힘(W)은 약 몇 kN인가?

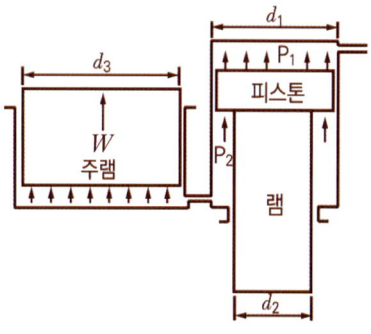

① 226   ② 284
③ 334   ④ 438

풀이

우측 램에서 $W = p_1 A_1 = p_2 A_2$

$\Rightarrow p_2 = \dfrac{A_1}{A_2} p_1$

$= \dfrac{\pi/4 \times d_1^2}{\pi/4 \times (d_1^2 - d_2^2)} \times p_1$

$= \dfrac{0.3^2}{(0.3^2 - 0.2^2)} \times 1 \times 10^6$

$= 1.8 \times 10^6$

좌측 주 램에서

$W = p_2 A_3 = 1.8 \times 10^6 \times \dfrac{\pi}{4} \times 0.4^2 \times 10^{-3}$

$= 226.2$ kN

56 높이 1.5 m의 자동차가 108 km/h의 속도로 주행할 때의 공기흐름 상태를 높이 1 m의 모형을 사용해서 풍동실험하여 알아보고자 한다. 여기서 상사법칙을 만족시키기 위한 풍동의 공기속도는 약 몇 m/s인가? (단, 그 외의 조건은 동일하다고 가정한다.)

① 20   ② 30
③ 45   ④ 67

풀이

풍동장치에서 작용하는 힘은 마하수이며, 기하학적 상사를 만족해야 하므로

$\left(\dfrac{L}{C}\right)_p = \left(\dfrac{L}{C}\right)_m$

$$\Rightarrow C_m = C_p \left(\frac{L_p}{L_m}\right)$$
$$= 108 \times 1000/3600 \times \left(\frac{1.5}{1}\right) = 45 \text{ m/s}$$

57 무게가 1000 N인 물체를 지름 5 m인 낙하산에 매달아 낙하할 때 종속도는 몇 m/s가 되는가? (단, 낙하산의 항력계수는 0.8, 공기의 밀도는 1.2 kg/m³이다.)

① 5.3　　② 10.3
③ 18.3　　④ 32.2

풀이

$$F_D = C_D A \frac{\rho V^2}{2}$$
$$\Rightarrow 1000 = 0.8 \times \frac{\pi}{4} \times 5^2 \times \frac{1.2 \times V^2}{2}$$
$$\therefore V = 10.3 \text{ m/s}$$

58 유효낙차가 100 m인 댐의 유량이 10 m³/s일 때 효율 90%인 수력터빈의 출력은 약 몇 MW인가?

① 8.83　　② 9.81
③ 10.9　　④ 12.4

풀이

$$P = \gamma H Q$$
$$= 0.9 \times (9800 \times 100 \times 10) \times 10^{-6}$$
$$= 8.82 \text{ MW}$$

59 안지름 10 cm인 파이프에 물이 평균속도 1.5 cm/s로 흐를 때(경우ⓐ)와 비중이 0.60이고 점성계수가 물의 1/5인 유체 A가 물과 같은 평균속도로 동일한 관에 흐를 때(경우ⓑ), 파이프 중심에서 최고속도는 어느경우가 더 빠른가? (단, 물의 점성계수는 0.001 kg/(m·s)이다.)

① 경우ⓐ
② 경우ⓑ
③ 두 경우 모두 최고속도가 같다.
④ 어느경우가 더 빠른지 알 수 없다.

풀이

경우ⓐ : $Re = \dfrac{\rho V L}{\mu} = \dfrac{\rho V d}{\mu}$
$$= \frac{1000 \times 0.015 \times 0.1}{0.001} = 1500 < 2300$$
∴ 층류

경우ⓑ : $Re = \dfrac{\rho V L}{\mu} = \dfrac{\rho V d}{\mu}$
$$= \frac{0.6 \times 1000 \times 0.015 \times 0.1}{1/5 \times 0.001} = 4500 > 2300$$
∴ 난류
∴ 파이프 중심에서의 최고속도는 경우ⓐ가 더 빠르다.

60 나란히 놓인 두 개의 무한한 평판사이의 층류 유동에서 속도분포는 포물선 형태를 보인다. 이 때 유동의 평균속도(V_{av})와 중심에서의 최대속도($V_{\max}$)의 관계는?

① $V_{av} = \dfrac{1}{2} V_{\max}$
② $V_{av} = \dfrac{2}{3} V_{\max}$
③ $V_{av} = \dfrac{3}{4} V_{\max}$
④ $V_{av} = \dfrac{\pi}{4} V_{\max}$

풀이

② $V_{av} = \dfrac{2}{3} V_{\max}$

제4과목 : 기계재료 및 유압기기

61 황동가공재 특히 관·봉 등에서 잔류응력에 기인하여 균열이 발생하는 현상은?

① 자연균열　　② 시효경화

정답 57. ② 58. ① 59. ① 60. ② 61. ①

③ 탈아연부식   ④ 저온풀림 경화

풀이

자연균열(Season crack)
황동에 공기 중의 암모니아, 기타 염류에 의해 입간부식을 일으켜 상온가공에 의해 내부응력 때문에 생기며 응력부식 균열로 잔류응력에 기인하는 현상이다.

62 순철(α-Fe)의 자기변태 온도는 약 몇 ℃인가?

① 210℃   ② 768℃
③ 910℃   ④ 1410℃

풀이

A_2변태점으로 순철(α 철)이나 α 고용체에 생기는 자기변태 온도 768 ℃(일명 : 퀴리점, Currie point)
A_0 시멘타이트의 자기변태 210 ℃

63 스테인리스강을 조직에 따라 분류한 것 중 틀린 것은?

① 페라이트계
② 마텐자이트계
③ 시멘타이트계
④ 오스테나이트계

풀이

스테인리스강 : 다른 강에 비해 녹슬지 않는 강 (불수강)
① 페라이트형 : 저C + 고Cr(13%)
② 오스테나이트형 : 저C + 고Cr(18%) + Ni(8%) → 18-8형
③ 마텐자이트형 : 중C + 고Cr(13%)
④ 석출경화형 : 오스테나이트 + Tl , Cu 첨가

64 경도가 매우 큰 담금질한 강에 적당한 강인성을 부여할 목적으로 A_1 변태점 이하의 일정온도로 가열조작하는 열처리법은?

① 퀜칭(quenching)
② 템퍼링(tempering)
③ 노멀라이징(normalizing)
④ 마퀜칭(marquenching)

풀이

템퍼링(뜨임, 소려)
담금질한 강에 강인성을 부여할 목적으로 담금질하여 경화한 강재를 A_1변태점 이하에서 재가열하여 서냉 또는 급냉시키는 조작으로 저온뜨임은 내부응력제거, 고온뜨임은 인성이 증가된다.

65 고속도 공구강재를 나타내는 한국산업표준 기호로 옳은 것은?

① SM20C   ② STC
③ STD   ④ SKH

풀이

SM20C : 기계구조용 탄소강(탄소 함유량 0.18~0.23%)강재
STC : 탄소공구강 강재
STD : 합금공구강 강재
SKH : 고속도공구강 강재

66 빗금으로 표시한 입방격자면의 밀러지수는?

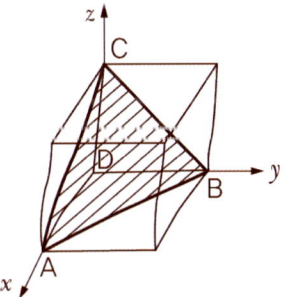

① (100)   ② (010)
③ (110)   ④ (111)

풀이

(111)면 = (1/1 1/1 1/1)
밀러(Miller) 면 지수 : X, Y, Z축 교차점의 역수 표시 (111), (100), (110) 등

67 피아노선재의 조직으로 가장 적당한 것은?

① 페라이트(ferrite)
② 소르바이트(sorbite)
③ 오스테나이트(austenite)
④ 마텐자이트(martensite)

풀이
소르바이트 조직은 인성과 탄성을 동시에 요하는 곳에 사용된다. 피아노 선재는 탄소함유량이 0.55 ~ 0.95% 정도의 강인한 탄소강 선으로, 인발 중에 열처리하여 소르바이트 조직으로 만든 것이다.

68 마텐자이트(martensite) 변태의 특징에 대한 설명으로 틀린 것은?

① 마텐자이트는 고용체의 단일상이다.
② 마텐자이트 변태는 확산변태이다.
③ 마텐자이트 변태는 협동적 원자운동에 의한 변태이다.
④ 마텐자이트의 결정내에는 격자결이 존재한다.

풀이
마텐자이트는 단일상이며 무확산 변태, 합동적 원자운동에 의한 변태, 결정립 내에 격자결함이 존재한다.

69 Fe-C 평형상태도에서 나타나는 철강의 기본조직이 아닌 것은?

① 페라이트　② 펄라이트
③ 시멘타이트　④ 마텐자이트

풀이
철강의 기본조직
오스테나이트(Austenite) : γ
페라이트(Ferrite) : α
시멘타이트(Cementite) : Fe_3C
펄라이트(Pearlite) : α + Fe_3C
레데뷰라이트(Ledeburite) : γ + Fe_3C

70 6 : 4황동에 Pb을 약 1.5 ~ 3.0%를 첨가한 합금으로 정밀가공을 필요로 하는 부품 등에 사용하는 합금은?

① 쾌삭황동
② 강력황동
③ 델타메탈
④ 애드미럴티 황동

풀이
① 쾌삭황동 : 6/4황동에 Pb 1.5~3.0% 첨가한 합금
② 강력황동 : 6/4황동에 Mn, Fe, Al, Ni, Sn 등의 원소를 첨가한 합금
③ 델타메탈 : 6/4황동에 Fe 1.0% 내외 첨가한 합금
④ 애드미럴티황동 : 7/3황동에 1.0% 이하의 Sn (주석)을 첨가한 황동

71 다음 중 일반적으로 가변용량형 펌프로 사용할 수 없는 것은?

① 내접기어 펌프
② 축류형 피스톤 펌프
③ 반경류형 피스톤 펌프
④ 압력 불평형형 베인 펌프

풀이
① 정용량형 펌프 : 외접 기어 펌프, 내접 기어 펌프, 나사펌프, 베인 펌프
② 가변용량형 펌프 : 피스톤 펌프, 베인 펌프

72 그림과 같이 액추에이터의 공급 쪽 관로 내의 흐름을 제어함으로 속도를 제어하는 회로는?

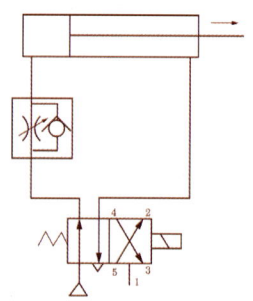

① 시퀀스 회로
② 체크 백 회로
③ 미터 인 회로
④ 미터 아웃 회로

풀이
미터 인 회로(meter in circuit) : 유량제어밸브를 실린더 입구 측에 설치하여 실린더로 공급되는 유량(또는 압력)을 조절해 주고, 실린더에서 빠지는 압력은 제어하지 않는 회로

① 스톱 밸브
② 릴리프 밸브
③ 무부하 밸브
④ 카운터 밸런스 밸브

풀이
릴리프 밸브(Relief valve)
회로의 최고압력을 제한하여 항상 일정하게 유지하고 과도한 압력으로부터 시스템을 보호하는 안전밸브 역할

73 다음 중 드레인 배출기붙이 필터를 나타내는 공유압 기호는?

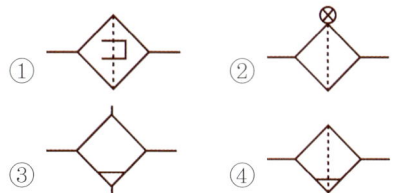

풀이
① 자석붙이 필터
② 눈막힘 표시기 붙이 필터
③ 드레인 배출기(수동배출)
④ 드레인 배출기 붙이 필터(수동배출)

74 그림의 유압회로도에서 ①의 밸브명칭으로 옳은 것은?

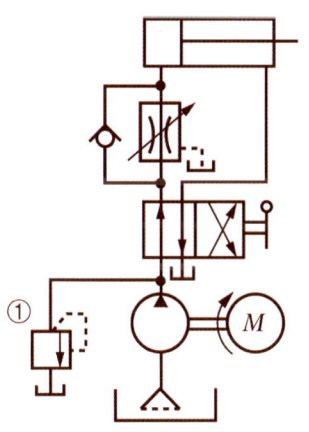

75 그림과 같은 유압기호의 조작방식에 대한 설명으로 옳지 않은 것은?

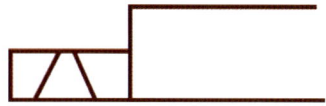

① 2방향 조작이다.
② 파일럿 조작이다.
③ 솔레노이드 조작이다.
④ 복동으로 조작할 수 있다.

풀이
복동 솔레노이드로 2방향 조작

76 기름의 압축률이 $6.8 \times 10^{-5} cm^2/kg_f$일 때 압력을 0에서 $100 kg_f/cm^2$까지 압축하면 체적은 몇 % 감소하는가?

① 0.48   ② 0.68
③ 0.89   ④ 1.46

풀이
$$K = \frac{\Delta P}{-\frac{\Delta V}{V}} = \frac{1}{\beta}$$

$$\therefore -\frac{\Delta V}{V} = \beta \Delta P = 6.8 \times 10^{-5} \times 100$$
$$= 0.0068 = 0.68 \%$$

정답 73. ④ 74. ② 75. ② 76. ②

77 관(튜브)의 끝을 넓히지 않고 관과 슬리브의 먹힘 또는 마찰에 의하여 관을 유지하는 관 이음쇠는?

① 스위블 이음쇠
② 플랜지 관 이음쇠
③ 플레어드 관 이음쇠
④ 플레어리스 관 이음쇠

풀이

① 스위블 이음쇠 : 신축이음으로 온수 또는 저압증기의 분기점을 2개 이상의 엘보우로 연결하여 한쪽이 팽창하면 비틀림이 일어나 팽창을 흡수하여 온수급탕배관에 주로 사용.
② 플랜지 관 이음쇠 : 수 개의 볼트에 의해 조임의 힘이 분할되기 때문에 고압, 저압에 관계없이 대형관 이음에 쓰이며, 분해 및 보수가 용이.
③ 플레어드 관 이음쇠 : 관의 선단부(끝부)를 나팔형으로 넓혀서 이음 본체의 원뿔면에 슬리브와 너트에 의해 체결한다.

78 4포트 3위치 방향밸브에서 일명 센터 바이패스형이라고도 하며, 중립위치에서 A, B 포트가 모두 닫히면 실린더는 임의의 위치에서 고정되고, 또 P 포트와 T 포트가 서로 통하게 되므로 펌프를 무부하 시킬 수 있는 형식은?

① 탠덤 센터형
② 오픈 센터형
③ 클로즈드 센터형
④ 펌프 클로즈드 센터형

풀이

유압에서는 전환밸브에 탠덤 센터형을 사용하는 게 가능한데 A, B 포트는 막혀 있으므로 실린더는 외력으로 움직이지 않는 클로즈 센터형과 같게 된다. 그러나 P, T는 연결되어있기 때문에 중립상태에서 펌프의 기름은 매끄럽게 바로 T 포트로 드레인되어 도피해 준다.

79 공기압 장치와 비교하여 유압장치의 일반적인 특징에 대한 설명 중 틀린 것은?

① 인화에 따른 폭발의 위험이 적다.
② 작은장치로 큰 힘을 얻을 수 있다.
③ 입력에 대한 출력의 응답이 빠르다.
④ 방청과 윤활이 자동적으로 이루어진다.

풀이

유압장치의 특징
유압유는 가연성이 크므로 위험하다.

80 비중량(specific weight)의 MLT계 차원은? (단, M : 질량, L : 길이, T : 시간)

① $ML^{-1}T^{-1}$
② ML^2T^{-3}
③ $ML^{-2}T^{-2}$
④ ML^2T^{-2}

풀이

$\gamma = \dfrac{W}{V} = N/m^3$

$= [FL^{-3}] = [MLT^{-2}L^{-3}] = [ML^{-2}T^{-2}]$

제5과목 : 기계제작법 및 기계동력학

81 x방향에 대한 비감쇠 자유진동식은 다음과 같이 나타낸다. 여기서 시간(t) = 0 일 때의 변위를 x_0, 속도를 v_0 라 하면 이 진동의 진폭을 옳게 나타낸 것은? (단, m은 질량, k는 스프링 상수이다.)

$$m\ddot{x} + kx = 0$$

① $\sqrt{\dfrac{m}{k}x_o^2 + v_o^2}$
② $\sqrt{\dfrac{k}{m}x_o^2 + v_o^2}$

③ $\sqrt{x_o^2 + \dfrac{m}{k} v_o^2}$

④ $\sqrt{x_o^2 + \dfrac{k}{m} v_o^2}$

풀이

변위 $x(t) = A\sin\omega t + B\cos\omega t$

초기조건 $t=0, x=x_0=B$

$\Rightarrow \dot{x} = A\omega\cos\omega t - B\omega\sin\omega t$

$\Rightarrow t=0, \dot{x}=V=v_0=A\omega, \; A=\dfrac{v_0}{\omega}$

진동의 진폭

$\sqrt{\dfrac{v_0^2}{\omega^2}+x_0^2} = \sqrt{\dfrac{v_0^2}{\frac{k}{m}}+x_0^2} = \sqrt{x_0^2+\dfrac{m}{k}v_0^2}$

82 ω인 진동수를 가진 기저진동에 대한 전달률(TR, transmissibility)을 1 미만으로 하기 위한 조건으로 가장 옳은 것은? (단, 진동계의 고유진동수는 ω_n 이다.)

① $\dfrac{\omega}{\omega_n} < 2$ ② $\dfrac{\omega}{\omega_n} < \sqrt{2}$

③ $\dfrac{\omega}{\omega_n} > 2$ ④ $\dfrac{\omega}{\omega_n} > \sqrt{2}$

풀이

$TR < 1, \; \gamma = \dfrac{\omega}{\omega_n} > \sqrt{2}$ ⇐ 진동절연

83 그림과 같은 1 자유도 진동시스템에서 임계 감쇠계수는 약 몇 N·s/m인가?

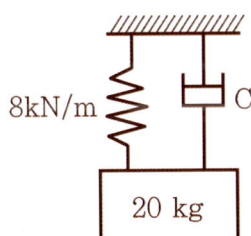

① 80 ② 40
③ 800 ④ 2000

풀이

임계 감쇠계수

$2\sqrt{mk} = 2\sqrt{20 \times 8 \times 10^3} = 800 \; N \cdot s/m$

84 물방울이 떨어지기 시작하여 3초 후의 속도는 약 몇 m/s인가? (단, 공기의 저항은 무시하고, 초기 속도는 0으로 한다.)

① 29.4 ② 19.6
③ 9.8   ④ 3

풀이

$V - V_0 = V = 9.8 \times 3 = 29.4 \; m/s$

85 그림과 같이 질량이 m이고 길이가 L인 균일한 막대에 대하여 A점을 기준으로 한 질량관성 모멘트를 나타내는 식은?

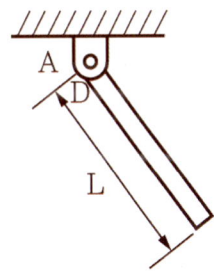

① mL^2 ② $\dfrac{1}{3}mL^2$

③ $\dfrac{1}{4}mL^2$ ④ $\dfrac{1}{12}mL^2$

풀이

A 점에 대한 질량관성 모멘트

$J_G + m\left(\dfrac{L}{2}\right)^2 = \dfrac{mL^2}{12} + \dfrac{mL^2}{4} = \dfrac{1}{3}mL^2$

86 질량이 m인 공이 그림과 같이 속력이 v, 각도가

α로 질량이 큰 금속판에 사출되었다. 만일 공과 금속판 사이의 반발계수가 0.80이고, 공과 금속판 사이의 마찰이 무시된다면 입사각 α와 출사각 β의 관계는?

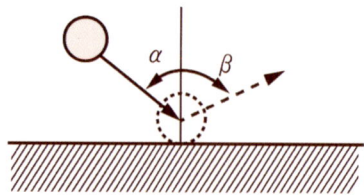

① α에 관계없이 $\beta = 0$
② $\alpha > \beta$
③ $\alpha = \beta$
④ $\alpha < \beta$

풀이

$e = \dfrac{v'}{v} = 0.8$

⇨ $v \sin \alpha = v' \sin \beta = 0.8 v \sin \beta$

⇨ $\sin \alpha = \dfrac{0.8 v \sin \beta}{v} = 0.8 \sin \beta$

∴ $\alpha < \beta$

반발계수 e 가 1보다 적으면 입사각보다 반사각이 더 크다.

87 10°의 기울기를 가진 경사면에 놓인 질량 100 kg인 물체에 수평방향의 힘 500 N을 가하여 경사면 위로 물체를 밀어올린다. 경사면의 마찰계수가 0.2라면 경사면 방향으로 2 m를 움직인 위치에서 물체의 속도는 약 얼마인가?

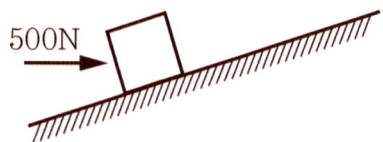

① 1.1 m/s   ② 2.1 m/s
③ 3.1 m/s   ④ 4.1 m/s

풀이

수직반력($N = 500 \sin 10° + mg \sin 10°$)을 고려

한 경사면 방향에 대한 힘은
$\sum F = 500 \cos 10° - mg \sin 10° - \mu N$
⇨ $= 500 \times \cos 10° - 100 \times 9.8 \times \sin 10°$
   $- 0.2 \times (500 \sin 10° - 100 \times 9.8 \sin 10°)$
$= 111.84 \, N$

경사면 방향으로 2 m 이동한 일량은 운동에너지 량과 같으므로

$\sum F \times 2 = \dfrac{1}{2} m V^2$

⇨ $111.84 \times 2 = \dfrac{1}{2} \times 100 \times V^2$

∴ $V = 2.1 \, m/s$

88 길이가 1 m이고 질량이 5 kg인 균일한 막대가 그림과 같이 지지되어 있다. A점은 힌지로 되어 있어 B점에 연결된 줄이 갑자기 끊어졌을 때 막대는 자유로이 회전한다. 여기서 막대가 수직 위치에 도달한 순간 각속도는 약 몇 rad/s인가?

① 2.62   ② 3.43
③ 3.91   ④ 5.42

풀이

수직위치에서의 질량중심 위치에너지

$E_p = mg \dfrac{l}{2}$

질량중심에 대한 회전운동에너지

$E_k = \dfrac{1}{2} J_A \omega^2 = \dfrac{1}{2} \dfrac{ml^2}{3} \omega^2$

∴ $mg \dfrac{l}{2} = m \dfrac{l^2}{6} \omega^2$

⇨ $\omega = \sqrt{\dfrac{3g}{l}} = \sqrt{3 \times 9.8} = 5.42 \, rad/s$

89 북극과 남극이 일직선으로 관통된 구멍을 통하여, 북극에서 지구내부를 향하여 초기속도 $v_o = 10$

m/s로 한 질점을 던졌다. 그 질점이 A점(S = R/2)을 통과할 때의 속력은 약 얼마인가? (단, 지구내부는 균일한 물질로 채워져 있으며, 중력가속도는 O점에서 0 이고, O점으로부터의 위치 S에 비례한다고 가정한다. 그리고 지표면에서 중력가속도는 9.8 m/s², 지구 반지름은 R = 6371 km이다.)

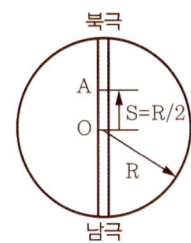

① 6.84 km/s
② 7.90 km/s
③ 8.44 km/s
④ 9.81 km/s

풀이

A 위치의 중력가속도는 $9.8/2 = 4.9 \ m/s^2$ 이므로 북극과 A 위치간의 중력가속도 평균은

$$g_m = \frac{9.8 + 4.9}{2} = 7.35 \ m/s^2 \ \text{이다.}$$

$$V_A^2 - V_0^2 = 2a(s - s_0) \Leftarrow s_0 = 0$$

$$\Rightarrow V_A^2 = V_0^2 + 2as = V_0^2 + 2g_m s$$

$$\therefore V_A = \sqrt{10^2 + 2 \times 7.35 \times \frac{6.371 \times 10^3}{2}} \times 10^{-3}$$

$$= 6.84 \ km/s$$

90 스프링으로 지지되어 있는 어느 물체가 매분 120회를 진동할 때 진동수는 약 몇 rad/s인가?

① 3.14
② 6.27
③ 9.42
④ 12.57

풀이

$$\omega_n = \frac{2\pi N}{60} = \frac{2\pi \times 120}{60} = 12.57 \ rad/s$$

91 선반에서 절삭비(cutting ratio, γ)의 표현식으로 옳은 것은? (단, ϕ는 전단각, α는 공구윗면 경사각이다.)

① $r = \dfrac{\cos(\phi - \alpha)}{\sin\phi}$

② $r = \dfrac{\sin(\phi - \alpha)}{\cos\phi}$

③ $r = \dfrac{\cos\phi}{\sin(\phi - \alpha)}$

④ $r = \dfrac{\sin\phi}{\cos(\phi - \alpha)}$

풀이

절삭비(ϕ)와 윗면 경사각(α)
절삭방향과 전단면이 이루는 α가 크면 칩은 얇고 길게 되며, α가 작으면 칩은 두껍고 짧게 되며 전단면적이 크게 되므로 큰 절삭력이 필요하게 된다. 절삭의 양부를 나타내는 파라미터를 절삭비(cutting ratio)로 흔히 사용하는 데, α와 절삭비 및 가공물과 공구의 상대운동 방향에 세운 수직선과 공구면이 이루는 경사각의 관계는 다음과 같다. 이 때 절삭전의 절삭하려는 재료의 두께를 t_1, 절삭 후의 칩의 두께를 t_2라 하면 절삭비 γ는 다음과 같다.

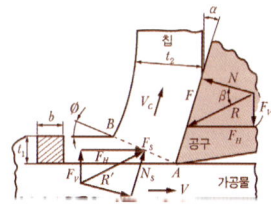

$$\gamma = \frac{t_1}{t_2} = \frac{\overline{BC}}{\overline{BD}} = \frac{\overline{AB}\sin\phi}{\overline{AB}\cos(\phi - \alpha)} = \frac{\sin\phi}{\cos(\phi - \alpha)}$$

92 지름 100mm, 판의 두께 3mm, 전단저항 45kg$_f$/mm² 인 SM40C 강판을 전단할 때 전단하중은 약 몇 kg$_f$인가?

① 42410
② 53240
③ 67420
④ 70680

풀이

$$P_s = \tau A = \tau \pi d t = 45 \times \pi \times 100 \times 3$$
$$= 42411.5 \ kg_f$$

93 피복 아크용접에서 피복제의 주된 역할이 아닌 것은?

① 용착효율을 높인다.
② 아크를 안정하게 한다.
③ 질화를 촉진한다.
④ 스패터를 적게 발생시킨다.

풀이

[피복제의 역할과 작용]
① 중성 또는 환원성 분위기를 만들어 용융금속을 보호한다.
② 산화 질화방지, 아크를 안정하게 한다.
③ 용융점이 낮은 점성의 가벼운 슬래그를 만든다.
④ 용착금속의 탈산정련작용을 한다.
⑤ 용착금속에 적당한 합금원소를 첨가한다.
⑥ 용적을 미세화하고 용착효율을 높인다.
⑦ 용착금속의 응고와 냉각속도를 느리게 한다.
⑧ 슬래그를 제거하기 쉽다.
⑨ 모재표면의 산화물을 제거한다.
⑩ 스패터링을 적게 한다.

94 4개의 조가 각각 단독으로 이동하여 불규칙한 공작물의 고정에 적합하고 편심가공이 가능한 선반 척은?

① 연동척   ② 유압척
③ 단동척   ④ 콜릿척

풀이

선반 척의 종류
① 연동척 : 3개의 조(jaw)가 동시에 움직여 중심잡기 편리, 원형, 정삼각형, 정육각형의 공작물 고정
② 유압척 : 유압을 이용하여 공작물 고정
③ 단동척 : 4개의 조(jaw)가 각각 개별적으로 움직임, 편심, 불규칙한 모양의 공작물 고정
④ 콜릿척 : 가는 지름의 봉재, 각 봉재 등을 고정

95 표면경화법에서 금속침투법 중 아연을 침투시키는 것은?

① 칼로라이징   ② 세라다이징
③ 크로마이징   ④ 실리코나이징

풀이

금속침투법
① 세라다이징(Sheradizing : Zn 침투법)
② 크로마이징(Chromizing : Cr 침투법)
③ 칼로라이징(Calorizing : 알리티어링, Al 침투법)
④ 실리코나이징(Siliconizing : Si 침투법)
⑤ 보로나이징(Boronizing : B 침투법)

96 초음파가공의 특징으로 틀린 것은?

① 부도체도 가공이 가능하다.
② 납, 구리, 연강의 가공이 쉽다.
③ 복잡한 형상도 쉽게 가공한다.
④ 공작물에 가공변형이 남지 않는다.

풀이

초음파가공의 특징
① 도체 및 부도체도 가공이 가능하다.
② 가공할 수 있는 면적과 가공깊이에 제한을 받는다.
③ 초경질이며, 메짐성이 큰 재료를 가공할 수 있다.
④ 소성변형이 없는 공작물의 가공에 효과적이다.
⑤ 가공변질층 및 변형이 적다.

97 와이어 컷(wire cut) 방전가공의 특징으로 틀린 것은?

① 표면거칠기가 양호하다.
② 담금질강과 초경합금의 가공이 가능하다.
③ 복잡한 형상의 가공물을 높은 정밀도로 가공할 수 있다.
④ 가공물의 형상이 복잡함에 따라 가공속도가 변한다.

풀이

와이어 컷(wire cut) 방전가공의 특징

정답 93. ③ 94. ③ 95. ② 96. ② 97. ④

① 2차원 윤곽 가공을 하는 가공법이다.
② 경도가 높은 금속의 절단이 가능하다.
③ 절삭력이 작아 기계에 무리를 주지 않는다.
④ 복잡한 형상의 절단 작업이 가능하다.
⑤ 가공 변질층이 적고 내마멸성이 높은 표면을 얻을 수 있다.

98 프레스 가공에서 전단가공의 종류가 아닌 것은?

① 세이빙　② 블랭킹
③ 트리밍　④ 스웨이징

풀이
전단가공(shearing operation)
① 세이빙(shaving) : 앞 공정에서 전단된 블랭크재의 전단면을 평탄하게 가공하기 위하여 다시 한번 전단하는 작업
② 블랭킹(blanking) : 소재로부터 정해진 제품의 형상대로 절단하여 그것을 제품으로 사용하는 작업
② 펀칭(punching) : 피어싱(piercing)이라고도 하며, 소재로부터 구멍을 뚫는 작업
③ 트리밍(trimming) : 성형된 제품을 소요형상으로 하기 위하여 가장자리 또는 부분적으로 절단하는 작업
④ 스웨이징(swaging) : 파이프의 한쪽 끝을 반원 형태로 막거나, 원뿔 형상으로 막아 뾰족하게 하거나 지름을 줄여 축관을 만들 수도 있는 소성가공 중 단조의 일종

99 용탕의 충전 시에 모래의 팽창력에 의해 주형이 팽창하여 발생하는 것으로, 주물표면에 생기는 불규칙한 형상의 크고 작은 돌기모양을 하는 주물 결함은?

① 스캡　② 탕경
③ 블로홀　④ 수축공

풀이
주조 결함의 유형
탕경은 외부결함으로 용탕이 합류하는 장소에서 완전히 용융하지 않고 남긴 경계
① 스캡(scab) : 주형의 팽창이 크거나 주형의 일부 가열로 발생하는 것으로 주물 표면에 부풀어 오르는 결함

② 와시(wash) : 주물사의 결합력 부족으로 발생
③ 버클(buckle) : 주형 강도 부족 또는 쇳물과 주형의 충돌로 발생
④ 수축공(shrinkage cavity) : 주조품 내부에 발생하는 폐쇄형 수축 결함으로 용융금속이 주형 내에서 응고시 주형에 접촉하는 부분부터 굳게 되는데 마지막에 응고되는 부분이 수축으로 인해 쇳물이 부족하게 되어 중공 부분이 생기는 결함
⑤ 기공(blow hole) : 용탕 중에 함유된 가스나 응고시에 잔류하는 가스에 의해 생성되는 비교적 크고 둥근 구멍이 발생하는 내부 결함

100 테르밋 용접(thermit welding)의 일반적인 특징으로 틀린 것은?

① 전력소모가 크다.
② 용접시간이 비교적 짧다.
③ 용접작업 후의 변형이 작다.
④ 용접 작업장소의 이동이 쉽다.

풀이
테르밋 용접 : 용접 열원을 외부로부터 가하는 것이 아니라, 테르밋 반응에 의해 생성되는 화학반응열을 이용하여 금속을 용접하는 방법
① 용접 작업이 단순하고 용접 결과의 재현성이 높음
② 용접용 기구가 간단하고 설비비가 저렴하고, 작업 장소의 이동이 용이
③ 용접 작업 후의 변형이 적음
④ 전력이 불필요함.
⑤ 용접 시간이 비교적 짧음.

국가기술자격 필기시험문제

2017년 기사 제4회 경향성 문제			수험번호	성명
자격종목	일반기계기사	시험시간 2시간 30분	형별 A		

제1과목 : 재료역학

01 길이가 L인 양단고정보의 중앙점에 집중하중 P가 작용할 때 모멘트가 0이 되는 지점에서의 처짐량은 얼마인가? (단, 보의 굽힘강성 EI는 일정하다.)

① $\dfrac{PL^3}{384EI}$ ② $\dfrac{PL^3}{192EI}$
③ $\dfrac{PL^3}{96EI}$ ④ $\dfrac{PL^3}{48EI}$

풀이

$\delta_{max} = \dfrac{Pl^3}{192EI}$ 이므로

$\delta_{max} = \dfrac{Pl^3}{192EI} \times \dfrac{1}{2} = \dfrac{Pl^3}{384EI}$

02 길이가 L인 외팔보의 자유단에 집중하중 P가 작용할 때 최대처짐량은? (단, E : 탄성계수, I : 단면 2차모멘트이다.)

① $\dfrac{PL^3}{8EI}$ ② $\dfrac{PL^3}{4EI}$
③ $\dfrac{PL^3}{3EI}$ ④ $\dfrac{PL^3}{2EI}$

풀이

$\delta_{max} = \dfrac{Pl^3}{3EI}$

03 다음 그림과 같은 사각단면의 상승모멘트(Product of inertia) I_{xy}는 얼마인가?

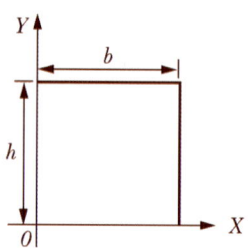

① $\dfrac{b^2h^2}{4}$ ② $\dfrac{b^2h^2}{3}$
③ $\dfrac{b^2h^3}{4}$ ④ $\dfrac{bh^3}{3}$

풀이

$I_{xy} = \int xy\, dA = A\, \bar{x}\, \bar{y} = bh\, \dfrac{b}{2}\, \dfrac{h}{2} = \dfrac{b^2h^2}{4}$

04 바깥지름 50 cm, 안지름 40 cm의 중공원통에 500 kN의 압축하중이 작용했을 때 발생하는 압축응력은 약 몇 MPa인가?

① 5.6 ② 7.1
③ 8.4 ④ 10.8

풀이

$\sigma_c = \dfrac{P_c}{A} = \dfrac{500 \times 10^{-3}}{\pi/4(0.5^2 - 0.4^2)} = 7.1\, MPa$

05 두께 10 mm인 강판으로 직경 2.5 m의 원통형 압력용기를 제작하였다. 최대 내부압력이 1200 kPa일 때 축방향 응력은 몇 MPa인가?

① 75 ② 100
③ 125 ④ 150

정답 1. ① 2. ③ 3. ① 4. ② 5. ①

풀이

$\sigma_{축} = \dfrac{p\,d}{4\,t} = \dfrac{1.2 \times 2.5}{4 \times 0.01} = 75\,MPa$

06 지름 50 mm인 중실축 ABC가 A에서 모터에 의해 구동된다. 모터는 600 rpm으로 50 kW의 동력을 전달한다. 기계를 구동하기 위해서 기어 B는 35 kW, 기어 C는 15 kW를 필요로 한다. 축 ABC에 발생하는 최대 전단응력은 몇 MPa인가?

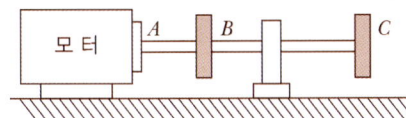

① 9.73 ② 22.7
③ 32.4 ④ 64.8

풀이

$T = \tau Z_P \quad \Rightarrow T_{\max} = \tau_{\max} Z_P$

$\Rightarrow \tau_{\max} = \dfrac{T_{\max}}{Z_P}$

$T = 974\,\dfrac{H_{kW}}{N} = 974 \times \dfrac{50}{600} = 81.17$

$\therefore \tau_{\max} = \dfrac{81.17 \times 16}{\pi \times 0.05^3} \times 10^{-6} \times 10$

$= 32.4\,MPa$

07 그림과 같은 두 평면응력 상태의 합에서 최대전단응력은?

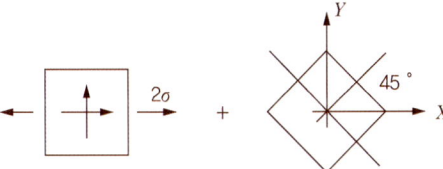

① $\dfrac{\sqrt{3}}{2}\sigma_o$ ② $\dfrac{\sqrt{6}}{2}\sigma_o$
③ $\dfrac{\sqrt{13}}{2}\sigma_o$ ④ $\dfrac{\sqrt{16}}{2}\sigma_o$

풀이

우선, 2번째 평면응력의 각 성분요소를 구한다.

$\sigma_x = \dfrac{1}{2}(\sigma_{x'} + \sigma_{y'}) + \dfrac{1}{2}(\sigma_{x'} - \sigma_{y'})\cos 2\theta + \tau_{xy'}\sin 2\theta$

$\Rightarrow$

$\sigma_x = \dfrac{1}{2}(-3\sigma_0 + 0) + \dfrac{1}{2}(-3\sigma_0 - 0)\cos 2 \times 45°$
$\qquad + 0 \times \sin 2 \times 45° = -\dfrac{3}{2}\sigma_0$

$\sigma_y = \dfrac{1}{2}(\sigma_{x'} + \sigma_{y'}) - \dfrac{1}{2}(\sigma_{x'} - \sigma_{y'})\cos 2\theta - \tau_{xy'}\sin 2\theta$

$\Rightarrow$

$\sigma_y = \dfrac{1}{2}(-3\sigma_0 + 0) - \dfrac{1}{2}(-3\sigma_0 - 0)\cos 2 \times 45°$
$\qquad - 0 \times \sin 2 \times 45° = -\dfrac{3}{2}\sigma_0$

$\tau_{xy} = -\dfrac{1}{2}(\sigma_{x'} - \sigma_{y'})\sin 2\theta + \tau_{xy'}\cos 2\theta$

$\Rightarrow$

$\tau_{xy} = -\dfrac{1}{2}(-3\sigma_0 - 0)\sin 2 \times 45° + 0\cos 2 \times 45°$

$\qquad = \dfrac{3}{2}\sigma_0$

1번째 평면응력의 각 성분요소와 합하면

$\sigma_x = 2\sigma_0 - \dfrac{3}{2}\sigma_0 = \dfrac{1}{2}\sigma_0$

$\sigma_y = 0 - \dfrac{3}{2}\sigma_0 = -\dfrac{3}{2}\sigma_0$

$\tau_{xy} = 0 + \dfrac{3}{2}\sigma_0 = \dfrac{3}{2}\sigma_0$

$\therefore$ 최대 전단응력은

$\tau_{\max} = \dfrac{1}{2}\sqrt{(\sigma_x - \sigma_y)^2 + 4\tau_{xy}^2}$

$= \dfrac{1}{2}\sqrt{\left(\dfrac{1}{2}\sigma_0 - \left(-\dfrac{3}{2}\sigma_0\right)\right)^2 + 4 \times \left(\dfrac{3}{2}\sigma_0\right)^2}$

$= \dfrac{\sqrt{13}}{2}\sigma_o$

08 그림에서 블록 A를 이동시키는 데 필요한 힘 P는 몇 N 이상인가? (단, 블록과 접촉면과의 마찰 계수 $\mu = 0.4$이다.)

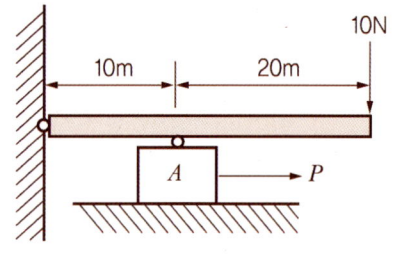

① 4   ② 8
③ 10 ④ 12

풀이

$M_{고정단} = 0$ 으로부터
$10 \times 30 = R_A \times 10 \Rightarrow R_A = 30\,N$

A점 접촉부분에서의 마찰력은
$F_f = \mu N = 0.4 \times 30 = 12\,N$

∴ A점 접촉부분에서의 마찰력보다 크도록 P 값을 설정하면 이동시킬 수 있다.
즉, $P = 12\,N \rightarrow$

09 최대 굽힘모멘트 M = 8 kN·m를 받는 단면의 굽힘응력을 60 MPa로 하려면 정사각단면에서 한 변의 길이는 약 몇 cm인가?

① 8.2   ② 9.3
③ 10.1 ④ 12.0

풀이

$M_{max} = 8 \times 10^3\,N \cdot m$
$\sigma_a = 60\,MPa = 60 \times 10^6\,N/m^2$
$M_{max} = \sigma_{max} Z \Rightarrow 8000 = 60 \times \dfrac{a^3}{6}$
$\Rightarrow a = \sqrt[3]{\dfrac{6 \times 8000}{60 \times 10^6}} \times 10^2 \fallingdotseq 9.28\,cm$

10 T형 단면을 갖는 외팔보에 5 kN·m의 굽힘모멘트가 작용하고 있다. 이 보의 탄성선에 대한 곡률반지름은 몇 m인가? (단, 탄성계수 E = 150 GPa, 중립축에 대한 2차모멘트 I = 868

$\times 10^{-9}\,m^4$ 이다.)

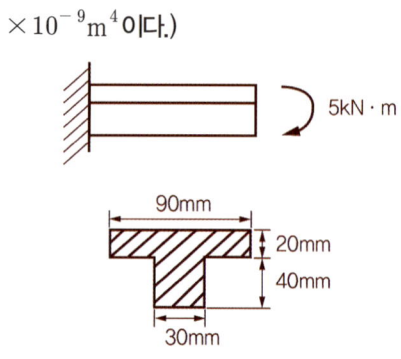

① 26.04 ② 36.04
③ 46.04 ④ 56.04

풀이

$\dfrac{1}{\rho} = \dfrac{M}{EI} \Rightarrow \rho = \dfrac{EI}{M}$

$= \dfrac{150 \times 10^9 \times 868 \times 10^{-9}}{5 \times 10^3} = 26.04\,m$

11 그림과 같은 단순지지보에서 반력 R_A 는 몇 kN인가?

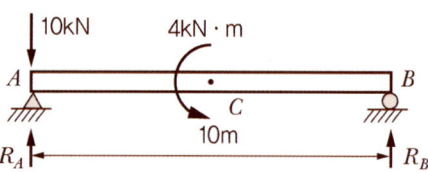

① 8   ② 8.4
③ 10   ④ 10.4

풀이

$\sum M_B = 0 \Rightarrow R_A \times 10 = 10 \times 10 + 4$
$\Rightarrow R_A = \dfrac{104}{10} = 10.4\,kN$

12 원형단면의 단순보가 그림과 같이 등분포하중 50 N/m을 받고 허용굽힘응력이 400 MPa일 때 단면의 지름은 최소 약 몇 mm가 되어야 하는가?

정답 9. ② 10. ① 11. ④

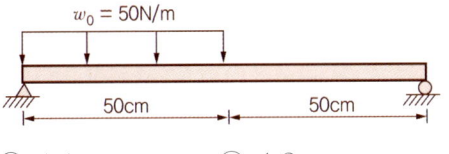

① 4.1　　② 4.3
③ 4.5　　④ 4.7

풀이

$M_a = \sigma_a Z = 400 \times 10^6 \times \dfrac{\pi d^3}{32}$

$\sum M_B = 0$
$\Rightarrow R_A \times 1 = 50 \times 0.5 \times 0.75 = 18.75$
$\Rightarrow R_A = 18.75\,N$

전단력이 0이 되는 위치는
$18.75 = 50x \quad \Rightarrow \quad x = 0.375$

$M_{0.375} = 18.75 \times 0.375 - 50 \times 0.375 \times \dfrac{0.375}{2}$
$\fallingdotseq 3.51\,N \cdot m$

$\therefore d = \sqrt[3]{\dfrac{3.51 \times 32}{400 \times 10^6 \times \pi}} \times 10^3 \fallingdotseq 4.47\,mm$

13 그림과 같이 두 가지 재료로 된 봉이 하중 P를 받으면서 강체로 된 보를 수평으로 유지시키고 있다. 강봉에 작용하는 응력이 150 MPa일 때 Al 봉에 작용하는 응력은 몇 MPa인가? (단, 강과 Al의 탄성계수의 비는 Es/Ea = 3이다.)

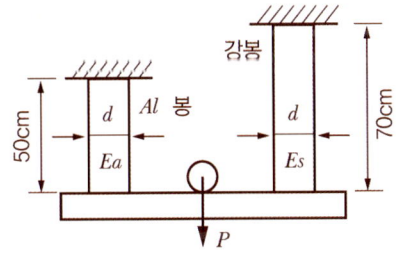

① 70　　② 270
③ 555　　④ 875

풀이

$\lambda_{Al} = \dfrac{P_{Al}\, l_{Al}}{AE_{Al}} = \left(\dfrac{P_{Al} \times 0.5}{\pi d^2/4 \times 1} = \dfrac{P_s \times 0.7}{\pi d^2/4 \times 3} \right)$

$= \dfrac{P_s\, l_s}{AE_s} = \lambda_s$

$\Rightarrow P_{Al} = \dfrac{0.7}{1.5} P_s$

$\sigma_s = \dfrac{P_s}{A} = 150\,MPa$

$\therefore \sigma_{Al} = \dfrac{P_{Al}}{A} = 70\,MPa$

14 바깥지름이 46 mm인 중공축이 120 kW의 동력을 전달하는데 이때의 각속도는 40 rev/s이다. 이 축의 허용 비틀림응력이 $\tau_a = 80$ MPa일 때, 최대 안지름은 약 몇 mm인가?

① 35.9　　② 41.9
③ 45.9　　④ 51.9

풀이

$T = \tau Z_P = 974 \dfrac{H_{kW}}{N} \quad \Rightarrow \quad \tau \dfrac{I_P}{y} = 974 \dfrac{H_{kW}}{N}$

$I_P = \dfrac{\pi}{32}(0.046^4 - x^4), \quad y = \dfrac{0.046}{2},$

$N = 2400\,rpm, \quad \tau_a = 80 \times 10^6,$
동력 $= 120\,kW$

$x = \sqrt[4]{0.046^4 - \dfrac{974 \times 120 \times 10 \times 32 \times 0.046}{80 \times 10^6 \times 2400 \times 2\pi}} \times 1000$

$\fallingdotseq 41.8\,mm$

15 그림과 같은 반지름 a인 원형단면축에 비틀림모멘트 T가 작용한다. 단면의 임의의 위치 r(0 < r < a)에서 발생하는 전단응력은 얼마인가? (단, $I_o = I_x + I_y$이고, I는 단면 2차모멘트이다.)

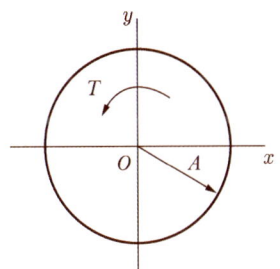

정답 12. ③　13. ①　14. ②　15. ②

① 0   ② $\dfrac{T}{I_o}r$

③ $\dfrac{T}{I_x}r$ ④ $\dfrac{T}{I_y}r$

풀이

$$T = \tau Z_p = \tau \dfrac{I_o}{a} \Rightarrow \tau = \dfrac{T}{I_o}r$$

16 탄성(elasticity)에 대한 설명으로 옳은 것은?
① 물체의 변형율을 표시하는 것
② 물체에 작용하는 외력의 크기
③ 물체에 영구변형을 일어나게 하는 성질
④ 물체에 가해진 외력이 제거되는 동시에 원형으로 되돌아가려는 성질

풀이
⇨ 탄성변형 하중은 영구변형이 발생하지 않는 하중이며, 영구변형이 발생하기 시작하는 항복하중과 대비된다.

17 길이가 L인 균일단면 막대기에 굽힘모멘트 M이 그림과 같이 작용하고 있을 때, 막대에 저장된 탄성변형 에너지는? (단, 막대기의 굽힘강성 EI는 일정하고, 단면적은 A 이다.)

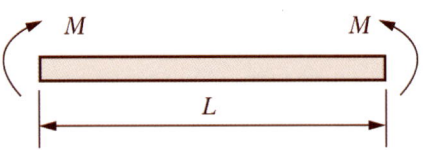

① $\dfrac{M^2 L}{2AE^2}$ ② $\dfrac{L^3}{4EI}$

③ $\dfrac{M^2 L}{2AE}$ ④ $\dfrac{M^2 L}{2EI}$

풀이
굽힘 탄성에너지

$$U = \int_0^L \dfrac{M^2}{2EI} dx = \left(\dfrac{M^2}{2EI}x\right)_0^L = \dfrac{M^2 L}{2EI}$$

18 직경이 2 cm인 원통형막대에 2 kN의 인장하중이 작용하여 균일하게 신장되었을 때, 변형 후 직경의 감소량은 약 몇 mm인가? (단, 탄성계수 30 GPa이고, 포아송 비는 0.30이다.)

① 0.0128   ② 0.00128
③ 0.064   ④ 0.0064

풀이

$$\sigma = \dfrac{P}{A} = E\epsilon \Rightarrow \dfrac{2000}{\pi/4 \times 0.02^2} = 30 \times 10^9 \epsilon$$

$$\Rightarrow \epsilon = 0.000212$$

$$\nu = -0.3 = \dfrac{\epsilon'}{\epsilon} \Rightarrow \epsilon' = -0.000064$$

$$\therefore \delta = d\epsilon' = -20 \times 0.000064 = -0.00128 mm$$

19 그림과 같이 20 cm × 10 cm의 단면적을 갖고 양단이 회전단으로 된 부재가 중심축 방향으로 압축력 P가 작용하고 있을 때 장주의 길이가 2 m라면 세장비는?

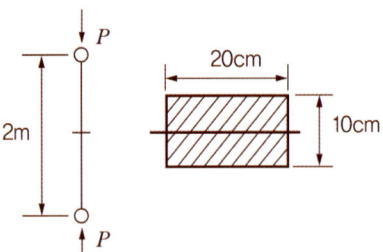

① 89   ② 69
③ 49   ④ 29

풀이

$$K = \sqrt{\dfrac{I}{A}} = \sqrt{\dfrac{0.2 \times 0.1^3}{(0.2 \times 0.1) \times 12}} = 0.029$$

$$\lambda = \dfrac{l}{K} = \dfrac{2}{0.029} = 69$$

20 길이가 L이고 직경이 d인 강봉을 벽 사이에 고정하고 온도를 $\triangle T$만큼 상승시켰다. 이 때 벽에 작용하는 힘은 어떻게 표현되나? (단, 강봉의 탄성계수는 E이고, 선팽창계수는 α이다.)

① $\dfrac{\pi E\alpha \triangle T d^2 L}{16}$ ② $\dfrac{\pi E\alpha \triangle T d^2}{2}$

③ $\dfrac{\pi E\alpha \triangle T d^2 L}{8}$ ④ $\dfrac{\pi E\alpha \triangle T d^2}{4}$

풀이

$\sigma_H = \dfrac{P}{A} = E\alpha \triangle T$

$\Rightarrow P = E\alpha \triangle T \cdot A = \dfrac{\pi E\alpha \triangle T d^2}{4}$

제2과목 : 기계열역학

21 다음 중 등 엔트로피(entropy) 과정에서 해당하는 것은?

① 가역 단열과정
② polytropic 과정
③ Joule-Thomson 교축과정
④ 등온 팽창과정

풀이

단열($\delta q = 0$)과정은 등엔트로피(entropy) 과정

22 227℃의 증기가 500 kJ/kg의 열을 받으면서 가역 등온팽창한다. 이때 증기의 엔트로피 변화는 약 몇 kJ/(kg·K)인가?

① 1.0 ② 1.5
③ 2.5 ④ 2.8

풀이

$\triangle s = \dfrac{\delta q}{T} = \dfrac{500}{227+273.15} = 1.0 \text{ kJ/kg·K}$

23 최고온도 1300K와 최저온도 300K 사이에서 작동하는 공기표준 Brayton사이클의 열효율은 약 얼마인가? (단, 압력비는 9, 공기의 비열비는 1.4이다.)

① 30% ② 36%
③ 42% ④ 47%

풀이

$\eta_{th\,B} = 1 - \left(\dfrac{1}{r_p}\right)^{\frac{k-1}{k}} = 1 - \left(\dfrac{1}{9}\right)^{\frac{1.4-1}{1.4}}$

$\fallingdotseq 0.466 = 46.6\%$, (단, $r_p = \dfrac{p_2}{p_1}$)

24 포화증기를 단열상태에서 압축시킬 때 일어나는 일반적인 현상 중 옳은 것은?

① 과열증기가 된다.
② 온도가 떨어진다.
③ 포화수가 된다.
④ 습증기가 된다.

풀이

건포화증기에 일을 가하면 과열증기가 된다.

25 물의 증발열은 101.325 kPa에서 2257 kJ/kg이고, 이 때 비체적은 0.00104 ㎥/kg에서 1.67 ㎥/kg으로 변화한다. 이 증발과정에 있어서 내부에너지의 변화량(kJ/kg)은?

① 237.5 ② 2375
③ 208.8 ④ 2088

풀이

$\gamma = (u'' - u') + p(v'' - v')\, [\text{kJ/kg}]$

$\Rightarrow 2257 = \triangle u + 101.325 \times (1.67 - 0.00104)$

$\therefore \triangle u = 2087.9\, [\text{kJ/kg}]$

26 가스터빈 엔진의 열효율에 대한 다음 설명 중 잘못된 것은?

① 압축기 전후의 압력비가 증가할수록 열효율이 증가한다.
② 터빈입구의 온도가 높을수록 열효율은 증가하나 고온에 견딜 수 있는 터빈 블레이드 개발이 요구된다.
③ 터빈일에 대한 압축기일의 비를 back work ratio라고 하며, 이 비가 클수록 열효율이 높아진다.
④ 가스터빈 엔진은 증기터빈원동소와 결합된 복합시스템을 구성하여 열효율을 높일 수 있다.

[풀이]

③ 터빈 일에 대한 압축일의 비를 back work ratio (BWR)라고 하며, 이 비가 클수록 사이클의 압축기 구동일의 증가를 의미하므로 열효율이 낮아진다.

27 1 MPa의 일정한 압력(이 때의 포화온도는 180°C)하에서 물이 포화액에서 포화증기로 상변화를 하는 경우 포화액의 비체적과 엔탈피는 각각 0.00113 m³/kg, 763 kJ/kg이고, 포화증기의 비체적과 엔탈피는 각각 0.1944 m³/kg, 2778 kJ/kg이다. 이 때 증발에 따른 내부에너지 변화(u_{fg})와 엔트로피 변화(s_{fg})는 약 얼마인가?

① u_{fg}=1822 kJ/kg,
   s_{fg}=3.704 kJ/(kg·K)
② u_{fg}=2002 kJ/kg,
   s_{fg}=3.704 kJ/(kg·K)
③ u_{fg}=1822 kJ/kg,
   s_{fg}=4.447 kJ/(kg·K)
④ u_{fg}=2002 kJ/kg,
   s_{fg}=4.447 kJ/(kg·K)

[풀이]

$$\triangle H = \triangle U + \triangle pV$$
$$\Rightarrow \triangle h = \triangle u + \triangle pv$$
$$\Rightarrow u_{fg} = h_{fg} - pv_{fg}$$
$$= (2778 - 763) - 1000 \times (0.1944 - 0.00113)$$
$$= 1822 \, [\text{kJ/kg}]$$
$$s_{fg} = \frac{h_{fg}}{T} = \frac{(2778 - 763)}{(180 + 273.15)}$$
$$= 4.447 \, [\text{kJ/kg} \cdot \text{K}]$$

28 온도 5°C와 35°C사이에서 역카르노 사이클로 운전하는 냉동기의 최대 성적계수는 약 얼마인가?

① 12.3   ② 5.3
③ 7.3   ④ 9.3

[풀이]

$$COP_{RC} = \frac{q_L}{w_c} = \frac{T_L}{T_H - T_L}$$
$$\Rightarrow COP_{RC} = \frac{5 + 273.15}{(35 + 273.15) - (5 + 273.15)}$$
$$\fallingdotseq 9.3$$

29 압력 1 N/cm², 체적 0.5 m³인 기체 1 kg을 가역과정으로 압축하여 압력이 2 N/cm², 체적이 0.3 m³로 변화되었다. 이 과정이 압력-체적(P-V)선도에서 선형적으로 변화되었다면 이 때 외부로부터 받은 일은 약 몇 N·m인가?

① 2000   ② 3000
③ 4000   ④ 5000

[풀이]

p - V 선도상의 면적은 일과 같으므로
$$W_{12} = 10000 \times (0.5 - 0.3) + \frac{1}{2} \times (20000 - 10000)$$
$$\times (0.5 - 0.3) = 3000 \, \text{N} \cdot \text{m}$$

30 밀폐된 실린더 내의 기체를 피스톤으로 압축하는

동안 300 kJ의 열이 방출되었다. 압축일의 양이 400 kJ이라면 내부에너지 변화량은 약 몇 kJ인가?

① 100　　② 300
③ 400　　④ 700

풀이

$Q = U + W \Rightarrow \delta Q = dU + \delta W$
$\Rightarrow dU = \delta Q - \delta W = -300 + 400 = 100 \text{ kJ}$

31 두께가 4 cm인 무한히 넓은 금속평판에서 가열면의 온도를 200℃, 냉각면의 온도를 50℃로 유지하였을 때 금속판을 통한 정상상태의 열유속이 300 kW/m²이면 금속판의 열전도율(thermal conductivity)은 약 몇 W/(m·K)인가? (단, 금속판에서의 열전달은 Fourier법칙을 따른다고 가정한다.)

① 20　　② 40
③ 60　　④ 80

풀이

Fourier heat conduction law
(푸리에의 열전도 법칙)

$Q = -KA\dfrac{dT}{dx} [\text{W}]$, $\dfrac{dT}{dx}$: 온도구배

$\Rightarrow q = KA\dfrac{dT}{dx}$

$\Rightarrow 300 \times 1000 = K \times \dfrac{150}{0.04}$

$\therefore K = 80 \text{ W/m} \cdot \text{K}$

32 고열원과 저열원 사이에서 작동하는 카르노사이클 열기관이 있다. 이 열기관에서 60 kJ의 일을 얻기 위하여 100 kJ의 열을 공급하고 있다. 저열원의 온도가 15℃라고 하면 고열원의 온도는?

① 128℃　　② 288℃
③ 447℃　　④ 720℃

풀이

$\eta_c = \dfrac{Q_H - Q_L}{Q_H} = \dfrac{W}{Q_H} = \dfrac{T_H - T_L}{T_H}$

$\Rightarrow \dfrac{60}{100} = \dfrac{T_H - (15 + 273.15)}{T_H}$

$\therefore T_H = 447.2℃$

33 20℃, 400 kPa의 공기가 들어 있는 1 m³의 용기와 30℃, 150 kPa의 공기 5 kg이 들어 있는 용기가 밸브로 연결되어 있다. 밸브가 열려서 전체공기가 섞인 후 25℃의 주위와 열적평형을 이룰 때 공기의 압력은 약 몇 kPa인가? (단, 공기의 기체상수는 0.287 kJ/(kg·K)이다.)

① 110　　② 214
③ 319　　④ 417

풀이

자유팽창
$pV = mRT$
$\Rightarrow 400 \times 1 = m_1 \times 0.287 \times 293.15$
$\Rightarrow m_1 = 4.75 \text{ kg}$
∴ 전체질량 $m_{total} = 4.75 + 5 = 9.75 \text{ kg}$
$pV = mRT$
$\Rightarrow 150 \times V_2 = 5 \times 0.287 \times 303.15$
$\Rightarrow V_2 = 2.9 \text{ m}^3$
∴ 전체적 $V_{total} = 1 + 2.9 = 3.9 \text{ m}^3$

전체에 대한 상태방정식으로부터
$p_{평형} \times 3.9 = 9.75 \times 0.287 \times 298.15$
∴ 평형압력 $p_{평형} = 214 \text{ kPa}$

34 다음 장치들에 대한 열역학적 관점의 설명으로 옳은 것은?

① 노즐은 유체를 서서히 낮은 압력으로 팽창하여 속도를 감소시키는 기구이다.
② 디퓨저는 저속의 유체를 가속하는 기구이며 그 결과 유체의 압력이 증가한다.

③ 터빈은 작동유체의 압력을 이용하여 열을 생성하는 회전식 기계이다.
④ 압축기의 목적은 외부에서 유입된 동력을 이용하여 유체의 압력을 높이는 것이다.

풀이 ④

35 상온(25℃)의 실내에 있는 수은기압계에서 수은주의 높이가 730 mm라면, 이때 기압은 약 몇 kPa인가? (단, 25℃기준, 수은밀도는 13534 kg/m³이다.)

① 91.4　② 96.9
③ 99.8　④ 104.2

풀이
압력
$p = 13534 \times 9.8 \times 0.73$
$= 96822 \times 10^{-3} = 96.8 \, kN/m^2$

36 자동차 엔진을 수리한 후 실린더블록과 헤드 사이에 수리 전과 비교하여 더 두꺼운 개스킷을 넣었다면 압축비와 열효율은 어떻게 되겠는가?

① 압축비는 감소하고, 열효율도 감소다.
② 압축비는 감소하고, 열효율은 증가다.
③ 압축비는 증가하고, 열효율은 감소다.
④ 압축비는 증가하고, 열효율도 증가다.

풀이
간극체적이 증가하므로 압축비는 감소하고 열효율도 감소한다.

37 100℃와 50℃사이에서 작동되는 가역열기관의 최대열효율은 약 얼마인가?

① 55.0%　② 16.7%
③ 13.4%　④ 8.3%

풀이
$\eta_c = 1 - \dfrac{T_L}{T_H} = \left(1 - \dfrac{50 + 273.15}{100 + 273.15}\right) \times 100$
$= 13.4\%$

38 냉매의 요구조건으로 옳은 것은?

① 비체적이 커야 한다.
② 증발압력이 대기압보다 낮아야 한다.
③ 응고점이 높아야 한다.
④ 증발열이 커야 한다.

풀이 ④
증발열이 클수록 냉동효과가 우수하다.

39 섭씨온도 −40℃를 화씨온도(℉)로 환산하면 약 얼마인가?

① −16℉　② −24℉
③ −32℉　④ −40℉

풀이
$°F = \dfrac{9}{5}°C + 32$
$= \dfrac{9}{5} \times (-40) + 32 = -40°F$

40 어떤 냉매를 사용하는 냉동기의 압력-엔탈피선도(P-h 선도)가 다음과 같다. 여기서 각각의 엔탈피는 h₁ = 1638 kJ/kg, h₂ = 1 983 kJ/kg, h₃ = h₄ = 559 kJ/kg일 때 성적계수는 약 얼마인가? (단, h₁, h₂, h₃, h₄는 P-h 선도에서 각각 1, 2, 3, 4에서의 엔탈피를 나타낸다.)

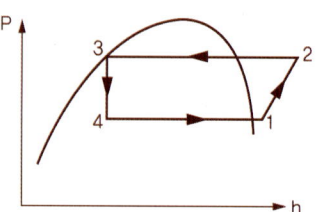

① 1.5　　② 3.1
③ 5.2　　④ 7.9

풀이

$$COP_R = \frac{q_L}{q_H - q_L} = \frac{q_L}{w_c}$$
$$= \frac{h_1 - h_4}{h_2 - h_1} = \frac{1638 - 559}{1983 - 1638} = 3.13$$

제3과목 : 기계유체역학

41 그림과 같이 유량 Q = 0.03㎥/s의 물 분류가 V = 40m/s의 속도로 곡면판에 충돌하고 있다. 판은 고정되어 있고 휘어진 각도가 135°일 때 분류로부터 판이 받는 총 힘의 크기는 약 몇 N인가?

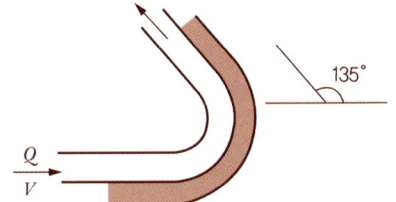

① 2049　　② 2217
③ 2638　　④ 2898

풀이

$R_x = \rho Q V(1 - \cos\theta)$
$\quad = 1000 \times 0.03 \times 40(1 - \cos 135°) = 2048$ N

$R_y = \rho Q V \sin\theta$
$\quad = 1000 \times 0.03 \times 40 \sin 135° = 848$ N
$\therefore R = \sqrt{R_x^2 + R_y^2} = 2216.6$ N

42 대기압을 측정하는 기압계에서 수은을 사용하는 가장 큰 이유는?

① 수은의 점성계수가 작기 때문에
② 수은의 동점성계수가 크기 때문에
③ 수은의 비중량이 작기 때문에
④ 수은의 비중이 크기 때문에

풀이

④ 수은의 비중이 크기 때문에
⇨ 상승높이가 작다.

43 단면적이 10 ㎠인 관에, 매분 6 kg의 질량유량으로 비중 0.8인 액체가 흐르고 있을 때 액체의 평균 속도는 약 몇 m/s인가?

① 0.075　　② 0.125
③ 6.66　　④ 7.50

풀이

$\dot{m} = 6$ kg/m $= 6/60$ kg/m $= 0.1$ kg/s
⇨ $\dot{m} = \rho A V = \rho_w s A V$
$\quad = 1000 \times 0.8 \times 10 \times 10^{-4} V$
$\therefore V = 0.125$ m/s

44 그림과 같이 지름이 D인 물방울을 지름 d인 작은 물방울로 나누려고 할 때 요구되는 에너지양은? (단, $D \gg d$이고, 물방울의 표면장력은 σ이다.)

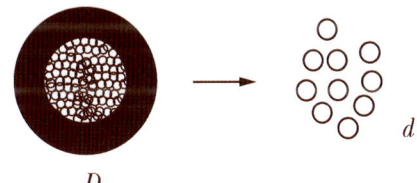

① $4\pi D^2 (\frac{D}{d} - 1)\sigma$

② $2\pi D^2 (\frac{D}{d} - 1)\sigma$

③ $\pi D^2 (\frac{D}{d} - 1)\sigma$

④ $2\pi D^2 [(\frac{D}{d})^2 - 1]\sigma$

풀이

(표면장력 × 표면길이) × 대표길이 = 전압력 E

정답 41. ② 42. ④ 43. ② 44. ③

$$\Delta p \frac{\pi D^2}{4} \times D = \sigma(\pi D) \times D,$$

$$\Delta p \frac{\pi d^2}{4} \times \left(\frac{D}{d}-1\right) = \sigma(\pi d) \times \left(\frac{D}{d}-1\right)$$

대표길이가 D 인 물방울의 전압력 Energy :
$$E_D = \sigma(\pi D) \times D = \pi D^2 \sigma$$

대표길이가 d 인 물방울의 전압력 Energy :
$$E_d = E_D \times \left(\frac{D}{d}-1\right) = \pi D^2 \left(\frac{D}{d}-1\right)\sigma$$

45 그림과 같은 원통형 축 틈새에 점성계수가 0.51 Pa·s인 윤활유가 채워져 있을 때, 축을 1800 rpm으로 회전시키기 위해서 필요한 동력은 약 몇 W인가? (단, 틈새에서의 유동은 Couette 유동이라고 간주한다.)

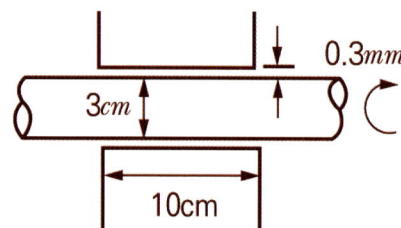

① 45.3   ② 128
③ 4807   ④ 13610

풀이

회전속도
$$\omega = u = \frac{\pi DN}{60} = \frac{\pi \times 0.03 \times 1800}{60} = 2.83 \text{ m/s}$$

뉴턴의 점성법칙
$$F = \tau A = \mu \frac{u}{h} A$$
$$= 0.51 \times \frac{2.83}{0.0003} \times \pi \times 0.03 \times 0.1 = 45.32 \text{ N}$$

동력 $P = F\omega = 45.32 \times 2.83 = 128.3 \text{ W}$

46 관마찰계수가 거의 상대조도(relative roughness)에만 의존하는 경우는?

① 완전난류유동   ② 완전층류유동
③ 임계유동   ④ 천이유동

풀이
① 완전난류유동

47 안지름 20 cm의 원통형 용기의 축을 수직으로 놓고 물을 넣어 축을 중심으로 300 rpm의 회전수로 용기를 회전시키면 수면의 최고점과 최저점의 높이차(H)는 약 몇 cm인가?

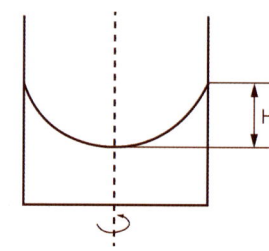

① 40.3 cm   ② 50.3 cm
③ 60.3 cm   ④ 70.3 cm

풀이

$$h = \frac{r_0^2 \omega^2}{2g}$$

$$\Rightarrow H = \frac{0.1^2 \times \left(\frac{\pi \times 0.2 \times 300}{60}\right)^2}{2 \times 9.8} \times 10^4$$

$$\fallingdotseq 50.3 \text{ cm}$$

48 물이 5 m/s로 흐르는 관에서 에너지선(E.L.)과 수력기울기선(H.G.L.)의 높이차이는 약 몇 m인가?

① 1.27   ② 2.24
③ 3.82   ④ 6.45

풀이

$$E.L = H.G.L + \frac{V}{2g}$$

$$\therefore \frac{V}{2g} = \frac{5^2}{2 \times 9.8} = 1.27 \text{ m}$$

정답 45. ② 46. ① 47. ② 48. ①

49 그림과 같은 물탱크에 Q의 유량으로 물이 공급되고 있다. 물탱크의 측면에 설치한 지름 10 cm의 파이프를 통해 물이 배출될 때, 배출구로부터의 수위 h를 3 m로 일정하게 유지하려면 유량 Q는 약 몇 m³/s이어야 하는가? (단, 물탱크의 지름은 3 m이다.)

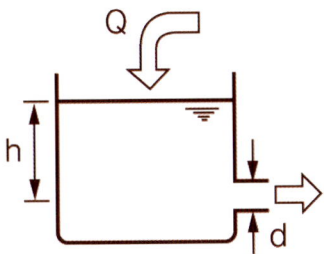

① 0.03
② 0.04
③ 0.05
④ 0.06

풀이

$$\frac{p_1}{\gamma} + \frac{V_1^2}{2g} + z_1 = \frac{p_2}{\gamma} + \frac{V_2^2}{2g} + z_2$$

$$\Rightarrow h = \frac{V_2^2}{2g}$$

$$V_2 = \sqrt{2gh} = \sqrt{2 \times 9.8 \times 3} = 7.67 \text{ m/s}$$

$$\therefore \dot{Q} = AV = \frac{\pi}{4} \times 0.1^2 \times 7.67 = 0.06 \text{ m}^3/\text{s}$$

50 다음 중 유체속도를 측정할 수 있는 장치로 볼 수 없는 것은?

① Pitot-static tube
② Laser Doppler Velocimeter
③ Hot Wire
④ Piezometer

풀이
④ Piezometer : 정압측정 장치

51 레이놀즈수가 매우 작은 느린유동(creeping flow)에서 물체의 항력 F는 속도 V, 크기 D, 그리고 유체의 점성계수 μ에 의존한다. 이와 관계하여 유도되는 무차원수는?

① $\dfrac{F}{\mu VD}$
② $\dfrac{VD}{F\mu}$
③ $\dfrac{FD}{\mu V}$
④ $\dfrac{F}{\mu DV^2}$

풀이
Creeping flow에서 적용하는 스토크스의 법칙 ($Re < 1$)에 따른 항력은 $F_D = 3\pi\mu VD$ 이므로 무차원 계수는 $\dfrac{F}{\mu VD}$ 이다.

52 정상, 비압축성 상태의 2차원 속도장이 (x, y) 좌표계에서 다음과 같이 주어졌을 때 유선의 방정식으로 옳은 것은? (단, u와 v는 각각 x, y방향의 속도성분이고, C는 상수이다.)

$$u = -2x, \quad v = 2y$$

① $x^2 y = C$
② $xy^2 = C$
③ $xy = C$
④ $\dfrac{x}{y} = C$

풀이

문제의 조건으로부터 $\dfrac{dx}{u} = \dfrac{dy}{v}$

$\Rightarrow \dfrac{dx}{-2x} = \dfrac{dy}{2y}$ $\Rightarrow \dfrac{dx}{2x} + \dfrac{dy}{2y} = 0$

$\Rightarrow$ 적분하면 $\dfrac{1}{2}\ln x + \dfrac{1}{2}\ln y = \dfrac{1}{2}\ln C$

$\Rightarrow xy = C$

53 부차적 손실계수가 4.5인 밸브를 관마찰계수가 0.02이고, 지름이 5 cm인 관으로 환산한다면 관의 상당길이는 약 몇 m인가?

① 9.34
② 11.25
③ 15.37
④ 19.11

풀이

$$L_{Eq} = \frac{K_{Eq}\,d}{f} = \frac{4.5 \times 0.05}{0.02} = 11.25 \text{ m}$$

54 어떤 물체의 속도가 초기속도의 2배가 되었을 때 항력계수가 초기 항력계수의 $\frac{1}{2}$로 줄었다. 초기에 물체가 받는 저항력이 D라고 할 때 변화된 저항력은 얼마가 되는가?

① $\frac{1}{2}D$　　② $\sqrt{2}\,D$
③ $2D$　　④ $4D$

풀이

$$F_D = C_D A \frac{\rho V^2}{2} \Rightarrow D_1 = C_D A \frac{\rho V^2}{2} = D$$

문제의 의미에서

$$D_2 = \frac{C_D}{2} A \frac{\rho (2V)^2}{2} = C_D A \rho V^2 = 2D$$

55 자동차의 브레이크 시스템의 유압장치에 설치된 피스톤과 실린더 사이의 환형 틈새사이를 통한 누설유동은 두 개의 무한 평판사이의 비압축성, 뉴턴유체의 층류유동으로 가정할 수 있다. 실린더 내 피스톤의 고압측과 저압측의 압력차를 2배로 늘렸을 때, 작동유체의 누설유량은 몇 배가 될 것인가?

① 2배　　② 4배
③ 8배　　④ 16배

풀이

$$Q = \frac{\triangle p\,\pi\,d^4}{128\mu L}$$

⇨ 문제의 조건에서 $\triangle p = 2\triangle p$ 이므로
$Q = 2Q$

56 속도성분이 $u = 2x,\ v = -2y$인 2차원 유동의 속도퍼텐셜 함수 ϕ로 옳은 것은? (단, 속도퍼텐셜 ϕ는 $\vec{V} = \nabla \phi$로 정의된다.)

① $2x - 2y$　　② $x^3 - y^3$
③ $-2xy$　　④ $x^2 - y^2$

풀이

④ $\dfrac{\partial \phi}{\partial x} = 2x,\ \dfrac{\partial \phi}{\partial y} = -2y$

57 평판 위에서 이상적인 층류경계층 유동을 해석하고자 할 때 다음 중 옳은 설명을 모두 고른 것은?

㉮ 속도가 커질수록 경계층 두께는 커진다.
㉯ 경계층 밖의 외부유동은 비점성 유동으로 취급할 수 있다.
㉰ 동일한 속도 및 밀도일 때 점성계수가 커질수록 경계층 두께는 커진다.

① ㉯　　② ㉮, ㉯
③ ㉮, ㉰　　④ ㉯, ㉰

풀이

④ ㉯, ㉰

58 다음 중 체적탄성계수와 차원이 같은 것은?

① 체적
② 힘
③ 압력
④ 레이놀드(Reynolds) 수

풀이

③ 압력

59 실제 잠수함 크기의 1/25인 모형 잠수함을 해수에서 실험하고자 한다. 만일 실형 잠수함을 5 m/s로

270 • 일반기계기사

정답 54. ③ 55. ① 56. ④ 57. ④ 58. ③ 59. ④

운전하고자 할 때 모형 잠수함의 속도는 몇 m/s로 실험해야 하는가?

① 0.2
② 3.3
③ 50
④ 125

풀이

$\left(\dfrac{VL}{\nu}\right)_p = \left(\dfrac{VL}{\nu}\right)_m \Rightarrow \dfrac{\nu_m}{\nu_p} = 1 = \dfrac{(VL)_p}{(VL)_m}$

$\Rightarrow V_m = V_p\left(\dfrac{L_p}{L_m}\right) = 5 \times \left(\dfrac{25}{1}\right) = 125 \text{ m/s}$

60 액체 속에 잠겨진 경사면에 작용되는 힘의 크기는? (단, 면적을 A, 액체의 비중량을 γ, 면의 도심까지의 깊이를 h_c라 한다.)

① $\dfrac{1}{3}\gamma h_c A$
② $\dfrac{1}{2}\gamma h_c A$
③ $\gamma h_c A$
④ $2\gamma h_c A$

풀이

경사진 평면에 작용하는 전압력:
$F = p_c A = \gamma h_c A$

제4과목 : 기계재료 및 유압기기

61 전기전도율이 높은 것에서 낮은 순으로 나열된 것은?

① Al > Au > Cu > Ag
② Au > Cu > Ag > Al
③ Cu > Au > Al > Ag
④ Ag > Cu > Au > Al

풀이

금속의 전기전도율(도전율) 순서
도전율 : 은(106%), 구리(100%), 금(71.8%), 알루미늄(62.7%)
은>구리>금>알루미늄>텅스텐>아연>니켈>철(순철)>철(강)>백금>주석>납>니크롬>황동>청동

62 철강을 부식시키기 위한 부식제로 옳은 것은?

① 왕수
② 질산 용액
③ 나이탈 용액
④ 염화제 2철 용액

풀이

문제 오류로 인해 전항 정답으로 처리함

63 α-Fe과 Fe_3C의 층상조직은?

① 펄라이트
② 시멘타이트
③ 오스테나이트
④ 레데뷰라이트

풀이

페라이트 : α 철이 탄소 등의 다른 원소를 고용한 상태의 조직. α 고용체, 지철이라고 함
펄라이트 : 공석강의 결정 조직명으로 페라이트(α 철)와 시멘타이트(Fe_3C)가 층상으로 혼합되어 있는 조직
시멘타이트 : 강 속에서 생성되는 금속간 화합물인 Fe_3C(탄화철)
오스테나이트 : γ 철에 탄소를 고용한 γ 고용체의 조직으로 면심입방격자
레데뷰라이트 : 주철에 있어 오스테나이트(γ 철)와 시멘타이트(Fe_3C)의 공정조직

64 구상 흑연주철의 구상화첨가제로 주로 사용되는 것은?

① Mg, Ca
② Ni, Co
③ Cr, Pb
④ Mn, Mo

풀이

구상흑연주철은 석출하는 흑연을 구상화시키기 위한 첨가제의 선택이 중요한데 Mg은 13.5%, Ca을 25% 정도 첨가하면, 산소와 황과의 친화력이 강해져 탈산, 탈황작용이 커진다.

65 심냉처리를 하는 주요목적으로 옳은 것은?

① 오스테나이트 조직을 유지시키기 위해
② 시멘타이트 변태를 촉진시키기 위해
③ 베이나이트 변태를 진행시키기 위해
④ 마텐자이트 변태를 완전히 진행시키기 위해

풀이

심냉처리(Sub-Zero Treatment)는 -80 ~ -120℃의 저온 열처리로 주목적은 잔류 오스테나이트를 마텐자이트로 완전히 변태시키기 위한 것으로 시효경화(치수변화)를 방지하기 위함이다.

66 배빗메탈 이라고도 하는 베어링용 합금인 화이트 메탈의 주요성분으로 옳은 것은?

① Pb-W-Sn
② Fe-Sn-Al
③ Sn-Sb-Cu
④ Zn-Sn-Cr

풀이

화이트 메탈
① 주석(Sn)계 화이트 메탈=배빗 메탈(Sn을 주성분으로 Sb와 Cu, Zn을 첨가한 것. 즉, Sn-Sb-Cu-Zn계 합금) : 주로 내연기관의 베어링에 사용
② 납(Pb)계 화이트 메탈 : 값이 저렴하지만 중금속이라 사용을 자제함
③ 아연(Zn)계 화이트 메탈 : 값이 저렴하지만 많이 사용하지 않음

67 게이지용강이 갖추어야 할 조건으로 틀린 것은?

① HRC55 이상의 경도를 가져야 한다.
② 담금질에 의한 변형 및 균열이 적어야 한다.
③ 오랜시간 경과하여도 치수의 변화가 적어야 한다.
④ 열팽창계수는 구리와 유사하며 취성이 커야 한다.

풀이

게이지강은 정밀측정용 공구로서 경도, 내마모성이 커야 하고, 열처리 변형과 경년변형이 적은 곳에 사용된다. 게이지강은 측정에 사용되므로 열에 의한 변형이 적어야 한다. 즉, 열팽창계수가 작아서 온도에 의한 변화가 작아야 한다.

68 마템퍼링(martempering)에 대한 설명으로 옳은 것은?

① 조직은 완전한 펄라이트가 된다.
② 조직은 베이나이트와 마텐자이트가 된다.
③ M_s점 직상의 온도까지 급냉한 후 그 온도에서 변태를 완료시키는 것이다.
④ M_f점 이하의 온도까지 급냉한 후 그 온도에서 변태를 완료시키는 것이다.

풀이

마템퍼링은 담금질 온도(x)에서 M_s - M_f 구간 즉 100~200℃의 염욕에 담금질해서 항온을 유지하면 잔류 오스테나이트의 베이나이트화에 의해 경도는 다소 낮지만 인성이 있는 Bainite + Martensite 조직으로 된다.

69 Ni-Fe 합금으로 불변강이라 불리우는 것이 아닌 것은?

① 인바
② 엘린바
③ 콘스탄탄
④ 플래티나이트

풀이

불변강의 종류

종류	성분	특성	용도
엘린바	Ni : 36% Cr : 12% Fe : 나머지	고온에서 탄성계수 불변	시계 스프링 밸런스 스프링
인바	Ni : 36~85% Mn : 0.4% Fe : 나머지	열팽창계수가 적다	측량용 자 표준봉 진자시계
플래티나이트	Ni : 44~47% Fe : 나머지	열팽창계수가 적다	전구용 백금선의 대용

정답 66. ③ 67. ④ 68. ② 69. ③

콘스탄탄 : 니켈-구리계 합금으로 Ni을 40~50%를 함유한 것으로 내산, 내열성이 좋고 가공성도 좋으며 주로 통신기재, 저항선, 열전쌍재료로 쓰인다.

70 열경화성 수지에 해당하는 것은?

① ABS 수지
② 폴리스티렌
③ 폴리에틸렌
④ 에폭시 수지

풀이
열가소성수지 : 폴리에틸렌, 폴리프로필렌, 폴리염화비닐, 폴리스틸렌, ABS, AS 수지 등
열경화성수지 : 에폭시, 페놀, 멜라민, 실리콘, 요소 수지 등

71 그림과 같은 실린더를 사용하여 F = 3 kN의 힘을 발생시키는데 최소한 몇 MPa의 유압이 필요한가? (단, 실린더의 내경은 45 mm이다.)

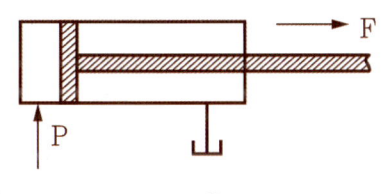

① 1.89   ② 2.14
③ 3.88   ④ 4.14

풀이
$$p = \frac{F}{A} = \frac{3 \times 10^{-3}}{\frac{\pi}{4} \times 0.045^2} = 1.89 \, MPa$$

72 축압기 특성에 대한 설명으로 옳지 않은 것은?

① 중추형 축압기 안에 유압유 압력은 항상 일정하다.
② 스프링 내장형 축압기인 경우 일반적으로 소형이며 가격이 저렴하다.
③ 피스톤형 가스충진 축압기의 경우 사용 온도 범위가 블래더형에 비하여 넓다.
④ 다이어프램 충진 축압기의 경우 일반적으로 대형이다.

풀이
축압기는 용기 내에 고압유를 압입한 것으로 유압유의 에너지를 일시적으로 축적하는 역할을 한다.
① 중추형 축압기는 일정 압력의 공급이 가능하고 대형, 압력유 방출시 압력이 일정하다.
② 스프링 내장형 축압기인 경우 소형이며, 저압용으로 가격이 저렴하다.
③ 피스톤형 가스 충진 축압기의 경우 사용 온도 범위가 블래더형에 비하여 넓다.
④ 다이어프램 충진 축압기의 경우 일반적으로 소형이고 고압용으로 사용한다.

73 그림과 같은 유압기호 명칭은?

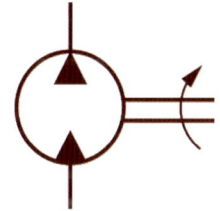

① 공기압 모터
② 요동형 엑추에이터
③ 정용량형 펌프·모터
④ 가변용량형 펌프·모터

풀이
KS규격의 유압·공기압 도면 기호에서 정용량형 펌프·모터 기호는 원 안의 두 개의 삼각형이 흑색으로 칠해져 있으며, 두 개의 삼각형 안에 검은색이 칠해져 있지 않은 것은 공압모터 기호이다.

74 유압밸브의 전환도중에 과도하게 생기는 밸브포트 간의 흐름을 무엇이라고 하는가?

① 랩   ② 풀 컷 오프
③ 서지 압   ④ 인터플로

풀이
① 랩(lap) : 슬라이드 밸브 등의 랜드부와 포트부 사이의 중복 상태 또는 그 양
② 풀 컷 오프(full cut-off) : 펌프의 컷오프 상태에서 유량이 0이 되는 것
③ 서지 압(surge pressure) : 유압 회로에서 과도하게 발생하는 이상 압력의 최대값

75 유압펌프의 토출압력이 6 MPa, 토출유량이 40 cm³/min일 때 소요동력은 몇 W인가?
① 240　　② 4
③ 0.24　　④ 0.4

풀이
소요 동력
$$L_p = pQ = 6 \times 10^6 \times \left(\frac{40 \times 10^{-6}}{60}\right) = 4W$$

76 압력제어 밸브에서 어느 최소유량에서 어느 최대유량까지의 사이에 증대하는 압력은?
① 오버라이드 압력
② 전량 압력
③ 정격 압력
④ 서지 압력

풀이
오버라이드 압력(override pressure) : 설정 압력과 크래킹 압력의 차이를 말하며, 이 압력차가 클수록 릴리프 밸브의 성능이 나쁘고 포핏을 진동시키는 원인이 된다.

77 밸브입구측 압력이 밸브 내 스프링 힘을 초과하여 포펫의 이동이 시작되는 압력을 의미하는 용어는?
① 배압　　② 컷오프
③ 크래킹　④ 인터플로

풀이
크래킹 압력(cracking pressure)
체크밸브 또는 릴리프 밸브 등으로 압력이 상승하여 밸브가 열리기 시작하고 어떤 일정한 흐름의 양이 확인되는 압력

78 액추에이터의 배출 쪽 관로내의 공기의 흐름을 제어함으로써 속도를 제어하는 회로는?
① 클램프 회로
② 미터 인 회로
③ 미터 아웃 회로
④ 블리드 오프 회로

풀이
① 미터 인 회로 : 액츄에이터의 입구 쪽 관로에서 유량을 교축시켜 작동 속도를 조절하는 방식
② 미터 아웃 회로 : 액츄에이터의 출구 쪽 관로에서 유량을 교축시켜 작동 속도를 조절하는 방식
③ 블리드 오프 회로 : 액츄에이터로 흐르는 유량의 일부를 탱크로 분기함으로써 작동 속도를 조절하는 방식

79 다음 중 압력제어 밸브들로만 구성되어 있는 것은?
① 릴리프 밸브, 무부하 밸브, 스로틀 밸브
② 무부하 밸브, 체크 밸브, 감압 밸브
③ 셔틀 밸브, 릴리프 밸브, 시퀀스 밸브
④ 카운터밸런스 밸브, 시퀀스 밸브, 릴리프 밸브

풀이
압력제어 밸브는 일의 크기를 제어하는 것으로 릴리프밸브, 감압밸브, 시퀀스밸브, 카운터밸런스 밸브(배압유지밸브), 무부하밸브(언로딩밸브), 브레이크밸브, 압력스위치

80 유압기기의 통로(또는 관로)에서 탱크(또는 매니폴드 등)로 돌아오는 액체 또는 액체가 돌아오는

현상을 나타내는 용어는?

① 누설   ② 드레인
③ 컷오프   ④ 토출량

풀이

① 누설(leakage) : 정상 상태에서는 흐름을 폐지해야 하는 장소, 또는 좋지 않은 장소를 통과하는 비교적 소량의 흐름
② 컷오프(cut-off) : 펌프 출구 측 압력이 설정 압력에 가까워졌을 때, 가변 토출량 제어가 작용하고, 유량을 감소시키는 것
③ 토출량(flow rate) : 일반적으로 펌프가 단위 시간에 노출하는 액체의 체적

제5과목 : 기계제작법 및 기계동력학

81 수평 직선도로에서 일정한 속도로 주행하던 승용차의 운전자가 앞에 놓인 장애물을 보고 급제동을 하여 정지하였다. 바퀴자국으로 파악한 제동거리가 25 m이고, 승용차 바퀴와 도로의 운동마찰계수는 0.35일 때 제동하기 직전의 속력은 약 몇 m/s인가?

① 11.4   ② 13.1
③ 15.9   ④ 18.6

풀이

제동 전 운동에너지와 제동 일 에너지가 같다.

$\frac{1}{2}mV^2 = \mu_k Ws = \mu_k mgs$

$\Rightarrow V = \sqrt{2\mu_k gs}$

$= \sqrt{2 \times 0.35 \times 9.8 \times 25} \approx 13.1 \, m/s$

82 그림과 같이 경사진 표면에 50 kg의 블록이 놓여 있고 이 블록은 질량이 m인 추와 연결되어 있다. 경사진 표면과 블록사이의 마찰계수를 0.5라 할 때 이 블록을 경사면으로 끌어올리기 위한 추의 최소질량(m)은 약 몇 kg인가?

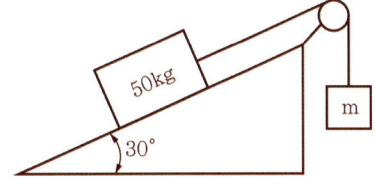

① 36.5   ② 41.8
③ 46.7   ④ 54.2

풀이

FBD로부터 경사면 방향의

$\sum F = 0$ 인 경우를 검토한다.

$\Rightarrow mg = 50g \sin 30° + \mu N$
$\Rightarrow mg = 50g \sin 30° + 0.5 \times 50 \times g \cos 30°$
$\therefore m \approx 46.65 \, kg$

83 두 조화운동 $x_1 = 4 \sin 10t$와 $x_2 = 4 \sin 10.2t$를 합성하면 맥놀이(beat)현상이 발생하는데 이 때 맥놀이 진동수(Hz)는? (단, t의 단위는 s이다.)

① 31.4
② 62.8
③ 0.0159
④ 0.0318

풀이

맥놀이(울림) 진동수

$f_b = f_2 - f_1 = \frac{\omega_2}{2\pi} - \frac{\omega_1}{2\pi} = \frac{\omega_2 - \omega_1}{2\pi}$

$= \frac{10.2 - 10}{2\pi} = \frac{0.2}{2\pi} \approx 0.0318 \, Hz$

84 외력이 가해지지 않고 오직 초기조건에 의하여 운동한다고 할 때 그림의 계가 지속적으로 진동하면서 감쇠하는 부족감쇠운동(underdamped motion)을 나타내는 조건으로 가장 옳은 것은?

정답 81. ② 82. ③ 83. ④ 84. ③

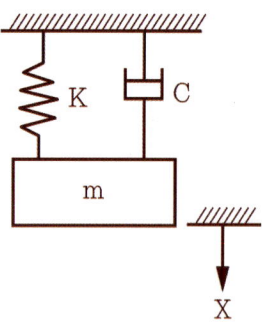

① $0 < \dfrac{c}{\sqrt{km}} < 1$

② $\dfrac{c}{\sqrt{km}} > 1$

③ $0 < \dfrac{c}{\sqrt{km}} < 2$

④ $\dfrac{c}{\sqrt{km}} > 2$

풀이

$C_c = 2\sqrt{mk}$ ⇐ 임계감쇠

⇒ $\dfrac{C}{C_c} < 1$ ⇒ $\dfrac{C}{2\sqrt{mk}} < 1$ ⇒ $\dfrac{C}{\sqrt{mk}} < 2$

85 보 AB는 질량을 무시할 수 있는 강체이고 A점은 마찰없는 힌지(hinge)로 지지되어 있다. 보의 중점 C와 끝점 B에 각각 질량 m_1과 m_2가 놓여 있을 때 이 진동계의 운동방정식을 $m\ddot{x} + kx = 0$이라고 하면 m의 값으로 옳은 것은?

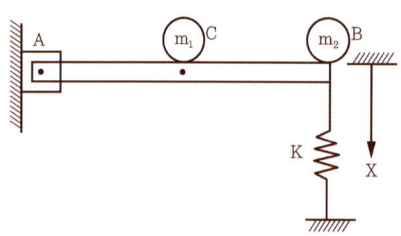

① $m = \dfrac{m_1}{4} + m_2$

② $m = m_1 + \dfrac{m_2}{2}$

③ $m = m_1 + m_2$

④ $m = \dfrac{m_1 - m_2}{2}$

풀이

2 질량관성 M의 합 = 스프링의 질량관성 M

$m_1\left(\dfrac{l}{2}\right)^2 + m_2(l)^2 = m(l)^2$

∴ $m = \dfrac{m_1}{4} + m_2$

86 그림은 2톤의 질량을 가진 자동차가 18 km/h의 속력으로 벽에 충돌하는 상황을 위에서 본 것이며 범퍼를 병렬스프링 2개로 가정하였다. 충돌과정에서 스프링의 최대 압축량이 0.2 m라면 스프링 상수 k는 얼마인가? (단, 타이어와 노면의 마찰은 무시한다.)

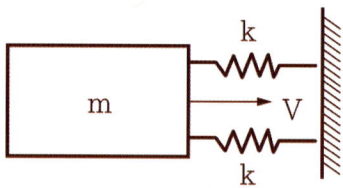

① 625 kN/m   ② 312.5 kN/m
③ 725 kN/m   ④ 1450 kN/m

풀이

탄성 위치에너지 = 운동에너지

$k_{eq} = 2k$

$\dfrac{1}{2} k_{eq} x^2 = \dfrac{1}{2} m V^2$

⇒ $\dfrac{1}{2}(2k)x^2 = \dfrac{1}{2}mV^2$

⇒ $k = \dfrac{mV^2}{2x^2} = \dfrac{2000 \times \left(\dfrac{18 \times 10^3}{3600}\right)^2}{2 \times 0.2^2} \times 10^{-3}$

$= 625\ kN/m$

87 그림과 같이 질량이 동일한 두 개의 구슬 A, B가 있다. 초기에 A의 속도는 v이고 B는 정지되어 있

다. 충돌 후 A와 B의 속도에 관한 설명으로 옳은 것은? (단, 두 구슬사이의 반발계수는 1이다.)

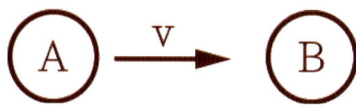

① A와 B 모두 정지한다.
② A와 B 모두 v의 속도를 가진다.
③ A와 B 모두 $\frac{v}{2}$ 의 속도를 가진다.
④ A는 정지하고 B는 v의 속도를 가진다.

풀이

반발계수가 1일 때는 충돌 전 상대속도 크기와 충돌 후 상대속도의 크기가 동일하다.
따라서 충돌 후 A는 정지하고, B는 충돌 전 상대속도인 v의 속도를 가진다.

88 그림과 같이 길이 1 m, 질량 20 kg인 봉으로 구성된 기구가 있다. 봉은 A점에서 카트에 핀으로 연결되어 있고, 처음에는 움직이지 않고 있었으나 하중 P가 작용하여 카트가 왼쪽 방향으로 4 m/s²의 가속도가 발생하였다. 이 때 봉의 초기 각가속도는?

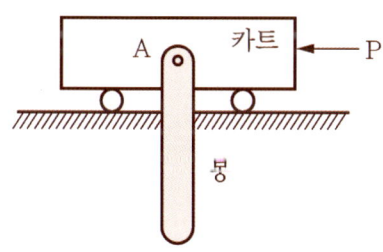

① 6.0 rad/s² , 시계방향
② 6.0 rad/s² , 반시계방향
③ 7.3 rad/s² , 시계방향
④ 7.3 rad/s² , 반시계방향

풀이

$\sum M_A = J_A \alpha$

$\Rightarrow ma \times \frac{l}{2} = \frac{ml^2}{3}\alpha$

$\Rightarrow \alpha = \frac{3ma \times l}{2ml^2} = \frac{3a}{2l} = \frac{3 \times 4}{2 \times 1}$

$= 6\ rad/s^2 \quad CCW$ (반시계방향)

89 질량이 30 kg인 모형자동차가 반경 40 m인 원형 경로를 20 m/s의 일정한 속력으로 돌고 있을 때 이 자동차가 법선방향으로 받는 힘은 약 몇 N인가?

① 100   ② 200
③ 300   ④ 600

풀이

구심가속도
$F_r = ma_r = m \times \frac{20^2}{40} = 30 \times 10 = 300\ N$

90 OA와 AB의 길이가 각각 1 m인 강체막대 OAB가 x − y 평면 내에서 O점을 중심으로 회전하고 있다. 그림의 위치에서 막대 OAB의 각속도는 반시계 방향으로 5 rad/s이다. 이 때 A에서 측정한 B점의 상대속도 $\overrightarrow{v_{B/A}}$의 크기는?

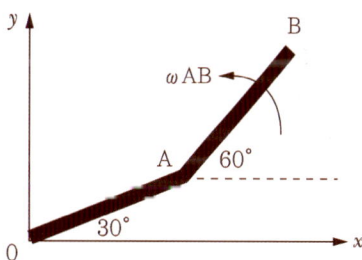

① 4 m/s   ② 5 m/s
③ 6 m/s   ④ 7 m/s

풀이

원점 O 와 B 점을 이으면 삼각형 OAB 는 이등변 삼각형이며 각 O 와 B 는 $\gamma = 15°$ 이므로 cos 법칙을 적용한다.
$V_A = r_A \cdot \omega = 1 \times 5 = 5\ m/s$
$V_B = r_B \cdot \omega = 2\cos 15° \times 5 = 9.66\ m/s$

$$\Rightarrow |\overrightarrow{V_{B/A}}| = \sqrt{V_A^2 + V_B^2 - 2V_AV_B\cos\gamma}$$
$$= \sqrt{5^2 + 9.66^2 - 2\times 5\times 9.66 \cos 15°}$$
$$= 5\ m/s$$

91 기계부품, 식기, 전기저항선 등을 만드는 데 사용되는 양은의 성분으로 적절한 것은?

① Al의 합금
② Ni와 Ag의 합금
③ Zn과 Sn의 합금
④ Cu, Zn 및 Ni의 합금

풀이
양은 = 니켈황동 = 양백
양은의 성분은 7:3 황동에 Ni(7~30%)을 첨가한 합금으로 Ni(10~20%)-Zn(15~30%)의 합금이 많이 사용된다.

92 버니어캘리퍼스에서 어미자 49 mm를 50등분한 경우 최소읽기 값은 몇 mm인가? (단, 어미자의 최소눈금은 1.0 mm이다.)

① $\dfrac{1}{50}$ ② $\dfrac{1}{25}$
③ $\dfrac{1}{24.5}$ ④ $\dfrac{1}{20}$

풀이
최소측정값 = $\dfrac{\text{어미자의 눈금}(A)}{\text{등분수}(n)} = \dfrac{1.0}{50}$

93 Fe-C 평형상태도에서 탄소함유량이 약 0.80%인 강을 무엇이라고 하는가?

① 공석강 ② 공정주철
③ 아 공정주철 ④ 과 공정주철

풀이
탄소(C) 함유량
탄소강에서 탄소의 증가에 따라 0.8%C까지는 페라이트 감소, 펄라이트 증가로 연율 감소, 강도 및 경도 증가
0.8~2.0%C까지는 펄라이트감소, 시멘타이트 증가로 연율 및 강도감소, 경도는 직선적으로 증가
① 아공석강 : 0.025~0.8%
② 공석강 : 0.8%
③ 과공석강 : 0.8~2.0%
④ 아공정주철 : 2.0~4.3%
⑤ 공정주철 : 4.3%
⑥ 과공정주철 : 4.3~6.67%

94 펀치와 다이를 프레스에 설치하여 판금 재료로부터 목적하는 형상의 제품을 뽑아내는 전단가공은?

① 스웨이징 ② 엠보싱
③ 브로칭 ④ 블랭킹

풀이
블랭킹(blanking) : 소재로부터 정해진 제품의 형상대로 절단하여 그것을 제품으로 사용하는 작업

95 방전가공에서 전극재료의 구비조건으로 가장 거리가 먼 것은?

① 기계가공이 쉬워야 한다.
② 가공전극의 소모가 커야 한다.
③ 가공 정밀도가 높아야 한다.
④ 방전이 안전하고 가공속도가 빨라야 한다.

풀이
방전가공용 전극 재료의 구비조건
① 방전이 안전하고 가공속도가 빠를 것
② 가공정밀도가 높을 것
③ 기계가공이 쉬울 것
④ 전극의 소모가 적을 것
⑤ 구하기 쉽고, 값이 저렴할 것

96 연삭 중 숫돌의 떨림현상이 발생하는 원인으로 가장 거리가 먼 것은?

① 숫돌의 결합도가 약할 때

② 숫돌축이 편심되어 있을 때
③ 숫돌의 평형상태가 불량할 때
④ 연삭기 자체에서 진동이 있을 때

풀이
연삭 숫돌의 결합도가 낮으면 입자가 쉽게 탈락되어 비경제적이며, 너무 높으면 쉽게 탈락하지 않아 눈메움을 일으키고, 가공정밀도가 나빠지게 되므로 공작물의 재질과 가공 정밀도에 따라 적당한 결합도를 선택해야 한다.

〈연삭 중 숫돌떨림(chatter) 현상〉
① 숫돌의 결합도가 너무 클 때
② 센터 및 방진구 등의 사용이 불량할 때
③ 숫돌의 평형상태가 불량할 때
④ 연삭기 자체에서 진동이 있을 때

97 주조에 사용되는 주물사의 구비조건으로 옳지 않는 것은?

① 통기성이 좋을 것
② 내화성이 적을 것
③ 주형제작이 용이할 것
④ 주물 표현에서 이탈이 용이할 것

풀이
주물사의 구비 조건
① 용탕의 온도에 견딜만한 내화도
② 성형성이 있어 주형을 만들기 쉽고 용탕의 압력에 견딜만한 고온강도
③ 용탕에서 나오는 가스를 외부로 배출시킬 만한 통기도
④ 반복 사용하여도 노화하지 않을 것 등
⑤ 내화성, 가축성, 통기성, 보온성, 반복 사용성이 있을 것

98 전기저항 용접의 종류에 해당하지 않는 것은?

① 심 용접   ② 스폿 용접
③ 테르밋 용접   ④ 프로젝션 용접

풀이
전기저항 용접
① 겹치기 용접 : 점(spot)용접, 심(seam)용접, 프로젝션(projection)용접
② 맞대기 용접 : 업셋(upset)용접, 플래시(flash)용접

99 전기도금의 반대현상으로 가공물을 양극, 전기저항이 적은 구리, 아연을 음극에 연결한 후 용액에 침지하고 통전하여 금속표면의 미소돌기 부분을 용해하여 거울면과 같이 광택이 있는 면을 가공할 수 있는 특수가공은?

① 방전가공   ② 전주가공
③ 전해연마   ④ 슈퍼피니싱

풀이
전해연마(Electro Polishing)
전해연마는 전기-화학적 반응을 응용한 연마법으로 피연마재를 양극, 전극을 음극으로 하여 양극 표면에서의 금속용출을 이용해 금속 표면을 거울면처럼 매끄럽게 만드는 연마의 일종이다.

100 Taylor의 공구수명에 관한 실험식에서 세라믹 공구를 사용하여 지수(n) = 0.5, 상수 (C) = 200, 공구수명(T)을 30 (min)으로 조건을 주었을 때, 적합한 절삭속도는 약 몇 m/min인가?

① 30.3   ② 32.6
③ 34.4   ④ 36.5

풀이
$VT^m = C$
$V \times 30^{0.5} = 200$ ∴ $V = 36.5\ m/min$

국가기술자격 필기시험문제

2016년 기사 제1회 과년도 유사문제

자격종목	일반기계기사	시험시간 2시간	형별 B	수험번호	성명

제1과목 : 재료역학

01 그림과 같은 외팔보가 하중을 받고 있다. 고정단에 발생하는 최대 굽힘모멘트는 몇 N·m인가?

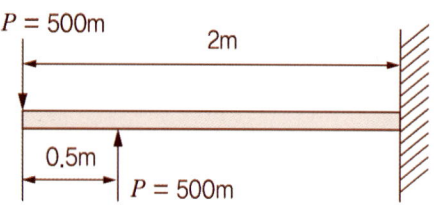

① 250　　② 500
③ 750　　④ 1000

풀이
$$M_{\max} = M_{고정단} = 500 \times 2 - 500 \times 1.5$$
$$= 250\,N \cdot m$$

02 그림과 같은 블록의 반쪽 모서리에 수직력 10 kN이 가해질 경우, 그림에서 위치한 A점에서의 수직응력분포는 약 몇 kPa인가?

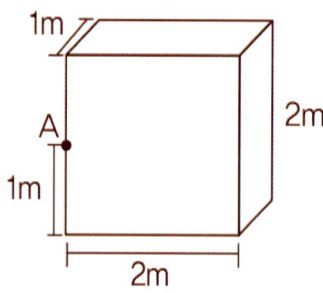

① 25　　② 30
③ 35　　④ 40

풀이
$$\sigma_A = \frac{P}{A} + \frac{M}{Z} = \frac{P}{bh} + \frac{6M}{bh^2}$$
$$= \frac{10}{2 \times 1} + \frac{6(10 \times 1)}{2 \times 1^2} = 25\,kPa$$

03 다음과 같은 평면응력 상태에서 최대전단응력은 몇 MPa인가?

- x 방향 인장응력 : 175 MPa
- y 방향 인장응력 : 35 MPa
- xy 방향 전단응력 : 60 MPa

① 38　　② 53
③ 92　　④ 108

풀이
$$\tau_{\max} = \frac{1}{2}\sqrt{(\sigma_x - \sigma_y)^2 + 4\tau_{xy}^2}$$
$$= \frac{1}{2}\sqrt{(175-35)^2 + 4 \times 60^2}$$
$$= 92\,MPa$$

04 양단이 고정된 축을 그림과 같이 m-n 단면에서 T 만큼 비틀면 고정단 AB에서 생기는 저항 비틀림 모멘트의 비 T_A/T_B는?

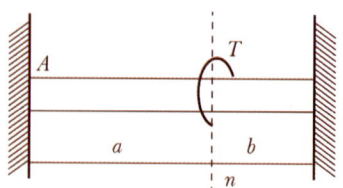

정답 1. ① 2. ① 3. ③ 4. ②

① $\dfrac{b^2}{a^2}$ ② $\dfrac{b}{a}$

③ $\dfrac{a}{b}$ ④ $\dfrac{a^2}{b^2}$

풀이

$\theta = \dfrac{Tl}{GI_P} \Rightarrow T = \dfrac{\theta GI_P}{l}$

$\Rightarrow T \propto \dfrac{1}{l} \Rightarrow \dfrac{T_A}{T_B} \propto \dfrac{l_B}{l_A} = \dfrac{b}{a}$

05 그림과 같은 장주(long column)에 하중 P_{cr}을 가했더니 오른쪽 그림과 같이 좌굴이 일어났다. 이 때 오일러 좌굴응력 σ_{cr}은? (단, 세로탄성계수는 E, 기둥단면의 회전반경(radius of gyration)은 r, 길이는 L이다.)

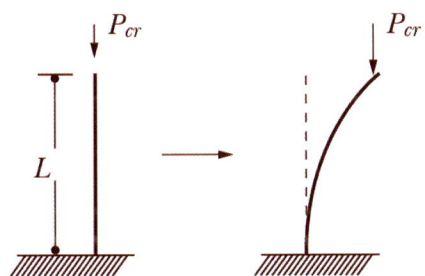

① $\dfrac{\pi^2 E r^2}{4L^2}$ ② $\dfrac{\pi^2 E r^2}{L^2}$

③ $\dfrac{\pi E r^2}{4L^2}$ ④ $\dfrac{\pi E r^2}{L^2}$

풀이

$P_B = n\pi^2 \dfrac{EI_G}{L^2} = n\pi^2 \dfrac{EAk^2}{L^2}$

$\sigma_B = \dfrac{P_{cr}}{A} = n\pi^2 \dfrac{Ek^2}{L^2} = \dfrac{1}{4}\pi^2 \dfrac{Er^2}{L^2}$

$= \dfrac{\pi^2 E r^2}{4L^2}$

06 단면의 치수가 b×h = 6 cm×3 cm인 강철보가 그림과 같이 하중을 받고 있다. 보에 작용하는 최대 굽힘응력은 약 몇 N/cm²인가?

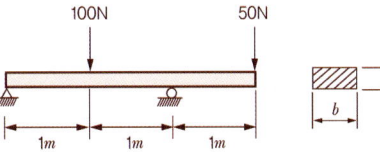

① 278 ② 556
③ 1111 ④ 2222

풀이

$M_{max} = \sigma_{max} Z$

$\Rightarrow \sigma_{max} = \dfrac{M_{max}}{Z}, \quad Z = \dfrac{bh^2}{6}$

$M_{max} = M_{2m} = R_A \times 2 - 100 \times 1$

$= 25 \times 2 - 100 \times 1 = 50\, N \cdot m$

$= 5000\, N \cdot cm$

$\sigma_{max} = \dfrac{6 \times 5000}{6 \times 3^2} = 556\, N/cm^2$

07 지름 d인 원형단면으로부터 절취하여 단면 2차 모멘트가 가장 크도록 사각형 단면 [폭(b)×높이(h)]을 만들 때 단면 2차모멘트를 사각형 폭(b)에 관한 식으로 옳게 나타낸 것은?

① $\dfrac{\sqrt{3}}{4}b^4$ ② $\dfrac{\sqrt{3}}{4}b^3$

③ $\dfrac{4}{\sqrt{3}}b^3$ ④ $\dfrac{4}{\sqrt{3}}b^4$

풀이

$b \times \sqrt{3}\, b$ 인 경우가 되므로

$I = \dfrac{bh^3}{12} = \dfrac{b(\sqrt{3}b)^3}{12} = \dfrac{3\sqrt{3}b^4}{12}$

$= \dfrac{\sqrt{3}}{4}b^4$

08 그림과 같이 최대 q_0인 삼각형 분포하중을 받는 버팀외팔보에서 B 지점의 반력 R_B를 구하면?

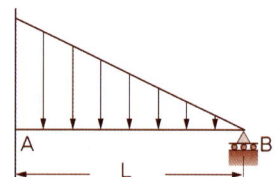

① $\dfrac{q_o L}{4}$ ② $\dfrac{q_o L}{6}$

③ $\dfrac{q_o L}{8}$ ④ $\dfrac{q_o L}{10}$

풀이

면적모멘트 법 적용 : $\dfrac{R_B L^3}{3EI} = \dfrac{q_o L^4}{30EI}$

B 지점에서 처짐 량이 0인 조건은

$R_B = \dfrac{q_o L}{10}$

09 그림과 같이 강 봉에서 A, B가 고정되어 있고 25℃에서 내부응력은 0인 상태이다. 온도가 −40℃로 내려갔을 때 AC 부분에서 발생하는 응력은 약 몇 MPa인가? (단, 그림에서 A_1은 AC 부분에서의 단면적이고 A_2은 BC 부분에서의 단면적이다. 그리고 강 봉의 탄성계수는 200 GPa이며, 열팽창계수는 12×10^{-6} /℃이다.)

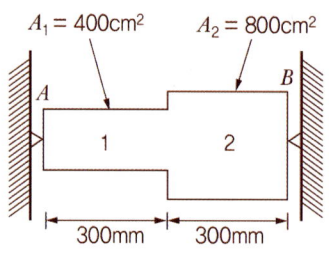

① 416   ② 350
③ 208   ④ 154

풀이

$\sigma_H = E\epsilon = E\alpha(t_2 - t_1)$

$\Rightarrow \sigma_H = \dfrac{E\alpha(t_2 - t_1)(L_1 + L_2)}{L_1 + \left(\dfrac{A_1}{A_2}\right)L_2}$

$= \dfrac{200 \times 10^9 \times 65 \times 12 \times 10^{-6}(0.6)}{0.3 + 0.3 \times \left(\dfrac{0.4 \times 10^{-6}}{0.8 \times 10^{-6}}\right)}$

$= 208,000,000 Pa = 208 MPa$

10 직사각형 단면(폭×높이)이 4 cm× 8 cm이고 길이 1 m의 외팔보의 전 길이에 6 kN/m의 등분포하중이 작용할 때 보의 최대처짐 각은? (단, 탄성계수 E = 210 GPa이고 보의 자중은 무시한다.)

① 0.0028rad   ② 0.0028°
③ 0.0008rad   ④ 0.0008°

풀이

$\theta_{\max} = \dfrac{wl^3}{6EI}$

$= \dfrac{6000 \times 1^3 \times 12}{6 \times 210 \times 10^9 \times (0.04 \times 0.08^3)}$

$= 0.0028\, rad$

11 보의 길이 ℓ에 등분포하중 w를 받는 직사각형 단순보의 최대처짐 량에 대하여 옳게 설명한 것은? (단, 보의 자중은 무시한다.)

① 보의 폭에 정비례한다.
② ℓ의 3승에 정비례한다.
③ 보의 높이의 2승에 반비례한다.
④ 세로탄성계수에 반비례한다.

풀이

$\delta_{\max} = \dfrac{wl^4}{8EI} = \dfrac{wl^4}{8E} \times \dfrac{12}{bh^3}$

12 재료시험에서 연강재료의 세로탄성계수가 210 Pa로 나타났을 때 포아송 비(ν)가 0.3030이면 이 재료의 전단탄성계수 G는 몇 GPa인가?

① 8.05   ② 10.51
③ 35.21   ④ 80.58

풀이

$$mE = 2G(m+1), \quad m = \frac{1}{\nu}$$

$$\Rightarrow G = \frac{mE}{2(m+1)} = \frac{E}{2(1+\nu)}$$

$$= \frac{210}{2(1+0.303)} = 80.58\, GPa$$

13 그림과 같은 원형단면 봉에 하중 P가 작용할 때 이 봉의 신장량은? (단, 봉의 단면적은 A, 길이는 L, 세로탄성계수는 E이고, 자중 W를 고려해야 한다.)

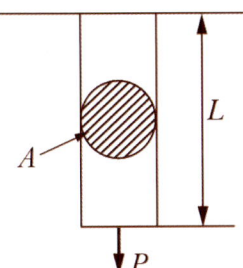

① $\dfrac{PL}{AE} + \dfrac{WL}{2AE}$ ② $\dfrac{2PL}{AE} + \dfrac{2WL}{AE}$

③ $\dfrac{PL}{2AE} + \dfrac{WL}{AE}$ ④ $\dfrac{PL}{AE} + \dfrac{WL}{AE}$

풀이

$$\sigma_{자중} = \frac{P}{A} + \gamma l$$

$$\Rightarrow \lambda = \frac{Pl}{AE} + \frac{\gamma l^2}{2E} = \frac{Pl}{AE} + \frac{Wl}{2AE}$$

14 힘에 의한 재료의 변형이 그 힘의 제거(除去)와 동시에 원형(原形)으로 복귀하는 재료의 성질은?

① 소성(plasticity)
② 탄성(elasticity)
③ 연성(ductility)
④ 취성(brittleness)

풀이

탄성변형은 영구 소성변형이 발생하지 않는 변형(원형 유지)
CF. 영구 소성변형이 발생하기 시작하는 하중은 항복하중이라 함
소성 : 영구변형
연성 : 유연성, 일반적으로 탄성영역이 크면, 연성이 우수함
취성 : 깨지기 쉬운 성질 ⇔ 인성

15 반지름 r인 원형단면의 단순보에 전단력 F가 가해졌다면, 이 때 단순보에 발생하는 최대 전단응력은?

① $\dfrac{2F}{3\pi r^2}$ ② $\dfrac{3F}{2\pi r^2}$

③ $\dfrac{4F}{3\pi r^2}$ ④ $\dfrac{5F}{3\pi r^2}$

풀이

$$\tau_{max} = \frac{4}{3}\frac{F}{A} = \frac{4}{3}\frac{F}{\pi r^2}$$

16 길이가 3.14 m인 원형단면의 축 지름이 40 m 일 때 이 축이 비틀림 모멘트 100 N·m를 받는다면 비틀림 각은? (단, 전단 탄성계수는 80 GPa이다.)

① $0.156°$ ② $0.251°$
③ $0.895°$ ④ $0.625°$

풀이

$$\theta = \frac{180}{\pi}\frac{Tl}{GI_P}$$

$$= \frac{180}{\pi} \times \frac{100 \times 3.14 \times 32}{80 \times 10^9 \times \pi \times 0.04^4} = 0.895°$$

17 그림과 같은 일단고정 타단지지 보에 등분포하중 w가 작용하고 있다. 이 경우 반력 R_A와 R_B는? (단, 보의 굽힘강성 EI는 일정하다.)

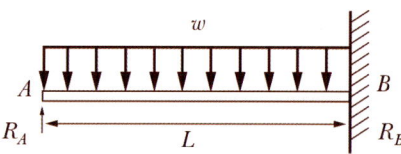

① $R_A = \frac{4}{7}wL, R_B = \frac{3}{7}wL$

② $R_A = \frac{3}{7}wL, R_B = \frac{4}{7}wL$

③ $R_A = \frac{5}{8}wL, R_B = \frac{3}{8}wL$

④ $R_A = \frac{3}{8}wL, R_B = \frac{5}{8}wL$

풀이

$R_{고정단} = \frac{5}{8}wl$, $R_{지지단} = \frac{3}{8}wl$

18 다음 중 수직응력(normal stress)을 발생시키지 않는 것은?

① 인장력 ② 압축력
③ 비틀림 모멘트 ④ 굽힘 모멘트

풀이

단면과의 관계에서 수직하게 작용하는 외력을 수직력, 평행하게 작용하는 외력을 전단력이라 하며, 발생하는 대응력도 수직응력, 전단응력이라 호칭함.
수직력의 대표적인 외력의 종류에는 인장력과 압축력이 있으며, 굽힘모멘트는 보속의 응력과 관계하여 수직응력이 발생함

19 바깥지름이 46 mm인 속이 빈 축이 120 kW의 동력을 전달하는데 이 때의 각속도는 40 rev/s이다. 이 축의 허용 비틀림 응력이 80 MPa 일 때, 안지름은 약 몇 mm 이하이어야 하는가?

① 29.8 ② 41.8
③ 36.8 ④ 48.8

풀이

$T = \tau Z_P = 974 \frac{H_{kW}}{N}$

$\Rightarrow \tau \frac{I_P}{y} = 974 \frac{H_{kW}}{N}$

$I_P = \frac{\pi}{32}(0.046^4 - x^4), y = \frac{0.046}{2}$

, $N = 2400\,rpm$, $\tau_a = 80 \times 10^6$

, 동력 $= 120\,kW$

$x = \sqrt{0.046^4 - \frac{974 \times 120 \times 10 \times 32 \times 0.046}{80 \times 10^6 \times 2400 \times 2\pi}} \times 1000$

$\fallingdotseq 41.8mm$

20 그림과 같은 트러스 구조물의 AC, BC부재가 핀C에서 수직하중 P = 1000 N의 하중을 받고 있을 때 AC부재의 인장력은 약 몇 N인가?

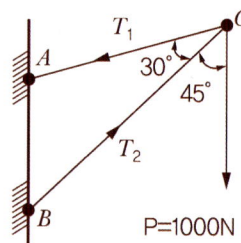

① 141 ② 707
③ 1414 ④ 1732

풀이

Lami의 정리는 응용사항이 더 중요
$\frac{\sin \alpha}{T_1} = \frac{\sin \beta}{T_2} = \frac{\sin \gamma}{F}$

$\Rightarrow \frac{\sin 45°}{T_1} = \frac{\sin 285°}{T_2} = \frac{\sin 30°}{1000}$

$\Rightarrow T_1 = 1414.2\,N$

제2과목 : 기계열역학

21 랭킨사이클의 열효율 증대방법에 해당하지 않는 것은?

① 복수기(응축기) 압력저하
② 보일러 압력증가
③ 터빈의 질량유량 증가
④ 보일러에서 증기를 고온으로 과열

풀이
랭킨사이클 효율증대 방법
1. 터빈에서의 초온, 초압 증가
2. 보일러 압력증가
3. 복수기 배압 감소
③의 질량유량의 증가는 효율과는 무관하며 랭킨기관의 규모(scale)를 크게 함.

22 실린더 내부에 기체가 채워져 있고 실린더에는 피스톤이 끼워져 있다. 초기압력 50 kPa, 초기체적 0.05 m³인 기체를 버너로 $PV^{1.4}$ = constant가 되도록 가열하여 기체체적이 0.2 m³이 되었다면, 이 과정동안 시스템이 한 일은?

① 1.33 kJ ② 2.66 kJ
③ 3.99 kJ ④ 5.32 kJ

풀이
$p_1 V_1^k = p_2 V_2^k$ ⇒ $p_2 = 7.18\ kPa$

$W = \dfrac{1}{k-1}(p_1 V_1 - p_2 V_2)$

⇒ $W = \dfrac{1}{1.4-1}(50 \times 0.05 - 7.16 \times 0.2)$
$= 2.66\ [kJ]$

23 증기압축 냉동기에서 냉매가 순환되는 경로를 올바르게 나타낸 것은?

① 증발기 → 팽창밸브 → 응축기 → 압축기
② 증발기 → 압축기 → 응축기 → 팽창밸브
③ 팽창밸브 → 압축기 → 응축기 → 증발기
④ 응축기 → 증발기 → 압축기 → 팽창밸브

풀이
냉매기준 명칭 : 증발기 → 압축기
→ 응축기 → 팽창밸브

24 준 평형 정적과정을 거치는 시스템에 대한 열전달량은? (단, 운동에너지와 위치에너지의 변화는 무시한다.)

① 0 이다.
② 이루어진 일량과 같다.
③ 엔탈피 변화량과 같다.
④ 내부에너지 변화량과 같다.

풀이
$\delta q = du + p\,dv = dh - v\,dp$
⇒ $dv = 0$ 이므로 $\delta q = du$

25 4 kg의 공기가 들어있는 용기 A(체적 0.5 m³)와 진공용기 B(체적 0.3 m³) 사이를 밸브로 연결하였다. 이 밸브를 열어서 공기가 자유팽창하여 평형에 도달했을 경우 엔트로피 증가량은 약 몇 kJ/K인가? (단, 온도변화는 없으며 공기의 기체상수는 0.287 kJ/kg·K이다.)

① 0.54 ② 0.49
③ 0.42 ④ 0.37

풀이
등온과정이므로 $p_1 V_1 = p_2 V_2$

⇒ $\dfrac{p_1}{p_2} = \dfrac{V_2}{V_1} = \dfrac{0.8}{0.5}$

$m = 4\,kg$,

$S_2 - S_1 = mR \ln \dfrac{p_1}{p_2}$

$= mR \ln \dfrac{V_2}{V_1} = 4 \times 0.287 \ln \dfrac{0.8}{0.5}$

$= 0.539\ [kJ/K]$

정답 21. ③ 22. ② 23. ② 24. ④ 25. ①

26 기체가 열량 80 kJ을 흡수하여 외부에 대하여 20 kJ의 일을 하였다면 내부에너지 변화는 몇 kJ 인가?

① 20 ② 60 ③ 80 ④ 100

풀이
$Q = U + W \Rightarrow 80 = \triangle U + 20$
$\Rightarrow \triangle U = 60 \text{ kJ}$

27 다음 중 폐쇄계의 정의를 올바르게 설명한 것은?

① 동작물질 및 일과 열이 그 경계를 통과하지 아니하는 특정공간
② 동작물질은 계의 경계를 통과할 수 없으나 열과 일은 경계를 통과할 수 있는 특정공간
③ 동작물질은 계의 경계를 통과할 수 있으나 열과 일은 경계를 통과 할 수 없는 특정공간
④ 동작물질 및 일과 열이 모두 그 경계를 통과할 수 있는 특정공간

풀이
밀폐 계 = 폐쇄계 ⇒ 동작유체(물질)는 경계를 통과할 수 없지만 열과 일(에너지)는 통과하는 System

28 체적이 0.01 m³인 밀폐용기에 대기압의 포화혼합물이 들어있다. 용기체적의 반은 포화액체, 나머지 반은 포화증기가 차지하고 있다면, 포화혼합물 전체의 질량과 건도는? (단, 대기압에서 포화액체와 포화증기의 비체적은 각각 0.001044 m³/kg, 1.6729 m³/kg이다.)

① 전체질량 : 0.0119 kg, 건도 : 0.50
② 전체질량 : 0.0119 kg, 건도 : 0.00062
③ 전체질량 : 4.792 kg, 건도 : 0.50
④ 전체질량 : 4.792 kg, 건도 : 0.00062

풀이
포화액의 질량을 m', 포화증기의 질량을 m''라 하면
$0.5\,V = m' \times 0.001044$
$\Rightarrow 0.5 \times 0.01 = m' \times 0.001044$
$\Rightarrow m' = 4.789$
$0.5\,V = m'' \times 1.6729$
$\Rightarrow 0.5 \times 0.01 = m'' \times 1.6729$
$\Rightarrow m'' = 0.00000299$
∴ 전체질량 $m \fallingdotseq 4.789\ kg$
$V = mv_x = m[v' + x(v''-v')]$
$0.01 = 4.789v_x$
$= 4.789[0.001044 + x(1.6729 - 0.001044)]$
∴ 건도 $x \fallingdotseq 0.00062$

29 여름철 외기의 온도가 30℃일 때 김치냉장고의 내부를 5℃로 유지하기 위해 3 kW의 열을 제거해야 한다. 필요한 최소동력은 약 몇 kW인가? (단, 이 냉장고는 카르노 냉동기이다.)

① 0.27 ② 0.54
③ 1.54 ④ 2.73

풀이
$COP_{RC} = \dfrac{q_L}{w_c} = \dfrac{T_L}{T_H - T_L}$
$\Rightarrow COP_{RC} = \dfrac{3}{w_c}$
$= \dfrac{5 + 273.15}{(30 + 273.15) - (5 + 273.15)}$
∴ $w_c = 0.27 \text{ kW}$

30 질량이 m이고 비체적이 v인 구(sphere)의 반지름이 R이면, 질량이 4 m이고, 비체적이 2 v인 구의 반지름은?

정답 26. ② 27. ② 28. ④ 29. ① 30. ①

① $2R$ ② $\sqrt{2}\,R$
③ $\sqrt{3}\,R$ ④ $\sqrt{5}$

풀이

$v = \dfrac{V}{m},\; V = \dfrac{4}{3}\pi R^3$

$\Rightarrow 2v' = \dfrac{V'}{4m}$

$\Rightarrow V' = 8mv' = \dfrac{4}{3}\pi x^3$

$\Rightarrow x = 2R$

31 온도 600℃의 구리 7 kg을 8 kg의 물속에 넣어 열적평형을 이룬 후 구리와 물의 온도가 64.2℃가 되었다면 물의 처음온도는 약 몇 ℃인가? (단, 이 과정 중 열손실은 없고, 구리의 비열은 0.386 kJ/kg·K이며 물의 비열은 4.184 kJ/kg·K이다.)

① 6℃ ② 15℃
③ 21℃ ④ 84℃

풀이

$Q_{방열량} = Q_{흡열량}$

$\Rightarrow Q = mC\Delta T$

$\Rightarrow 8 \times 4.1868 \times (64.2 - t)$
$\quad = 7 \times 0.386 \times (600 - 64.2)$

$\therefore t = 21℃$

32 계가 비가역 사이클을 이룰 때 클라우지우스 (Clausius)의 적분을 옳게 나타낸 것은? (단, T는 온도, Q는 열량이다.)

① $\oint \dfrac{\delta Q}{T} < 0$ ② $\oint \dfrac{\delta Q}{T} > 0$
③ $\oint \dfrac{\delta Q}{T} \geq 0$ ④ $\oint \dfrac{\delta Q}{T} \leq 0$

풀이

$\oint \dfrac{\delta Q}{T} \leq 0$:

가역사이클이면 등호(=)
비가역 사이클이면 부등호(<)

33 비열비가 1.29, 분자량이 44인 이상기체의 정압비열은 약 몇 kJ/kg·K인가? (단, 일반기체상수는 8.314 kJ/kmol·K이다.)

① 0.51 ② 0.69
③ 0.84 ④ 0.91

풀이

$C_p = \dfrac{k}{k-1}R = \dfrac{1.29}{1.29-1} \times \dfrac{8.314}{44}$

$= 0.84\,[\text{kJ/kg·K}]$

34 물 2 kg을 20℃에서 60℃가 될 때까지 가열할 경우 엔트로피 변화량은 약 몇 kJ/K인가? (단, 물의 비열은 4.184 kJ/kg·K이고, 온도 변화과정에서 체적은 거의 변화가 없다고 가정한다.)

① 0.78 ② 1.07
③ 1.45 ④ 1.96

풀이

$dS = \dfrac{\delta Q}{T}\,[\text{kJ/K}]$

$\Rightarrow \Delta S = \dfrac{mC\Delta T}{T}$

$= \dfrac{2 \times 4.184 \times 40}{40 + 273.15} \fallingdotseq 1.07\,\text{kJ/k}$

35 한 시간에 3600 kg의 석탄을 소비하여 6050 kW를 발생하는 증기터빈을 사용하는 화력발전소가 있다면, 이 발전소의 열효율은 약 몇 %인가? (단, 석탄의 발열량은 29900 kJ/kg이다.)

① 약 20% ② 약 30%
③ 약 40% ④ 약 50%

풀이

$$\eta = \frac{\text{단위시간당의 정미일량}}{\text{공급연료의 발열량}} = \frac{\dot{W}}{\dot{Q}}$$

$$= \frac{6050\,[kWh]}{29900 \times 3600\,[kJ]} \times \frac{3600\,[kJ]}{1\,[kWh]} \times 100$$

$$= 20.23\,\%$$

36 밀폐시스템이 압력 P_1 = 200 kPa, 체적 V_1 = 0.1 m³인 상태에서 P_2 = 100 kPa, V_2 = 0.3 m³인 상태까지 가역 팽창되었다. 이 과정이 P – V선도에서 직선으로 표시된다면 이 과정동안 시스템이 한 일은 약 몇 kJ인가?

① 10　② 20　③ 30　④ 45

풀이

pV 선도 상의 면적은 절대일

$$_1W_2 = \int_1^2 p\,dV = p(V_2 - V_1)$$

$$= 100 \times 0.2 + 100 \times 0.2 \times 0.5 = 30\,[kJ]$$

37 2개의 정적과정과 2개의 등온과정으로 구성된 동력사이클은?

① 브레이턴(brayton)사이클
② 에릭슨(ericsson)사이클
③ 스털링(stirling)사이클
④ 오토(otto)사이클

풀이
- 스터링 기관 :
  등온압축, 정적 열 교환가열,
  등온팽창, 정적 열 교환방열

38 고온 400℃. 저온 50℃의 온도범위에서 작동하는 Carnot 사이클 열기관의 열효율을 구하면 몇 %인가?

① 37　② 42　③ 47　④ 52

풀이

$$\eta_c = 1 - \frac{q_L}{q_H} = 1 - \frac{T_2}{T_1}$$

$$= \left(1 - \frac{20 + 273.15}{400 + 273.15}\right) \times 100 = 52\,\%$$

39 내부에너지가 40 kJ, 절대압력이 200 kPa, 체적이 0.1 m³, 절대온도가 300 K인 계의 엔탈피는 약 몇 kJ인가?

① 42　② 60　③ 80　④ 240

풀이

$h = u + pv$

$\Rightarrow H = U + pV$

$= 40 + 200 \times 0.1 = 60\,kJ$

40 랭킨사이클을 구성하는 요소는 펌프, 보일러, 터빈, 응축기로 구성된다. 각 구성요소가 수행하는 열역학적 변화과정으로 틀린 것은?

① 펌프 : 단열압축
② 보일러 : 정압가열
③ 터빈 : 단열팽창
④ 응축기 : 정적냉각

풀이
- Rankine 사이클 :
  단열압축, 정압가열,
  단열팽창, 정압방열

제3과목 : 기계유체역학

41 그림과 같이 수평원관 속에서 완전히 발달된 층류유동이라고 할 때 유량 Q의 식으로 옳은 것은? (단, μ는 점성계수, Q는 유량, P_1과 P_2는 1과

2 지점에서의 압력을 나타낸다.)

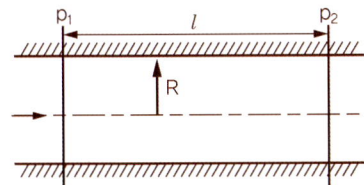

① $Q = \dfrac{\pi R^4}{8\mu l}(P_1 - P_2)$

② $Q = \dfrac{\pi R^3}{6\mu l}(P_1 - P_2)$

③ $Q = \dfrac{8\pi R^4}{\mu l}(P_1 - P_2)$

④ $Q = \dfrac{6\pi R^2}{\mu l}(P_1 - P_2)$

풀이

$Q = \dfrac{\triangle p \pi d^4}{128 \mu L} = \dfrac{\triangle p \pi r_0^4}{8\mu L}$

⇨ $Q = \dfrac{\pi R^4}{8\mu l}(p_1 - p_2)$

42 다음 중 동점성계수(kinematic viscosity)의 단위는?

① N·s/m² ② kg/(m·s)
③ m²/s   ④ m/s²

풀이

$\mu = \rho \nu$

⇨ $\nu = \dfrac{\mu}{\rho} = \dfrac{ML^{-1}T^{-1}}{ML^{-3}}$
$= L^2 T^{-1}$ ⇨ m^2/s

43 그림과 같이 속도 3 m/s로 운동하는 평판에 속도 10 m/s인 물 분류가 직각으로 충돌하고 있다. 분류의 단면적이 0.01 m²이라고 하면 평판이 받는 힘은 몇 N이 되겠는가?

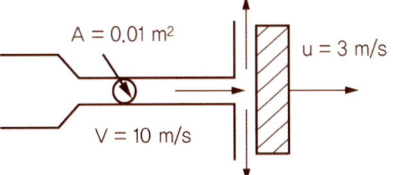

① 295   ② 490
③ 980   ④ 16900

풀이

$F = \rho Q(V-U) = \rho A(V-U)^2$
$= 1000 \times 0.01 \times (10-3)^2 = 490$ N

44 그림에서 h = 100 cm이다. 액체의 비중이 1.50일 때 A점의 계기압력은 몇 kPa인가?

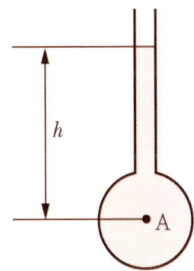

① 9.8   ② 14.7
③ 9800   ④ 14700

풀이

$p = \gamma h = 9800\, s\, h$
$= 9800 \times 1.5 \times 1 \times 10^{-3}$
$= 14.7\ kPa$

45 물제트가 연직 하방향으로 떨어지고 있다. 높이 12 m 지점에서의 제트지름은 5 cm, 속도는 24 m/s였다. 높이 4.5 m 지점에서의 물제트의 속도는 약 몇 m/s인가? (단, 손실수두는 무시한다.)

① 53.9   ② 42.7
③ 35.4   ④ 26.9

풀이

$$\frac{p}{\gamma} + \frac{V^2}{2g} + z = H \quad (\text{일정})$$

$$\Rightarrow \frac{V_1^2}{2g} + z_1 = \frac{V_2^2}{2g} + z_2$$

$$\Rightarrow \frac{24^2}{2 \times 9.8} + 12 = \frac{V_2^2}{2 \times 9.8} + 4.5$$

$$\therefore V_2 = 26.9 \text{ m/s}$$

46 Navier-Stokes 방정식을 이용하여, 정상, 2차원, 비압축성 속도장 $V = axi - ayj$에서 압력을 x, y의 방정식으로 옳게 나타낸 것은? (단, a는 상수이고, 원점에서의 압력은 0이다.)

① $P = -\frac{pa^2}{2}(x^2 + y^2)$

② $P = -\frac{pa}{2}(x^2 + y^2)$

③ $P = \frac{pa^2}{2}(x^2 + y^2)$

④ $P = \frac{pa}{2}(x^2 + y^2)$

풀이

2차원, 비압축성 N-S Eqn.

x방향 : $\rho\left(\frac{\partial u}{\partial t} + u\frac{\partial u}{\partial x} + v\frac{\partial u}{\partial y}\right)$

$= \rho g_x - \frac{\partial p}{\partial x} + \mu\left(\frac{\partial^2 u}{\partial x^2} + \frac{\partial^2 u}{\partial y^2}\right)$ …… ①

y방향 : $\rho\left(\frac{\partial v}{\partial t} + u\frac{\partial v}{\partial x} + v\frac{\partial v}{\partial y}\right)$

$= \rho g_y - \frac{\partial p}{\partial y} + \mu\left(\frac{\partial^2 v}{\partial x^2} + \frac{\partial^2 v}{\partial y^2}\right)$ …… ②

속도장 조건 : $V = axi - ayj$

$\Rightarrow u = ax$

$\Rightarrow \frac{\partial u}{\partial x} = a, \quad \frac{\partial^2 u}{\partial x^2} = 0, \quad \frac{\partial u}{\partial y} = 0$

$\Rightarrow v = -ay$

$\Rightarrow \frac{\partial v}{\partial y} = -a, \quad \frac{\partial^2 v}{\partial y^2} = 0, \quad \frac{\partial v}{\partial x} = 0$

정상유동 : $\frac{\partial u}{\partial t} = \frac{\partial v}{\partial t} = 0$

가속도 : $g_x = g_y = 0$

이상의 모든조건을 ①과 ②식에 대입하고 정리하면

x방향 : $\rho(0 + u \times a + 0)$

$= 0 - \frac{\partial p}{\partial x} + \mu(0 + 0)$

$\frac{\partial p}{\partial x} = -\rho au = -\rho aax = -\rho a^2 x$

$\therefore p_x = -\rho a^2 \times \frac{x^2}{2}$

y방향 : $\rho(0 + 0 + v \times (-a))$

$= 0 - \frac{\partial p}{\partial x} + \mu(0 + 0)$

$\frac{\partial p}{\partial y} = \rho av = \rho a(-ay) = -\rho a^2 y$

$\therefore p_y = -\rho a^2 \times \frac{y^2}{2}$

$P = p_x + p_y = -\frac{pa^2}{2}(x^2 + y^2)$

47 30 m의 폭을 가진 개수로(open channel)에 20 cm의 수심과 5m/s의 유속으로 물이 흐르고 있다. 이 흐름의 Froude수는 얼마인가?

① 0.57 ② 1.57
③ 2.57 ④ 3.57

풀이

$$Fr = \frac{V}{\sqrt{Lg}} = \frac{5}{\sqrt{0.2 \times 9.8}} = 3.57$$

48 수평으로 놓인 지름 10 cm, 길이 200 m인 파이프에 완전히 열린 글로브밸브가 설치되어 있고, 흐르는 물의 평균속도는 2 m/s이다. 파이프의 관 마찰계수가 0.02이고, 전체 수두 손실이 10 m이면, 글로브밸브의 손실계수는?

① 0.4 ② 1.8
③ 5.8 ④ 9.0

풀이

$$h_L = f\frac{L}{d}\frac{V^2}{2g} + K\frac{V^2}{2g}$$

$$\Rightarrow K = \left(h_L - f\frac{L}{d}\frac{V^2}{2g}\right)\frac{2g}{V^2}$$

$$= \left(10 - 0.02 \times \frac{200}{0.1} \times \frac{2^2}{2\times 9.8}\right) \times \frac{2\times 9.8}{2^2}$$

$$= 9.0$$

49 물이 흐르는 관의 중심에 피토관을 삽입하여 압력을 측정하였다. 전압력은 20 mAq, 정압은 5 mAq 일 때 관 중심에서 물의 유속은 약 몇 m/s인가?

① 10.7 ② 17.2
③ 5.4   ④ 8.6

풀이

$$p_T = p + \frac{\rho V_1^2}{2}$$

$$\Rightarrow p_T - p$$

$$\Rightarrow h_T - h = (20-5) = \frac{V_1^2}{2g}$$

$$\Rightarrow V_1 = \sqrt{2g(h_T - h)}$$

$$= \sqrt{2\times 9.8 \times (20-5)}$$

$$= 17.15 \text{ m/s}$$

50 그림과 같은 통에 물이 가득히 있고 이것이 공중에서 자유낙하 할 때, 통에서 A점의 압력과 B점의 압력은?

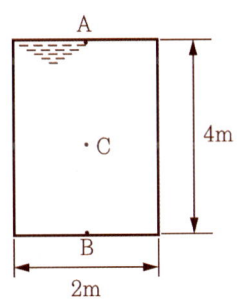

① A점의 압력은 B점의 압력의 1/2 이다.
② A점의 압력은 B점의 압력의 1/4 이다.
③ A점의 압력은 B점의 압력의 2배 이다.
④ A점의 압력은 B점의 압력과 같다.

풀이

자유낙하 하는 경우에는 압력차가 없다.

51 어떤 액체가 800 kPa의 압력을 받아 체적이 0.05% 감소한다면, 이 액체의 체적탄성계수는 얼마인가?

① 1265 kPa   ② 16×10^4 kPa
③ 1.6×10^6 kPa   ④ 2.2×10^6 kPa

풀이

$$K = \frac{1}{\beta} = -V\frac{dp}{dV} \quad [\text{Pa} = \text{N/m}^2]$$

$$\Rightarrow K = -V\frac{dp}{dV} = \frac{1}{0.0005} \times 800$$

$$= 1.6 \times 10^6 \text{ kPa}$$

52 골프공(지름 D = 4 cm, 무게 W = 0.4 N)이 50 m·s의 속도로 날아가고 있을 때, 골프공이 받는 항력은 골프공 무게의 몇 배인가? (단, 골프공의 항력계수 C_D = 0.240이고, 공기의 밀도는 1.2 kg/m³ 이다.)

① 4.52배   ② 1.7배
③ 1.13배   ④ 0.452배

풀이

$$F_D = C_D A \frac{\rho V^2}{2}$$

$$= 0.24 \times \frac{\pi}{4} \times 0.04^2 \times \frac{1.2 \times 50^2}{2}$$

$$= 0.4521 \text{ N}$$

$$\therefore \frac{0.4521}{0.4} = 1.13 \text{ 배}$$

정답 49. ② 50. ④ 51. ③ 52. ③

53 그림과 같이 비점성, 비압축성 유체가 쐐기모양의 벽면사이를 흘러 작은구멍을 통해 나간다. 이 유동을 극좌표계(r, θ)에서 근사적으로 표현한 속도포텐셜은 $\phi = 3\ln r$일 때 원호 $r = 2 (0 \leq \theta \leq \pi/2)$를 통과하는 단위길이당 체적유량은 얼마인가?

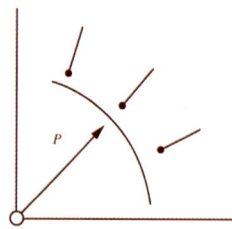

① $\dfrac{\pi}{4}$ ② $\dfrac{3}{4}\pi$

③ π ④ $\dfrac{3}{2}\pi$

풀이

$\vec{V} = \nabla \phi = \text{grad }\phi = \dfrac{3}{r}$

$Q = r\theta V = r \times \pi/2 \times \dfrac{3}{r} = \dfrac{3}{2}\pi$

54 다음 중 수력기울기선(Hydraulic Grade Line)은 에너지구배선(Energy Line)에서 어떤 것을 뺀 값인가?

① 위치수두 값
② 속도수두 값
③ 압력수두 값
④ 위치수두와 압력수두를 합한 값

풀이

$E.L = \dfrac{p}{\gamma} + \dfrac{V}{2g} + z = H.G.L + \dfrac{V}{2g}$

55 반지름 R인 원형수문이 수직으로 설치되어 있다. 수면으로부터 수문에 작용하는 물에 의한 전압력의 작용점까지의 수직거리는? (단, 수문의 최상단은 수면과 동일위치에 있으며 h는 수면으로부터 원판의 중심(도심)까지의 수직거리이다.)

① $h + \dfrac{R^2}{16h}$ ② $h + \dfrac{R^2}{8h}$

③ $h + \dfrac{R^2}{4h}$ ④ $h + \dfrac{R^2}{2h}$

풀이

압심의 y 좌표(전압력의 작용점)는

$h_p = h_c + h_{cp} = h_c + \dfrac{I_{도심}}{Ah_c}$

$= h + \dfrac{\dfrac{\pi(2R)^4}{64}}{\pi R^2 \times h} = h + \dfrac{R^2}{4h}$

56 안지름 D_1, D_2의 관이 직렬로 연결되어 있다. 비압축성 유체가 관 내부를 흐를 때 지름 D_1인 관과 D_2인 관에서의 평균유속이 각각 V_1, V_2이면 D_1/D_2은?

① V_1/V_2 ② $\sqrt{V_1/V_2}$
③ V_2/V_1 ④ $\sqrt{V_2/V_1}$

풀이

$E.L = \dfrac{p}{\gamma} + \dfrac{V}{2g} + z = H.G.L + \dfrac{V}{2g}$

57 1/10 크기의 모형잠수함을 해수에서 실험한다. 실제잠수함을 2 m/s로 운전하려면 모형잠수함은 약 몇 m/s의 속도로 실험하여야 하는가?

① 20 ② 5
③ 0.2 ④ 0.5

풀이

$\left(\dfrac{VL}{\nu}\right)_p = \left(\dfrac{VL}{\nu}\right)_m$

$\Rightarrow \dfrac{\nu_m}{\nu_p} = 1 = \dfrac{(VL)_p}{(VL)_m}$

정답 53. ④ 54. ② 55. ③ 56. ④ 57. ①

$$\Rightarrow V_m = V_p \left(\frac{L_p}{L_m}\right) = 2 \times \left(\frac{10}{1}\right)$$
$$= 20 \text{ m/s}$$

58 비중 0.9, 점성계수 5×10^2 N·s/m²의 기름이 안지름 15 cm의 원형관 속을 0.6 m/s의 속도로 흐를 경우 레이놀즈수는 약 얼마인가?

① 16200 ② 2755
③ 1651   ④ 3120

[풀이]
$$Re = \frac{\rho VL}{\mu} = \frac{\rho Vd}{\mu} = \frac{\rho_w \, s \, Vd}{\mu}$$
$$= \frac{1000 \times 0.9 \times 0.6 \times 0.15}{5 \times 10^{-2}} \times 9.81$$
$$= 16200$$

59 점성계수는 0.3 poise, 동점성계수는 2 stokes인 유체의 비중은?

① 6.7   ② 1.5
③ 0.67   ④ 0.15

[풀이]
1 poise = 1 g/cm·s
1 stokes = 1 cm²/s
$\mu = \rho \nu$
$\Rightarrow 0.3 \times 10^{-3} \times 10^2$ kg/m·s
$= \rho \times 2 \times 10^{-4} m^2/s$
$\Rightarrow \rho = 150$ kg/m³
∴ 비중 $s = 0.15$

60 평판에서 층류경계층의 두께는 다음 중 어느 값에 비례하는가? (단, 여기서 x는 평판의 선단으로부터의 거리이다.)

① $x^{-\frac{1}{2}}$ ② $x^{\frac{1}{4}}$
③ $x^{\frac{1}{7}}$ ④ $x^{\frac{1}{2}}$

[풀이]
$$Re_x = \frac{\rho u_\infty x}{\mu}, \quad \frac{\delta}{x} = \frac{5}{Re_x^{1/2}}$$
$$\Rightarrow \delta \propto x \times x^{-\frac{1}{2}} = x^{\frac{1}{2}}$$

제4과목 : 기계재료 및 유압기기

61 금속재료에서 단위격자 소속원자수가 2이고, 충전율이 68%인 결정구조는?

① 단순입방격자   ② 면심입방격자
③ 체심입방격자   ④ 조밀육방격자

[풀이]
③ 체심입방격자(B.C.C)
   격자 내 귀속원자 수 : 2개
   배위수 : 8개, 충전율 : 68%

62 오스테나이트형 스테인리스강의 예민화(sensitize)를 방지하기 위하여 Ti, Nb 등의 원소를 함유시키는 이유는?

① 입계부식을 촉진한다.
② 강중의 질소(N)와 질화물을 만들어 안정화시킨다.
③ 탄화물을 형성하여 크롬탄화물의 생성을 억제한다.
④ 강중의 산소(O)와 산화물을 형성하여 예민화를 방지한다.

[풀이]
오스테나이트계 스테인리스강은 페라이트계의 비산화성 및 산에 대한 약한 성질을 개선하기 위해 Ni, Mo, Cr 등을 첨가한 합금강으로 Cr(18%)+Ni(8%)형이 대표적이다.
스테인리스강은 내식성이 우수하나 Ni을 함유하는 오스테나이트계 스테인리스강은 425~815℃의 온도에서 장기간 노출되거나 용접시 입계에 $Cr_{23}C_6$와 같은 Cr 탄화

물이 석출하면 입계주위에 Cr 고갈영역이 형성되어 입계부식과 함께 응력부식에 의한 균열 발생의 가능성이 높아진다.
입계 근처의 Cr 농도가 12% 이하로 저하하면 입계부식에 대한 감수성이 높아지며 이러한 현상을 스테인리스강의 "예민화 (sensitization)" 라고 한다.
스테인리스강의 입계부식을 방지하는 방법으로는 ① 1000℃이상의 용체화 처리에 의하여 탄화물을 분해한 후 급랭하여 Cr 탄화물의 생성을 억제하는 방법 ② Cr 보다 탄화물 생성이 용이한 Ti, Nb 등을 첨가하는 방법 ③ Cr 탄화물을 형성하지 않을 정도로 저탄소화(0.03% 이하)하는 방법 등이 이용되고 있다.

63 주철에 대한 설명으로 틀린 것은?

① 흑연이 많을 경우에는 그 파단면이 회색을 띤다.
② C와 P의 양이 적고 냉각이 빠를수록 흑연화하기 쉽다.
③ 주철 중에 전 탄소량은 유리탄소와 화합탄소를 합한 것이다.
④ C와 Si의 함량에 따른 주철의 조직관계를 마우러 조직도라 한다.

풀이
주철 중의 탄소(C)와 인(P)은 흑연화 촉진원소 중의 하나이며, 이들의 양이 많고 냉각속도가 늦을수록 흑연화하기 쉽다.
또한 인(P)은 융점을 낮게 하여 유동성을 좋게 하고, 주물의 수축률을 감소시킨다.

64 그림은 3성분계를 표시하는 다이어그램이다. X합금에 속하는 B의 성분은?

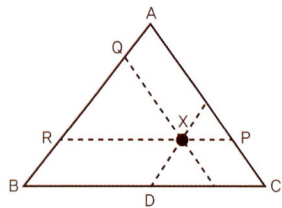

① $\overline{XD}$ 이다. ② $\overline{XR}$ 이다.
③ $\overline{XQ}$ 이다. ④ $\overline{XP}$ 이다.

풀이
3성분의 농도 표시법

65 순철의 변태점이 아닌 것은?

① A_1 ② A_2 ③ A_3 ④ A_4

풀이
순철의 변태에는 A_4, A_3, A_2의 3개의 변태가 있으며, 동소변태는 A_4, A_3이고, 자기변태는 A_2이다.
탄소강의 조직 중 A_1점(723℃) 이상에서 안정된 조직을 갖는다.

66 재료의 연성을 알기 위해 구리판, 알루미늄판 및 그 밖의 연성판재를 가압 성형하여 변형능력을 시험하는 것은?

① 굽힘시험   ② 압축시험
③ 비틀림시험 ④ 에릭센시험

풀이
에릭센 시험(Erichsen Cupping Test)은 금속박판 재료의 연성을 평가 또는 비교하기 위해 널리 사용되는 시험으로 두께 2.0mm의 금속박재료를 에릭슨 커핑시험기(Erichsen cupping tester)에 장착하여 균열이 생길 때 까지 1000kgf의 하중을 가압한 후, 펀치 앞 끝이 하형 다이면에서 이동한 거리를 측정하여 소성가공성을 평가하는 시험이다.

67 Y 합금의 주성분으로 옳은 것은?

① Al + Cu + Ni + Mg
② Al + Cu + Mn + Mg
③ Al + Cu + Sn + Zn
④ Al + Cu + Si + Mg

풀이
Y합금은 알루미늄(Al)+구리(Cu)+니켈(Ni)+마그네슘

정답 63. ② 64. ④ 65. ① 66. ④ 67. ①

(Mg)계 합금으로, 주로 자동차 내연기관의 엔진, 피스톤, 실린더 등에 사용한다.

④ 다른 금속과 접촉하면 먼저 부식이 되며 가격이 비싸다.

68 가공 열처리 방법에 해당되는 것은?

① 마퀜칭(marquenching)
② 오스포밍(ausforming)
③ 마템퍼링(martempering)
④ 오스템퍼링(austempering)

풀이

가공열처리란 소성가공과 열처리를 결합시킨 방법으로 오스포밍(ausforming)은 준안정 오스테나이트 온도범위에서 소성가공한 후, 퀜칭하여 마르텐사이트 변태를 일으켜 고강인성의 강을 얻는다.

69 니켈-크롬 합금강에서 뜨임메짐을 방지하는 원소는?

① Cu   ② Mo   ③ Ti   ④ Zr

풀이

Ni+Cr강(SNC)은 인성증가와 담금질성을 개량하여 경화능은 좋으나 뜨임메짐을 일으킨다.
Ni+Cr강에 0.3%의 Mo(몰리브덴)을 첨가하면 강인성을 증가시키고 담금질할 경우 질량효과가 감소하며 뜨임메짐(인성의 저하)을 방지한다.

70 다음 중 비중이 가장 작아 항공기 부품이나 전자 및 전기용 제품의 케이스용도로 사용되고 있는 합금재료는?

① Ni 합금   ② Cu 합금
③ Pb 합금   ④ Mg 합금

풀이

마그네슘(Mg)
① 실용금속상 가장 가벼운 금속으로 비중이 1.74
② 알루미늄합금 보다 비중이 낮아 자동차, 항공기 등의 초경량 금속 소재로 사용
③ 치수안정성, 용접성, 절삭성이 좋다.

71 유압필터를 설치하는 방법은 크게 복귀라인에 설치하는 방법, 흡입라인에 설치하는 방법, 압력 라인에 설치하는 방법, 바이패스 필터를 설치하는 방법으로 구분할 수 있는데, 다음회로는 어디에 속하는가?

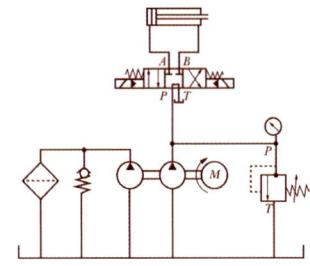

① 복귀라인에 설치하는 방법
② 흡입라인에 설치하는 방법
③ 압력라인에 설치하는 방법
④ 바이패스 필터를 설치하는 방법

풀이

회로기호에서 좌측하단의 마름모 형상에 은선이 그려진 것이 필터인데 필터의 설치위치가 메인 유압펌프가 아닌 바이패스 배관에 연결되어 있는 것을 알 수 있다.

72 다음 중 펌프작동 중에 유면을 적절하게 유지하고, 발생하는 열을 발산하여 장치의 가열을 방지하며, 오일 중의 공기나 이물질을 분리시킬 수 있는 기능을 갖춰야 하는 것은?

① 오일 필터   ② 오일 제너레이터
③ 오일 미스트   ④ 오일 탱크

풀이

오일(작동유) 탱크의 구비조건
① 오일탱크의 크기는 유압펌프 토출량의 2~3배
② 발생열 발산, 적정온도 유지 기능
③ 오일의 기포발생 방지, 공기 및 이물질로부터 분리할 수 있는 기능
④ 이물질이 침입하지 않도록 밀폐

정답 68. ② 69. ② 70. ④ 71. ④ 72. ④

⑤ 흡일오일 여과를 위한 스트레이너 설치
⑥ 배유구(드레인 플러그)와 유면계 설치

73 그림과 같은 유압회로의 명칭으로 옳은 것은?

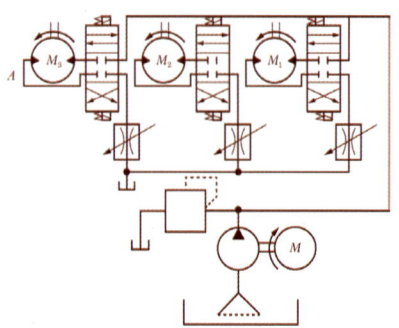

① 유압모터 병렬배치 미터인 회로
② 유압모터 병렬배치 미터아웃 회로
③ 유압모터 직렬배치 미터인 회로
④ 유압모터 직렬배치 미터아웃 회로

[풀이]
위의 회로도를 자세히 보면 상단에 M_1, M_2, M_3의 유압모터가 3개 있는데 모두 병렬로 연결되어 있다. 그리고 유량조절밸브가 출구 측에 각각 1개씩 3개로 연결되어 있으므로 미터 아웃 회로인 것을 알 수 있다. 따라서 위의 회로는 유압모터 병렬배치 미터아웃 회로이다.

74 그림의 유압회로는 펌프출구 직후에 릴리프 밸브를 설치한 회로로서 안전측면을 고려하여 제작된 회로이다. 이 회로의 명칭으로 옳은 것은?

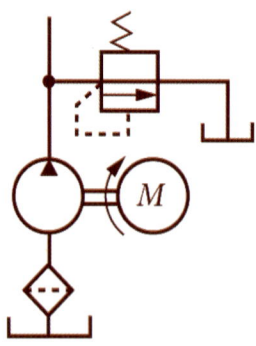

① 압력설정 회로
② 카운터 밸런스 회로
③ 시퀀스 회로
④ 감압 회로

[풀이]
압력설정 회로
릴리프 밸브를 사용하는 회로로서 설정한 압력유지 및 정용량형 펌프의 과부하 방지를 목적으로 펌프의 출구측(송출측)에 릴리프 밸브를 설치하여 압력을 유지하거나 감압하는 회로로 안전밸브 역할을 한다.

75 유압실린더로 작동되는 리프터에 작용하는 하중이 15000 N이고 유압의 압력이 7.5 MPa일 때 이 실린더 내부의 유체가 하중을 받는 단면적은 약 몇 ㎠인가?

① 5   ② 20   ③ 500   ④ 2000

[풀이]
단위 면적 A에 유체의 압축력 F가 작용할 때 압력을 P라 하면,

$$P = \frac{F}{A} \Rightarrow A = \frac{F}{P}$$

$$= \frac{15000}{7.5} = 2000 \; mm^2 = 20 \; cm^2$$

여기서, 1 MPa = 1 N/㎟

76 방향제어밸브 기호 중 다음과 같은 설명에 해당하는 기호는?

1. 3/2-way 밸브이다.
2. 정상상태에서 P는 외부와 차단된 상태이다.

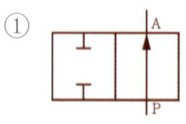 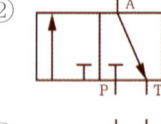
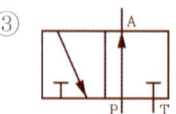

> **풀이**
> 공급포트 P, 출구 포트 A, B
> ① 2포트 2위치 1방 (2/2-way 밸브)
> ② 3포트 2위치 2방 (3/2-way 밸브) P포트와 T포트 연결 상태 : 정상상태 닫힘형
> ③ 3포트 2위치 2방 (3/2-way 밸브) P포트와 A포트 연결 상태 : 정상상태 열림형
> ④ 4포트 2위치 4방 (4/2-way 밸브)

77 그림과 같은 유압기호의 설명으로 틀린 것은?

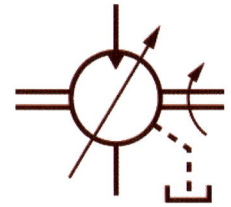

① 유압펌프를 의미한다.
② 1방향 유동을 나타낸다.
③ 가변용량형 구조이다.
④ 외부드레인을 가졌다.

> **풀이**
> 유압모터, 가변용량형, 1방향 유동, 1방향 회전, 외부 드레인 원안의 검은색 삼각형은 유압펌프를 의미하고, 대각선 화살표는 가변용량형을 의미하며, 우측의 점선은 외부 드레인, 우측의 축선에 걸쳐 있는 화살표는 1방향 유동을 의미한다.
> (정답은 ①번이라고 하지만 전부 맞는 것 같음)

78 유압 작동유에서 공기의 혼입(용해)에 관한 설명으로 옳지 않은 것은?

① 공기혼입 시 스폰지 현상이 발생할 수 있다.
② 공기혼입 시 펌프의 캐비테이션 현상을 일으킬 수 있다.
③ 압력이 증가함에 따라 공기가 용해되는 양도 증가한다.
④ 온도가 증가함에 따라 공기가 용해되는 양도 증가한다.

> **풀이**
> 유압 작동유에 공기가 혼입되는 경우 발생 현상
> 실린더의 숨 돌리기 현상 : 피스톤 작동 불안정, 작동시간 지연, 서지압력 발생
> 작동유의 열화 촉진 : 공기 압축 열 발생 온도 상승, 작동유 산화작용 촉진
> 공동현상(캐비테이션) : 혼입 기포가 분리되어 오일 속에 공동부가 생기는 현상
> (오일순환 불량, 유온 상승, 액추에이터 효율 감소, 소음, 진동, 부식 발생 등)

79 주로 시스템의 작동이 정부하일 때 사용되며, 실린더의 속도제어를 실린더에 공급되는 입구측 유량을 조절하여 제어하는 회로는?

① 로크 회로   ② 무부하 회로
③ 미터인 회로   ④ 미터아웃 회로

> **풀이**
> 미터인 회로(meter in circuit) : 유량제어밸브를 실린더 입구 측에 설치하여 실린더로 공급되는 유량(또는 압력)을 조절해 주고, 실린더에서 빠지는 압력은 제어하지 않는 회로
>
>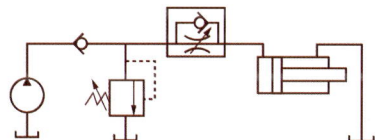
>
> 미터아웃 회로(meter out circuit) : 유량제어밸브를 실린더 출구 측에 설치하여 실린더에서 빠지는 유압을 조절할 필요가 있을 때 사용하는 회로
>
>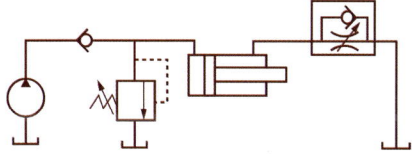

80 유압 및 공기압 용어에서 스텝모양 입력신호의 지령에 따르는 모터로 정의되는 것은?

① 오버센터 모터

② 다공정 모터
③ 음압 스테핑 모터
④ 베인 모터

풀이

스텝 모터 혹은 스테핑 모터는 전자 펄스를 기계적 운동으로 전환한다.
각각의 전자 펄스 '스텝'이 샤프트를 어떤 각도로 회전하게 만든다.
회전 각도를 정확하게 제어할 수 있어 위치결정에 많이 사용한다.

제5과목 : 기계제작법 및 기계동력학

81 와이어방전 가공액 비저항값에 대한 설명으로 틀린 것은?

① 비저항값이 낮을 때에는 수돗물을 첨가한다.
② 일반적으로 방전가공에서는 10~100 kΩ·cm의 비저항값을 설정한다.
③ 비저항값이 높을 때에는 가공액을 이온교환장치로 통과시켜 이온을 제거한다.
④ 비저항값이 과다하게 높을 때에는 방전간격이 넓어져서 방전효율이 저하된다.

풀이

가공액의 비저항값이 가공성능에 큰 영향을 미치며, 비저항값이 너무 낮으면 방전에 사용되는 전류가 감소하여 반대로 빠지는 전류가 증가하여 가공속도를 감소시킨다. 비저항값이 너무 높으면 방전간격이 좁아지고, 방전효율이 저하된다.

82 플러그 게이지에 대한 설명으로 옳은 것은?

① 진원도도 검사할 수 있다.
② 통과측이 통과되지 않을 경우는 기준구멍보다 큰 구멍이다.
③ 플러그 게이지는 치수공차의 합격 유·무 만을 검사할 수 있다.
④ 정지측이 통과할 때에는 기준구멍보다 작고, 통과측보다 마멸이 심하다.

풀이

플러그 게이지(Plug gauge)는 고노(통과·정지) 게이지(Go no gauge)라고도 하며, 통과측 게이지는 구멍의 지름이 규정된 최대실체치수보다 큰지 어떤지를 검사하는 것으로 통과해야 하고 정지 측 게이지는 내경의 지름이 규정된 최소실체치수보다 작은지 어떤지를 검사하는 것으로 통과되지 않아야 한다.
플러그 게이지는 이처럼 치수공차의 합격·불합격 여부만을 검사할 수 있다.

83 공작물의 길이가 600 mm, 지름이 25 mm인 강재를 아래의 조건으로 선반가공할 때 소요되는 가공시간(t)은 약 몇 분인가? (단, 1회 가공이다.)

- 절삭속도 : 180 m/min
- 절삭깊이 : 2.5 mm
- 이송속도 : 0.24 mm/rev

① 1.1   ② 2.1   ③ 3.1   ④ 4.1

풀이

시간 = $\dfrac{거리}{속도}$ ⇒ $T = \dfrac{L}{N \times S} \times i$

= $\dfrac{600}{2291.83 \times 0.24}$ ≒ 1.09

$V = \dfrac{\pi d N}{1000}$ ⇒ $N = \dfrac{1000 V}{\pi d}$

= $\dfrac{1000 \times 180}{\pi \times 25}$ = 2291.83 [rpm]

여기서 N : 회전수 [rpm], S : 이송 [mm/rev], i : 가공횟수

이 때 가공시간은 가공준비시간, 여유시간, 공구 준비, 교체 시간 등을 제외한 오직 가공에만 소요되는 시간을 의미한다.

정답 81. ③ 82. ③ 83. ①

기출문제

84 절삭유가 갖추어야 할 조건으로 틀린 내용은?

① 마찰계수가 적고 인화점, 발화점이 높을 것
② 냉각성이 우수하고 윤활성, 유동성이 좋을 것
③ 장시간 사용해도 변질되지 않고 인체에 무해할 것
④ 절삭유의 표면장력이 크고 칩의 생성부에는 침투되지 않을 것

풀이
절삭유가 갖추어야 할 조건
① 윤활성, 냉각성, 유동성이 좋을 것
② 화학적으로 안전하고, 위생상 해롭지 않을 것
③ 공작물과 기계에 녹이 슬지 않을 것
④ 칩 분리가 용이하여 회수가 쉬울 것
⑤ 휘발성이 없고, 인화점 및 발화점이 높을 것
⑥ 절삭유의 표면장력이 작고 칩의 생성부까지 잘 침투할 수 있을 것

85 전기저항 용접 중 맞대기 용접의 종류가 아닌 것은?

① 업셋 용접 ② 퍼커션 용접
③ 플래시 용접 ④ 프로젝션 용접

풀이
전기저항 용접의 분류
전기저항용접(압접)은 접합할 금속의 두 면을 맞대고 전기를 흘려보내 열과 압력으로 용접
① 겹치기 저항 용접 : 스폿용접(점용접), 심용접, 프로젝션용접(돌기용접)
② 맞대기 저항 용접 : 업셋용접, 플래시 용접, 퍼커션용접(방전충격용접)

퍼커션 용접(Percussion Welding) : 전기적 에너지를 비축한 콘덴서를 이용하여 접촉하고 있는 두 소재에 순간적(1/1,000초)으로 전하여 발생하는 Arc에 의해 접촉부를 용융한 다음 충격적 가압으로 용접하는 방식

프로젝션 용접(Projection Welding : 돌기용접) 용접 금속판의 한쪽 면 또는 양쪽 면에 돌기부를 만들고 압력을 가하여 통전하여 용접하는 용접방법으로 점 용접의 일종이다.

86 압출가공(extrusion)에 관한 일반적인 설명으로 틀린 것은?

① 직접압출보다 간접압출에서 마찰력이 적다.
② 직접압출보다 간접압출에서 소요동력이 적게 든다.
③ 압출방식으로는 직접(전방)압출과 간접(후방) 압출 등이 있다.
④ 직접압출이 간접압출보다 압출종료시 콘테이너에 남는 소재량이 적다.

풀이
압출가공의 종류 및 설명
① 직접압출 (Direct extrusion process)
  - Ram의 진행방향과 압출재의 이동방향이 동일
  - 압출 종료 후 20~30%의 압출재가 잔류한다.
② 간접압출 (Indirect extrusion process)
  - Ram의 진행 방향과 압출재의 이동 방향이 반대
  - Ram에 형상 구멍으로 소재가 압출 될 수 있도록 함
  - 재료손실은 적으나 표면상태가 좋지 않음
③ 충격압출 (Impact extrusion process)
  - 비철금속합금은 크랭크 프레스를 사용하여 큰 충격력을 가하여 상온에서 압출 가공
  - 아연, 주석, 납, 알루미늄, 구리 두께가 얇은 형상인 치약튜브, 화장품 케이스, 건전지 케이스용 제작에 사용
④ 정수압 압출 (Hydrostatic Extrusion)
  - 고압액체가 소재와 컨테이너의 접촉면 사이를 지나 외부로 새어 나가면서 유체윤활로 마찰력 저하되므로 소재변형 용이

87 질화법에 관한 설명 중 틀린 것은?

① 경화층은 비교적 얇고, 경도는 침탄한 것보다 크다.
② 질화법은 재료중심까지 경화하는데 그

정답 84. ④ 85. ④ 86. ④ 87. ②

목적이 있다.
③ 질화법의 기본적인 화학반응식은 $2NH_3 \rightarrow 2N + 3H_2$이다.
④ 질화법의 효과를 높이기 위해 첨가되는 원소는 Al, Cr, Mo 등이 있다.

풀이
질화법은 화학적인 표면 경화법으로 질소를 강의 표면에 침투 확산시켜 경화하는 방법이다.

88 주물사로 사용되는 모래에 수지, 시멘트, 석고 등의 점결제를 사용하며, 경화시간을 단축하기 위하여 경화촉진제를 사용하여 조형하는 주형법은?
① 원심주형법
② 셀몰드 주형법
③ 자경성 주형법
④ 인베스트먼트 주형법

풀이
자경성 주형법
모래에 특수한 점결제(수지, 시멘트, 석고, 물, 유리 등)와 경화촉진제를 혼련한 다음 조형하게 되면 건조나 가스 취입없이 자연적으로 경화반응이 진행되어 경화하게 되는데, 이런 원리를 응용하여 조형하는 방법을 자경성 주형법이라고 한다.

89 다음 중 다이아몬드, 수정 등 보석류 가공에 가장 적합한 가공법은?
① 방전가공
② 전해가공
③ 초음파 가공
④ 슈퍼피니싱 가공

풀이
초음파 가공(Ultrasonic Machining)
초음파 가공은 미세한 연마입자를 일감과 공구 사이에 가공액과 혼합하여 초음파에 대한 상하진동으로 일감에 충돌시켜 가공하는 방법으로써 전기적 에너지를 기계적

에너지로 변환하여 금속 및 비금속 재료에 제한없이 광범위하게 이용한다.

〈초음파 가공의 응용〉
1) 소성변형이 안되는 유리 기구에 눈금, 무늬, 문자 등을 조각
2) 석영 유리에 정밀한 나사를 절삭 가공
3) 수정, 반도체, 세라믹, 카본, 초경합금 등의 재질에 대한 미세구멍 가공 및 절단
4) 보석, 귀금속류의 구멍 가공

90 유압프레스에서 램의 유효단면적이 50 ㎠, 유효단면적에 적용하는 최고유압이 40 kgf/㎠일 때 유압프레스의 용량(ton)은?
① 1   ② 1.5   ③ 2   ④ 2.5

풀이
$$P = \frac{F}{A} \Rightarrow F = P \times A$$
$$= 40 \times 50 = 2000 \ kg_f$$

91 반경이 r인 실린더가 위치 1의 정지상태에서 경사를 따라 높이 h만큼 굴러 내려갔을 때, 실린더 중심의 가속도는? (단, g는 중력가속도이며, 미끄러짐은 없다고 가정한다.)

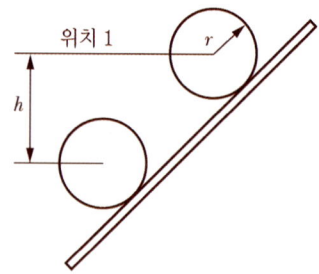

① $0.707 \sqrt{2gh}$ ② $0.816 \sqrt{2gh}$
③ $0.845 \sqrt{2gh}$ ④ $\sqrt{2gh}$

풀이
경사면 운동에너지 $E_k = E_{k_1} + E_{k_2}$

$$E_k = \frac{1}{2}mV^2 + \frac{1}{2}J_G\omega^2$$
$$= \frac{1}{2}mV^2 + \frac{1}{2} \times \frac{1}{2}mr^2 \times \left(\frac{V}{r}\right)^2$$
$$= \frac{1}{2}mV^2 + \frac{1}{4}mV^2 = \frac{3}{4}mV^2$$

중력 포텐셜 에너지 $E_p = mgh$
에너지 보존 법칙에 의해
$$E_k = E_p \Rightarrow \frac{3}{4}mV^2 = mgh$$
$$V^2 = \frac{2}{3} \times 2gh$$
$$\therefore V = 0.816\sqrt{2gh}$$

92 다음 1 자유도 진동계의 고유 각진동수는? (단, 3개의 스프링에 대한 스프링 상수는 k이며 물체의 질량 m이다.)

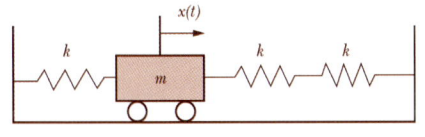

① $\sqrt{\dfrac{2m}{3k}}$ ② $\sqrt{\dfrac{3k}{2m}}$

③ $\sqrt{\dfrac{2k}{3m}}$ ④ $\sqrt{\dfrac{3m}{2k}}$

풀이

우측부분 등가 스프링 상수 $k_{eq} = \dfrac{k}{2}$

$m\ddot{x} + \left(k + \dfrac{k}{2}\right)x = 0$

$\Rightarrow m\ddot{x} + \dfrac{3}{2}kx = 0$

$\Rightarrow \ddot{x} + \dfrac{3k}{2m}x = 0$

$\Rightarrow \ddot{x} + \omega_n^2 x = 0$

고유 각 진동수 $\omega_n = \sqrt{\dfrac{3k}{2m}}$

93 두 질점이 충돌할 때 반발계수가 1인 경우에 대한 설명 중 옳은 것은?

① 두 질점의 상대적 접근속도와 이탈속도의 크기는 다르다.
② 두 질점의 운동량의 합은 증가한다.
③ 두 질점의 운동에너지의 합은 보존된다.
④ 충돌 후에 열에너지가 탄성파 발생 등에 의한 에너지소실이 발생한다.

풀이

반발계수 1이란 완전탄성충돌($e = 1$)을 의미하며, 완전탄성충돌은 운동에너지가 보존된다.

94 질량이 12 kg, 스프링 상수가 150 N/m, 감쇠비가 0.033인 진동계를 자유진동시키면 5회 진동후 진폭은 최초진폭의 몇 %인가?

① 15%   ② 25%
③ 35%   ④ 45%

풀이

$$\delta = \frac{2\pi\zeta}{\sqrt{1-\zeta^2}} = \frac{2 \times \pi \times 0.033}{\sqrt{1-0.033^2}} = 0.21$$

$$\frac{X_0}{X_5} = e^{5\delta} = \frac{1}{e^{5 \times 0.21}} \fallingdotseq 0.35 = 35\%$$

95 등가속도 운동에 관한 설명으로 옳은 것은?

① 속도는 시간에 대하여 선형적으로 증가하거나 감소한다.
② 변위는 시간에 대하여 선형적으로 증가하거나 감소한다.
③ 속도는 시간의 제곱에 비례하여 증가하거나 감소한다.
④ 변위는 속도의 세제곱에 비례하여 증가하거나 감소한다.

풀이

등가속도 운동이란, 시간에 따른 속도의 변화 즉, 가속도가 일정한 운동이므로 속도가 일정하게 증가 또는 감소하는 운동
$V = V_0 + at$

정답 92. ② 93. ③ 94. ③ 95. ①

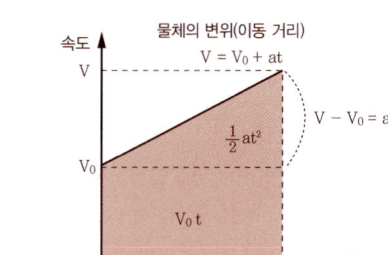

96. 절점의 단순조화진동을 $y = C\cos(\omega_n t - \phi)$ 라 할 때 이 진동의 주기는?

① $\dfrac{\pi}{\omega_n}$ ② $\dfrac{2\pi}{\omega_n}$

③ $\dfrac{\omega_n}{2\pi}$ ④ $2\pi\omega_n$

풀이

진동수(frequency)
$$f = \frac{1}{T} = \frac{\omega_n}{2\pi} = \frac{1}{2\pi}\sqrt{\frac{k}{m}}$$

주기(period)
$$T = \frac{1}{f} = \frac{2\pi}{\omega_n} = 2\pi\sqrt{\frac{m}{k}}$$

97. 질량이 10 ton인 항공기가 활주로에서 착륙을 시작할 때 속도는 100 m/s이다. 착륙부터 정지 시까지 항공기는 $\sum F_Z = 1000v_x$ N (v_x는 비행기 속도[m/s])의 힘을 받으며 $+x$ 방향의 직선운동을 한다. 착륙부터 정지 시까지 항공기가 활주한 거리는?

① 500 m   ② 750 m
③ 900 m   ④ 1000 m

풀이

$$a = \frac{dV}{dt} = \frac{dV}{ds} \times \frac{ds}{dt} = \frac{dV}{ds} \times V$$

$$\Rightarrow a \times ds = \frac{\sum F_Z}{m} \times ds = V \times dV$$

$$\Rightarrow \frac{-1000\, V_x}{m} \times ds = V_x \times dV$$

$$\Rightarrow s = -\frac{m}{1000} \times (0 - 100)$$

$$= -\frac{10 \times 10^3}{1000} \times (-100)$$

$$= 1000\, m$$

98. 3 kg의 칼라 C가 고정된 막대 A, B에 초기에 정지해 있다가 그림과 같이 변동하는 힘 Q에 의해 움직인다. 막대 AB와 칼라 C 사이의 마찰계수가 0.3일 때 시각 t = 1초일 때의 칼라의 속도는?

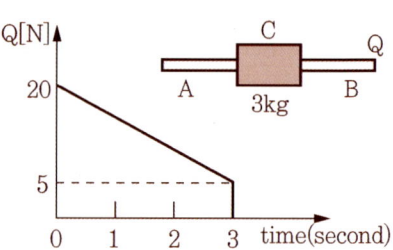

① 2.89 m/s   ② 5.25 m/s
③ 7.26 m/s   ④ 9.32 m/s

풀이

마찰력 $F_f = \mu N = 0.3 \times 3 \times 10 = 9$
알짜힘 $Q - F_f$ ⇐ Q 가 선형으로 감소
$t = 0$ 일 때   알짜힘은 $20 - 9 = 11\, N$
$t = 1$ 일 때   알짜힘은 $15 - 9 = 6\, N$
$t = 0 \sim 1$ 일 때

알짜힘 평균은 $\dfrac{11 + 6}{2} = 8.5 N$

평균가속도는 $\dfrac{8.5\, N}{3\, kg} = 2.89\, m/s^2$

∴ t = 1초일 때의 칼라의 속도는
$2.89\, m/s$

99. 질량 m인 기계가 강성계수 k/2인 2개의 스프링에 의해 바닥에 지지되어 있다. 바닥이 $y = 6\sin\sqrt{\dfrac{4k}{m}}\, t$ mm로 진동하고 있다면 기계의 진폭은 얼마인가? (단, t는 시간이다.)

정답 96. ② 97. ④ 98. ① 99. ②

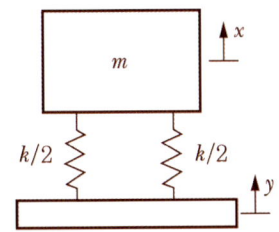

① 1 mm   ② 2 mm
③ 3 mm   ④ 6 mm

풀이

$$\frac{\omega}{\omega_n} = \frac{2\sqrt{\frac{k}{m}}}{\sqrt{\frac{k}{m}}} = 2$$

진폭

$$X = \frac{X_0}{\left|1 - \left(\frac{\omega}{\omega_n}\right)^2\right|} = \frac{6}{|1 - 2^2|} = 2$$

100 평면에서 강체그림과 같이 오른쪽에서 왼쪽으로 운동하였을 때 이 운동의 명칭으로 가장 옳은 것은?

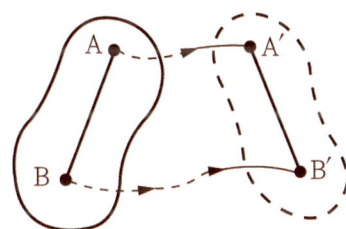

① 직선병진운동
② 곡선병진운동
③ 고정축회전운동
④ 일반평면운동

풀이
④ 2차원의 평면운동으로 병진과 회전 운동이 동시에 발생

정답 100. ④

국가기술자격 필기시험문제

2016년 기사 제2회 과년도 유사 문제				수험번호	성명
자격종목	일반기계기사	시험시간 2시간 30분	형별 B		

제1과목 : 재료역학

01 그림과 같이 순수전단을 받는 요소에서 발생하는 전단응력 $\tau = 70\,MPa$, 재료의 세로탄성계수는 200 GPa, 포아송의 비는 0.25일 때 전단 변형률은 약 몇 rad인가?

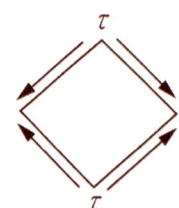

① 8.75×10^{-4} ② 8.75×10^{-3}
③ 4.38×10^{-4} ④ 4.38×10^{-3}

풀이

순수전단이란 수직응력은 없으며 전단응력만 발생하는 단면

$\tau = G\gamma$, $\mu = \dfrac{\epsilon'}{\epsilon}$ ⇨ $\gamma = \dfrac{\tau}{G}$

⇨ $\gamma = 0.25 \times \dfrac{70}{20,000}$

$= 8.75 \times 10^{-4}\,rad$

02 일단고정 타단 롤러지지된 부정정보의 중앙에 집중하중 P를 받고 있을 때, 롤러 지지점의 반력은 얼마인가?

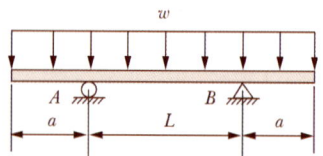

① $\dfrac{3}{16}P$ ② $\dfrac{5}{16}P$
③ $\dfrac{7}{16}P$ ④ $\dfrac{9}{16}P$

풀이

$R_{지지단} = \dfrac{5}{16}P$

03 그림과 같이 균일분포 하중 w를 받는 보에서 굽힘 모멘트 선도는?

① 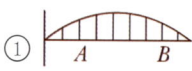 ②
③ 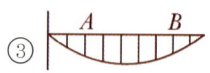 ④

풀이
④

04 지름 100 mm 양단지지보의 중앙에 2 kN의 집중하중이 작용할 때 보속의 최대 굽힘응력이 16 MPa일 경우 보의 길이는 약 몇 m인가?

① 1.51 ② 3.14
③ 4.22 ④ 5.86

풀이

$M_{\max} = \dfrac{Pl}{4} = \dfrac{2000 \times l}{4} = 500\,l$

$M_{\max} = \sigma_{\max} Z$

⇨ $500\,l = 16 \times 10^6 \times \dfrac{\pi \times 0.1^4}{0.05 \times 64}$

∴ $l = 3.14\,m$

정답 1.① 2.② 3.④ 4.②

05 바깥지름 30 cm, 안지름 10 cm인 중공 원형단면의 단면계수는 약 몇 cm^3인가?

① 2618 ② 3927
③ 6584 ④ 1309

풀이

$$Z = \frac{I}{y} = \frac{\frac{\pi}{64}(30^4 - 10^4)}{\frac{30}{2}} \fallingdotseq 2617\,cm^3$$

06 그림의 구조물이 수직하중 2P를 받을 때 구조물 속에 저장되는 탄성변형 에너지는? (단, 단면적 A, 탄성계수 E는 모두 같다.)

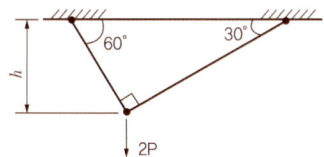

① $\dfrac{P^2 h}{4AE}(1+\sqrt{3})$

② $\dfrac{P^2 h}{2AE}(1+\sqrt{3})$

③ $\dfrac{P^2 h}{AE}(1+\sqrt{3})$

④ $\dfrac{2P^2 h}{AE}(1+\sqrt{3})$

풀이

하중(2P)방향의 탄성변형량
　= 각 부재 변형량의 합

$U = \dfrac{1}{2}P\lambda$

$\quad = \dfrac{1}{2}(2P)\dfrac{(2P)h}{AE}\left(\dfrac{1}{2}+\dfrac{\sqrt{3}}{2}\right)$

$\quad = \dfrac{P^2 h}{AE}(1+\sqrt{3})$

07 그림과 같은 일단고정 타단 롤러지지된 등분포하중을 받는 부정정보의 B단에서 반력은 얼마인가?

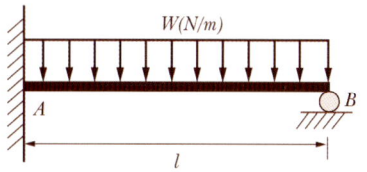

① $\dfrac{W\ell}{3}$ ② $\dfrac{5}{8}W\ell$

③ $\dfrac{2}{3}W\ell$ ④ $\dfrac{3}{8}W\ell$

풀이

$R_{지지단} = \dfrac{3}{8}w\ell$

08 전단력 10 kN이 작용하는 지름 10 cm인 원형단면의 보에서 그 중립축 위에 발생하는 최대 전단응력은 약 몇 MPa인가?

① 1.3 ② 1.7
③ 130 ④ 170

풀이

$\tau_{max} = \dfrac{4}{3}\dfrac{F}{A} = \dfrac{16}{3}\dfrac{F}{\pi d^2}$

$\quad = \dfrac{16}{3}\dfrac{10\times 10^3}{\pi \times 0.1^2} = 1.7\,MPa$

09 정육면체 형상의 짧은 기둥에 그림과 같이 측면에 홈이 파여져 있다. 도심에 작용하는 하중 P로 인하여 단면 m-n에 발생하는 최대 압축응력은 홈이 없을 때 압축응력의 몇 배 인가?

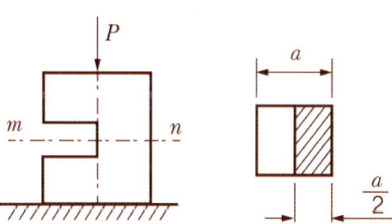

정답 5. ① 6. ③ 7. ④ 8. ② 9. ③

① 2   ② 4
③ 8   ④ 12

풀이

홈이 없는 경우 : $\sigma = \dfrac{P}{A} = \dfrac{P}{a^2}$

홈이 있는 경우 :

$\sigma_{홈} = \dfrac{P}{A} + \dfrac{M}{Z}$

$= \dfrac{P}{a \times a/2} + (P \times a/4) \times \dfrac{6}{a \times (a/2)^2}$

$= \dfrac{2P}{a^2} + \dfrac{6P}{a^2} = \dfrac{8P}{a^2}$ ∴ 8 배

10 그림과 같은 단순지지보의 중앙에 집중하중 P가 작용할 때 단면이 (가)일 경우의 처짐 y_1은 단면이 (나)일 경우의 처짐 y_2의 몇 배인가? (단, 보의 전체길이 및 보의 굽힘강성은 일정하며 자중은 무시한다.)

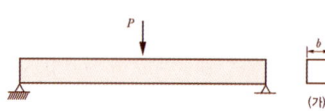

① 4   ② 8
③ 16 ④ 32

풀이

$\delta_{max} = \dfrac{Pl^3}{48EI}$

$\Rightarrow y_1 = \delta_1 = \dfrac{Pl^3}{48EI} \cdot \dfrac{12}{bh^3}$,

$y_2 = \delta_2 = \dfrac{Pl^3}{48EI} \cdot \dfrac{12}{b(2h)^3}$

$= \dfrac{Pl^3}{48EI} \cdot \dfrac{12}{bh^3} \times \dfrac{1}{8}$

11 그림과 같이 단붙이 원형축(Stepped Circular Shaft)의 풀리에 토크가 작용하여 평형상태에 있다. 이 축에 발생하는 최대 전단응력은 몇 MPa인가?

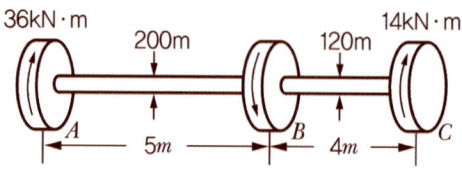

① 18.2   ② 22.9
③ 41.3   ④ 147.4

풀이

$T = \tau Z_P \Rightarrow T_{max} = \tau_{max} Z_P$

$\Rightarrow \tau_{max} = \dfrac{T_{max}}{Z_P}$

축 AB

$\tau_{max} = 26 \times 10^3 \times \dfrac{16}{\pi \times 0.2^3} \times 10^{-6}$

$\fallingdotseq 16.6\, MPa$

축 BC

$\tau_{max} = 14 \times 10^3 \times \dfrac{16}{\pi \times 0.12^3} \times 10^{-6}$

$\fallingdotseq 41.3\, MPa$

12 그림과 같이 벽돌을 쌓아 올릴 때 최하단 벽돌의 안전계수를 20으로 하면 벽돌의 높이 h를 얼마만큼 높이 쌓을 수 있는가? (단, 벽돌의 비중량은 16 kN/m^3, 파괴압축응력을 11 MPa로 한다.)

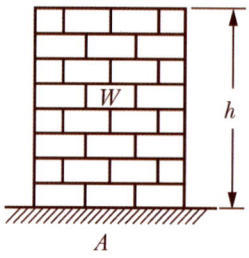

① 34.3 m   ② 25.5 m
③ 45.0 m   ④ 23.8 m

풀이

$S = \dfrac{\sigma_U}{\sigma_a} \Rightarrow 20 = \dfrac{11\, MPa}{\sigma_a}$

$\Rightarrow \sigma_a = 0.55\, MPa$

$$W = \gamma V = \gamma A h = 16 \times 10^{-3} A h$$

$$\sigma_a = \frac{W_{자중}}{A} = \frac{16 \times 10^{-3} A h}{A} = 0.55$$

$$\Rightarrow h = 34.3 m$$

13 지름이 동일한 봉에 아래그림과 같이 하중이 작용할 때 단면에 발생하는 축 하중 선도는 아래 그림과 같다. 단면 C에 작용하는 하중(F)는 얼마인가?

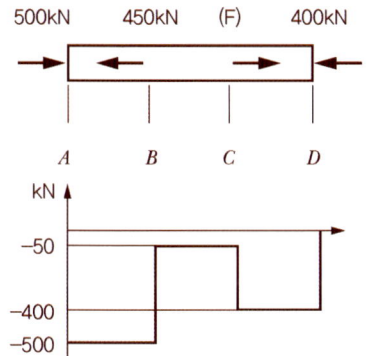

① 150 ② 250
③ 350 ④ 450

풀이

$$\sum F_x = 0 \Rightarrow 500 + F_c = 450 + 400$$

$$\Rightarrow F_c = 350 \, kN$$

14 강재의 인장시험 후 얻어진 응력-변형률 선도로부터 구할 수 없는 것은?

① 안전계수 ② 탄성계수
③ 인장강도 ④ 비례한도

풀이

안전계수는 선도에서 구한 한계조건에 대한 2차적인 비교 값

15 길이가 L이고 지름이 d_0 인 원통형의 나사를 끼워 넣을 때 나사의 단위길이당 t_0 의 토크가 필요하다. 나사재질의 전단탄성계수가 G일 때 나사 끝단 간의 비틀림회전량(rad)은 얼마인가?

① $\dfrac{16 t_o L^2}{\pi d_o^4 G}$ ② $\dfrac{32 t_o L^2}{\pi d_o^4 G}$

③ $\dfrac{t_o L^2}{16 \pi d_o^4 G}$ ④ $\dfrac{t_o L^2}{32 \pi d_o^4 G}$

풀이

한 쪽 끝단의 비틀림 각은

$$\theta = \frac{Tl}{GI_P} = \frac{32 t_o L}{\pi d_0^4 G}$$

∴ 양쪽 끝단간의 회전량은(× L/2)

$$\Rightarrow \theta = \frac{16 t_0 L^2}{\pi d_0^4 G}$$

16 지름 35 cm의 차축이 0.2°만큼 비틀렸다. 이때 최대 전단응력이 49 MPa이고, 재료의 전단탄성계수가 80 GPa이라고 하면 이 차축의 길이는 약 몇 m인가?

① 2.0 ② 2.5
③ 1.5 ④ 1.0

풀이

$$\theta = \frac{180}{\pi} \frac{Tl}{GI_P} \, , \, T = \tau Z_P$$

$$\Rightarrow \theta = \frac{180}{\pi} \frac{\tau Z_P l}{GI_P}$$

$$\Rightarrow l = \frac{\theta \pi GI_P}{180 \tau Z_P} ≒ 0.99 m$$

17 평면응력 상태에서 σ_x 와 σ_y 만이 작용하는 2축응력에서 모어원의 반지름이 되는 것은? (단, $\sigma_x > \sigma_y$ 이다.)

① $(\sigma_x + \sigma_y)$ ② $(\sigma_x - \sigma_y)$

③ $\frac{1}{2}(\sigma_x + \sigma_y)$ ④ $\frac{1}{2}(\sigma_x - \sigma_y)$

풀이

$\tau_{max} = \frac{1}{2}(\sigma_x - \sigma_y)$: 모어원의 반지름

18 지름이 d인 짧은 환봉의 축 중심으로부터 a만큼 떨어진 지점에 편심압축하중 P가 작용할 때 단면 상에서 인장응력이 일어나지 않는 a 범위는?

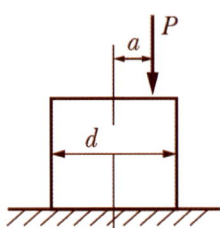

① $\frac{d}{8}$ 이내 ② $\frac{d}{6}$ 이내
③ $\frac{d}{4}$ 이내 ④ $\frac{d}{2}$ 이내

풀이

$\sigma_{min} = \frac{P}{A}\left(1 - \frac{ae_2}{K^2}\right) = 0$

$\Rightarrow 1 = \frac{ae_2}{K^2}$

$\Rightarrow \therefore a = \frac{K^2}{e_2} = \frac{\pi d^4/64}{\pi d^2/4} \times \frac{d}{2} = \frac{d}{8}$

19 두께 1.0 mm의 강판에 한 변의 길이가 25 mm인 정사각형 구멍을 편칭하려고 한다. 이 강판의 전단 파괴응력이 250 MPa일 때 필요한 압축력은 몇 kN인가?

① 6.25   ② 12.5
③ 25.0   ④ 156.2

풀이

$\tau = \frac{F}{A} = 250 MPa$

$\Rightarrow F_c = \tau A$
$= 250 \times 10^6 \times 0.025 \times 0.01 \times 4 \times 10^{-3}$
$= 25 kN$

20 그림과 같이 하중을 받는 보에서 전단력의 최대값은 약 몇 kN인가?

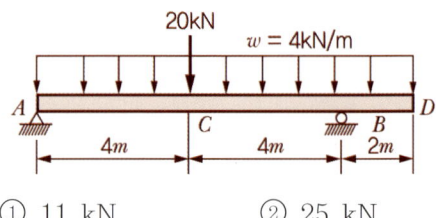

① 11 kN   ② 25 kN
③ 27 kN   ④ 35 kN

풀이

$\sum M_A = 0$
$\Rightarrow R_B \times 8 = 40 \times 5 + 20 \times 4$
$\Rightarrow R_B = 35, R_A = 25$
$SF_A = 25, SF_B = R_A - 20 - 32$
$\qquad = 25 - 52 = -27 kN = SF_{max}$

제2과목 : 기계열역학

21 질량 1 kg의 공기가 밀폐계에서 압력과 체적이 100 kPa/m^3이었는데 폴리트로픽 과정(PV^n = 일정)을 거쳐 체적이 $0.5\, m^3$이 되었다. 최종 온도(T_2)와 내부에너지의 변화량($\triangle U$)은 각각 얼마인가? (단, 공기의 기체상수는 287 J/kg · K, 정적비열은 718 J/kg · K, 정압비열은 1005 J/kg · K, 폴리트로프 지수는 1.3이다.)

① $T_2 = 459.7K$ $\triangle U = 111.3$ kJ
② $T_2 = 459.7K$ $\triangle U = 79.9$ kJ
③ $T_2 = 428.9K$ $\triangle U = 80.5$ kJ
④ $T_2 = 428.9K$ $\triangle U = 57.8$ kJ

정답 18. ① 19. ③ 20. ③ 21. ④

풀이

$C_p - C_v = R$

⇒ $R = 1.005 - 0.718 = 0.287$

$pV = mRT$

⇒ $100 \times 1 = 1 \times 0.287 \times T_1$

⇒ $T_1 = 348.4 \, \text{K}$

$\dfrac{T_2}{T_1} = \left(\dfrac{p_2}{p_1}\right)^{\frac{n-1}{n}} = \left(\dfrac{v_1}{v_2}\right)^{n-1}$

⇒ $T_2 = T_1 \left(\dfrac{v_1}{v_2}\right)^{n-1}$

$= 348.4 \times \left(\dfrac{1}{0.5}\right)^{0.3} = 428.9 \, \text{K}$

$du = C_v \, dT \, [\text{kJ/kg}]$

⇒ $\Delta U = m C_v \Delta T$

$= 1 \times 0.718 \times (428.9 - 348.4)$

$= 57.8 \, [\text{kJ/kg}]$

22 20°C의 공기 5 kg이 정압과정을 거쳐 체적이 2배가 되었다. 공급한 열량은 몇 약 kJ인가? (단, 정압비열은 1 kJ/kg·K이다.)

① 1465 ② 2198
③ 2931 ④ 4397

풀이

$\dfrac{pv}{T} = C = R \, [\text{kJ/kg·K}]$

⇒ $\dfrac{v}{T} = \dfrac{v_1}{T_1} = \dfrac{v_2}{T_2}$

⇒ $\dfrac{T_2}{T_1} = \dfrac{V_2}{V_1} = 2$ ⇒ $T_2 = 2T_1$

$\delta Q = m C_p \, dT$

⇒ $Q_{12} = m C_p \Delta T = 5 \times 1 \times 293$

$= 1465 \, \text{kJ}$

23 온도가 150°C인 공기 3 kg이 정압냉각되어 엔트로피가 1.063 kJ/K만큼 감소되었다. 이때 방출된 열량은 약 몇 kJ인가? (단, 공기의 정압비열은 1.1 kJ/kg·K이다.)

① 27 ② 379
③ 538 ④ 715

풀이

$s_2 - s_1 = C_p \ln \dfrac{T_2}{T_1}$

⇒ $\Delta S = m C_p \ln \dfrac{T_2}{T_1}$

⇒ $-1.063 = 3 \times 1.1 \times \ln \dfrac{T_2}{(150 + 273.15)}$

$T_2 = 306.7 \, \text{K}$

∴ $Q = m C \Delta T$

$= 3 \times 1.1 \times (306.7 - 423.15)$

$= -384.3 \, \text{kJ}$

24 밀폐계의 가역정적변화에서 다음 중 옳은 것은? (단, U : 내부에너지, Q : 전달된 열, H : 엔탈피, V : 체적, W : 일이다.)

① dU = dQ ② dH = dQ
③ dV = dQ ④ dW = dQ

풀이

$Q = U + W$ ⇒ $\delta Q = dU + \delta W$

⇒ $dU = \delta Q$

25 공기 1 kg을 정적과정으로 40°C에서 120°C까지 가열하고, 다음에 정압과정으로 120°C에서 220°C까지 가열한다면 전체가열에 필요한 열량은 약 얼마인가? (단, 정압비열은 1.00 kJ/kg·K, 정적비열은 0.71 kJ/kg·K 이다.)

① 127.8 kJ/kg ② 141.5 kJ/kg
③ 156.8 kJ/kg ④ 185.2 kJ/kg

풀이

$\delta Q = m C \, dT$

⇒ $Q_1 = m C_v \Delta T_1$

$= 1 \times 0.71 \times (120 - 40)$

$= 56.8 \, \text{kJ}$

정답 22. ① 23. ② 24. ① 25. ③

$$\Rightarrow Q_2 = m\,C_p\,\triangle T_2$$
$$= 1 \times 1 \times (220-120)$$
$$= 100 \text{ kJ}$$
$$\therefore Q = 156.8 \text{ kJ/kg}$$

$$s_2 - s_1 = R \ln \frac{p_1}{p_2}$$
$$\therefore \triangle s = R \ln \frac{p_1}{p_2} = R \ln 2$$

26 냉동기 냉매의 일반적인 구비조건으로서 적합하지 않은 사항은?

① 임계온도가 높고, 응고온도가 낮을 것
② 증발열이 적고, 증기의 비체적이 클 것
③ 증기 및 액체의 점성이 작을 것
④ 부식성이 없고, 안정성이 있을 것

풀이
② 증발열(냉동효과)이 크고, 증기의 비체적(부피)이 작을 것

28 오토사이클의 압축비가 6인 경우 이론열효율은 약 몇 %인가? (단, 비열비 = 1.4이다.)

① 51   ② 54
③ 59   ④ 62

풀이
$$\eta_{th\,O} = 1 - \left(\frac{1}{\epsilon}\right)^{k-1} = 1 - \left(\frac{1}{6}\right)^{1.4-1}$$
$$= 51\%$$

27 그림과 같이 중간에 격벽이 설치된 계에서 A에는 이상기체가 충만되어 있고, B는 진공이며, A와 B의 체적은 같다. A와 B사이의 격벽을 제거하면 A의 기체는 단열가역 자유팽창을 하여 어느 시간 후에 평형에 도달하였다. 이 경우의 엔트로피 변화 $\triangle s$는? (단, C_v는 정적비열, C_p는 정압비열, R은 기체상수이다.)

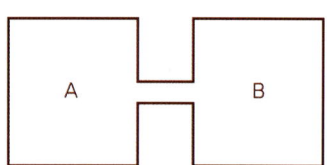

① $\triangle s = C_v \times \ln 2$
② $\triangle s = C_p \times \ln 2$
③ $\triangle s = 0$
④ $\triangle s = R \times \ln 2$

풀이
등온 자유팽창이므로 $pV = C$
$\Rightarrow p_1 V_1 = p_2 V_2$
$\Rightarrow V_2 = 2 V_1$ 일 때 $p_1 = 2 p_2$

29 온도 T_2인 저온체에서 열량 Q_A를 흡수해서 온도가 T_1인 고온체로 열량 Q_R를 방출할 때 냉동기의 성능계수(coefficient of performance)는?

① $\dfrac{Q_R - Q_A}{Q_A}$ ② $\dfrac{Q_B}{Q_A}$

③ $\dfrac{Q_A}{Q_R - Q_A}$ ④ $\dfrac{Q_A}{Q_R}$

풀이
$$COP_R = \frac{q_L}{w_c} \Rightarrow COP_R = \frac{Q_A}{Q_R - Q_A}$$

30 30℃, 100 kPa의 물을 800 kPa까지 압축한다. 물의 비체적이 $0.001\,m^3/kg$로 일정하다고 할 때, 단위질량당 소요된 일(공업일)은?

① 167 J/kg   ② 602 J/kg
③ 700 J/kg   ④ 1400 J/kg

풀이
$$w_t = -\int_1^2 v\,dp$$

$$= 0.001 \times (800 - 100) \times 10^3$$
$$= 700 \text{ J/kg}$$

$$\therefore \frac{W}{Q} = \frac{mR\Delta T}{m\dfrac{k}{k-1}R\Delta T} = \frac{k-1}{k}$$

31 냉동실에서의 흡수열량이 5 냉동톤(RT)인 냉동기의 성능계수(COP)가 2, 냉동기를 구동하는 가솔린 엔진의 열효율이 20%, 가솔린의 발열량이 43000 kJ/kg일 경우, 냉동기 구동에 소요되는 가솔린의 소비율은 약 몇 kg/h인가? (단, 1 냉동톤(RT)은 약 3.86 kW이다.)

① 1.28 kg/h ② 2.54 kg/h
③ 4.04 kg/h ④ 4.85 kg/h

풀이

$$m_{연료} \times 43000 \times 0.2 = 5 \times 3.86 \times \frac{1}{2}$$

$$\therefore m_{연료} = \frac{5 \times 3.86}{43000 \times 0.2 \times 2} \times 3600$$
$$= 4.04 \text{ kg/h}$$

33 이상기체에서 엔탈피 h와 내부에너지 u, 엔트로피 s 사이에 성립하는 식으로 옳은 것은? (단, T는 온도, v는 체적, P는 압력이다.)

① $Tds = dh + vdP$
② $Tds = dh - vdP$
③ $Tds = du - Pdv$
④ $Tds = dh + d(Pv)$

풀이

$$ds = \frac{\delta q}{T} \Rightarrow \delta q = Tds$$
$$\delta q = du + pdv = dh - vdp$$
$$\Rightarrow Tds = du + pdv = dh - vdp$$

32 비열비가 k인 이상기체로 이루어진 시스템이 정압과정으로 부피가 2배로 팽창할 때 시스템이 한 일이 W, 시스템에 전달된 열이 Q일 때, $\dfrac{W}{Q}$는 얼마인가? (단, 비열은 일정하다.)

① k ② $\dfrac{1}{k}$
③ $\dfrac{k}{k-1}$ ④ $\dfrac{k-1}{k}$

풀이

$$_1W_2 = \int_1^2 pdV = p(V_2 - V_1) \text{ [kJ]}$$
$$\Rightarrow W = p(2V - V) = pV = mR\Delta T$$
$$dQ = dH = mC_p dT \text{ [kJ]}$$
$$C_p = kC_v = \frac{kR}{k-1} \text{ [kJ/kg·K]}$$
$$\Rightarrow Q = mC_p \Delta T = m\frac{k}{k-1}R\Delta T$$

34 밀도 $1000 kg/m^3$인 물이 단면적 $0.01 m^2$인 관 속을 $2 m/s$의 속도로 흐를 때, 질량유량은?

① $20\ kg/s$ ② $2.0\ kg/s$
③ $50\ kg/s$ ④ $5.0\ kg/s$

풀이

$\rho = 1000\ kg/m^3,\ A = 0.01\ m^2,\ w = 2\ m/s$
$$\Rightarrow \dot{m} = \rho A w = 1000 \times 0.01 \times 2$$
$$= 20\ kg/s$$

35 대기압 100 kPa에서 용기에 가득 채운 프로판을 일정한 온도에서 진공펌프를 사용하여 2 kPa까지 배기하였다. 용기내에 남은 프로판의 중량은 처음 중량의 몇 %정도 되는가?

① 20% ② 2% ③ 50% ④ 5%

풀이

정적과정이면서 등온과정이며, 중량은 질량과 비례관계이고, 프로판은 이상기체로 간주하므로 $pV = mRT$ 식으로부터

정답 31. ③ 32. ④ 33. ② 34. ① 35. ②

$$\Rightarrow G \propto m = \frac{pV}{RT}$$

$$G \propto p$$

$$\Rightarrow \frac{G_{\text{남은중량}}}{G_{\text{처음중량}}} = \frac{p_{\text{배기압력}}}{p_{\text{초기압력}}}$$

$$= \frac{2}{100} \times 100 = 2\%$$

36 열역학적 상태량은 일반적으로 강도성상태량과 용량성상태량으로 분류할 수 있다. 강도성상태량에 속하지 않는 것은?

① 압력 ② 온도 ③ 밀도 ④ 체적

풀이

강도 성 상태량 ⇨ 질량과 무관한 상태량
　　　　　　　cf) 질량에 비례하는 상태량

37 카르노열기관 사이클 A는 0℃와 100℃사이에서 작동되며 카르노열기관 사이클 B는 100℃와 200℃사이에서 작동된다. 사이클 A의 효율(η_A)과 사이클 B의 효율(η_B)을 각각 구하면?

① $\eta_A = 26.80\%$　$\eta_B = 50.00\%$
② $\eta_A = 26.80\%$　$\eta_B = 21.14\%$
③ $\eta_A = 38.75\%$　$\eta_B = 50.00\%$
④ $\eta_A = 38.75\%$　$\eta_B = 21.14\%$

풀이

$$\eta_c = 1 - \frac{Q_2}{Q_1} = 1 - \frac{T_2}{T_1}$$

$$\Rightarrow \eta_A = 1 - \frac{273}{373} \fallingdotseq 0.27$$

$$\Rightarrow \eta_B = 1 - \frac{373}{473} \fallingdotseq 0.21$$

38 수소(H_2)를 이상기체로 생각하였을 때, 절대압력 1 MPa, 온도 100℃에서의 비체적은 약 몇 m^3/kg 인가? (단, 일반기체상수는 8.3145 kJ/kmol · K 이다.)

① 0.781　② 1.26
③ 1.55　④ 3.46

풀이

$pv = RT$

$$\Rightarrow 1000 \times v = \frac{8.3145}{2} \times (100 + 273.15)$$

$$\therefore v = 1.55 \, [m^3/kg]$$

39 과열증기를 냉각시켰더니 포화영역 안으로 들어와서 비체적이 0.2327 m^3/kg이 되었다. 이때의 포화액과 포화증기의 비체적이 각각 $1.079 \times 10^{-3} m^3/kg$, $0.5243 \, m^3/kg$이라면 건도는?

① 0.964　② 0.772
③ 0.653　④ 0.443

풀이

$$v_x = xv'' + (1-x)v' = v' + x(v'' - v')$$

$$\Rightarrow 0.2327 = 1.079 \times 10^{-3}$$
$$+ x(0.5243 - 1.079 \times 10^{-3})$$

$$\therefore 건도 \, x \fallingdotseq 0.443$$

40 그림과 같은 Rankine 사이클의 열효율은 약 몇 %인가? (단, h_1 = 191.8 kJ/kg, h_2 = 193.8 kJ/kg, h_3 = 2799.5 kJ/kg, h_4 = 2007.5 kJ/kg이다.)

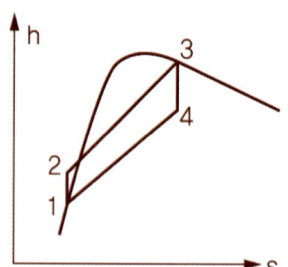

① 30.3%　② 39.7%
③ 46.9%　④ 54.1%

정답 36. ④ 37. ② 38. ③ 39. ④ 40. ①

풀이

$$\eta_R = \frac{w_T - w_p}{q_B + q_{SH}}$$

$$= \frac{(h_3 - h_4) - (h_2 - h_1)}{(h_3 - h_2)}$$

$$= \left(\frac{(2799 - 2007.5) - (193.8 - 191.8)}{(2799 - 193.8)} \right) \times 100$$

$$\fallingdotseq 30.3\%$$

제3과목 : 기계유체역학

41 정지된 액체속에 잠겨있는 평면이 받는 압력에 의해 발생하는 합력에 대한 설명으로 옳은 것은?

① 크기가 액체의 비중량에 반비례한다.
② 크기는 도심에서의 압력에 면적을 곱한 것과 같다.
③ 작용점은 평면의 도심과 일치한다.
④ 수직평면의 경우 작용점이 도심보다 위쪽에 있다.

풀이

정지된 액체 속에 잠겨있는 평면이 받는 압력에 의해 발생하는 합력은
- 크기가 액체의 비중량에 비례한다.
- 크기는 도심에서의 압력에 면적을 곱한것과 같다.
- 작용점은 평면의 도심보다 $\frac{I_{도심}}{A h_c}$ 만큼 아래쪽에 있다.

42 조종사가 2000 m의 상공을 일정속도로 낙하산으로 강하하고 있다. 조종사의 무게가 1000 N, 낙하산 지름이 7 m, 항력계수가 1.3일 때 낙하속도는 약 몇 m/s인가? (단, 공기밀도는 1 kg/m^3 이다.)

① 5.0
② 6.3
③ 7.5
④ 8.2

풀이

$$F_D = C_D A \frac{\rho V^2}{2}$$

$$\Rightarrow 1000 = 1.3 \times \frac{\pi}{4} \times 7^2 \times \frac{1 \times V^2}{2}$$

$$\therefore V = 6.323 \text{ m/s}$$

43 국소대기압이 710 mmHg일 때, 절대압력 50 kPa은 게이지압력으로 약 얼마인가?

① 44.7 Pa 진공
② 44.7 Pa
③ 44.7 kPa 진공
④ 44.7 kPa

풀이

$$p_{abs} = p_{atm} \pm p_{gauge}$$

$$\Rightarrow$$

$$50 \text{ kPa} = \frac{710 \text{ mmHg}}{760 \text{ mmHg}} \times 101.325 \text{ kPa} + p_{gauge}$$

$$\therefore p_{gauge} = -44.7 \text{ kPa}$$

44 수면의 높이차이가 H인 두 저수지 사이에 지름 d, 길이 ℓ인 관로가 연결되어 있을 때 관로에서의 평균유속(V)을 나타내는 식은? (단, f는 관마찰계수이고, g는 중력가속도이며, K_1, K_2는 관입구와 출구에서 부차적 손실계수이다.)

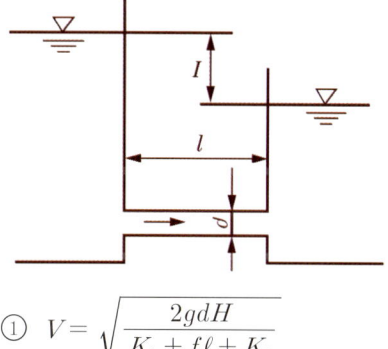

① $V = \sqrt{\dfrac{2gdH}{K_1 + f\ell + K_2}}$

② $V = \sqrt{\dfrac{2gH}{K_1 + f + K_2}}$

③ $V = \sqrt{\dfrac{2gH}{K_1 + \dfrac{f}{\ell} + K_2}}$

④ $V = \sqrt{\dfrac{2gH}{K_1 + f\dfrac{\ell}{d} + K_2}}$

풀이

$h_L = K_1 \dfrac{V^2}{2g} + f \dfrac{L}{d} \dfrac{V^2}{2g} + K_2 \dfrac{V^2}{2g}$

⇒ $H = K_1 \dfrac{V^2}{2g} + f \dfrac{\ell}{d} \dfrac{V^2}{2g} + K_2 \dfrac{V^2}{2g}$

∴ $V = \sqrt{\dfrac{2gH}{K_1 + f\dfrac{\ell}{d} + K_2}}$

45 스프링 상수가 10 N/cm인 4개의 스프링으로 평판 A를 벽 B에 그림과 같이 장착하였다. 유량 0.01 m^3/s, 속도 10 m/s인 물 제트가 평판 A의 중앙에 직각으로 충돌할 때, 평판과 벽 사이에서 줄어드는 거리는 약 몇 cm인가?

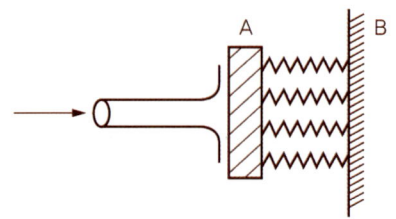

① 2.5 ② 1.25
③ 10.0 ④ 5.0

풀이

$F = \rho Q V = 1000 \times 0.01 \times 10 = 100$ N

⇒ $F = 4kx = 40x = 100$

∴ $x = 2.5$ cm

46 수면에 떠 있는 배의 저항문제에 있어서 모형과 원형사이에 역학적상사(相似)를 이루려면 다음 중 어느것이 중요한 요소가 되는가?

① Reynolds number, Mach number
② Reynolds number, Froude number
③ Weber number, Euler number
④ Mach number, Weber number

풀이

조파저항 상사 무차원수 :
Reynolds number, Froude number

47 지름은 200 mm에서 지름 100 mm로 단면적이 변하는 원형관 내의 유체흐름이 있다. 단면적 변화에 따라 유체밀도가 변경 전 밀도의 106%로 커졌다면, 단면적이 변한 후의 유체속도는 약 몇 m/s인가? (단, 지름 200 mm에서 유체의 밀도는 800 kg/m^3, 속도속도는 20 m/s이다.)

① 52 ② 66
③ 75 ④ 89

풀이

$\dot{m} = \rho_1 A_1 V_1 = \rho_2 A_2 V_2 = Const.$

⇒ $V_2 = \dfrac{\rho_1 A_1 V_1}{\rho_2 A_2} = \dfrac{800 \times 0.2^2 \times 20}{1.06 \times 800 \times 0.1^2}$

$= 75.5$ m/s

48 2차원 속도장이 $\vec{V} = y^2 \hat{i} - xy \hat{j}$로 주어질 때 (1,2) 위치에서 가속도의 크기는 약 얼마인가?

① 4 ② 6
③ 8 ④ 10

풀이

$\vec{V} = u\vec{i} + v\vec{j} = \dfrac{\partial u}{\partial x}\vec{i} + \dfrac{\partial v}{\partial y}\vec{j} = 0$

⇒ $u = y^2, \quad v = -xy$

$\vec{a} = \dfrac{D\vec{V}}{Dt} = u\dfrac{\partial \vec{V}}{\partial x} + v\dfrac{\partial \vec{V}}{\partial y} + \dfrac{\partial \vec{V}}{\partial t}$

$$= y^2(-y\vec{j}) - xy(2y\vec{i} - x\vec{j})$$
$$= -y^3\vec{j} - xy(2y\vec{i} - x\vec{j})$$
$$a = \frac{DV}{Dt}\bigg|_{(1,2)} = -8\vec{j} - 2(4\vec{i} - \vec{j})$$
$$= -8\vec{i} - 6\vec{j}$$
$$\therefore |\vec{a}| = \sqrt{8^2 + 6^2} = 10$$

49 다음 중 유량을 측정하기 위한 장치가 아닌 것은?

① 위어(weir)
② 오리피스(orifice)
③ 피에조미터(piezo meter)
④ 벤투리미터(venturi meter)

풀이
③ 피에조미터(piezo meter) : 정압측정 장치

50 낙차가 100 m이고 유량이 500 m^3/s인 수력발전소에서 얻을 수 있는 최대 발전용량은?

① 50 kW ② 50 MW
③ 490 kW ④ 490 MW

풀이
$P = \gamma HQ$
$= (9800 \times 100 \times 500) \times 10^{-6}$
$= 490$ MW

51 다음 〈보기〉중 무차원수를 모두 고른 것은?

〈보기〉
a. Reynolds수   b. 관마찰계수
c. 상대조도   d. 일반기체상수

① a, c   ② a, b
③ a, b, c ④ b, c, d

풀이
일반적으로 계수 및 상사 수는
무차원수이며 차원해석 후에 단위가 없다.

52 Blasius의 해석결과에 따라 평판주위의 유동에 있어서 경계층 두께에 관한 설명으로 틀린 것은?

① 유체속도가 빠를수록 경계층 두께는 작아진다.
② 밀도가 클수록 경계층 두께는 작아진다.
③ 평판길이가 길수록 평판 끝단부의 경계층 두께는 커진다.
④ 점성이 클수록 경계층 두께는 작아진다.

풀이
④ 점성이 클수록 경계층두께는 작아진다.

53 노즐을 통하여 풍량 $Q = 0.8 m^3/s$일 때 마노미터 수두높이차 h는 약 몇 m인가? (단, 공기의 밀도는 1.2 kg/m^3, 물의 밀도는 1000kg/m^3이며, 노즐유량계의 송출계수는 1 로 가정한다.)

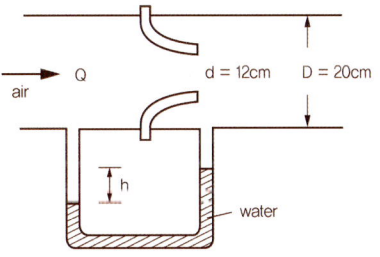

① 0.13   ② 0.27
③ 0.48   ④ 0.62

풀이
$\dot{Q} = AV \Rightarrow 0.8 = \frac{\pi}{4} \times 0.2^2 \times V_1$

$\Rightarrow V_1 = \frac{0.8 \times 4}{\pi \times 0.2^2} = 25.5$ m/s

$\Rightarrow V_2 = \frac{0.8 \times 4}{\pi \times 0.12^2} = 70.8$ m/s

정압차($\triangle p$) = 수두차이므로

$$\frac{p_1}{\gamma} + \frac{V_1^2}{2g} = \frac{p_2}{\gamma} + \frac{V_2^2}{2g}$$

$$\Rightarrow h_1 + \frac{V_1^2}{2g} = h_2 + \frac{V_2^2}{2g}$$

$$\therefore \triangle h = h_1 - h_2 = \frac{V_2^2 - V_1^2}{2g} \times \frac{1.2}{1000} = 0.267 \text{ m}$$

54 지름 D인 파이프 내에 점성 μ인 유체가 층류로 흐르고 있다. 파이프길이가 L일 때, 유량과 압력손실 $\triangle p$의 관계로 옳은 것은?

① $Q = \frac{\pi \triangle p D^2}{128 \mu L}$

② $Q = \frac{\pi \triangle p D^2}{256 \mu L}$

③ $Q = \frac{\pi \triangle p D^4}{128 \mu L}$

④ $Q = \frac{\pi \triangle p D^4}{256 \mu L}$

풀이

$Q = \frac{\triangle p \pi d^4}{128 \mu L} \Rightarrow Q = \frac{\pi \triangle p D^4}{128 \mu L}$

55 무차원수인 스트라홀 수(Strouhal number)와 가장 관계가 먼 항목은?

① 점도 ② 속도
③ 길이 ④ 진동흐름의 주파수

풀이

스트라홀 수 :

$St = \frac{l \omega}{V}$, ω : 진동흐름의 주파수

56 지름비가 1 : 2 : 3 인 모세관의 상승높이 비는 얼마인가? (단, 다른조건은 모두 동일하다고 가정한다.)

① 1:2:3   ② 1:4:9
③ 3:2:1   ④ 6:3:2

풀이

$h = \frac{4 \sigma \cos \beta}{\gamma d}$ [mm]

$\therefore 1/1 : 1/2 : 1/3 = 6 : 3 : 2$

57 다음 중 단위계(System of Unit)가 다른 것은?

① 항력(Drag)
② 응력(Stress)
③ 압력(Pressure)
④ 단위면적 당 작용하는 힘

풀이

① 항력 (Drag)의 단위 ⇨ N

58 지름이 0.01 m인 관 내로 점성계수 0.005 N·s/m^2, 밀도 800 kg/m^3인 유체가 1 m/s의 속도로 흐를 때 이 유동의 특성은?

① 층류유동
② 난류유동
③ 천이유동
④ 위 조건으로는 알 수 없다.

풀이

$Re = \frac{\rho V L}{\mu} = \frac{\rho V d}{\mu}$

$= \frac{800 \times 1 \times 0.01}{0.005} = 1600 < 2100$

$\therefore$ 층류

59 평판으로부터의 거리를 y라고 할 때 평판에 평행한 방향의 속도분포(u(y))가 아래와 같은 식으로 주어지는 유동장이 있다. 여기에서 U와 L은 각각

정답 54. ③ 55. ① 56. ④ 57. ① 58. ① 59. ②

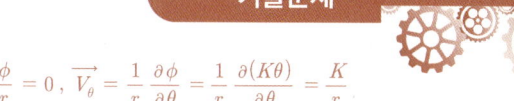

기출문제

유동장의 특성속도와 특성길이를 나타낸다. 유동장에서는 속도 u(y)만 있고, 유체는 점성계수가 μ인 뉴턴유체일 때 $y = L/8$에서의 전단응력은?

$$u(y) = U\left(\frac{y}{L}\right)^{2/3}$$

① $\dfrac{2\mu U}{3L}$ ② $\dfrac{4\mu U}{3L}$

③ $\dfrac{8\mu U}{3L}$ ④ $\dfrac{16\mu U}{3L}$

풀이

$\tau = \mu \dfrac{du}{dy}$

$\Rightarrow \dfrac{du}{dy} = u' = \dfrac{\frac{2}{3} U \cdot y^{-\frac{1}{3}}}{L^{\frac{2}{3}}} = \dfrac{2}{3} \dfrac{U}{L^{\frac{2}{3}} y^{\frac{1}{3}}}$

$\Rightarrow \tau = \mu \dfrac{2}{3} \dfrac{U}{L^{\frac{2}{3}} y^{\frac{1}{3}}}$

$\tau_{\frac{L}{8}} = \mu \dfrac{2}{3} \dfrac{U}{L^{\frac{2}{3}} \left(\frac{L}{8}\right)^{\frac{1}{3}}} = \dfrac{4\mu U}{3L}$

60 퍼텐셜 함수가 $K\theta$인 선와류 유동이 있다. 중심에서 반지름 1 m인 원주를 따라 계산한 순환(circulation)은? (단, $\vec{V} = \nabla \phi = \dfrac{\partial \phi}{\partial r}\vec{i_r} + \dfrac{1}{r}\dfrac{\partial \phi}{\partial \theta}\vec{i_\theta}$이다.)

① 0   ② K
③ πK ④ $2\pi K$

풀이

$\phi = K\theta$

$\Rightarrow \vec{V} = V_r \vec{i_r} + V_\theta \vec{j_\theta}$
$\uparrow$

$\vec{V_r} = \dfrac{\partial \phi}{\partial r} = 0, \vec{V_\theta} = \dfrac{1}{r}\dfrac{\partial \phi}{\partial \theta} = \dfrac{1}{r}\dfrac{\partial(K\theta)}{\partial \theta} = \dfrac{K}{r}$

순환

$\Gamma = \oint \vec{V} \cdot \vec{ds} = \int_0^{2\pi} V_\theta \, ds$

$= \int_0^{2\pi} \dfrac{K}{r} r \, d\theta = [K\theta]_0^{2\pi} = 2\pi K$

제4과목 : 기계재료 및 유압기기

61 강의 5대 원소만을 나열한 것은?

① Fe, C, Ni, Si, Au
② Ag, C, Si, Co, P
③ C, Si, Mn, P, S
④ Ni, C, Si, Cu, S

풀이

탄소강에 함유된 5대 원소의 영향
탄소(C) : 강도 및 경도는 증가하고, 연성은 감소
규소(Si) : 탈산제 역할을 하며, 유동성을 향상시켜 주조성 증가
망간(Mn) : 황(S)의 적열메짐을 막아주며, 절삭성개선
인(P) : 상온취성의 원인이 되며 편석을 발생하여 담금질 균열의 원인이 됨
황(S) : 적열취성의 원인이 되며 고온 가공성을 해침

62 C와 Si의 함량에 따른 주철의 조직을 나타낸 조직 분포도는?

① Gueiner, Klingenstein 조직도
② 마우러(Maurer) 조직도
③ Fe-C 복평형 상태도
④ Guilet 조직도

풀이

마우러 조직도(Maurer's diagram) 탄소(C)함유량을 세로축, 규소(Si)함유량을 가로축으로 하고, 두 성

정답 60. ④ 61. ③ 62. ②

분 관계에 따라 주철의 조직이 어떻게 변화하는가를 나타낸 실용적인 선도

③ 침탄질화법   ④ 오스템퍼링

풀이
강의 표면 경화법의 분류
① 물리적 표면 경화법 : 화염 경화법, 고주파 경화법, 하드 페이싱, 쇼트피이닝
② 화학적 표면 경화법 : 침탄법, 질화법, 청화법, 침유법, 금속 침투법
③ 금속 침투법 : 세라다이징, 크로마이징, 칼로라이징, 실리코나이징, 보로나이징
④ 기타 표면 경화법 : 쇼트 피이닝, 방전 경화법, 하드 페이싱

63 고 망간강에 관한 설명으로 틀린 것은?
① 오스테나이트 조직을 갖는다.
② 광석·암석의 파쇄기의 부품 등에 사용된다.
③ 열처리에 수인법(water toughening)이 이용된다.
④ 열전도성이 좋고 팽창계수가 작아 열변형을 일으키지 않는다.

풀이
고망간(Mn)강은 하드필강, 오스테나이트 망간강으로 Mn을 10~14% 함유하며 조직은 오스테나이트이고, 인성이 높아 내마모성이 우수하다.
용도 : 광산장비, 광산용 트럭 적재함, 건설기계(굴삭기, 휠로더 버켓)등의 내마모 부품
수인법 : 고망간강과 같이 첨가 원소량이 많은 것은 변태온도가 더욱 저하되어 서냉해도 오스테나이트 조직으로 된다. 이것을 1,000~1,200℃에서 수중에 급냉시켜 완전히 오스테나이트로 만든 것이 오히려 연하고 인성이 증가되어 가공이 용이하게 된다.

66 대표적인 주조경질 합금으로 코발트를 주성분으로 한 Co-Cr-W-C계 합금은?
① 라우탈(lautal)
② 실루민(silumin)
③ 세라믹(ceraminc)
④ 스텔라이트(stellite)

풀이
주조 경질 합금은 스텔라이트(stellite)로 Co를 주성분(30~45%)으로 한 Co+Cr+W+C계 합금으로 고온경도, 내식성 우수, 고온 저항이 크며 내마모성이 우수하여 각종 절삭공구, 내마모, 내식, 내열용 등으로 쓰인다.

64 고속도공구강(SKH12)의 표준조성에 해당되지 않는 것은?
① W   ② V
③ Al   ④ Cr

풀이
표준 고속도공구강은 W계 고속도강으로 18(W)-4(Cr)-1(V)이 대표적이다.

67 두랄루민의 합금조성으로 옳은 것은?
① Al-Cu-Zn-Pb
② Al-Cu-Mg-Mn
③ Al-Zn-Si-Sn
④ Al-Zn-Ni-Mn

풀이
두랄루민은 강력 알루미늄합금으로 주요성분은 Al-Cu-Mg이며, Mn 0.5%의 조성으로, 상온시효처리하여 기계적성질을 개선한 합금으로 가볍고 강도가 크다.

65 강의 열처리 방법 중 표면경화법에 해당하는 것은?
① 마퀜칭   ② 오스포밍

정답 63. ④   64. ③   65. ③   66. ④   67. ②

68 서브제로(sub-zero)처리 관한 설명으로 틀린 것은?

① 마모성 및 피로성이 향상된다.
② 잔류오스테아니트를 마텐자이트화 한다.
③ 담금질을 한 강의 조직이 안정화 된다.
④ 시효변화가 적으며 부품의 치수 및 형상이 안정된다.

풀이

심냉처리(초저온처리, 영하처리 : Sub Zero Treatment) : 계단식 열처리의 한 응용법
담금질한 강의 경도를 증대시키고 시효변형을 방지하기 위하여 0℃ 이하의 저온에서 처리한 것을 말하며, 심랭처리는 담금질 직후 -80~120℃의 저온에서 실시하고 심랭처리 후, 곧이어 뜨임작업을 한다.
① 심냉처리 목적
 ㉮ 주목적은 강을 강인하게 만들기 위한 것이다.
 ㉯ 잔류 오스테나이트를 마텐자이트로 변화
 ㉰ 공구강의 경도 증대, 성능 향상, 절삭성 향상, 정밀부품 조직안정을 위한 것이다.
 ㉱ 시효에 의한 형상 및 치수변형 방지, 침탄층의 경화목적을 달성하기 위한 것이다.

69 다음 중 비중이 가장 큰 금속은?

① Fe   ② Al
③ Pb   ④ Cu

풀이

철(Fe) : 7.86 알루미늄(Al) : 2.7
납(Pb) : 11.34 구리(Cu) : 8.9

70 과공석강의 탄소함유량(%)으로 옳은 것은?

① 약 0.01~0.02%
② 약 0.02~0.80%
③ 약 0.80~2.0%
④ 약 2.0~4.3%

풀이

아공석강 : 0.025~0.8% C
공석강 : 0.8% C
과공석강 : 0.8~2.0% C

71 그림과 같이 P_3의 압력은 실린더에 작용하는 부하의 크기 혹은 방향에 따라 달라질 수 있다. 그러나 중앙의 "A"에 특정밸브를 연결하면 P_3의 압력변화에 대하여 밸브 내부에서 P_2의 압력을 변화시켜 △P를 항상 일정하게 유지시킬 수 있는데 "A"에 들어갈 수 있는 밸브는 무엇인가?

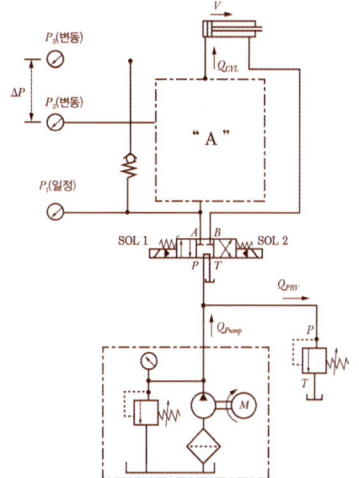

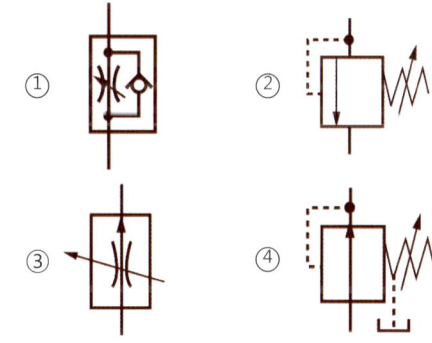

풀이

압력 보상형 유량제어밸브 : 유량제어밸브는 유압회로에 공급되는 유량을 제어하여 액츄에이터의 속도를 제어하는 밸브이다.
압력보상형 유량제어밸브는 부하의 변동이 발생하더라

정답 68. ① 69. ③ 70. ③ 71. ③

도 교축부 전후의 압력차를 항상 일정하게 유지하는 기능을 가진 밸브

72 그림과 같은 유압회로도에서 릴리프 밸브는?

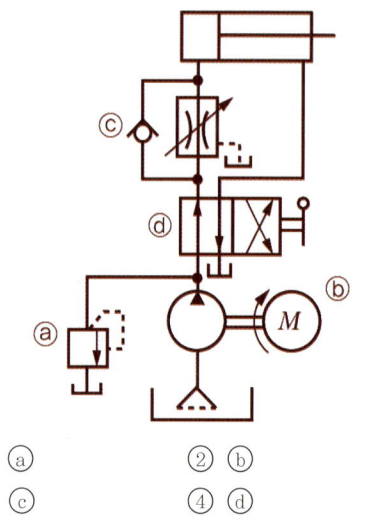

① ⓐ   ② ⓑ
③ ⓒ   ④ ⓓ

[풀이]
ⓐ 릴리프밸브
ⓑ 유압모터
ⓒ 체크밸브
ⓓ 솔레노이드밸브 (4포트 2위치 4방밸브)

73 일반적으로 저 점도유를 사용하며 유압시스템의 온도 60~80℃ 정도로 높은 상태에서 운전하여 유압시스템 구성기기의 이물질을 제거하는 작업은?

① 엠보싱   ② 블랭킹
③ 플러싱   ④ 커미싱

[풀이]
플러싱(flushing) : 유압장치에서 플러싱은 배관작업을 할 때 부주의로 들어간 이물질이나 오염물을 제거할 목적으로 오염에 기인한 오작동이 발생하지 않도록 기름이 흐르는 모든 관로를 깨끗하게 하는 작업

74 그림과 같은 방향제어 밸브의 명칭으로 옳은 것은?

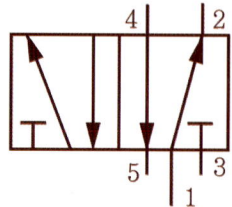

① 4 ports-4 control position valve
② 5 ports-4 control position valve
③ 4 ports-2 control position valve
④ 5 ports-2 control position valve

[풀이]
5포트 2위치 4방 (5/2-way 밸브) 좌측 네모칸 내의 포트 수(접속점)가 5개 이므로 '5포트', 네모칸(밸브의 작동위치) 의 개수가 2개이므로 '2위치' 화살표의 개수가 4개이므로 '4방(향)'

75 유량제어 밸브를 실린더 출구측에 설치한 회로로서 실린더에서 유출되는 유량을 제어하여 피스톤 속도를 제어하는 회로는?

① 미터 인 회로
② 카운터 밸런스 회로
③ 미터 아웃 회로
④ 블리드 오프 회로

[풀이]
미터 아웃 회로(meter out circuit) :
유량제어밸브를 실린더 출구 측에 설치하여 실린더에서 빠지는 유압을 조절할 필요가 있을 때 사용하는 회로

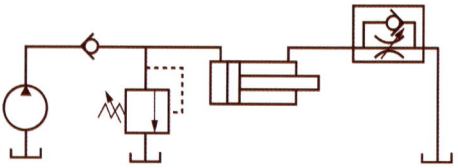

76 실린더 안을 왕복운동하면서, 유체의 압력과 힘의 주고 받음을 하기 위한 지름에 비하여 길이가 긴 기계부품은?

① spool　　② land
③ port　　　④ plunger

풀이
① 스풀(spool) : 원통형 마끄럼 면에 내접하여 축 방향으로 이동하여 유로를 개폐하는 꽃이 모양의 구성 부품
② 랜드(land) : 스풀의 밸브 작용을 하는 미끄럼 면
③ 포트(port) : 작동 유체 통로의 열린 부분

77 한 쪽 방향으로 흐름은 자유로우나 역방향의 흐름은 허용하지 않는 밸브는?

① 셔틀 밸브　　② 체크 밸브
③ 스로틀 밸브　④ 릴리프 밸브

풀이
체크 밸브(check valve)
체크 밸브는 방향제어밸브로 한 방향의 유동을 허용하지만, 역방향의 유동은 완전히 저지하는 역할을 하는 밸브

78 다음 유압작동유 중 난연성 작동유에 해당하지 않는 것은?

① 물-글리콜형 작동유
② 인산 에스테르형 작동유
③ 수중 유형 유화유
④ R&O형 작동유

풀이
난연성은 불에 잘 타지 않는 성질이며 난연성 작동유는 일반적으로 수성계인 물(수) - 글리콜(glycol)형, 수중유형 유화유, 유중수형 유화유가 있고, 합성계에는 인산 에스테르형, 폴리에스테르형이 있다.
R&O형은 광유계(석유계 유압유)로 일반 유압유이며 첨가 터빈유를 유압에 전용화 한 형식으로 방청성이 우수하다.

79 유압회로에서 감속회로를 구성할 때 사용되는 밸브로 가장 적합한 것은?

① 디셀러레이션 밸브
② 시퀀스 밸브
③ 저압우선형 셔틀 밸브
④ 파일럿 조작형 체크 밸브

풀이
감속밸브(디셀러레이션 밸브, deceleration valve) : 액츄에이터의 속도를 감속시키기 위해 유량을 감소시키는 밸브이다.

80 유입관로의 유량이 25 L/min일 때 내경이 10.9 mm라면 관내유속은 약 몇 m/s인가?

① 4.47　　② 14.62
③ 6.32　　④ 10.27

풀이
유량 $Q = AV$

$$V = \frac{Q}{A} = \frac{\left(\frac{25 \times 10^{-3}}{60}\right)}{\frac{\pi}{4} \times 0.0109^2} ≒ 4.47 \, m/s$$

제5과목 : 기계제작법 및 기계동력학

81 x방향에 대한 운동 방정식이 다음과 같이 나타날 때 이 진동계에서의 감쇠 고유진동수(damped natural frequency)는 약 몇 rad/s인가?

$$2\ddot{x} + 3\dot{x} + 8x = 0$$

① 2.75　　② 1.35
③ 2.25　　④ 1.85

풀이
$m = 2, \, C = 3, \, k = 8$

$$\omega = \sqrt{\dfrac{k}{m}} = \sqrt{\dfrac{8}{2}} = 2$$

$$C_c = \dfrac{2k}{\omega} = \dfrac{16}{2} = 8$$

감쇠비 $\zeta = \dfrac{C}{C_c}$ $\Rightarrow$ $\zeta = \dfrac{3}{8} = 0.375$

감쇠고유진동수

$$= \omega\sqrt{1-\zeta^2} = 2\sqrt{1-\left(\dfrac{3}{8}\right)^2} = 1.85$$

82 기중기 줄에 200 N과 160 N의 일정한 힘이 작용하고 있다. 처음에 물체의 속도는 밑으로 2 m/s였는데, 5초 후에 물체속도의 크기는 약 몇 m/s인가?

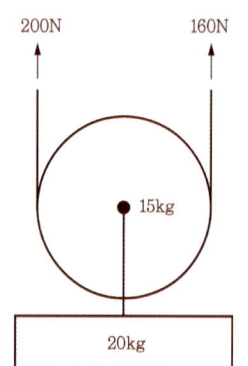

① 0.18 m/s   ② 0.28 m/s
③ 0.38 m/s   ④ 0.48 m/s

풀이

$\Sigma F = ma$

$\Rightarrow (200+160) - (15+20) \times 9.81$

$\quad = 360 - 35 \times 9.81 = 35 \times a$

$a = 0.48 \, m/s^2$

$\Rightarrow a = \dfrac{\Delta V}{\Delta t} = \dfrac{V-(-2)}{5} = 0.48$

$\therefore V = 0.4 \, m/s$

83 36 km/h의 속력으로 달리던 자동차 A가, 정지하고 있던 자동차 B와 충돌하였다. 충돌 후 자동차 B는 2 m 만큼 미끄러진 후 정지하였다. 두 자동차 사이의 반발계수 e는 약 얼마인가? (단, 자동차 A, B의 질량은 동일하며 타이어와 노면의 동마찰계수는 0.8이다.)

① 0.06   ② 0.08
③ 0.10   ④ 0.12

풀이

$a = \dfrac{\Sigma F}{m} = \mu_k \times mg = \mu_k \times g$

$\quad = 0.8 \times 9.8 = 7.84 \, m/s^2$

$(V_B)^2 - (V_B')^2 = -2as, \; V_B = 0$

$V_B' = \sqrt{2as} = \sqrt{2 \times 7.84 \times 2}$

$\quad = 5.6 \, m/s$

$m_A \times V_A = m_A \times V_A' + m_B \times V_B'$

$V_A' = \dfrac{m_A \times V_A - m_B \times V_B'}{m_A}$

$m_A = m_B$ 이므로

$\Rightarrow V_A' = V_A - V_B' = \dfrac{36000}{60 \times 60} - 5.6$

$\quad = 4.4 \, m/s$

$\therefore e = \dfrac{-(V_A' - V_B')}{V_A - V_B}$

$\quad = \dfrac{-(4.4-5.6)}{10-0} = 0.12$

84 질량이 100 kg이고 반지름이 1 m인 구의 중심에 420 N의 힘이 그림과 같이 작용하여 수평면 위에서 미끄러짐 없이 구르고 있다. 바퀴의 각가속도는 몇 rad/s^2인가?

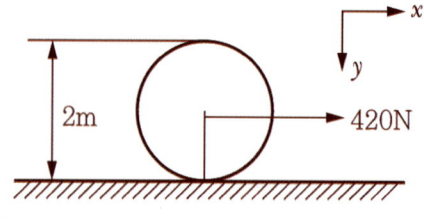

① 2.2   ② 2.8
③ 3   ④ 3.2

풀이

$F \times r = \frac{3}{2} m r^2 \alpha$

⇨ $420 \times 1 = \frac{3}{2} \times 100 \times 1^2 \times \alpha$

∴ $\alpha = 2.8\ rad/s$

85 질량 10 kg인 상자가 정지한 상태에서 경사면을 따라 A지점에서 B지점까지 미끄러져 내려왔다. 이 상자의 B지점에서의 속도는 약 몇 m/s인가? (단, 상자와 경사면 사이의 동마찰계수(μ_k)는 0.3 이다.)

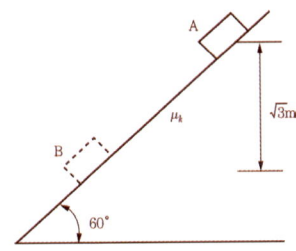

① 5.3　　② 3.9
③ 7.2　　④ 4.6

풀이

$\sqrt{3}\,mg - \mu_k \times mg \times \cos 60° \times \frac{\sqrt{3}}{\sin 60°}$

$= \frac{1}{2} m (V_B)^2$

⇨ $98\sqrt{3} - 0.3 \times 98 \times \cos 60° \times \frac{\sqrt{3}}{\sin 60°}$

$= 5(V_B)^2$

∴ $V_B = 5.3\ m/s$

86 어떤 사람이 정지상태에서 출발하여 직선방향으로 등가속도 운동을 하여 5초 만에 10 m/s의 속도가 되었다. 출발하여 5초 동안 이동한 거리는 몇 m인가?

① 5　　② 10
③ 25　　④ 50

풀이

$V = V_0 + at$　⇦　$V_0 = 0$

⇨ $V = at$

$a = \frac{V}{t} = \frac{10}{5} = 2\ m/s^2$

$s = V_0 t + \frac{1}{2} a t^2 = \frac{1}{2} a t^2$

⇨ $s = \frac{1}{2} \times 2 \times 25 = 25\ m$

87 스프링으로 지지되어 있는 질량의 정적처짐이 0.5 cm일 때 이 진동계의 고유진동수는 몇 Hz인가?

① 3.53　　② 7.05
③ 14.09　　④ 21.15

풀이

고유진동수

$f_n = \frac{1}{2\pi}\sqrt{\frac{g}{\delta_{st}}} = \frac{1}{2\pi}\sqrt{\frac{9.8}{0.5 \times 10^{-2}}}$

$≒ 7.05\ Hz$

88 그림과 같이 길이가 서로같고 평행인 두 개의 부재에 매달려 운동하는 평판운동의 형태는?

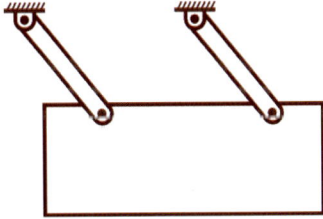

① 병진운동
② 고정축에 대한 회전운동
③ 고정점에 대한 회전운동
④ 일반적인 평면운동(회전운동 및 병진운동이 아닌 평면운동)

풀이
● 병진운동 : 상하좌우로 평행운동

정답 85. ① 86. ③ 87. ② 88. ①

- 고정축에 대한 회전운동
- 일반 평면운동

89 주기운동의 변위 $x(t)$가 $x(t) = A\sin\omega t$로 주어졌을 때 가속도의 최대값은 얼마인가?

① A ② ωA
③ $\omega^2 A$ ④ $\omega^3 A$

풀이
$\ddot{x}(t) = -A\omega^2 \sin\omega t$
$\Rightarrow \ddot{x}(t)_{max} = \omega^2 A$

90 감쇠비 ζ가 일정할 때 전달률을 1 보다 작게 하려면 진동수비는 얼마의 크기를 가지고 있어야 하는가?

① 1보다 작아야 한다.
② 1보다 커야 한다.
③ $\sqrt{2}$ 보다 작아야 한다.
④ $\sqrt{2}$ 보다 커야 한다.

풀이
전달률 < 1이면 $\gamma = \dfrac{\omega}{\omega_n} > \sqrt{2}$

91 판 두께 5 mm인 연강판에 직경 10 mm의 구멍을 프레스로 블랭킹하려고 할 때, 총 소요동력 H'은 약 몇 kW인가? (단, 프레스의 평균속도는 7 m/min, 재료의 전단강도는 300 N/mm^2, 기계의 효율은 80%이다.)

① 5.5 ② 6.9
③ 26.9 ④ 68.7

풀이
$\tau = \dfrac{P_S}{A}$
$\Rightarrow P_S = \tau A = \tau \pi d t$
$= 300 \times \pi \times 10 \times 5 ≒ 47124 N$

따라서,
$H' = \dfrac{P_S V_m}{\eta_m} = \dfrac{47124 \times 10^{-3} \times \left(\dfrac{7}{60}\right)}{0.8}$
$= 6.87 ≒ 6.9\ kW$

92 다음 중 열처리(담금질)에서의 냉각능력이 가장 우수한 냉각제는?

① 비눗물 ② 글리세린
③ 18℃의 물 ④ 10% NaCl액

풀이
담금질의 냉각제로는 물, 기름, 염욕 등이 흔히 쓰이는데 물보다 냉각 효과가 큰 것은 소금물(식염수), NaOH 용액, 황산 등이 있다. 염류수용액(Brine)에서 염으로 가장 많이 사용되는 10% NaCl 수용액(20° C)이 고온 영역에서 냉각성능이 물보다 큰 이유는 염류가 용해되어 있기 때문에 용액의 비점이 상승하고, 여기에 따라서 증기 발생이 늦어지기 때문이다.

93 주조에서 주물의 중심부까지의 응고시간(t), 주물의 체적(V), 표면적(S)과의 관계로 옳은 것은? (단, K는 주형상수이다.)

① $t = K\dfrac{V}{S}$ ② $t = K\left(\dfrac{V}{S}\right)^2$
③ $t = K\sqrt{\dfrac{V}{S}}$ ④ $t = K\left(\dfrac{V}{S}\right)^3$

풀이
주물의 중심부까지의 응고시간 t는 주물의 체적(V)과 표면적(S)과의 비의 제곱에 비례한다.
즉, $t \propto \left(\dfrac{V}{S}\right)^2$
따라서, $t = K\left(\dfrac{V}{S}\right)^2$ 여기서 K=주형상수

94 절삭가공 시 절삭유(cutting fluid)의 역할로 틀린 것은?

정답 89. ③ 90. ④ 91. ② 92. ④ 93. ② 94. ①

① 공구와 칩의 친화력을 돕는다.
② 공구나 공작물의 냉각을 돕는다.
③ 공작물의 표면조도 향상을 돕는다.
④ 공작물과 공구의 마찰감소를 돕는다.

풀이
절삭유의 3대 작용
① 냉각작용 : 공구와 공작물의 온도증가 방지
② 윤활작용 : 공구의 윗면과 칩 사이의 마찰 감소로 가공표면을 양호하게 함
③ 세척작용 : 칩을 씻어주고 절삭부를 깨끗하게 하여 절삭작용을 좋게 함

95 경화된 작은 철구(鐵球)를 피 가공물에 고압으로 분사하여 표면의 경도를 증가시켜 기계적성질, 특히 피로강도를 향상시키는 가공법은?

① 버핑 ② 버니싱
③ 숏 피닝 ④ 슈퍼 피니싱

풀이
쇼트 피이닝(Shot Peening)
쇼트 피이닝은 쇼트라고 불리는 작은 금속입자를 고속으로 금속제품 표면에 분사하여 표면을 햄머링(hammering)하는 일종의 냉간가공으로 표면경화, 피로강도 및 피로수명 증가 등을 목적으로 실시한다.

96 허용동력이 3.6 kW인 선반으로 출력을 최대한으로 이용하기 위하여 취할 수 있는 허용최대 절삭면적은 몇 mm^2 인가? (단, 경세적 절삭속도는 120m/min을 사용하며, 피삭재의 비절삭저항이 45kgf/mm^2, 선반의 기계효율이 0.80이다.)

① 3.26 ② 6.26
③ 9.26 ④ 12.26

풀이
동력 $H' = \dfrac{FV}{\eta_m} = \dfrac{\tau A V}{\eta_m}$ 에서

$3.6 \times 10^3 = \dfrac{45 \times 9.8 \times A \times \left(\dfrac{120}{60}\right)}{0.8}$

따라서 $A = 3.26 \, mm^2$

97 래핑 다듬질에 대한 특징 중 틀린 것은?

① 내식성이 증가된다.
② 마멸성이 증가된다.
③ 윤활성이 좋게 된다.
④ 마찰계수가 적어진다.

풀이
래핑(Lapping)은 공작물의 표면을 랩(lap)으로 눌러서 공작물과 랩 공구 사이에 연삭 입자의 분말로 되어 있는 래핑 입자를 넣고 상대운동을 시키면서 공작물 표면에서 아주 미세한 양을 갈아내어 치수가 정밀하고 매끄러운 표면을 얻는 가공방법을 말한다.

〈장점〉
거울과 같은 면(경면)을 얻을 수 있다.
마찰계수가 적어지고, 정밀도가 높은 제품을 얻을 수 있다. (게이지)
윤활성이 양호하게 된다.
다듬질면은 내식성 및 내마모성이 증가한다.

98 용제와 와이어가 분리되어 공급되고 아크가 용제 속에서 발생되므로 불가시 아크용접이라고 불리는 용접법은?

① 피복 아크용접
② 탄산가스 아크용접
③ 가스텅스텐 아크용접
④ 서브머지드 아크용접

풀이
서브머지드 아크용접(submerged arc welding : SAW)
자동 급속 아크 용접법으로 모재의 이음 표면에 미세한 입상의 용제를 공급하고, 용제 속에 연속적으로 전극 와이어를 송급하여 모재 및 전극 와이어를 용융시켜 용접부를 대기로부터 보호하면서 용접하는 방법으로 아크가 보이지 않는 상태에서 용접이 진행된다고 하여 일명 잠호 용접 또는 불가시 용접이라고도

한다. 이 용접법은 상품명으로는 유니언 멜트 용접법 또는 링컨 용접법이라고도 불리운다.

99 소성가공에 포함되지 않는 가공법은?

① 널링가공 ② 보링가공
③ 압출가공 ④ 전조가공

풀이

소성가공은 상온에서 가공하는 냉간소성가공과 가열하여 가공하는 열간소성가공이 있다.
소성가공의 종류로는 단조, 압출, 인발, 드로잉, 제관, 접합, 전단, 전조, 프레스 가공 등이 있다.
보링가공 : 이미 뚫려 있는 기존 구멍을 확대하거나 품질을 개선하는 가공 공정

100 CNC 공작기계의 이동량을 전기적인 신호로 표시하는 회전 피드백 장치는?

① 리졸버 ② 볼 스크루
③ 리밋 스위치 ④ 초음파 센서

풀이

리졸버(resolver) : CNC 공작기계의 움직임을 전기적인 신호로 표시하는 일종의 회전 피드백(feedback) 장치이다.

정답 99. ② 100. ①

국가기술자격 필기시험문제

2016년 기사 제4회 경향성 문제			수험번호	성명
자격종목	일반기계기사	시험시간 2시간 30분	형별 A	

제1과목 : 재료역학

01 그림과 같이 강철봉이 안지름 d, 바깥지름 D인 동관에 끼워져서 두 강체 평판사이에서 압축되고 있다. 강철봉 및 동관에 생기는 응력을 각각 σ_s, σ_c라고 하면 응력비(σ_s/σ_c)의 값은? (단, 강철(Es) 및 동(Ec)의 탄성계수는 각각 $Es = 200\,GPa$, $Ec = 120\,GPa$이다.)

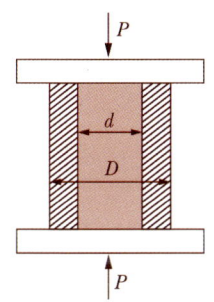

① $\dfrac{3}{5}$ ② $\dfrac{4}{5}$ ③ $\dfrac{5}{4}$ ④ $\dfrac{5}{3}$

풀이

$\sigma = E \epsilon$에서 ϵ이 같으므로

$\dfrac{\sigma_s}{\sigma_c} = \dfrac{E_s}{E_c} = \dfrac{200}{120} = \dfrac{5}{3}$

즉, 병렬연결에서는 강한 재료가 하중을 더 크게 부담한다.

02 오일러 공식이 세장비 $\dfrac{\ell}{k} > 100$에 대해 성립한다고 할 때, 양단이 힌지인 원형단면 기둥에서 오일러 공식이 성립하기 위한 길이 "ℓ"과 지름 "d"와의 관계가 옳은 것은?

① $\ell > 4\,d$ ② $\ell > 25\,d$ ③ $\ell > 50\,d$ ④ $\ell > 100\,d$

풀이

지름이 d인 원형단면의 회전반경

$k = \sqrt{\dfrac{I}{A}} = \sqrt{\dfrac{\pi d^4}{64} \times \dfrac{4}{\pi d^2}} = \sqrt{\dfrac{d^2}{16}} = \dfrac{d}{4}$

세장비 $\lambda = \dfrac{l}{k} > 100 = \dfrac{l}{d} > 25$

∴ $l > 25\,d$

03 단면적이 A, 탄성계수가 E, 길이가 L인 막대에 길이방향의 인장하중을 가하여 그 길이가 δ만큼 늘어났다면, 이 때 저장된 탄성변형 에너지는?

① $\dfrac{AE\delta^2}{L}$ ② $\dfrac{AE\delta^2}{2L}$ ③ $\dfrac{EL^3\delta^2}{A}$ ④ $\dfrac{EL^3\delta^2}{2A}$

풀이

늘어난 량 $\delta = \dfrac{PL}{AE} \Rightarrow P = \dfrac{AE\delta}{L}$

탄성변형 에너지 $U = \dfrac{P}{2}\delta = \dfrac{AE\delta^2}{2L}$

04 그림과 같은 단순보의 중앙점(C)에서 굽힘모멘트는?

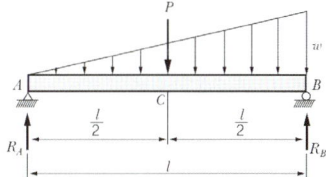

정답 1.④ 2.② 3.② 4.②

① $\dfrac{Pl}{2} + \dfrac{wl^2}{8}$ ② $\dfrac{Pl}{4} + \dfrac{wl^2}{16}$

③ $\dfrac{Pl}{2} + \dfrac{wl^2}{48}$ ④ $\dfrac{Pl}{4} + \dfrac{5}{48}wl^2$

풀이

$R_A = \dfrac{wl}{6} + \dfrac{P}{2}$

$\Rightarrow M_{\frac{l}{2}} = R_A \times \dfrac{l}{2} - \dfrac{1}{2} \times \dfrac{l}{2} \times \dfrac{w}{2} \times \left(\dfrac{l}{2} \times \dfrac{1}{3}\right)$

$= \left(\dfrac{wl}{6} + \dfrac{P}{2}\right) \times \dfrac{l}{2} - \dfrac{wl^2}{48} = \dfrac{Pl}{4} + \dfrac{wl^2}{16}$

05 길이 L인 봉 AB가 그 양단에 고정된 두 개의 연직 강선에 의하여 그림과 같이 수평으로 매달려 있다. 봉 AB의 자중은 무시하고, 봉이 수평을 유지하기 위한 연직하중 P의 작용점까지의 거리 x는? (단, 강선들은 단면적은 같지만 A단의 강선은 탄성계수 E_1, 길이 l_1 이고, B단의 강선은 탄성계수 E_2, 길이 l_2 이다.)

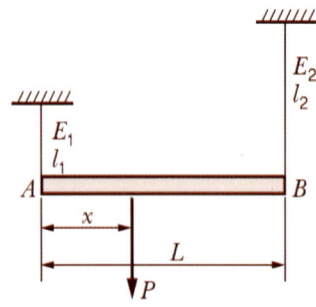

① $x = \dfrac{E_1 l_2 L}{E_1 l_2 + E_2 l_1}$

② $x = \dfrac{2E_1 l_2 L}{E_1 l_2 + E_2 l_1}$

③ $x = \dfrac{2E_2 l_1 L}{E_1 l_2 + E_2 l_1}$

④ $x = \dfrac{E_2 l_1 L}{E_1 l_2 + E_2 l_1}$

풀이

• $\sum M_A = 0 \Rightarrow P_2 L = Px \Rightarrow x = \dfrac{P_2}{P}L$

$\Rightarrow x = \dfrac{P_2}{P_1 + P_2}L$ ……(1)

• 문제의 의미에서 $\lambda = \lambda_1 = \lambda_2$

$\sigma_1 = \dfrac{P_1}{A} = E_1 \epsilon_1 = E_1 \dfrac{\lambda}{l_1}$

$\Rightarrow P_1 = E_1 \dfrac{A\lambda}{l_1}$

$\sigma_2 = \dfrac{P_2}{A} = E_2 \epsilon_2 = E_2 \dfrac{\lambda}{l_2}$

$\Rightarrow P_2 = E_2 \dfrac{A\lambda}{l_2}$

• (1)식에 대입하면

$x = \dfrac{P_2}{P_1 + P_2}L = \dfrac{E_2/l_2}{E_1/l_1 + E_2/l_2}L = \dfrac{E_2 l_1 L}{E_1 l_2 + E_2 l_1}$

06 지름 d인 원형단면 기둥에 대하여 오일러 좌굴식의 회전반경은 얼마인가?

① $\dfrac{d}{2}$ ② $\dfrac{d}{3}$

③ $\dfrac{d}{4}$ ④ $\dfrac{d}{6}$

풀이

회전반경

$k = \sqrt{\dfrac{I}{A}} = \sqrt{\dfrac{\pi d^4}{64} \times \dfrac{4}{\pi d^2}} = \sqrt{\dfrac{d^2}{16}} = \dfrac{d}{4}$

07 그림과 같이 4 kN/cm의 균일분포하중을 받는 일단고정 타단지지보에서 B점에서의 모멘트 M_B는 약 몇 kN·m 인가? (단, 균일단면보이며, 굽힘강성(EI)은 일정하다.)

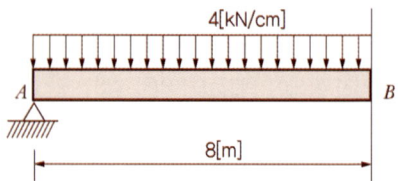

① 800　　② 2000
③ 3200　　④ 4000

풀이

$R_{지지단} = \dfrac{3}{8}wl$ 이므로

$M_B = -\dfrac{3}{8}wl \times l + wl \times l/2$

$= \dfrac{wl^2}{8} = \dfrac{400 \times 8^2}{8} = 3200\,kN \cdot m$

08 지름 d인 원형 단면보에 가해지는 전단력을 V라 할 때 단면의 중립축에서 일어나는 최대 전단응력은?

① $\dfrac{3}{2}\dfrac{V}{\pi d^2}$　　② $\dfrac{4}{3}\dfrac{V}{\pi d^2}$

③ $\dfrac{5}{3}\dfrac{V}{\pi d^2}$　　④ $\dfrac{16}{3}\dfrac{V}{\pi d^2}$

풀이

$\tau_{\max} = \dfrac{4}{3}\dfrac{F}{A} = \dfrac{4}{3}\dfrac{4V}{\pi d^2} = \dfrac{16}{3}\dfrac{V}{\pi d^2}$

09 어떤 직육면체에서 x 방향으로 40 MPa의 압축응력이 작용하고 y 방향과 z 방향으로 각각 10 MPa씩 압축응력이 작용한다. 이 재료의 세로탄성계수는 100 GPa, 푸아송 비는 0.25, x 방향 길이는 200 mm일 때 x 방향 길이의 변화량은?

① −0.07 mm　　② 0.07 mm
③ −0.085 mm　　④ 0.085 mm

풀이

- x, y, z방향 모두 압축하중
- σ_x에 의한 변형량은

$\sigma_x = E\epsilon = E\dfrac{-\lambda_x}{l_x}\ \Rightarrow\ \lambda_x = -\dfrac{\sigma_x l_x}{E}$ ……(1)

- σ_y와 σ_z에 의한 λ_x의 변형량은

$\lambda_x = -2\dfrac{\sigma l_x}{mE}\ (\sigma = \sigma_y = \sigma_z)$ ……(2)

- (1)과 (2)를 합하면

$\lambda_x = -\dfrac{\sigma_x l_x}{E} - 2\dfrac{\sigma l_x}{mE} = -\dfrac{l_x}{E}(\sigma_x - 2\mu\sigma)$

$= -\dfrac{200}{100000}(40 - 2 \times 0.25 \times 10)$

$= -0.07\,mm$

10 균일분포하중을 받고 있는 길이가 L인 단순보의 처짐량을 δ로 제한한다면 균일 분포하중의 크기는 어떻게 표현되겠는가? (단, 보의 단면은 폭이 b이고 높이가 h인 직사각형이고 탄성계수는 E이다.)

① $\dfrac{32Ebh^3\delta}{5L^4}$　　② $\dfrac{32Ebh^3\delta}{7L^4}$

③ $\dfrac{16Ebh^3\delta}{5L^4}$　　④ $\dfrac{16Ebh^3\delta}{7L^4}$

풀이

$\delta_{\max} = \dfrac{5wl^4}{384EI}$

$\Rightarrow w = \dfrac{384EI\delta}{5L^4} = \dfrac{384E\delta}{5L^4} \times \dfrac{bh^3}{12}$

$= \dfrac{32Ebh^3\delta}{5L^4}$

11 회전수 120 rpm과 35 kW를 전달할 수 있는 원형 단면축의 길이가 2 m이고, 지름이 6 cm일 때 축단의 비틀림 각도는 약 몇 rad인가? (단, 이 재료의 가로탄성계수는 83 GPa이다.)

① 0.019　　② 0.036
③ 0.053　　④ 0.078

풀이

$T = 974\dfrac{H_{kW}}{N} = 974\dfrac{35}{120}$

$= 284\,kN \cdot cm = 2840\,N \cdot m$

$\theta = \dfrac{Tl}{GI_P} = \dfrac{2840 \times 2 \times 32}{83 \times 10^9 \times \pi \times 0.06^4}$

$≒ 0.054\,rad$

정답 8. ④　9. ①　10. ①　11. ③

12 2축 응력상태의 재료 내에서 서로 직각 방향으로 400 MPa의 인장응력과 300 MPa의 압축응력이 작용할 때 재료내에 생기는 최대 수직응력은 몇 MPa인가?

① 500　　② 300
③ 400　　④ 350

풀이
최대 수직응력은 $\theta = 0°$ 일 때 발생하므로
$\sigma_n = \frac{1}{2}(\sigma_x + \sigma_y) + \frac{1}{2}(\sigma_x - \sigma_y)\cos 2\theta$
$= \frac{1}{2}(400 - 300) + \frac{1}{2}(400 + 300) = 400\,MPa$

13 지름이 1.2 m, 두께가 10 mm인 구형 압력용기가 있다. 용기재질의 허용인장응력이 42 MPa일 때 안전하게 사용할 수 있는 최대내압은 약 몇 MPa인가?

① 1.1　　② 1.4
③ 1.7　　④ 2.1

풀이
구형 압력용기의 응력은 $\sigma = \frac{pd}{4t}$
$\Rightarrow p = \frac{4\sigma t}{d} = \frac{4 \times 42 \times 10}{1200} = 1.4\,MPa$

14 5 cm×4 cm 블록이 x축을 따라 0.05 cm만큼 인장되었다. y 방향으로 수축되는 변형률(ϵ_y)은? (단, 푸아송 비(ν)는 0.3이다.)

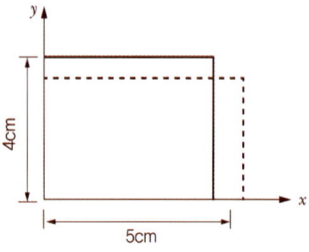

① 0.00015　　② 0.0015
③ 0.003　　　④ 0.03

풀이
$\nu = \frac{\epsilon'}{\epsilon} = \frac{\epsilon_y}{\epsilon_x}$
$\Rightarrow \epsilon_y = \nu\epsilon_x = \nu\frac{\lambda}{l} = 0.3\frac{0.05}{5} = 0.003$

15 지름 4 cm의 원형 알루미늄 봉을 비틀림 재료시험기에 걸어 표면의 45° 나선에 부착한 스트레인 게이지로 변형도를 측정하였더니 토크 120 N·m일 때 변형률 $\epsilon = 150 \times 10^{-6}$을 얻었다. 이 재료의 전단탄성계수는?

① 31.8 GPa　　② 38.4 GPa
③ 43.1 GPa　　④ 51.2 GPa

풀이
$T = \tau Z_P = \tau \frac{\pi d^3}{16}$
$\Rightarrow \tau = \frac{16T}{\pi d^3} = \frac{16 \times 120}{\pi \times 0.04^3} \times 10^{-6}$
$\fallingdotseq 9.55\,MPa = 9.55 \times 10^{-3}\,GPa$

$\tau = G\gamma_{max} = G(2\epsilon)$
$\Rightarrow G = \frac{\tau}{2\epsilon} = \frac{9.55 \times 10^{-3}}{2(150 \times 10^{-6})}$
$\fallingdotseq 31.8\,GPa$

16 그림과 같이 분포하중이 작용할 때 최대 굽힘모멘트가 일어나는 곳은 보의 좌측으로부터 얼마나 떨어진 곳에 위치하는가?

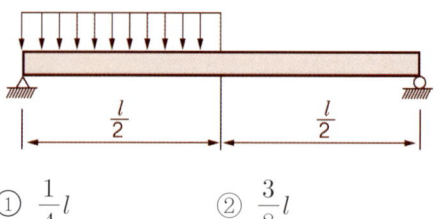

① $\frac{1}{4}l$　　② $\frac{3}{8}l$

③ $\frac{5}{12}l$ ④ $\frac{7}{16}l$

풀이

$\sum M_B = 0 \Rightarrow R_A \times l = \frac{wl}{2} \times \frac{3l}{4}$

$\Rightarrow R_A = \frac{3wl}{8}$

$\sum F_x = 0 \Rightarrow \frac{3wl}{8} = wx \quad \therefore x = \frac{3l}{8}$

17 그림과 같이 길이와 재질이 같은 두 개의 외팔보가 자유단에 각각 집중하중 P를 받고 있다. 첫째 보(1)의 단면치수는 b×h이고, 둘째 보(2)의 단면치수는 b×2h라면, 보(1)의 최대처짐 δ_1과 보(2)의 최대처짐 δ_2의 비(δ_1/δ_2)는 얼마인가?

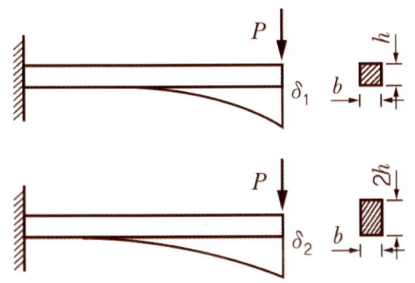

① 1/8   ② 1/4   ③ 4   ④ 8

풀이

$\delta_{max} = \frac{Pl^3}{3EI}$

$\Rightarrow \delta_1 = \frac{Pl^3}{3EI} = \frac{Pl^3}{3E} \times \frac{12}{bh^3}$,

$\delta_2 = \frac{Pl^3}{3EI} = \frac{Pl^3}{3E} \times \frac{12}{b(2h)^3}$

$= \frac{Pl^3}{3E} \times \frac{12}{bh^3} \times \frac{1}{8}$

$\therefore \delta_1/\delta_2 = 8$

18 그림과 같은 벨트구조물에서 하중 W가 작용할 때 P값은? (단, 벨트는 하중 W의 위치를 기준으로 좌우대칭이며 0° < a < 180° 이다.)

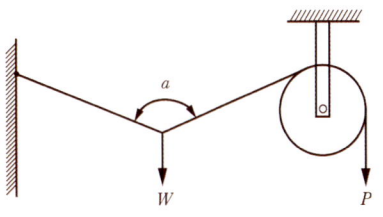

① $P = \dfrac{2W}{\cos \dfrac{\alpha}{2}}$ ② $P = \dfrac{W}{\cos \dfrac{\alpha}{2}}$

③ $P = \dfrac{W}{2\cos \alpha}$ ④ $P = \dfrac{W}{2\cos \dfrac{\alpha}{2}}$

풀이

$\sum F_y = 0 \Rightarrow W - 2P\cos \dfrac{\alpha}{2} = 0$

$\Rightarrow P = \dfrac{W}{2\cos \dfrac{\alpha}{2}}$

19 동일재료로 만든 길이 L, 지름 D인 축 A와 길이 2L, 지름 2D인 축 B를 동일각도만큼 비트는 데 필요한 비틀림 모멘트의 비 T_A/T_B의 값은 얼마인가?

① $\dfrac{1}{4}$ ② $\dfrac{1}{8}$

③ $\dfrac{1}{16}$ ④ $\dfrac{1}{32}$

풀이

$\theta = \dfrac{Tl}{GI_P} \Rightarrow \theta_A = \dfrac{T_A L}{GI_P} = \dfrac{32T_A L}{G\pi D^4}$

$\Rightarrow T_A = \dfrac{\theta_A G\pi D^4}{32L}$

$\Rightarrow \theta_B = \dfrac{T_B L}{GI_P} = \dfrac{32T_B(2L)}{G\pi(2D)^4}$

$\Rightarrow T_B = \dfrac{8\theta_B G\pi D^4}{32L}$

문제의 조건에서 $\theta_A = \theta_B$ 이므로 $\dfrac{T_A}{T_B} = \dfrac{1}{8}$

정답 17. ④ 18. ④ 19. ②

20 지름 2 cm, 길이 1 m의 원형단면 외팔보의 자유단에 집중하중이 작용할 때, 최대 처짐량이 2 cm가 되었다면, 최대 굽힘응력은 약 몇 MPa 인가? (단, 보의 세로탄성계수는 200 GPa이다.)

① 80 ② 120
③ 180 ④ 220

풀이

$\delta_{\max} = \dfrac{Pl^3}{3EI}$

$\Rightarrow P = \dfrac{3EI\delta}{l^3}$

$= \dfrac{3 \times 200 \times 10^9 \times \pi (0.02)^4 \times 0.02}{64 \times 1^3} = 94.2 N$

$M = \sigma Z$

$\Rightarrow \sigma_{\max} = \dfrac{M_{\max}}{Z} = \dfrac{32Pl}{\pi d^3}$

$= \dfrac{32 \times 94.2 \times 1}{\pi \times 0.02^3} \times 10^{-6} = 120 MPa$

제2과목 : 기계열역학

21 다음에 제시된 에너지 값 중 가장 크기가 작은 것은?

① 400 N·cm ② 4 cal
③ 40 J ④ 4000 Pa·m^3

풀이

① $400 N \cdot cm = 4 N \cdot m = 4 J$
② $4 cal = 4 \times 4.1868 = 16.72 J$
③ $40 J$
④ $4000 Pa \cdot m^3 = 4000 N/m^2 \cdot m^3 = 4000 J$

22 열역학적 관점에서 일과 열에 관한 설명 중 틀린 것은?

① 일과 열은 온도와 같은 열역학적 상태량이 아니다.
② 일의 단위는 J(joule)이다.
③ 일의 크기는 힘과 그 힘이 작용하여 이동한 거리를 곱한 값이다.
④ 일과 열은 점함수(point function)이다.

풀이
일과 열량은 도정함수(경로함수: path function)이다.

23 5 kg의 산소가 정압하에서 체적이 0.2 m^3에서 0.6 m^3로 증가했다. 산소를 이상기체로 보고 정압비열 $C_p = 0.92 kJ/(kg \cdot K)$로 하여 엔트로피의 변화를 구하였을 때 그 값은 약 얼마인가?

① 1.857 kJ/K ② 2.746 kJ/K
③ 5.054 kJ/K ④ 6.507 kJ/K

풀이

$\triangle S = \displaystyle\int_1^2 \dfrac{\delta Q}{T} = \dfrac{mC_p dT}{T} = mC_p \ln\dfrac{T_2}{T_1}$

$= mC_p \ln\dfrac{V_2}{V_1} = 5 \times 0.92 \ln\left(\dfrac{0.6}{0.2}\right)$

$= 5.054 kJ/K$

24 온도가 300 K이고, 체적이 1 m^3, 압력이 $10^5 N/m^2$인 이상기체가 일정한 온도에서 $3 \times 10^4 J$의 일을 하였다. 계의 엔트로피 변화량은?

① 0.1 J/K ② 0.5 J/K
③ 50 J/K ④ 100 J/K

풀이
등온과정에서의 가열량은 모두 일량이므로
$ds = \dfrac{\delta q}{T} = \dfrac{\delta w}{T}$

$\Rightarrow \triangle s = \displaystyle\int_1^2 \dfrac{\delta q}{T} = \int_1^2 \dfrac{\delta w}{T}$

$$= \frac{3 \times 10^4}{300} = 100 \ J/K$$

25 어느 이상기체 2 kg이 압력 200 kPa, 온도 30℃의 상태에서 체적 0.8 m^3을 차지한다. 이 기체의 기체상수는 약 몇 kJ/kg·K인가?

① 0.264 ② 0.528
③ 2.67   ④ 3.53

풀이

$pV = mRT$
$\Rightarrow 200 \times 0.8 = 2 \times R \times (30 + 273.15)$
$\Rightarrow \therefore R = 0.264 \ [kJ/kg \cdot k]$

26 공기 1 kg을 $t_1 = 10℃$, $P_1 = 0.1 MPa$, $V_1 = 0.8 m^3$ 상태에서 단열과정으로 $t_2 = 167℃$, $P_2 = 0.7 MPa$까지 압축시킬 때 압축에 필요한 일량은 약 얼마인가? (단, 공기의 정압비열과 정적비열은 각각 1.0035 kJ/(kg·K), 0.7165 kJ/(kg·K)이고, t는 온도, P는 압력, V는 체적을 나타낸다.)

① 112.5 J   ② 112.5 kJ
③ 157.5 J   ④ 157.5 kJ

풀이

$p_1 V_1^k = p_2 V_2^k$
$\Rightarrow 100 \times 0.8^{1.4} = 700 \times V_2^{1.4}$
$\Rightarrow V_2 = 0.2 \ m^3$

$W = \frac{1}{k-1}(p_1 V_1 - p_2 V_2)$
$= \frac{R}{k-1}(T_1 - T_2)$
$= \frac{8.3145}{(1.4-1) \times 29.27} \times [(283.15) - (440.15)]$
$= -111.5 \ [kJ]$

27 고열원의 온도가 157℃이고, 저열원의 온도가 27℃인 카르노 냉동기의 성적계수는 약 얼마인가?

① 1.5 ② 1.8
③ 2.3 ④ 3.2

풀이

$COP_{RC} = \frac{q_L}{w_c} = \frac{T_L}{T_H - T_L}$
$\Rightarrow COP_{RC} = \frac{27 + 273.15}{(157 + 273.15) - (27 + 273.15)}$
$\fallingdotseq 2.3$

28 공기표준 Brayton사이클 기관에서 최고압력이 500 kPa, 최저압력은 100 kPa이다. 비열비(k)는 1.4일 때, 이 사이클의 열효율은?

① 약 3.9%   ② 약 18.9%
③ 약 36.9% ④ 약 26.9%

풀이

$\eta_{thB} = 1 - \left(\frac{1}{r_p}\right)^{\frac{k-1}{k}} = 1 - \left(\frac{100}{500}\right)^{\frac{1.4-1}{1.4}}$
$\fallingdotseq 0.369 = 36.9 \%, \ (단, \ r_p = \frac{p_2}{p_1})$

29 1 kg의 기체가 압력 50 kPa, 체적 2.5 m^3의 상태에서 압력 1.2 MPa, 체적 0.2 m^3의 상태로 변하였다. 엔탈피의 변화량은 약 몇 kJ인가? (단, 내부에너지의 변화는 없다.)

① 365 ② 206
③ 155 ④ 115

풀이

$\triangle h = \triangle u + \triangle pv$
$\Rightarrow \triangle H = \triangle U + \triangle pV$
$\Rightarrow \triangle H = 1200 \times 0.2 - 50 \times 2.5 = 115 \ kJ$

정답 25. ① 26. ② 27. ③ 28. ③ 29. ④

30 성능계수가 3.2인 냉동기가 시간당 20 MJ의 열을 흡수한다. 이 냉동기를 작동하기 위한 동력은 몇 kW인가?

① 2.25 ② 1.74
③ 2.85 ④ 1.45

풀이

$$P = \frac{Q_R}{3600 \times COP_R} = \frac{20 \times 10^3}{3600 \times 3.2} ≒ 1.74 \text{ kW}$$

31 실린더 내의 공기가 100 kPa, 20°C 상태에서 300 kPa이 될 때까지 가역단열 과정으로 압축된다. 이 과정에서 실린더 내의 계에서 엔트로피의 변화는? (단, 공기의 비열비 k = 1.4 이다.)

① −1.35 kJ/(kg·K)
② 0 kJ/(kg·K)
③ 1.35 kJ/(kg·K)
④ 13.5 kJ/(kg·K)

풀이

단열과정 ($\delta Q = 0$), $\triangle S = \frac{\delta Q}{T} = 0$ kJ/K

($\triangle S = 0$, 등엔트로피 과정)

32 압력(P)과 부피(V)의 관계가 'PV^k = 일정하다' 고 할 때 절대일(W_{12})와 공업일(W_t)의 관계로 옳은 것은?

① $W_t = kW_{12}$
② $W_t = \frac{1}{k} W_{12}$
③ $W_t = (k-1) W_{12}$
④ $W_t = \frac{1}{(k-1)} W_{12}$

풀이

공업일은 절대일의 k 배 $W_t = kW_{12}$

33 분자량이 29이고, 정압비열이 1005 J/(kg·K)인 이상기체의 정적비열은 약 몇 J/(kg·K)인가? (단, 일반기체상수는 8314.5 J/(kmol·K)이다.)

① 976 ② 287
③ 718 ④ 546

풀이

$\overline{R} = MR$

$\Rightarrow R = \frac{\overline{R}}{M} = \frac{8314.5}{29} \times 10^{-3}$
$= 718 \text{ [J/kg · K]}$

34 그림과 같은 이상적인 Rankine cycle에서 각각의 엔탈피는 $h_1 = 168\,kJ/kg$, $h_2 = 173\,kJ/kg$, $h_3 = 3195\,kJ/kg$, $h_4 = 2071\,kJ/kg$일 때, 이 사이클의 열효율은 약 얼마인가?

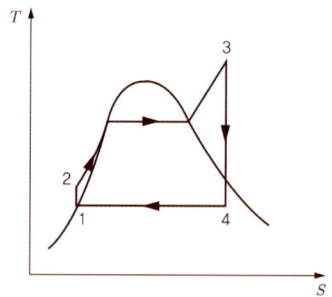

① 30% ② 34%
③ 37% ④ 43%

풀이

$$\eta_R = \frac{w_T - w_p}{q_B + q_{SH}} = \frac{(h_3 - h_4) - (h_2 - h_1)}{(h_3 - h_2)}$$
$$= \left(\frac{(3195 - 2071) - (173 - 168)}{(3195 - 173)}\right) \times 100$$
$$≒ 37\%$$

35 이상적인 증기압축 냉동사이클의 과정은?

① 정적방열과정→등엔트로피 압축과정
→정적증발과정→등엔탈피 팽창과정

② 정압방열과정→등엔트로피 압축과정
　→정압증발과정→등엔탈피 팽창과정
③ 정적증발과정→등엔트로피 압축과정
　→정적방열과정→등엔탈피 팽창과정
④ 정압증발과정→등엔트로피 압축과정
　→정압방열과정→등엔탈피 팽창과정

풀이
정압(정온)증발 ⇨ 등엔트로피 압축
　⇨ 정압방열(응축) ⇨ 등엔탈피 팽창(교축)

36 폴리트로픽 변화의 관계식 "PV^n = 일정"에 있어서 n이 무한대로 되면 어느 과정이 되는가?

① 정압과정　　② 등온과정
③ 정적과정　　④ 단열과정

풀이
$n = \infty$: 정적변화

37 물질의 양에 따라 변화하는 종량적 상태량(extensive property)은?

① 밀도　　② 체적
③ 온도　　④ 압력

풀이
밀도, 온도, 압력 등은 물질의 질량과 무관한 강도성 상태량이다.

38 피스톤-실린더 장치에 들어있는 100 kPa, 26.8℃의 공기가 600 kPa까지 가역단열과정으로 압축된다. 비열비 k = 1.4로 일정하다면 이 과정 동안에 공기가 받은 일은 약 얼마인가? (단, 공기의 기체상수는 0.287 kJ/(kg·K)이다.)

① 263 kJ/kg　　② 171 kJ/kg
③ 144 kJ/kg　　④ 116 kJ/kg

풀이
$$w = \frac{1}{k-1}(p_1 v_1 - p_2 v_2)$$
$$= \frac{R}{k-1}(T_1 - T_2)$$
$$= \frac{RT_1}{k-1}\left[1 - \frac{T_2}{T_1}\right]$$
$$= \frac{RT_1}{k-1}\left[1 - \left(\frac{p_2}{p_1}\right)^{\frac{k-1}{k}}\right]$$
$$= \frac{1}{1.4-1} \times 0.287 \times (26.85 + 273.15) \times \left[1 - \left(\frac{600}{100}\right)^{\frac{1.4-1}{1.4}}\right]$$
$$= -144 \text{ kJ/kg}$$
∴ 공기가 받은일은 (−)이므로 144 kJ/kg

39 0.6 MPa, 200℃의 수증기가 50 m/s의 속도로 단열노즐로 유입되어 0.15 MPa, 건도 0.99인 상태로 팽창하였다. 증기의 유출속도는? (단, 노즐입구에서 엔탈피는 2850 kJ/kg, 출구에서 포화액 엔탈피는 467 kJ/kg, 증발잠열은 2227 kJ/kg이다.)

① 약 600 m/s　　② 약 700 m/s
③ 약 800 m/s　　④ 약 900 m/s

풀이
$h_{0.99} = (1-x)h' + xh'' = h' + x\gamma$
⇨ $h_x = 467 + 0.99 \times 2227 = 2671.7 \text{ kJ/kg}$
$h_1 + \frac{w_1^2}{2} = h_2 + \frac{w_2^2}{2}$
⇨ $2850 + \frac{50^2}{2} = 2671.7 + \frac{w_2^2}{2}$
⇨ $w_2 = \sqrt{2 \times \left((2850 - 2671.7) \times 1000 + \frac{50^2}{2}\right)}$
⇨ ∴ $w_2 ≒ 600 \text{ m/s}$

40 다음 중 비체적의 단위는?

① kg/m^3　　② m^3/kg
③ $m^3/(kg \cdot s)$　　④ $m^3/(kg \cdot s^2)$

정답 35. ④ 36. ③ 37. ② 38. ③ 39. ① 40. ②

풀이

비체적의 단위는 m^3/kg 이며 밀도(ρ)의 역수이다.

제3과목 : 기계유체역학

41 안지름 0.25 m, 길이 100 m인 매끄러운 수평 강관으로 비중 0.8, 점성계수 0.1 Pa·s인 기름을 수송한다. 유량이 100 L/s일 때의 관 마찰손실 수두는 유량이 50 L/s일 때의 몇 배 정도가 되는가? (단, 층류의 관 마찰계수는 64/Re이고, 난류일 때의 관 마찰계수는 $0.3164Re^{-1/4}$이며, 임계 레이놀즈수는 2300이다.)

① 1.55 ② 2.12
③ 4.13 ④ 5.04

풀이

$$V_{100\,L/s} = \frac{\dot{Q}}{A} = \frac{100 \times 10^{-3}}{\pi/4 \times 0.25^2} = 2.04 \text{ m/s}$$

$$Re = \frac{\rho V L}{\mu} = \frac{\rho V d}{\mu}$$

$$= \frac{0.8 \times 1000 \times 2.04 \times 0.25}{0.1}$$

$$= 4080 > 2300 \quad \therefore \text{ 난류}$$

$$h_{L,\,100\,L/s} = f \frac{L}{d} \frac{V^2}{2g}$$

$$= 0.3164 \times 4080^{-1/4} \times \frac{100}{0.25} \times \frac{2.04^2}{2 \times 9.8}$$

$$= 3.362$$

$$V_{50\,L/s} = \frac{\dot{Q}}{A} = \frac{50 \times 10^{-3}}{\pi/4 \times 0.25^2} = 1.02 \text{ m/s}$$

$$Re = \frac{\rho V L}{\mu} = \frac{\rho V d}{\mu}$$

$$= \frac{0.8 \times 1000 \times 1.02 \times 0.25}{0.1}$$

$$= 2040 < 2300 \quad \therefore \text{ 층류}$$

$$h_{L,\,50\,L/s} = f \frac{L}{d} \frac{V^2}{2g}$$

$$= \frac{64}{2040} \times \frac{100}{0.25} \times \frac{1.02^2}{2 \times 9.8} = 0.666$$

$$\therefore \frac{h_{L,\,100\,L/s}}{h_{L,\,50\,L/s}} = \frac{3.362}{0.666} \fallingdotseq 5.048$$

42 다음과 같은 수평으로 놓인 노즐이 있다. 노즐의 입구는 면적이 0.1 m^2이고 출구의 면적은 0.02 m^2이다. 정상, 비압축성이며 점성의 영향이 없다면 출구의 속도가 50m/s일 때 입구와 출구의 압력차($P_1 - P_2$)는 약 몇 kPa인가? (단, 이 공기의 밀도는 1.23 kg/m^3이다.)

① 1.48 ② 14.8
③ 2.96 ④ 29.6

풀이

$$\dot{Q} = A_1 V_1 = A_2 V_2 \; [m^3/s]$$

$$\Rightarrow V_1 = V_2 \left(\frac{A_2}{A_1}\right) = 50 \left(\frac{0.02}{0.1}\right) = 10 \text{ m/s}$$

$$\frac{p_1}{\gamma} + \frac{V_1^2}{2g} + z_1 = \frac{p_2}{\gamma} + \frac{V_2^2}{2g} + z_2$$

$$\Rightarrow (p_1 - p_2) = \frac{\gamma}{2g}\left(V_2^2 - V_1^2\right) = \frac{\rho}{2}\left(V_2^2 - V_1^2\right)$$

$$= \frac{1.23}{2} \times \left(50^2 - 10^2\right) = 1475 \text{ Pa}$$

$$\therefore p_1 - p_2 = 1.48 \text{ kPa}$$

43 지름이 2 cm인 관에 밀도 1000 kg/m^3, 점성계수 0.4 $N \cdot s/m^2$인 기름이 수평면과 일정한 각도로 기울어진 관에서 아래로 흐르고 있다. 초기 유량 측정위치의 유량이 1×10^{-5} m^3/s이었고, 초기 측정위치에서 10 m 떨어진 곳에서의 유량도 동일하다고 하면, 이 관은 수평면에 대해 약 몇 ° 기울어져 있는가? (단, 관내흐름은 완전발달

층류유동이다.)

① 6° ② 8°
③ 10° ④ 12°

풀이

$Q = \dfrac{\triangle p \pi d^4}{128 \mu L} \Rightarrow \triangle p = \dfrac{128 \mu L Q}{\pi d^4}$

$\Rightarrow \triangle p = \gamma h_L = \gamma L \sin\theta$

$\sin\theta = \dfrac{128 \mu Q}{\gamma \pi d^4} = \dfrac{128 \times 0.4 \times 1 \times 10^{-5}}{9800 \times \pi \times 0.02^4}$

$= 0.104 \quad \therefore \theta = 6°$

44 물이 흐르는 어떤 관에서 압력이 120 kPa, 속도가 4 m/s일 때, 에너지선(Energy Line)과 수력기울기선(Hydraulic Grade Line)의 차이는 약 몇 cm인가?

① 41 ② 65
③ 71 ④ 82

풀이

$E.L = H.G.L + \dfrac{V^2}{2g}$

$\therefore \dfrac{V^2}{2g} = \dfrac{4^2}{2 \times 9.8} = 0.82\ \text{m} = 82\ \text{cm}$

45 관로 내에 흐르는 완전발달 층류유동에서 유속을 1/2로 줄이면 관로 내 마찰손실수두는 어떻게 되는가?

① 1/4로 줄어든다.
② 1/2로 줄어든다.
③ 변하지 않는다.
④ 2배로 늘어난다.

풀이

$h_L = f \dfrac{L}{d} \dfrac{V^2}{2g} = \dfrac{64}{Re} \dfrac{L}{d} \dfrac{V^2}{2g}$

$= \dfrac{64}{\dfrac{\rho V d}{\mu}} \dfrac{L}{d} \dfrac{V^2}{2g},\ Re = \dfrac{\rho V d}{\mu}$

문제의 조건에서 $V \to \dfrac{V}{2}$, $Re = \dfrac{\rho \dfrac{V}{2} d}{\mu}$,

$h_L' = \dfrac{64}{\dfrac{\rho \dfrac{V}{2} d}{\mu}} \dfrac{L}{d} \dfrac{\left(\dfrac{V}{2}\right)^2}{2g} = \dfrac{1}{2} h_L$

46 절대압력 700 kPa의 공기를 담고있는 체적은 0.1 m^3, 온도는 20℃인 탱크가 있다. 순간적으로 공기는 밸브를 통해 바깥으로 단면적 75 mm^2를 통해 방출되기 시작한다. 이 공기의 유속은 310 m/s이고, 밀도는 $6\ kg/m^3$이며 탱크내의 모든 물성치는 균일한 분포를 갖는다고 가정한다. 방출하기 시작하는 시각에 탱크 내 밀도의 시간에 따른 변화율은 몇 $kg/(m^3 \cdot s)$인가?

① -12.338 ② -2.582
③ -20.381 ④ -1.395

풀이

$\dfrac{\partial \rho}{\partial t} = \dfrac{\partial \dot{m}}{\partial t} = -\dfrac{\rho_1 A V_2}{V_{체적}}$

$= -\dfrac{6 \times \left(\dfrac{75}{10^6}\right) \times 310}{0.1} = -1.395\ \text{kg/m}^3 \cdot \text{s}$

47 비점성, 비압축성 유체의 균일한 유동장에 유동방향과 직각으로 정지된 원형실린더가 놓여있다고 할 때, 실린더에 작용하는 힘에 관하여 설명한 것으로 옳은 것은?

① 항력과 양력이 모두 영(0)이다.
② 항력은 영(0)이고 양력은 영(0)이 아니다.
③ 양력은 영(0)이고 항력은 영(0)이 아니다.
④ 항력과 양력 모두 영(0)이 아니다.

풀이

① 항력과 양력이 모두 영(0)이다.

48 일률(power)을 기본차원인 M(질량), L(길이), T

(시간)로 나타내면?

① $L^2 T^{-2}$ ② $MT^{-2}L^{-1}$
③ $ML^2 T^{-2}$ ④ $ML^2 T^{-3}$

> 풀이
> 일률(동력) $= \dfrac{일}{시간} = J/s = N \cdot m/s$
> $= MLT^{-2} \times L \times T^{-1} = ML^2 T^{-3}$

49 그림과 같이 45° 꺾어진 관에 물이 평균속도 5 m/s로 흐른다. 유체의 분출에 의해 지지점 A가 받는 모멘트는 약 몇 N·m인가? (단, 출구 단면적은 $10^{-3} m^2$ 이다.)

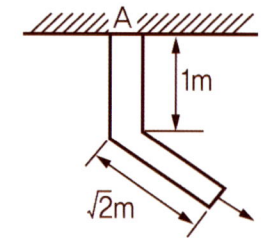

① 3.5 ② 5
③ 12.5 ④ 17.7

> 풀이
> $F = \rho Q V = \rho A V^2 = 1000 \times 10^{-3} \times 5^2 = 25$ N
> 수직거리는 $\dfrac{1}{\sqrt{2}}$ 이므로
> $M_A = F \times$ 수직거리 $= 25 \times \dfrac{1}{\sqrt{2}} = 17.7$ N·m

50 비중 8.16의 금속을 비중 13.6의 수은에 담근다면 수은 속에 잠기는 금속의 체적은 전체체적의 약 몇 %인가?

① 40% ② 50%
③ 60% ④ 70%

> 풀이
> 금속과 수은의 비중량을 $\gamma_{금속}$, $\gamma_{수은}$ 이라 하고,
> 금속의 전 체적을 $V_{금속}$, 수은 속에 잠기는 금속의 체적을 $V_{잠긴체적}$ 이라 하면
> $F_B = W$ (부력 = 중량) 이므로
> ⇒ $\gamma_{수은} V_{잠긴체적} = \gamma_{금속} V_{금속}$
> ⇒ $s_{수은} V_{잠긴체적} = s_{금속} V_{금속}$
> ⇒ $\dfrac{V_{잠긴체적}}{V_{금속}} = \dfrac{s_{금속}}{s_{수은}} = \dfrac{8.16}{13.6} \times 100$
> $= 60\%$

51 동점성계수가 $15.68 \times 10^{-6} m^2/s$ 인 공기가 평판 위를 길이 방향으로 0.5 m/s의 속도로 흐르고 있다. 선단으로부터 10 cm 되는 곳의 경계층 두께의 2배가 되는 경계층의 두께를 가지는 곳은 선단으로부터 몇 cm 되는 곳인가?

① 14.14 ② 20
③ 40 ④ 80

> 풀이
> $Re_x = \dfrac{\rho u_\infty x}{\mu} = \dfrac{u_\infty x}{\nu} = \dfrac{0.5 \times 0.1}{15.68 \times 10^{-6}}$
> $= 3188.78 < 5 \times 10^5$ ∴ 층류
> 층류인 경우, 경계층의 두께는 $\delta \propto x^{\frac{1}{2}}$ 에 비례하므로
> $\dfrac{2\delta}{\delta} = 2 = \sqrt{\dfrac{x}{10}}$ ⇒ ∴ $x = 40$ cm

52 그림과 같이 비중 0.85인 기름이 흐르고 있는 개수로에 피토관을 설치하였다. △h = 30 mm, h = 100 mm일 때 기름의 유속은 약 몇 m/s인가?

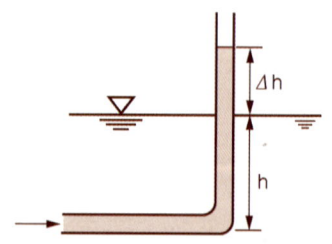

정답 49. ④ 50. ③ 51. ③ 52. ①

① 0.767 ② 0.976
③ 6.25   ④ 1.59

풀이
자유표면(수면)을 기준면으로 하면
△h는 속도수두이므로
$v = \sqrt{2g \triangle h} = \sqrt{2 \times 9.8 \times 0.03}$
$= 0.767$ m/s

53 원관(pipe) 내에 유체가 완전발달한 층류유동일 때 유체유동에 관계한 가장 중요한 힘은 다음 중 어느 것인가?

① 관성력과 점성력
② 압력과 관성력
③ 중력과 압력
④ 표면장력과 점성력

풀이
Re 수가 가장 중요하므로
① 관성력과 점성력이다.

54 주 날개의 평면도면적이 21.6 m^2 이고 무게가 20 kN인 경비행기의 이륙속도는 약 몇 km/h이상이어야 하는가? (단, 공기의 밀도는 1.2 kg/m^3, 주 날개의 양력계수는 1.2이고, 항력은 무시한다.)

① 41   ② 91
③ 129   ④ 141

풀이
$F_L = C_L A \dfrac{\rho V^2}{2}$

$\Rightarrow V = \sqrt{\dfrac{2F_L}{C_L A \rho}} = \sqrt{\dfrac{2 \times 20 \times 10^3}{1.2 \times 1.2 \times 21.6}}$
$= 35.86$ m/s

$\therefore V = 35.86 \times 3600 \times 10^{-3} = 129.1$ km/h

55 유체 내에 수직으로 잠겨있는 원형판에 작용하는 정수력학적 힘의 작용점에 관한 설명으로 옳은 것은?

① 원형판의 도심에 위치한다.
② 원형판의 도심 위쪽에 위치한다.
③ 원형판의 도심 아래쪽에 위치한다.
④ 원형판의 최하단에 위치한다.

풀이
유체 내에 수직으로 잠겨있는 원형판에 작용하는 정수력학적 힘의 작용점은

● 원형판의 도심보다 $\dfrac{I_{도심}}{A h_c}$ 만큼 아래쪽에 위치한다.

56 다음 중 2차원 비압축성 유동의 연속방정식을 만족하지 않는 속도벡터는?

① $V = (16y - 12x)i + (12y - 9x)j$
② $V = -5xi + 5yj$
③ $V = (2x^2 + y^2)i + (-4xy)j$
④ $V = (4xy + y)i + (6xy + 3x)j$

풀이
① $\vec{V} = \dfrac{\partial u}{\partial x} + \dfrac{\partial v}{\partial y} = -12 + 12 = 0$

② $\vec{V} = \dfrac{\partial u}{\partial x} + \dfrac{\partial v}{\partial y} = -5 + 5 = 0$

③ $\vec{V} = \dfrac{\partial u}{\partial x} + \dfrac{\partial v}{\partial y} = 4x - 4x = 0$

④ $\vec{V} = \dfrac{\partial u}{\partial x} + \dfrac{\partial v}{\partial y} = 4y + 6x \neq 0$

57 잠수함의 거동을 조사하기 위해 바닷물 속에서 모형으로 실험을 하고자 한다. 잠수함의 실형과 모형의 크기비율은 7 : 1 이며, 실제 잠수함이 8 m/s로 운전한다면 모형의 속도는 약 몇 m/s인가?

① 28   ② 56
③ 87   ④ 132

정답 53. ① 54. ③ 55. ③ 56. ④ 57. ②

> **풀이**
>
> 잠수함에서 작용하는 힘은 관성력과 점성력이며 역학적 상사인 Reynolds 수가 같아야 하므로
>
> $\left(\dfrac{VL}{\nu}\right)_p = \left(\dfrac{VL}{\nu}\right)_m \;\Rightarrow\; \dfrac{\nu_m}{\nu_p} = 1 = \dfrac{(VL)_p}{(VL)_m}$
>
> $\Rightarrow V_m = V_p\left(\dfrac{L_p}{L_m}\right) = 8 \times \left(\dfrac{7}{1}\right) = 56 \text{ m/s}$

58 뉴턴의 점성법칙은 어떤 변수(물리량)들의 관계를 나타낸 것인가?

① 압력, 속도, 점성계수
② 압력, 속도기울기, 동점성계수
③ 전단응력, 속도기울기, 점성계수
④ 전단응력, 속도, 동점성계수

> **풀이**
>
> $\tau = \dfrac{F}{A} = \mu\dfrac{u}{h} \;\Rightarrow\; \tau = \mu\dfrac{du}{dy}$
>
> τ : 전단응력, μ : 점성계수, $\dfrac{du}{dy}$: 속도기울기(구배)

59 그림과 같은 밀폐된 탱크안에 각각 비중이 0.7, 1.0인 액체가 채워져 있다. 여기서 각도 θ가 20°로 기울어진 경사관에서 3 m 길이까지 비중 1.0인 액체가 채워져 있을 때 점 A의 압력과 점 B의 압력차는 약 몇 kPa인가?

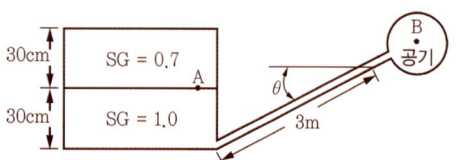

① 0.8   ② 2.7
③ 5.8   ④ 7.1

> **풀이**
>
> 탱크바닥을 기준면으로 하면
>
> $p_A + \gamma_1 h_1 = p_B + \gamma_1 \ell \sin\theta$
>
> $\Rightarrow p_A + 9800 \times 0.3 = p_B + 9800 \times 3\sin 20°$
>
> $\Rightarrow p_A - p_B = 9800 \times (3\sin 20° - 0.3)$
>
> $\qquad\qquad\quad = 7115.4\, Pa \fallingdotseq 7.1\, kPa$

60 그림과 같이 U자관 액주계가 x 방향으로 등가속 운동하는 경우 x 방향 가속도 a_x는 약 몇 m/s^2인가? (단, 수은의 비중은 13.6이다.)

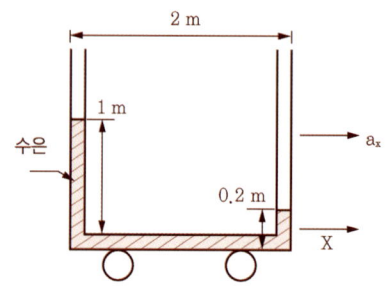

① 0.4   ② 0.98
③ 3.92   ④ 4.9

> **풀이**
>
> 수평 등가속도 운동 : $a_x\,[m/s^2]$
>
> $\dfrac{h_1 - h_2}{l} = \tan\theta = \dfrac{a_x}{g}$
>
> $\therefore a_x = \dfrac{g(h_1 - h_2)}{l} = \dfrac{9.8 \times (1 - 0.2)}{2}$
>
> $\qquad\quad = 3.92\, m/s^2$

제4과목 : 기계재료 및 유압기기

61 다음 중 Ni-Fe계 합금이 아닌 것은?

① 인바   ② 톰백
③ 엘린바   ④ 플래티나이트

> **풀이**
>
> Fe+Ni 계 불변강에는 인바(Invar), 엘린바(Elinvar), 플래티나이트(Platinite), 슈퍼 인바(Super Invar)가 있다.
> 톰백(tombac)은 구리-아연(Zn 5~20%)의 황동으로 저아연 합금의 총칭이며 강도는 낮으나 전연성이 좋다.

정답 58. ③ 59. ④ 60. ③ 61. ②

기출문제

62 구리합금 중에서 가장높은 경도와 강도를 가지며, 피로한도가 우수하여 고급스프링 등에 쓰이는 것은?

① Cu-Be 합금 ② Cu-Cd 합금
③ Cu-Si 합금 ④ Cu-Ag 합금

풀이
베릴륨청동 : Cu에 2.0~3.0% Be을 첨가한 시효경화성이 강력한 Cu 합금으로 구리합금 중에서 가장 높은 경도와 강도를 가지며 피로한도가 우수하며 고급스프링에 쓰이는 합금은 Cu-Be 합금이다.

63 Al에 10~13% Si를 함유한 합금은?

① 실루민 ② 라우탈
③ 두랄루민 ④ 하이드로 날륨

풀이
실루민은 알루미늄(Al)에 10~13% Si(규소)를 함유한 합금으로 용융점이 낮고 유동성이 좋아 얇고 복잡한 주물에 이용된다.

64 탄소를 제품에 침투시키기 위해 목탄을 부품과 함께 침탄상자 속에 넣고 900~950℃의 온도 범위로 가열로 속에서 가열 유지시키는 처리법은?

① 질화법
② 가스침단법
③ 시멘테이션에 의한 경화법
④ 고주파 유도가열 경화법

풀이
침탄법은 저탄소강(0.18%C 이하)의 표면에 탄소(C)를 침투확산시켜 고탄소강으로 만든 후 담금질하여 경화시키는 방법으로 고체, 액체, 가스침탄법이 있다. 가스침탄법(Gas Carburizing)은 주로 작은 강제품에 이용되며 탄소를 제품에 침투시키기 위해 목탄(침탄재)을 부품과 함께 침탄상자에 넣고 900~950℃ 온도 범위로 가열로 속에서 가열유지시키는 처리법이다.

65 탄소강에서 인(P)으로 인하여 발생하는 취성은?

① 고온취성 ② 불림취성
③ 상온취성 ④ 뜨임취성

풀이
탄소강에 함유된 원소 중 인(P)으로 인하여 발생하는 취성은 상온취성이다.

66 면심입방격자(FCC) 금속의 원자수는?

① 2 ② 4
③ 6 ④ 8

풀이
면심입방격자(F.C.C)금속의 원자수는 4개이다. 체심입방격자(B.C.C)는 2개, 조밀육방격자(H.C.P)도 2개이다.

67 베이나이트(bainite)조직을 얻기 위한 항온열처리 조작으로 가장 적합한 것은?

① 마퀜칭 ② 소성가공
③ 노멀라이징 ④ 오스템퍼링

풀이
염욕에 담금질해서 항온을 유지하여 강인한 하부 베이나이트(bainite)조직을 얻기 위한 항온 열처리 조작으로 가장 적합한 것은 오스템퍼링(Austempering)으로, 피아노선의 재료, 총검용 대검, 자동차부품 등에 적용한다.

68 철과 아연을 접촉시켜서 가열하면 양자의 친화력에 의하여 원자간의 상호확산이 일어나서 합금화 하므로 내식성이 좋은 표면을 얻는 방법은?

① 칼로라이징 ② 크로마이징
③ 세러다이징 ④ 보로나이징

정답 62. ① 63. ① 64. ② 65. ③ 66. ② 67. ④ 68. ③

> **풀이**
> 금속 침투법(Metallic Cementition)
> ① 칼로라이징(Calorizing) : Al 침투 확산법(고온 산화에 견디는 부품)
> ② 크로마이징(Chromizing) : Cr 침투 확산법(내식성, 내열성, 내마모성, 경도 증가)
> ③ 세러다이징(Sheradizing) : Zn 침투 확산법(내식성) Zn을 침투 확산시킨 방법으로 청분(blue powder)을 300mesh 정도로 가는 Zn 분말 속에 경화시키고자 하는 재료를 묻고 보통 300~400℃로 1~5시간 동안 처리해서 두께 0.015mm 정도의 경화층을 얻는 방법이다.(균일한 두께의 피막을 얻고 나사가 만들어진 볼트, 너트 등의 방청용에 적합)
> ④ 보로나이징(Boronizing) : B 침투 확산법(경도)
> ⑤ 실리코나이징(Siliconizing) : Si 침투 확산법(열, 부식, 마모)

69 다음 중 금속의 변태점 측정방법이 아닌 것은?

① 열분석법　② 자기분석법
③ 전기저항법　④ 정점분석법

> **풀이**
> 금속변태점 측정 방법에는 열분석법, 시차열분석법, 자기분석법, 전기저항법, 비열법, 열팽창법, X선분석법 등이 있다.

70 담금질 조직 중 가장 경도가 높은 것은?

① 펄라이트　② 마텐자이트
③ 소르바이트　④ 트루스타이트

> **풀이**
> 담금질조직의 경도 순서
> 마텐자이트(600)>트루스타이트(400)>소르바이트(230)>펄라이트(200)>오스테나이트(150)>페라이트(100)

71 베인펌프의 1회전당 유량이 40 cc일 때, 1분당 이론 토출유량이 25리터이면 회전수는 약 몇 rpm인가? (단, 내부누설량과 흡입저항은 무시한다.)

① 62　② 625
③ 125　④ 745

> **풀이**
> 분당토출유량 (Q) = $q_n N$ [m^3/min]
> 회전수 $N = \dfrac{Q}{q_n} = \dfrac{25 \times 1000 \ cc/min}{40 \ cc/rev}$
> $= 625 \ rpm \ [rev/min]$

72 유압회로에서 캐비테이션이 발생하지 않도록 하기 위한 방지대책으로 가장 적합한 것은?

① 흡입관에 급속 차단장치를 설치한다.
② 흡입유체의 유온을 높게 하여 흡입한다.
③ 과부하시는 패킹부에서 공기가 흡입되도록 한다.
④ 흡입관 내의 평균유속이 3.5 m/s 이하가 되도록 한다.

> **풀이**
> 공동현상(cavitation)은 작동유의 압력이 포화증기압 이하로 내려가서 기름이 증발하여 기포가 발생하는 현상
> 〈방지책〉 적절한 점도의 작동유 선택, 흡입관 구경 크게, 밸브 적게, 펌프 설치 위치를 가능한 낮게, 흡입관 내의 평균유속이 3.5m/s 이하가 되게 한다.

73 다음과 같은 특징을 가진 유압유는?

> － 난연성 작동유에 속함
> － 내마모성이 우수하여 저압에서 고압까지 각종 유압펌프에 사용됨
> － 점도지수가 낮고 비중이 커서 저온에서 펌프 시동 시 캐비테이션이 발생하기 쉬움

① 인산 에스테르형 작동유

정답 69. ④ 70. ② 71. ② 72. ④ 73. ①

② 수중유형 유화유
③ 순광유
④ 유중수형 유화유

[풀이]

난연성 작동유의 종류
① 수성계 : 난연성 작동유, 물(수)-글리콜(glycol)형, 수중 유형 유화유(O/W 에멀존계), 유중 수형 유화유(W/O 에멀존계)
② 합성계(에스테르계) : 난연성 작동유, 인산 에스테르형, 폴리에스테르형
③ 광유계(석유계, 파라핀계) : 석유계 유압유

74 유압모터에서 1회전당 배출유량이 60 cm^3/rev 이고 유압유의 공급압력은 7 MPa일 때 이론토크는 약 몇 N·m인가?

① 668.8   ② 66.8
③ 1137.5 ④ 113.8

[풀이]

$$T = \frac{pq}{2\pi} = \frac{7 \times 10^6 \times 60 \times 10^{-6}}{2\pi}$$
$$\approx 66.85 \; N.m$$

75 다음 중 유량제어밸브에 속하는 것은?

① 릴리프 밸브   ② 시퀀스 밸브
③ 교축 밸브   ④ 체크 밸브

[풀이]

교축 밸브(스로틀 밸브, throttling valve)는 유량제어 밸브로 작동유의 점성에 관계없이 유량 조절 가능

76 유압유의 여과방식 중 유압펌프에서 나온 유압유의 일부만을 여과하고 나머지는 그대로 탱크로 가도록 하는 형식은?

① 바이패스 필터(by-pass filter)
② 전류식 필터(full-flow filter)
③ 샨트식 필터(shunt flow filter)
④ 원심식 필터(centrifugal filter)

[풀이]

바이패스 필터
유압 펌프에서 나온 유압유의 일부만을 여과하고, 나머지는 그대로 탱크로 가도록 하는 여과방식

77 채터링(chattering)현상에 대한 설명으로 틀린 것은?

① 일종의 자려진동현상이다.
② 소음을 수반한다.
③ 압력이 감소하는 현상이다.
④ 릴리프 밸브 등에서 발생한다.

[풀이]

채터링 : 릴리프 밸브 등으로 밸브시트를 두들겨서 비교적 높은 음을 발생시키는 일종의 자려진동 현상

78 속도제어 회로방식 중 미터-인 회로와 미터-아웃 회로를 비교하는 설명으로 틀린 것은?

① 미터-인 회로는 피스톤 측에만 압력이 형성되나 미터-아웃 회로는 피스톤 측과 피스톤로드 측 모두 압력이 형성된다.
② 미터-인 회로는 단면적이 넓은 부분을 제어하므로 상대적으로 속도소설에 유리하나, 미터-아웃 회로는 단면적이 좁은부분을 제어하므로 상대적으로 불리하다.
③ 미터-인 회로는 인장력이 작용할 때 속도조절이 불가능하나, 미터-아웃 회로는 부하의 방향에 관계없이 속도조절이 가능하다.
④ 미터-인 회로는 탱크로 드레인되는 유압작동유에 주로 열이 발생하나, 미

터-아웃 회로는 실린더로 공급되는 유압 작동유에 주로 열이 발생한다.

풀이

① 미터 인 회로(meter in circuit) : 유량제어밸브를 실린더 입구 측에 설치하여 실린더로 공급되는 유량(또는 압력)을 조절해 주고, 실린더에서 빠지는 압력은 제어하지 않는 회로
② 미터 아웃 회로(meter out circuit) : 유량제어밸브를 실린더 출구 측에 설치하여 실린더에서 빠지는 유압을 조절할 필요가 있을 때 사용하는 회로
③ 블리드 오프 회로(bleed-off circuit) : 유량제어 밸브를 실린더와 병렬로 설치하고, 그 출구를 기름탱크로 접속하여 펌프의 송출량 중 일정량을 탱크로 귀환하여 실린더의 속도제어에 필요한 유량을 간접적으로 제어하는 회로

79 유압작동유의 점도가 너무 높은경우 발생되는 현상으로 거리가 먼 것은?

① 내부마찰이 증가하고 온도가 상승한다.
② 마찰손실에 의한 펌프동력 소모가 크다.
③ 마찰부분의 마모가 증대된다.
④ 유동저항이 증대하여 압력손실이 증가되다.

풀이

마찰부분의 마모가 증대되는 원인은 유압작동유의 점도가 너무 낮을 경우 발생되는 현상이다.

80 다음 보기와 같은 유압기호가 나타내는 것은?

<보기>

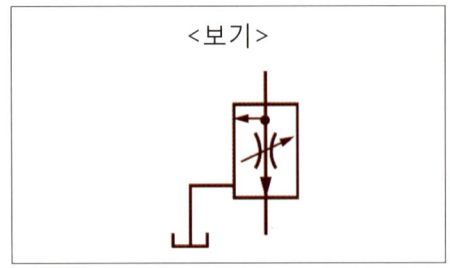

① 가변 교축밸브

② 무부하 릴리프밸브
③ 직렬형 유량조정 밸브
④ 바이패스형 유량조정 밸브

풀이

도시된 유압기호는 바이패스형 유량조정밸브다.

제5과목 : 기계제작법 및 기계동력학

81 20 Mg의 철도차량이 0.5 m/s의 속력으로 직선운동하여 정지되어 있는 30 Mg의 화물차량과 결합한다. 결합하는 과정에서 차량에 공급되는 동력은 없으며 브레이크도 풀려 있다. 결합 직후의 속력은 약 몇 m/s인가?

① 0.25   ② 0.20
③ 0.15   ④ 0.10

풀이

$m_1 V_1 = (m_1 + m_2) V$

$\Rightarrow V = \dfrac{m_1 V_1}{(m_1 + m_2)} = \dfrac{20 \times 0.5}{(20+30)} = 0.20 \ m/s$

82 고유진동수가 1 Hz인 진동측정기를 사용하여 2.2 Hz의 진동을 측정하려고 한다. 측정기에 의해 기록된 진폭이 0.05 cm라면 실제진폭은 약 몇 cm인가? (단, 감쇠는 무시한다.)

① 0.01 cm   ② 0.02 cm
③ 0.03 cm   ④ 0.04 cm

풀이

$x_0 = x'(f_2 - f_1)$

$\Rightarrow x' = \dfrac{x_o}{f_2 - f_1} = \dfrac{0.05}{2.2 - 2.1} = 0.04 \ cm$

83 정지된 물에서 0.5 m/s의 속도를 낼 수 있는 뱃사공이 있다. 이 뱃사공이 0.1 m/s로 흐르는 강물을 거슬러 400 m를 올라가는데 걸리는 시간은?

① 10분 ② 13분 20초
③ 16분 40초 ④ 22분 13초

풀이
배가 거슬러 올라가는 속도
$V_{배/강물} = V_{배} - V_{강물} = 0.4 \, m/s$
걸리는 시간
$t = \frac{400}{0.4} = 1000$ 초 $= 16$ 분 40 초

84 고유진동수 $f(Hz)$, 고유 원진동수 $\omega(rad/s)$, 고유주기 $T(s)$ 사이의 관계를 바르게 나타낸 식은?

① $T = \frac{\omega}{2\pi}$ ② $T\omega = f$
③ $Tf = 1$ ④ $f\omega = 2\pi$

풀이
$f = \frac{\omega}{2\pi} = \frac{1}{T} \Rightarrow Tf = 1$

85 1 자유도 질량-스프링계에서 초기조건으로 변위 x_0가 주어진 상태에서 가만히 놓아 진동이 일어난다면 진동변위를 나타내는 식은? (단, ω_n은 계의 고유진동수이고, t는 시간이다.)

① $x_0 \cos \omega_n t$ ② $x_0 \sin \omega_n t$
③ $x_0 \cos^2 \omega_n t$ ④ $x_0 \sin^2 \omega_n t$

풀이
진동변위 $x(t) = x_0 \cos \omega_n t$

86 질량 관성모멘트가 $20 \, kg \cdot m^2$인 플라이 휠(fly wheel)을 정지 상태로부터 10초 후 3600 rpm으로 회전시키기 위해 일정한 비율로 가속하였다. 이때 필요한 토크는 약 몇 N·m인가?

① 654 ② 754
③ 854 ④ 954

풀이
$T = J_0 \alpha = J_0 \times \left(\frac{\omega}{t}\right) = 20 \times \frac{2\pi \times 3600}{10 \times 60}$
$= 754 \, N \cdot m$

87 질량 70 kg인 군인이 고공에서 낙하산을 펼치고 10 m/s의 초기속도로 낙하하였다. 공기의 저항이 350 N일 때 20 m 낙하한 후의 속도는 약 몇 m/s인가?

① 16.4 m/s ② 17.1 m/s
③ 18.9 m/s ④ 20.0 m/s

풀이
실제 낙하하는 힘
$\sum F = 70 \times 9.8 - 350 = 336 \, N$
$F = ma \Rightarrow 336 = 70 \times a \Rightarrow a = 4.8 \, m/s^2$
$V^2 - V_0^2 = 2as$
$\Rightarrow V^2 = V_0^2 + 2as = 10^2 + 2 \times 4.8 \times 20$
$\Rightarrow V \fallingdotseq 17.1 \, m/s$

88 그림과 같이 바퀴가 가로방향(x축 방향)으로 미끄러지지 않고 굴러가고 있을 때 A점의 속력과 그 방향은? (단, 바퀴 중심점의 속도는 v이다.)

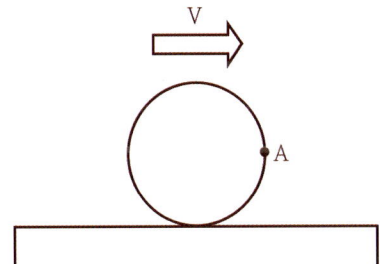

정답 83. ③ 84. ③ 85. ① 86. ② 87. ② 88. ④

① 속력 : v
　 방향 : x축 방향
② 속력 : v
　 방향 : -y축 방향
③ 속력 : $\sqrt{2}\,v$
　 방향 : -y축 방향
④ 속력 : $\sqrt{2}\,v$
　 방향 : x축 방향에서 아래로 45° 방향

풀이
하단 45° 방향, $V_A = \sqrt{2}\,r\omega = \sqrt{2}\,V$

89 질량, 스프링, 댐퍼로 구성된 단순화된 1 자유도 감쇠계에서 다음 중 그 값만으로 직접 감쇠비 (damped ratio, ζ)를 구할 수 있는 것은?

① 대수감소율(logarithmic decrement)
② 감쇠 고유진동수(damped natural frequency)
③ 스프링상수(spring coefficient)
④ 주기(period)

풀이
대수감소율 $\delta = \dfrac{2\pi\zeta}{\sqrt{1-\zeta^2}}$

90 그림과 같이 질량 100 kg의 상자를 동마찰계수가 $\mu_1 = 0.2$인 길이 2.0 m의 바닥 a와 동마찰계수가 $\mu_2 = 0.3$인 길이 2.5 m의 바닥 b를 지나 A지점에서 C지점까지 밀려고 한다. 사람이 하여야 할 일은 약 몇 J인가?

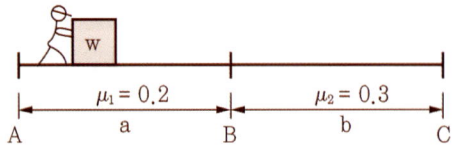

① 1128 J　　② 2256 J

③ 3760 J　　④ 5640 J

풀이
마찰 일
$W = mg(\mu_{k_1}a + \mu_{k_2}b)$
$= 100 \times 9.8(0.2 \times 2 + 0.3 \times 2.5)$
$\fallingdotseq 1128\,J$

91 이미 가공되어 있는 구멍에 다소 큰 강철 볼을 압입하여 통과시켜서 가공물의 표면을 소성변형시켜 정밀도가 높은 면을 얻는 가공법은?

① 버핑(buffing)
② 버니싱(burnishing)
③ 숏 피닝(shot peening)
④ 배럴 다듬질(barrel finishing)

풀이
버니싱(burnishing)은 예비 가공된 공작물의 구멍보다 약간 큰 볼(강구 또는 초경합금 볼)을 강제 통과시켜 내면을 매끄럽게 하고, 구멍의 진원도 및 진직도 등 정밀도를 향상시키는 가공법

92 다음 빈칸에 들어갈 숫자가 옳게 짝지어진 것은?

지름 100 m의 소재를 드로잉하여 지름 60 mm의 원통을 가공할 때 드로잉률은 (A)이다. 또한, 이 60 mm의 용기를 재 드로잉률 0.8로 드로잉을 하면 용기의 지름은 (B) mm가 된다.

① A : 0.36, B : 48
② A : 0.36, B : 75
③ A : 0.6, B : 48
④ A : 0.6, B : 75

풀이
① 드로잉 률

$$= \frac{\text{제품의 지름}(d_1)}{\text{소재의 지름}(d_0)} = \frac{60}{100} = 0.6$$

② 재 드로잉 률

$$= \frac{\text{용기의 지름}}{\text{제품의 지름}(d_1)}$$

용기의 지름
$$= \text{재 드로잉 률} \times d_1 = 0.8 \times 60$$
$$= 48\ mm$$

93 오토콜리메이터의 부속품이 아닌 것은?

① 평면경 ② 콜리 프리즘
③ 펜타 프리즘 ④ 폴리곤 프리즘

풀이
오토콜리메이터(auto collimator)는 비접촉식으로 반사경과 망원경의 위치 관계가 기울기로 변했을 때, 망원경 내의 상의 위치가 이동하는 것을 이용하여 미소각도 측정이 가능한 광학 장치로 각도, 진직도, 평면도 측정 등에 사용된다.
〈주요 부속품〉
평면경, 펜타 프리즘, 폴리곤 프리즘, 반사경대, 지지대, 조정기, 변압기

94 호브 절삭날의 나사를 여러 줄로 한 것으로 거친 절삭에 주로 쓰이는 호브는?

① 다줄 호브 ② 단체 호브
③ 조립 호브 ④ 초경 호브

풀이
호브(hob)는 기어를 치절하기 위한 절삭공구로서 나사에 홈을 파서 그 부분에 칼날을 만든 창성형 커터를 말한다.
① 다줄 호브 : 호브 절삭 날을 여러 줄로 한 것으로 적은 잇수와 피니싱용 절삭에서는 1줄을 사용하고, 거친 황삭용이나 세미 피니싱에는 다줄 호브를 사용한다.
② 단체 호브 : 보통 몰리브덴계 고속도강 재료로 단조하여 만드는 간단한 호브
③ 조립 호브 : 치형날 부위와 몸체를 각기 다른 소재로 제작하여 조립한 호브
④ 초경 호브 : 보통기어는 열처리 전에 가공을 하지만 열처리 이후에 가공하는 호브를 SKIVING HOB라고 하며, 이 때 가공할 수 있는 호브가 초경재질의 호브

95 절삭가공시 발생하는 절삭온도 측정방법이 아닌 것은?

① 부식을 이용하는 방법
② 복사고온계를 이용하는 방법
③ 열전대(thermocouple)에 의한 방법
④ 칼로리미터(calorimeter)에 의한 방법

풀이
절삭온도의 측정방법
① 칼로리미터(calorimeter)에 의한 방법
② 열전대(thermocouple)를 공구에 삽입하는 방법
③ 공구와 공작물을 열전대로 하는 방법
④ 복사온도계를 이용하는 방법
⑤ 칩의 색에 의한 방법
⑥ 시온도료(thermo-couple)에 의한 측정 방법

96 나사측정 방법 중 삼침법(Three wire method)에 대한 설명으로 옳은 것은?

① 나사의 길이를 측정하는 법
② 나사의 골지름을 측정하는 법
③ 나사의 바깥지름을 측정하는 법
④ 나사의 유효지름을 측정하는 법

풀이
삼침법은 나사의 종류와 피치, 나사산에 알맞은 지름이 동일한 3개의 철심을 나사산에 삽입하여 외경 치수를 마이크로미터로 측정하여 수나사의 유효지름을 측정하는 방법

97 다이에 아연, 납, 주석 등의 연질금속을 넣고 제품 형상의 펀치로 타격을 가하여 길이가 짧은 치약튜브, 약품튜브 등을 제작하는 압출방법은?

① 간접압출 ② 열간압출

정답 93. ② 94. ① 95. ① 96. ④ 97. ④

③ 직접압출   ④ 충격압출

풀이
충격 압출(Impact Extrusion)은 치약 튜브, 약품, 화장품 용기 등과 같은 얇은 벽의 깊이가 있는 용기를 만들 때 적용되는 일종의 후방 압출 가공으로 다이에 경금속(연질금속)을 넣고 펀치가 고속으로 하강하면 재료는 그 충격으로 인해 신장된다.

98 공작물을 양극으로 하고 전기저항이 적은 Cu, Zn을 음극으로 하여 전해액 속에 넣고 전기를 통하면, 가공물 표면이 전기에 의한 화학적 작용으로 매끈하게 가공되는 가공법은?

① 전해연마   ② 전해연삭
③ 워터젯가공   ④ 초음파가공

풀이
전해연마(Electrolytic Polishing)는 양극(anode)용해 현상을 이용해서 금속의 표면을 거울면과 같이 만드는 연마의 한 종류로 공작물을 양극, 전극을 음극으로 하여 전해액에 담갔다가 전기를 통하고 꺼내는 방식이다.
전해연삭(Electrolytic Grinding)은 공작물(양극)의 표면에 생기는 전위가 낮은 양극 생성물을 전해액의 분출로 제거한 후 연삭 숫돌에 의한 기계적인 제거방법을 가미한 복합가공이다.

99 제작개수가 적고, 큰 주물품을 만들 때 재료와 제작비를 절약하기 위해 골격만 목재로 만들고 골격 사이를 점토로 메워 만든 모형은?

① 현형   ② 골격형
③ 긁기형   ④ 코어형

풀이
골격형은 주물이 크고, 비교적 형상이 단순하면서 제작 개수가 적을 때 원형 재료와 가공비를 절감하기 위해서 목재로 뼈대를 만든 원형을 말한다.

100 용접을 기계적인 접합방법과 비교할 때 우수한 점이 아닌 것은?

① 기밀, 수밀, 유밀성이 우수하다.
② 공정수가 감소되고 작업시간이 단축된다.
③ 열에 의한 변질이 없으며 품질검사가 쉽다.
④ 재료가 절약되므로 공작물의 중량을 가볍게 할 수 있다.

풀이
용접은 고온(3500~6000℃)의 열에 의해 변형되기 쉽고 열응력이 발생되며 품질검사가 곤란하다.

정답 98. ① 99. ② 100. ③

2015년

국가기술자격 필기시험문제

2015년 기사 제1회 경향성 문제

자격종목	일반기계기사	시험시간 2시간 30분	형별 B	수험번호	성명

제1과목 : 재료역학

01 지름 10 mm 스프링강으로 만든 코일스프링에 2 kN의 하중을 작용시켜 전단응력이 250 MPa를 초과하지 않도록 하려면 코일의 지름을 어느 정도로 하면 되는가?

① 4 cm   ② 5 cm   ③ 6 cm   ④ 7 cm

[풀이]

소선지름, 코일지름 및 하중을 각각 d, D, W 라 하면,

$T = \tau Z_P = W \cdot \dfrac{D}{2}$

$\Rightarrow T = \tau \dfrac{\pi d^3}{16} = W \cdot \dfrac{D}{2}$

$\tau = \dfrac{8WD}{\pi d^3} \leq 250 \times 10^6$

$\Rightarrow D = \dfrac{\pi d^3 \tau}{8W} \leq \dfrac{\pi \times 0.1^3 \times 250 \times 10^6}{8 \times 2 \times 10^3}$

$\leq 0.049\,m = 4.9\,cm$

02 다음 그림 중 봉속에 저장된 탄성에너지가 가장 큰 것은? (단, $E = 2E_1$ 이다.)

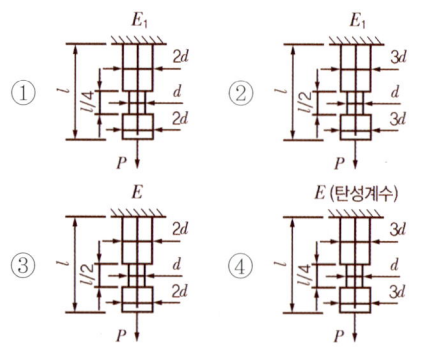

[풀이]

탄성에너지 $U = \dfrac{1}{2}P\lambda = \dfrac{P^2 l}{2AE}$ 이고,

모든 문제에서 봉의 단면적이 2개씩이며,
$E = 2E_1$이므로

① $U = \dfrac{P^2\left(\dfrac{3}{4}l\right)}{2 \times \dfrac{\pi}{4}(2d)^2 \times \dfrac{E}{2}} + \dfrac{P^2\left(\dfrac{l}{4}\right)}{2 \times \dfrac{\pi}{4}d^2 \times \dfrac{E}{2}}$

$= \dfrac{7}{4}\dfrac{P^2 l}{\pi d^2 E}$

② $U = \dfrac{P^2\left(\dfrac{l}{2}\right)}{2 \times \dfrac{\pi}{4}(3d)^2 \times \dfrac{E}{2}} + \dfrac{P^2\left(\dfrac{l}{2}\right)}{2 \times \dfrac{\pi}{4}d^2 \times \dfrac{E}{2}}$

$= \dfrac{11}{2}\dfrac{P^2 l}{\pi d^2 E}$

③ $U = \dfrac{P^2\left(\dfrac{l}{2}\right)}{2 \times \dfrac{\pi}{4}(2d)^2 E} + \dfrac{P^2\left(\dfrac{l}{2}\right)}{2 \times \dfrac{\pi}{4}d^2 E} = \dfrac{5}{4}\dfrac{P^2 l}{\pi d^2 E}$

④ $U = \dfrac{P^2\left(\dfrac{3}{4}l\right)}{2 \times \dfrac{\pi}{4}(3d)^2 E} + \dfrac{P^2\left(\dfrac{l}{4}\right)}{2 \times \dfrac{\pi}{4}d^2 E} = \dfrac{2}{3}\dfrac{P^2 l}{\pi d^2 E}$

∴ 탄성에너지가 가장 큰 것은 ②

03 그림과 같은 트러스에서 부재 AB가 받고 있는 힘의 크기는 약 몇 N정도인가?

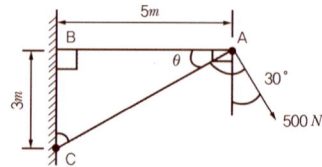

① 781   ② 894   ③ 972   ④ 1081

정답 1. ② 2. ② 3. ③

풀이

$$Tan\,\theta = \frac{3}{5} \Rightarrow \theta = Tan^{-1}\frac{3}{5}$$

라미의 정리를 활용하면

$$\frac{\sin 30.96°}{500} = \frac{\sin(120-30.96)°}{F_{AB}}$$

$$\therefore F_{AB} = 971.8\,N$$

04 안지름이 80 mm, 바깥지름이 90 mm이고 길이가 3 m인 좌굴하중을 받는 파이프 압축부재의 세장비는 얼마 정도인가?

① 100 ② 103 ③ 110 ④ 113

풀이

$$A = \frac{\pi}{4}(d_2^2 - d_1^2) = \frac{\pi}{4}(90^2 - 80^2)$$
$$= 1335.2\,mm^2$$

$$I = \frac{\pi}{64}(d_2^4 - d_1^4) = \frac{\pi}{64}(90^4 - 80^4)$$
$$= 1210004\,mm^4$$

회전반경 $K = \sqrt{\frac{I}{A}} = 30.1\,mm$

$$\therefore 세장비 \quad \lambda = \frac{l}{K} = \frac{3000}{30.1} = 99.7$$

05 탄성(elasticity)에 대한 설명으로 옳은 것은?

① 물체의 변형율을 표시하는 것
② 물체에 작용하는 외력의 크기
③ 물체에 영구변형을 일어나게 하는 성질
④ 물체에 가해진 외력이 제거되는 동시에 원형으로 되돌아가려는 성질

풀이

④ 물체에 가해진 외력이 제거되는 동시에 원형으로 되돌아가려는 성질

06 그림과 같이 자유단에 M = 40 N·m의 모멘트를 받는 외팔보의 최대 처짐량은? (단, 탄성계수 E = 200 GPa, 단면 2차모멘트 I = 50cm⁴)

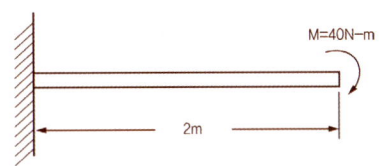

① 0.08 cm ② 0.16 cm
③ 8.00 cm ④ 10.67 cm

풀이

$$\delta_{max} = \frac{M_0 l^2}{2EI}$$

$$= \frac{40 \times 2^2}{2 \times 200 \times 10^9 \times 50 \times 10^{-8}} \times 10^2$$

$$= 0.08\,cm$$

07 그림과 같이 전길이에 걸쳐 균일 분포하중 w를 받는 보에서 최대처짐 δ_{max}를 나타내는 식은? (단, 보의 굽힘강성 EI는 일정하다.)

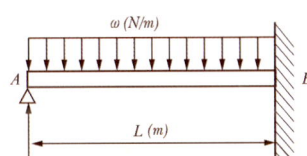

① $\dfrac{wL^4}{64EI}$ ② $\dfrac{wL^4}{128.5EI}$

③ $\dfrac{wL^4}{184.6EI}$ ④ $\dfrac{wL^4}{192EI}$

풀이

③ $\delta_{max} = \dfrac{wl^4}{184.6EI}$

08 안지름 1 m, 두께 5 mm의 구형 압력용기에 길이 15 mm 스트레인 게이지를 그림과 같이 부착하고, 압력을 가하였더니 게이지의 길이가 0.009 mm만큼 증가했을 때, 내압 p의 값은?

정답 4. ① 5. ④ 6. ① 7. ③ 8. ①

(단, E = 200 GPa, $\nu = 0.3$)

① 3.43 MPa ② 6.43 MPa
③ 13.4 MPa ④ 16.4 MPa

풀이

그림의 좌우방향을 x 축, 전후방향을 y 축으로 하는 2축으로 가정.

$\nu = \left| \dfrac{\epsilon'}{\epsilon} \right| \Rightarrow \epsilon' = \epsilon_y = \nu \epsilon_x$

2축의 성분응력은 $\sigma_x = \sigma_y = \sigma$

$\sigma_y = E \epsilon_y$

$\Rightarrow \epsilon_y = \dfrac{\sigma_y}{E} = \dfrac{\sigma}{E}(1-\nu) = \dfrac{\lambda}{l}$ ......①

원주방향에서 $\sigma \times \pi d t = p \times \dfrac{\pi}{4} d^2$ 이므로

$\sigma = \dfrac{pd}{4t}$

① 식에 적용하여

$\dfrac{pd}{4tE}(1-\nu) = \dfrac{\lambda}{l}$

$\Rightarrow p = \dfrac{4tE\lambda}{ld(1-\nu)}$

$= \dfrac{4 \times 5 \times 200 \times 10^9 \times 0.009}{15 \times 1000 \times (1-0.3)} \times 10^{-6}$

$= 3.43\ MPa$

09 직경이 d 이고 길이가 L 인 균일한 단면을 가진 직선축이 전체 길이에 걸쳐 토크 t_0 가 작용할 때, 최대 전단응력은?

① $\dfrac{2t_0 L}{\pi d^3}$ ② $\dfrac{4t_0 L}{\pi d^3}$
③ $\dfrac{16t_0 L}{\pi d^3}$ ④ $\dfrac{32t_0 L}{\pi d^3}$

풀이

$T = \tau Z_P = \tau \dfrac{\pi d^3}{16}$, $T = t_0 L$

$\Rightarrow \tau = \dfrac{16 t_0 L}{\pi d^3}$

10 비틀림 모멘트를 T, 극관성 모멘트를 I_P, 축의 길이를 L, 전단 탄성계수를 G라고 할 때, 단위 길이당 비틀림각은?

① $\dfrac{TG}{I_P}$ ② $\dfrac{T}{GI_P}$
③ $\dfrac{L^2}{I_P}$ ④ $\dfrac{T}{I_P}$

풀이

$\theta = \dfrac{Tl}{GI_P} \Rightarrow$ 단위길이 당 $\theta = \dfrac{T}{GI_P}$

11 2축응력에 대한 모어(Mohr)원의 설명으로 틀린 것은?

① 원의 중심은 원점의 상하 어디라도 놓일 수 있다.
② 원의 중심은 원점좌우의 응력축 상에 어디라도 놓일 수 있다.
③ 이 원에서 임의의 경사면상의 응력에 관한 가능한 모든지식을 얻을 수 있다.
④ 공액응력 σ_n과 $\sigma_{n'}$의 합은 주어진 두 응력의 합 $\sigma_x + \sigma_y$와 같다.

풀이

① 2축 응력의 중심은 원점좌우의 응력축 상에 존재한다.

12 포아송의 비 0.3, 길이 3 m인 원형단면의 막대에 축방향의 하중이 가해진다. 이 막대의 표면에 원주 방향으로 부착된 스트레인 게이지가 -1.5×10^{-4}의 변형률을 나타낼 때, 이 막대의 길이변화로 옳은 것은?

① 0.135mm 압축 ② 0.135mm 인장
③ 1.5mm 압축 ④ 1.5mm 인장

풀이

원주방향으로 줄어들고 축 방향으로는 늘어난다.

$$\nu = \left| \frac{\epsilon'}{\epsilon} \right|$$

$$\Rightarrow \epsilon = \frac{|\epsilon'|}{\nu} = \frac{|-1.5 \times 10^{-4}|}{0.3} = 0.0005$$

$$\epsilon = \frac{\lambda}{l} \Rightarrow \lambda = l\epsilon = 3000 \times 0.0005$$
$$= 1.5 \, mm \, (인장)$$

13 길이가 L인 균일단면 막대기에 굽힘 모멘트 M이 그림과 같이 작용하고 있을 때, 막대에 저장된 탄성변형 에너지는? (단, 막대기의 굽힘강성 EI는 일정하고, 단면적은 A이다.)

① $\dfrac{M^2 L}{2AE^2}$ ② $\dfrac{L^3}{4EI}$

③ $\dfrac{M^2 L}{2AE}$ ④ $\dfrac{M^2 L}{2EI}$

풀이

$$U = \frac{1}{2}P\lambda = \frac{1}{2}M\theta$$
$$= \frac{1}{2}M \times \frac{ML}{EI} = \frac{M^2 L}{2EI}$$

14 주철제 환봉이 축방향 압축응력 40 MPa과 모든 반경방향으로 압축응력 10 MPa을 받는다. 탄성계수 E = 100 GPa, 포아송비 ν = 0.25, 환봉의 직경 d = 120 mm, 길이 L = 200 mm일 때, 실린더 체적의 변화량 △V는 몇 mm³인가?

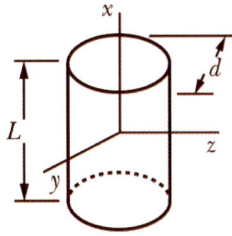

① −121 ② −254 ③ −428 ④ −679

풀이

축방향이 x 방향이고 반경방향은 y와 z방향이며, 축 방향으로 압축응력을 받고 동시에 반경방향으로도 압축응력을 받는다.

$$\epsilon_x = \frac{\sigma_x}{E} - \nu\left(\frac{\sigma_y}{E} + \frac{\sigma_z}{E}\right)$$
$$= \frac{1}{E}[\sigma_x - \nu(\sigma_y + \sigma_z)]$$
$$= \frac{10^6}{100 \times 10^9}[-14 - 0.25(-10 - 10)]$$
$$= -0.00035$$

$$\epsilon_y = \frac{\sigma_y}{E} - \nu\left(\frac{\sigma_x}{E} + \frac{\sigma_z}{E}\right)$$
$$= \frac{1}{E}[\sigma_y - \nu(\sigma_x + \sigma_z)]$$
$$= \frac{10^6}{100 \times 10^9}[-10 - 0.25(-40 - 10)]$$
$$= 0.000025$$

$$\epsilon_z = \frac{\sigma_z}{E} - \nu\left(\frac{\sigma_x}{E} + \frac{\sigma_y}{E}\right)$$
$$= \frac{1}{E}[\sigma_z - \nu(\sigma_x + \sigma_y)]$$
$$= \frac{10^6}{100 \times 10^9}[-10 - 0.25(-40 - 10)]$$
$$= 0.000025$$

$$\epsilon_v = \epsilon_x + \epsilon_y + \epsilon_z$$
$$\therefore \Delta V = \epsilon_v V$$
$$= (-0.00035 + 0.000025 + 0.000025) \times \frac{\pi}{4} \times 120^2 \times 200$$
$$= -678.6 \, mm^3$$

2015년

15 그림과 같이 두께가 20 mm, 외경이 200 mm인 원관을 고정벽으로부터 수평으로 4 m만큼 돌출시켜 물을 방출한다. 원관내에 물이 가득차서 방출될 때 자유단의 처짐은 몇 mm인가? (단, 원관 재료의 탄성계수 E = 200 GPa, 비중은 7.80이고, 물의 밀도는 1000 kg/m³이다.)

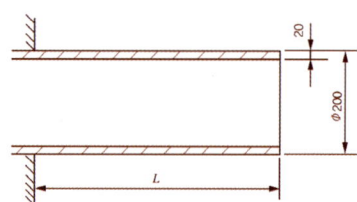

① 9.66 ② 7.66 ③ 5.66 ④ 3.66

풀이

물의 중량은 등분포하중으로 간주되므로 외팔보 등분포하중으로 우측 자유단에서의 최대처짐은

$\delta_{max} = \dfrac{wl^4}{8EI}$ 이다.

단위길이 당 하중량은

$w = \dfrac{W}{L} = \dfrac{(\gamma_{원관} A_{원관} L + \gamma_{물} A_{물} L)}{L}$

$= 7.8 \times \dfrac{\pi}{4}(0.2^2 - 0.16^2) + 9800 \times \dfrac{\pi}{4}(0.16^2)$

$= 1061.6 \ N/m$

$\therefore \delta_{max} = \dfrac{1061.6 \times 4^4}{8 \times 200 \times 10^9 \times \dfrac{\pi}{64}(0.2^4 - 0.16^4)} \times 10^3$

$= 3.66 \ mm$

16 높이 h, 폭 b인 직사각형 단면을 가진 보 A와 높이 b, 폭 h인 직사각형 단면을 가진 보 B의 단면 2차 모멘트의 비는? (단, h = 1.5b)

① 1.5 : 1 ② 2.25 : 1
③ 3.375 : 1 ④ 5.06 : 1

풀이

$I_A = \dfrac{bh^3}{12} \ : \ I_A{}' = \dfrac{hb^3}{12}$

$\Rightarrow \dfrac{b \times (1.5b)^3}{12} \ : \ \dfrac{(1.5b) \times b^3}{12}$

$= \dfrac{1.5^3 b^4}{12} \ : \ \dfrac{1.5 b^4}{12} = 2.25 \ : \ 1$

17 그림과 같은 보에서 발생하는 최대 굽힘모멘트는?

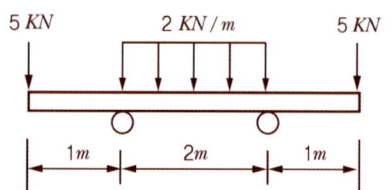

① 2 kN·m ② 5 kN·m
③ 7 kN·m ④ 10 kN·m

풀이

$M_{x=1} = |-5 \times 1| = 5 \ kN \cdot m$

$M_{x=3} = |(-5 \times 2) + 7 \times 1 + (-2 \times 1 \times 0.5)|$

$= 4 \ kN \cdot m$

$\therefore M_{max} = 5 \ kN \cdot m$

18 지름이 25 mm이고 길이가 6 m인 강봉의 양쪽 단에 100 kN의 인장력이 작용하여 6 mm가 늘어났다. 이 때의 응력과 변형률은? (단, 재료는 선형 탄성거동을 한다.)

① 203.7 MPa, 0.01
② 203.7 kPa, 0.01
③ 203.7 MPa, 0.001
④ 203.7 kPa, 0.001

풀이

$\sigma = \dfrac{P}{A} = \dfrac{P}{\dfrac{\pi}{4}d^2} = \dfrac{100 \times 10^3}{\dfrac{\pi}{4} \times 0.025^2} \times 10^{-6}$

$= 203.72 \ MPa$

$\epsilon = \dfrac{\lambda}{l} = \dfrac{0.006}{6} = 0.001$

19 균일 분포하중(q)을 받는 보가 그림과 같이 지지되어 있을 때, 전단력선도는? (단, A지점은 핀, B지점은 롤러로 지지되어 있다.)

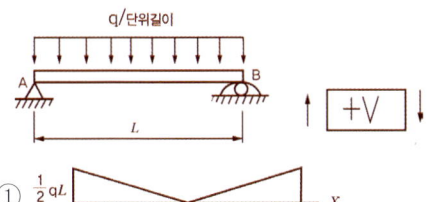

① $\frac{1}{2}qL$

② $\frac{1}{2}qL$

③ $\frac{1}{8}qL^2$

④ $-q$

풀이
② 등분포하중이므로 SFD는 1차함수이며 좌우대칭이 아니어야 한다

20 최대 굽힘모멘트 8 kN·m를 받는 원형단면의 굽힘응력을 60 MPa로 하려면 지름을 약 몇 cm로 해야 하는가?

① 1.11 ② 11.1 ③ 3.01 ④ 30.

풀이
$M = \sigma Z \Rightarrow M_{max} = \sigma_{max} Z$
$\Rightarrow 8 \times 10^3 = 60 \times 10^6 \times \frac{\pi d^3}{32}$
$\therefore d = \sqrt[3]{\frac{32 \times 8 \times 10^3}{\pi \times 60 \times 10^6}} \times 10^2 = 11.1 \, cm$

제2과목 : 기계열역학

21 전동기에 브레이크를 설치하여 출력 시험을 하는 경우, 축출력 10 kW의 상태에서 1시간 운전을 하고, 이때 마찰열을 20℃의 주위에 전할 때 주위의 엔트로피는 어느정도 증가하는가?

① 123 kJ/K ② 133 kJ/K
③ 143 kJ/K ④ 153 kJ/K

풀이
마찰열
$Q = 10 \, kJ/s \times 3600 \, s/h = 36000 \, kJ/h$
$\triangle S = \int_1^2 \frac{\delta Q}{T} = \frac{36000}{293.15}$
$= 122.87 \, kJ/K$

22 밀폐계에서 기체의 압력이 500 kPa로 일정하게 유지되면서 체적이 0.2 m³에서 0.7 m³로 팽창하였다. 이 과정동안에 내부에너지의 증가가 60 kJ이라면 계가 한 일은?

① 450 kJ ② 350 kJ
③ 250 kJ ④ 150 kJ

풀이
밀폐계에서의 일 = 절대일
$_1W_2 = \int_1^2 p dV = p(V_2 - V_1)$
$= 500 \times (0.7 - 0.2) = 250 \, kJ$

23 난방용 열펌프가 저온물체에서 1500 kJ/h의 열을 흡수하여 고온물체에 2100 kJ/h로 방출한다. 이 열펌프의 성능계수는?

① 2.0 ② 2.5 ③ 3.0 ④ 3.5

풀이
$COP_H = \frac{q_H}{q_H - q_L} = \frac{q_H}{w_c} = 1 + COP_R$

2015년

$$\Rightarrow \frac{2100}{2100-1500} = 3.5$$

24 오토사이클에 관한 설명 중 틀린 것은?
① 압축비가 커지면 열효율이 증가한다.
② 열효율이 디젤사이클보다 좋다.
③ 불꽃점화 기관의 이상사이클이다.
④ 열의 공급(연소)이 일정한 체적하에 일어난다.

풀이
② 압축비를 높게 하면 열효율을 디젤 사이클 보다 크게 할 수 있지만 노킹현상 때문에 압축비를 10 이상으로 높일 수 없어서 일반적으로 디젤기관의 효율이 더 높다.

25 밀폐 시스템의 가역 정압변화에 관한 다음 사항 중 옳은 것은? (단, U : 내부에너지, Q : 전달열, H : 엔탈피, V : 체적, W : 일이다.)
① $dU = \delta Q$
② $dH = \delta Q$
③ $dV = \delta Q$
④ $dW = \delta Q$

풀이
$dq = du + pdv = dh - vdp$
$\Rightarrow dp = 0$ 이므로 $dq = dh$
$\Rightarrow dH = dQ$

26 과열기가 있는 랭킨사이클에 이상적인 재열사이클을 적용할 경우에 대한 설명으로 틀린 것은?
① 이상 재열사이클의 열효율이 더 높다.
② 이상 재열사이클의 경우 터빈출구 건도가 증가한다.
③ 이상 재열사이클의 기기비용이 더 많이 요구된다.
④ 이상 재열사이클의 경우 터빈입구 온도를 더 높일 수 있다.

풀이
④

27 20℃의 공기(기체상수 R = 0.287 kJ/kg·K, 정압비열 C_p = 1.004 kJ/kg·K) 3kg이 압력 0.1 MPa에서 등압팽창하여 부피가 두 배로 되었다. 이 과정에서 공급된 열량은 대략 얼마인가?
① 약 252 kJ   ② 약 883 kJ
③ 약 441 kJ   ④ 약 1765 kJ

풀이
p, v, T 의 관계로부터 $\frac{pv}{T} = C$
$\Rightarrow \frac{p_1 v_1}{T_1} = \frac{p_2 v_2}{T_2}$
문제의 조건에서 $\Rightarrow \frac{p_1 v_1}{T_1} = \frac{p_1 (2v_1)}{T_2}$
$\Rightarrow T_2 = 2T_1 = 2 \times 293.15 = 586.3\ K$
$dq = dh - vdp \Rightarrow dq = dh$
$Q_{12} = m\,C_p\,\triangle T$
$= 3 \times 1.004 \times (586.3 - 293.15)$
$= 883.0\ kJ$

28 최고온도 1300K와 최저온도 300K 사이에서 작동하는 공기표준 Brayton 사이클의 열효율은 약 얼마인가? (단, 압력비는 9, 공기의 비열비는 1.4이다.)
① 30%   ② 36%   ③ 42%   ④ 47%

풀이
$\eta_{th\,B} = 1 - \left(\frac{1}{\gamma_p}\right)^{\frac{k-1}{k}} = 1 - \left(\frac{1}{9}\right)^{\frac{1.4-1}{1.4}}$
$= 0.466 = 46.6\ \%$

29 대기압 하에서 물의 어는 점과 끓는 점 사이에서 작동하는 카르노사이클(Carnot cycle) 열기관의 열효율은 약 몇 %인가?

정답 24. ② 25. ② 26. ④ 27. ② 28. ④ 29. ④

① 2.7 ② 10.5 ③ 13.2 ④ 26.8

풀이

$$\eta_c = 1 - \frac{T_2}{T_1} = \left(1 - \frac{273.15}{373.15}\right) \times 100$$
$$= 26.8\%$$

30 물질의 양을 1/2로 줄이면 강도성(강성적) 상태량의 값은?

① 1/2로 줄어든다.
② 1/4로 줄어든다.
③ 변화가 없다.
④ 2배로 늘어난다.

풀이
강도성(강성적) 상태량은 물질의 질량과 무관.

31 카르노 사이클에 대한 설명으로 옳은 것은?

① 이상적인 2개의 등온과정과 이상적인 2개의 정압과정으로 이루어진다.
② 이상적인 2개의 정압과정과 이상적인 2개의 단열과정으로 이루어진다.
③ 이상적인 2개의 정압과정과 이상적인 2개의 정적과정으로 이루어진다.
④ 이상적인 2개의 등온과정과 이상적인 2개의 단열과정으로 이루어진다.

풀이
카르노사이클은 이상적인 2개의 등온과정과 이상적인 2개의 단열과정으로 구성된다.

32 대기압 하에서 물질의 질량이 같을 때 엔탈피의 변화가 가장 큰 경우는?

① 100℃ 물이 100℃ 수증기로 변화
② 100℃ 공기가 200℃ 공기로 변화
③ 90℃의 물이 91℃ 물로 변화
④ 80℃의 공기가 82℃ 공기로 변화

풀이
① 엔탈피의 정의식은 $h = u + pv$
⇒ $\Delta h = \Delta u + \Delta pv$ 이며, 증발의 잠열이 필요함. ($539\, Kcal/kg = 539 \times 4.2\, KJ/kg$)

33 온도 T_1 의 고온열원으로부터 온도 T_2 의 저온열원으로 열량 Q가 전달될 때 두 열원의 총 엔트로피 변화량을 옳게 표현한 것은?

① $-\dfrac{Q}{T_1} + \dfrac{Q}{T_2}$ ② $\dfrac{Q}{T_1} - \dfrac{Q}{T_2}$

③ $\dfrac{Q(T_1 + T_2)}{T_1 \cdot T_2}$ ④ $\dfrac{T_1 - T_2}{Q(T_1 \cdot T_2)}$

풀이

$$\Delta S = \int_1^2 \frac{\delta Q}{T} \Rightarrow \Delta S_1 = -\frac{Q}{T_1}\ (방열)$$
$$\Delta S_2 = \frac{Q}{T_2}\ (흡열)$$
$$\therefore\ \Delta S_1 + \Delta S_2 = -\frac{Q}{T_1} + \frac{Q}{T_2}$$

34 한 사이클 동안 열역학계로 전달되는 모든 에너지의 합은?

① 0 이다.
② 내부에너지 변화량과 같다.
③ 내부에너지 및 일량의 합과 같다.
④ 내부에너지 및 전달열량의 합과 같다.

풀이
①

35 증기압축 냉동기에는 다양한 냉매가 사용된다. 이러한 냉매의 특징에 대한 설명으로 틀린 것은?

① 냉매는 냉동기의 성능에 영향을 미친다.
② 냉매는 무독성, 안정성, 저가격 등의 조

2015년

건을 갖추어야 한다.
③ 우수한 냉매로 알려져 널리 사용되던 염화불화 탄화수소(CFC) 냉매는 오존층을 파괴한다는 사실이 밝혀진 이후 사용이 제한되고 있다.
④ 현재 CFC냉매 대신에 R-12(CCl_2F_2)가 냉매로 사용되고 있다.

풀이
④ R-12(CCl_2F_2)는 CFC냉매이다.
(R-134a 등은 대체냉매)

36 저온열원의 온도가 T_L, 고온열원의 온도가 T_H인 두 열원 사이에서 작동하는 이상적인 냉동사이클의 성능계수를 향상시키는 방법으로 옳은 것은?

① T_L을 올리고 $(T_H - T_L)$을 올린다.
② T_L을 올리고 $(T_H - T_L)$을 줄인다.
③ T_L을 내리고 $(T_H - T_L)$을 올린다.
④ T_L을 내리고 $(T_H - T_L)$을 줄인다.

풀이
이상적인 냉동 사이클의 성능계수는
$COP_{RC} = \dfrac{T_L}{T_H - T_L}$ 이므로
T_L을 올리고 $T_H - T_L$을 내릴수록 냉동 사이클의 성능계수가 향상된다.

37 단열된 용기 안에 두 개의 구리블록이 있다. 블록 A는 10 kg, 온도 300K이고, 블록 B는 10kg, 900K이다. 구리의 비열은 0.4 kJ/kg·K일 때, 두 블록을 접촉시켜 열교환이 가능하게 하고 장시간 놓아두어 최종상태에서 두 구리블록의 온도가 같아졌다. 이 과정동안 시스템의 엔트로피 증가량(kJ/K)은?

① 1.15 ② 2.04 ③ 2.77 ④ 4.82

풀이
$Q_{평형} = mC\Delta T$, $Q_{방열량} = Q_{흡열량}$

$\Rightarrow 10 \times 0.4 \times (900 - T_{평형})$
$= 10 \times 0.4 \times (T_{평형} - 600)$
$\therefore T_{평형} = 600\, K$

방열량은 $\Delta S_1 = \int \dfrac{\delta Q}{T}$

$\Rightarrow \Delta S_1 = \int_{900}^{600} mC\dfrac{dT}{T} = mC[\ln T]_{900}^{600}$
$= 10 \times 0.4 \times \ln\left(\dfrac{600}{900}\right) = -1.62\, kJ/K$ (방열)

흡열량은 $\Delta S_2 = \int \dfrac{\delta Q}{T}$

$\Rightarrow \Delta S_2 = \int_{300}^{600} mC\dfrac{dT}{T} = mC[\ln T]_{300}^{600}$
$= 10 \times 0.4 \times \ln\left(\dfrac{600}{300}\right) = 2.77\, kJ/K$ (흡열)

$\therefore \Delta S_1 + \Delta S_2 = -1.62 + 2.77$
$= 1.15\, kJ/K$

38 성능계수(COP)가 0.8인 냉동기로서 7200 kJ/h로 냉동하려면, 이에 필요한 동력은?

① 약 0.9 kW   ② 약 1.6 kW
③ 약 2.0 kW   ④ 약 2.5 kW

풀이
$COP_R = \dfrac{q_L}{q_H - q_L} = \dfrac{q_L}{w_c}$

$\Rightarrow 0.8 = \dfrac{7200\, kJ/h}{w_c}$

$\Rightarrow w_c = \dfrac{7200\, kJ/h}{0.8} \times \dfrac{1\, h}{3600\, s}$
$= 2.5\, kW$

39 냉동효과가 70 kW인 카르노 냉동기의 방열기 온도가 20℃, 흡열기온도가 -10℃이다. 이 냉동기를 운전하는데 필요한 이론동력(일률)은?

① 약 6.02 kW   ② 약 6.98 kW
③ 약 7.98 kW   ④ 약 8.99 kW

풀이
$T_L = -10 + 273.15 = 263.15\, K$

정답 36. ② 37. ① 38. ④ 39. ③

$T_H = 20 + 273.15 = 293.15\ K$

$COP_{RC} = \dfrac{T_L}{T_H - T_L} = \dfrac{Q_L}{W_c}$

$\Rightarrow W_c = \dfrac{Q_L}{COP_{RC}} = Q_L\left(\dfrac{T_H - T_R}{T_R}\right)$

$= 70 \times \left(\dfrac{293.15 - 263.15}{263.15}\right) = 7.98\ kW$

40 어떤 이상기체 1 kg이 압력 100 kPa, 온도 30℃의 상태에서 체적 0.8m³을 점유한다면 기체상수는 몇 kJ/kg·K인가?

① 0.251　② 0.264
③ 0.275　④ 0.293

풀이

$pV = mRT$

$\Rightarrow R = \dfrac{pV}{mT} = \dfrac{100 \times 0.8}{1 \times 303.15} = 0.264$

제3과목 : 기계유체역학

41 다음 중 기체상수가 가장 큰 기체는?

① 산소　② 수소　③ 질소　④ 공기

풀이

$\overline{R} = MR = C = 8.3143\ [kJ/kmol \cdot K]$

$8.3143 = M_{분자량}R \Rightarrow R = \dfrac{8.3143}{M_{분자량}}$

기체상수는 분자량과 반비례 ∴ $M_{수소}$

42 그림과 같이 큰 댐 아래에 터빈이 설치되어 있을 때, 마찰손실 등을 무시한 최대 발생가능한 터빈의 동력은 약 얼마인가? (단, 터빈출구관의 안지름은 1 m이고, 수면과 터빈출구관 중심까지의 높이차는 20 m이며, 출구속도는 10 m/s이고, 출구압력은 대기압이다.)

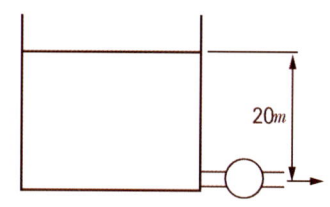

① 1150 kW　② 1930 kW
③ 1540 kW　④ 2310 kW

풀이

$\dfrac{p_1}{\gamma} + \dfrac{V_1^2}{2g} + z_1 = \dfrac{p_2}{\gamma} + \dfrac{V_2^2}{2g} + z_2 + H_T$

$\Rightarrow H_T = (z_1 - z_2) - \dfrac{V_2^2}{2g} = 20 - \dfrac{10^2}{2 \times 9.8}$

$= 14.9\ m$

터빈동력은

$P = \gamma H_T Q = 9800 \times 14.9 \times \dfrac{\pi}{4} \times 1^2 \times 10$

$= 1146.3\ kW$

43 경계층 내의 무차원 속도분포가 경계층 끝에서 속도구배가 없는 2차원함수로 주어졌을 때 경계층의 배제두께(δ)의 관계로 올바른 것은?

① $\delta_t = \delta$　② $\delta_t = \dfrac{\delta}{2}$
③ $\delta_t = \dfrac{\delta}{3}$　④ $\delta_t = \dfrac{\delta}{4}$

풀이

③ 문제의 배제두께(δ) 정의로부터

$\dfrac{u}{U} = \dfrac{y^2}{\delta^2}$

$\delta_t = \int_0^\delta \dfrac{y^2}{\delta^2}dy = \left[\dfrac{y^3}{3\delta^2}\right]_0^\delta = \dfrac{\delta}{3}$

44 프로펠러 이전유속을 u_0, 이후유속을 u_2라 할 때 프로펠러의 추진력 F는 얼마인가? (단, 유체의 밀도와 유량 및 비중량을 ρ, Q, γ 라 한다.)

정답 40. ② 41. ② 42. ① 43. ③ 44. ①

2015년

① $F = \rho Q(u_2 - u_0)$
② $F = \rho Q(u_0 - u_2)$
③ $F = \gamma Q(u_2 - u_0)$
④ $F = \gamma Q(u_0 - u_2)$

풀이
프로펠러 추력
$F_{th} = \rho_2 Q_2 V_4 - \rho_1 Q_1 V_1 = \rho Q(u_2 - u_0)$

45 비중이 0.8인 기름이 지름 80 mm인 곧은 원관 속을 90 L/min로 흐른다. 이때의 레이놀즈수는 약 얼마인가? (단, 이 기름의 점성계수는 5×10^{-4} kg/(s·m)이다.)

① 38200　② 19100
③ 3820　④ 1910

풀이
비중 0.8인 유체의 밀도
$\rho_{0.8} = s\rho_w = 0.8 \times 1000 = 800 \, kg/m^3$

문제의 조건에서 유량
$\dot{Q} = 90 \, l/\min = \dfrac{90 \times 10^{-3}}{60} = 0.0015 \, m^3/s$

유속 $\dot{Q} = AV$
$\Rightarrow V = \dfrac{\dot{Q}}{A} = \dfrac{0.0015}{\dfrac{\pi}{4} \times 0.08^2} = 0.298 \, m/s$

$\therefore Re = \dfrac{\rho VL}{\mu} = \dfrac{800 \times 0.298 \times 0.08}{5 \times 10^{-4}}$

46 2차원 비압축성 정상류에서 x, y의 속도성분이 각각 u = 4y, x = 6x로 표시될 때, 유선의 방정식은 어떤형태를 나타내는가?

① 직선　② 포물선
③ 타원　④ 쌍곡선

풀이
유선의 방정식은 $\dfrac{dx}{u} = \dfrac{dy}{v} \Rightarrow \dfrac{dx}{4y} = \dfrac{dy}{6x}$

$\Rightarrow 6x\,dx - 4y\,dy = 0 \Rightarrow 3x^2 - 2y^2 = C$
$\Rightarrow \dfrac{x^2}{\dfrac{C}{3}} - \dfrac{y^2}{\dfrac{C}{2}} = 0$
$\therefore$ 쌍곡선

47 지름 20 cm인 구의 주위에 밀도가 1000 kg/m³, 점성계수는 1.8×10^{-3} Pa·s인 물이 2 m/s의 속도로 흐르고 있다. 항력계수가 0.2인 경우 구에 작용하는 항력은 약 몇 N인가?

① 12.6　② 200
③ 0.2　④ 25.12

풀이
$D = F_D = C_D A \dfrac{\rho V^2}{2}$
$= 0.2 \times \dfrac{\pi}{4} \times 0.2^2 \times \dfrac{1000 \times 2^2}{2} N = 12.57 \, N$

48 산 정상에서의 기압은 93.8 kPa이고, 온도는 11℃이다. 이때 공기의 밀도는 약 몇 kg/m³인가? (단, 공기의 기체상수는 287 J/kg·℃이다.)

① 0.00012　② 1.15
③ 29.7　④ 1150

풀이
$pv = RT \Rightarrow \dfrac{p}{\rho} = RT$
$\Rightarrow \rho = \dfrac{p}{RT} = \dfrac{93.8 \times 10^3}{287 \times (11 + 273.15)}$
$= 1.15 \, kg/m^3$

49 비중이 0.8인 오일을 직경이 10 cm인 수평원관을 통하여 1 km 떨어진 곳까지 수송하려고 한다. 유량이 0.02 m³/s, 동점성계수가 2×10^{-4} m²/s라면 관 1 km에서의 손실수두는 약 얼마인가?

① 33.2 m　② 332 m

정답 45. ①　46. ④　47. ①　48. ②　49. ④

③ 16.6 m ④ 166 m

① 200 ② 300
③ 400 ④ 500

풀이

$$Q = \frac{\Delta p \pi d^4}{128 \mu L} \Rightarrow \Delta p = \frac{128 \mu L Q}{\pi d^4} = \gamma h_L$$
⇨ 손실수두

$$h_L = \frac{128 \mu L Q}{\gamma \pi d^4} = \frac{128 \mu L Q}{\rho g \pi d^4} = \frac{128 \nu L Q}{g \pi d^4}$$

$$= \frac{128 \times 2 \times 10^{-4} \times 1000 \times 0.02}{9.8 \times \pi \times 0.1^4}$$

$$= 166.3 \, m$$

풀이

문제에 주어진 속도분포 식을 y 에 대하여 미분

$$\frac{du}{dy} = -\frac{V}{h^2} 2y$$

벽면($y = h$)에서의 전단응력은

$$\frac{du}{dy} = -\frac{V}{h^2} 2h = -\frac{2V}{h}$$

뉴턴의 점성법칙은

$$\tau = -\mu \frac{du}{dy} = -\mu \frac{-2V}{h} = 4 \times \frac{2 \times 0.5}{0.01}$$

⇧ 음의부호는 전단응력이 유동과 반대 방향으로 발생함을 의미함.

$$= 400 \, N/m^2$$

50 반지름 3 cm, 길이 15 m, 관마찰계수 0.025인 수평원관 속을 물이 난류로 흐를 때 관 출구와 입구의 압력차가 9810 Pa이면 유량은?

① 5.0 m³/s ② 5.0 L/s
③ 5.0 cm³/s ④ 0.5 L/s

풀이

손실수두는 $h_L = f \frac{L}{d} \frac{V^2}{2g}$

압력강하는 $\Delta p = \gamma h_L = \gamma f \frac{L}{d} \frac{V^2}{2g}$ 이므로

속도는

$$V = \sqrt{\frac{2g d \Delta p}{\gamma f L}} = \sqrt{\frac{2 \times 9.8 \times 0.06 \times 9.81}{9800 \times 0.025 \times 15}}$$

$$= 1.77 \, m/s$$

∴ 유량

$$Q = AV = \frac{\pi d^2}{4} \times V = \frac{\pi \times 0.06^2}{4} \times 1.77$$

$$= 0.005 \, m^3/s = 5 \, L/s$$

52 용기에 너비 4 m, 깊이 2 m인 물이 채워져 있다. 이 용기가 수직 상방향으로 9.8m/s²로 가속될 때, B점과 A점의 압력차 $P_B - P_A$는 약 몇 kPa인가?

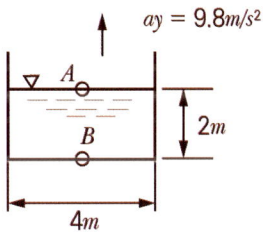

① 9.8 ② 19.6 ③ 39.2 ④ 78.4

풀이

$\sum F_y$에 대한 FBD로부터

$(P_B - P_A)A - W = ma_y$

⇨ $(P_B - P_A)A = W + ma_y$

⇨ $(P_B - P_A)A = mg + ma_y$

⇨ $(P_B - P_A)A = mg + mg = 2mg$

∴ $(P_B - P_A) = \frac{2mg}{A} = \frac{2\rho A h g}{A} = 2\rho h g$

$= 2 \times 1000 \times 2 \times 9.8 \times 10^{-3} = 39.2 \, kPa$

51 정지상태의 거대한 두 평판 사이로 유체가 흐르고 있다. 이 때 유체의 속도분포(u)가 u = V$[1 - (\frac{y}{h})^2]$일 때, 벽면 전단응력은 약 몇 N/m²인가? (단, 유체의 점성계수는 4 N·s/m²이며, 평균속도 V는 0.5 m/s, 유로 중심으로부터 벽면까지의 거리 h는 0.01 m이며, 속도분포는 유체 중심으로부터의 거리(y)의 함수이다.)

정답 50. ② 51. ③ 52. ③

2015년

53 다음 중 점성계수 μ의 차원으로 옳은 것은? (단, M : 질량, L : 길이, T : 시간이다.)

① $ML^{-1}T^2$ ② $ML^{-2}T^2$
③ $ML^{-1}T^1$ ④ $ML^{-2}T$

풀이

$$\mu = \frac{\tau}{du/dy} = \frac{FL^{-2}}{LT^{-1}/L} = FL^{-2}T$$
$$= (MLT^{-2})L^{-2}T = ML^{-1}T^{-1}$$

54 검사체적에 대한 설명으로 옳은 것은?

① 검사체적은 항상 직육면체로 이루어진다.
② 검사체적은 공간상에서 등속 이동하도록 설정해도 무방하다.
③ 검사체적내의 질량은 변화하지 않는다.
④ 검사체적을 통해서 유체가 흐를 수 없다.

풀이

② 검사체적(control volume)은 등속 이동하도록 설정해도 무방하다.

55 그림과 같은 수문에서 멈춤장치 A가 받는 힘은 약 몇 kN인가? (단, 수문의 폭은 3 m이고, 수은의 비중은 13.6이다.)

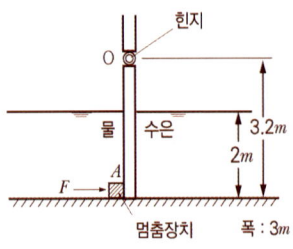

① 37   ② 510   ③ 586   ④ 879

풀이

문제의 조건에서 좌측부분 물의 전압력
$$F_물 = p_c A = \gamma h_c A$$
$$= 9800 \times 1 \times (3 \times 2) \times 10^{-3} = 58.8\ kN$$
(단, $h_c = 1\ m$, $A = 3 \times 2\ m^2$ 적용)

우측부분 수은의 전압력
$$F_{수은} = \gamma_{수은} h_c A = 13.6 \times 9800 \times 1 \times (3 \times 2) \times 10^{-3}$$
$$= 799.7\ kN$$

압심의 y 좌표 ⇐ 전압력의 작용점
$$h_p = h_c + h_{cp} = h_c + \frac{I_{도심}}{Ah_c}$$
$$= 1 + \frac{\frac{3 \times 2^3}{12}}{(3 \times 2) \times 1} = 1.33\ m$$

$\sum M_{힌지} = 0$ 을 만족하는 하단의 작용력은
$$F \times 3.2 = (F_{수은} - F_물) \times (1.2 + 1.33)$$
$$\Rightarrow F = \frac{(799.7 - 58.8) \times (1.2 + 1.33)}{3.2}$$
$$\fallingdotseq 586\ kN$$

56 역학적 상사성(相似性)이 성립하기 위해 프루드(Froude)수를 같게 해야 되는 흐름은?

① 점성계수가 큰 유체의 흐름
② 표면장력이 문제가 되는 흐름
③ 자유표면을 가지는 유체의 흐름
④ 압축성을 고려해야 되는 유체의 흐름

풀이

③ 중력 항을 포함하는 무차원수 이어야 한다.

57 다음 중 유동장에 입자가 포함되어 있어야 유속을 측정할 수 있는 것은?

① 열선속도계
② 정압피토관
③ 프로펠러 속도계
④ 레이저 도플러 속도계

풀이

④ 유동장 내에 추적 입자(tracer)가 포함되어 있다.

58 2차원 직각좌표계(x,y)에서 속도장이 다음과 같은 유동이 있다. 유동장 내의 점(L, L)에서의 유속의

정답 53. ③ 54. ② 55. ③ 56. ③ 57. ④ 58. ④

크기는? (단, i, j는 각각 x, y 방향의 단위벡터를 나타낸다.)

$$V(x, y) = \frac{U}{L}(-xi + yj)$$

① 0 ② U ③ 2U ④ $\sqrt{2}\,U$

풀이

$\vec{V}(L, L) = \frac{U}{L}(-L\vec{i} + L\vec{j})$

유속의 크기는 $|\vec{V}(L, L)| = \sqrt{2}\,U$

59 파이프 내에 점성유체가 흐른다. 다음 중 파이프 내의 압력분포를 지배하는 힘은?

① 관성력과 중력
② 관성력과 표면장력
③ 관성력과 탄성력
④ 관성력과 점성력

풀이

④ Δp 가 지배하는 힘

60 그림과 같은 노즐에서 나오는 유량이 0.078 m³/s 일 때 수위(H)는 얼마인가? (단, 노즐출구의 안지름은 0.1 m이다.)

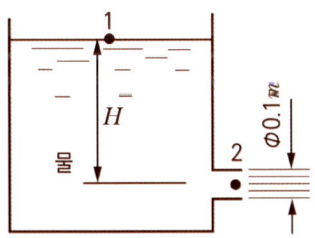

① 5m ② 10m ③ 0.5m ④ 1m

풀이

유속 $\dot{Q} = AV$

$\Rightarrow V = \frac{\dot{Q}}{A} = \frac{0.078}{\frac{\pi}{4} \times 0.1^2} = 9.93\ m/s$

분출속도 $V = \sqrt{2gH}$

$\Rightarrow H = \frac{V^2}{2g} = \frac{9.93^2}{2 \times 9.8} ≒ 5\ m$

제4과목 : 기계재료 및 유압기기

61 Fe-C 상태도에서 온도가 가장 낮은 것은?

① 공석점
② 포정점
③ 공정점
④ 순철의 자기변태점

풀이

공석점 : 0.85%C, 723℃
포정점 : 0.17%C, 1495℃
공정점 : 4.30%C, 1130℃
순철의 자기변태점 : A1 변태점, 768℃

62 금형재료로서 경도와 내마모성이 우수하고 대량 생산에 적합한 소결합금은?

① 주철 ② 초경합금
③ Y합금강 ④ 탄소공구강

풀이

초경합금(cemented carbide)은 소결 경질 합금으로 금속 탄화물과 철계의 결합금속(Fe, Ni, Co)을 분말야금법(혼합, 성형, 소결)을 이용해 제조한 복합금속으로 소결 탄화물 합금이라 한다. 초경합금은 경도가 높고, 내마모성이 우수하며 압축강도가 높으며 고온경도 및 고온강도가 양호하여 고온에서 쉽게 변형되지 않는다.

63 특수강에서 합금원소의 영향에 대한 설명으로 옳은 것은?

① Ni은 결정입자의 조절
② Si는 인성증가, 저온 충격저항 증가
③ V, Ti는 전자기적 특성, 내열성 우수
④ Mn, W은 고온에 있어서의 경도와

정답 59. ④ 60. ① 61. ① 62. ② 63. ④

2015년

인장강도 증가 | 으로 얻기 위함

풀이
특수 원소의 역할
㉠ Ni : 강인성, 내식성, 내열성 증가
㉡ Si : 적은 양은 다소 경도와 인장강도 증가, 함류량이 많아지면 내식성, 내열성 증가, 전자기적 성질 개선
㉢ V : 오스테나이트 구역 축소하며 내마모성, 고온경도, 인장강도, 탄성한계 증가, 인성 감소, 조직 미세화
㉣ Ti : 오스테나이트 입자 조절, 담금질성 향상, 탄화물 생성 용이, 결정입자 사이 부식저항 증가
㉤ Mn : 적열취성 방지, 시멘타이트 안정화, 담금질성 향상, 탈산 및 탈황 효과
㉥ W : 고온 경도, 강도, 내열성 증가, 담금질 조직 안정화, 함유량이 많아지면 경도, 내마멸성 증가

풀이
심냉처리(Sub-Zero)는 물 담금질 직후에 액체 공기 (-196℃의 액체질소, -183℃의 액체산소)중에 담그는 조작을 말하며 0℃ 이하이므로 Sub-Zero (심냉처리)란 명칭이 붙은 것이다.
주요 목적은 잔류 오스테나이트의 마텐자이트화에 있으며 정밀 금형공구강, 게이지, 합금강 등은 뜨임보다 심냉처리가 좋다. 담금질한 후 시간이 경과하거나 뜨임처리를 하면 잔류 오스테나이트는 마텐자이트로 잘 되지 않는다.
따라서 담금질 직후에 심냉처리 그 다음에 뜨임처리를 한다.

64 탄소강에 함유된 인(P)의 영향을 바르게 설명한 것은?
① 강도와 경도를 감소시킨다.
② 결정립을 미세화시킨다.
③ 연신율을 증가시킨다.
④ 상온취성의 원인이 된다.

풀이
인(P)의 영향
㉠ 인장강도, 경도 증가
㉡ 결정입자 조대화
㉢ 연신율, 단면 수축률 감소
㉣ 상온가공시 취성이 일어난다(상온취성, 상온 메짐)

65 심냉(sub-zero) 처리의 목적의 설명으로 옳은 것은?
① 자경강에 인성을 부여하기 위함
② 급열·급냉시 온도 이력현상을 관찰하기 위함
③ 항온 담금질하여 베이나이트 조직을 얻기 위함
④ 담금질 후 시효변형을 방지하기 위해 잔류오스테나이트를 마텐자이트 조직

66 일정중량의 추를 일정 높이에서 떨어뜨려 그 반발하는 높이로 경도를 나타내는 방법은?
① 브리넬 경도시험
② 로크웰 경도시험
③ 비커즈 경도시험
④ 쇼어 경도시험

풀이
쇼어 경도(Shore hardness)시험은 작은 다이아몬드를 끝 부분에 고정시킨 낙하 물체를 일정한 높이에서 낙하시켰을 때 반발하여 올라온 높이를 측정하는 시험이다.

67 합금과 특성의 관계가 옳은 것은?
① 규소강 : 초내열성
② 스텔라이드(stellite) : 자성
③ 모넬금속(monel metal) : 내식용
④ 엘린바(Fe-Ni-Cr) : 내화학성

풀이
모넬금속은 구리와 니켈의 개량합금으로 광범위한 부식 조건에서 뛰어난 내식성을 갖는 합금.

68 표준형 고속도 공구강의 주성분으로 옳은 것은?

정답 64. ④ 65. ④ 66. ④ 67. ③ 68. ①

① 18% W, 4% Cr, 1% V, 0.8~0.9% C
② 18% C, 4% Mo, 1% V, 0.8~0.9% Cu
③ 18% W, 4% V, 1% Ni, 0.8~0.9% C
④ 18% C, 4% Mo, 1% Cr, 0.8~0.9% Mg

풀이
표준 고속도 공구강(High Speed Steel, 구 기호 SKH2) : 18-4-1, W(18%)-Cr(4%)-V(1%)

69 다음 중 ESD (Extra Super Duralumin) 합금계는?
① Al-Cu-Zn-Ni-Mg-Co
② Al-Cu-Zn-Ti-Mn-Co
③ Al-Cu-Sn-Si-Mn-Cr
④ Al-Cu-Zn-Mg-Mn-Cr

풀이
두랄루민(Duralumin)은 알루미늄의 꽃으로 시효경화성을 가진 고력(高力) 알루미늄 합금으로 두랄루민, 초(超)두랄루민, 초초(超超)두랄루민으로 구분하며, 일본에서 개발된 초초두랄루민은 우주항공 산업분야에서 사용된다.
각 두랄루민 합금의 대표적인 화학성분

합금 종류	주요 화학 성분 (%)				
	Cu	Mg	Mn	Zn	Cr
두랄루민	4	0.5	0.5	-	-
초두랄루민	1.6	2.5	0.2	5.6	0.3
초초두랄루민	1.5	1.5	0.25	8	0.25

70 조선 압연판으로 쓰이는 것으로 편석과 불순물이 적은 균질의 강은?
① 림드강 ② 킬드강
③ 캡트강 ④ 세미킬드강

풀이
킬드강(Killed steel) 제강 과정에서 용해된 철강 중에 포함된 가스류를 페로망간, 알루미늄 등의 강력탈산제를 사용하여 가스 잔류량을 충분히 줄인 강재로 불순물이나 기포가 적고 용접이 용이해 고급강재의 기초로 사용된다.

71 다음 중 상시개방형 밸브는?
① 감압밸브 ② 언로드 밸브
③ 릴리프 밸브 ④ 시퀀스 밸브

풀이
감압밸브(reducing valve)는 상시 개방형 밸브.

72 유압모터의 종류가 아닌 것은?
① 나사모터 ② 베인모터
③ 기어모터 ④ 회전피스톤모터

풀이
유압모터의 종류에는 기어 모터, 베인 모터, 피스톤 모터, 요동 모터가 있다.

73 유압장치에서 실시하는 플러싱에 대한 설명으로 옳지 않은 것은?
① 플러싱하는 방법은 플러싱오일을 사용하는 방법과 산세정법 등이 있다.
② 플러싱은 유압시스템의 배관계통과 시스템 구성에 사용되는 유압기기의 이물질을 제거하는 작업이다.
③ 플러싱 작업을 할 때 플러싱유의 온도는 일반적인 유압시스템의 유압유 온도보다 낮은 20~30℃정도로 한다.
④ 플러싱 작업은 유압기계를 처음 설치하였을 때, 유압작동유를 교환할 때, 오랫동안 사용하지 않던 설비의 운전을 다시 시작할 때, 부품의 분해 및 청소 후 재조립하였을 때 실시한다.

풀이
플러싱(flushing) 작업시 플러싱유의 온도는 유압유의 온도보다 높게 40~50℃로 한다.

정답 69. ④ 70. ② 71. ① 72. ① 73. ③

2015년

74 다음 중 펌프에서 토출된 유량의 맥동을 흡수하고, 토출된 압유를 축적하여 간헐적으로 요구되는 부하에 대해서 압유를 방출하여 펌프를 소경량화할 수 있는 기기는?

① 필터
② 스트레이너
③ 오일 냉각기
④ 어큐뮬레이터

풀이
어큐뮬레이터(축압기, Accumulator)는 압축성이 작은 유압유에 대해 압축성이 있는 기체 등을 사용하여 압력을 측정하거나 충격 완화, 펌프 토출 맥동 흡수, 서지압력 흡수 및 정전이나 고장시 비상용 유압원이나 보조 유압원으로 사용하는 유압기기의 일종이다.

75 펌프의 토출압력 3.92 MPa, 실제 토출유량은 50 l/min이다. 이 때 펌프의 회전수는 1000 rpm, 소비동력이 3.68 kW라고 하면 펌프의 전효율은 얼마인가?

① 80.4%
② 84.7%
③ 88.8%
④ 92.2%

풀이
$$\eta_p = \frac{펌프동력(L_p)}{소비동력(kW)} = \frac{PQ}{3.68}$$

$$= \frac{3.92 \times \frac{50}{60}}{3.68} \times 100\% \fallingdotseq 88.8\%$$

76 액추에이터에 관한 설명으로 가장 적합한 것은?

① 공기 베어링의 일종이다.
② 전기에너지를 유체에너지로 변환시키는 기기이다.
③ 압력에너지를 속도에너지로 변환시키는 기기이다.
④ 유체에너지를 이용하여 기계적인 일을 하는 기기이다.

풀이
액추에이터는 유압펌프에 의해 공급된 작동유의 유체에너지(압력에너지)를 기계적인 일로 변환하는 장치를 유압 액추에이터(유압 실린더 등) 또는 유압 모터라고 한다.

77 배관용 플랜지 등과 같이 정지부분의 밀봉에 사용되는 실(seal)의 총칭으로 정지용 실이라고도 하는 것은?

① 초크(choke)
② 개스킷(gasket)
③ 패킹(packing)
④ 슬리브(sleeve)

풀이
배관이나 압력용기 등과 같이 정지(고정)부분을 밀봉하는데 사용하는 고정용 실(static seal)은 정지용 실이라고 부르며, 개스킷(gasket)이라 한다. 회전이나 왕복운동과 같이 지속적으로 운동하는 부분에 사용하는 운동용 실(dymanic seal)은 패킹(packing)이라 한다. 또한 패킹은 운동 부분과의 마찰 접촉상태에 따라서 접촉형과 비접촉형으로 분류한다

78 점성계수(coefficient of viscosity)는 기름의 중요 성질이다. 점성이 지나치게 클 경우 유압기기에 나타나는 현상이 아닌 것은?

① 유동저항이 지나치게 커진다.
② 마찰에 의한 동력손실이 증대된다.
③ 부품사이에 윤활작용을 하지 못한다.
④ 밸브나 파이프를 통과할 때 압력손실이 커진다.

풀이
유압유의 점성(점도)가 너무 높을 때 나타나는 현상
㉠ 유동저항의 증가로 인한 압력 손실이 증가
㉡ 내부 마찰이 증가하여 온도 상승
㉢ 소음이나 공동현상 발생
㉣ 동력손실 증가로 유압기기 효율 저하
㉤ 유압기기 작동이 둔해짐

정답 74. ④ 75. ③ 76. ④ 77. ② 78. ③

79 길이가 단면치수에 비해서 비교적 짧은 죔구 (restriction)는?

① 초크(choke)
② 오리피스(orifice)
③ 벤트 관로(vent line)
④ 휨 관로(flexible line)

풀이
KS B 0120 유압 및 공기압 용어 중에 오리피스는 길이가 단면 치수에 비해서 비교적 짧은 죔구로 정의되어 있다.
㉠ 초크 : 길이가 단면 치수에 비해서 비교적 긴 죔구
㉡ 벤트 관로 : 벤트구(유체를 외부에 배출하기 위한 작은 구멍)에 통하는 관로
㉢ 휨관로 : 고무 호스와 같이 유연성이 있는 관로

80 피스톤 부하가 급격히 제거되었을 때 피스톤이 급진하는 것을 방지하는 등의 속도제어 회로로 가장 적합한 것은?

① 증압 회로
② 시퀀스 회로
③ 언로드 회로
④ 카운터 밸런스 회로

풀이
카운터 밸런스 밸브의 배압 회로

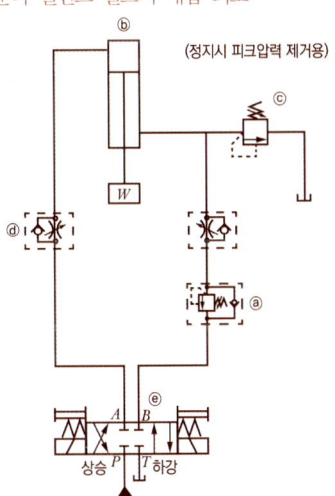

실린더ⓑ에 아래 방향으로 부하가 걸리면 부하에 의한 피스톤 로드의 낙하를 방지하기 위하여 부하에 의한 압력발생 측에 카운터 밸런스 밸브 ⓐ를 이용해서 유압저항을 주어 규정의 속도로 하강시킬 수 있다. 이 회로에서는 유량조절밸브 ⓓ로 속도를 조정한다.

제5과목 : 기계제작법 및 기계동력학

81 방전가공에 대한 설명으로 틀린 것은?

① 경도가 높은재료는 가공이 곤란하다.
② 가공전극은 동, 흑연 등이 쓰인다.
③ 가공정도는 전극의 정밀도에 따라 영향을 받는다.
④ 가공물과 전극사이에 발생하는 아크(arc) 열을 이용한다.

풀이
방전가공은 스파크 가공(spark machining)이라고도 하며, 전기 방전에 의한 높은 열에너지로 아주 단단한 재료도 쉽게 가공할 수 있다.

82 단조의 기본 작업방법에 해당하지 않는 것은?

① 늘리기(drawing)
② 업세팅(up-setting)
③ 굽히기(bending)
④ 스피닝(spinning)

풀이
단조(forging)에는 금형을 사용하지 않는 자유단조와 금형을 사용하여 성형하는 형 단조가 있다.
자유단조 : 늘이기(drawing), 단접(welding), 눌러 붙이기(up-setting), 굽히기(bending), 단짓기(setting down), 비틀기(twisting)가 있다. 스피닝은 판금 성형 가공의 일종이다.

83 Al을 강의 표면에 침투시켜 내스케일성을 증가시

정답 79. ② 80. ④ 81. ① 82. ④ 83. ②

2015년

키는 금속 침투방법은?

① 파커라이징(parkerizing)
② 칼로라이징(calorizing)
③ 크로마이징(chromizing)
④ 금속용사법(metal spraying)

풀이
칼로라이징은 금속 침투법의 일종으로 알루미늄(Al)을 강의 표면에 침투 확산 시키는 방법으로 알루미늄 확산층은 0.3mm 전후에서 내열, 내식성(특히 질산)이 풍부하다.

84 주조의 탕구계 시스템에서 라이저(riser)의 역할로서 틀린 것은?

① 수축으로 인한 쇳물부족을 보충한다.
② 주형내의 가스, 기포 등을 밖으로 배출한다.
③ 주형내의 쇳물에 압력을 가해 조직을 치밀화한다.
④ 주물의 냉각도에 따른 균열이 발생되는 것을 방지한다.

풀이
압탕(라이저, riser)은 주물이 응고시 금속의 수축으로 생기는 용탕의 부족 즉, 쇳물이 주형에 가득 찬 것을 육안으로 관찰하고, 가스뽑기 피더의 역할도 한다.

85 Taylor의 공구수명에 관한 실험식에서 세라믹 공구를 사용하고자 할 때 적합한 절삭속도[m/min]는 약 얼마인가? (단, VT^n = C에서 n = 0.5, C = 200이고 공구수명은 40분이다.)

① 31.6 ② 32.6
③ 33.6 ④ 35.6

풀이
테일러(Tayler)의 공구수명 식
$VT^n = C$

절삭속도
$$V = \frac{C}{T^n} = \frac{200}{40^{0.5}} = 31.6 \, m/min$$

86 특수가공 중에서 초경합금, 유리 등을 가공하는 방법은?

① 래핑   ② 전해가공
③ 액체호닝   ④ 초음파가공

풀이
초음파 가공의 응용
㉠ 소성변형이 안되는 유리 기구에 눈금, 무늬, 문자 등을 조각
㉡ 석영 유리에 정밀한 나사를 절삭 가공
㉢ 수정, 반도체, 세라믹, 카본, 초경합금 등의 재질에 대한 미세구멍 가공 및 절단
㉣ 보석, 귀금속류의 구멍 가공

87 강관을 길이방향으로 이음매 용접하는데, 가장 적합한 용접은?

① 심 용접   ② 점 용접
③ 프로젝션 용접 ④ 업셋 맞대기용접

풀이
심 용접(seam welding)은 저항용접의 일종으로 연속적으로 스폿(spot)용접하는 방식으로 주로 기밀성이 요구되는 용기나 길이가 긴 파이프 등의 이음부에 사용된다.

88 아래 도면과 같은 테이퍼를 가공할 때의 심압대의 편위거리[mm]는?

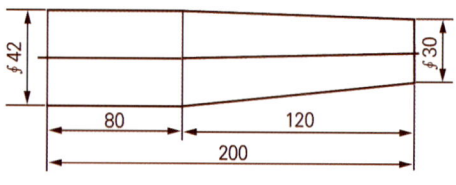

① 6   ② 10
③ 12   ④ 20

풀이

$$x = \frac{(D-d)L}{2l} = \frac{(42-30) \times 200}{2 \times 120} = 10 \, mm$$

89 두께가 다른 여러 장의 강재박판(薄板)을 겹쳐서 부채살 모양으로 모은 것이며 물체 사이에 삽입하여 측정하는 기구는?

① 와이어 게이지 ② 롤러 게이지
③ 틈새 게이지   ④ 드릴 게이지

풀이

틈새게이지(feeler gauge)

90 두께 4 [mm]인 탄소강판에 지름 1000 [mm]의 펀칭을 할 때 소요되는 동력[kW]은 약 얼마인가? (단, 소재의 전단저항은 245.25 [MPa], 프레스 슬라이드의 평균속도는 5 [m/min], 프레스의 기계효율(n)은 65%이다.)

① 146 ② 280 ③ 396 ④ 538

풀이

$$\tau = \frac{P_s}{A} \, [MPa]$$

$$P_s = \tau A = \tau \pi dt$$
$$= 245.25 \times (\pi \times 1000 \times 4) \times 10^3 = 3082 \, kN$$

소요동력 $= \dfrac{P_s V}{\eta_m} = \dfrac{3082 \times \frac{5}{60}}{0.65} ≒ 396 \, kW$

91 두 질점의 완전소성충돌에 대한 설명 중 틀린 것은?

① 반발계수가 0이다.
② 두 질점의 전체에너지가 보존된다.
③ 두 질점의 전체운동량이 보존된다.
④ 충돌 후, 두 질점의 속도는 서로 같다.

풀이

②

92 그림과 같은 용수철-질량계의 고유진동수는 약 몇 Hz인가? (단, m = 5 kg, k_1 = 15 N/m, k_2 = 8 N/m이다.)

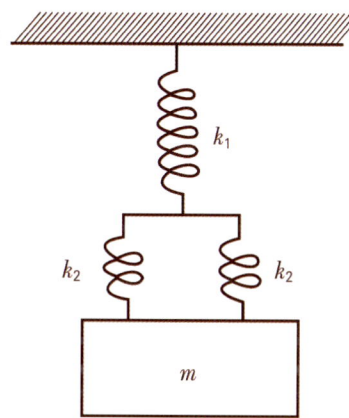

① 0.1Hz ② 0.2Hz
③ 0.3Hz ④ 0.4Hz

풀이

$$k_{eg} = \frac{k_1 \times 2k_2}{k_1 + 2k_2} = \frac{15 \times 16}{15 + 16} = 7.742 \, N/m$$

$$f = \frac{1}{2\pi}\sqrt{\frac{k_{eg}}{m}} = \frac{1}{2\pi}\sqrt{\frac{7.742}{5}} ≒ 0.2 \, Hz$$

93 회전속도가 2000 rpm인 원심 팬이 있다. 방진고무로 탄성 지지시켜 진동 전달률을 0.3으로 하고자 할 때, 정적 수축량은 약 몇 mm인가? (단, 방진고무의 감쇠계수는 0으로 가정한다.)

2015년

① 0.71　　② 0.97
③ 1.41　　④ 2.20

풀이

$$\omega = \frac{2\pi N}{60} = \frac{2\pi \times 2000}{60} = 209.44 \ rad/s$$

$$TR = \frac{1}{\left|1-\left(\frac{\omega}{\omega_n}\right)^2\right|} \Rightarrow 0.3 = \frac{1}{\left|1-\left(\frac{209.44}{\omega_n}\right)^2\right|}$$

$$\Rightarrow \omega_n = 100.61 \ rad/s$$

$$\omega_n = \sqrt{\frac{g}{\delta}} \ \therefore \ \delta = \frac{g}{\omega_n^2} = \frac{9800}{100.61^2} \fallingdotseq 0.97$$

94 타격연습용 투구기가 지상 1.5 m 높이에서 수평으로 공을 발사한다. 공이 수평거리 16 m를 날아가 땅에 떨어진다면, 공의 발사속도의 크기는 약 몇 m/s인가?

① 11　② 16　③ 21　④ 29

풀이

$$y - y_0 = h = \frac{1}{2}gt^2 \ \Leftarrow y=0, \ y_0 = 1.5$$

$$\Rightarrow t = \sqrt{\frac{2h}{g}} = \sqrt{\frac{2 \times 1.5}{9.8}} = 0.55 \ sec$$

$$\therefore V = \frac{s}{t} = \frac{16}{0.55} \fallingdotseq 29 \ m/s$$

95 그림에서 질량 100 kg의 물체 A와 수평면 사이의 마찰계수는 0.3이며 물체 B의 질량은 30 kg이다. 힘 Py의 크기는 시간(t[s])의 함수이며 Py[N] = 15t²이다. t는 0s에서 물체 A가 오른쪽으로 2.0 m/s로 운동을 시작한다면 t가 5s일 때 이 물체의 속도는 약 몇 m/s인가?

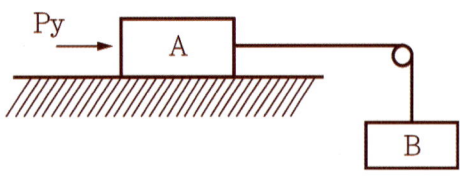

① 6.81　　② 6.92

③ 7.31　　④ 7.54

풀이

질량 A의 하부 면에서는 운동과 반대방향의 미찰력이 존재한다.
뉴턴의 제 2 법칙을 적용하면

$$\sum F = ma = m\frac{dv}{dt} \Rightarrow \sum F \, dt = m \, dv$$

FBD로부터

$$(P_y - \mu m_A \, g + m_B \, g)dt = (m_A + m_B)dv$$

$$(15t^2 - 0.3 m_A \, g + m_B \, g)dt = (m_A + m_B)dv$$

$$\Rightarrow \int_0^5 (15t^2 - 0.3 m_A \, g + m_B \, g)\, dt$$

$$= \int_{v_1}^{v_2} (m_A + m_B)\, dv$$

$$\Rightarrow \left[15\frac{t^3}{3} - 0.3 m_A \, g \, t + m_B \, g t\right]_0^5$$

$$= (m_A + m_B)[v]_2^{v_2}$$

$$\Rightarrow 5 \times 5^3 - 0.3 \times 100 \times 9.8 \times 5 + 30 \times 9.8 \times 5$$

$$= (100+30) \times (v_2 - 2)$$

$$\therefore v_2 \fallingdotseq 6.81 m/s$$

96 인장코일 스프링에서 100 N의 힘으로 10 cm 늘어나는 스프링을 평형상태에서 5 cm만큼 늘어나게 하려면 몇 J의 일이 필요한가?

① 10　② 5　③ 2.5　④ 1.25

풀이

$$k = \frac{P}{\delta} = \frac{100}{0.1} = 1000 \ N/m$$

$$\therefore \ \text{일} E \quad U = \frac{P\delta}{2} = \frac{k\delta^2}{2}$$

$$= \frac{1000 \times 0.05^2}{2} = 1.25 \ J$$

97 $x = Ae^{jwt}$ 인 조화운동의 가속도 진폭의 크기는?

① $\omega^2 A$　　② ωA
③ ωA^2　　④ $\omega^2 A^2$

> **풀이**
> $x = Ae^{jwt}$
> $\Rightarrow \dot{x} = V = A\omega e^{jwt}$
> $\Rightarrow \ddot{x} = a = A\omega^2 e^{jwt}$ $\therefore \omega^2 A$

98 반경이 R인 바퀴가 미끄러지지 않고 구른다. O점의 속도 (V_0)에 대한 A점의 속도 (V_A)의 비는 얼마인가?

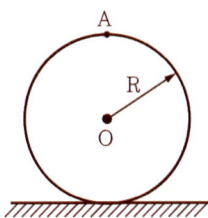

① $V_A/V_0 = 1$ ② $V_A/V_0 = \sqrt{2}$
③ $V_A/V_0 = 2$ ④ $V_A/V_0 = 4$

> **풀이**
> 원주속도 $V = R\omega$
> $\Rightarrow V_A = 2R\omega$ $\therefore \dfrac{V_A}{V_o} = 2$

99 반경이 r인 원을 따라서 각속도 ω, 각가속도 α로 회전할 때 법선방향 가속도의 크기는?

① $r\alpha$ ② $r\omega$ ③ $r\omega^2$ ④ $r\alpha^2$

> **풀이**
> 접선방향 가속도 $a_t = r\alpha$
> 법선방향 가속도 $a_n = \dfrac{V^2}{r} = \dfrac{(r\omega)^2}{r} = r\omega^2$

100 질량 관성모멘트가 7.036 kgm² 인 플라이휠이 3600 rpm으로 회전할 때, 이 휠이 갖는 운동에너지는 약 몇 kJ인가?

① 300 ② 400
③ 500 ④ 600

> **풀이**
> 운동에너지
> $E_K = T = \dfrac{1}{2} J_G \omega^2$
> $= \dfrac{1}{2} \times 7.036 \times \left(\dfrac{2\pi \times 3600}{60}\right)^2 \times 10^{-3}$
> $\fallingdotseq 500 \ kJ$

정답 98. ③ 99. ③ 100. ③

2015년

국가기술자격 필기시험문제

2015년 기사 제2회 경향성 문제			수험번호	성명
자격종목	일반기계기사	시험시간 2시간 30분 / 형별 A		

제1과목 : 재료역학

01 그림과 같이 단순보의 지점 B에 M_0의 모멘트가 작용할 때 최대 굽힘모멘트가 발생되는 A단에서부터의 거리 x는?

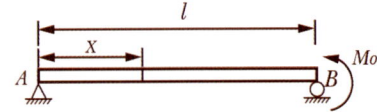

① $x = \dfrac{\ell}{5}$ ② $x = \ell$

③ $x = \dfrac{\ell}{2}$ ④ $x = \dfrac{3}{4}\ell$

풀이
SFD와 BMD 선도해석으로부터 최대 굽힘 모멘트가 발생되는 위치는
$x = l$ 인 위치이며 $M_{\max} = \dfrac{M_0}{l}$ 이다.

02 그림과 같은 단면에서 가로방향 중립축에 대한 단면 2차모멘트는?

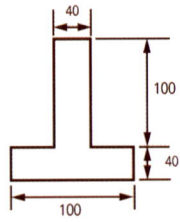

① $10.67 \times 10^6 \ mm^4$
② $13.67 \times 10^6 \ mm^4$
③ $20.67 \times 10^6 \ mm^4$
④ $23.67 \times 10^6 \ mm^4$

풀이
도심의 y 좌표값은
$$\bar{y} = \dfrac{G_x}{A} = \dfrac{\int_A y\,dA}{\int_A dA}$$
$$= \dfrac{100 \times 40 \times 20 + 40 \times 100 \times 90}{100 \times 40 + 40 \times 100}$$
$$= 55 \ mm$$

$$I_{사_1} = \dfrac{bh^3}{12} + Al^2$$
$$= \dfrac{100 \times 40^3}{12} + 100 \times 40 \times 35^2$$
$$= 54333333 \ mm^4$$

$$I_{사_2} = \dfrac{40 \times 100^3}{12} + 40 \times 100 \times 35^2$$
$$= 8233333 \ mm^4$$

$\therefore I_{전체} = I_{사_1} + I_{사_2} = 13.67 \times 10^6 \ mm^4$

03 왼쪽이 고정단인 길이 ℓ의 외팔보가 w의 균일분포하중을 받을 때, 굽힘모멘트 선도(BMD)의 모양은?

정답 1. ② 2. ② 3. ③

풀이

③

04 그림과 같은 트러스가 점 B에서 그림과 같은 방향으로 5 kN의 힘을 받을 때 트러스에 저장되는 탄성에너지는 몇 kJ인가? (단, 트러스의 단면적은 1.2㎠, 탄성계수는 $10^6 Pa$이다.)

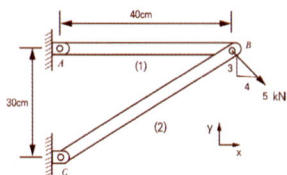

① 52.1
② 106.7
③ 159.0
④ 267.7

풀이

AC 와 평행하도록 B점을 지나는 연직선을 도시하고, $5\,kN$과의 교각을 θ 라 하면

$\theta = \text{Tan}^{-1} \dfrac{4}{3} = 53.13°$

$\beta = \text{Tan}^{-1} \dfrac{30}{40} = 36.87°$

$\alpha = 90° + \theta - \beta$
$= 90° + 53.13° - 36.87° = 106.26°$

$\gamma = 360° - \alpha - \beta$
$= 360° - 106.26° - 36.87° = 216.87°$

공점력 계에 대한 평형문제이므로 라미의 정리를 적용하여

$\dfrac{\sin \alpha}{F_{AB}} = \dfrac{\sin \beta}{F} = \dfrac{\sin \gamma}{F_{BC}}$

$\dfrac{\sin 106.26°}{F_{AB}} = \dfrac{\sin 36.87°}{5} = \dfrac{\sin 216.87°}{F_{BC}}$

$F_{AB} = 5 \times \dfrac{\sin 106.26°}{\sin 36.87°} = 8\,kN$

$F_{BC} = 5 \times \dfrac{\sin 216.87°}{\sin 36.87°} = -5\,kN$

∴ 탄성 E : $U = \dfrac{1}{2} P \lambda = \dfrac{P^2 l}{2AE}$

$= \dfrac{P_{AB}^2 l_{AB}}{2AE} + \dfrac{P_{BC}^2 l_{BC}}{2AE}$

$= \dfrac{8^2 \times 0.4 + (-5)^2 \times 0.5}{2 \times 1.2 \times 10^{-4} \times 10^6} \times 10^{-3}$

$= 158.75\,kJ$

05 두께 8 mm인 강판으로 만든 안지를 40 cm의 얇은 원통에 1 MPa의 내압이 작용할 때 강판에 발생하는 후프응력(원주응력)은 몇 MPa인가?

① 25
② 37.5
③ 12.5
④ 50

풀이

$\sigma_{hoop} = \dfrac{pd}{2t} = \dfrac{1 \times 10^6 \times 0.4}{2 \times 0.008} \times 10^{-6}$

$= 25\,MPa$

06 지금 3 mm의 철사로 평균지름 75 mm의 압축코일 스프링을 만들고 하중 10 N에 대하여 3 cm의 처짐량을 생기게 하려면 감은회수(n)는 대략 얼마로 해야 하는가? (단, 전단탄성계수 G = 88 GPa이다.)

① n = 8.9
② n = 8.5
③ n = 5.2
④ n = 6.3

풀이

$\delta = \dfrac{8nD^3 W}{Gd^4}$

$\Rightarrow n = \dfrac{Gd^4 \delta}{8D^3 W}$

$= \dfrac{88 \times 10^9 \times 0.003^4 \times 0.03}{8 \times 0.075^3 \times 10}$

∴ $n = 6.34$

07 $\sigma_X = 400\,MPa$, $\sigma_y = 300\,MPa$, $\tau_{Xy} = 200\,MPa$가 작용하는 재료 내에 발생하는 최대 주응력의 크기는?

① 206 MPa
② 556 MPa

2015년

③ 350 MPa ④ 753 MPa

풀이

$$\sigma_{max} = \frac{1}{2}(\sigma_x + \sigma_y) + \frac{1}{2}\sqrt{(\sigma_x - \sigma_y)^2 + 4\tau_{xy}^2}$$
$$= \frac{1}{2}(400 + 300) + \frac{1}{2}\sqrt{(400-300)^2 + 4\times 200^2}$$
$$= 556.16\ MPa$$

08 원형막대의 비틀림을 이용한 토션바(torsion-bar) 스프링에서 길이와 지름을 모두 10%씩 증가시킨다면 토션바의 비틀림 스프링상수 ($\frac{비틀림 토크}{비틀림 각도}$)는 몇 배로 되겠는가?

① 1.1^{-2} 배 ② 1.1^2 배
③ 1.1^3 배   ④ 1.1^4 배

풀이

$$\theta = \frac{Tl}{GI_P}$$
$$\Rightarrow \frac{T}{\theta} = \frac{GI_P}{l} \propto \frac{d^4}{l}$$
$$\therefore \frac{1.1 d^4}{1.1 l} = 1.1^3$$

09 단면이 가로 100 mm, 세로 150 mm인 사각 단면 보가 그림과 같이 하중(P)을 받고 있다. 전단응력에 의한 설계에서 P는 각각 100 kN씩 작용할 때 안전계수를 2로 설계하였다고 하면, 이 재료의 허용전단응력은 약 몇 MPa인가?

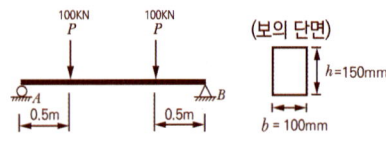

① 10 ② 15 ③ 18 ④ 20

풀이

$$\tau_{사} = \frac{3}{2}\frac{F}{A} = \frac{3}{2} \times \frac{100 \times 10^3}{0.1 \times 0.15} \times 10^{-6}$$
$$= 10\ MPa$$
$$\therefore \tau_a = S \times \tau_{사} = 2 \times 10 = 20\ MPa$$

10 재료가 전단변형을 일으켰을 때, 이 재료의 단위체적당 저장된 탄성에너지는? (단 τ는 전단응력, G는 전단탄성계수이다.)

① $\dfrac{\tau^2}{2G}$ ② $\dfrac{\tau}{2G}$
③ $\dfrac{\tau^4}{2G}$ ④ $\dfrac{\tau^2}{4G}$

풀이

$$\gamma = \frac{\lambda_s}{l},\ \ \tau = G\gamma\ 이므로$$
$$\frac{U}{V} = \frac{1}{2V}P\lambda_s = \frac{1}{2V}\tau A \lambda_s$$
$$= \frac{1}{2Al}G\gamma A\gamma l = \frac{1}{2}G\gamma^2$$
$$\therefore \frac{U}{V} = \frac{\tau^2}{2G}$$

11 강체로 된 봉 CD가 그림과 같이 같은 단면적과 재료가 같은 케이블 ①, ②와 C점에서 힌지로 지지되어 있다. 힘 P에 의해 케이블 ①에 발생하는 응력(σ)은 어떻게 표현되는가? (단, A는 케이블의 단면적이며 자중은 무시하고, a는 각 지점간의 거리이고 케이블 ①, ②의 길이 ℓ은 같다.)

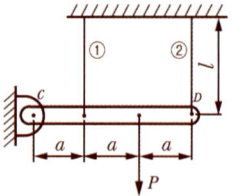

① $\dfrac{2P}{3A}$ ② $\dfrac{P}{3A}$ ③ $\dfrac{4P}{5A}$ ④ $\dfrac{P}{5A}$

풀이

①, ② 케이블 반력을 각각 R_1, R_2 라면
$\sum M_C = 0$ 이므로

$$R_1 \times a + R_2 \times 3a = P \times 2a$$
$$\Rightarrow R_1 + 3R_2 = 2P \quad \cdots\cdots \text{①}$$

①, ② 케이블 변형량을 각각 λ_1, λ_2 라 하면 선형적인 변형이 되므로

$$a : \lambda_1 = 3a : \lambda_2$$
$$\Rightarrow a : \frac{R_1 l}{AE} = 3a : \frac{R_2 l}{AE}$$
$$\Rightarrow R_2 = 3R_1 \quad \cdots\cdots \text{②}$$

②를 ①에 대입하고 정리하여
$$2P = 10R_1 \Rightarrow P = 5R_1$$

$$\therefore \sigma_1 = \frac{R_1}{A} = \frac{P}{5A}$$

12 길이가 2 m인 환봉에 인장하중을 가하여 변화된 길이가 0.14 cm일 때 변형률은?

① 70×10^{-6} ② 700×10^{-6}
③ 70×10^{-3} ④ 700×10^{-3}

풀이

$$\epsilon = \frac{\lambda}{l} = \frac{1.4}{2000} = 700 \times 10^{-6}$$

13 바깥지름 50 cm, 안지름 40 cm의 중공원통에 500 kN의 압축하중이 작용했을 때 발생하는 압축응력은 약 몇 MPa인가?

① 5.6 ② 7.1 ③ 8.4 ④ 10.8

풀이

$$\sigma_c = \frac{P_c}{A} = \frac{P_c}{\frac{\pi}{4}(d_2^2 - d_1^2)}$$
$$= \frac{500 \times 10^3}{\frac{\pi}{4}(0.5^2 - 0.4^2)} \times 10^{-6}$$
$$= 7.07\ MPa$$

14 길이가 L(m)이고, 일단고정에 타단지지인 그림과 같은 보에 자중에 의한 분포하중 $w(N/m)$가 보의 전체에 가해질 때 점 B에서의 반력의 크기는?

① $\dfrac{wL}{4}$ ② $\dfrac{3}{8}wL$
③ $\dfrac{5}{16}wL$ ④ $\dfrac{7}{16}wL$

풀이

$$R_B = R_{\text{지지단}} = \frac{3}{8}wL$$

15 그림과 같은 외팔보가 집중하중 P를 받고 있을 때, 자유단에서의 처짐 δ_A는? (단, 보의 굽힘강성 EI는 일정하고, 자중은 무시한다.)

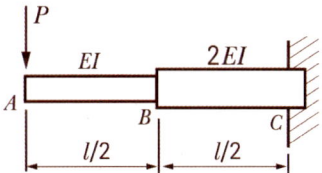

① $\dfrac{5P\ell^3}{16EI}$ ② $\dfrac{7P\ell^3}{16EI}$
③ $\dfrac{9P\ell^3}{16EI}$ ④ $\dfrac{3P\ell^3}{16EI}$

풀이

① AB 부분에서의 처짐(δ_{AB})은

$$\delta_{AB} = \frac{P\left(\dfrac{l}{2}\right)^3}{3(2EI)} = \frac{Pl^3}{24EI}$$

② B 위치에서의 집중하중과 우력에 의한 처짐(δ_B)은

$$\delta_B = \frac{P\left(\dfrac{l}{2}\right)^3}{3(2EI)} + \frac{M_0\left(\dfrac{l}{2}\right)^2}{2(2EI)}$$
$$= \frac{Pl^3}{48EI} + \frac{\dfrac{Pl}{2}\left(\dfrac{l}{2}\right)^2}{4EI} = \frac{5Pl^3}{96EI}$$

정답 12. ② 13. ② 14. ② 15. ④

● B 위치에서의 집중하중과 우력에 의한
  처짐각(θ_B)은

$$\theta_B = \frac{P\left(\frac{l}{2}\right)^3}{2(2EI)} + \frac{M_0\left(\frac{l}{2}\right)}{(2E)I}$$

$$= \frac{P\left(\frac{l}{2}\right)^2}{2(2EI)} + \frac{\frac{Pl}{2}\left(\frac{l}{2}\right)}{2EI} = \frac{3Pl^2}{16EI}$$

③ θ_B에 의한 AB에서의 처짐은

$$\delta_{AB} = \theta_B \times \frac{l}{2} = \frac{3Pl^2}{16EI} \times \frac{l}{2} = \frac{3Pl^3}{32EI}$$

$$\therefore \delta = \frac{Pl^3}{24EI} + \frac{5Pl^3}{96EI} + \frac{3Pl^3}{32EI}$$

$$= \frac{18Pl^3}{96EI} = \frac{3Pl^3}{16EI}$$

16 무게가 각각 300 N, 100 N인 물체 A, B가 경사면 위에 놓여있다. 물체 B와 경사면은 마찰이 없다고 할 때 미끄러지지 않을 물체 A와 경사면과의 최소 마찰계수는 얼마인가?

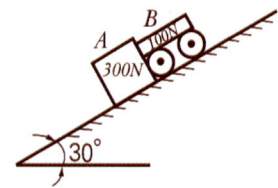

① 0.19 ② 0.58
③ 0.77 ④ 0.94

풀이
경사면에 대한 FBD와 문제 조건으로부터
$\sum F_x = 0$:
$\mu \times 300\cos 30° = 300\sin 30° + 100\sin 30°$
$\therefore \mu = 0.77$

17 그림과 같은 가는 곡선보가 1/4원 형태로 있다. 이 보의 B단에 M_0의 모멘트를 받을 때, 자유단의 기울기는? (단, 보의 굽힘강성 EI는 일정하고, 자중은 무시한다.)

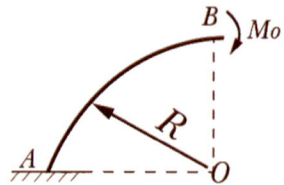

① $\dfrac{\pi M_oR}{2EI}$ ② $\dfrac{\pi M_o}{2EI}$

③ $\dfrac{M_oR}{2EI}\left(\dfrac{\pi}{2}+1\right)$ ④ $\dfrac{\pi M_oR^2}{4EI}$

풀이
자유단의 기울기는 처짐각의 개념

$EIy'' = M_x \Rightarrow y'' = \dfrac{M_x}{EI}$

$\Rightarrow y' = \int \dfrac{M_x}{EI} dx$

각도로 변환

$\Rightarrow \theta = \int_0^{\pi/2} \dfrac{M_0}{EI} R d\theta$

$\Rightarrow \theta = \dfrac{M_0 R}{EI}[\theta]_0^{\pi/2} = \dfrac{\pi M_0 R}{2EI}$

18 그림과 같은 직사각형 단면의 단순보 AB에 하중이 작용할 때, A단에서 20 cm 떨어진 곳의 굽힘응력은 몇 MPa인가? (단, 보의 폭은 6 cm이고, 높이는 12 cm이다.)

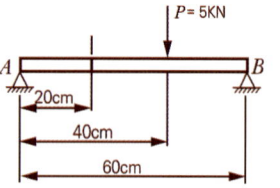 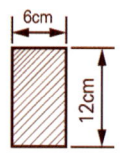

① 2.3 ② 1.9
③ 3.7 ④ 2.9

풀이
$\sum M_B = 0$ 으로부터
$5 \times 1000 \times 20 = R_A \times 60$
$\Rightarrow R_A = 1666.7\ N$
$M = \sigma Z \Rightarrow M_{0.2} = \sigma_{0.2} Z$

$$\therefore \sigma_{0.2} = \frac{M_{0.2}}{Z} = \frac{M_{0.2}}{\frac{bh^2}{6}}$$

$$= \frac{1666.7 \times 0.2}{\frac{0.06 \times 0.12^2}{6}} \times 10^{-6}$$

$$= 2.31 \, MPa$$

풀이

단말계수 $n = 1$, $P_B = n\pi^2 \dfrac{EI}{l^2}$

$= 1 \times \pi^2 \times \dfrac{200 \times 10^9}{2^2} \times \dfrac{0.03 \times 0.02^3}{12} \times 10^{-3}$

$≒ 9.87 \, kN$

19 그림과 같은 계단 단면의 중실 원형축의 양단을 고정하고 계단 단면부에 비틀림 모멘트 T가 작용할 경우 지름 D_1과 D_2의 축에 작용하는 비틀림 모멘트의 비 T_1/T_2은? (단, D_1 = 8 cm, D_2 = 4 cm, ℓ_1 = 40 cm, ℓ_2 = 10 cm이다.)

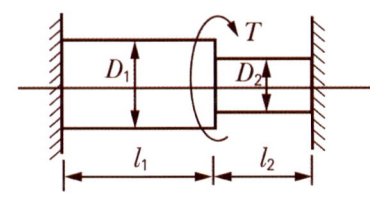

① 2   ② 4   ③ 8   ④ 16

풀이

좌·우단의 비틀림 각은 같으므로

$\theta_{좌측단} = \theta_{우측단} \Rightarrow \dfrac{T_1 l_1}{GI_{P_1}} = \dfrac{T_2 l_2}{GI_{P_2}}$

$\therefore \dfrac{T_1}{T_2} = \dfrac{GI_{P_1} l_2}{GI_{P_2} l_1} = \dfrac{D_1^4 \, l_2}{D_2^4 \, l_1}$

$= \dfrac{8^4 \times 10}{4^4 \times 40} = 4$

20 양단이 힌지인 기둥의 길이가 2 m이고, 단면이 직사각형(30 mm × 20 mm)인 압축부재의 좌굴하중을 오일러 공식으로 구하면 몇 kN인가? (단, 부재의 탄성계수는 200 GPa이다.)

① 9.9 kN   ② 11.1 kN
③ 19.7 kN   ④ 22.2 kN

제2과목 : 기계열역학

21 이상기체의 등온과정에 관한 설명 중 옳은 것은?

① 엔트로피 변화가 없다.
② 엔탈피 변화가 없다.
③ 열 이동이 없다.
④ 일이 없다.

풀이

$dh = C_p \, dT = 0 \Rightarrow \triangle h = 0$

22 실린더에 밀폐된 8 kg의 공기가 그림과 같이 $P_1 = 800 kPa$, $V_1 = 0.27 \, m^3$에서 $P_2 = 350 \, kPa$, $V_2 = 0.80 \, m^3$으로 직선 변화하였다. 이 과정에서 공기가 한 일은 약 몇 kJ인가?

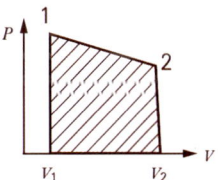

① 254   ② 305   ③ 382   ④ 390

풀이

밀폐계의 일 = 절대일

$_1 W_2 = \int_1^2 p \, dV = p(V_2 - V_1)$

= 사다리꼴 면적

$= \dfrac{1}{2} \times (800 + 350)(0.8 - 0.27)$

$= 304.75 \, kJ$

정답 19. ② 20. ① 21. ② 22. ②

2015년

23 용기에 부착된 압력계에 읽힌 계기압력이 150 kPa이고 국소대기압이 100 kPa일 때 용기 안의 절대압력은?

① 250 kPa　② 150 kPa
③ 100 kPa　④ 50 kPa

풀이
$p_{abs} = p_{atm} \pm p_{gauge}$
⇒ $p_{abs} = 100 + 150 = 250\ kPa$

24 해수면 아래 20 m에 있는 수중다이버에게 작용하는 절대압력은 약 얼마인가? (단, 대기압은 101 kPa이고, 해수의 비중은 1.03이다.)

① 101 kPa　② 202 kPa
③ 303 kPa　④ 504 kPa

풀이
$p_{abs} = p_{atm} + \gamma_{해수} h$
$= p_{atm} + s_{해수}\gamma_w h$
$= 101 + 1.03 \times 9.8 \times 20$
$≒ 303\ kPa$

25 상태와 상태량과의 관계에 대한 설명 중 틀린 것은?

① 순수물질 단순압축성 시스템의 상태는 2개의 독립적 강도성 상태량에 의해 완전하게 결정된다.
② 상변화를 포함하는 물과 수증기의 상태는 압력과 온도에 의해 완전하게 결정된다.
③ 상변화를 포함하는 물과 수증기의 상태는 온도와 비체적에 의해 완전하게 결정된다.
④ 상변화를 포함하는 물과 수증기의 상태는 압력과 비체적에 의해 완전하게 결정된다.

풀이
② 상변화를 포함하는 물과 수증기의 상태 값 결정에는 압력과 온도 외에 건도(dryness factor)가 필요하다.

26 압축기 입구온도가 -10℃, 압축기 출구온도가 100℃, 팽창기 입구온도가 5℃, 팽창기 출구온도가 -75℃로 작동되는 공기냉동기의 성능계수는? (단, 공기의 C_p는 1.0035 kJ/kg·℃로서 일정하다.)

① 0.56　② 2.17
③ 2.34　④ 3.17

풀이
$q_L = C_p[(-10+273.15) - (-75+273.15)]$
$= 1.0035 \times 65 = 65.23\ kJ/kg$
$q_h = C_p[(100+273.15) - (5+273.15)]$
$= 1.0035 \times 95 = 95.33\ kJ/kg$
$COP_R = \dfrac{q_L}{w_c} = \dfrac{q_L}{q_H - q_L}$
$= \dfrac{65.23}{95.33 - 65.23} = 2.17$

27 자연계의 비가역변화와 관련 있는 법칙은?

① 제 0법칙　② 제 1법칙
③ 제 2법칙　④ 제 3법칙

풀이
③

28 공기 2 kg이 300K, 600 kPa 상태에서 500K, 400 kPa 상태로 가열된다. 이 과정동안의 엔트로피 변화량은 약 얼마인가? (단, 공기의 정적비열과 정압비열은 각각 0.717 kJ/kg·K와 1.004 kJ/kg·K로 일정하다.)

정답　23. ①　24. ③　25. ②　26. ②　27. ③　28. ④

① 0.73 kJ/K ② 1.83 kJ/K
③ 1.02 kJ/K ④ 1.26 kJ/K

① 36.8% ② 46.7%
③ 56.5% ④ 66.6%

풀이

$$\delta q = du + pdv = dh - vdp$$
$$= C_p dT - \frac{RT}{p} dp$$
$$ds = \frac{\delta q}{T}$$
$$\Rightarrow \delta q = Tds = C_p dT - \frac{RT}{p} dp$$
$$\Rightarrow ds = C_p \frac{dT}{T} - \frac{R}{p} dp$$
$$\Rightarrow \Delta s = \int_1^2 C_p \frac{dT}{T} - R \int_1^2 \frac{1}{p} dp$$
$$\Rightarrow s_2 - s_1 = C_p \ln \frac{T_2}{T_1} - R \ln \frac{p_2}{p_1}$$
$$\therefore S_2 - S_1 = m(s_2 - s_1)$$
$$= m\left(C_p \ln \frac{T_2}{T_1} - R \ln \frac{p_2}{p_1}\right)$$
$$= 2 \times \left(1.004 \ln \frac{500}{300} - 0.287 \ln \frac{400}{600}\right)$$
$$\fallingdotseq 1.26 \; kJ/K$$

풀이

$$\eta_{th\,O} = 1 - \frac{T_4 - T_1}{T_3 - T_2} = 1 - \left(\frac{1}{\epsilon}\right)^{k-1}$$
$$= 1 - \left(\frac{1}{8}\right)^{1.4-1} = 0.565 \times 100$$
$$= 56.5 \; \%$$

29 기본 Rankine 사이클의 터빈출구 엔탈피 $h_{te} = 1200 kJ/kg$, 응축기 방열량 $q_L = 1000 kJ/kg$, 펌프출구 엔탈피 $h_{pe} = 210 kJ/kg$, 보일러 가열량 $q_H = 1210 \; kJ/kg$이다. 이 사이클의 출력일은?

① 210 kJ/kg ② 220 kJ/kg
③ 230 kJ/kg ④ 420 kJ/kg

풀이

$$w_{출력일} = q_H - q_L = q_B - q_C$$
$$= h_{te} - q_C = 1210 - 1000$$
$$= 210 \; kJ/kg$$

30 오토사이클(Otto cycle)의 압축비 $\varepsilon = 8$이라고 하면 이론열효율은 약 몇 %인가? (단, k = 1.4 이다.)

31 역 카르노사이클로 작동하는 증기압축 냉동사이클에서 고열원의 절대온도를 T_H, 저열원의 절대온도를 T_L이라 할 때, $\frac{T_H}{T_L} = 1.6$이다. 이 냉동사이클이 저열원으로부터 2.0 kW의 열을 흡수한다면 소요동력은?

① 0.7 kW ② 1.2 kW
③ 2.3 kW ④ 3.9 kW

풀이

$$COP_{RC} = \frac{Q_L}{W_P} = \frac{T_L}{T_H - T_L}$$
$$\Rightarrow W_P = Q_L \frac{T_H - T_L}{T_L}$$
$$= 2 \times \frac{(1.6 T_L - T_L)}{T_L}$$
$$= 1.2 \; kW$$

32 펌프를 사용하여 150 kPa, 26℃의 물을 가역 단열 과정으로 650 kPa로 올리려고 한다. 26℃의 포화액의 비체적이 0.001 m³/kg이면 펌프일은?

① 0.4 kJ/kg ② 0.5 kJ/kg
③ 0.6 kJ/kg ④ 0.7 kJ/kg

풀이

펌프일 = 공업일 = 개방계의 일
$$w_P = -\int_1^2 vdp = -v(p_2 - p_1)$$
$$= 0.001 \times (650 - 150) = 0.5 \; kJ/kg$$

정답 29. ① 30. ③ 31. ② 32. ②

2015년

33 출력이 50 kW인 동력기관이 한 시간에 13 kg의 연료를 소모한다. 연료의 발열량이 45000 kJ/kg 이라면, 이 기관의 열효율은 약 얼마인가?

① 25%   ② 28%
③ 31%   ④ 36%

풀이

$$\eta = \frac{\text{단위시간당의 정미일량}}{\text{공급연료의 발열량}} = \frac{\dot{W}}{\dot{Q}}$$

$$= \frac{50\,[kWh]}{13 \times 45000\,[kJ]} \times \frac{3600\,[kJ]}{1\,[kWh]} \times 100$$

$$\approx 31\,\%$$

34 배기체적이 1200cc, 간극체적이 200cc의 가솔린기관의 압축비는 얼마인가?

① 5   ② 6
③ 7   ④ 8

풀이

압축비

$$\epsilon = \frac{\text{행정체적}}{\text{간극체적}} = \frac{V_c + V_s}{V_c}$$

$$= \frac{200 + 1200}{200} = 7$$

35 분자량이 30인 C_2H_6(에탄)의 기체상수는 몇 kJ/kg·K인가?

① 0.277   ② 2.013
③ 19.33   ④ 265.43

풀이

$$R_{C_2H_6} = \frac{\overline{R}}{M_{C_2H_6}} = \frac{8.3143}{30}$$

$$= 0.277\ kJ/kg\cdot K$$

36 절대온도가 0에 접근할수록 순수물질의 엔트로피는 0에 접근한다는 절대 엔트로피 값의 기준을 규정한 법칙은?

① 열역학 제 0법칙 이다.
② 열역학 제 1법칙 이다.
③ 열역학 제 2법칙 이다.
④ 열역학 제 3법칙 이다.

풀이

④ 열역학 제 3법칙(절대 0 K 불가능 법칙)

37 어떤 냉장고에서 엔탈피 17 kJ/kg의 냉매가 질량유량 80 kg/hr로 증발기에 들어가 엔탈피 36 kJ/kg가 되어 나온다. 이 냉장고의 냉동능력은?

① 1220 kJ/hr   ② 1800 kJ/hr
③ 1520 kJ/hr   ④ 2000 kJ/hr

풀이

$$\dot{Q}_L = \dot{m}\,q_L = 80 \times (36 - 17)$$

$$= 1520\ kJ/hr$$

38 대기압 하에서 물을 20°C에서 90°C로 가열하는 동안의 엔트로피 변화량은 약 얼마인가? (단, 물의 비열은 4.184 kJ/kg·K로 일정하다.)

① 0.8 kJ/kg·K
② 0.9 kJ/kg·K
③ 1.0 kJ/kg·K
④ 1.2 kJ/kg·K

풀이

현열인 경우이므로

$$ds = \frac{\delta q}{T} = \frac{\delta u}{T} = \frac{\delta h}{T}$$

⇧ p와 v의 변화가 없다.
⇧ ∴ 일의 변화가 없다.

⇨ $ds = C\dfrac{dT}{T}$

정답 33. ③ 34. ③ 35. ① 36. ④ 37. ③ 38. ②

$$\Rightarrow s_2 - s_1 = C \ln \frac{T_2}{T_1}$$
$$= 4.184 \times \ln \frac{90 + 273.15}{20 + 273.15}$$
$$\fallingdotseq 0.9 \, kJ/kg \, K$$

39 클라우지우스(Clausius) 부등식을 표현한 것으로 옳은 것은? (단, T는 절대온도, Q는 열량을 표시한다.)

① $\oint \frac{\delta Q}{T} \geq 0$ ② $\oint \frac{\delta Q}{T} \leq 0$

③ $\oint \delta Q \geq 0$ ④ $\oint \delta Q \leq 0$

풀이

$\oint \frac{\delta Q}{T} \leq 0$:
가역사이클이면 등호(=)
비가역 사이클이면 부등호(<)

40 두께 1 cm, 면적 0.5 m²의 석고판의 뒤에 가열판이 부착되어 1000 W의 열을 전달한다. 가열판의 뒤는 완전히 단열되어 열은 앞면으로만 전달된다. 석고판 앞면의 온도는 100℃이다. 석고의 열전도율이 k = 0.79 W/m·K일 때 가열판에 접하는 석고면의 온도는 약 몇 ℃인가?

① 110   ② 125   ③ 150   ④ 212

풀이

전도열량 $Q = -KA \frac{dT}{dx}$ (방열)

⇑ K : 열전도계수
⇑ A : 전열면적

∴ $Q_{12} = -KA \frac{(T_2 - T_1)}{x}$

⇨ $T_1 = \frac{Q_{12} \times x}{KA} + T_2$
$= \frac{1000 \times 0.01}{0.79 \times 0.5} + 100 = 125.3 \, ℃$

제3과목 : 기계유체역학

41 정상, 균일유동장 속에 유동방향과 평행하게 놓여진 평판 위에 발생하는 층류경계층의 두께 δ는 X를 평판 선단으로부터의 거리라 할 때, 비례값은?

① x^1 ② $x^{\frac{1}{2}}$ ③ $x^{\frac{1}{3}}$ ④ $x^{\frac{1}{4}}$

풀이

층류 $\frac{\delta}{x} = \frac{5.0}{Re_x^{1/2}}$

⇨ $\delta = \frac{5.0 \times x}{\sqrt{\frac{\rho V x}{\mu}}} = \frac{5.0 \times x^{\frac{1}{2}}}{\sqrt{\frac{\rho V}{\mu}}}$

∴ $\delta \propto x^{\frac{1}{2}}$

42 다음 중 유체에 대한 일반적인 설명으로 틀린 것은?

① 점성은 유체의 운동을 방해하는 저항의 척도로서 유속에 비례한다.
② 비점성유체 내에서는 전단응력이 작용하지 않는다.
③ 정지유체 내에서는 전단응력이 작용하지 않는다.
④ 점성이 클수록 전단응력이 크다.

풀이

① 점성계수는 유속과 무관하여,
속도기울기 $\frac{du}{dy}$ 와 관계없이 일정하다.

43 안지름 0.1 m인 파이프 내를 평균유속 5 m/s로 어떤 액체가 흐르고 있다. 길이 100 m 사이의 손실수두는 약 몇 m인가? (단, 관내의 흐름으로 레이놀즈수는 1000이다.)

정답 39. ② 40. ② 41. ② 42. ① 43. ①

2015년

① 81.6　　② 50
③ 40　　　④ 16.32

풀이
레이놀즈수 1000 < 2100 이므로 층류.

$$h_L = f \frac{L}{d} \frac{V^2}{2g} = \frac{64}{Re} \frac{L}{d} \frac{V^2}{2g}$$

$$= \frac{64}{1000} \times \frac{100}{0.1} \times \frac{5^2}{2 \times 9.8} \approx 81.6\ m$$

44 중력과 관성력의 비로 정의되는 무차원수는? (단, ρ: 밀도, V: 속도, l: 특성길이, μ: 점성계수, P: 압력, g: 중력가속도, c: 소리의 속도)

① $\dfrac{\rho Vl}{\mu}$　② $\dfrac{V}{\sqrt{gl}}$　③ $\dfrac{P}{\rho V^2}$　④ $\dfrac{V}{c}$

풀이
② $\dfrac{V}{\sqrt{gl}}$: Froude 수

45 다음 중 체적탄성계수와 차원이 같은 것은?
① 힘　　　② 체적
③ 속도　　④ 전단응력

풀이
④ 전단응력 N/m^2

46 압력구배가 영인 평판위의 경계층 유동과 관련된 설명 중 틀린 것은?
① 표면조도가 천이에 영향을 미친다.
② 경계층 외부유동에서의 교란정도가 천이에 영향을 미친다.
③ 층류에서 난류로의 천이는 거리를 기준으로 하는 Reynolds수의 영향을 받는다.
④ 난류의 속도분포는 층류보다 덜 평평하고 층류경계층보다 다소 얇은 경계층을 형성한다.

풀이
④ 경계층의 두께는 난류에서 더 두텁다. 또한 층류영역에서 속도(free stream)는 클수록, 유체의 점성은 클수록 경계층의 두께는 증가한다.

47 한 변이 1 m인 정육면체 나무토막의 아랫면에 1080 N의 납을 매달아 물속에 넣었을 때, 물 위로 떠오르는 나무토막의 높이는 몇 cm인가? (단, 나무토막의 비중은 0.45, 납의 비중은 11이고 나무토막 밑면의 수평을 유지한다.)

① 55　② 48　③ 45　④ 42

풀이
나무의 비중량과 체적을 $\gamma_{나무}$, $V_{나무}$
납의 비중량과 체적을 $\gamma_{납}$, $V_{납}$

잠긴 나무의 체적은
$V_{잠긴나무} = Ah = 1^2 \times h$ …… ①
납의체적 $W_{납} = \gamma_{납} V$

$\Rightarrow V_{납} = \dfrac{W_{납}}{\gamma_{납}} = \dfrac{1080}{11 \times 1000 \times 9.8}$
$= 0.01\ m^3$

$W_{나무} + W_{납} =$ 부력 이므로
$\Rightarrow \gamma_{나무} V_{나무} + \gamma_{납} V_{납}$
$= \gamma_w (V_{잠긴나무} + V_{납})$
$\Rightarrow s_{나무} \gamma_w V_{나무} + s_{납} \gamma_w V_{납}$
$= \gamma_w (V_{잠긴나무} + V_{납})$
$\Rightarrow s_{나무} V_{나무} + s_{납} V_{납}$
$= V_{잠긴나무} + V_{납}$
$\therefore V_{잠긴나무} = s_{나무} V_{나무} + s_{납} V_{납} - V_{납}$
$= s_{나무} V_{나무} + V_{납}(s_{납} - 1)$
$= 0.45 \times 1 + 0.01 \times (11 - 1)$
$= 0.55\ m^3$

① 식과의 비교에서
$V_{잠긴나무} = 1^2 \times h = 0.55\ m^3$
잠긴 깊이 $h = 0.55$ m

∴ 물 위로 떠오르는 나무토막의 높이는
$1 - 0.55 = 0.45\ m = 45\ cm$

기출문제

48 유선(streamline)에 관한 설명으로 틀린 것은?

① 유선으로 만들어지는 관을 유관(stream tube)이라 부르며, 두께가 없는 관벽을 형성한다.
② 유선 위에 있는 유체의 속도벡터는 유선의 접선방향이다.
③ 비정상 유동에서 속도는 유선에 따라 시간적으로 변화 할 수 있으나, 유선 자체는 움직일 수 없다.
④ 정상유동일 때 유선은 유체의 입자가 움직이는 궤적이다.

[풀이]
③ 비정상 유동에서 속도는 유선에 따라 시간적으로 변화 할 수 있으며, 유선 자체도 시간에 따라 바뀐다.

49 속도 15 m/s로 항해하는 길이 80 m 화물선의 조파저항에 관한 성능을 조사하기 위하여 수조에서 길이 3.2 m인 모형 배로 실험을 할 때 필요한 모형 배의 속도는 몇 m/s인가?

① 9.0 ② 3.0 ③ 0.33 ④ 0.11

[풀이]
$$\left(\frac{V}{\sqrt{Lg}}\right)_p = \left(\frac{V}{\sqrt{Lg}}\right)_m$$
$$\Rightarrow V_m = V_p \left(\frac{\sqrt{L_m}}{\sqrt{L_p}}\right)$$
$$= 15 \times \sqrt{\frac{3.2}{80}} = 3 \text{ m/s}$$

50 길이 20 m의 매끈한 원관에 비중 0.8의 유체가 평균속도 0.3 m/s로 흐를 때, 압력손실은 약 얼마인가? (단, 원관의 안지름은 50 mm, 점성계수는 $8 \times 10^{-3} Pa \cdot s$이다.)

① 614Pa ② 734Pa
③ 1235Pa ④ 1440Pa

[풀이]
$$Q = \frac{\triangle p \pi d^4}{128 \mu L}, \quad Q = AV$$
$$\Rightarrow \triangle p = \frac{128 \mu L Q}{\pi d^4}$$
$$= \frac{128 \times 8 \times 10^{-3} \times 20 \times \pi/4 \times 0.05^2 \times 0.3}{\pi \times 0.05^4}$$
$$\fallingdotseq 614 \, Pa$$

51 관로내 물(밀도 1000 kg/m³)이 30 m/s로 흐르고 있으며 그 지점의 정압이 100 kPa일 때, 정체압은 몇 kPa인가?

① 0.45 ② 100
③ 450 ④ 550

[풀이]
정체압 = 정압 + 동압
$$\frac{p_2}{\gamma} = \frac{p_1}{\gamma} + \frac{V_1^2}{2g}$$
$$\Rightarrow p_2 = p_1 + \frac{\rho V_1^2}{2}$$
$$= 100 + \frac{1000 \times 30^2}{2} \times 10^{-3}$$
$$= 550 \, kPa$$

52 원관에서 난류로 흐르는 어떤 유체의 속도가 2배가 되었을 때, 마찰계수가 $\frac{1}{\sqrt{2}}$ 배로 줄었다. 이 때 압력손실은 몇 배인가?

① $2^{\frac{1}{2}}$ 배 ② $2^{\frac{3}{2}}$ 배
③ 2배 ④ 4배

[풀이]
$$h_L = f \frac{L}{d} \frac{V^2}{2g}$$
$$\Rightarrow \triangle p_1 = \gamma h_L = \gamma f \frac{L}{d} \frac{V^2}{2g}$$
문제의 의미에서 $V = 2V$, $f = \frac{1}{\sqrt{2}} f$

[정답] 48. ③ 49. ② 50. ① 51. ④ 52. ②

2015년

$$\Rightarrow \Delta p_2 = \gamma \, \frac{1}{\sqrt{2}} \, f \, \frac{L}{d} \, \frac{(2V)^2}{2g}$$
$$= \frac{4}{\sqrt{2}} \, f \, \frac{L}{d} \, \frac{V^2}{2g}$$
$$= 2^{2-\frac{1}{2}} f \, \frac{L}{d} \, \frac{V^2}{2g}$$
$$= 2^{\frac{3}{2}} \Delta p_1$$

53 아래 그림과 같이 직경이 2 m, 길이가 1 m인 관에 비중량 9800 N/m³인 물이 반 차있다. 이 관의 아래쪽 사분면 AB 부분에 작용하는 정수력의 크기는?

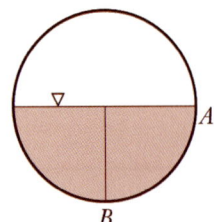

① 4900 N ② 7700 N
③ 9120 N ④ 12600 N

풀이

AB 부분에 대한 FBD로부터 x 방향에 대한 투영면적은 $A = 1 \, m^2$ 이므로

$$F_x = \gamma h_c A = \gamma \, \frac{R}{2} \, A$$
$$= 9800 \times \frac{1}{2} \times 1 = 4900 \, N$$

$$F_y = \gamma_w V = \gamma_w \, \frac{\pi R^2}{4} \, b$$
$$= 9800 \times \frac{\pi \times 1^2}{4} \times 1 = 7696.9 \, N$$

$$\therefore F_R = \sqrt{F_x^2 + F_y^2} \fallingdotseq 9120 \, N$$

54 항력에 관한 일반적인 설명 중 틀린 것은?

① 난류는 항상 항력을 증가시킨다.
② 거친표면은 항력을 감소시킬 수 있다.
③ 항력은 압력과 마찰력에 의해서 발생한다.
④ 레이놀즈수가 아주 작은 유동에서 구의 항력은 유체의 점성계수에 비례한다.

풀이
①

55 다음 중 질량보존을 표현한 것으로 가장 거리가 먼 것은? (단, ρ는 유체의 밀도, A는 관의 단면적, V는 유체의 속도이다.)

① $\rho A V = 0$
② $\rho A V = $ 일정
③ $d(\rho A V) = 0$
④ $\dfrac{d\rho}{p} + \dfrac{dA}{A} + \dfrac{dV}{V} = 0$

풀이
①

56 유속 3 m/s로 흐르는 물속에 흐름방향의 직각으로 피토관을 세웠을 때, 유속에 의해 올라가는 수주의 높이는 약 몇 m인가?

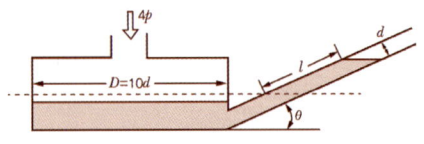

① 0.46 ② 0.92 ③ 4.6 ④ 9.2

풀이

$v = \sqrt{2g \Delta h}$

$$\Rightarrow \Delta h = \frac{v^2}{2g} = \frac{3^2}{2 \times 9.8} \fallingdotseq 0.46 \, m$$

57 공기가 기압 200 kPa일 때, 20°C에서의 공기의 밀도는 약 몇 kg/m³인가? (단, 이상기체이며, 공기의 기체상수 R = 287 J/kg·K이다.)

① 1.2   ② 2.38
③ 1.0   ④ 999

정답 53. ③ 54. ① 55. ① 56. ① 57. ②

기출문제

풀이

$pv = RT \Rightarrow p\dfrac{1}{\rho} = RT$

$\Rightarrow \rho = \dfrac{p}{RT} = \dfrac{200 \times 10^3}{287 \times (20 + 273.15)}$

$\quad = 2.38 \ kg/m^3$

58 그림과 같이 경사관 마노미터의 직경 D = 10 d이고 경사관은 수평면에 대해 θ만큼 기울어져 있으며 대기 중에서 노출되어 있다. 대기압보다 △p의 큰 압력이 작용할 때, L과 △p 와 관계로 옳은 것은? (단, 점선은 압력이 가해지기 전 액체의 높이이고, 액체의 밀도는 ρ, θ = 30° 이다.)

① $L = \dfrac{201}{2}\dfrac{\triangle p}{\rho g}$ ② $L = \dfrac{100}{51}\dfrac{\triangle p}{\rho g}$

③ $L = \dfrac{51}{100}\dfrac{\triangle p}{\rho g}$ ④ $L = \dfrac{2}{201}\dfrac{\triangle p}{\rho g}$

풀이

용기 내의 감소량 = 마노미터의 증가량

$\Rightarrow \dfrac{\pi D^2}{4} h = \dfrac{\pi d^2}{4} L$

$\Rightarrow \dfrac{\pi(10d)^2}{4} h = \dfrac{\pi d^2}{4} L \Rightarrow h = \dfrac{L}{100}$

초기수면의 위치를 기준으로 하면

$\triangle p - \gamma h = \gamma L \sin \theta$

$\triangle p = \gamma h + \gamma L \sin \theta$

$\quad = \gamma(h + L\sin\theta)$

$\quad = \gamma\left(\dfrac{L}{100} + L\sin\theta\right)$

$\quad = \gamma L\left(\dfrac{1}{100} + \sin 30°\right)$

$\therefore L = \dfrac{\triangle p}{\gamma\left(\dfrac{1}{100} + \dfrac{1}{2}\right)} = \dfrac{\triangle p}{\gamma\left(\dfrac{51}{100}\right)}$

$\quad = \dfrac{100}{51}\dfrac{\triangle p}{\rho g}$

59 비점성, 비압축성 유체가 그림과 같이 작은구멍을 향해 쐐기모양의 벽면사이를 흐른다. 이 유동을 근사적으로 표현하는 무차원 속도퍼텐셜이 $\phi = -2\ln r$로 주어질 때, r = 1인 지점에서 유속 V는 몇 m/s인가? (단, $\vec{V} \equiv \nabla\phi = grad\ \phi$로 정의한다.)

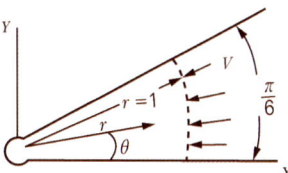

① 0 ② 1 ③ 2 ④ π

풀이

$\vec{V_{r=1}} = grad\ \phi|_{r=1} = \left.\dfrac{\partial \phi}{\partial r}\right)_{r=1}$

$\quad = -2 \times \left.\dfrac{1}{r}\right)_{r=1} = -2\ m/s$

60 그림과 같은 노즐을 통하여 유량 Q만큼의 유체가 대기로 분출될 때, 노즐에 미치는 유체의 힘 F는? (단, A_1, A_2는 노즐의 단면 1, 2에서의 단면적이고 ρ는 유체의 밀도이다.)

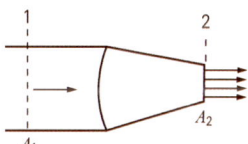

① $F = \dfrac{\rho A_2 Q^2}{2}\left(\dfrac{A_2 - A_1}{A_1 A_2}\right)^2$

② $F = \dfrac{\rho A_2 Q^2}{2}\left(\dfrac{A_1 + A_2}{A_1 A_2}\right)^2$

③ $F = \dfrac{\rho A_1 Q^2}{2}\left(\dfrac{A_1 + A_2}{A_1 A_2}\right)^2$

④ $F = \dfrac{\rho A_1 Q^2}{2}\left(\dfrac{A_1 - A_2}{A_1 A_2}\right)^2$

풀이

분출하는 방향을 x 방향으로 하면 노즐에 미치는 유체의 힘 F_x는

정답 58. ② 59. ③ 60. ④

2015년

$F_x = p_1 A_1 - p_2 A_2 - \rho Q(V_{2x} - V_{1x})$

여기서 $p_2 A_2 = 0$ 이며

$V_{2x} = V_2$, $V_{1x} = V_1$ 이며

$V_1 = \dfrac{Q}{A_1}$, $V_2 = \dfrac{Q}{A_2}$ 이므로

$F_x = p_1 A_1 - \rho Q(V_2 - V_1)$

$= p_1 A_1 - \rho Q^2 \left(\dfrac{1}{A_2} - \dfrac{1}{A_1}\right) \cdots \cdots ①$

단면 1과 2간에 베르누이 식을 적용하고 정리하면

$\dfrac{p_1}{\gamma} + \dfrac{V_1^2}{2g} = \dfrac{p_2}{\gamma} + \dfrac{V_2^2}{2g}$

$\Rightarrow p_1 = \dfrac{\rho}{2}(V_2^2 - V_1^2)$

$= \dfrac{\rho}{2}\left[\left(\dfrac{Q}{A_2}\right)^2 - \left(\dfrac{Q}{A_1}\right)^2\right]$

$= \dfrac{\rho Q^2}{2}\left[\left(\dfrac{1}{A_2}\right)^2 - \left(\dfrac{1}{A_1}\right)^2\right] \cdots \cdots ②$

②를 ①에 대입하고 정리하면 ⋯ ⋯

$F_x = F = \dfrac{\rho A_1 Q^2}{2}\left(\dfrac{A_1 - A_2}{A_1 A_2}\right)^2$

제4과목 : 기계재료 및 유압기기

61 배빗메탈이라고도 하는 베어링용 합금인 화이트메탈의 주요성분으로 옳은 것은?

① Pb-W-Sn   ② Fe-Sn-Cu
③ Sn-Sb-Cu   ④ Zn-Sn-Cr

[풀이]
화이트메탈(일본, 독일)은 배빗메탈(미국, 영국)이라고도 하며, Sn(주석)을 주성분으로 하고, Sb(안티몬, 7%) 과 Cu(구리, 3%)를 첨가한 합금으로 납 계통의 것보다 마찰계수가 작다.

62 고속도강의 특징을 설명한 것 중 틀린 것은?

① 열처리에 의하여 경화하는 성질이 있다.
② 내마모성이 크다.
③ 마텐자이트(martensite)가 안정되어, 600℃까지는 고속으로 절삭이 가능하다.
④ 고Mn강, 칠드주철, 경질유리 등의 절삭에 적합하다.

[풀이]
고속도강은 하이스(High Speed Steel, HSS)라고도 하며 고온강도(보통강의 3~4배) 및 마모저항이 커서 600℃까지 경도가 저하하지 않아 고속 절삭 효율이 좋다. W계 고속도강인 18-4-1 강이 표준이며 난삭재의 절삭에 많이 사용하고 있다.
고속도강의 공통적인 특징
㉠ 열처리에 의해 뚜렷하게 경화된다.
㉡ 고온에서 경도가 떨어지지 않는다.
㉢ 고속공구강의 연화 온도는 500~600℃이다.
㉣ 내마모성이 우수하다.

63 충격에는 약하나 압축강도는 크므로 공작기계의 베드, 프레임, 기계구조물의 몸체 등에 가장 적합한 재질은?

① 합금공구강   ② 탄소강
③ 고속도강   ④ 주철

[풀이]
주철은 충격에 약하고 메짐이 크며 소성변형이 어려우며, 용융점이 낮고 유동성이 좋으며 절삭성이 우수한 성질이 있다.
특히 공작기계의 베드, 프레임 및 기계구조물의 몸체 등에 널리 쓰인다.

64 탄소강을 경화열처리 할 때 균열을 일으키지 않게 하는 가장 안전한 방법은?

① Ms점까지는 급냉하고 Ms, Mf사이는 서냉한다.
② Mf점 이하까지 급냉한 후 저온도로 뜨임한다.
③ Ms점까지 서냉하여 내외부가 동일온도

가 된후 급냉한다.
④ Ms, Mf 사이의 온도까지 서냉한 후 급냉한다.

> **풀이**
>
> 강은 경화할 때 팽창하게 되며 담금질시 250℃ 이하로 굳어짐과 동시에 팽창이 수반된다. 팽창의 비율은 강의 종류에 따라 다르지만 0.9%C의 탄소강은 길이에서 0.3%, 체적에서 0.9% 정도 팽창한다. 이처럼 강이 냉각되어 가고 있을 때 팽창하므로 강의 내부는 좋지 않은 결과가 되기 때문에 이 구역을 위험구역이라고 하며, 담금질 균열과 변형의 발생이 우려되며 이 구역을 Ms구역이라 한다. 담금질 균열은 급냉하는 순간에 발생하는 것이 아니라 Ms구역 내에서 파생되므로 Ms 구역과 Mf 구역 사이는 천천히 냉각시킴으로써 팽창과 수축의 무리가 없어지고 균열을 일으키지 않게 된다.

65 오일리스 베어링과 관계가 없는 것은?

① 구리와 납의 합금이다.
② 기름보급이 곤란한 곳에 적당하다.
③ 너무 큰 하중이나 고속회전부에는 부적당하다.
④ 구리, 주석, 흑연의 분말을 혼합성형한 것이다.

> **풀이**
>
> 오일리스 베어링(Oilles Bearing, 급유없이 사용)은 특수 고체 윤활재를 금속 모재(Base Metal)에 매입시킨 건식 윤활계 베어링으로써 마찰 운동시 고체 윤활제의 미세입자가 운동 부위의 오목, 볼록 면에 미세한 윤활피막을 형성하여 완전 무급유 상태에서도 우수한 자기윤활성과 뛰어난 내모성을 발휘한다.
> 금속 모재는 고력 황동계, 특수 황동계, 포금계, 주철계, 스테인리스계, 알루미늄 청동계 등이 있다.

66 백주철을 열처리로에서 가열한 후 탈탄시켜, 인성을 증가시킨 주철은?

① 가단주철   ② 회주철
③ 보통주철   ④ 구상흑연주철

> **풀이**
>
> 가단주철(Mallable Cast Iron)은 단조할 수 있는 주철이 아니고 연성을 부여한 주철로 백심가단주철은 백주철을 산화철(선반의 Chip)로 뒤집어 씌워 900~1,000℃, 80~100시간 가열하면 외부는 산화철과의 화학작용으로 탈탄(표면이 하얗게 됨)되어 연강 또는 극연강(0.1% 정도의 C) 상태로 되며, 내부는 장시간 가열에 의해 흑연이 뜨임 탄소 즉 Temper Carbon(괴상흑연)으로 된다.

67 탄소강에 함유되어 있는 원소 중 많이 함유되면 적열취성의 원인이 되는 것은?

① 인   ② 규소   ③ 구리   ④ 황

> **풀이**
>
> 탄소강에 황(S)이 많이 함유되면 강의 유동성을 해치고 적열취성(적열메짐)의 원인이 되며 고온 가공성을 해친다.

68 쾌삭강(Free cutting steel)에 절삭속도를 크게 하기 위하여 첨가하는 주된 원소는?

① Ni   ② Mn   ③ W   ④ S

> **풀이**
>
> 쾌삭강은 첨가 원소 중 황(S), 인(P)의 성분을 늘려서 절삭성이라고 하는 강재의 피삭성을 향상시킨 강이다. 그러나 절삭성은 향상되지만, S(적열취성)와 P(상온취성)는 강의 다른 성질에 유해하므로 C, Mn 등의 다른 원소로 조절한다.

69 특수강인 Elinver의 성질은 어느 것인가?

① 열팽창계수가 크다.
② 온도에 따른 탄성률의 변화가 적다.
③ 소결합금이다.
④ 전기전도도가 아주 좋다.

> **풀이**
>
> 불변강의 한 종류인 엘린바(Elinvar)는 고온에서 탄성계수가 변하지 않아, 선팽창계수가 작으며 정밀계측기기, 시계 등의 스프링 재료로 사용한다.

정답 65. ① 66. ① 67. ④ 68. ④ 69. ②

2015년

70 철강재료의 열처리에서 많이 이용되는 S곡선이란 어떤 것을 의미하는가?
① T.T.L 곡선 ② S.C.C 곡선
③ T.T.T 곡선 ④ S.T.S 곡선

풀이
항온열처리(시간, 온도, 변태)에서 T-T-T 곡선, S곡선은 Time-Temperature-Trans formation(변태상의 변화)를 의미한다. 공석강을 A1 변태온도 이상으로 가열한 후 일정 시간을 유지하면 단상의 오스테나이트가 되는데 이와 같이 오스테나이트화한 후 A1 변태온도 이하의 온도로 급랭시켜서 이 온도에서 시간이 지남에 따라 오스테나이트의 변태를 나타낸 곡선을 항온변태곡선이라 하고 다른 용어로 T-T-T 곡선, C곡선, 또는 S곡선이라고 한다.

71 그림과 같은 유압 잭에서 지름이 $D_2 = 2D_1$ 일 때 누르는 힘 F_1 과 F_2 의 관계를 나타낸 식으로 옳은 것은?

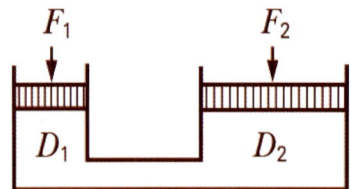

① $F_2 = F_1$ ② $F_2 = 2F_1$
③ $F_2 = 4F_1$ ④ $F_2 = 8F_1$

풀이
$P_1 = P_2$, $\dfrac{F_1}{A_1} = \dfrac{F_2}{A_2}$

$\dfrac{A_2}{A_1} = \left(\dfrac{D_2}{D_1}\right)^2 = \left(\dfrac{2D_1}{D_1}\right)^2 = 2^2 = 4$

따라서 $F_2 = F_1 \left(\dfrac{A_2}{A_1}\right) = F_1 \left(\dfrac{2D_1}{D_1}\right) = 4F_1$ [N]

72 다음 중 작동유의 방청제로서 가장 적당한 것은?
① 실리콘유
② 이온화합물
③ 에나멜화합물
④ 유기산 에스테르

풀이
방청제를 산화방지제와 함께 사용하는 것이 유압작동유의 기본 형태로 작동유에 혼입된 수분에 의해 금속표면에 녹이 발생하는 것을 방지하며, 유기산 에스테르, 지방산염, 유기인 화합물, 아민 화합물 등이 있다.
에스테르(Ester)는 산과 알코올 ROH가 탈수반응으로서 생성한 화합물을 에스테르라 하고, 무기산 에스테르와 유기산 에스테르가 있다.

73 그림과 같은 회로도는 크기가 같은 실린더로 동조하는 회로이다. 이 동조회로의 명칭으로 가장 적합한 것은?

① 래크와 피니언을 사용한 동조회로
② 2개의 유압모터를 사용한 동조회로
③ 2개의 릴리프 밸브를 사용한 동조회로
④ 2개의 유량제어 밸브를 사용한 동조회로

풀이
위의 회로에서 원에 상하로 검은색 삼각형이 유압모터 2개가 있는 것을 확인할 수 있다.
따라서 이 회로는 상단 2개의 실린더를 동시에 작동시키고자 하는 경우 사용하는 회로로 이해하면 된다.

기출문제

74 펌프의 무부하운전에 대한 장점이 아닌 것은?

① 작업시간 단축
② 구동동력 경감
③ 유압유의 열화방지
④ 고장방지 및 펌프의 수명연장

풀이
유압펌프를 무부하 운전시키는 경우 작업 시간이 늘어난 다는 단점이 있다. 펌프를 무부하 상태로 작동시키면 일반적인 부하보다 적은 부하를 가지게 되어 구동한다. 따라서 구동 동력이 경감되며, 펌프의 수명이 연장되고, 고장발생도 적어지게 되며 부하가 상대적으로 적기 때문에 내부 유체의 열화 현상을 방지할 수 있다.
〈유압펌프를 무부하 운전시키는 회로의 사용 장점〉
㉠ 펌프 구동 동력 손실 방지
㉡ 유압장치의 가열 방지
㉢ 펌프 수명 연장 및 성능저하 및 손상 감소
㉣ 작동유 노화방지

75 그림과 같은 압력제어 밸브의 기호가 의미하는 것은?

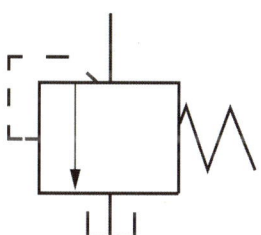

① 정압밸브
② 2-way 감압밸브
③ 릴리프 밸브
④ 3-way 감압밸브

풀이
릴리프 밸브(relief valve)는 유압시스템 내의 압력을 제한하기 위한 밸브로 특정 압력 이상이 되면 유로를 개방하여 압력을 경감시키고 특정 압력에서 자동으로 다시 닫히게 된다.
위 그림에서 화살표 부분이 평상시에는 관에 연결되어 있지 않다가 설정 압력보다 높아지면 가운데로 이동하면서 압력을 낮추는 역할을 수행한다.

76 유압펌프에 있어서 체적효율이 90%이고 기계효율이 80%일 때 유압펌프의 전효율은?

① 23.7%
② 72%
③ 88.8%
④ 90%

풀이
유압펌프의 전효율
$\eta = \eta_v \eta_m = 0.9 \times 0.8 = 0.72 = 72\%$

77 베인모터의 장점에 관한 설명으로 옳지 않은 것은?

① 베어링 하중이 작다.
② 정·역회전이 가능하다.
③ 토크변동이 비교적 작다.
④ 기동시나 저속운전시 효율이 높다.

풀이
베인모터는 기동시에는 효율이 좋은 편이지만 저속 운전시 효율이 낮다는 특징이 있다.

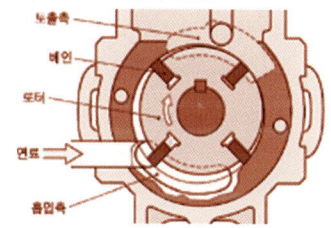

78 램이 수직으로 설치된 유압프레스에서 램의 자중에 의한 하강을 막기 위해 배압을 주고자 설치하는 밸브로 적절한 것은?

① 로터리 베인 밸브
② 파일럿 체크 밸브
③ 블리드 오프 밸브
④ 카운터 밸런스 밸브

풀이
카운터 밸런스 밸브(배압 유지 밸브)는 일정한 배압(背壓)을 유지하여 이상 현상이 발생하지 않도록 하거나 유지시키는 밸브이다.

정답 74. ① 75. ③ 76. ② 77. ④ 78. ④

2015년

79 유압기기와 관련된 유체의 동역학에 관한 설명으로 옳은 것은?

① 유체의 속도는 단면적이 큰 곳에서는 빠르다.
② 유속이 작고 가는 관을 통과할 때 난류가 발생한다.
③ 유속이 크고 굵은 관을 통과할 때 층류가 발생한다.
④ 점성이 없는 비압축성이 액체가 수평관을 흐를 때, 압력수두와 위치수두 및 속도수두의 합은 일정하다.

풀이
베르누이 방정식은 유체가 유선을 그리며 흐를 때 두 점의 높이, 압력, 속도 사이의 관계를 에너지 보존 법칙을 바탕으로 나타낸 식이다.

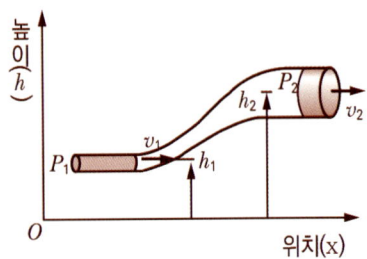

$$\frac{P_1}{r} + \frac{V_1^2}{2g} + Z_1 = \frac{P_2}{r} + \frac{V_2^2}{2g} + Z_2 = H$$

압력수두, 속도수두, 위치수두의 합은 항상 일정하다.

80 유압배관 중 석유계 작동유에 대하여 산화작용을 조장하는 촉매역할을 하기 때문에 내부에 카드뮴 또는 니켈을 도금하여 사용하여야 하는 것은?

① 동관　　② PPC 관
③ 엑셀관　④ 고무관

풀이
부식 발생이 심해 도금을 하는데 구리로 만들어진 동관은 부식성이 강해서 니켈 등을 도금하여 사용하기도 한다.

제5과목 : 기계제작법 및 기계동역학

81 조립형 프레임이 주조 프레임과 비교할 때 장점이 아닌 것은?

① 무게가 1/4정도 감소된다.
② 파손된 프레임의 수리가 비교적 용이하다.
③ 기계가공이나 설계 후 오차수정이 용이하다.
④ 프레임이 복잡하거나 무게가 비교적 큰 경우에 적합하다.

풀이
조립형 프레임은 비교적 형상이 간단하거나 무게가 가볍고 소형인 경우에 적합하다.

82 고상용접(Solid-State Welding) 형식이 아닌 것은?

① 롤 용접　　② 고온압접
③ 압출용접　④ 전자빔 용접

풀이
고상 용접의 원리는 대단히 간단한 것으로 2개의 깨끗하고 매끈한 금속 면을 원자와 원자의 인력이 용할 수 있는 거리에 접근 시키고 기계적으로 밀착하면 용접이 된다.

〈고상 용접의 종류〉
㉠ 롤 용접 : 압연기 롤러의 압력에 의한 용접
㉡ 냉간 압접 : 외부에서 기계적인 힘을 가하여 접합
㉢ 열간 압접 : 접합부를 가열하고 압력 또는 충격을 가하여 하는 접합
㉣ 마찰 용접 : 접촉면의 기계적 마찰로 가열된 것을 압력을 가하여 접합
㉤ 폭발 용접 : 폭발의 충격파에 의한 용접
㉥ 초음파 용접 : 접합면을 가압하고 고주파 진동에너지를 그 부분에 가하여 용접
㉦ 확산 용접 : 접합면에 압력을 가하여 밀착시키고 온도를 올려 확산으로 하는 용접 또는 고체의 인서트를 접촉면에 사용하는 일도 있다.

83 판재의 두께 6 mm, 원통의 바깥지름 500 mm인 원통의 마름질한 판뜨기의 길이 [mm]는 약 얼마인가?

① 1532　　② 1542
③ 1552　　④ 1562

풀이
$L = \pi(d_0 - t) = \pi \times (500 - 6) = 1552$

84 금속표면에 크롬을 고온에서 확산 침투시키는 것을 크로마이징(cromizing)이라 한다. 이는 주로 어떤 성질을 향상시키는 위함인가?

① 인성　　② 내식성
③ 전연성　④ 내충격성

풀이
금속침투확산법의 일종인 크로마이징은 재료 표면에 크롬(Cr)을 침투 확산처리하는 방법으로 Cr이 침투된 표면층은 고크롬의 조성이 되어 스테인리스강의 성질을 갖게 되어 내식성 및 내마모성, 내열성이 향상된다.

85 단조를 위한 재료의 가열법 중 틀린 것은?

① 너무 가열되지 않게 한다.
② 될수록 급격히 가열하여야 한다.
③ 너무 장시간 가열하지 않도록 한다.
④ 재료의 내외부를 균일하게 가열하다

풀이
단조시 재료 가열법
㉠ 너무 급하게 고온으로 가열하지 말 것
㉡ 재료의 내부 및 외부를 균일하게 가열할 것
㉢ 너무 장시간 가열하지 않을 것
일반적으로 금속 재료는 온도가 높을수록 변형 능력이 커져서 단조 가공이 용이해지지만, 두 가지의 제한이 따르는데 하나는 단조 최고 온도이며, 다른 하나는 단조 종료 온도이다.
재료를 가열할 때 너무 과열되면 재료는 여리게 되고 균열이 생기기 쉬워진다. 과열 상태에서 단조를 하면 단조가 끝난 후에도 재결정 온도 이상으로 남아서 결정 입자가 성장하게 되므로 오히려 기계적 성질이 나쁘게 한다. 이와 반대로, 끝나는 온도가 재결정 온도이하가 되면 조직은 미세하게 되나, 단조품에는 상당한 내부 응력이 발생하여 균열되기 쉽다.
따라서 단조 종료 온도가 재결정 온도보다 약간 높은 것이 바람직하며 강재를 단조할 때 온도가 800℃이하로 되면 재가열하여 단조를 계속하여 재료 내부에 잔류응력이 남지 않도록 한다.
또, 강재는 300℃부근에서 청열 취성 온도가 있어서 이 온도에서는 상온 때보다 오히려 취성이 있으므로, 이 부근에서는 단조 가공을 피하는 것이 좋다.

86 주조에서 열점(hot spot)의 정의로 옳은 것은?

① 유로의 확대부
② 응고가 가장 더딘부분
③ 유로 단면적이 가장 좁은부분
④ 주조시 가장 고온이 되는부분

풀이
주조시 금속 조직의 결함 유형으로 고온 균열(hot tears)과 열점(hot spot)의 결함을 들 수 있는데 열점은 주조품 표면의 어떤 부분이 그 주변의 재료보다 빨리 냉각되어 단단해지는 현상으로 이런 결함은 주조품의 냉각을 적절히 실시하거나 금속의 화학적 조성을 바꿈으로써 방지할 수 있다.
주조품 설계시 지나친 필렛(fillet)을 주게 되면 열점(hot spot) 문제가 발생하여 천천히 냉각(응고가 더딤)되고, 국소적인 비정상 수축부, 기포나 수축공동과 같은 결함을 야기한다.

87 방전가공에서 가장 기본적인 회로는?

① RC회로
② 고전압법 회로
③ 트랜지스터 회로
④ 임펄스 발전기 회로

풀이
방전가공기의 원리는 구리(Cu)나 흑연(Graphite) 등 비교적 가공이 용이한 전도성 재료를 전극(공구)으로 하여 이 전극과 공작물(강, 초경합금)과의 사이에 60~100 V 전압을 양극간에 가하면 간헐적인 방전(spark)이 일

정답 83. ③　84. ②　85. ②　86. ②　87. ①

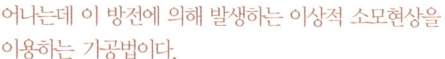

어나는데 이 방전에 의해 발생하는 이상적 소모현상을 이용하는 가공법이다.
방전 가공에서는 RC회로(축전기법, 콘덴서법 회로)가 기본적인 회로로 축전이 진행됨과 함께 축전기압은 상승하고 방전하면 순간적으로 0까지 하강한다.
이때 전류가 흐르며 이것이 반복된다. 전극으로는 황동이 많이 사용되며 가공면과 같은 형상의 전극을 만들어 복잡한 형상도 쉽게 가공할 수 있다는 것이 방전 가공의 특징이다.

88 슈퍼 피니싱에 관한 내용으로 틀린 것은?

① 숫돌길이는 일감길이와 같은 것을 일반적으로 사용한다.
② 숫돌의 폭은 일감의 지름과 같은 정도의 것이 일반적으로 쓰인다.
③ 원통의 외면, 내면, 평면을 다듬을 수 있으므로 많은 기계부품의 정밀 다듬질에 응용된다.
④ 접촉면적이 넓으므로 연삭작업에서 나타난 이송선, 숫돌이 떨림으로 나타난 자리는 완전히 없앨수 없다.

> **풀이**
> 슈퍼 피니싱은 미세하고 연한 숫돌 입자를 낮은 압력으로 공작물 표면에 접촉시켜 매끈하면서 정밀도가 높은 표면으로 연삭 가공하는 방법이다.
> 일반적으로 지름을 가진 원형 단면의 일감일 경우 숫돌의 폭은 일감 지름의 60% 정도로 한다.

89 밀링작업에서 분할대를 사용하여 원주를 $7\frac{1}{2}$° 씩 등분하는 방법으로 옳은 것은?

① 18구멍짜리에서 15구멍씩 돌린다.
② 15구멍짜리에서 18구멍씩 돌린다.
③ 36구멍짜리에서 15구멍씩 돌린다.
④ 36구멍짜리에서 18구멍씩 돌린다.

> **풀이**
> 〈각도 분할법〉

단식 분할이 되는 분할수에는 2~60까지의 모든 수, 60~120 사이의 2와 5의 배수 및 120 이상의 수로서, 40/N 에서 분모가 분할판의 구멍수가 될 수 있는 수 등이 있다.
또, 가공 도면에 각도로 표시된 일감의 분할도 같은 방법에 의해 다음 식으로 분할할 수 있다.
즉, 분할 크랭크가 1회전하면 스핀들(주축)은 360°/40=9° 회전한다. 분할각을 분으로 표시하면 분할 크랭크가 1회전하는 동안에 스핀들은 60'×9=540' 회전한다.

형식	분할판	구멍수
브라운 샤프형	No.1	20, 19, 18, 17, 16, 15
	No.2	33, 31, 29, 27, 23, 21
	No.3	49, 47, 43, 41, 39, 37

브라운 샤프형 No.1의 분할판 구멍열 18을 선택하여 15구멍씩 회전한다.
여기서 n : 분할 크랭크의 회전수

$$n = \frac{D°}{9}, \quad n = \frac{D'}{540}$$

$$n = \frac{D°}{9} = \frac{7\frac{1}{2}}{9} = \frac{\frac{15}{2}}{9} = \frac{15}{18}$$

90 측정기의 구조상에서 일어나는 오차로서 눈금 또는 피치의 불균일이나 마찰, 측정압의 변화 등에 의해 발생하는 오차는?

① 개인 오차 ② 기기 오차
③ 우연 오차 ④ 불합리 오차

> **풀이**
> 측정 기기는 오래 사용하면 기어 등의 부속품이 마모되거나 측정면이 마모되어 닳는다. 따라서 본래 발휘할 수 있는 정밀도를 유지하지 못하게 될 수도 있다.
> 측정 기기가 지닌 정밀도를 기기 오차(Instru-mental Error)라고 하는데 기기 오차는 측정값의 편차에 영향을 미치기 때문에 정기 점검(정기교정)을 통해 오류의 유무를 확인하는 것이 필수적이다.
>
> 즉, 측정기가 불완전하거나 사용상의 제한 등으로 생기는 오차를 말한다. 계기오차의 원인으로는 눈금의 부정

정답 88. ② 89. ① 90. ②

기출문제

확, 기어와 나사의 피치 오차등 제조상의 부득이한 원인에 의하여 측정기가 갖는 오차, 마모와 스프링의 피로 등 시일의 경과로 인한 지시의 변화가 생기는 오차 등이 있다.
계기오차는 보다 정확한 측정기를 사용하면 구할 수 있다. 표준기, 표준시료 등을 사용하여 측정기가 나타내는 값과 그 참 값과의 관계를 구하는 것을 교정이라 한다.

풀이
$\vec{a_t} = \vec{a} \cdot \vec{i} = -1.8 \, m/s^2$
각 가속도
$\Rightarrow \alpha = a = \dfrac{|\vec{a_t}|}{r} = \dfrac{1.8}{0.3} = 6 \, rad/s^2$

91 직선운동을 하고 있는 한 질점의 위치가 $s = 2t^3 - 24t + 6$으로 주어졌다. 이 때 t = 0의 초기 상태로부터 126 m/s의 속도가 될 때까지 의 걸린 시간은 얼마인가? (단, s는 임의의 고정으로부터의 거리이고 단위는 m이며, 시간의 단위는 초(sec)이다.)

① 2초 ② 4초
③ 5초 ④ 6초

풀이
$V = \dfrac{ds}{dt} = 6t^2 - 24$
$\Rightarrow 126 = 6t^2 - 24$
$\Rightarrow t = \sqrt{\dfrac{150}{6}} = 5 \, sec$

93 진자형 충격시험장치에 외부 작용력 P가 작용할 때, 물체의 회전축에 있는 베어링에 반작용력이 작용하지 않기 위한 점 A는?

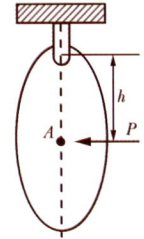

① 회전반경(radius of gyration)
② 질량중식(center of mass)
③ 질량관성모멘트(mass moment of inertia)
④ 충격중심(center of percussion)

풀이
④
충격중심은 진동중심(sweet spot)과 일치.

92 직경 600 mm인 플라이휠이 z 축을 심으로 회전하고 있다. 플라이휠의 원주상의 점 P의 가속도가 그림과 같은 위치에서 "$a = -1.8i - 4.8j$"라면 이 순간 플라이휠의 각가속도 a는 얼마인가? (단, i, j는 각각 x, y 방향의 단위벡터이다.)

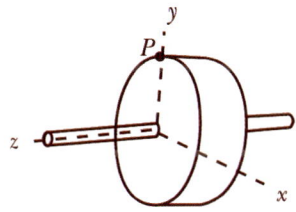

① $3 \, rad/s^2$ ② $4 \, rad/s^2$
③ $5 \, rad/s^2$ ④ $6 \, rad/s^2$

94 다음 그림과 같은 두 개의 질량이 스프링에 연결되어 있다. 이 시스템의 고유진동수는?

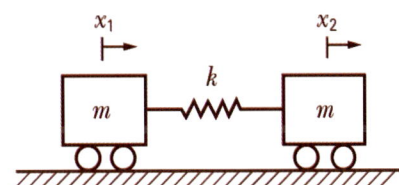

① $0, \sqrt{\dfrac{k}{m}}$ ② $\sqrt{\dfrac{k}{m}}, \sqrt{\dfrac{2k}{m}}$
③ $0, \sqrt{\dfrac{2k}{m}}$ ④ $\sqrt{\dfrac{k}{m}}, \sqrt{\dfrac{3k}{m}}$

정답 91. ③ 92. ④ 93. ④ 94. ③

2015년

풀이

시스템의 FBD로부터 좌측 질량에서는

$\sum F_x = ma_x = m\ddot{x}$

$\Rightarrow k(x_2 - x_1) = kx = m\ddot{x_1} \Leftarrow x_2 - x_1 = x$

$\Rightarrow m\ddot{x_1} - kx = 0$

우측 질량에서는

$m\ddot{x_2} + kx = 0$

전체시스템에서는

$\ddot{x} + \dfrac{2k}{m}x = 0$

$\therefore$ 고유 각 진동수는 $0, \sqrt{\dfrac{2k}{m}}$

95 질량 2000 kg의 자동차가 평평한 길을 시속 90 km/h로 달리다 급제동을 걸었다. 바퀴와 노면사이의 동마찰계수가 0.45일 때 자동차의 정지거리는 몇 m인가?

① 60　② 71　③ 81　④ 86

풀이

운동에너지 = 마찰에너지

$\dfrac{mV^2}{2g} = \mu_k m s$

$\Rightarrow s = \dfrac{V^2}{2\mu_k g} = \dfrac{\left(\dfrac{90 \times 10^3}{3600}\right)^2}{2 \times 0.45 \times 9.8}$

$\approx 71\,m$

96 1 자유도 진동계에서 다음 수식 중 옳은 것은?

① $\omega = 2\pi f$　② $c_{cr} = \sqrt{2mk}$

③ $\omega_n = \dfrac{k}{m}$　④ $T = \omega f$

풀이

고유진동수　$f = \dfrac{\omega}{2\pi} \Rightarrow \omega = 2\pi f$

임계감쇠　$c_{cr} = 2\sqrt{mk}$

고유 각 진동수　$\omega_n = \sqrt{\dfrac{k}{m}}$

주기　$T = \dfrac{1}{f} = \dfrac{2\pi}{\omega}$

97 질량이 m인 쇠공을 높이 A에서 떨어뜨린다. 쇠공과 바닥사이의 반발계수 e가 "0"이라면 충돌 후 쇠공이 튀어 오르는 높이 B는?

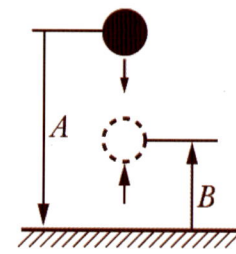

① B = 0　② B < A
③ B = A　④ B > A

풀이

반발계수　$e = \dfrac{-(V_A' - V_B')}{V_A - V_B} = 0$

$\Rightarrow V_A' = V_B' = 0 \quad \therefore B = 0$

98 진폭 2 mm, 진동수 250Hz로 진동하고 있는 물체의 최대속도는 몇 m/s인가?

① 1.57　② 3.14
③ 4.17　④ 6.28

풀이

$V = r\omega = r(2\pi f)$
$= 0.002(2\pi \times 250) = 3.14\,m/s$

99 질량과 탄성스프링으로 이루어진 시스템이 그림과 같이 자유낙하고 평면에 도달한 후 스프링의 반력에 의해 다시 튀어 오른다. 질량 "m"의 속도가 최대가 될 때, 탄성스프링의 변형량(x)은? (단, 탄성스프링의 질량은 무시하며, 스프링상수

정답　95. ②　96. ①　97. ①　98. ②　99. ③

는 k, 스프링의 바닥은 지면과 분리되지 않는다.)

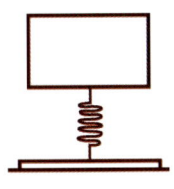

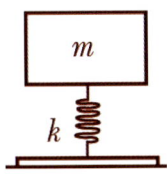

① 0 ② $\dfrac{mg}{2k}$

③ $\dfrac{mg}{k}$ ④ $\dfrac{2mg}{k}$

풀이

질량의 최대속도는 평면에 닿았을 때
$E_p = E_{spring} \Rightarrow mg = kx$

탄성스프링의 변형량 $x = \dfrac{mg}{k}$

100 자동차 운전자가 정지된 차를 속도를 42 km/h로 증가시켰다. 그 후 다른 차를 추월하기 위해 속도를 84 km/h로 높였다. 그렇다면 42 km/h에서 84 km/h의 속도로 증가시킬 때 필요한 에너지는 처음 정지해 있던 차의 속도를 42 km/h로 증가하는데 필요한 에너지의 몇 배인가? (단, 마찰로 인한 모든 에너지손실은 무시한다.)

① 1배 ② 2배 ③ 3배 ④ 4배

풀이

◉ 0에서 42km/h로 증가 시의 에너지

$E_k = \dfrac{V^2}{2g} = \dfrac{\left(\dfrac{42}{3.6}\right)^2}{2 \times 9.8} = 6.94 \ J$

◉ 42km/h에서 84km/h 증가 시의 에너지

$\Delta E_k = \dfrac{(V_2^2 - V_1^2)}{2g} = \dfrac{\left(\dfrac{84}{3.6}\right)^2 - \left(\dfrac{42}{3.6}\right)^2}{2 \times 9.8}$

$= 20.84 \ J$

$\therefore 20.84 \ / \ 6.94 = 3$ 배

정답 100. ③

2015년

국가기술자격 필기시험문제

2015년 기사 제4회 경향성 문제

자격종목	일반기계기사	시험시간 2시간 30분	형별 B	수험번호	성명

제1과목 : 재료역학

01 그림과 같이 지름과 재질이 다른 3개의 원통을 끼워 조합된 구조물을 만들어 강판사이에 P의 압축하중을 작용시키면 ①번 림의 재료에 발생되는 응력 σ_1은?

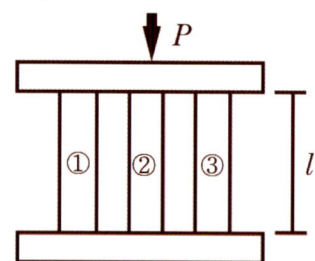

① $\sigma_1 = \dfrac{PA_1}{A_1E_1 + A_2E_2 + A_3E_3}$

② $\sigma_1 = \dfrac{P\ell}{A_1E_1 + A_2E_2 + A_3E_3}$

③ $\sigma_1 = \dfrac{PE_1}{A_1E_1 + A_2E_2 + A_3E_3}$

④ $\sigma_1 = \dfrac{PE_2}{A_1E_2 + A_2E_3 + A_3E_1}$

풀이

병렬조합인 경우에는 강한재료가 더 부담한다.

③ $\sigma_1 = \dfrac{PE_1}{A_1E_1 + A_2E_2 + A_3E_3}$

02 사각단면의 폭이 10 cm이고 높이가 8 cm이며, 길이가 2 m인 장주의 양 끝이 회전형으로 고정되어 있다. 이 장주의 좌굴하중은 약 몇 kN인가? (단, 장주의 세로탄성계수는 10 GPa이다.)

① 67.45 ② 105.28
③ 186.88 ④ 257.64

풀이

단말계수 $n = 1$. $P_B = n\pi^2 \dfrac{EI}{l^2}$

$= 1 \times \pi^2 \times \dfrac{10 \times 10^9}{2^2} \times \dfrac{0.1 \times 0.08^3}{12} \times 10^{-3}$

$\fallingdotseq 105.28\ kN$

03 원통형 코일스프링에서 코일반지름 R, 소선의 지름 d, 전단탄성계수 G라고 하면 코일스프링 한 권에 대해서 하중 P가 작용할 때 비틀림 각도 ϕ를 나타내는 식은?

① $\dfrac{32PR}{Gd^2}$ ② $\dfrac{32PR^2}{Gd^2}$

③ $\dfrac{64PR}{Gd^4}$ ④ $\dfrac{64PR^2}{Gd^4}$

풀이

$\delta = \dfrac{8nD^3W}{Gd^4}$

$\Rightarrow \delta = \dfrac{8n(2R)^3P}{Gd^4}$

비틀림각

$\phi = \dfrac{\delta}{R} = \dfrac{\dfrac{8n(2R)^3P}{Gd^4}}{R}$

$= \dfrac{8 \times 1 \times 8R^3 P}{Gd^4 R} = \dfrac{64PR^2}{Gd^4}$

정답 1. ③ 2. ② 3. ④

기출문제

04 그림과 같은 균일단면을 갖는 부정정보가 단순지지단에서 모멘트 M_0를 받는다. 단순지지단에서의 반력 R_A는? (단, 굽힘강성 EI는 일정하고, 자중은 무시한다.)

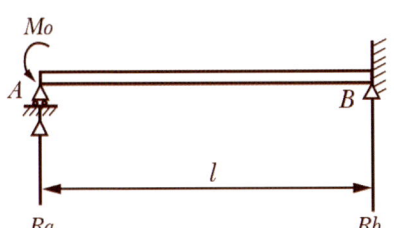

① $\dfrac{3M_0}{4\ell}$ ② $\dfrac{3M_0}{2\ell}$

③ $\dfrac{2M_0}{3\ell}$ ④ $\dfrac{4M_0}{3\ell}$

풀이
단순지지단(A 위치)에서의 처짐 = 0
$\dfrac{R_A l^3}{3EI} = \dfrac{M_0 l^2}{2EI} \Rightarrow R_A = \dfrac{3M_0}{2l}$

05 그림과 같은 외팔보가 균일분포하중 w를 받고 있을 때 자유단의 처짐 δ는 얼마인가?

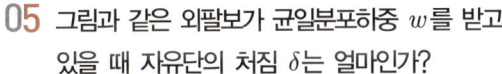

① $\dfrac{3}{24EI}w\ell^4$ ② $\dfrac{5}{24EI}w\ell^4$

③ $\dfrac{7}{24EI}w\ell^4$ ④ $\dfrac{9}{24EI}w\ell^4$

풀이
$\delta_{\max} = \delta_B = \dfrac{wl^4}{8EI} + \dfrac{wl^3}{6EI} \times l = \dfrac{7wl^4}{24EI}$

06 그림과 같은 보에 C에서 D까지 균일분포하중 w가 작용하고 있을 때, A점에서의 반력 R_A 및 B점에서의 반력 R_B는?

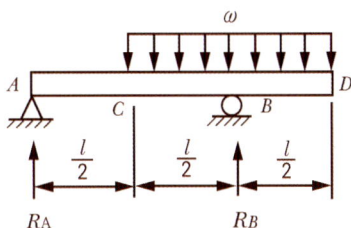

① $R_A = \dfrac{w\ell}{2}, R_B = \dfrac{w\ell}{2}$

② $R_A = \dfrac{w\ell}{4}, R_B = \dfrac{3w\ell}{4}$

③ $R_A = 0, R_B = w\ell$

④ $R_A = -\dfrac{w\ell}{4}, R_B = \dfrac{5w\ell}{4}$

풀이
③ $R_A = 0, \ R_B = w\ell$

07 보에서 원형과 정사각형의 단면적이 같을 때, 단면계수의 비는 약 얼마인가? (단, 여기에서 Z_1은 원형단면의 단면계수, Z_2는 정사각형 단면의 단면계수이다.)

① 0.531   ② 0.846
③ 1.258   ④ 1.182

풀이
문제의 의미에서
$\dfrac{\pi d^2}{4} = a^2 \Rightarrow a = \dfrac{\sqrt{\pi}\, d}{2}$

$\dfrac{Z_1}{Z_2} = \dfrac{\dfrac{\pi d^3}{32}}{\dfrac{bh^2}{6}} = \dfrac{\dfrac{\pi d^3}{32}}{\dfrac{a \times a^2}{6}} = \dfrac{\dfrac{\pi d^3}{32}}{\dfrac{a}{6} \times a^2}$

$= \dfrac{\dfrac{\pi d^3}{32}}{\dfrac{a}{6} \times \dfrac{\pi d^2}{4}} = \dfrac{3d}{4a} = \dfrac{3}{2\sqrt{\pi}} = 0.846$

정답 4. ② 5. ③ 6. ③ 7. ②

2015년

08 직사각형[b×h] 단면을 가진 보의 곡률 ($\frac{1}{\rho}$)에 관한 설명으로 옳은 것은?

① 폭(b)의 2승에 반비례한다.
② 폭(b)의 3승에 반비례한다.
③ 높이(h)의 2승에 반비례한다.
④ 높이(h)의 3승에 반비례한다.

풀이

$$\frac{1}{\rho} = \frac{M}{EI} = \frac{M}{E \times \frac{bh^3}{12}}$$

09 균일 분포하중 $w = 200\,N/m$가 작용하는 단순 지지보의 최대 굽힘응력은 몇 MPa인가? (단, 보의 길이는 2 m이고, 폭 × 높이 = 3 cm×4 cm인 사각형 단면이다.)

① 12.5   ② 25.0
③ 14.6   ④ 17.0

풀이

$M_{\max} = \sigma_{\max} Z$ 에서

$\Rightarrow M_{\max} = \frac{wl^2}{8}$ 이므로

$$\sigma_{\max} = \frac{M_{\max}}{Z} = \frac{wl^2}{\frac{bh^2}{6}}$$

$$= \frac{200 \times 2^2}{\frac{0.03 \times 0.04^2}{6}} \times 10^{-3}$$

$$= 12.5\,MPa$$

10 원형 단면축이 비틀림을 받을 때, 그 속에 저장되는 탄성 변형에너지 U는 얼마인가? (단, T : 토크, L : 길이, G : 가로탄성계수, I_P : 극관성모멘트, I : 관성모멘트, E : 세로탄성계수)

① $U = \frac{T^2 L}{2GI}$ ② $U = \frac{T^2 L}{2EI}$

③ $U = \frac{T^2 L}{2EI_P}$ ④ $U = \frac{T^2 L}{2GI_P}$

풀이

$$U = \frac{1}{2}T\theta = \frac{1}{2}T\frac{Tl}{GI_P} = \frac{T^2 l}{2GI_P}$$

11 보에 작용하는 수직전단력을 V, 단면 2차모멘트는 I, 단면 1차모멘트는 Q, 단면폭을 b라고 할 때 단면에 작용하는 전단응력(τ)의 크기는? (단, 단면은 직사각형이다.)

① $\tau = \frac{VQ}{Ib}$ ② $\tau = \frac{IV}{Qb}$

③ $\tau = \frac{VQ}{Ib}$ ④ $\tau = \frac{Qb}{IV}$

풀이

① $\tau = \frac{VG}{bI}$

(G 중립축 하단면의 단면 1차 모멘트)

$\Rightarrow \tau = \frac{VQ}{Ib}$

12 그림과 같은 분포하중을 받는 단순보의 m-n 단면에 생기는 전단력의 크기는 얼마인가?

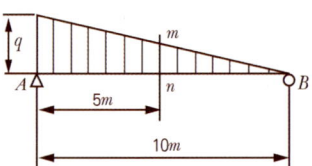

① 300 N   ② 250 N
③ 167 N   ④ 125 N

풀이

$\sum M_B = 0$

$\Rightarrow R_A \times 10 - \left(\frac{300 \times 10}{2}\right) \times \left(\frac{2}{3} \times 10\right) = 0$

$\Rightarrow R_A = 1000\,N$

$$\therefore |V_{m-n}|$$
$$= \left| R_A - \left[(150 \times 5) + \frac{(150 \times 5)}{2} \right] \right|$$
$$= |-125 N| = 125 N$$

13 지름이 d인 연강환봉에 인장하중 P가 주어졌다면 지름감소량(δ)은?

① $\delta = \dfrac{P\nu}{\pi Ed}$ ② $\delta = \dfrac{P\nu}{2\pi Ed}$

③ $\delta = \dfrac{P\nu}{4\pi Ed}$ ④ $\delta = \dfrac{4P\nu}{\pi Ed}$

풀이

$\epsilon = \dfrac{\lambda}{l}$, $\epsilon' = \dfrac{\delta}{d}$, $\sigma = \dfrac{P}{A} = E\epsilon$

$\nu = \dfrac{\epsilon'}{\epsilon} \Rightarrow \epsilon' = \nu\epsilon = \nu\dfrac{\sigma}{E} = \nu\dfrac{P}{AE}$

$\therefore \delta = \nu\dfrac{Pd}{AE} = \nu\dfrac{Pd}{\dfrac{\pi d^2}{4}E} = \dfrac{4P\nu}{\pi Ed}$

14 그림과 같이 축방향으로 인장하중을 받고 있는 원형 단면봉에서 θ의 각도를 가진 경사단면에 전단응력(τ)과 수직응력(σ)이 작용하고 있다. 이 때 전단응력 τ가 수직응력의 σ의 $\dfrac{1}{2}$이 되는 경사단면의 경사각(θ)은?

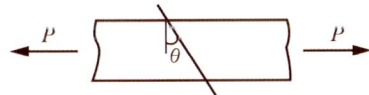

① $\theta = \tan^{-1}(\dfrac{1}{2})$ ② $\theta = \tan^{-1}(1)$

③ $\theta = \tan^{-1}(2)$ ④ $\theta = \tan^{-1}(4)$

풀이

$\sigma_x = \dfrac{P}{A}$: 경사면 1축 응력이므로

경사면에 대하여 $\tan\theta = \dfrac{\tau_n}{\sigma_n} = \dfrac{1}{2}$

$\Rightarrow \theta = Tan^{-1}\left(\dfrac{1}{2}\right)$

15 그림과 같이 지름이 다른 두 부분으로 된 원형축에 비틀림 토크(T) 680 N·m가 B점에 작용할 때, 최대 전단응력은 얼마인가? (단, 전단탄성계수 G = 80 GPa이다.)

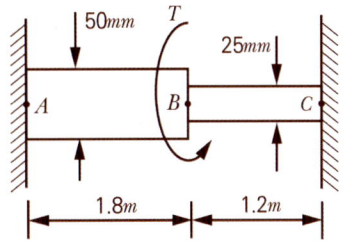

① 19.0 MPa   ② 38.1 MPa
③ 50.6 MPa   ④ 25.3 MPa

풀이

좌·우단의 비틀림 각은 같으므로

$\theta_{좌측단} = \theta_{우측단} \Rightarrow \dfrac{T_1 l_1}{GI_{P_1}} = \dfrac{T_2 l_2}{GI_{P_2}}$

$T_1 = \dfrac{GI_{P_1}}{GI_{P_2}}\dfrac{l_2}{l_1} T_2 = \dfrac{I_{P_1}}{I_{P_2}}\dfrac{l_2}{l_1} T_2$

$T_1 + T_2 = T$ 식에 적용하면

$\dfrac{I_{P_1}}{I_{P_2}}\dfrac{l_2}{l_1} T_2 + T_2 = T$

$\Rightarrow T_2 = \dfrac{T}{1 + \dfrac{I_{P_1}}{I_{P_2}}\dfrac{l_2}{l_1}} = \dfrac{680}{1 + \dfrac{0.05^4}{0.025^4} \times \dfrac{1.2}{1.8}}$

$= 58.3 N \cdot m$

$T_1 = 621.7 N \cdot m$

$\therefore$ 좌측단면에서의 최대 전단응력은

$\tau_{max} = \dfrac{T_1}{Z_{P_1}} = \dfrac{621}{\dfrac{\pi}{16} \times 0.05^3} \times 10^{-6}$

$= 25.3 MPa$

2015년

16 단면적이 30 cm², 길이가 30 cm인 강봉이 축방향으로 압축력 P = 21 kN을 받고 있을 때, 그 봉속에 저장되는 변형에너지의 값은 약 몇 N·m인가? (단, 강봉의 세로탄성계수는 210 GPa이다.)

① 0.085 ② 0.105
③ 0.135 ④ 0.195

풀이

$$U = \frac{1}{2}P\lambda = \frac{P^2 l}{2AE}$$

$$= \frac{(21 \times 10^3)^2 \times 0.3}{2 \times 30 \times 10^{-4} \times 210 \times 10^9}$$

$$= 0.105\ N \cdot m$$

17 폭이 2 cm이고 높이가 3 cm인 직사각형 단면을 가진 길이 50 cm의 외팔보의 고정단에서 40 cm 되는 곳에 800 N의 집중하중을 작용시킬 때 자유단의 처짐은 약 몇 cm인가? (단, 외팔보의 세로탄성계수는 210 GPa이다.)

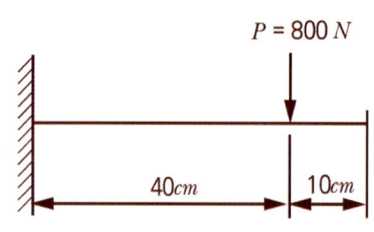

① 0.074 ② 0.25
③ 1.48   ④ 12.52

풀이

$$\delta_{자유단} = \delta_1 + \theta_1 l_2$$

$$= \frac{P l_1^3}{3EI} + \frac{P l_1^2}{2EI} \times l_2$$

$$= \frac{800 \times 0.4^3}{3 \times 210 \times 10^9 \times \frac{0.02 \times 0.03^3}{12}}$$

$$+ \frac{800 \times 0.4^2}{2 \times 210 \times 10^9 \times \frac{0.02 \times 0.03^3}{12}} \times 0.1$$

$$= 0.0025\ m \times 10^2 = 0.25\ cm$$

18 지름 10 mm인 환봉에 1 kN의 전단력이 작용할 때 이 환봉에 걸리는 전단응력은 약 몇 MPa인가?

① 6.36   ② 12.73
③ 24.56 ④ 32.22

풀이

$$\tau = \frac{F}{A} = \frac{P_s}{A} = \frac{P_s}{\frac{\pi d^2}{4}}$$

$$= \frac{4 \times 1 \times 10^3}{\pi \times 0.01^2} \times 10^{-6} = 12.73\ MPa$$

19 지름 2 cm, 길이 20 cm인 연강봉이 인장하중을 받을 때 길이는 0.016 cm만큼 늘어나고 지름은 0.0004 cm만큼 줄었다. 이 연강봉의 포아송 비는?

① 0.25 ② 0.3
③ 0.33 ④ 4

풀이

$$\nu = \left| \frac{\epsilon'}{\epsilon} \right| = \left| \frac{\frac{\delta}{d}}{\frac{\lambda}{l}} \right| = \left| \frac{l\delta}{d\lambda} \right|$$

$$= \left| \frac{20 \times (-0.0004)}{2 \times 0.016} \right| = 0.25$$

20 반원 부재에 그림과 같이 $0.5R$ 지점에 하중 P가 작용할 때 지지점 B에서의 반력은?

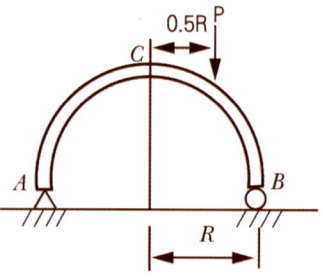

① $\frac{P}{4}$ ② $\frac{P}{2}$ ③ $\frac{3P}{4}$ ④ P

정답 16. ② 17. ② 18. ② 19. ① 20. ③

[풀이]

$\sum M_A = 0$

$\Rightarrow P \times \dfrac{3R}{2} - R_B \times 2R = 0$

$\Rightarrow R_B = \dfrac{P \times \dfrac{3R}{2}}{2R} = \dfrac{3P}{4}$

제2과목 : 기계열역학

21 이상기체의 엔탈피가 변하지 않는 과정은?

① 가역단열과정   ② 비가역단열과정
③ 교축과정   ④ 정적과정

[풀이]

③ 교축과정
교축과정이란 좁은 공간을 통과하는 정으로 압력이 저하하는 과정이다. 제기체에서는 마찰이 발생하여 온도가 내려가지만 이상기체에서는 다시 유체로 흡수되므로 교축과정 전후에 변화하지 않는다.

22 어느 이상기체 1 kg을 일정체적 하에 20℃로부터 100℃로 가열하는 데 836 kJ의 열량이 소요되었다. 이 가스의 분자량이 2라고 한다면 정압비열은?

① 약 2.09 kJ/kg℃
② 약 6.27 kJ/kg℃
③ 약 10.5 kJ/kg℃
④ 약 14.6 klJ/kg℃

[풀이]

$Q_{12} = m C_v (T_2 - T_1)$

$\Rightarrow 836 = 1 \times C_v (100 - 20)$

$\Rightarrow C_v = 10.45 \ kJ/kg \cdot ℃$

$C_p - C_v = R, \quad \overline{R} = MR$ 식으로부터

$\Rightarrow C_p = C_v + R = C_v + \dfrac{\overline{R}}{M}$

$= 10.45 + \dfrac{8.314}{2}$

$= 14.6 \ kJ/kg \cdot ℃$

23 증기터빈으로 질량유량 1 kg/s, 엔탈피 $h_1 = 3500$ kJ/kg의 수증기가 들어온다. 중간 단에서 $h_2 = 3100$ kJ/kg의 수증기가 추출되며 나머지는 계속 팽창하여 $h_3 = 2500$ kJ/kg 상태로 출구에서 나온다면, 중간 단에서 추출되는 수증기의 질량유량은? (단, 열손실은 없으며, 위치에너지 및 운동에너지의 변화가 없고 총 터빈출력은 900 kW이다.)

① 0.167 kg/s   ② 0.323 kg/s
③ 0.714 kg/s   ④ 0.886 kg/s

[풀이]

터빈 출력 중 일부를 빼내어 보일러 가열 량으로 이용하는 재생사이클이다.

$\dot{W}_T = 1 \times (h_1 - h_2) + (1 - \dot{m}) \times (h_2 - h_3)$

$\Rightarrow 900 = (3500 - 3100) + (1 - \dot{m}) \times (3100 - 2500)$

$\Rightarrow 500 = (1 - \dot{m}) \times (3100 - 2500)$

$\therefore \dot{m} = 0.167 \ kg/s$

24 열역학 제 2법칙에 대한 설명 중 틀린 것은?

① 효율이 100%인 열기관은 얻을 수 없다.
② 제 2종의 영구기관은 작동물질이 종류에 따라 가능하다.
③ 열은 스스로 저온의 물질에서 고온의 물질로 이동하지 않는다.
④ 열기관에서 작동물질이 일을 하게 하려면 그보다 더 저온인 물질이 필요하다.

[풀이]

② 제 2종 영구기관(효율 100%인 열기관)은 불가능하다.

25 튼튼한 용기 안에 100 kPa, 30℃의 공기가 5 kg 들어 있다. 이 공기를 가열하여 온도를 150℃로

2015년

높였다. 이 과정동안에 공기에 가해 준 열량을 구하면? (단, 공기의 정적비열 및 정압비열은 각각 0.717 kJ/kg·K와 1.004 kJ/kg·K이다.)

① 86.0 kJ ② 120.5 kJ
③ 430.2 kJ ④ 602.4 kJ

풀이
정적과정이므로
$Q_{12} = m C_v (T_2 - T_1)$
$= 5 \times 0.717 \times (150 - 30) = 430.2 \, kJ$

26 이상기체 등온과정에서 압력이 증가하면 엔탈피는?

① 증가 또는 감소 ② 증가
③ 불변 ④ 감소

풀이
등온과정은 $dT = 0$이므로
엔탈피 $dh = C_p \, dT = 0$ 이다.

27 절대온도가 T_1, T_2인 두 물체사이에 열량 Q가 전달될 때 이 두 물체가 이루는 계의 엔트로피 변화는? (단, $T_1 > T_2$이다.)

① $\dfrac{T_1 - T_2}{QT_1}$ ② $\dfrac{T_1 - T_2}{QT_2}$

③ $\dfrac{Q}{T_1} - \dfrac{Q}{T_2}$ ④ $\dfrac{Q}{T_2} - \dfrac{Q}{T_1}$

풀이
고열원에서의 엔트로피 변화량
$\Delta S_1 = -\dfrac{Q}{T_1}$ (방열)
저열원에서의 엔트로피 변화량
$\Delta S_2 = \dfrac{Q}{T_2}$ (흡열)
두 물체가 이루는 계의 엔트로피 변화는
$\therefore \Delta S = \Delta S_2 + \Delta S_1 = \dfrac{Q}{T_2} - \dfrac{Q}{T_1}$

28 시스템의 경계 안에 비가역성이 존재하지 않는 내적 가역과정을 온도–엔트로피 선도상에 표시하였을 때, 이 과정 아래의 면적은 무엇을 나타내는가?

① 일량
② 내부에너지 변화량
③ 열전달 량
④ 엔탈피 변화량

풀이
③

29 정압비열이 0.931 kJ/kg·K이고, 정적비열이 0.666 kJ/kg·K인 이상기체를 압력 400 kPa, 온도 20℃로서 0.25 kg을 담은 용기의 체적은 약 몇 m³인가?

① 0.0213 ② 0.0265
③ 0.0381 ④ 0.0485

풀이
$C_p - C_v = R$
$\Rightarrow R = 0.931 - 0.666 = 0.265$
$pV = mRT$
$\Rightarrow V = \dfrac{mRT}{p}$
$= \dfrac{0.25 \times 0.265 \times (20 + 273.15)}{400}$
$= 0.0485 \, m^3$

30 기체의 초기압력이 20 kPa, 초기체적이 0.1 m³인 상태에서부터 "PV = 일정"인 과정으로 체적이 0.3 m³로 변했을 때의 일량은 약 얼마인가?

① 2200 J ② 4000 J
③ 2200 kJ ④ 4000 kJ

풀이
"PV = 일정"인 과정은 등온과정이므로 절대일

404 • 일반기계기사

정답 26. ③ 27. ④ 28. ③ 29. ④ 30. ①

$$_1W_2 = \int_1^2 pdV$$
$$= \int_1^2 \frac{C}{V}dV = C\int_1^2 \frac{dV}{V}$$
$$= C\ln\frac{V_2}{V_1} = p_1V_1\ln\frac{V_2}{V_1}$$
$$= 20 \times 0.1 \times \ln\frac{0.3}{0.1} \times 10^3 ≒ 2200\ J$$

31 분자량이 28.5인 이상기체가 압력 200 kPa, 온도 100℃ 상태에 있을 때 비체적은? (단, 일반기체상수 = 8.341 kJ/kmol · K이다.)

① 0.164 kg/m³ ② 0.545 kg/m³
③ 0.146 m³/kg ④ 0.545 m³/kg

풀이

$\overline{R} = MR$

$\Rightarrow R = \frac{\overline{R}}{M} = \frac{8.3143}{28.5} = 0.292\ kJ/kg\ K$

$pv = RT$

$\Rightarrow v = \frac{RT}{p} = \frac{0.292 \times (100 + 273.15)}{200}$
$= 0.545\ m^3/kg$

32 고온측이 20℃, 저온측이 −15℃인 Carnot 열펌프의 성능계수(COP_H)를 구하면?

① 8.38 ② 7.38
③ 6.58 ④ 4.28

풀이

$$COP_{HC} = \frac{T_H}{T_H - T_L}$$
$$= \frac{30 + 273.15}{(30 + 273.15) - (-10 + 273.15)}$$
$$≒ 8.38$$

33 밀폐 단열된 방에 다음 두 경우에 대하여 가정용 냉장고를 가동시키고 방안의 평균온도를 관찰한 결과 가장 합당한 것은?

| a) 냉장고의 문을 열었을 경우 |
| b) 냉장고의 문을 닫았을 경우 |

① a), b) 경우 모두 방안의 평균온도는 감소한다.
② a), b) 경우 모두 방안의 평균온도는 상승한다.
③ a), b)의 경우 모두 방안의 평균온도는 변하지 않는다.
④ a)의 경우는 방안의 평균온도는 변하지 않고, b)의 경우는 상승한다.

풀이

② a), b) 경우 모두 방안의 평균온도는 상승한다.

34 피스톤−실린더 장치 안에 300 kPa, 100℃의 이산화탄소 2 kg이 들어있다. 이 가스를 $PV^{1.2}$ = constant인 관계를 만족하도록 피스톤 위에 추를 더해가며 온도가 200℃가 될 때까지 압축하였다. 이 과정 동안의 열전달량은 약 몇 kJ인가? (단, 이산화탄소의 정적비열(C_V) = 0.653 kJ/kg · K, 정압비열(C_p) = 0.842 kJ/kg · K이며, 각각 일정하다.)

① −189 ② −58
③ −20   ④ 130

풀이

$k = \frac{C_p}{C_v} = \frac{0.842}{0.653} ≒ 1.29, \quad n = 1.2$

폴리트로픽 열전달량은
$\delta Q = mC_n dT$

$\Rightarrow Q_{12} = mC_n \Delta T$
$= m\frac{n-k}{n-1}C_v(T_2 - T_1)$
$= 2 \times \frac{1.2 - 1.29}{1.2 - 1} \times 0.653 \times (200 - 100)$
$≒ -58.1\ kJ$

정답 31. ④ 32. ① 33. ② 34. ②

2015년

35 이상냉동기의 작동을 위해 두 열원이 있다. 고열원이 100℃이고, 저열원이 50℃이라면 성능계수는?

① 1.00 ② 2.00
③ 4.25 ④ 6.46

풀이

$$COP_{RC} = \frac{T_H}{T_H - T_L}$$
$$= \frac{50 + 273.15}{(100 + 273.15) - (50 + 273.15)}$$
$$\approx 6.46$$

36 -10℃와 30℃ 사이에서 작동되는 냉동기의 최대 성능계수로 적합한 것은?

① 8.8 ② 6.6 ③ 3.3 ④ 2.8

풀이

$$COP_{RC} = \frac{T_H}{T_H - T_L}$$
$$= \frac{-10 + 273.15}{(30 + 273.15) - (-10 + 273.15)}$$
$$\approx 6.6$$

37 이상기체의 폴리트로프(polytropic) 변화에 대한 식이 $PV^n = C$ 라고 할 때 다음의 변화에 대하여 표현이 틀린 것은?

① n=0일 때는 정압변화를 한다.
② n=1일 때는 등온변화를 한다.
③ n=∞ 일 때는 정적변화를 한다.
④ n=k일 때는 등온 및 정압변화를 한다.
(단, k=비열비이다.)

풀이

$n = \infty$ 정적과정 , $n = 0$ 정압과정
$n = 1$ 등온과정, $n = k$ 단열과정

38 실제 가스터빈 사이클에서 최고온도가 630℃이고, 터빈효율이 80%이다. 손실없이 단열팽창 한다고 가정했을 때의 온도가 290℃라면 실제 터빈 출구에서의 온도는? (단, 가스의 비열은 일정하다고 가정한다.)

① 348℃ ② 358℃
③ 368℃ ④ 378℃

풀이

$\delta q = du + pdv = dh - vdp$
δq 가 0 (단열과정)이므로 $dh = vdp$

$w_t = vdp = dh = C_p dT$
$\Rightarrow w_T = \int C_p dT$

$$\eta_T = \frac{\text{실제일량}}{\text{이론일량}} = \frac{C_p(T_2 - T_1')}{C_p(T_2 - T_1)}$$
$$= \frac{T_2 - T_1'}{T_2 - T_1}$$

$\Rightarrow 0.8 = \dfrac{630 - T_1'}{630 - 290}$

∴ 실제터빈 출구온도 $T_1' = 358℃$

39 밀폐용기에 비내부에너지가 200 kJ/kg인 기체 0.5 kg이 있다. 이 기체를 용량이 500 W인 전기가열기로 2분동안 가열한다면 최종상태에서 기체의 내부에너지는? (단, 열량은 기체로만 전달된다고 한다.)

① 20 kJ ② 100 kJ
③ 120 kJ ④ 160 kJ

풀이

$\delta q = du + pdv = dh - vdp$
정적과정이므로
$\delta q = du = CdT$
$\Rightarrow Q_{12} = U_2 - U_1$
$\Rightarrow U_2 = Q_{12} + U_1$
$= 0.5 \times 120 + 0.5 \times 200$
$= 160\ kJ$

정답 35. ④ 36. ② 37. ④ 38. ② 39. ④

기출문제

40 클라우지우스(Clausius)의 부등식이 옳은 것은? (단, T는 절대온도, Q는 열량을 표시한다.)

① $\oint \delta Q \leq 0$ ② $\oint \delta Q \geq 0$
③ $\oint \dfrac{\delta Q}{T} \leq 0$ ④ $\oint \dfrac{\delta Q}{T} \geq 0$

풀이

$\oint \dfrac{\delta Q}{T} \leq 0$:
가역사이클이면 등호(=)
비가역 사이클이면 부등호(<)

제3과목 : 기체유체역학

41 물의 높이 8 cm와 비중 2.94인 액주계 유체의 높이 6 cm를 합한 압력은 수은주(비중 13.6)높이의 약 몇 cm에 상당하는가?

① 1.03 ② 1.89
③ 2.24 ④ 3.06

풀이

$p = \gamma h = s\gamma_w h$
$\Rightarrow 8 + 2.94 \times 6 = 13.6 \times h_{수은}$
$\therefore h_{수은} = 1.89\,cm$

42 선운동량의 차원으로 옳은 것은? 단, M : 질량, L : 길이, T : 시간이다.)

① MLT ② $ML^{-1}T$
③ MLT^{-1} ④ MLT^{-2}

풀이

③
선운동량의 차원
$mv\ [kg \cdot m/s] \Rightarrow [MLT^{-1}]$

43 비중이 0.65인 물체를 물에 띄우면 전체체적의 몇 %가 물속에 잠기는가?

① 12 ② 35 ③ 42 ④ 65

풀이

$\sum F_y = 0 : F_B - W = 0$
$\Rightarrow \gamma_w V_{잠긴체적} = s\gamma_w V$
$\Rightarrow \dfrac{V_{잠긴체적}}{V} = \dfrac{s\gamma_w}{\gamma_w} = 0.65$

44 2m×2m×2m의 정육면체로 된 탱크 안에 비중이 0.8인 기름이 가득 차 있고, 위 뚜껑이 없을 때 탱크의 옆 한면에 작용하는 전체압력에 의한 힘은 약 몇 kN인가?

① 1.6 ② 15.7 ③ 31.4 ④ 62.8

풀이

전압력
$F = \gamma h A = s\gamma_w h_c A$
$= 0.8 \times 9800 \times 1 \times 4 \times 10^{-3}$
$= 31.4\,kN$

45 그림과 같이 노즐이 달린 수평관에서 압력계 읽음이 0.49 MPa이었다. 이 관의 안지름이 6 cm이고 관의 끝에 달린 노즐의 출구지름이 2 cm라면 노즐 출구에서 물의 분출속도는 약 몇 m/s인가? (단, 노즐에서의 손실은 무시하고, 관 마찰계수는 0.025로 한다.)

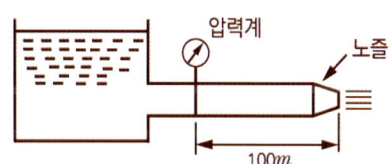

① 16.8 ② 20.4 ③ 25.5 ④ 28.4

풀이

압력계가 위치한 단면을 1, 노즐출구를 2로 하면 연속된 관이므로

정답 40. ③ 41. ② 42. ③ 43. ④ 44. ③ 45. ③

연속방정식

$$\dot{Q} = AV \Rightarrow V_1 = \frac{1}{9} V_2$$

관 마찰 손실수두

$$h_L = f \frac{L}{d} \frac{V^2}{2g}$$

$$= 0.0025 \times \frac{100}{0.02} \times \frac{\left(\frac{1}{9}V_2\right)^2}{2 \times 9.8}$$

$$= 0.0266 V_2^2 \quad \cdots\cdots \text{①}$$

베르누이 방정식

$$\frac{p_1}{\gamma} + \frac{V_1^2}{2g} = \frac{V_2^2}{2g} + h_L$$

⇑ p_2, z_1, z_2 무시

$$\Rightarrow \frac{p_1}{\gamma} + \frac{1}{2g}\left(\frac{1}{9}V_2\right)^2 = \frac{V_2^2}{2g} + h_L$$

$$\Rightarrow h_L = \frac{p_1}{\gamma} - \frac{40\,V_2^2}{81g} \quad \cdots\cdots \text{②}$$

①, ②를 연립하면

$$\frac{p_1}{\gamma} - \frac{40\,V_2^2}{81g} = 0.0266\,V_2^2$$

$$\frac{0.49 \times 10^6}{9800} - \frac{40\,V_2^2}{81 \times 9.8} = 0.0266\,V_2^2$$

$$\therefore V_2 ≒ 25.5\,m/s$$

46 다음 $\triangle P, L, Q, \rho$ 변수들을 이용하여 만든 무차원수로 옳은 것은? (단, $\triangle P$: 압력차, ρ: 밀도, L: 길이, Q: 유량)

① $\dfrac{\rho \cdot Q}{\triangle P \cdot L^2}$ ② $\dfrac{\rho \cdot L}{\triangle P \cdot Q^2}$

③ $\dfrac{\triangle P \cdot L \cdot Q}{\rho}$ ④ $\dfrac{Q}{L^2}\sqrt{\dfrac{\rho}{\triangle P}}$

풀이

모든 지수차원의 합은 0

$Q\;[m^3/s] \Rightarrow L^3 T^{-1}$

$\triangle p\;[N/m^2]$
$\Rightarrow F\,L^{-2} = MLT^{-2}L^{-2} = ML^{-1}T^{-2}$

$\therefore (\triangle p)^\alpha = [ML^{-1}T^{-2}]^\alpha$

$\rho\;[kg/m^3] \Rightarrow ML^{-3}$

$\therefore (\rho)^\beta = [ML^{-3}]^\beta$

$L\;[m] \Rightarrow L$

$\therefore (L)^\gamma = [L]^\gamma$

M 의 차원 : $\alpha + \beta = 0$
L 의 차원 : $3 - \alpha - 3\beta + \gamma = 0$
T 의 차원 : $-1 - 2\alpha = 0$

$\therefore \alpha = -\dfrac{1}{2},\; \beta = \dfrac{1}{2},\; \gamma = -2$

무차원수

$$\Pi = Q^1 (\triangle p)^{-\frac{1}{2}} \rho^{\frac{1}{2}} L^{-2} = \frac{Q\sqrt{\rho}}{\sqrt{\triangle p}\,L^2}$$

$$= \frac{Q}{L^2}\sqrt{\frac{\rho}{\triangle p}}$$

47 그림과 같은 원통주위의 퍼텐셜 유동이 있다. 원통 표면상에서 상류유속과 동일한 유속이 나타나는 위치(θ)는?

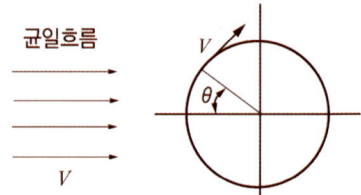

① 0° ② 30° ③ 45° ④ 90°

풀이

원주에 접하는 선속도
$V^2 = 4\,U_{free\;stream}^2 \sin^2\theta = 4\,U_\infty^2 \sin^2\theta$

문제의 의미에서
$U_\infty^2 = 4\,U_\infty^2 \sin^2\theta$

$\Rightarrow \sin^2\theta = \dfrac{1}{4} \Rightarrow \sin\theta = \dfrac{1}{2}$

$\therefore \theta = 30°$

48 다음 중 유선(stream line)에 대한 설명으로 옳은 것은?

① 유체의 흐름에 있어서 속도벡터에 대하여 수직한 방향을 갖는 선이다.

② 유체의 흐름에 있어서 유동단면의 중심을 연결한 선이다.
③ 유체의 흐름에 있어서 모든 점에서 접선 방향이 속도벡터의 방향을 갖는 연속적인 선이다.
④ 비정상류 흐름에서만 유동의 특성을 보여주는 선이다.

풀이
③ 유체유동의 모든 점에서 접선방향이 속도벡터의 방향을 갖는 연속적인 선

49 비중 0.8의 알콜이 든 U자관 압력계가 있다. 이 압력계의 한 끝은 피토관의 전압부에 다른 끝은 정압부에 연결하여 피토관으로 기류의 속도를 재려고 한다. U자관 읽음의 차가 78.8 mm, 대기압력이 1.0266×10⁵ Pa abs, 온도 21℃일 때 기류의 속도는? (단, 기체상수 R = 287 N · m/kg · K이다.)

① 38.8 m/s ② 27.5 m/s
③ 43.5 m/s ④ 31.8 m/s

풀이
$pv = RT \Rightarrow \dfrac{p}{\rho} = RT$

$\Rightarrow \rho = \dfrac{p}{RT} = \dfrac{1.0266 \times 10^6}{287 \times (21 + 273.15)}$
$= 1.217 \, kg/m^3$

비중이 다른 유체가 들어있는 경우의 피토관에 대한 유체속도는

$v = \sqrt{2g \triangle h \left(\dfrac{\rho_0}{\rho} - 1 \right)}$
$= \sqrt{2 \times 9.8 \times 0.0788 \left(\dfrac{0.8 \times 1000}{1.217} - 1 \right)}$
$\fallingdotseq 31.8 \, m/s$

50 안지름이 50 mm인 180° 곡관(bend)을 통하여 물이 5 m/s의 속도와 0의 계기압력으로 흐르고 있다. 물이 곡관에 작용하는 힘은 약 몇 N인가?

① 0 ② 24.5 ③ 49.1 ④ 98.2

풀이
들어오고 나가는 속력은 동일하며 방향은 반대이므로 검사체적내의 운동량 변화를 고려한다.
곡관에 작용하는 힘
$F = \rho Q (V_2 - V_1) = \rho Q [V_2 - (-V_2)]$
$= 2\rho Q V_2 = 2\rho A V_2^2$
$= 2 \times 1000 \times \pi/4 \times 0.05^2 \times 5^2$
$= 98.2 \, N$

51 한 변이 30 cm인 윗면이 개방된 정육면체 용기에 물을 가득채우고 일정가속도(9.8 m/s²)로 수평으로 끌 때 용기밑면의 좌측 끝단(A 부분)에서의 게이지 압력은?

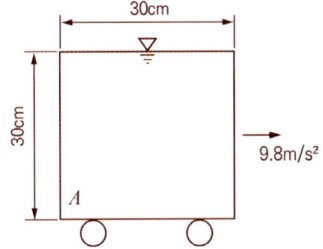

① 1470 N/m² ② 2079 N/m²
③ 2940 N/m² ④ 4158 N/m²

풀이
$\tan \theta = \dfrac{a_x}{g} = \dfrac{9.8}{9.8} = 1 \quad \therefore \theta = 45°$
A섬이 압력
$p = \gamma h = 9800 \times 0.3 = 2940 \, N/m^2$

52 지름 5 cm인 원관 내 완전발달 층류유동에서 벽면에 걸리는 전단응력이 4 Pa이라면 중심축과 거리가 1 cm인 곳에서의 전단응력은 몇 Pa인가?

① 0.8 ② 1 ③ 1.6 ④ 2

풀이
원관 내의 전단응력

정답 49. ④ 50. ④ 51. ③ 52. ③

2015년

$$\tau = -\mu \frac{du}{dr} \quad \cdots\cdots \text{①}$$

$$u = -\frac{1}{4\mu}\frac{dp}{dl}(r_0^2 - r^2)$$

$$\Rightarrow \frac{du}{dr} = -\frac{1}{4\mu}\frac{dp}{dl}(-2r) = \frac{r}{2\mu}\frac{dp}{dl}$$

① 식에 대입하면

$$\tau = -\mu\frac{r}{2\mu}\frac{dp}{dl} = -\frac{r}{2}\frac{dp}{dl}$$

문제의 조건에서

$\tau_{max} = \tau_{r_0 = \frac{d}{2}} = 4\,Pa$ 이므로

$$4 = -\frac{0.05}{2}\frac{dp}{dl} \Rightarrow \frac{dp}{dl} = -320$$

$$\therefore \tau_{r=0.01} = \frac{0.01}{2} \times 320 = 1.6\,Pa$$

53 익폭 10 m, 익현의 길이 1.8 m인 날개로 된 비행기가 112 m/s의 속도로 날고 있다. 익현의 받음각이 1°, 양력계수 0.326, 항력계수 0.0761일 때 비행에 필요한 동력은 약 몇 kW인가? (단, 공기의 밀도는 1.2173 kg/m³ 이다.)

① 1172 ② 1343
③ 1570 ④ 6730

풀이

$$D = F_D = C_D A \frac{\rho V^2}{2}$$

$$= 0.0761 \times (10 \times 1.8) \times \frac{1.2173 \times 112^2}{2}$$

$$= 10458.3\,N$$

$$H_{kW} = \frac{D \times V}{1000} = \frac{10458.3 \times 112}{1000}$$

$$= 1172\,kW$$

54 수력 기울기선과 에너지 기울기선에 관한 설명 중 틀린 것은?

① 수력 기울기선의 변화는 총 에너지의 변화를 나타낸다.
② 수력 기울기선은 에너지 기울기선의 크기보다 작거나 같다.
③ 정압은 수력 기울기선과 에너지 기울기선에 모두 영향을 미친다.
④ 관의 진행방향으로 유속이 일정한 경우 부차적손실에 의한 수력 기울기선과 에너지 기울기선의 변화는 같다.

풀이

① 수력 구배선은 에너지 구배선보다 항상 $\frac{V^2}{2g}$ 만큼 하단에 위치한다.

55 파이프 내 유동에 대한 설명 중 틀린 것은?

① 층류인 경우 파이프 내에 주입된 염료는 관을 따라 하나의 선을 이룬다.
② 레이놀즈 수가 특정범위를 넘어 가면 유체 내의 불규칙한 혼합이 증가한다.
③ 입구길이란 파이프 입구부터 완전 발달된 유동이 시작하는 위치까지의 거리이다.
④ 유동이 완전 발달되면 속도분포는 반지름 방향으로 균일(Uniform)하다.

풀이

④ 속도분포는 포물선의 형태이다.

56 다음 중 질량보존의 법칙과 가장 관련이 깊은 방정식은 어느 것인가?

① 연속 방정식   ② 상태 방정식
③ 운동량 방정식 ④ 에너지 방정식

풀이

① 연속 방정식

57 평판을 지나는 경계층 유동에서 속도 분포를 경계층 내에서는 $u = U\frac{y}{\delta}$, 경계층 밖에서는 $u = U$로 가정할 때, 경계층 운동량두께(boundary layer momentum thickness)는 경계층두께 δ의 몇 배인가? (단, U = 자유흐름속도, y-평판으로부터의 수직거리)

① 1/6 ② 1/3
③ 1/2 ④ 7/6

풀이

경계층 내에서의 속도분포

$u = U \dfrac{y}{\delta} \Rightarrow \dfrac{u}{U} = \dfrac{y}{\delta}$ ………①

운동량 두께

$\delta_m = \int \dfrac{u}{U}\left(1 - \dfrac{u}{U}\right)dy$

↑ ① 식을 대입

$= \int \dfrac{y}{\delta}dy - \int \dfrac{y^2}{\delta^2}dy$

$= \dfrac{1}{\delta}\left[\dfrac{y^2}{2}\right]_0^\delta - \dfrac{1}{\delta^2}\left[\dfrac{y^3}{3}\right]_0^\delta dy$

$= \dfrac{1}{\delta} \times \dfrac{\delta^2}{2} - \dfrac{1}{\delta^2} \times \dfrac{\delta^3}{3} = \dfrac{\delta}{6}$

58 간격이 10 mm인 평행평판 사이에 점성계수가 14.2 poise인 기름이 가득 차 있다. 아래쪽 판을 고정하고 위의 평판을 2.5 m/s인 속도로 움직일 때, 평판면에 발생되는 전단응력은?

① 316 N/cm² ② 316 N/m²
③ 355 N/m² ④ 355 N/cm²

풀이

$\mu = 14.2\ poise = 14.2 \times 10^{-1}\ N \cdot s/m^2$

$\tau = \mu \dfrac{du}{dy} = 14.2 \times \dfrac{1}{10} \times \dfrac{2.5}{0.01}$

$= 355\ N/m^2$

59 어뢰의 성능을 시험하기 위해 모형을 만들어 수조 안에서 24.4 m/s의 속도로 끌면서 실험하고 있다. 원형(prototype)의 속도가 6.1 m/s라면 모형과 원형의 크기비는 얼마인가?

① 1 : 2 ② 1 : 4
③ 1 : 8 ④ 1 : 10

풀이

역학적 상사

$\left.\dfrac{\rho Vd}{\mu}\right)_m = \left.\dfrac{\rho Vd}{\mu}\right)_p$

↑ $\rho,\ \mu$ 는 일정하므로

$\Rightarrow V_m d_m = V_p d_p$

$\Rightarrow d_m : d_p = V_p : V_m = 6.1 : 24.4$

$\therefore\ d_m : d_p = 1 : 4$

60 $\dfrac{P}{\gamma} + \dfrac{v^2}{2g} + z = Const$로 표시되는 Bernoulli의 방정식에서 우변의 상수 값에 대한 설명으로 가장 옳은 것은?

① 지면에서 동일한 높이에서는 같은 값을 가진다.
② 유체흐름의 단면상의 모든 점에서 같은 값을 가진다.
③ 유체 내의 모든 점에서 같은 값을 가진다.
④ 동일유선에 대해서는 같은 값을 가진다.

풀이

④

제4과목 : 기계재료 및 유압기기

61 탄소강의 기계적성질에 대한 설명으로 틀린 것은?

① 아공석강의 인장강도, 항복점은 탄소함유량의 증가에 따라 증가한다.
② 인장강도는 공석강이 최고이고, 연신율 및 단면수축률은 탄소량과 더불어 감소한다.

③ 온도가 증가함에 따라 인장강도, 경도, 항복점은 항상 저하한다.
④ 재료의 온도가 300℃ 부근이 되면 충격치는 최소치를 나타낸다.

풀이
탄소강에서 탄소함유량의 증가에 따라 0.8%C까지는 페라이트 감소, 펄라이트 증가, 연신율 감소, 강도 및 경도 증가 0.8~2.0%C까지는 펄라이트 감소, 시멘타이트 증가, 연신율 감소, 강도 감소, 경도는 직선적으로 증가
탄소강의 기계적 성질
㉠ 탄소강의 표준상태에서 탄소량이 많을수록 가공변형 및 냉간가공이 어렵다.
㉡ 아공석강에서는 탄소량의 증가와 더불어 항복점, 인장강도 및 경도가 거의 직선적으로 증가하다가 공석점에서 최대가 되며 연신율 및 충격값은 감소.
㉢ 과공석강에서는 경도는 증가하고 인장 강도는 급감한다.
㉣ 연신율, 단면수축률 및 충격값은 탄소 함유량의 증가에 따라 감소한다.

62 구상흑연 주철에서 흑연을 구상으로 만드는데 사용하는 원소는?
① Cu   ② Mg
③ Ni   ④ Ti

풀이
보통주철(회주철)에 접종제인 Mg, Si를 첨가하여 구상흑연주철(Nodular cast Iron)로 만든다.
보통주철에 비하여 흑연의 형태가 구형(구상)이기 때문에 노치 효과(notch effect)가 현저하게 감소하여 응력 집중이 완화되어 강도가 좋을 뿐만 아니라 인성 또한 우수하다. P는 구상화에 큰 영향이 없지만 그 이상은 잔류 Mg를 많게 하고, S가 0.012~0.013%일 때는 잔류 Mg이 0.067~0.072%로 흑연을 완전히 구상화한다.

63 다음 중 강의 상온취성을 일으키는 원소는?
① P   ② Si
③ S   ④ Cu

풀이
강 중의 P의 영향
㉠ 유동성 개선
㉡ 주물의 표면을 거칠게 한다.
㉢ 강도 및 경도 증가
㉣ 연신율 및 단면 수축률 감소
㉤ 상온 가공시 취성(상온취성)이 일어나서 깨지기 쉽다.

64 담금질한 강의 여린 성질을 개선하는 데 쓰이는 열처리법은?
① 뜨임처리   ② 불림처리
③ 풀림처리   ④ 침탄처리

풀이
뜨임(tempering)처리는 담금질하여 경화한 강재를 재가열함으로써 강의 경도는 다소 낮추더라도 점성(인성)을 높여주기 위해 A1(723℃)점이하에서 실시하는 열처리이다.(저온 뜨임은 내부응력제거, 고온뜨임은 인성 증가)
㉠ 저온 뜨임(150~200℃) : 내부응력과 담금질 응력 제거, 갱년변화방지, 연삭 균열방지, 내마모성 향상
㉡ 고온 뜨임(550~650℃) : 트루스타이트
→ 소르바이트 조직을 얻기 위함(강인성 필요시)

65 고속도강에 대한 설명으로 틀린 것은?
① 고온 및 마모저항이 크고 보통강에 비하여 고온에서 3~4배의 강도를 갖는다.
② 600℃ 이상에서도 경도저하 없이 고속 절삭이 가능하며 고온경도가 크다.
③ 18-4-1형을 주조한 것은 오스테나이트와 마텐자이트 기지에 망상을 한 오스테나이트와 복합탄화물의 혼합조직이다.
④ 열전달이 좋아 담금질을 위한 예열이 필요없이 가열을 하여도 좋다.

풀이
고속도강은 고속 절삭이 가능한 공구강으로 일반적인 특징은, 고속 절삭과 중절삭(heavy cutting)에 견디는

것으로, 약 600℃에 달하더라도 날이 연화되지 않고, 냉각 후에는 원래의 경도로 회복 된다. 이러한 성질을 적열 경도(red hardnees)또는 제2차 경화(secondary hardening)라 하며, 이것은 다른 강종에서는 볼 수 없는 성질이다.

고속도강의 주요 특징
㉠ 단속절삭에 견디는 강인성을 갖고 있으며 자경성(自 硬性)이 있는 절삭공구의 대표다.
㉡ 고속절삭시 온도상승에 상당하는 600℃ 정도에서도 연화하지 않는다.
㉢ 고온경도가 초경합금보다는 낮고 탄소 공구강보다는 높다.
㉣ 600℃까지는 HB650~700 정도이고, 800℃가 되면 HB200 이하로 된다.
㉤ 열전도율이 나쁘며, 주조상태에서는 취성이 크므로 주조조직을 파괴한다.

66. 다음 중 가공성이 가장 우수한 결정격자는?

① 면심입방격자 ② 체심입방격자
③ 정방격자   ④ 조밀육방격자

풀이
면심입방격자(F.C.C)는 8개의 꼭짓점과 6개의 면의 중심에 원자가 있어 14개의 원자로 구성된 결정구조로 가공성이 좋은 알루미늄, 구리, 금, 은, 니켈 등이 있다.
체심입방격자 : 철(상온), 몰리브덴, 텅스텐, 크롬 등
조밀육방격자 : 아연, 코발트, 마그네슘, 티탄 등

67. 고강도 합금으로 항공기용 재료에 사용되는 것은?

① 베릴륨 동
② 알루미늄 청동
③ Naval brass
④ Extra Super Duralumin(ESD)

풀이
초강(초초) 두랄루민(ESD)
8%의 아연, 1.5%의 구리, 1.5%의 마그네슘을 가하여 아연이 섞여 있는 합금의 결점인 응력부식을 크롬과 망간을 0.25% 첨가하여 방지한 것이다. 대표적인 재질로 A7075라고 하는 미국에서 발명된 재료는 이것과 같은 계열의 합금이다.
초초두랄루민 등은 항공업계에서 널리 사용되어서 오늘날의 항공기에 사용되는 재료의 무게 중 약 50~70%는 알루미늄으로 이루어졌다고 보면 된다.
무게의 감소는 인공위성이나 우주선 등의 비행체에서는 더욱 중요해지는데, 자체 중량의 감소는 곧 연료의 감소, 발사비용의 절감으로 직결된다.

68. 고체 내에서 온도변화에 따라 일어나는 동소변태는?

① 첨가원소가 일정량 초과할 때 일어나는 변태
② 단일한 고상에서 2개의 고상이 석출되는 변태
③ 단일한 액상에서 2개의 고상이 석출되는 변태
④ 한 결정구조가 다른 결정구조로 변하는 변태

풀이
동소 변태 : 외적인 조건에 의해 원자 배열이 변화하는 것
A4 변태($\delta \rightleftarrows \gamma$), A3 변태($\gamma \rightleftarrows \alpha$)

69. 오스테나이트형 스테인리스강의 대표적인 강종은?

① S80   ② V2B
③ 18-8형   ④ 17-10P

풀이
스테인리스강 : 녹슬지 않는 강(불수강)
㉠ Austanite Staninless : 저C+고Cr(18%)+ 고Ni(8%), 일명 18-8 강이라 한다.
㉡ Ferrite Staninless : 저C+고Cr(13% Cr), 강자성
㉢ Martensite Staninless : 중C+고Cr(13% Cr), 강자성
㉣ 석출경화형 : Austanite계+Cu, Ti을 첨가해서 입계에 석출시켜 경화. 비자성

정답 66. ① 67. ④ 68. ④ 69. ③

2015년

70 합금주철에서 특수합금 원소의 영향을 설명한 것으로 틀린 것은?

① Ni은 흑연화를 방지한다.
② Ti은 강한 탈산제이다.
③ V은 강한 흑연화 방지 원소이다.
④ Cr은 흑연화를 방지하고 탄화물을 안정화한다.

풀이
합금주철에서 Ni의 영향
㉠ 흑연화 촉진 원소이며 0.1~1.0% 첨가로 미세한 조직이 된다.
㉡ Si의 1/2~1/3 정도의 흑연화 능력이 있다.
㉢ 두꺼운 부분의 조직의 조대화를 방지하고 얇은 부분의 Chill 발생을 방지한다.
㉣ 두께가 고르지 않은 주물을 튼튼하게 한다.

71 작동순서의 규제를 위해 사용되는 밸브는?

① 안전밸브   ② 릴리프밸브
③ 감압밸브   ④ 시퀀스밸브

풀이
시퀀스 밸브(sequence valve)는 압력제어밸브의 한 종류로 하나의 동작의 완료를 확인하고 그 다음 동작을 하는 밸브를 말하며 여러개의 액츄에이터가 있을 때 미리 정해진 순서에 따라 작동시키는 것을 시퀀스 제어라고 한다.

72 그림과 같은 무부하 회로의 명칭은 무엇인가?

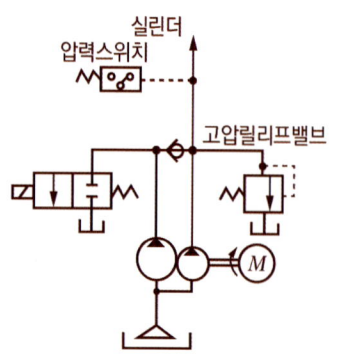

① 전환밸브에 의한 무부하 회로
② 파일럿 조작 릴리프밸브에 대한 무부하 회로
③ 압력 스위치와 솔레노이드 밸브에 의한 무부하 회로
④ 압력보상 가변용량형 펌프에 의한 무부하 회로

풀이
압력 스위치를 사용하여 전기적 신호에 따라 전자 밸브(솔레노이드 밸브)를 변화시키는 방법으로 Hi-Lo와 동일한 기능을 갖는 무부하 회로이다.

73 유압펌프에서 토출되는 최대유량이 100 L/min일 때 펌프 흡입측의 배관 안지름으로 가장 적합한 것은? (단, 펌프 흡입측 유속은 0.6 m/s이다.)

① 60 mm   ② 65 mm
③ 73 mm   ④ 84 mm

풀이
$$Q = AV = \frac{\pi d^2}{4} V \; [\text{m}^3/\text{s}]$$

따라서 $d = \sqrt{\frac{4Q}{\pi V}} = \sqrt{\frac{4 \times \frac{100 \times 10^{-3}}{60}}{\pi \times 0.6}}$
$= 0.0595 ≒ 60 \; [\text{mm}]$

74 크래킹 압력(cracking pressure)에 관한 설명으로 가장 적합한 것은?

① 파일럿 관로에 작용시키는 압력
② 압력제어 밸브 등에서 조절되는 압력
③ 체크밸브, 릴리프밸브 등에서 압력이 상승하고 밸브가 열리기 시작하여 어느 일정한 흐름의 양이 인정되는 압력
④ 체크밸브, 릴리프밸브 등의 입구 쪽 압력이 강하하고, 밸브가 닫히기 시작하여 밸브의 누설량이 어느 규정의 양까

정답 70. ① 71. ④ 72. ③ 73. ① 74. ③

지 감소했을 때의 압력

풀이

㉠ 크래킹 압력
체크 밸브 또는 릴리프 밸브 등으로 압력이 상승하여 밸브가 열리기 시작하고 어떤 일정한 흐름의 양이 확인되는 압력
㉡ 리시트 압력
체크 밸브 또는 릴리프 밸브 등으로 입구 쪽 압력이 강하여 밸브가 닫히기 시작해 밸브의 누설량이 규정된 양까지 감소되었을 때의 압력

75 주로 펌프의 흡입구에 설치되어 유압작동유의 이물질을 제거하는 용도로 사용하는 기기는?

① 배플(baffle)
② 블래더(bladder)
③ 스트레이너(stariner)
④ 드레인 플러그(drain plug)

풀이

스트레이너란 증기나 물 등의 유체 속에 포함된 각종 이물질(녹, 금속찌꺼기, 모래 등)을 제거하여 배관 라인에 펌프, 필터, 유량계 등의 부속 장치의 고장을 방지하기 위해 사용하는 여과장치이다.

76 밸브의 전환 도중에서 과도적으로 생긴 밸브 포트 간의 흐름을 의미하는 유압용어는?

① 인터플로(interflow)
② 자유흐름(free flow)
③ 제어흐름(controlled flow)
④ 아음속 흐름(subsonic flow)

풀이

KS B 0120 유압 및 공기압 용어 인터플로는 밸브의 전환 도중에서 과도적으로 생긴 밸브 포트 사이의 흐름.

77 그림의 유압회로는 시퀀스 밸브를 이용한 시퀀스 회로이다. 그림의 상태에서 2위치 4포트 밸브를 조작하여 두 실린더를 작동시킨 후 2위치 4포트 밸브를 반대방향으로 조작하여 두 실린더를 다시 작동시켰을 때 두 실린더의 작동순서(ⓐ~ⓓ)로 올바른 것은? (단, ⓐ, ⓑ는 A실린더의 운동방향이고, ⓒ, ⓓ는 B실린더의 운동방향이다.)

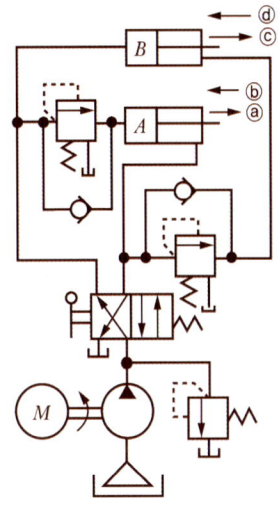

① ⓐ → ⓓ → ⓑ → ⓒ
② ⓒ → ⓐ → ⓑ → ⓓ
③ ⓓ → ⓑ → ⓒ → ⓐ
④ ⓓ → ⓐ → ⓒ → ⓑ

풀이

유압실린더 B가 전진(ⓒ)하면 실린더에 배압이 발생하여 실린더 A의 전진 쪽 시퀀스밸브가 열리고 실린더 A가 전진(ⓐ)한다. 실린더 A와 B에서 나온 작동유는 유압탱크로 복귀한다. 방향제어밸브를 작동시키면 실린더 A가 후진(ⓑ)하고 나면 실린더 A에 배압이 발생하여 시퀀스밸브가 열려 실린더 B가 후진(ⓓ)한다. 따라서 실린더의 작동은 ⓒ → ⓐ → ⓑ → ⓓ의 순서로 작동됨을 알 수 있다.

78 피스톤 펌프의 일반적인 특징에 관한 설명으로 옳은 것은?

① 누설이 많아 체적효율이 나쁜 편이다.
② 부품수가 적고 구조가 간단한 편이다.
③ 가변용량형 펌프로 제작이 불가능하다.

정답 75. ③ 76. ① 77. ② 78. ④

2015년

④ 피스톤의 배열에 따라 사축식과 사판식으로 나눈다.

풀이

피스톤 펌프(Piston Pump)의 특징
㉠ 전효율, 신뢰성, 수명 등이 유압 펌프 중에서 가장 우수하다.
㉡ 구조가 복잡하고 고가이며, 작동유의 오염관리에 주의해야 한다.
㉢ 가변 용량형으로 제작이 용이하다.
㉣ 액시얼형(axial type)은 사축식과 사판 식이 있다.
㉤ 액시얼 피스톤 펌프는 체적효율과 전효 율이 양호하고 송출 유량의 조정 범위가 넓다.

79 다음 중 유압기기의 장점이 아닌 것은?

① 정확한 위치제어가 가능하다.
② 온도변화에 대해 안정적이다.
③ 유압에너지원을 축적할 수 있다.
④ 힘과 속도를 무단으로 조절할 수 있다.

풀이

유압기기의 단점
㉠ 온도의 영향을 쉽게 받는다.
㉡ 작동유 점도의 변화에 효율이 변한다.
㉢ 작동유에 먼지나 이물질이 침투하지 않도록 주의해야 한다.
㉣ 화재 발생의 우려가 있는 곳에서의 사용은 곤란하다.

80 기어펌프나 피스톤펌프와 비교하여 베인펌프의 특징을 설명한 것으로 옳지 않은 것은?

① 토출압력의 맥동이 적다.
② 일반적으로 저속으로 사용하는 경우가 많다.
③ 베인의 마모로 인한 압력저하가 적어 수명이 길다.
④ 카트리지 방식으로 인하여 호환성이 양호하고 보수가 용이하다.

풀이

베인펌프(Vane Pump)는 Rotor 내에 방사상으로 설치된 홈에 삽입된 베인(vane)이 캠링(camring)에 내접하여 회전하는 형태로써, 2개의 베인 사이의 작동유를 흡입측에서 토출측으로 강제 압출하는 형식이다.
베인 펌프(Vane Pump)의 특징
㉠ 기어 펌프나 피스톤 펌프에 비해 토출 압력의 맥동이 적다.
㉡ 베인의 마모에 의한 압력 저하가 발생하지 않는다.
㉢ 비교적 고장이 적고 수리 및 관리가 용이하다.
㉣ 펌프 출력에 비해 형상 치수가 작다.
㉤ 수명이 길고 장시간 안정된 성능을 발휘할 수 있다.

제5과목 : 기계제작법 및 기계동력학

81 큐폴라(cupola)의 유효높이에 대한 설명으로 옳은 것은?

① 유효높이는 송풍구에서 장입구까지의 높이이다.
② 유효높이는 출탕구에서 송풍구까지의 높이를 말한다.
③ 출탕구에서 굴뚝 끝까지의 높이를 직경으로 나눈 값이다.
④ 열효율이 높아지므로, 유효높이는 가급적 낮추는 것이 바람직하다.

풀이

큐폴라(cupola, 용선로)는 주철을 용해하는데 사용하는 용해로로서 유효 높이는 송풍구에서 장입구까지의 높이이며, 크기는 1시간에 용해할 수 있는 쇳물의 무게(용해량/시간)이다.

82 주형 내에 코어가 설치되어 있는 경우 주형에 필요한 압상력 2(F)을 구하는 식으로 옳은 것은? (단, 투영면적은 S, 주입금속의 비중량은 P, 주물의 윗면에서 주입구 면까지의 높이는 H, 코어의 체적은 V이다.)

정답 79. ② 80. ② 81. ① 82. ③

① $F = (S \cdot P \cdot H + \frac{1}{2} V \cdot P)$

② $F = (S \cdot P \cdot H - \frac{1}{2} V \cdot P)$

③ $F = (S \cdot P \cdot H + \frac{3}{4} V \cdot P)$

④ $F = (S \cdot P \cdot H - \frac{3}{4} V \cdot P)$

풀이

압상력(Push up force) : 주형에 쇳물을 주입하면 쇳물의 부력으로 윗 주형틀이 들리게 되는 힘
압상력 $F = SPH - G$
윗 주형틀의 중량 G를 무시하게 되면
압상력 $F = SPH$ [N]
주형 내에 코어(Core)가 설치되어 있는 경우 코어의 부력을 고려한다.
압상력 $F = \left(SPH + \frac{3}{4} VP\right) - G$
윗 주형틀의 중량 G를 무시하게 되면
압상력 $F = SPH + \frac{3}{4} VP$ [N]

83 CNC 공작기계에서 서보기구의 형식 중 모터에 내장된 타코 제너레이터에서 속도를 검출하고 엔코더에서 위치를 검출하여 피드백 하는 제어방식은?

① 개방회로 방식
② 폐쇄회로 방식
③ 반 폐쇄회로 방식
④ 하이브리드 방식

풀이

폐쇄회로 방식(Close Loop System)
기계의 테이블에 직접 검출기를 설치하여 위치를 검출하여 피드백시키는 방식으로 반 폐쇄회로 방식과는 위치검출기의 위치만 다르다.

84 피복아크 용접봉의 피복제(flux)의 역할로 틀린 것은?

① 아크를 안정시킨다.
② 모재표면에 산화물을 제거한다.
③ 용착금속의 탈산 정련작용을 한다.
④ 용착금속의 냉각속도를 빠르게 한다.

풀이

피복제의 작용
㉠ 중성 또는 환원성 분위기를 만들어 용융금속을 보호한다.
㉡ 아크를 안정하게 한다.
㉢ 용융점이 낮은 점성의 가벼운 슬래그를 만든다.
㉣ 용착금속의 탈산정련작용을 한다.
㉤ 용착금속에 적당한 합금원소를 첨가한다.
㉥ 용적을 미세화하고 용착효율을 높인다.
㉦ 용착금속의 응고와 냉각속도를 느리게 한다.
㉧ 슬래그를 제거하기 쉽다.
㉨ 모재표면의 산화물을 제거한다.
㉩ 스패터링을 적게 한다.

85 가스침탄법에서 침탄층의 깊이를 증가시킬 수 있는 첨가원소는?

① Si   ② Mn
③ Al   ④ N

풀이

가스침탄법(gas carburizing)은 주로 작은 부품의 침탄에 이용되는데, 일반적으로 천연가스나 프로판가스, 부탄가스, 메탄가스, 에틸렌가스 등을 침탄제로 사용한다. 이러한 가스들을 변성로(變成爐) 안에 넣어 Ni을 촉매로 해서 침탄 가스로 변성시킨 후 가열로에 다시 불어 넣어 침탄처리를 한다. 망간(Mn)은 퀜칭시 경화깊이를 증가시키는 원소이지만 많은 양이 함유되어 있을 때는 퀜칭 균열이나 변형을 유발시킨다.

86 두께 2 mm, 지름이 30 mm인 구멍을 탄소강판에 편칭할 때, 프레스의 슬라이드 평균속도 4 m/min, 기계효율 η = 70%이면 소요동력[PS]은 약 얼마인가? (단, 강판의 전단저항은 25 kg_f/mm^2, 보정계수는 1로 한다.)

정답 83. ③ 84. ④ 85. ② 86. ②

2015년

① 3.2　　② 6.0
③ 8.2　　④ 10.6

풀이

$\tau = \dfrac{P_s}{A}$ [kgf/mm²]에서

$P_s = \tau A = \tau \pi dt$
$= 25\pi \times 30 \times 2 = 4712.39$ [kgf]

슬라이드 평균속도 $V_m = 4\,m/min = 0.067\,m/s$

따라서 소요동력

$= \dfrac{P_s V_m}{75 \eta_m} = \dfrac{4712.39 \times 0.067}{75 \times 0.7} \fallingdotseq 6.0\,PS$

87 전해연마의 특징에 대한 설명으로 틀린 것은?

① 가공변질층이 없다.
② 내부식성이 좋아진다.
③ 가공면에 방향성이 생긴다.
④ 복잡한 형상을 가진 공작물의 연마도 가능하다.

풀이

전해연마는 제품을 약품 속에 침전시켜 전기화학적 반응에 따라 연마하는 방식으로 제품과 그것에 대면되는 전극과의 사이에서 전기분해를 실시함에 따라 금속표면을 연마한다.
〈전해연마의 특징〉
㉠ 가공 변질층이 나타나지 않으므로 매끈한 면을 얻을 수 있다.
　버핑 연마등의 기계적 가공을 실시한 면은 변형층 등의 가공변질층이 존재하게 된다. 이것이 원인이 되어 잔류 응력장이 형성된다든지, 스테인리스 본래의 금속조직을 잃어버리고 시간이 지남에 따라 내식성 저하의 원인이 되고 있다.
㉡ 내부식성이 뛰어나다.
　전해 연마 후에는 스테인리스 원래의 표면보다 크롬이 농축되어져 있기 때문에 견고한 부동태가 형성된다. 그리고 전해연마 후에 부동태처리를 실시함에 따라 한층 더 내식성을 향상시킬 수 있다.
㉢ 열의 영향을 받지 않는다.
　전해연마는 용액 안에서 처리되기 때문에 이러한 열에 의한 영향을 받지 않는다.

㉣ 평활성이 뛰어나 가공면에 방향성이 없다.
　전해 연마한 표면은 오염물이 부착되기 어려운 매끄러운 곡선으로 구성되게 된다.
㉤ 세정성, 청정성, 비부착성이 우수하다.
　표면을 용해시키면서 연마를 하기 때문에 스테인리스 표면의 오염물을 처리, 제거하며, 평활성이 뛰어난 연마 면은 새로운 오염물이 부착되더라도 그 평활성과 부동태화 피막에 의해 제품의 내용물이 표면에 부착되기 어렵게 된다.
㉥ 복잡한 형상의 제품의 연마에 사용한다.

88 절삭가공할 때 유동형 칩이 발생하는 조건으로 틀린 것은?

① 절삭깊이가 적을 때
② 절삭속도가 느릴 때
③ 바이트 인선의 경사각이 클 때
④ 연성의 재료(구리, 알루미늄 등)를 가공할 때

풀이

유동형 칩은 절삭공구가 진행함에 따라 공작물이 미세한 간격으로 미끄럼 변형이 연속적으로 발생하여 공구의 경사면을 따라 흘러가는 모양의 칩으로 두께가 일정하고 균일하게 생성되며 가공면이 깨끗하다.
〈유동형 칩 발생 원인〉
㉠ 절삭깊이가 작을 경우
㉡ 공구의 윗면 경사각이 클 경우
㉢ 연강이나 연성 재료(구리, 알루미늄 등)를 고속으로 절삭할 때
㉣ 절삭량이 적고 절삭제를 사용할 경우

89 소성가공에 속하지 않는 것은?

① 압연가공　　② 인발가공
③ 단조가공　　④ 선반가공

풀이

〈절삭 가공〉
절삭공구를 사용하는 가공방법 : 선반, 밀링, 드릴링, 보링, 평상 등
연삭 숫돌을 사용하는 가공방법 : 연삭, 호닝, 슈퍼피니싱 등

정답　87. ③　88. ②　89. ④

기출문제

분말입자를 사용하는 가공방법 : 호닝, 래핑, 초음파 가공 등

〈비절삭가공〉
주조 : 목형, 주조, 주형, 특수 주조 등
소성가공 : 단조, 압연, 인발, 전조, 압출, 판금, 프레스 등
용접 : 단접, 용접, 특수용접, 납땜 등
특수 비절삭 : 전해연마, 화학연마, 방전가공, 레이저 가공 등

90 스핀들과 앤빌의 측정면이 뾰족한 마이크로미터로서 드릴의 웨브(web) 나사의 골지름 측정에 주로 사용되는 마이크로미터는?

① 깊이 마이크로미터
② 내측 마이크로미터
③ 포인트 마이크로미터
④ V-앤빌 마이크로미터

풀이

포인트 마이크로미터(Point Micrometer)는 스핀들과 앤빌의 끝이 뾰족하여 드릴의 웨브(web)두께, 수나사의 골지름, 작은 홈, 키홈 및 손이 닿기 어려운 부분의 치수를 손쉽게 측정할 수 있다.

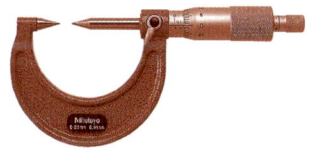

91 자동차 A는 시속 60 km로 달리고 있으며, 자동차 B는 A의 바로 앞에서 같은 방향으로 시속 80 km로 달리고 있다. 자동차 A에 타고 있는 사람이 본 자동차 B의 속도는?

① 20 km/h　② 60 km/h
③ -20 km/h　④ -60 km/h

풀이

A에 대한 B의 상대속도

$V_{B/A} = V_B - V_A = 80 - 60 = 20\ km/h$

92 100 kg의 균일한 원통(반지름 2 m)이 그림과 같이 수평면 위를 미끄럼없이 구른다. 이 원통에 연결된 스프링의 탄성계수는 450 N/m, 초기변위 x(0) = 0 m이며, 초기속도는 ẋ(0) = 2 m/s일 때 변위 x(t)를 시간의 함수로 옳게 표현한 것은? (단, 스프링은 시작점에서는 늘어나지 않은 상태로 있다고 가정한다.)

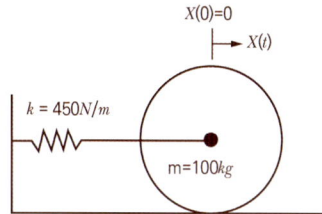

① $1.15\cos(\sqrt{3}\,t)$
② $1.15\sin(\sqrt{3}\,t)$
③ $3.46\cos(\sqrt{2}\,t)$
④ $3.46\sin(\sqrt{2}\,t)$

풀이

$x(t) = X\sin\omega_n t$

$\Rightarrow V = \dot{x}(t) = \omega_n X\cos\omega_n t$

$\omega_n = \sqrt{\dfrac{k}{m}} = \sqrt{\dfrac{300}{100}} = \sqrt{3}$

초기조건　$\dot{x}(t=0) = V_0 = 2\ m/s$

$\Rightarrow \omega_n X\cos 0 = 2$

$\Rightarrow X = \dfrac{2}{\omega_n} = \dfrac{2}{\sqrt{3}} = 1.15$

$\therefore\ x(t) = X\sin\omega_n t = 1.15\sin\sqrt{3}\,t$

93 1 자유도계에서 질량을 m, 감쇠계수를 c, 스프링 상수를 k라 할 때, 임펄스 응답이 그림과 같이 위한 조건은?

정답　90. ③　91. ①　92. ②　93. ④

2015년

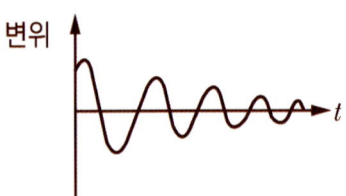

① $c > 2\sqrt{mk}$ ② $c > 2mk$
③ $c < 4mk$ ④ $c < 2\sqrt{mk}$

풀이
임계감쇠(Critical damping)
$C_c = 2\sqrt{mk}$

감쇠비 $\zeta = \dfrac{C}{C_c} = \dfrac{C}{2\sqrt{mk}} < 1$

$\therefore C < C_c = 2\sqrt{mk}$ 인
진동이 가능한 부족감쇠 조건이다.

94 전동기를 이용하여 무게 9800 N의 물체를 속도 0.3 m/s로 끌어올리려 한다. 장치의 기계적 효율을 80%로 하면 최소 몇 kW의 동력이 필요한가?

① 3.3 ② 3.7
③ 4.9 ④ 6.2

풀이
실제동력
$H_{Act} = \dfrac{H_{th}}{\eta_m} = \dfrac{FV}{\eta_m}$

$= \dfrac{9800 \times 0.3}{0.8} \times 10^{-3} = 3.68\,kW$

95 길이 l의 가는 막대가 O점에 고정되어 회전한다. 수평위치에서 막대를 놓아 수직위치에 왔을 때, 막대의 각속도는 얼마인가? (단, g는 중력가속도 이다.)

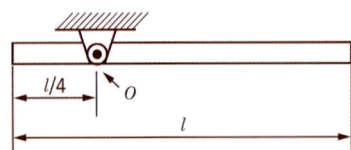

① $\sqrt{\dfrac{7l}{24g}}$ ② $\sqrt{\dfrac{24g}{7l}}$
③ $\sqrt{\dfrac{9l}{32g}}$ ④ $\sqrt{\dfrac{32g}{9l}}$

풀이
수직이 된 경우의 위치에너지와 회전운동에너지가 서로 같다.
위치에너지
$E_p = mg\left(\dfrac{3}{4}l \times \dfrac{1}{2} - \dfrac{l}{4} \times \dfrac{1}{2}\right) = mg\dfrac{l}{4}$

회전운동에너지
$J_0 = \dfrac{ml^2}{12} + m\left(\dfrac{L}{4}\right)^2 = \dfrac{7ml^2}{48}$

$T = \dfrac{1}{2}J_0\omega^2 = \dfrac{1}{2} \times \dfrac{7ml^2}{48} \times \omega^2 = \dfrac{7}{96}ml^2\omega^2$

$E_p = T$

$\Rightarrow mg\dfrac{l}{4} = \dfrac{7}{96}ml^2\omega^2$

$\therefore \omega = \sqrt{\dfrac{24g}{7l}}$

96 12000 N의 차량이 20 m/s의 속도로 평지를 달리고 있다. 자동차의 제동력이 6000 N이라고 할 때, 정지하는 데 걸리는 시간은?

① 4.1초 ② 6.8초
③ 8.2초 ④ 10.5초

풀이
$Ft = mV = \dfrac{W}{g}V$

$\therefore t = \dfrac{WV}{Fg} = \dfrac{12000 \times 20}{6000 \times 9.8} ≒ 4.1\,sec$

97 고정축에 대하여 등속회전운동을 하는 강체내부에 두 점 A, B가 있다. 축으로부터 점 A까지의 거리는 축으로부터 점 B까지 거리의 3배이다. 점 A의 선속도는 점 B의 선속도의 몇 배인가?

① 같다 ② 1/3배

③ 3배 ④ 9배

풀이
선속도 $V = r\omega$
$$\frac{V_A}{V_B} = \left(\frac{r_A}{r_B}\right) = \frac{3r_B}{r_B} = 3 \text{ 배}$$

풀이
등가스프링상수 $k_{eq} = \dfrac{W}{\delta} = 4k$
$\Rightarrow W = k_{eq} \times \delta = (4 \times 2.4) \times 1$
$\quad\quad = 9.6\ N$

98 무게 10 kN의 해머(hammer)를 10 m의 높이에서 자유낙하시켜서 무게 300 kN의 말뚝을 50 cm 박았다. 충돌한 직후에 해머와 말뚝은 일체가 된다고 볼 때 충돌 직후의 속도는 몇 m/s인가?

① 50.4 ② 20.4
③ 13.6 ④ 6.7

풀이
$V = \sqrt{2gh} = \sqrt{2 \times 9.8(10 - 0.5)}$
$\quad\ \ \fallingdotseq 13.65\ m/s$

99 다음 중 감쇠형태의 종류가 아닌 것은?

① hysteretic damping
② Coulomb damping
③ viscous damping
④ critical damping

풀이
감쇠형태의 종류
• hysteric 감쇠 (고체감쇠)
• coulomb 감쇠
• Viscous 감쇠 (점성감쇠)
임계감쇠는 진동여부를 결정(부족감쇠, 임계감쇠, 과도감쇠 등)하는 경계 값

100 스프링정수 2.4 N/cm인 스프링 4개가 병렬로 어떤 물체를 지지하고 있다. 스프링의 변위가 1 cm라 하면 지지된 물체의 무게는 몇 N인가?

① 7.6 ② 9.6
③ 18.2 ④ 20.4

2014년

2014년

국가기술자격 필기시험문제

2014년 기사 제1회 경향성 문제		수험번호	성명
자격종목	일반기계기사	시험시간 2시간 30분		

제1과목 : 재료역학

01 그림과 같은 외팔보에서 집중하중 P = 50 kN이 작용할 때 자유단의 처짐은 약 몇 cm인지 구하시오. (단, 탄성계수 E = 200 GPa, 단면 2차모멘트 I = 10^5 cm^4 이다.)

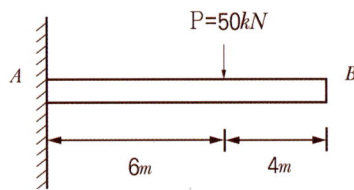

① 6.4 ② 4.8 ③ 3.6 ④ 2.4

풀이

$$\delta_{max} = \frac{Pl^3}{3EI} + \frac{Pl^2}{2EI} \times l'$$

$$= \left(\frac{50 \times 10^3 \times 6^3}{3 \times 200 \times 10^9 \times 10^5 \times 10^{-8}} \right.$$

$$\left. + \frac{50 \times 10^3 \times 6^2}{2 \times 200 \times 10^9 \times 10^5 \times 10^{-8}} \times 4 \right) \times 10^2$$

$$= 3.6 \, cm$$

02 무게가 100 N의 강철 구가 그림과 같이 매끄러운 경사면과 유연한 케이블에 의해 매달려 있다. 케이블에 작용하는 응력은 몇 MPa인지 구하시오. (단, 케이블의 단면적은 2 cm^2 이다.)

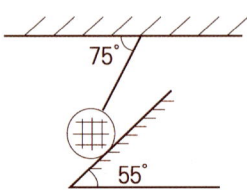

① 0.436 ② 5.12
③ 4.36   ④ 51.2

풀이

강철 구의 무게중심에서 수직선과 수평선을 그려보면 강철 구의 무게중심에서 공점력이 형성되며 장력, 구의 무게 및 수직반력의 3 힘 성분이 평형을 이루고 있으므로 라미의 정리를 활용할 수 있다.

$$\frac{\sin \alpha}{F} = \frac{\sin \beta}{F} = \frac{\sin \gamma}{F}$$

$$\Rightarrow \frac{\sin 70°}{100} = \frac{\sin 125°}{T} = \frac{\sin 165°}{N}$$

∴ 케이블장력

$$T = 100 \times \frac{\sin 125°}{\sin 70°} = 87.17 \, N$$

$$\sigma = \frac{T}{A} = \frac{87.17}{2 \times 10^{-4}} \times 10^{-6}$$

$$= 0.436 \, MPa$$

03 폭 b = 3 cm, 높이 h = 4 cm의 직사각형 단면을 갖는 외팔보가 자유단에 그림에서와 같이 집중하중을 받을 때 보 속에 발생하는 최대전단응력은 몇 N/cm^2 인지 구하시오.

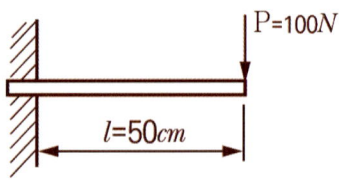

정답 1. ③ 2. ① 3. ①

① 12.5 ② 13.5
③ 14.5 ④ 15.5

풀이

$$\tau_{사} = \tau_{max} = \frac{3}{2}\frac{F}{A}$$
$$= \frac{3}{2} \times \frac{100}{3 \times 4} = 12.5 \ N/cm^2$$

04 지름 d인 강봉의 지름을 2배로 했을 때 비틀림 강도는 몇 배가 되는지 구하시오.

① 2배 ② 16배
③ 8배 ④ 4배

풀이

$$T = \tau Z_P = \tau \frac{\pi d^3}{16} \Rightarrow T \propto d^3 \text{ 이므로}$$
$$\therefore \frac{T_2}{T_1} = \left(\frac{2d}{d}\right)^3 = 8\text{배}$$

05 강재 중공축이 25 kN·m의 토크를 전달한다. 중공축의 길이가 3m이고, 허용전단응력이 90 MPa이며, 축의 비틀림 각이 2.5°를 넘지 않아야 할 때 축의 최소외경과 내경을 구하면 각각 약 몇 mm인지 구하시오. (단, 전단탄성계수는 85 GPa이다.)

① 133, 112 ② 136, 114
③ 140, 132 ④ 146, 124

풀이

$$\theta° = \frac{Tl}{GI_P} \times \frac{180}{\pi} \ [°]$$
$$\theta° = \frac{(\tau_a Z_p)l}{G y Z_p} \times \frac{180}{\pi} = \frac{2\tau_a l}{G d_2} \times \frac{180}{\pi}$$

외경

$$d_2 = \frac{2 \times 90 \times 10^6 \times 3 \times 10^3}{85 \times 10^9 \times 2.5} \times \frac{180}{\pi} \times 10^3$$
$$\approx 146 \ mm$$

$$\theta° = \frac{Tl}{GI_P} \times \frac{180}{\pi}$$

$$= \frac{Tl}{G\frac{\pi d_2^4}{32}(1-x^4)} \times \frac{180}{\pi} \quad \cdots$$

$x = 0.86 \quad x : \text{내외경비}$

∴ 내경 $d_1 = x d_2 = 0.86 \times 146 ≒ 126 \ mm$

06 축방향 단면적 A인 임의의 재료를 인장하여 균일한 인장응력이 작용하고 있다. 인장방향 변형률이 ϵ, 포아송의 비를 v라 하면 단면적의 변화량은 약 얼마인지 구하시오.

① $3v\epsilon A$ ② $4v\epsilon A$
③ $v\epsilon A$ ④ $2v\epsilon A$

풀이

④ $\triangle A = 2 v \epsilon A \ [cm^2]$

07 지름 7 mm, 길이 250 mm인 연강 시험편으로 비틀림 시험을 하여 얻은 결과, 토크 4.08 N·m에서 비틀림 각이 8°로 기록되었다. 이 재료의 전단탄성계수는 약 몇 GPa인지 구하시오.

① 31 ② 41
③ 53 ④ 64

풀이

$$\theta° = \frac{Tl}{GI_P} \times \frac{180}{\pi} \ [°]$$
$$\Rightarrow G = \frac{Tl}{I_P \theta°} \times \frac{180}{\pi}$$
$$= \frac{4.08 \times 0.25}{\frac{\pi \times 0.007^4}{32} \times 8} \times \frac{180}{\pi} \times 10^{-9}$$
$$≒ 31 \ GPa$$

08 선형 탄성재질의 정사각형 단면봉에 500 kN의 압축력이 작용할 때 80 MPa의 압축응력이 생기도록 하려면 한 변의 길이를 몇 cm로 해야 하는지 구하시오.

2014년

① 5.9　　② 3.9
③ 7.9　　④ 9.9

풀이

$$\sigma_c = \frac{P_c}{A} = \frac{P_c}{a^2}$$

$$\therefore a = \sqrt{\frac{P_c}{\sigma_c}} = \sqrt{\frac{500 \times 10^3}{80 \times 10^6}} \times 10^2$$

$$\fallingdotseq 7.9\,cm$$

09 단면적이 4 cm² 인 강봉에 그림과 같이 하중을 작용할 때 이 봉은 약 몇 cm 늘어나는지 구하시오. (단, 탄성계수 E = 210 GPa이다.)

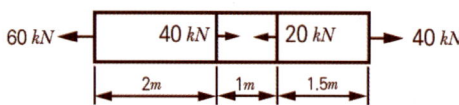

① 0.0028　　② 0.24
③ 0.80　　　④ 0.015

풀이

좌측으로부터 ℓ_1, ℓ_2, ℓ_3 라 하면

$$\lambda_{인장} = \frac{P_1 \ell_1 + P_2(\ell_2 + \ell_3)}{AE}$$

$$= \frac{60 \times 10^3 \times 2 + 40 \times 10^3 \times 2.5}{4 \times 10^{-4} \times 210 \times 10^9}$$

$$= 0.002619m = 0.2619cm$$

$$\lambda_{압축} = -\frac{Q\ell_2}{AE} = -\frac{20 \times 10^3 \times 1}{4 \times 10^{-4} \times 210 \times 10^9}$$

$$= -0.000238m = -0.0238cm$$

$$\therefore \lambda = \lambda_{인장} - \lambda_{압축} = 0.2381cm$$

10 그림과 같은 단면의 x-x 축에 대한 단면 2차모멘트는?

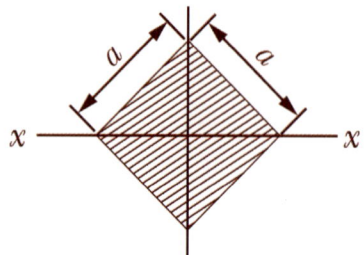

① $\dfrac{a^4}{8}$　② $\dfrac{a^4}{24}$　③ $\dfrac{a^4}{32}$　④ $\dfrac{a^4}{12}$

풀이

정사각형(마름모) 도심축에 대한 단면 2차모멘트

$$I_{xx} = \frac{bh^3}{12} = \frac{a^4}{12}$$

11 그림과 같은 부정정보의 전 길이에 균일 분포하중이 작용할 때 전단력이 0 이 되고 최대 굽힘모멘트가 작용하는 단면은 B단에서 얼마나 떨어져 있는가?

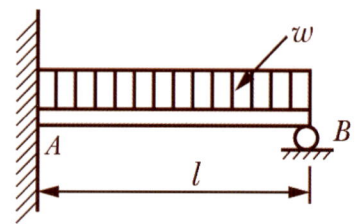

① $\dfrac{2}{3}\ell$　② $\dfrac{5}{8}\ell$　③ $\dfrac{3}{8}\ell$　④ $\dfrac{3}{4}\ell$

풀이

일단고정 타단지지의 부정정보이므로

$$R_{고정단} = R_A = \frac{5}{8}wl, \quad R_{지지단} = R_B = \frac{3}{8}wl$$

우측으로부터 $\dfrac{3}{8}wl = wx \quad \therefore x = \dfrac{3}{8}l$

12 그림과 같은 단면을 가진 A, B, C의 보가 있다.

이 보들이 동일한 굽힘모멘트를 받을 때 최대 굽힘응력의 비로 옳은 것은 어느 것인가?

"A" 가로 10cm 세로 10cm

"B" 가로 20cm 세로 10cm

"C" 가로 10cm 세로 20cm

① A:B:C = 9:3:1
② A:B:C = 16:4:1
③ A:B:C = 4:2:1
④ A:B:C = 3:2:1

풀이

$M = \sigma Z \Rightarrow \sigma = \dfrac{M}{Z} \Rightarrow \sigma \propto \dfrac{1}{Z}$

$Z_A = \dfrac{bh^2}{6} = \dfrac{a^3}{6} = \dfrac{10^3}{6} = 166.67\ cm^3$

$Z_B = \dfrac{bh^2}{6} = \dfrac{20 \times 10^2}{6} = 333.33\ cm^3$

$Z_C = \dfrac{bh^2}{6} = \dfrac{10 \times 20^2}{6} = 666.67\ cm^3$

$\sigma_A : \sigma_B : \sigma_C = 1 : \dfrac{1}{2} : \dfrac{1}{4} = 4 : 2 : 1$

13 보의 임의의 점에서 처짐을 평가할 수 있는 방법이 아닌 것은?

① 변형에너지법(Strain energy method) 사용
② 중첩법(Method of superposition) 사용
③ 불연속 함수(Discontinuity function) 사용
④ 시컨트 공식(Secant fomula) 사용

풀이
시컨트 공식은 기둥의 좌굴응력계산식

14 그림과 같은 보가 분포하중과 집중하중을 받고 있다. 지점 B에서의 반력의 크기를 구하면 몇 kN인가?

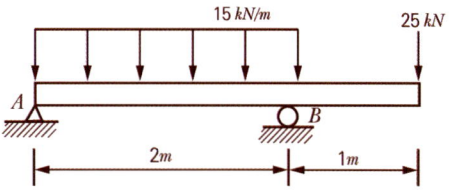

① 28.5 ② 40.0 ③ 52.5 ④ 55.0

풀이

$\sum M_A = 0$
$\Rightarrow 25 \times 3 - R_B \times 2 + (15 \times 2) \times 1 = 0$
$R_B = \dfrac{25 \times 3 + (15 \times 2) \times 1}{2} = 52.2\ kN$

15 강재 나사봉을 기온이 27℃일 때에 24 MPa의 인장응력을 발생시켜 놓고 양단을 고정하였다. 기온이 7℃로 되었을 때의 응력은 약 몇 MPa 인가? (단, 탄성계수 E = 210 GPa, 선팽창계수 $\alpha = 11.3 \times 10^{-6}$/℃이다.)

① 47.46
② 23.46
③ 71.46
④ 65.46

풀이
전체응력
$\sigma_t = \sigma + \sigma_H = \sigma + E\alpha\Delta T$
$= 24 + 210 \times 10^3 \times 11.3 \times 10^{-6} \times (27 - 7)$
$= 71.46\ MPa$

16 그림과 같은 삼각형 단면을 갖는 단주에서 선 A-A를 따라 수직 압축하중이 작용할 때 단면에 인장응력이 발생하지 않도록 하는 하중 작용점의 범위

정답 13. ④ 14. ③ 15. ③ 16. ③

(d)를 구하면? (단, 그림에서 길이단위는 mm이다.)

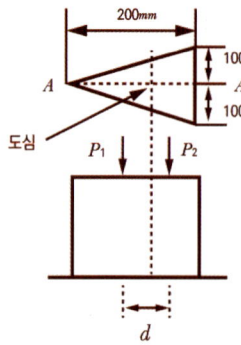

① 25 mm ② 75 mm
③ 50 mm ④ 100 mm

풀이

곡률반경 $K = \sqrt{\dfrac{I}{A}}$

편심거리
$a = \pm \dfrac{K^2}{y}$ y : 도심으로부터의 거리

$K^2 = \dfrac{I}{A} = \dfrac{\frac{bh^3}{36}}{\frac{bh}{2}} = \dfrac{h^2}{18} = \dfrac{(0.2)^2}{18}$

$\qquad = 2.22 \times 10^{-3} \ m^2$

$a_1 = \dfrac{K^2}{y_1} = \dfrac{2.22 \times 10^{-3}}{\frac{2}{3} \times 0.2} \times 10^3 = 16.7 \ mm$

$a_2 = \dfrac{K^2}{y_2} = \dfrac{2.22 \times 10^{-3}}{\frac{1}{3} \times 0.2} \times 10^3 = 33 \ mm$

∴ $d = a_1 + a_2 = 16.7 + 33 ≒ 50 \ mm$

17 평면응력 상태에서 $\sigma_x = 300$ MPa, $\sigma_y = -900$ MPa, $T_{xy} = 450$ MPa일 때 최대 주응력 σ_1은 몇 MPa인가?

① 300 ② 750 ③ 450 ④ 1150

풀이

$\sigma_{max} = \dfrac{1}{2}(\sigma_x + \sigma_y) + \dfrac{1}{2}\sqrt{(\sigma_x - \sigma_y)^2 + 4\tau_{xy}^2}$

$\qquad = \dfrac{1}{2}(300 - 900) + \dfrac{1}{2}\sqrt{(300+900)^2 + 4 \times 450^2}$

$\qquad = 450 \ MPa$

18 그림과 같은 외팔보에서 고정부에서의 굽힘모멘트를 구하면 약 몇 kN·m인가?

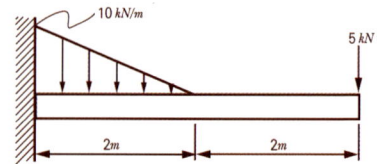

① 26.7(반시계방향)
② 26.7(시계방향)
③ 46.7(반시계방향)
④ 46.7(시계방향)

풀이

$M_{max} = 5 \times 4 + \left(\dfrac{10 \times 2}{2} \times \dfrac{2}{3}\right)$

$\qquad ≒ 26.7 \ kN \cdot m$ 반시계방향

19 아래와 같은 보에서 C점(A에서 4 m 떨어진 점)에서의 굽힘모멘트 값은?

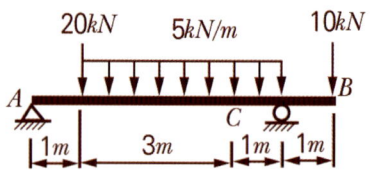

① 5.5 kN·m ② 13 kN·m
③ 11 kN·m   ④ 22 kN·m

풀이

우측 지지점에 대한 $\sum M = 0$
⇨
$R_A \times 5 - 20 \times 4 + (5 \times 4) \times 2 + 10 \times 1 = 0$
$R_A = 22 \ kN$

∴ $M_c = 22 \times 4 - 20 \times 3 - (3 \times 5) \times 1.5$
$\qquad = 5.5 \ kN$

20 그림과 같이 지름 50 mm의 연강봉의 일단을 벽을 고정하고, 자유단에는 50 cm 길이의 레버 끝에 600 N의 하중을 작용시킬 때 연강봉에 발생하는 최대주응력과 최대전단응력은 각각 몇 MPa인가?

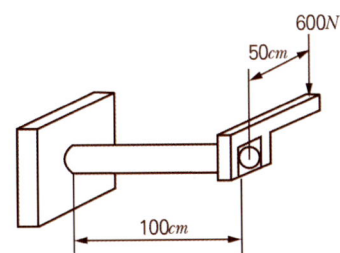

① 최대주응력 : 51.8
   최대전단응력 : 27.3
② 최대주응력 : 27.3
   최대전단응력 : 51.8
③ 최대주응력 : 41.8
   최대전단응력 : 27.3
④ 최대주응력 : 27.3
   최대전단응력 : 41.8

풀이

$T = Pl_1 = 600 \times 0.5 = 300 \ N \cdot m$

$M = Pl_2 = 600 \times 1 = 600 \ N \cdot m$

⇒ $T_{Equi.} = \sqrt{M^2 + T^2} = 670.82 \ N \cdot m$

⇒ $M_{Equi.} = \frac{1}{2}(M + T_{Equi.})$

$= \frac{1}{2}(600 + 670.82)$

$= 635.4 \ N \cdot m$

$\sigma_{\max} = \frac{M_{Equi.}}{Z} = \frac{32 M_{Equi.}}{\pi d^3}$

$= \frac{32 \times 635.4}{\pi \times 0.05^3} \times 10^{-6} = 51.8 \ MPa$

$\tau_{\max} = \frac{T_{Equi.}}{Z_p} = \frac{16 T_{Equi.}}{\pi d^3}$

$= \frac{16 \times 670.82}{\pi \times 0.05^3} \times 10^{-6} = 27.3 \ MPa$

제2과목 : 기계열역학

21 저온실로부터 46.4 kW의 열을 흡수할 때 10 kW의 동력을 필요로 하는 냉동기가 있다면, 이 냉동기의 성능계수는?

① 4.64 ② 46.4
③ 56.5 ④ 5.65

풀이

$COP_R = \frac{q_L}{q_H - q_L} = \frac{q_L}{w_c}$

$= \frac{Q_L}{W_c} = \frac{46.4}{10} = 4.64$

22 교축과정(throttling process)에서 처음상태와 최종상태의 엔탈피는 어떻게 되는가?

① 처음상태가 크다.
② 경우에 따라 다르다.
③ 같다
④ 최종상태가 크다.

풀이

③ 같다

23 500 W의 전열기로 4 kg의 물을 20℃에서 90℃까지 가열하는데 몇 분이 소요되는가? (단, 전열기에서 열은 전부 온도상승에 사용되고 물의 비열은 4180 J/kg · K이다.)

① 16 ② 27 ③ 39 ④ 45

풀이

전열기 발생열량
$Q = 500 \ W \times 60 = 30000 \ J/\min$

물의 가열량
$Q_물 = mc \Delta t = 4 \times 4180 \times (90 - 20)$
$= 1170400 \ J$

∴ 소요시간은

2014년

$$\frac{1170400}{30000} = 39.013 \risingdotseq 39 \min$$

24 두께 10 mm, 열전도율 15 W/m·°C인 금속판의 두 면의 온도가 각각 70°C와 50°C일 때 전열면 1 m^2당 1분 동안에 전달되는 열량은 몇 kJ인가?

① 1800　② 92000
③ 14000　④ 162000

[풀이]

$$Q_{conduction} = -KA\frac{dT}{dx}$$
$$= 0.015 \times 1 \times \frac{(70-50)}{0.01} \times 60 = 1800\ kJ$$

25 냉매 R-134a를 사용하는 증기-압축 냉동사이클에서 냉매의 엔트로피가 감소하는 구간은 어디인가?

① 팽창구간　② 압축구간
③ 증발구간　④ 응축구간

[풀이]
④ 응축구간

26 절대온도 T_1 및 T_2의 두 물체가 있다. T_1에서 T_2로 열량 Q가 이동할 때 이 두 물체가 이루는 계의 엔트로피 변화를 나타내는 식은? (단, $T_1 > T_2$이다.)

① $\dfrac{T_1 - T_2}{Q(T_1 \times T_2)}$

② $\dfrac{Q(T_1 + T_2)}{T_1 \times T_2}$

③ $\dfrac{Q(T_1 - T_2)}{T_1 \times T_2}$

④ $\dfrac{T_1 + T_2}{Q(T_1 \times T_2)}$

[풀이]
고열원에서의 엔트로피 변화량
$$\triangle S_1 = -\frac{Q}{T_1} \quad (방열)$$

저열원에서의 엔트로피 변화량
$$\triangle S_2 = \frac{Q}{T_2} \quad (흡열)$$

두 물체가 이루는 계의 엔트로피 변화는
$$\therefore\ \triangle S = \triangle S_2 + \triangle S_1 = \frac{Q}{T_2} - \frac{Q}{T_1}$$
$$= \frac{Q(T_1 - T_2)}{T_1 \times T_2}$$

27 카르노 열기관에서 열 공급은 다음 중 어느 과정에서 이루어지는가?

① 등온팽창　② 단열압축
③ 단열팽창　④ 등온압축

[풀이]
① 등온팽창

28 밀폐된 실린더 내의 기체를 피스톤으로 압축하는 동안 300 kJ의 열이 방출되었다. 압축일의 양이 400 kJ이라면 내부에너지 증가는?

① 100 kJ　② 700 kJ
③ 400 kJ　④ 300 kJ

[풀이]
$Q = U + W$
$\Rightarrow \triangle U = Q - W$
$= -300 - (-400) = 100\ kJ$

29 어떤 시스템이 100 kJ의 열을 받고, 150 kJ의 일을 하였다면 이 시스템의 엔트로피는?

① 증가했다.

② 변하지 않았다.
③ 감소했다.
④ 시스템의 온도에 따라 증가할 수도 있고 감소할 수도 있다.

풀이
①

30 1 kg의 공기를 압력 2 MPa, 온도 20℃의 상태로부터 4 MPa, 온도 100℃의 상태로 변화하였다면 최종체적은 초기체적의 약 몇 배 인가?

① 0.125
② 0.637
③ 3.86
④ 5.25

풀이
압력과 온도가 함께 변화되므로
$$\frac{P_1 V_1}{T_1} = \frac{P_2 V_2}{T_2}$$
$$\Rightarrow \frac{V_2}{V_1} = \frac{P_1}{P_2} \times \frac{T_2}{T_1}$$
$$= \frac{2}{4} \times \left(\frac{100+273}{20+273}\right) = 0.637$$

31 서로 같은단위를 사용할 수 없는 것으로 나타낸 것은?

① 비내부에너지와 비엔탈피
② 비열과 비엔트로피
③ 비엔탈피와 비엔트로피
④ 열과 일

풀이
비엔탈피 (kJ/kg), 비엔트로피 (kJ/kg K)

32 질량(質量) 50 kg인 계(系)의 내부에너지(u)가 100 KJ/kg이며, 계의 속도는 100 m/s이고, 중력장(重力場)의 기준면으로부터 50 m의 위치에 있다고 할 때, 계에 저장된 에너지(E)는?

① 3254.2 kJ
② 4827.7 kJ
③ 5274.5 kJ
④ 6251.4 kJ

풀이
단위환산에 유의할 것 $J \times 10^{-3} = kJ$
$$E = mu + \frac{1}{2}mV^2 + mgZ$$
$$= 50 \times 100 + \frac{1}{2} \times 50 \times (100)^2 \times 10^{-3}$$
$$+ 50 \times 9.8 \times 50 \times 10^{-3} = 5274.5 \, kJ$$

33 온도가 −23℃인 냉동실로부터 기온이 27℃인 대기 중으로 열을 뽑아내는 가역냉동기가 있다. 이 냉동기의 성능계수는?

① 3
② 4
③ 5
④ 6

풀이
$$COP_{RC} = \frac{T_L}{T_H - T_L}$$
$$= \frac{(-23+273)}{(27+273)-(-23+273)} = 5$$

34 온도 300K, 압력 100 kPa 상태의 공기 0.2 kg이 완전히 단열된 강체용기 안에 있다. 패들(paddle)에 의하여 외부에서 공기에 5 kJ의 일이 행해진다. 최종온도는 얼마인가? (단, 공기의 정압비열과 정적비열은 1.0035 kJ/kg K, 0.7165 kJ/kg K이다.)

① 약 325 K
② 약 275 K
③ 약 335 K
④ 약 265 K

풀이
단열과정이므로
$$W_{12} = \frac{1}{k-1} mR(T_2 - T_1)$$
$$\Rightarrow T_2 = T_1 + \frac{(k-1)W_{12}}{mR}$$
$$= 300 + \frac{(1.4-1) \times 5}{0.20 \times 0.287} = 335 \, K$$

정답 30. ② 31. ③ 32. ③ 33. ③ 34. ③

2014년

35 공기 1 kg을 1 MPa, 250°C의 상태로부터 압력 0.2 MPa까지 등온변화한 경우 외부에 대하여 한 일량은 약 몇 kJ인가? (단, 공기의 기체상수는 0.287 kJ/kg · K이다.)

① 157 ② 242 ③ 313 ④ 465

풀이
등온과정 일
$$w_{12} = p_1 v_1 \ln \frac{p_1}{p_2}$$
$$\Rightarrow W_{12} = mRT \ln \frac{p_1}{p_2}$$
$$= 1 \times 0.287 \times (250+273) \times \ln\left(\frac{1}{0.2}\right)$$
$$\fallingdotseq 242 \; kJ$$

36 다음 중 열전달률을 증가시키는 방법이 아닌 것은?

① 2중 유리창을 설치한다.
② 엔진실린더의 표면면적을 증가시킨다.
③ 냉각수 펌프의 유량을 증가시킨다.
④ 팬의 풍량을 증가시킨다.

풀이
①

37 이상기체의 마찰이 없는 정압과정에서 열량 Q는? (단, C_V는 정적비열, C_p는 정압비열, k는 비열비, dT는 임의의 점의 온도변화이다.)

① $Q = C_V dT$ ② $Q = k^2 C_V dT$
③ $Q = C_p dT$ ④ $Q = kC_p dT$

풀이
정압과정의 가열량은 Enthalpy 변화량과 같다.

38 그림과 같은 공기표준 브레이튼(Brayton) 사이클에서 작동유체 1 kg당 터빈일은 얼마인가? (단, $T_1 = 300K$, $T_2 = 475.1K$, $T_3 = 1100K$, $T_4 = 694.5K$이고, 공기의 정압비열과 정적비열은 각각 1.0035 kJ/kg · K, 0.7165 kJ/kg · K이다.)

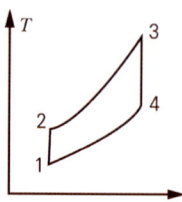

① 406.9 kJ/kg ② 290.6 kJ/kg
③ 327.2 kJ/kg ④ 448.3 kJ/kg

풀이
$$w_T = (h_3 - h_4) = C_p(T_3 - T_4)$$
$$= 1.0035 \times (1100 - 694.5)$$
$$= 406.92 \; kJ/kg$$

39 준평형 과정으로 실린더 안의 공기를 100 kPa, 300K 상태에서 400 kPa까지 압축하는 과정동안 압력과 체적의 관계는 "PV^n = 일정($n = 1.3$)" 이며, 공기의 정적비열은 C_v = 0.717 kJ/kg · K, 기체상수(R) = 0.287 kJ/kg · K이다. 단위질량당 일과 열의 전달량은?

① 일 = -108.2 kJ/kg
   열 = -27.11 kJ/kg
② 일 = -108.2 kJ/kg
   열 = -189.3 kJ/kg
③ 일 = -125.4 kJ/kg
   열 = -27.11 kJ/kg
④ 일 = -125.4 kJ/kg
   열 = -189.3 kJ/kg

풀이
Polytropic 과정이므로
$$w_{12} = \frac{R}{n-1}(T_2 - T_1)$$
$$= \frac{0.287}{1.3-1} \times (300 - 413.1)$$
$$= -108.2 \; kJ/kg$$

정답 35. ② 36. ① 37. ③ 38. ① 39. ①

$$T_2 = T_1 \left(\frac{p_2}{p_1}\right)^{\frac{n-1}{n}} = 300 \times \left(\frac{400}{100}\right)^{\frac{0.3}{1.3}}$$
$$= 413.1 \ kJ$$
$$q = C_n(T_2 - T_1) = C_v \frac{n-k}{n-1}(T_2 - T_1)$$
$$= 0.717 \times \frac{1.3 - 1.4}{1.3 - 1} \times (413.1 - 300)$$
$$= -27.03 \ kJ/kg$$

40 공기는 압력이 일정할 때 그 정압비열이 C_p = 1.0053 + 0.000079t kJ/kg·℃라고 하면 공기 5 kg을 0℃에서 100℃까지 일정한 압력하에서 가열하는데 필요한 열량은 약 얼마인가? (단, t = ℃이다.)

① 100.5 kJ ② 100.9 kJ
③ 502.7 kJ ④ 504.6 kJ

풀이
$$Q = mC\Delta T$$
$$= m\int_{t_1}^{t_2}(1.0053 + 0.000079t)\,dt$$
$$= m\left[1.0053(t_2 - t_1) + 0.000079\frac{t_2^2 - t_1^2}{2}\right]$$
$$= 5\left[1.0053 \times (100 - 0) + 0.000079 \times \frac{100^2 - 0^2}{2}\right]$$
$$\fallingdotseq 504.63 \ kJ$$

제3과목 : 기계유체역학

41 퍼텐셜유동 중 2차원 자유와류(free vortex)의 속도 퍼텐셜은 $\Phi = K\theta$로 주어지고, K는 상수이다. 중심에서의 거리 r = 10 m에서의 속도가 20 m/s이라면 r = 5 m에서의 계기압력은 몇 Pa인가? (단, 중심에서 멀리 떨어진 곳에서의 압력은 대기압이며 이 유체의 밀도는 1.2 kg/m³이다.)

① -60   ② -240
③ -960 ④ 240

풀이
$$\phi = K\theta, \quad V_\theta = \frac{1}{r} = \frac{\partial \phi}{\partial \theta}$$
문제의 의미에서
$$20 = \frac{1}{10} \times K \Rightarrow K = 200 \text{이므로}$$
$$V_\theta = \frac{1}{r}K = \frac{1}{5} \times 200 = 40 \ m/s$$
$$p_{gauge} = -\frac{\rho V_\theta^2}{2} = -\frac{1.2 \times 40^2}{2}$$
$$= -960 \ Pa$$

42 점도가 0.101 N·s/m², 비중이 0.85인 기름이 내경 300 mm 길이 3 km의 주철관 내부를 흐르며, 유량은 0.0444 m³/s이다. 이 관을 흐르는 동안 기름유동이 겪은 수두손실은 약 몇 m인가?

① 7.14 ② 8.12
③ 7.76 ④ 8.44

풀이
$$Q = AV$$
$$\Rightarrow V = \frac{Q}{A} = \frac{Q}{\frac{\pi d^2}{4}} = \frac{4Q}{\pi d^2}$$
$$= \frac{4 \times 0.0444}{\pi (0.3)^2} \fallingdotseq 0.63 \ m/s$$
$$Re = \frac{\rho v d}{\mu} = \frac{(1000 \times 0.85) \times 0.628 \times 0.3}{0.101}$$
$$= 1586 < 2100 \ (\text{층류})$$
관마찰계수 $f = \frac{64}{Re} = \frac{64}{1586} = 0.04$
수두손실
$$h_L = f\frac{L}{d}\frac{V^2}{2g} = 0.04 \times \frac{3000}{0.3} \times \frac{0.63^2}{2 \times 9.8}$$
$$= 8.1 \ m$$

43 지름 5 cm의 구가 공기 중에서 매초 40 m의 속도로 날아갈 때 항력은 약 몇 N 인가? (단, 공기의 밀도 1.23 kg/m³이고, 항력계수는 0.6이다.)

정답 40. ④ 41. ③ 42. ② 43. ①

2014년

① 1.16　② 3.22
③ 6.35　④ 9.23

풀이

$$D = F_D = C_D A \frac{\rho V^2}{2}$$
$$= 0.6 \times \frac{\pi \times 0.05^2}{4} \times \frac{1.23 \times 40^2}{2} = 1.16\ N$$

44 다음 중 유선의 방정식은 어느 것인가? (단, ρ : 밀도, A : 단면적, V : 평균속도, u, v, w는 각각 x, y, z 방향의 속도이다.)

① $\dfrac{d\rho}{\rho} + \dfrac{dA}{A} + \dfrac{dV}{V} = 0$

② $\dfrac{\partial u}{\partial x} + \dfrac{\partial u}{\partial y} + \dfrac{\partial w}{\partial z} = 0$

③ $\dfrac{dx}{u} = \dfrac{dy}{v} = \dfrac{dz}{w}$

④ $d(\dfrac{v^2}{2} + \dfrac{P}{\rho} + gy) = 0$

풀이

유선의 방정식 $\dfrac{dx}{u} = \dfrac{dy}{v} = \dfrac{dz}{w}$

45 수면차가 15 m인 두 물탱크를 지름 300 mm, 길이 1500 m인 원관으로 연결하고 있다. 관로의 도중에 곡관이 4개 연결되어 있을 때 관로를 흐르는 유량은 몇 L/s인가? (단, 관마찰계수는 0.032, 입구 손실계수는 0.45, 출구손실계수는 1, 곡관의 손실계수는 0.17이다.)

① 89.6　② 92.3
③ 95.2　④ 98.5

풀이

$$H_L = \left(k_{입구} + f\frac{l}{d} + k_{출구} + 4 \times k_{곡관}\right)\frac{V^2}{2g}$$

$$\Rightarrow V = \sqrt{\frac{2gH_L}{\left(k_{입구} + f\frac{l}{d} + k_{출구} + 4 \times k_{곡관}\right)}}$$

$$= \sqrt{\frac{2 \times 9.8 \times 15}{\left(0.45 + 0.032 \times \frac{1500}{0.3} + 1 + 4 \times 0.17\right)}}$$

$$\fallingdotseq 1.35\ m/s$$

$$\therefore Q = AV$$
$$= \frac{\pi \times 0.3^2}{4} \times 1.35 \times 10^3 = 95.4\ L/s$$

46 한 변이 2 m인 위가 열려있는 정육면체 통에 물을 가득 담아 수평방향으로 9.8 m/s² 의 가속도로 잡아 끌 때 통에 남아 있는 물의 양은 얼마인가?

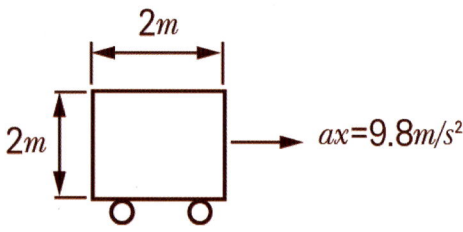

① 8 m³　② 4 m³
③ 2 m³　④ 1 m³

풀이

등가속도 운동

$\tan\theta = \dfrac{a_x}{g} \Rightarrow \theta = \tan^{-1}\left(\dfrac{9.8}{9.8}\right) = 45°$

∴ 통에 남아있는 물은 1/2 (4 m³) 이다.

47 길이 150 m의 배가 8 m/s의 속도로 항해한다. 배가 받는 조파저항을 연구하는 경우, 길이 1.5 m의 기하학적으로 닮은 모형의 속도는 몇 m/s인지 구하시오.

① 12　② 80
③ 1　④ 0.8

정답　44. ③　45. ③　46. ②　47. ④

풀이

Froude수 상사

$$\left(\frac{V}{\sqrt{Lg}}\right)_p = \left(\frac{V}{\sqrt{Lg}}\right)_m$$

$$\Rightarrow V_m = V_p\left(\sqrt{\frac{l_m}{l_p}}\right) = 8 \times \left(\sqrt{\frac{1.5}{150}}\right)$$

$$= 0.8 \ m/s$$

48 점성계수 $\mu = 1.1\times 10^{-3}$ N·s/m² 인 물이 직경 2 cm인 수평원판 내를 층류로 흐를 때, 관의 길이가 1000 m, 압력강하는 8800 Pa이면 유량 Q는 약 몇 m³/s인가?

① 3.14×10^{-5}
② 3.14×10^{-2}
③ 3.14
④ 314

풀이

관내유동 유량

$$Q = \frac{\triangle p \pi d^4}{128\mu L} = \frac{8800 \times \pi \times 0.02^4}{128 \times 1.1 \times 10^{-3} \times 1000}$$

$$= 3.14 \times 10^{-5} \ m^3/s$$

49 동점성계수의 차원을 $[M]^a[L]^b[T]^c$로 나타낼 때, a + b + c의 값은?

① −1   ② 0   ③ 1   ④ 3

풀이

동점성계수 차원해석

$m^2/s = L^2 T^{-1} = M^a L^b T^c$

50 100 m 높이에 있는 물의 낙차를 이용하여 20 MW의 발전을 하기 위해서 필요한 유량은 약 m³/s 인지 구하시오. (단, 터빈의 효율은 90%이고, 모든 마찰손실은 무시한다.)

① 18.4
② 22.7
③ 180
④ 222

풀이

터빈출력 $P = \eta \times \gamma H Q$

$$\Rightarrow Q = \frac{P}{\eta \gamma H} = \frac{20 \times 10^6}{0.9 \times 9800 \times 100}$$

$$\fallingdotseq 22.7 \ m^3/s$$

51 기온이 27°C인 여름날 공기속에서의 음속은 −3°C인 겨울날에 비해 몇 배나 빠른가? (단, 공기의 비열비의 변화는 무시한다.)

① 1.00   ② 1.05
③ 1.11   ④ 1.23

풀이

음속 $C = \sqrt{\frac{kp}{\rho}} = \sqrt{kRT}$

$\Rightarrow C \propto \sqrt{T}$

$$\therefore \frac{C_2}{C_1} = \sqrt{\frac{T_2}{T_1}} = \sqrt{\frac{27+273}{-3+273}} = 1.05$$

52 시속 800 km의 속도로 비행하는 제트기가 400 m/s의 상대속도로 배기가스를 노즐에서 분출할 때의 추진력은? (단, 이 때 흡기량은 25 kg/s이고, 배기되는 연소가스는 흡기량에 비해 2.5 % 증가하는 것으로 본다.)

① 7340 N   ② 4694 N
③ 4870 N   ④ 3920 N

풀이

추력

$$F_{th} = \dot{m}_2 v_2 - \dot{m}_1 v_1$$

$$= (25 \times 1.025) \times 400 - 25 \times \left(\frac{800 \times 10^3}{3600}\right)$$

$$\fallingdotseq 4694 \ N$$

53 2 h 떨어진 두 개의 평행평판 사이에 뉴턴유체의 속도분포가 $u = u_0[1-(y/h)^2]$와 같을 때 밑판에 작용하는 전단응력은? (단, μ는 점성계수이고,

y = 0은 두 평판의 중앙이다.)

① $\dfrac{2\mu u_0}{h}$ ② $\dfrac{\mu u_0}{h}$

③ $2\mu u_0 h$ ④ $\mu u_0 h$

풀이

2 평판의 중앙이 $y=0$ 이므로 밑면은 $y=-h$

전단응력

$\tau = \mu \dfrac{du}{dy}\Big|_{y=-h} = \mu\left[-u_o\dfrac{2y}{h^2}\right]_{y=-h}$

$\quad = \dfrac{2\mu u_o}{h}$

54 절대압력 700 kPa의 공기를 담고 있고 체적은 0.1 m³, 온도는 20℃인 탱크가 있다. 순간적으로 공기는 밸브를 통해 바깥으로 단면적 75 mm²를 통해 방출되기 시작한다. 이 공기의 유속은 310 m/s이고, 밀도는 6 kg/m³이며 탱크 내의 모든 물성치는 균일한 분포를 갖는다고 가정한다. 방출하기 시작하는 시각에 탱크 내 밀도의 시간에 따른 변화율은 몇 kg/(m³·s) 인가?

① -12.338 ② -2.582
③ -20.381 ④ -1.395

풀이

탱크의 전체체적은 일정이므로
$t=0$ 에서 밀도의 변화율

$\dfrac{\partial \rho}{\partial t} = -\dfrac{\rho_1 V_1 A_1}{\text{탱크체적}}$

$\quad = -\dfrac{6 \times 310 \times 75 \times 10^{-6}}{0.1}$

$\quad = -1.395 \; kg/m^3 \cdot sec$

55 다음 중 유량측정과 직접적인 관련이 없는 것은?

① 오리피스(Orifice)
② 벤투리(Venturi)
③ 부르돈관(Bourdon tube)
④ 노즐(Nozzle)

풀이

③ 부르돈 관은 대기압 측정장치

56 비중 0.85인 기름의 자유표면으로부터 10 m 아래에서의 계기압력은 약 몇 kPa인가?

① 83 ② 830 ③ 98 ④ 980

풀이

$p_{gauge} = p_{정수압} = \gamma h = (\gamma_w \, s)\, h$
$\quad = (9.8 \times 0.85) \times 10 = 83 \; kPa$

57 점성력에 대한 관성력의 비로 나타내는 무차원 수의 명칭은?

① 레이놀즈 수 ② 웨버 수
③ 푸루드 수 ④ 코우시 수

풀이

① 레이놀즈 수
$Re = \dfrac{\text{관성력}}{\text{점성력}} = \dfrac{\rho V d}{\mu} = \dfrac{Vd}{\nu}$

58 관내의 층류유동에서 관마찰계수 f 는?

① 조도만의 함수이다.
② 레이놀즈수만의 함수이다.
③ 상대조도와 레이놀즈수의 함수이다.
④ 오일러수의 함수이다.

풀이

층류유동의 관마찰계수는 레이놀즈수 만의 함수
$f = \dfrac{64}{Re}$

59 다음 후류(wake)에 관한 설명 중 옳은 것은?

① 표면마찰이 주원인이다.
② 압력이 높은 구역이다.

③ 박리점 후방에서 생긴다.
④ (dp/dx) 〈 0인 영역에서 일어난다.

풀이
후류(wake flow)는 박리점 후방에서 발생한다.

60 분수에서 분출되는 물줄기 높이를 2배로 올리려면 노즐로 공급되는 게이지 압력을 몇 배로 올려야 하는가? (단, 이곳에서의 동압은 무시한다.)

① 1.414 ② 2
③ 2.828 ④ 4

풀이
수압(게이지 압)은 물줄기 높이와 비례

$$\therefore \frac{p_2}{p_1} = \frac{2h}{h} = 2 \text{배}$$

제4과목 : 기계재료 및 유압기기

61 게이지강이 갖추어야 할 조건으로 틀린 것은?

① 내마모성이 크고, HRC55 이상의 경도를 가질 것
② 담금질에 의한 변형 및 균열이 적을 것
③ 오랜 시간 경과하여도 치수의 변화가 적을 것
④ 열팽창계수는 구리와 유사하여 취성이 좋을 것

풀이
치수의 표준 게이지강의 필요 조건
㉠ 내마모, 경도가 커야 하고 담금질에 의한 변형, 균열이 적고 내식성이 우수할 것
㉡ 장시간 사용해도 치수변화가 적을 것
㉢ 게이지강은 측정에 사용하는 재료로 열에 의한 변형이 적어야 한다.
즉, 게이지강은 열팽창계수가 작아서 온도에 의한 변화가 적어야 한다.

62 미하나이트 주철(Meehanite cast iron)의 바탕조직은?

① 시멘타이트 ② 펄라이트
③ 오스테나이트 ④ 페라이트

풀이
미하나이트주철(Meehanite cast iron)은 가장 많이 사용되는 고급주철로 흑연이 미세하고 활모양으로 구부러져 고르게 분포되어 있고, 바탕(기지) 조직은 펄라이트(Pearlite)이다.

63 내열성과 인성이 좋고 강한 충격이 가해지는 곳에 적합한 스프링강계는?

① 고탄소 ② 망간-크롬
③ 규소-크롬 ④ 크롬-바나듐

풀이
Cr-V강은 내충격성이 우수한 고급 스프링강으로 주로 코일 스프링과 토션 바(Torsion bar)에 사용되고 있다.

64 마그네슘(Mg)을 설명한 것 중 틀린 것은 어느 것인가?

① 마그네슘(Mg)의 비중은 알루미늄의 약 2/3 정도이다.
② 구상흑연주철의 첨가제로도 사용된다.
③ 용융점은 약 930℃로 산화가 잘된다.
④ 전기전도도는 알루미늄보다 낮으나 절삭성은 좋다.

풀이
마그네슘의 비중은 1.74, 용융점은 650℃이며 구상흑연주철, Al합금의 제조용으로 사용하며 절삭성이 좋지만 공기 중에서 가열 및 용해시 폭발의 위험이 있다.

65 다음 중 일반적으로 담금질에서 요구되지 않는 것은?

정답 60. ② 61. ④ 62. ② 63. ④ 64. ③ 65. ④

① 경화깊이가 깊을 것
② 담금질 경도가 높을 것
③ 담금질 균열의 발생이 없을 것
④ 담금질 연화가 잘 될 것

풀이

담금질(Quenching)의 목적은 마르텐사이트 조직으로 변화시켜 강의 경도와 강도를 증가시키기 위한 것으로 담금질 경화층 깊이는 부품의 성능에 영향을 미치므로 부품의 용도에 따라 경화층 깊이를 주어야 하며, 담금질 온도에 주의하여 담금질 균열을 방지해야 한다.
풀림(Annealing)은 경화한 재료의 연화, 내부 응력제거, 절삭성 개선, 조직의 개량 등을 목적으로 행하는 열처리이다.

66 담금질에 의한 변형에 관한 설명 중 틀린 것은?

① 경화상태의 불균일로 생김
② 열응력으로 생김
③ 탄소함유량 변화
④ 변태응력으로 생김

풀이

담금질시 경화 상태가 균일해야 하며 담금질 균열(Quenching crack)은 급냉에 따른 열 변형, 변태 변형 강재에 있어 담금질 균열의 대부분은 변태 변형에 의한 것으로 Ms점 (마르텐 사이트 변태 온도) 이하를 서냉한다.

67 다음 중 가단주철을 설명한 것으로 가장 적합한 것은?

① 기계적 특성과 내식성, 내열성을 향상시키기 위해 Mn, Si, Ni, Cr, Mo, V, Al Cu 등의 합금원소를 첨가한 것이다.
② 탄소량 2.5% 이상의 주철을 주형에 주입한 그 상태로 흑연을 구상화한것이다.
③ 표면을 칠(chill)상에서 경화시키고 내부 조직은 펄라이트와 흑연인 회주철로 해서 전체적으로 인성을 확보한 것이다.
④ 백주철을 고온도로 장시간 풀림해서 시

멘타이트를 분해 또는 감소시키고 인성이나 연성을 증가시킬 것이다.

풀이

백선주물을 풀림처리하여 페라이트와 흑연탄소로 만들어 연성을 갖게 한 것이 가단주철로 백주철을 풀림처리한 백심가단주철과 흑연화를 목적으로 하는 흑심가단주철, 흑연화를 목적으로 하지만 일부의 탄소를 화합탄소(Fe3C)로 잔류시키는 펄라이트 가단주철이 대표적이다. 가단주철은 내충격성, 내열성, 절삭성이 좋고 강도가 높은 주철로 백심가단주철(WMC)은 백주철을 산화철로 뒤집어 씌워 900~1000℃로 장시간(80~100시간) 가열하면 외부는 산화철과의 화학작용으로 탈탄하여 연강 또는 극연강 상태로 되며 내부는 장시간 가열에 의해 흑연(유리탄소)이 뜨임 탄소 즉, 괴상 흑연(Temper Carbon)으로 된다.

68 순철에서 온도변화에 따라 원자배열의 변화가 일어나는 것은?

① 소성변형 ② 동소변태
③ 자기변태 ④ 황온변태

풀이

순철에서 외적인 조건에 의하여 원자 배열이 바뀌는 것을 동소 변태라 한다.
 A_3 점 : α 철(체심입방격자) ⇌ γ 철(면심입방격자)의 변태(912℃) 동소 변태
 A_4 점 : γ 철(체심입방격자) ⇌ δ 철(면심입방격자)의 변태(1394℃) 동소 변태

69 다음 중 Mn 26.3%, Al 13% 나머지가 구리인 합금으로 강자성체인 것은?

① 스테인레스 강
② 고망간강
③ 포금
④ 호이슬러 합금

풀이

호이슬러(Heussler) 합금은 1901년에 독일의 호이슬러가 개발한 Cu(60%)–Al(15%)–Mn(25%)계 자성이 강

한 합금으로 Fe, Ni, Co 등의 강자성 원소를 포함하지 않으므로 강자성이 나타난다.

70 다음 중 플라스틱 재료 중에서 내충격성이 가장 좋은 것은?

① 폴리스틸렌 ② 폴리카보네이트
③ 폴리에틸렌 ④ 폴리프로필렌

풀이
폴리카보네이트(Polycarbinate)는 PC라고 불리우는 열가소성 플라스틱으로 내충격성, 내열성, 투명성, 내후성이 우수하며 가공성과 내구성도 좋은 소재로 우주선 비행사의 헬멧에도 사용된다고 한다.

71 그림에서 표기하고 있는 밸브의 명칭은 무엇인가?

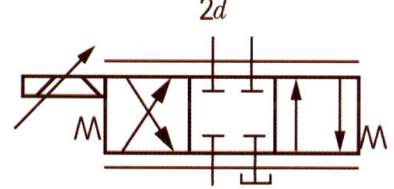

① 셔틀밸브   ② 파일럿밸브
③ 서보밸브   ④ 교축전환밸브

풀이
서보밸브(Servo valve)
서보는 명령대로 움직이는 것을 의미하고, 서보 밸브는 전기 그 밖의 다른 입력 신호(명령)에 따라 비교적 높은 유체의 유량과 압력을 상당한 응답속도를 가지고 제어하는 밸브로 위치 제어, 속도 제어 등의 고정도, 고응답을 필요로 하는 곳에 사용하고 있다.

72 일반적으로 저점도유를 사용하여 유압시스템의 온도도 60~80℃ 정도로 높은 상태에서 운전하여 유압시스템 구성기기의 이물질을 제거하는 방법은?

① 커미싱   ② 플러싱
③ 엠보싱   ④ 블랭킹

풀이
플러싱(flushing) : 유압장치에서 플러싱은 배관작업을 할 때 부주의로 들어간 이물질이나 오염물을 제거할 목적으로 오염에 기인한 오작동이 발생하지 않도록 기름이 흐르는 모든 관로를 깨끗하게 하는 작업

73 방향전환 밸브에서 밸브와 관로가 접속되는 통로의 수를 무엇이라 하는가?

① 방수(number of way)
② 포트수(number of port)
③ 위치수(number of position)
④ 스풀수(number of spool)

풀이
포트 수 또는 접속수 : 밸브와 주관로(파일럿과 레인 포트 제외)와 접속구 수

74 유압호스에 관한 설명으로 옳지 않은 것은 무엇인가?

① 진동을 흡수한다.
② 유압회로의 서지압력을 흡수한다.
③ 고압회로로 변환하기 위해 사용한다.
④ 결합부의 상대위치가 변하는 경우 사용한다.

풀이
유압 호스는 유압을 동력으로 사용하는 모든 기계에 사용되며 유압의 동력을 유연하게 전달하기 위한 필수 배관 요소로 사용 압력에 따라 선택할 수 있으며 재질이 중요하다.

75 유압장치에 사용되는 밸브를 압력제어밸브, 방향제어밸브, 유량제어밸브 등으로 분류하였다면, 이는 어떤기준에 의해 분류한 것인가?

① 기능상의 분류

2014년

② 접속 형식상의 분류
③ 조작 방식상의 분류
④ 구조상의 분류

[풀이]
유압밸브의 기능상의 분류
압력제어 밸브 : 일의 크기를 제어하는 밸브
유량제어 밸브 : 일의 속도 제어를 결정하는 밸브
방향제어 밸브 : 일의 방향을 결정하는 밸브

76 유압회로의 엑추에이터(actuator)에 걸리는 부하의 변동, 회로압의 변화, 기타의 조작에 관계없이 유압 실린더를 필요한 위치에 고정하고 자유운동이 일어나지 못하도록 방지하기 위한 회로는 무엇인가?

① 중압회로 ② 로크회로
③ 감압회로 ④ 무부화회로

[풀이]
로크회로는 액추에이터의 행정을 임의 위치에서 고정할 필요가 있는 경우 이 때 부하의 변동이나 압력 저하에 의한 피스톤의 이동을 방지하는 회로

77 다음 중 오일의 점성을 이용한 유압응용장치는?

① 압력계 ② 토크 컨버터
③ 진동개폐밸브 ④ 쇼크 업소버

[풀이]
완충기 또는 미국식 영어로 쇼크 업소버(Shock absorber) 혹은 영국식 영어로 댐퍼(Damper)라 고도 하며 스프링을 이용하여 충격을 완충시키는 장치로 오일의 점성 저항을 이용한 완충기이다.

78 유압장치의 특징으로 옳지 않은 것은?

① 자동제어가 가능하다.
② 공기압보다 작동속도가 빠르다.
③ 소형장치로 큰 출력을 얻을 수 있다.

④ 유온의 변화에 따라 출력효율이 변화된다.

[풀이]
유압 장치의 단점으로 공압에 비해 속도가 느린 편이며, 가격이 비싸다는 것을 들 수 있다.

79 기어펌프에서 발생하는 폐입현상을 방지하기 위한 방법으로 가장 적절한 것은?

① 베인을 교환한다.
② 오일을 보충한다.
③ 릴리프 홈이 적용된 기어를 사용한다.
④ 베어링을 교환한다.

[풀이]
기어펌프의 폐입(Trapping)현상이란 두 개의 기어 이가 맞물릴 때 기어 홈 사이에 갇힌 작동유가 앞뒤로 출구가 막혀 갇히게 되는 현상을 말하며, 축동력과 축하중이 증가하고 진동 및 소음 발생의 원인이 된다.
이에 대한 방지책으로 릴리프 홈(Relief groove)이 적용된 기어를 사용한다.

80 작동유 압력이 700 N/cm² 이고, 유량이 30ℓ/min 인 유압모터의 출력토크는 약 몇 N·m인가? (단, 1회전당 배출유량은 25cc/rev이다.)

① 28 ② 42 ③ 56 ④ 74

[풀이]
$$T = \frac{pq}{2\pi} = \frac{700 \times 25}{2\pi} \times 10^{-2} ≒ 28\ N \cdot m$$

제5과목 : 기계제작법 및 기계동력학

81 CNC선반에서 프로그램으로 사용할 수 없는 기능은 무엇인가?

① 이송속도의 선정

정답 76. ② 77. ④ 78. ② 79. ③ 80. ① 81. ④

② 절삭속도와 주축회전수의 선정
③ 공구의 교환
④ 가공물의 장착, 제거

풀이
CNC선반 프로그램은 주축 기능(주축 회전수 조절 및 제어), 절삭 및 이송 속도 설정, 공구 기능(공구 선택과 보정기능), 위치결정 기능 등이 있다.

82 딥 드로잉(deep drawing) 가공의 특징으로 올바르지 않은 것은?

① 큰 단면감소율을 얻을 수 있다.
② 중간에 어닐링(annealing)이 필요 없다.
③ 복잡한 형상에서도 금속의 유동이 잘 된다.
④ 압판압력을 정확히 조정할 필요 없다.

풀이
딥 드로잉은 소성가공의 일종으로 음료용 캔처럼 직경에 비해 깊이가 깊은 제품을 제작하는 가공으로 압판 압력을 정확히 조정할 필요가 있다.

83 평면도를 측정할 때, 가장 관계가 적은 측정기를 고르시오.

① 수준기   ② 광선정반
③ 오토콜리메이터 ④ 공구현미경

풀이
공구현미경은 비접촉식 2차원 측정기기로 현미경에 의해 확대 관측하여 제품의 길이, 각도, 형상, 윤곽 등을 측정하는 측정기로 각종 게이지, 치공구류의 측정, 특히 나사 게이지, 나사 요소의 측정 등에 사용된다.

84 선반에서 절삭비(cutting ratio, γ)의 표현식으로 옳은 것은? (단, ϕ는 전단각, α는 공구 윗면 경사각이다.)

① $r = \dfrac{\cos(\phi - \alpha)}{\sin\phi}$

② $r = \dfrac{\sin(\phi - \alpha)}{\cos\phi}$

③ $r = \dfrac{\cos\phi}{\sin(\phi - \alpha)}$

④ $r = \dfrac{\sin\phi}{\cos(\phi - \alpha)}$

풀이
절삭비(γ)와 윗면 경사각(α)절삭방향과 전단 면이 이루는 α가 크면 칩은 얇고 길게 되며, α가 작으면 칩은 두껍고 짧게 되며 전단면적이 크게 되므로큰 절삭력이 필요하게 된다.
절삭의 양부를 나타내는 파라미터를 절삭비(cutting ratio)로 흔히 사용하는데 절삭비 및 가공물과 공구의 상대 운동방향에 세운 수직선과 공구 면이 이루는 경사각(ϕ)의 관계는 다음과 같다.
이 때 절삭 전의 절삭하려는 재료의 두께를 t_1, 절삭 후의 칩의 두께를 t_2라 하면 절삭비 γ는 다음과 같다.

$$r = \dfrac{\sin\phi}{\cos(\phi - \alpha)}$$

85 방전가공의 특징 설명으로 올바르지 않은 것은?

① 전극 및 가공물에 큰 힘이 가해지지 않는다.
② 숙련된 전문기술자만 할 수 있다.
③ 전극의 형상대로 정밀하게 가공할 수 있다.
④ 가공물의 경도와 관계없이 가공이 가능하다.

풀이
방전가공
전극과 공작물을 등유 같은 공작액 중에서 0.04 ~ 0.05mm 정도의 간격을 두고 100V 정도의 전압을 주면 전극과 공작물 사이에 전기적 아크가 발생하여 공작물 표면이 조금씩 제거되 는 것을 말한다.
금속, 다이아몬드, 루비, 사파이어 등 경질 비금 속 재료도 가공에 응용됨
㉠ 전극의 형상대로 정밀하게 가공할 수 있음

정답 82. ④ 83. ④ 84. ④ 85. ②

2014년

ⓒ 전극 및 가공물에 큰 힘이 가해지지 않음
ⓒ 가공물의 경도, 인성, 강도와 관계없이 가공 가능

86 압연공정에서 압연하기 전 원재료의 두께를 40 mm, 압연 후 재료의 두께를 20 mm로 한다면 압하율(draft percent)은 얼마인지 고르시오.

① 20% ② 30%
③ 40% ④ 50%

풀이

H_0 : 압연 전의 두께 H_1 : 압연 후의 두께

$$압하율 = \frac{H_0 - H_1}{H_0} \times 100\% = \left(1 - \frac{H_1}{H_0}\right) \times 100\%$$
$$= \left(1 - \frac{20}{40}\right) \times 100\% = 50\%$$

87 방전가공의 전극재질로 적당한 것은?

① 다이아몬드 ② 구리
③ 연강 ④ 아연

풀이

방전가공의 전극 재료 황동, 동, 동그라파이트, 은텅스텐, 동텅스텐, 아연합금, 주철, 탄소강판, 그라파이트 등

88 목형에 라카나 니스 등의 도료를 칠하는 이유로 가장 올바른 이유는?

① 보기좋게 하기 위하여
② 습기를 방지하고 모래의 분리를 쉽게 하기 위하여
③ 건조가 잘되게 하기 위하여
④ 주물사의 강도에 잘 견디게 하기 위하여

풀이

조형 작업에서 하형과 상형을 쉽게 분리하기 위하여 또는 목형이 주물사에서 쉽게 빠지도록 분할면이나 목형 표면에 뿌리거나 바르는 것을 이형제라 한다.
목형의 분리에는 니스, 락카, 실리콘유 등이 이용된다.

89 절삭가공을 할 때 발생하는 가공변질층에 대한 설명 중 올바르지 않은 것은?

① 가공변질층은 절삭저항의 크기에는 관계가 없다.
② 가공변질층은 내식성과 내마모성이 좋지 않다.
③ 절삭온도는 가공변질층에 영향을 미친다.
④ 가공변질층은 흔히 잔류응력이 남는다.

풀이

절삭가공을 하면 가공면은 절삭공구에 의해 칩과 분리되면서 절삭면을 형성한다.
이런 표피층은 표면에 내부와 다른 조직과 강도·응력 상태를 가지며 가공경화, 잔류응력 등이 발생하여 모재와는 다른 성질을 갖게 되는데 이러한 표면의 조직을 가공변질층(Deformed layer)이라 한다.
〈가공변질층에 영향을 주는 요소〉
  ㉠ 절삭저항의 크기에 영향을 미침
  ㉡ 내식성 및 내마모성이 좋지 않음
  ㉢ 잔류응력이 남음
  ㉣ 절삭온도는 가공변질층에 영향을 미침

90 용접의 종류 중 불활성가스 분위기 내에서 모재와 동일 또는 유사한 금속을 전극으로 하여 모재와의 사이에 아크를 발생시켜 용접하는 것을 무엇이라 하는가?

① 피복 아크용접
② MIG용접
③ 서브머지드 용접
④ CO_2 가스용접

풀이

불활성가스 아크용접
  ㉠ 불활성가스 금속 아크 용접(MIG 용접)
  ㉡ 불활성가스 텅스텐 아크 용접(TIG 용접)

91 두 파동 $x_1 = \sin \omega t$, $x_2 = \cos \omega t$를 합성하였을 때, 진폭과 위상각으로 바른 것은?

정답 86. ④ 87. ② 88. ② 89. ① 90. ② 91. ④

① 진폭은 $\sqrt{2}$, 위상각은 $90°$
② 진폭은 2, 위상각은 $45°$
③ 진폭은 $\sqrt{2}$, 위상각은 $60°$
④ 진폭은 $\sqrt{2}$, 위상각은 $45°$

풀이

$x = x_1 + x_2$
$\quad = \sin\omega t + \cos\omega t = X\sin(\omega t + \phi)$ ……①

① 식과의 비교에서
$x^2\cos^2\phi + x^2\sin^2\phi = 2$
⇨ $x^2 = 2$ ∴ $x = \sqrt{2}$
⇨ $\tan\phi = 1$ ∴ $\phi = \tan^{-1} = 45°$

92 반경 r인 균일한 원판이 평면위에서 미끄럼없이 각속도 ω, 각가속도 α로 굴러가고 있다. 이 원판 중심점의 수평방향의 가속도 성분의 크기는 얼마인가?

① $r\alpha$ ② $r\omega$ ③ ω^2/r ④ α^2/r

풀이

$V_o = r\omega$ ⇨ $a_o = r\left(\dfrac{\omega}{t}\right) = r\alpha$

93 질량 0.6 kg인 강철 블록이 오른쪽으로 4 m/s의 속도로 이동하고, 질량 0.9 kg인 강철 블록이 왼쪽으로 2 m/s의 속도로 이동하다가 정면으로 충돌하였다. 반발계수가 0.75일 때 충돌하는 동안 손실된 에너지는 약 몇 J 인지 고르시오.

① 2.8 ② 3.8 ③ 6.6 ④ 10.4

풀이

$m_1 v_1 - m_2 v_2 = m_1 v_1' + m_2 v_2'$
⇨ $0.6 \times 4 - 0.9 \times 2 = 0.6 v_1' + 0.9 v_2'$
⇨ $0.6 v_1' + 0.9 v_2' = 0.6$
반발계수 $= \dfrac{-(v_1' - v_2')}{v_1 - v_2} = \dfrac{-(v_1' - v_2')}{4 + 2}$
$\quad\quad\quad\quad = 0.75$
$v_2' - v_1' = 4.5$

⇨ $v_2' = 4.5 + v_1'$
⇨ $0.6 v_1' + 0.9(4.5 + v_1') = 0.6$
∴ $v_1' = -2.3 \, m/s$ $v_2' = 2.2 \, m/s$

● 충돌 전 운동에너지 합
$\dfrac{1}{2} m_1 v_1^2 + \dfrac{1}{2} m_2 v_2^2$
$= \dfrac{1}{2} \times 0.6 \times 4^2 + \dfrac{1}{2} \times 0.9 \times 2^2$
$= 6.6 \, N \cdot m$

● 충돌 후 운동에너지 합
$\dfrac{1}{2} m v_1'^2 + \dfrac{1}{2} m v_2'^2$
$= \dfrac{1}{2} \times 0.6 \times 2.3^2 + \dfrac{1}{2} \times 0.9 \times 2.2^2$
$≒ 3.8 \, N \cdot m$
∴ 손실에너지 $6.6 - 3.8 = 2.8 \, J$

94 중량 2400 N, 회전수 1500 rpm인 공기 압축기가 있다. 스프링으로 균등하게 6 개소를 지지시켜 진동수비를 2.4로 할 때, 스프링 1개의 스프링 상수를 구하면 약 몇 kN/m 인지 고르시오. (단, 감쇠비는 무시한다.)

① 165 ② 175 ③ 194 ④ 125

풀이

$\omega = \dfrac{2\pi N}{60} = \dfrac{2\pi \times 1500}{60} = 157 \, rad/s$
$\omega_n = \dfrac{\omega}{진동수 비} = \dfrac{157}{2.4} = 65.42 \, rad/s$
$\omega_n = \sqrt{\dfrac{k}{m}}$ ⇨ $k = m\omega_n^2 = \dfrac{W}{g}\omega_n^2$
$= \dfrac{2400 \times 65.42^2}{9.8 \times 6} \times 10^{-3} ≒ 175 \, kN/m$

95 질량 관성모멘트가 $20 \, kg \cdot m^2$인 플라이 휠(flywheel)을 정지 상태로부터 10초 후 3600 rpm으로 회전시키기 위해 일정한 비율로 가속하였다. 이 때 필요한 토크는 약 몇 N·m인지 고르시오.

① 654 ② 754 ③ 854 ④ 954

정답 92. ① 93. ① 94. ② 95. ②

2014년

풀이

$$T = J\alpha = J\frac{\omega}{t}$$
$$= 20 \times \left(\frac{2\pi \times 3600}{60 \times 10}\right) \fallingdotseq 754\ N \cdot m$$

96 그림과 같이 한 개의 움직이는 도르래와 한 개의 고정 도르래로 연결된 시스템의 고유 각진동수는 무엇인가? (단, 도르래의 질량은 무시한다.)

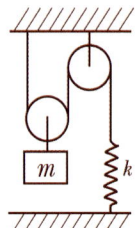

① $\sqrt{\dfrac{k}{m}}$ ② $\sqrt{\dfrac{2k}{m}}$
③ $\sqrt{\dfrac{3k}{m}}$ ④ $\sqrt{\dfrac{4k}{m}}$

풀이

$x = X\sin\omega t \Rightarrow \dot{x} = \omega X\cos\omega t$
$T_{max} = U_{max}$
$\Rightarrow \frac{1}{2}mx^2\omega^2 = \frac{1}{2}k(2x)^2$
$\Rightarrow m\omega^2 = 4k \Rightarrow \omega^2 = \dfrac{4k}{m}$
$\therefore \omega = \sqrt{\dfrac{4k}{m}}$

97 회전하는 원판 위의 점 P에서 접선 가속도가 10 m/s^2, 법선 가속도가 5 m/s^2일 때 이 점 P에서의 가속도 크기는 몇 m/s^2인지 고르시오

① 2.2   ② 3.9
③ 7.1   ④ 11.2

풀이

$a = \sqrt{a_t^2 + a_n^2} = \sqrt{10^2 + 5^2} = 11.2\ m/s^2$

98 무게 10 kN의 구를 위치 A에서 정지 상태로부터 놓았을 때, 구가 위치 B를 통과할 때의 속도는 약 몇 cm/s가 되겠는가?

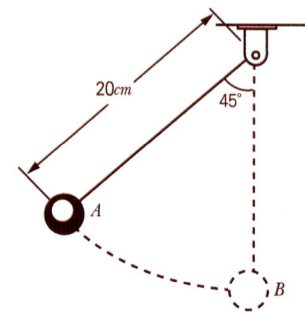

① 102   ② 105
③ 107   ④ 110

풀이

$\sum F = ma$

$mg\sin\theta = ml\alpha \Rightarrow \alpha = \dfrac{g\sin\theta}{l}$

$\alpha = \dfrac{d\omega}{dt} = \dfrac{d\omega}{d\theta} \cdot \dfrac{d\theta}{dt},\ \dfrac{d\theta}{dt} = \omega\dfrac{d\omega}{d\theta}$

$\Rightarrow \alpha\,d\theta = \omega\,d\omega$

$\dfrac{g}{l}\int_0^{45}\sin\theta\,d\theta$

$= \int_{\omega_o}^{\omega}\omega\,d\omega \quad -\dfrac{g}{l}|\cos\theta|_0^{45} = \dfrac{\omega^2}{2}$

$\therefore \omega = 2.36\ rad/s$

$\omega^2 = -\dfrac{2g}{l}(\cos 45° - \cos 0°)$

$\therefore V_B = lw = 20 \times 2.36 = 107.2\ cm/s$

99 질량이 2500 kg인 화물차가 수평면에서 견인되고 있다. 정지 상태로부터 일정한 가속도로 견인되어 150 m를 움직였을 때, 속도가 8 m/s이었다면, 화물차에 가해진 수평견인력의 크기는 약 몇 N인지 고르시오.

① 443   ② 533
③ 622   ④ 712

정답 96. ④ 97. ④ 98. ③ 99. ②

> 풀이

$V^2 - V_o^{\,2} = 2as$

$\Rightarrow a = \dfrac{V^2 - V_o^{\,2}}{2s} = \dfrac{8^2}{2 \times 150} = 0.213 \ m/s^2$

$F = ma = 2500 \times 0.213 = 533.33 \ N$

100 다음 1 자유도계의 감쇠 고유진동수는 몇 Hz인가?

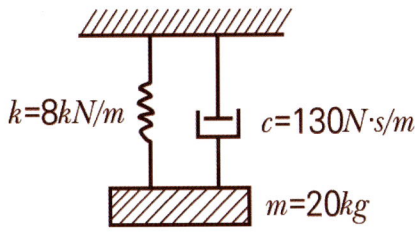

① 1.14 ② 2.14
③ 3.14 ④ 4.14

> 풀이

$\zeta = \dfrac{C}{C_c} = \dfrac{C}{2\sqrt{mk}} = \dfrac{130}{2\sqrt{20 \times 8 \times 10^3}}$

$\qquad = 0.163$

$\omega_n = \sqrt{\dfrac{k}{m}} = \sqrt{\dfrac{8 \times 10^3}{20}} = 20 \ rad/s$

$\omega_d = \omega_n \sqrt{1-\zeta^2} = 20\sqrt{1-0.163^2}$

$\qquad = 19.73 \ rad/s$

$f_d = \dfrac{\omega_d}{2\pi} = \dfrac{19.73}{2\pi} = 3.14 \ Hz$

정답 100. ③

2014년

국가기술자격 필기시험문제

2014년 기사 제2회 경향성 문제

자격종목	일반기계기사	시험시간 2시간 30분	수험번호	성명

제1과목 : 재료역학

01 그림과 같은 보에서 균일 분포하중(w)과 집중하중(P)이 동시에 작용할 때 굽힘 모멘트의 최대값은 무엇인가?

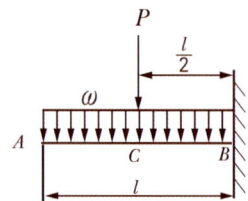

① $\ell(P-w\ell)$ ② $\dfrac{\ell}{2}(P-w\ell)$

③ $\ell(P+w\ell)$ ④ $\dfrac{\ell}{2}(P+w\ell)$

풀이

$M_{\max} = M_{\text{고정단}} = \dfrac{Pl}{2} + \dfrac{wl^2}{2} = \dfrac{l}{2}(P+wl)$

02 길이 3 m이고, 지름이 16 mm인 원형 단면봉에 30 kN의 축하중을 작용시켰을 때 탄성 신장량 2.2 mm가 생겼다. 이 재료의 탄성계수는 약 몇 GPa인가?

① 203 ② 20.3
③ 136 ④ 13.7

풀이
$\sigma = E\epsilon$

$\Rightarrow E = \dfrac{\sigma}{\epsilon} = \dfrac{\frac{P}{A}}{\frac{\lambda}{l}} = \dfrac{Pl}{A\lambda} = \dfrac{4Pl}{\pi d^2 \lambda}$

$= \dfrac{4 \times 30 \times 10^3 \times 3}{\pi (0.016)^2 \times 0.0022} \times 10^{-9}$

$\fallingdotseq 203.5\ GPa$

03 단면계수가 0.01 m³인 사각형 단면의 양단 고정보가 2 m의 길이를 가지고 있다. 중앙에 최대 몇 kN의 집중하중을 가할 수 있는가? (단, 재료의 허용 굽힘응력은 80 MPa이다.)

① 800 ② 1600
③ 2400 ④ 3200

풀이
$M_{\max} = \sigma_{\max} Z$

$\dfrac{Pl}{8} = \sigma Z$

$\Rightarrow P = \dfrac{8\sigma Z}{l} = \dfrac{8 \times 80 \times 10^6 \times 0.01}{2} \times 10^{-3}$

$= 3200\ kN$

04 다음과 같은 단면에 대한 2차모멘트 I_Z는?

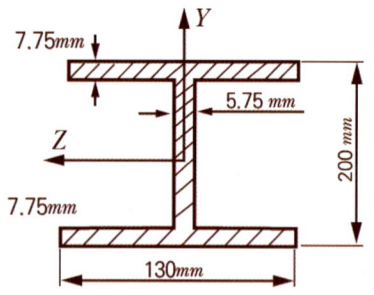

① $18.6 \times 10^6\ mm^4$
② $21.6 \times 10^6\ mm^4$

정답 1. ④ 2. ① 3. ④ 4. ②

③ $24.6 \times 10^6 \ mm^4$
④ $27.6 \times 10^6 \ mm^4$

풀이

$I' = I_G + Al^2$

$\Rightarrow I' = I'_1 + I_2 + I'_3$

$= \left(\dfrac{130 \times 7.75^3}{12} + 130 \times 7.75 \times 96.125^2 \right)$

$\quad + \dfrac{5.75 \times 184.5^3}{12}$

$\quad + \left(\dfrac{130 \times 7.75^3}{12} + 130 \times 7.75 \times 96.125^2 \right)$

$\fallingdotseq 21.6 \times 10^6 \ mm^4$

또는,

$I_Z = \dfrac{BH^3}{12} - 2\left(\dfrac{bh^3}{12} \right)$

$= \dfrac{130 \times 200^3}{12} - 2\left(\dfrac{62.125 \times 184.5^3}{12} \right)$

$\fallingdotseq 21.6 \times 10^6 \ mm^4$

05 그림과 같이 비틀림 하중을 받고 있는 중공축의 a-a 단면에서 비틀림 모멘트에 의한 최대 전단응력은? (단, 축의 외경은 10 cm, 내경은 6 cm이다.)

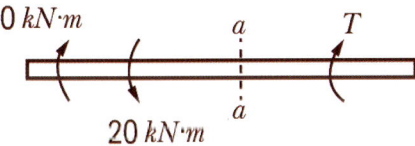

① 25.5 MPa ② 36.5 MPa
③ 47.5 MPa ④ 58.5 MPa

풀이

$\tau_{max} = \dfrac{T}{Z_p} = \dfrac{16T}{\pi d_2^3 (1-x^4)}$

$= \dfrac{16 \times (20-10) \times 10^3}{\pi \times 0.1^3 \times \left[1 - \left(\dfrac{6}{10}\right)^4\right]} \times 10^{-6}$

$= 58.51 \ MPa$

06 지름 10 mm이고, 길이가 3 m인 원형 축이 716 rpm으로 회전하고 있다. 이 축의 허용 전단응력이 160 MPa인 경우 전달할 수 있는 최대 동력은 약 몇 kW인가?

① 2.36 ② 3.15
③ 6.28 ④ 9.42

풀이

$T = 974 \dfrac{H_{kW}}{N}$ [kN · cm] , $T = \tau Z_P$

$H_{kW} = \dfrac{\tau \pi d^3 N}{16 \times 974 \times 10^6}$

$= \dfrac{160 \times 10^6 \times \pi \times 0.01^3 \times 716}{16 \times 974} \times 10^{-1}$

$\fallingdotseq 2.31 \ kW$

07 다음 그림과 같은 구조물에서 비틀림각 θ는 약 몇 rad인가? (단, 봉의 전단탄성계수 G = 120 GPa이다.)

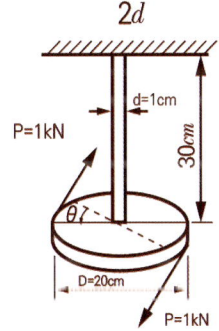

① 0.12 ② 0.5
③ 0.05 ④ 0.032

풀이

$\theta = \dfrac{Tl}{GI_P} = \dfrac{32Tl}{G\pi d^4}$

$= \dfrac{32 \times (1 \times 10^3 \times 0.2) \times 0.3}{120 \times 10^9 \times \pi \times 0.01^4} \fallingdotseq 0.51$

2014년

08 다음과 같은 외팔보에 집중하중과 모멘트가 자유단 B에 작용할 때 B점의 처짐은 몇 mm인가? (단, 굽힘강성 EI = 10 MN·m² 이고, 처짐 δ의 부호가 + 이면 위로, − 이면 아래로 처짐을 의미한다.)

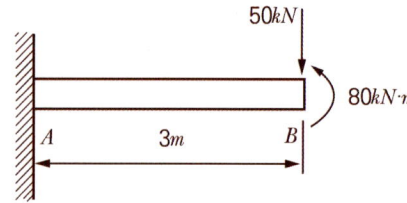

① +81 ② −81 ③ +9 ④ −9

풀이

$$\delta_1 = \frac{Pl^3}{3EI} = -\frac{50 \times 10^3 \times 3^3}{3 \times 10 \times 10^6} \times 10^3$$
$$= -45\ mm$$

$$\delta_2 = \frac{M_0 l^2}{2EI} = \frac{80 \times 10^3 \times 3^2}{2 \times 10 \times 10^6} \times 10^3$$
$$= 36\ mm$$

$$\therefore \delta = \delta_1 + \delta_2 = (-45) + 36 = -9\ mm$$

09 단면적이 2 cm²이고 길이가 4 m인 환봉에 10 kN의 축 방향 하중을 가하였다. 이 때 환봉에 발생한 응력은 무엇인가?

① 5000 N/m²   ② 2500 N/m²
③ 5×10⁷ N/m² ④ 5×10⁵ N/m²

풀이

$$\sigma = \frac{P}{A} = \frac{10 \times 3^3}{2 \times 10^{-4}} = 5 \times 10^7\ N/m^2$$

10 길이 L, 단면 2차 모멘트 I, 탄성 계수 E인 긴 기둥의 좌굴 하중 공식은 $\frac{\pi^2 EI}{(kL)^2}$ 이다. 여기서 k의 값은 기둥의 지지 조건에 따른 유효길이 계수라 한다. 양단고정일 때 k의 값은?

① 2 ② 1 ③ 0.7 ④ 0.5

풀이

양단고정 $n = 4 = \frac{1}{k^2}$

$\therefore k = \sqrt{\frac{1}{n}} = \sqrt{\frac{1}{4}} = 0.5$

11 일정한 두께를 갖는 반원이 핀에 의해서 A점에서 지지되고 있다. 이 때 B점에서 마찰이 존재하지 않는다고 가정할 때 A점에서의 반력은 무엇인가? (단, 원통 무게는 W, 반지름은 r이며, A, O, B점은 지구중심방향으로 일직선에 놓여 있다.)

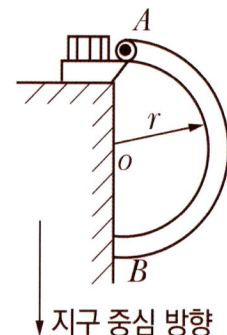

지구 중심 방향

① 1.80 W   ② 1.05 W
③ 0.80 W   ④ 0.50 W

풀이

$\sum M_x = 0$

$\Rightarrow -R_{A_x} \times 2r + W \times \frac{4r}{3\pi} \times \frac{1}{2} = 0$

$R_{A_x} = \frac{1}{3\pi} W$

$\sum F_y = 0$

$R_{A_y} - W = 0 \Rightarrow R_{A_y} = W$

$R_A = \sqrt{R_x^2 + R_y^2} = \sqrt{\left(\frac{1}{3\pi} + 1\right)} W$

$\fallingdotseq 1.05\ W$

12 원통형 압력용기에 내압 P가 작용할 때, 원통부에 발생하는 축 방향의 변형률 ϵ_x 및 원주방향은 변형

률 ϵ_y는? (단, 강판의 두께 t는 원통의 지름 D에 비하여 충분히 작고, 강판재료의 탄성계수 및 포아송 비는 각각 E, ν이다.)

① $\epsilon_x = \dfrac{PD}{4tE}(1-2\nu),\ \epsilon_y = \dfrac{PD}{4tE}(1-\nu)$

② $\epsilon_x = \dfrac{PD}{4tE}(1-2\nu),\ \epsilon_y = \dfrac{PD}{4tE}(2-\nu)$

③ $\epsilon_x = \dfrac{PD}{4tE}(2-\nu),\ \epsilon_y = \dfrac{PD}{4tE}(1-\nu)$

④ $\epsilon_x = \dfrac{PD}{4tE}(1-\nu),\ \epsilon_y = \dfrac{PD}{4tE}(2-\nu)$

풀이

$\epsilon_x = \dfrac{\sigma_x}{E} - \dfrac{\sigma_y}{mE} = \dfrac{\sigma_x}{E} - \dfrac{\nu\sigma_y}{E}$

$= \dfrac{PD}{4tE} - \dfrac{\nu PD}{2tE} = \dfrac{PD}{4tE}(1-2\nu)$

$\epsilon_y = \dfrac{\sigma_y}{E} - \dfrac{\sigma_x}{mE} = \dfrac{\sigma_y}{E} - \dfrac{\nu\sigma_x}{E}$

$= \dfrac{PD}{4tE}(2-\nu)$

13 다음 금속재료의 거동에 대한 일반적인 설명으로 틀린 것은 어느 것인가?

① 재료에 가해지는 응력이 일정하더라도 오랜시간이 경과하면 변형률이 증가할 수 있다.
② 재료의 거동이 탄성한도로 국한된다고 하더라도 반복응력 작용되면 재료의 강도가 저하될 수 있다.
③ 일반적으로 크리프는 고온보다 저온상태에서 더 잘 발생한다.
④ 응력-변형률 곡선에서 하중을 가할때와 제거할 때의 경로가 다르게 되는 현상을 히스테리시스라 한다.

풀이
③ 일반적으로 크리프는 저온보다 고온 상태에서 쉽게 발생.

14 그림과 같은 형태로 분포하중을 받고 있는 단순지지보가 있다. 지지점 A에서의 반력 R_A는 얼마인가? (단, 분포하중 $w(x) = w_o \sin\dfrac{\pi x}{L}$)

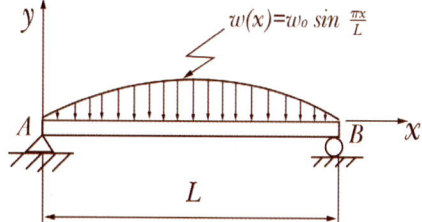

① $\dfrac{2w_o L}{\pi}$ ② $\dfrac{w_o L}{\pi}$

③ $\dfrac{w_o L}{2\pi}$ ④ $\dfrac{w_o L}{2}$

풀이
총 하중
$\int_o^L w(x)dx = \int_o^L w_o \sin\dfrac{\pi x}{L} dx$

$= \left[-w_o \dfrac{L}{\pi}\cos\dfrac{\pi x}{L}\right]_o^L$

$= \dfrac{w_o L}{\pi} + \dfrac{w_o L}{\pi} = \dfrac{2w_o L}{\pi}$

$\therefore R_A = R_B = \dfrac{w_o L}{\pi}$

15 평균응력 상태에 있는 어떤재료가 2축방향에 응력 $\sigma_x > \sigma_y > 0$가 작용하고 있을 때 임의의 경사단면에 발생하는 법선응력 σ_n은 무엇인가?

① $\sigma_x \cos 2\theta + \sigma_y \sin 2\theta$
② $\sigma_x \sin 2\theta + \sigma_y \cos 2\theta$
③ $\sigma_x \cos\theta + \sigma_y \sin\theta$
④ $\sigma_x \cos^2\theta + \sigma_y \sin^2\theta$

풀이
$\sigma_n = \sigma_x \cos^2\theta + \sigma_y \sin^2\theta$
($\sigma_n = \sigma_0 \cos^2\theta,\ \tau = \sigma_0 \sin\theta\cos\theta$)

정답 13. ③ 14. ② 15. ④

16 그림과 같이 서로 다른 2개의 봉에 의하여 AB봉이 수평으로 있다. AB봉을 수평으로 유지하기 위한 하중 P의 작용점의 위치 x의 값은? (단, A단에 연결된 봉의 세로탄성계수는 210 GPa, 길이는 3 m, 단면적은 2 cm²이고, B단에 연결된 봉의 세로탄성계수는 70 GPa, 길이는 1.5 m, 단면적은 4 cm²이며, 봉의 자중은 무시한다.)

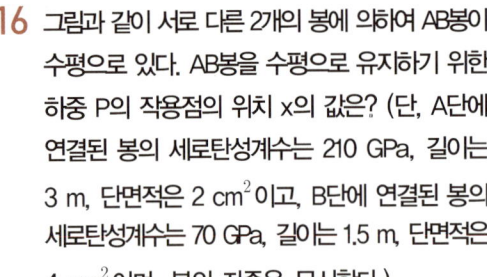

① 144.6 cm ② 171.4 cm
③ 191.5 cm ④ 213.2 cm

풀이
2개의 봉은 병렬연결이므로
$\lambda_1 = \lambda_2 = \lambda$ 이며
각 봉의 하중은
$P_1 = \dfrac{A_1 E_1 \lambda}{l_1}$, $P_2 = \dfrac{A_2 E_2 \lambda}{l_2}$ ……①
문제의 수평조건에서
$P_1 x = P_2 (3-x) \Rightarrow (P_1 + P_2)x = 3P_2$
① 식을 적용하면
$\left(\dfrac{A_1 E_1}{l_1} + \dfrac{A_2 E_2}{l_2}\right)x\lambda = 3\dfrac{A_2 E_2}{l_2}\lambda$
$\Rightarrow \left(\dfrac{2 \times 210}{3} + \dfrac{4 \times 70}{1.5}\right)x = \dfrac{3 \times 4 \times 70}{1.5}$
$\therefore x = 1.714\ m = 171.4\ cm$

17 길이가 L이고 직경이 d인 강봉을 벽 사이에 고정하였다. 그리고 온도를 $\triangle T$만큼 상승시켰다면 이 때 벽에 작용하는 힘은 어떻게 표현되는가? (단, 강봉의 탄성계수는 E이고, 선팽창계수는 α이다.)

① $\dfrac{\pi E \alpha \triangle T d^2}{2}$ ② $\dfrac{\pi E \alpha \triangle T d^2}{4}$

③ $\dfrac{\pi E \alpha \triangle T d^2 L}{8}$ ④ $\dfrac{\pi E \alpha \triangle T d^2 L}{16}$

풀이
$\sigma_H = E\alpha\triangle t = \dfrac{P}{A}$

$P = \sigma_H A = EA\alpha\triangle T = \dfrac{\pi E \alpha \triangle T d^2}{4}$

18 그림과 같이 사각형 단면을 가진 단순보에서 최대 굽힘응력은 약 몇 MPa인가? (단, 보의 굽힘강성은 EI는 일정하다.)

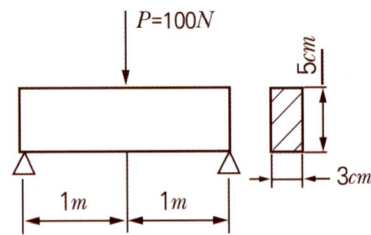

① 80 ② 74.5
③ 60 ④ 40

풀이
$M_{max} = \sigma_{max} Z$
$\Rightarrow \sigma_{max} = \dfrac{M_{max}}{Z} = \dfrac{M_{max}}{\dfrac{bh^2}{6}}$
$= \dfrac{3Pl}{2bh^2} = \dfrac{3 \times 1000 \times 2}{2 \times 0.03 \times 0.05^2} \times 10^{-6}$
$= 40\ MPa$

19 재료의 허용 전단응력이 150 N/mm²인 보에 굽힘 하중이 작용하여 전단력이 발생한다. 이 보의 단면은 정사각형으로 가로, 세로의 길이가 각각 5 mm이다. 단면에 발생하는 최대 전단응력이 허용 전단응력보다 작게 되기 위한 전단력의 최대치는 몇 N인가?

정답 16. ② 17. ② 18. ④ 19. ①

① 2500 ② 3000
③ 3750 ④ 5625

풀이

$$\tau_{사} = \tau_{max} = \frac{3}{2}\frac{F}{A} = \frac{3}{2} \times \frac{F}{5^2}$$

$$\Rightarrow F = \frac{\tau_a \times 2 \times 5^2}{3} = \frac{150 \times 2 \times 5^2}{3}$$

$$= 2500\ N$$

20 그림과 같이 등분포하중 w가 가해지고 B점에서 지지되어 있는 고정 지지보가 있다. A점에 존재하는 반 모멘트는?

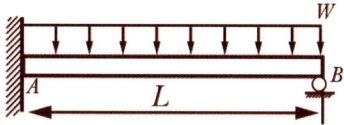

① $\frac{1}{8}wL^2$ (시계방향)

② $\frac{1}{8}wL^2$ (반시계방향)

③ $\frac{7}{8}wL^2$ (시계방향)

④ $\frac{7}{8}wL^2$ (반시계방향)

풀이

$R_{고정단} = R_A = \frac{5}{8}wL$ 이므로

$\sum M_B = M_A - R_A L + wL\frac{L}{2} = 0$ 으로부터

$M_A = R_A L - wL\frac{L}{2} = \frac{5}{8}wL \times L - \frac{1}{2}wL^2$

$= \frac{1}{8}wL^2$ (반시계방향)

제2과목 : 기계열역학

21 열병합발전 시스템에 대한 설명으로 옳은 것은 무엇인가?

① 증기 동력 시스템에서 전기와 함께 공정용 또는 난방용 스팀을 생산하는 시스템이다.

② 증기 동력 사이클 상부에 고온에서 작용하는 수은 동력 사이클을 결합한 시스템이다.

③ 가스 터빈에서 방출되는 폐열을 증기 동력 사이클의 열원으로 사용하는 시스템이다.

④ 한 단의 재열사이클과 여러 단의 재생 사이클의 복합시스템이다.

풀이

열병합발전시스템(co-generation system)은 증기동력시스템으로 전기와 함께 공정용 또는 난방용 스팀을 생산하는 시스템이다.

22 27℃의 물 1 kg과 87℃의 물 1 kg이 열의 손실 없이 직접 혼합될 때 생기는 엔트로피의 차는 다음 중 어느 것에 가장 가까운가? (단, 물의 비열은 4.18 kJ/kg·K로 한다.)

① 0.035 kJ/K ② 1.36 kJ/K
③ 4.22 kJ/K   ④ 5.02 kJ/K

풀이

평형온도

$t = \frac{m_1 t_1 + m_2 t_2}{m_1 + m_2} = \frac{1 \times 27 + 1 \times 87}{1 + 1} = 57℃$

$Q = mC\Delta T \Rightarrow \delta Q = mCdT$

$\delta Q = TdS \Rightarrow dS = \frac{\delta Q}{T}$

$\triangle S = m \times C \times \left[\ln\left(\frac{T}{T_1}\right) + \ln\left(\frac{T}{T_2}\right)\right]$

$$= 1 \times 4.18 \times \left[\ln\left(\frac{57+273.15}{27+273.15}\right) + \ln\left(\frac{57+273.15}{87+273.15}\right)\right]$$
$$\fallingdotseq 0.035 \ kJ/k$$

23 압력이 일정할 때 공기 5 kg을 0℃에서 100℃까지 가열하는데 필요한 열량은 약 몇 kJ인가? (단, 공기비열 Cp(kJ/kg ℃) = 1.01+0.000079t(℃) 이다.)

① 102 ② 476 ③ 490 ④ 507

풀이

$Q = m C_p \Delta T$
$= 5 \times (1.01 + 0.000079 \times 100) \times 100$
$= 508.95 \ kJ$

24 수은주에 의해 측정된 대기압이 753 mmHg일 때 진공도 90%의 절대압력은 얼마인가? (단, 수은의 밀도는 13660 kg/m³, 중력가속도는 9.8 m/s² 이다.)

① 약 200.08 kPa
② 약 190.08 kPa
③ 약 100.04 kPa
④ 약 10.04 kPa

풀이

진공 압력
$\quad -0.9 \times 753 = -677.7 \ mmHg$
$p_{abs} = p_{atm} \pm p_{gauge}$
$\quad = 753 - 677.7 = 75.3 \ mmHg$
$\quad = \frac{75.3}{760} \times 101.325 = 10.04 \ kPa$

25 실린더 내의 유체가 68 kJ/kg의 일을 받고 주위에 36 kJ/kg의 열을 방출하였다. 내부에너지의 변화는 무엇인가?

① 32 kJ/kg 증가
② 32 kJ/kg 감소
③ 104 kJ/kg 증가
④ 104 kJ/kg 감소

풀이

$Q = U + W$
$\Rightarrow \Delta U = \Delta Q - \Delta W$
$\quad = -36 + 68 = 32 \ kJ/kg \ (증가)$

26 완전히 단열된 실린더 안의 공기가 피스톤을 밀어 외부로 일을 하였다. 이 때 일의 양은? (단, 절대량을 기준으로 한다.)

① 공기의 내부에너지 차
② 공기의 엔탈피 차
③ 공기의 엔트로피 차
④ 단열되었으므로 일의 수행은 없다.

풀이

$Q = U + W \ \Rightarrow \ \Delta W = \Delta Q - \Delta U$
문제의 의미에서 $\Rightarrow \ \Delta Q = 0$ 이므로
$\Delta W = -\Delta U$

27 어떤 가솔린기관의 실린더 내경이 6.8 cm, 행정이 8 cm 일 때 평균유효압력 1200 kPa이다. 이 기관의 1행정당 출력(kJ)은?

① 0.04 ② 0.14
③ 0.35 ④ 0.44

풀이

$p_{me} = \frac{W}{V_s}$
$\Rightarrow W = p_{me} V_s = p_{me} A S$
$\quad = 1200 \times \frac{\pi \times 0.068^2}{4} \times 0.08 = 0.35 \ kJ$

28 시간당 380000 kg의 물을 공급하여 수증기를 생산하는 보일러가 있다. 이 보일러에 공급하는 물의 엔탈피는 830 kJ/kg이고, 생산되는 수증기

의 엔탈피는 3230 kJ/kg이라고 할 때, 발열량이 32000 kJ/kg인 석탄을 시간당 34000 kg씩 보일러에 공급한다면 이 보일러의 효율은 얼마인가?

① 22.6% ② 39.5%
③ 72.3% ④ 83.8%

풀이

$$\eta = \frac{\text{단위시간당의 정미일량}}{\text{공급연료의 발열량}} = \frac{\dot{W}}{\dot{Q}}$$

$$= \frac{m(h_2 - h_1)}{H_L \times m_f} \times 100\%$$

$$= \frac{380000 \times (3230 - 830)}{32000 \times 34000} \times 100\%$$

$$= 83.82\%$$

29 200 m의 높이로부터 250 kg의 물체가 땅으로 떨어질 경우 일을 열량으로 환산하면 약 몇 kJ인가? (단, 중력가속도는 9.8 m/s² 이다.)

① 79 ② 117 ③ 203 ④ 490

풀이

$$Q = mgh = 250 \times 9.8 \times 200 \times 10^{-3}$$
$$= 490\ kJ$$

30 일반적으로 증기압축식 냉동기에서 사용되지 않는 것은 무엇인가?

① 응축기 ② 압축기
③ 터빈   ④ 팽창밸브

풀이

증기압축식 냉동기 구성요소
증발기, 압축기, 응축기, 팽창밸브

31 경로함수(path function)인 것은 무엇인가?

① 엔탈피 ② 열
③ 압력   ④ 엔트로피

풀이

경로함수(path function)
⇨ 일과 열은 Process 진행과정에 따라 결과 값이 달라지는 경로함수이며, 상태에 의하여 결정되는 점 함수와 구분된다.

32 피스톤이 끼워진 실린더 내에 들어있는 기체가 계로 있다. 이 계에 열이 전달되는 동안 "PV^1.3 = 일정" 하게 압력과 체적의 관계가 유지될 경우 기체의 최초압력 및 체적이 200 kPa 및 0.04 m³ 이였다면 체적이 0.1 m³로 되었을 때 계가 한 일(kJ)은?

① 약 4.35   ② 약 6.41
③ 약 10.56 ④ 약 12.37

풀이

Polytropic 과정

$$\frac{T_2}{T_1} = \left(\frac{p_2}{p_1}\right)^{\frac{n-1}{n}} = \left(\frac{V_1}{V_2}\right)^{n-1}$$

$$\Rightarrow p_2 = p_1\left(\frac{V_1}{V_2}\right)^n$$

$$= 200 \times \left(\frac{0.04}{0.1}\right)^{1.3} = 60.77\ kPa$$

$$w_{12} = \frac{1}{n-1}(p_1V_1 - p_2V_2)$$

$$= \frac{1}{1.3-1}(200 \times 0.04 - 60.77 \times 0.1)$$

$$= 6.41\ kJ$$

33 이상적인 냉동사이클을 따르는 증기압축 냉동장치에서 증발기를 지나는 냉매의 물리적 변화로 옳은 것은 무엇인가?

① 압력이 증가한다.
② 엔트로피가 감소한다.
③ 엔탈피가 증가한다.
④ 비체적이 감소한다.

풀이

냉매의 증발과정으로 엔탈피가 증가한다.

정답 29. ④ 30. ③ 31. ② 32. ② 33. ③

2014년

34 10℃에서 160℃까지의 공기의 평균 정적비열은 0.7315 kJ/kg℃이다. 이 온도변화에서 공기 1 kg 의 내부에너지 변화는 무엇인가?

① 107.1 kJ ② 109.7 kJ
③ 120.6 kJ ④ 121.7 kJ

풀이
$\triangle U = m C_v (T_2 - T_1)$
$= 1 \times 0.7315 \times (160 - 10) ≒ 109.7 \, kJ$

35 카르노 열기관의 열효율(η)식으로 옳은 것은 무엇인가? (단, 공급열량은 Q_1, 방열량은 Q_2)

① $\eta = 1 - \dfrac{Q_2}{Q_1}$ ② $\eta = 1 + \dfrac{Q_2}{Q_1}$
③ $\eta = 1 - \dfrac{Q_1}{Q_2}$ ④ $\eta = 1 + \dfrac{Q_1}{Q_2}$

풀이
$\eta_c = 1 - \dfrac{Q_2}{Q_1}$

36 아래 보기 중 가장 큰 에너지는 무엇인가?

① 100 kW 출력의 엔진이 10시간 동안 한 일
② 발열량 10000 kJ/kg의 연료를 100 kg 연소시켜 나오는 열량
③ 대기압 하에서 10℃ 물 10 m³를 90℃로 가열하는데 필요한 열량(물의 비열은 4.2 kJ/kg ℃이다.)
④ 시속 100 km로 주행하는 총 질량 2000 kg인 자동차의 운동에너지

풀이
① $E_W = 1000 \, kWh = 1000 \, kJ/s \times 3600 \, s$
$= 3,600,000 \, kJ$
② $E_Q = 10000 \, kJ/kg \times 100 \, kg = 1,000,000 \, kJ$
③ $E_Q = 10000 \, kg \times 80℃ \times 4.2 \, kJ/kg℃$
$= 3,360,000 \, kJ$
④ $E_K = \dfrac{1}{2} \times 2000 \times \left(\dfrac{100 \times 1000}{3600}\right)^2 \times 10^{-3}$
$= 771.6 \, kJ$

37 이상기체의 내부에너지 및 엔탈피는 무엇인가?

① 압력만의 함수이다.
② 체적만의 함수이다.
③ 온도만의 함수이다.
④ 온도 및 압력의 함수이다.

풀이
이상기체 내부에너지와 엔탈피는 온도만의 함수.

38 액체상태 물 2 kg을 30℃에서 80℃로 가열하였다. 이 과정 동안 물의 엔트로피 변화량을 구하면? (단, 액체상태 물의 비열은 4.184 kJ/kg · K로 일정하다.)

① 0.6391 kJ/K ② 1.278 kJ/K
③ 4.100 kJ/K ④ 8.208 kJ/K

풀이
체적의 변화가 거의 없으므로 정적가열 량으로 계산한다.
$\triangle S = m C_v \ln \dfrac{T_2}{T_1} = 2 \times 4.184 \ln \left(\dfrac{80 + 273.15}{30 + 173.15}\right)$
$= 1.278 \, kJ/K$

39 이상기체의 비열에 대한 설명으로 옳은 것은 무엇인가?

① 정적비열과 정압비열의 절대값의 차이가 엔탈피이다.
② 비열비는 기체의 종류에 관계없이 일정하다.
③ 정압비열은 정적비열보다 크다.
④ 일반적으로 압력은 비열보다 온도의 변화에 민감하다.

정답 34. ② 35. ① 36. ① 37. ③ 38. ② 39. ③

풀이

이상기체의 정압비열은 정적비열보다 체적팽창 만큼 항상 크다.

40 과열과 과냉이 없는 증기압축 냉동 사이클에서 응축온도가 일정할 때 증발온도가 높을수록 성능계수는?

① 증가한다.
② 감소한다.
③ 증가할 수도 있고, 감소할 수도 있다.
④ 증발온도는 성능계수와 관계없다.

풀이

응축온도 일정 시, 증발온도가 높을수록 압축일이 감소하므로 압축비가 감소되어 냉동기 성능계수는 증가한다.

제3과목 : 기계유체역학

41 안지름이 250 mm인 원형관 속을 평균속도 1.2 m/s로 유체가 흐르고 있다. 흐름상태가 완전 발달된 층류라면 단면 최대유속은 몇 m/s인가?

① 1.2
② 2.4
③ 1.8
④ 3.6

풀이

원형 관내유동 $V_{max} = 2V$
$= 2 \times 1.2 = 2.4 \ m/s$

42 어떤 온도의 공기가 50 m/s의 속도로 흐르는 곳에서 정압(static pressure)이 120 kPa이고, 정체압(stagnation pressure)이 121 kPa일 때, 이곳을 흐르는 공기의 온도는 약 몇 ℃인가? (단, 공기의 기체상수는 287 J/kg·K이다.)

① 249
② 278
③ 522
④ 556

풀이

$p_{stag.} = p + \dfrac{\rho V^2}{2}$

$\Rightarrow \rho = \dfrac{2(p_{stag.} - p)}{V^2} = \dfrac{2(121-120) \times 10^3}{50^2}$

$= 0.8 \ kg/m^3$

$pv = RT \Rightarrow \dfrac{p}{\rho} = RT$

$\Rightarrow T = \dfrac{p}{\rho R} = \dfrac{120 \times 10^3}{0.8 \times 2.87}$

$= 522.65 K - 273.15 K = 249.5 \ ℃$

43 2차원 공간에서 속도장이 $\vec{V} = 2xt\vec{i} - 4y\vec{j}$로 주어질 때, 가속도 $\vec{a}$는 어떻게 나타내는가? (여기서, t는 시간을 나타낸다.)

① $4xt\vec{i} - 16y\vec{j}$
② $4xt\vec{i} + 16y\vec{j}$
③ $2x(1+2t^2)\vec{i} - 16y\vec{j}$
④ $2x(1+2t^2)\vec{i} + 16y\vec{j}$

풀이

가속도

$\vec{a} = \dfrac{dV}{dt} = \dfrac{\partial V}{\partial t} + u\dfrac{\partial V}{\partial x} + v\dfrac{\partial V}{\partial y}$

$= 2x\vec{i} + (2xt) \times (2t)\vec{i} + (-4y) \times (-4)\vec{j}$

$= 2x(1+2t^2)\vec{i} + 16y\vec{j}$

44 속도 3 m/s로 움직이는 평판에 이것과 같은 방향으로 수직하게 10 m/s의 속도를 가진 제트가 충돌한다. 이 제트가 평판에 미치는 힘 F는 얼마인가? (단, 유체의 밀도를 ρ라 하고 제트의 단면적을 A라 한다.)

① $F = 10\rho A$
② $F = 100\rho A$
③ $F = 49\rho A$
④ $F = 7\rho A$

정답 40. ① 41. ② 42. ① 43. ④ 44. ③

2014년

풀이

$$F = \rho A (V-u)^2 = \rho A (3-10)^2 = 49 \rho A$$

$$\left(\frac{V}{\sqrt{Lg}}\right)_p = \left(\frac{V}{\sqrt{Lg}}\right)_m$$

$$\Rightarrow V_m = V_p \sqrt{\frac{L_m}{L_p}} = 10\sqrt{\frac{1}{100}} = 1 \; m/s$$

45 그림과 같이 안지름이 2 m인 원관의 하단에 0.4 m/s의 평균속도인 물이 흐를 때, 체적유량은 약 몇 m³/s인가? (단, 그림에서 θ는 120°이다.)

① 0.25 ② 0.36
③ 0.61 ④ 0.83

풀이

부채꼴의 면적 $\frac{1}{2}r^2\theta$

이등변삼각형의 면적 $\frac{1}{2}r^2 \sin\theta$

$$\therefore \dot{Q} = AV = \frac{1}{2}r^2(\theta - \sin\theta)$$

$$= \frac{1}{2} \times 1^2 \times \left(120 \times \frac{\pi}{180} - \sin 120°\right) \times 0.4$$

$$= 0.25 \; m^3/s$$

46 길이 100 m인 배가 10 m/s의 속도로 항해한다. 길이 1 m인 모형 배를 만들어 조파저항을 측정한 후 원형 배의 조파저항을 구하고자 동일한 조건의 해수에서 실험할 경우 모형 배의 속도를 약 몇 m/s로 하면 되겠는가?

① 1 ② 10
③ 100 ④ 200

풀이

조파저항은 Froude 상사

47 한 변의 길이가 3 m인 뚜껑이 없는 정육면체 통에 물이 가득 담겨있다. 이 통을 수평방향으로 9.8 m/s²으로 잡아끌어 물이 넘쳤을 때, 통에 남아 있는 물의 양은 몇 m³인가?

① 13.5 ② 27.0
③ 9.0 ④ 18.5

풀이

등가속도 운동

$$\tan\theta = \frac{a_x}{g} \Rightarrow \theta = \tan^{-1}\left(\frac{9.8}{9.8}\right) = 45°$$

∴ 통에 남아있는 물은 $13.5 \; m^3$ 이다.

48 폭이 2 m, 길이가 3 m인 평판이 물속에 수직으로 잠겨있다. 이 평판의 한쪽면에 작용하는 전체 압력에 의한 힘은 약 얼마인지 구하시오.

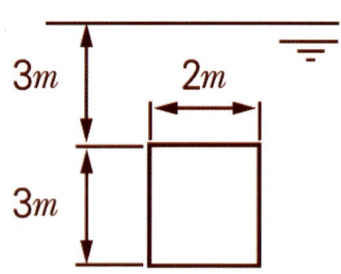

① 88 kN ② 176 kN
③ 265 kN ④ 353 kN

풀이

$$F = p_c A = \gamma h_c A$$

$$= 9.8 \times \left(3 + \frac{3}{2}\right) \times (2 \times 3) = 264.6 \; kN$$

정답 45. ① 46. ① 47. ① 48. ③

기출문제

49 흐르는 물의 유속을 측정하기 위해 피토정압관을 사용하고 있다. 압력측정 결과, 전압력수두가 15 m이고 정압수두가 7 m일 때, 이 위치에서의 유속은 무엇인가?

① 5.91 m/s ② 9.75 m/s
③ 10.58 m/s ④ 12.5 m/s

풀이

$$p_{total} = p_{static} + \frac{\rho V^2}{2}$$

$$\Rightarrow V = \sqrt{\frac{2(p_{total} - p_{static})}{\rho}}$$

$$= \sqrt{\frac{2 \times 9800 \times (15-7)}{1000}}$$

$$= 12.52 \ m/s$$

50 지름 D인 구가 V로 흐르는 유체 속에 놓여 있을 때 받는 항력이 F이고, 이 때의 항력계수(drag coefficient)가 4이다. 속도가 2V일 때 받는 항력이 3F라면 이 때의 항력계수는 얼마인가?

① 3 ② 4.5 ③ 8 ④ 12

풀이

$$D = F_D = C_D A \frac{\rho V^2}{2}$$

$$\Rightarrow \frac{C_{D_2}}{C_{D_1}} = \frac{F_2}{F_1} \left(\frac{V_1}{V_2}\right)^2$$

$$\therefore C_{D_2} = C_{D_1} \frac{F_2}{F_1} \left(\frac{V_1}{V_2}\right)^2 = 4 \times 3 \times \frac{1}{4} = 3$$

51 다음 중 2차원 비압축성 유동이 가능한 유동은 어떤 것인지 구하시오. (단, u는 x방향 속도성분이고, u는 y방향 속도성분이다.)

① $u = x^2 - y^2, \ v = -2xy$
② $u = 2x^2 - y^2, \ y = 4xy$
③ $u = x^2 + y^2, \ v = 3x^2 - 2y^2$
④ $u = 2x + 3xy, \ v = -4xy + 3y$

풀이

2차원 비압축성 유동 $\frac{\partial u}{\partial x} + \frac{\partial v}{\partial y} = 0$

① $\frac{\partial u}{\partial x} = 2x, \ \frac{\partial v}{\partial y} = -2x$ (만족한다)

52 일반적으로 뉴턴유체에서 온도상승에 따른 액체의 점성계수 변화를 가장 바르게 설명한 것은 무엇인가?

① 분자의 무질서한 운동이 커지므로 점성계수가 증가한다.
② 분자의 무질서한 운동이 커지므로 점성계수가 감소한다.
③ 분자간의 응집력이 약해지므로 점성계수가 증가한다.
④ 분자간의 응집력이 약해지므로 점성계수가 감소한다.

풀이
액체인 경우 온도상승에 따라 응집력이 약화되므로 점성은 감소한다.

53 정지해 있는 평판에 층류가 흐를 때 평판 표면에서 박리(separation)가 일어나기 시작할 조건은? (단, P는 압력, u는 속도, ρ는 밀도를 나타낸다.)

① $u = 0$ ② $\frac{\partial u}{\partial y} = 0$
③ $\frac{\partial u}{\partial x} = 0$ ④ $\rho u \frac{\partial u}{\partial x} = \frac{\partial P}{\partial x}$

풀이
$\frac{\partial u}{\partial y} = 0$ Stagnation point

정답 49. ④ 50. ① 51. ① 52. ④ 53. ②

2014년

이 point 이후의 후류(wake flow)에서는 역 압력구배가 발생되므로 역류경계층이 성장한다.

유량 $Q = \dfrac{\triangle p \pi d^4}{128 \mu L}$

54 그림과 같은 펌프를 이용하여 0.2 m³/s의 물을 퍼올리고 있다. 흡입부(①)와 배출부(②)의 고도차는 3 m이고, ①에서의 압력은 -20 kPa, ②에서의 압력은 150 kPa이다. 펌프의 효율이 70%이면 펌프에 공급해야 할 동력(kW)은? (단, 흡입관과 배출관의 지름은 같고 마찰손실을 무시한다.)

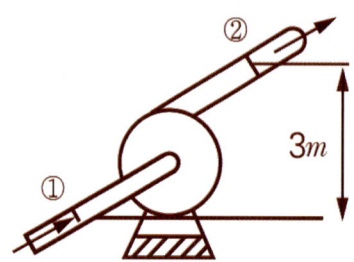

① 34 ② 40 ③ 49 ④ 57

풀이

$\dfrac{p_1}{\gamma} + \dfrac{V_1^2}{2g} + z_1 + E_P = \dfrac{p_2}{\gamma} + \dfrac{V_2^2}{2g} + z_2$

$\Rightarrow \dfrac{p_1}{\gamma} + z_1 + E_P = \dfrac{p_2}{\gamma} + z_2 \quad (V_1 = V_2)$

$E_P = \dfrac{p_2}{\gamma} - \dfrac{p_1}{\gamma} + (z_2 - z_1)$

$\quad = \dfrac{(150 - (-20))}{9.8} + 3 = 20.35\ m$

$\therefore P_P = \dfrac{\gamma H Q}{\eta_P} = \dfrac{9.8 \times 20.35 \times 0.2}{0.7} \fallingdotseq 57\ kW$

55 수평 원관(圓管)내에서 유체가 완전 발달한 층류유동할 때의 유량은?

① 압력강하에 반비례한다.
② 관 안지름의 4승에 반비례한다.
③ 점성계수에 반비례한다.
④ 관의 길이에 비례한다.

풀이

56 어떤 윤활유의 비중이 0.89이고 점성계수가 0.29 kg/m·s이다. 이 윤활유의 동점성계수는 약 몇 m²/s인지 구하시오.

① 3.26×10^{-5} ② 3.26×10^{-4}
③ 0.258 ④ 2.581

풀이

$\nu = \dfrac{\mu}{\rho} = \dfrac{\mu}{\rho_w \times s} = \dfrac{0.29}{1000 \times 0.89}$

$\quad = 3.26 \times 10^{-4}\ m^2/s$

57 다음 그림에서 A점과 B점의 압력차는 약 얼마인지 구하시오. (단, A는 비중 1의 물, B는 비중 0.8899의 벤젠이고, 그 중간에 비중 13.6의 수은이 있다.)

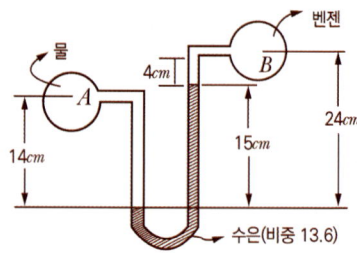

① 22.17 kPa ② 19.4 kPa
③ 278.7 kPa ④ 191.4 kPa

풀이

하단부분을 기준으로 하면
$p_A + \gamma_{물} h_1 = p_B + \gamma_{벤젠}(h_3 - h_2) + \gamma_{수은} h_2$

$\Rightarrow$

$p_A - p_B = \gamma_{벤젠}(h_3 - h_2) + \gamma_{수은} h_2 - \gamma_{물} h_1$

$\quad = 9.8 \times 0.8899 \times (0.24 - 0.15)$
$\quad\quad + 9.8 \times 13.6 \times 0.15 - 9.8 \times 0.14$

$\quad = 19.4\ kPa$

정답 54. ④ 55. ③ 56. ② 57. ②

58 지름 2 cm인 관에 부착되어 있는 밸브의 부차적 손실계수 K가 5일 때 이것을 관 상당길이로 환산하면 몇 m인가? (단, 관마찰계수 f = 0.025이다.)

① 2 ② 2.5 ③ 4 ④ 5

풀이

상당길이

$$L_{Eq} = \frac{Kd}{f} = \frac{5 \times 0.02}{0.025} = 4\ m$$

59 Buckingham의 파이(pi)정리를 바르게 설명한 것은 무엇인가? (단, k는 변수의 개수, r은 변수를 표현하는데 필요한 최소한의 기준차원의 개수이다.)

① (k−r)개의 독립적인 무차원수의 관계식으로 만들 수 있다.
② (k+r)개의 독립적인 무차원수의 관계식으로 만들 수 있다.
③ (k−r+1)개의 독립적인 무차원수의 관계식으로 만들 수 있다.
④ (k+r+1)개의 독립적인 무차원수의 관계식으로 만들 수 있다.

풀이

버킹엄의 파이정리
무차원항의 총 수 = 독립적 물리량의 총 수 − 기본차원의 총 수
⇨ $\pi = k - r$ 개

60 액체의 표면장력에 관한 일반적인 설명으로 틀린 것은 무엇인가?

① 표면장력은 온도가 증가하면 감소한다.
② 표면장력의 단위는 N/m이다.
③ 표면장력은 분자력에 의해 생긴다.
④ 구형 액체방울의 내외부 압력차는 $p = \frac{\sigma}{R}$ 이다. (단, 여기서 σ는 표면장력이고, R은 반지름이다.)

풀이

표면장력 $\sigma = \frac{\Delta p\, d}{4}$ 이므로

⇨ $\Delta p = \frac{4\sigma}{d} = \frac{2\sigma}{R}$ 이다.

제4과목 : 기계재료 및 유압기기

61 피아노선의 조직으로 가장 적당한 것은 무엇인가?

① austenite ② ferrite
③ sorbite   ④ martensite

풀이

스프링강으로 사용하는 피아노선의 조직은 소르바이트(sorbite)이다.

62 산화알루미나(Al_2O_3) 등을 주성분으로 하며 철과 친화력이 없고, 열을 흡수하지 않으므로 공구를 과열시키지 않아 고속 정밀가공에 적합한 공구의 재질은 무엇인가?

① 세라믹   ② 인코넬
③ 고속도강   ④ 탄소공구강

풀이

세라믹(Ceramic) 공구
산화 알루미늄(Al_2O_3)를 주성분으로 하고 거의 결합제를 사용하지 않으며 1,600℃ 이상에서 소결하여 만든다.
㉠ 고온 경도가 크고 내마모, 내열성이 우수하며 금속과 친화력이 없으므로 구성인선이 안 생긴다.
㉡ 인성이 적고 충격에 약하며 강력 정밀기계에 적합하며 도자기적 성질을 가진다.
㉢ 고온·고속 절삭용으로 사용하며 산화하지 않고 열을 흡수하지 않으며 비중은 3.7~4.1이고, HRC는 86~94이다.
㉣ 도기, 도자기류, 요업

2014년

63 다음 중 불변강의 종류가 아닌 것은 무엇인가?
① 인바   ② 코엘린바
③ 쾌스테르바   ④ 엘린바

풀이
불변강(不變鋼)은 온도 변화에 따라 열팽창계수, 탄성계수 등이 변하지 않는 강종으로 엘린바, 인바, 플래티나이트, 슈퍼 인바, 코엘린바가 있다.

64 편석의 균일화 및 황화물의 편석을 제거하는 열처리 방법으로 가장 적합한 것은 무엇인가?
① 노멀라이징   ② 변태점 이하 풀림
③ 재결정 풀림   ④ 확산 풀림

풀이
풀림에는 완전풀림, 항온풀림, 구상화풀림, 응력 제거풀림, 연화풀림, 확산풀림, 저온풀림 및 중간풀림 등의 여러 종류가 있다.
〈확산 풀림〉
주괴 편석이나 섬유상 편석을 없애고 강을 균질화시키기 위해서는 고온에서 장시간 가열하여 확산시킬 필요가 있다.
이와 같은 열처리를 확산풀림 또는 균질화풀림 이라고 한다.
P, S의 해를 제거하기 위해서 1050~1200℃로 풀림을 해서 P, S등을 입계에서 입내로 보낸다.

65 Mo 금속은 어떤 결정격자로 되어 있는가?
① 면심입방격자   ② 체심입방격자
③ 조밀육방격자   ④ 정방격자

풀이
체심입방격자(Body Centered Cubic lattice : B.C.C)는 입방체의(8개의 구석)꼭짓점과 입방체의 중심에 1개의 원자가 배열된 결정구조 체심입방격자 금속 : Mo, Cr, V, W, Fe 등

66 Fe-C 상태도에서 공석강의 탄소함유량은 약 얼마인가?
① 0.5%   ② 0.8%
③ 1.0 %   ④ 1.5%

풀이
A_1 변태점(동소변태) 723℃ 탄소함유량 0.86%
공석강 : 0.85%C의 강
아공석강 : 0.85%C 이하의 강
과공석강 : 0.85~2.0%C의 강

67 재료의 표면을 경화시키기 위해 침탄을 하고자 한다. 침탄효과가 가장 좋은 재료는 무엇인가?
① 구상흑연 주철
② Ferrite형 스테인리스강
③ 피아노선
④ 고탄소강

풀이
침탄은 탄소함유량이 0.2% 미만인 저탄소강이나 저탄소합금강의 표면에 탄소를 침투하고 확산시켜서 표면층을 고탄소 조직으로 만든다.
Ferrite형 스테인리스강은 저탄소(0.01% 이하), 고크롬(14~18%)강
〈침탄강의 구비 조건〉
㉠ 저탄소(0.018%C)강이어야 한다.
  침탄용 강 : SM9CK, SM10CK, SM15CK
㉡ 강의 주조시 완전을 기해야 하며 표면에 흠이나 결점이 없어야 한다.
㉢ 고온에서 장시간 가열하더라도 입자가 성장하지 않는 강을 선택해야 한다.

68 특수강에 첨가되는 특수원소의 효과가 아닌 것은 무엇인가?
① Ms, Mf점을 상승시킨다.
② 질량효과를 적게 한다.
③ 담금질성을 좋게 한다.
④ 상부 임계 냉각속도를 저하시킨다.

풀이

〈특수원소의 효과〉
㉠ 담금질 효과의 중대와 담금질 경도의 저하를 방지한다.
㉡ 탄소강에 합금원소를 첨가하면 변태점 및 변태속도가 변화하여 임계 냉각속도에 영향을 미친다.
㉢ 강인성을 증가시키고 담금질할 경우 질량 효과가 감소하고 뜨임 저항을 방지한다.
㉣ 인장강도, 경도, 강인성, 피로한도 등 기계적 성질 향상 등

69 다음 중 Ni-Fe계 합금인 인바(invar)를 바르게 설명한 것은 무엇인가?

① Ni 35~36%, C 0.1~0.3%, Mn 0.4%와 Fe의 합금으로 내식성이 우수하고, 상온부근에서 열팽창계수가 매우 작아 길이측정용 표준자, 시계의 추, 바이메탈 등에 사용된다.
② Ni 50%, Fe 50% 합금으로 초 투자율, 포화자기, 전기저항이 크므로 저출력 변성기, 저주파 변성기 등의 자심으로 널리 사용된다.
③ Ni에 Cr 13~21%, Fe 6.5%를 함유한 강으로 내식성, 내열성 우수하여 다이얼게이지, 유량계 등에 사용된다.
④ Ni 40~45%, Mo 1.4%~2.0%에 나머지 Fe의 합금으로 내식성이 우수하여 조선에 사용되는 부품의 재료로 이용된다.

풀이

인바(Invar)
㉠ Ni을 36% 함유한 Fe+Ni계 합금(C 0.2% 이하, Ni 35~6%, Mn 0.4%)
㉡ 상온에서 탄성계수가 대단히 적고 내식성이 우수하다.
㉢ 용도는 줄자, 시계태엽, 바이메탈 등에 쓰인다.
※ 바이메탈(Bimetal) : 팽창계수가 다른 2종의 금속편을 첨부하여 온도조절이나 접점개폐용으로 사용한다.
• 200℃ 이하에서 열팽창계수가 적고, 20℃에서 1.2×10^{-6}이며 보통 12.0×10^{-6}이다.

• 100℃ 이하 사용(황동-Ni), 150℃ 이하 (황동-인바아), 250℃ 부근 사용 (모넬메탈-Ni) 등

70 다음 합금 중 다이캐스팅용 아연합금은 무엇인가?

① Zamak   ② Y합금
③ RR 50   ④ Lo-Ex

풀이

다이캐스팅 아연합금은 자막(Zanak)이다.
아연 다이캐스팅은 아연을 용해시켜 압력을 가하고 금형에 주입하여 제작하는 주물을 말하며, 자막(Zamak)은 다이캐스트에 사용하는 아연합금으로 내식성을 높이기 위해 마그네슘을 0.05%, 강도를 높이기 위해 구리 1%를 첨가한 것이다.

71 유압시스템에서 비압축성 유체를 사용하기 때문에 얻어지는 가장 중요한 특성은 무엇인가?

① 무단변속이 가능하다.
② 운동방향의 전환이 용이하다.
③ 과부하에 대한 안전성이 좋다.
④ 정확한 위치 및 속도제어가 가능하다.

풀이

유압작동유는 불활성이며, 작동유를 확실히 전달 시켜 정확한 위치 및 속도를 제어하기 위하여 비압축성 유체이여야 한다.

72 3위치 밸브에서 사용하는 용어로 밸브의 작동신호가 없어질 때 유압배관이 연결되는 밸브몸체 위치에 해당하는 용어는 무엇인가?

① 초기위치(Initial position)
② 중앙위치(Middle position)
③ 중간위치(Intermediate position)
④ 과도위치(Transient position)

풀이

변환밸브는 유로를 만들기 위해 밸브기구가 작동되어야

정답 69. ① 70. ① 71. ④ 72. ②

할 위치로 1, 2, 3위치가 있으며, 중앙위치 또는 상시위치는 밸브에 조작압력이 가해지지 않을 때의 위치를 말한다.

73 그림과 같은 실린더에서 A측에서 3 MPa의 압력으로 기름을 보낼 때 B측 출구를 막으면 B측에 발생하는 압력 P_B는 몇 MPa인가? (단, 실린더 안지름은 50 mm, 로드 지름은 25 mm이며, 로드에는 부하가 없는 것으로 가정한다.)

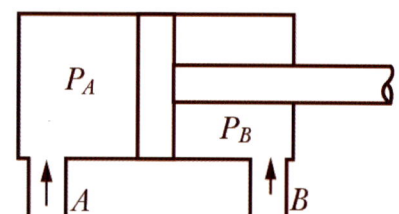

① 1.5 ② 3.0 ③ 4.0 ④ 6.0

풀이

$P_A A_A = P_B A_B$

$P_A \dfrac{\pi D^2}{4} = P_B \dfrac{\pi (D^2 - d^2)}{4}$

$P_B = P_A \left(\dfrac{D^2}{D^2 - d^2} \right) = 3 \times \left(\dfrac{50^2}{50^2 - 25^2} \right)$

$= 4 \, MPa$

74 다음 기호에 대한 명칭은 무엇인가?

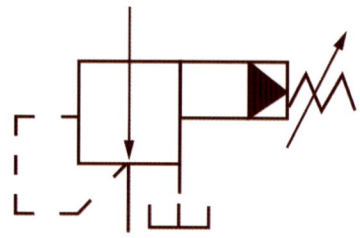

① 비례전자식 릴리프 밸브
② 릴리프붙이 시퀀스 밸브
③ 파일럿 작동형 감압 밸브
④ 파일러 작동형 릴리프 밸브

풀이

파일럿 작동형 감압밸브는 파일럿 밸브와 스풀밸브를 내장한 주 밸브로 구성되며, 출구측의 압력을 감지하여 스풀을 작동시켜 설정압력을 유지시킨다.
압력조절 범위가 넓어 널리 사용하며, 드레인 회로에 배압발생, 감압성능에 변화가 생긴다.

75 분말 성형프레스에서 유압을 한층 더 증대시키는 작용을 하는 장치는?

① 유압 부스터(hydruaulic booster)
② 유압 컨버터(hydraulic converter)
③ 유니버설 조인트(universal joint)
④ 유압 피트먼 암(hydraulic pitman arm)

풀이

유압 부스터는 일반적인 저압의 유압펌프로 증압시킬 수 있는 유압기기이다.

76 다음 중 실린더에 배압이 걸리므로 끌어당기는 힘이 작용해도 자주(自走)할 염려가 없어서 밀링이나 보링머신 등에 사용하는 회로는?

① 미터 인 회로
② 어큐물레이터 회로
③ 미터 아웃 회로
④ 싱크로나이즈 회로

풀이

미터아웃 회로(meter out circuit)
㉠ 유량제어 밸브를 실린더의 출구측에 설치하여 귀환유의 유량을 제어하여 실린더 속도 조절
㉡ 실린더가 당겨 들어가는 방향 부하에 대한 속도 유지 가능
㉢ 불필요한 작동유를 릴리프밸브를 사용하여 오일탱크로 회귀시키므로 동력손실이 크고 유온이 상승함
㉣ 드릴링, 리머, 선반, 밀링, 보링, 소잉머신 등의 테이블 이송에 사용

77 그림의 회로가 가진 특징에 대한 설명으로 옳은 것은 무엇인가?

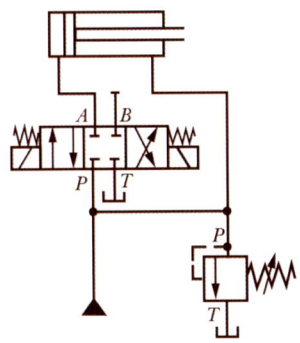

① 전진운동시 속도는 느려진다.
② 후진운동시 속도가 빨라진다.
③ 전진운동시 작용력은 작아진다.
④ 밸브의 작동시 한 가지 속도만 가능하다.

풀이
전진운동 시 작용력은 작아진다.

78 그림은 유압모터를 이용한 수동 유압윈치의 회로이다. 이 회로의 명칭은 무엇인가?

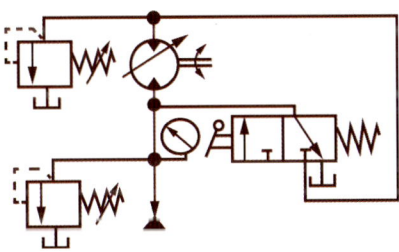

① 직렬배치 회로
② 탠덤형배치 회로
③ 병렬배치 회로
④ 정출력 구동회로

풀이
정출력 구동 회로 : 펌프의 송출압력과 송출 유량을 일정히 하고, 정변위 유압모터의 변위량을 변화시켜 유압모터의 속도를 변화시키면 정마력 구동을 얻는 회로

79 실(seal)의 구비조건으로 옳지 않은 것은 무엇인가?

① 마찰계수가 커야 한다.
② 내유성이 좋아야 한다.
③ 내마모성이 우수해야 한다.
④ 복원성이 양호하고 압축변형이 작아야 한다.

풀이
유압장치에서 실(seal)의 역할은 매우 중요한데 유체의 누유를 방지하며, 내유성 및 내마모성이 우수해야 하고 압축에 의한 변형이 작아야 하고, 마찰계수가 작아 초기 작동 시 달라붙는 현상이 없도록 해야 한다.

80 유압 작동유에 수분이 많이 혼입되었을 때 발생되는 현상으로 옳지 않은 것은 무엇인가?

① 윤활작용이 저하된다.
② 산화촉진을 막아준다.
③ 작동유의 방청성을 저하시킨다.
④ 유압펌프의 캐비테이션 발생원인이 된다.

풀이
유압 작동유에 수분이 혼입되는 주요 원인은 작동유 탱크 내의 공기가 온도 변화로 응축하여 물방울이 되어 작동유에 혼입된다.
㉠ 작동유의 열화 현상 및 마모 촉진
㉡ 작동유의 산화 촉진
㉢ 유압기기의 마모 촉진
㉣ 캐비테이션 공동 현상 발생

제5과목 : 기계제작법 및 기계동력학

81 선반에서 절삭속도 120 m/min, 이송속도 0.5 mm/rev로 지름 80 mm의 환봉을 선삭하려고 할 때 500 mm 길이를 1회 선삭하는데 필요한 가공시간은?

① 약 1.5분 ② 약 4.2분
③ 약 7.3분 ④ 약 10.1분

풀이

$$V = \frac{\pi d N}{1000}$$

$$\Rightarrow N = \frac{1000 V}{\pi d} = \frac{1000 \times 120}{\pi \times 80} = 477.46$$

$$\Rightarrow t = \frac{L}{N \times S} \times i = \frac{500}{477.46 \times 0.25} \times 1$$

$$≒ 4.19 \min$$

82 다음 중 화학적 가공공정 순서가 올바른 것은 무엇인가?

① 청정–마스킹(masking)–에칭(etching)–피막제거–수세
② 청정–수세–마스킹(masking)–피막제거–에칭(etching)
③ 마스킹(masking)–에칭(etching)–피막 제거–청정–수세
④ 에칭(etching)–마스킹(masking)–청정–피막제거–수세

풀이
화학적(제거)가공(CHM)은 공작물을 부식액 속에 넣고 화학반응을 일으켜 공작물의 표면을 여러 형상으로 가공하는 방법으로 재료의 경도나 강도에 상관없이 가공, 가공 경화나 변질층이 없음, 표면 전체를 동시에 가공할 수 있는 특징이 있다.
화학적 가공의 가공 공정 순서
청정 → 마스킹 → 에칭 → 피막제거 → 수세

83 전단가공의 종류에 해당하지 않는 것은 무엇인가?

① 비딩(beading)
② 펀칭(punching)
③ 트리밍(trimming)
④ 블랭킹(blanking)

풀이
프레스 가공에서 전단 가공의 종류에는 블랭킹, 펀칭, 셰어링, 트리밍, 셰이빙, 슬로팅, 노칭, 분단, 슬리팅, 퍼포레이팅 등이 있다.
비딩(beading)은 성형 가공의 일종으로 엠보싱과 마찬가지로 제품의 강성을 증가시키기 위한 것으로 대체로 형상 세장비가 큰 작업

84 숏피닝(shot peening)에 대한 설명으로 틀린 것은 무엇인가?

① 숏피닝은 두꺼운 공작물일수록 효과가 크다.
② 가공물 표면에 작은 해머와 같은 작용을 하는 형태로 일종의 열간 가공법이다.
③ 가공물 품면에 가공경화된 압축잔류응력층이 형성된다.
④ 반복하중에 대한 피로한도를 증가시킬 수 있어서 각종 스프링에 널리 이용되고 있다.

풀이
쇼트피닝은 금속으로 만든 쇼트(shot)라 고 하는 작은 덩어리를 고속(10~15m/ sec) 으로 가공물 표면에 분사하여 피로 강도를 증가시키기 위한 일종의 냉간 가 공법으로 가공법은 피닝 효과(peening effect)를 높이기 위한 것이다.

85 압연가공에서 압하율을 나타낸 공식은 무엇인가? (단, H_0는 압연전의 두께, H_1은 압연후의 두께이다.)

① $\dfrac{H_o - H_1}{H_o} \times 100(\%)$

② $\dfrac{H_1 - H_o}{H_1} \times 100(\%)$

③ $\dfrac{H_1 + H_o}{H_o} \times 100(\%)$

④ $\dfrac{H_1}{H_o} \times 100(\%)$

> **풀이**
> 압하량 = $H_0 - H_1$
>
> 압하율 = $\dfrac{H_0 - H_1}{H_0} \times 100\%$

86 사형(砂型)과 금속형(金屬型)을 사용하여 내마모성이 큰 주물을 제작할 때 표면은 백주철이 되고 내부는 회주철이 되는 주조방법은 무엇인가?

① 다이캐스팅 ② 원심주조법
③ 칠드주조법 ④ 셀주조법

> **풀이**
> 칠드 주조법은 냉상 주조법이라고도 하며 사형과 열전도율이 큰 금형으로 주형을 완성하여 주조하는 방법으로 금형에 의해 급랭되는 표면 부분은 탄소가 흑연으로 석출하지 못하고, 탄화철이 되면서 백선 조직의 백주철이 되며, 표면은 경하고 내부는 서서히 냉각되어 회주철의 연질 조직이 된다.

87 절삭 바이트에서 마찰력의 결정에 영향을 미치는 요인이 아닌 것은 무엇인가?

① 공구의 형상 ② 절삭속도
③ 공구의 재질 ④ 모터 동력

> **풀이**
> 절삭 가공에 있어서 마찰력과 관계있는 칩의 생성에 영향을 미치는 요인은 공구의 형상, 공작물의 재질(연질/경질), 공구의 재질, 속도, 절삭 깊이, 절삭유 등에 따라 변한다.

88 저온뜨임을 설명한 것 중 틀린 것은 무엇인가?

① 담금질에 의한 응력 제거
② 치수의 경년 변화 방지
③ 연마균열 생성
④ 내마모성 향상

> **풀이**
> 경도 및 내마모성을 필요로 하는 경우는 고탄소강을 저온에서 뜨임하고, 경도보다는 인성을 필요로 하는 경우는 저탄소강을 고온에서 뜨임한다.

89 산소-아세틸렌 가스용접에서 표준불꽃(중성불꽃)의 화학반응식은 무엇인가?

① $H_2 + \dfrac{1}{2} O_2 \rightarrow H_2O$
② $C_2H_2 + O_2 \rightarrow 2CO + H_2O$
③ $2CO + O_2 \rightarrow 2CO_2$
④ $CaC_2 + 2H_2O \rightarrow C_2H_2 + Ca(OH)_2$

> **풀이**
> 가스용접은 C2H2-O2를 사용하여 용접하는 것으로 산소와 아세틸렌 가스를 혼합하여 연소시키면 3000℃ 이상의 열이 발생하는데 응용범위가 넓지만 폭발의 위험성 및 용접변형이 크다.

90 봉재의 지름이나 판재의 두께를 측정하는 게이지는?

① 와이어 게이지(wire gauge)
② 틈새 게이지(thickness gauge)
③ 반지름 게이지(radius gauge)
④ 센터 게이지(center gauge)

> **풀이**
> 와이어 게이지는 원형의 철사나 가는 드릴 등의 지름을 측정하는 사용하는 게이지로 원판 주위에 와이어 게이지의 치수를 갖는 게이지로 만들어진 것으로 와이어의 지름이 번호로 표시된 것이다.

91 6 kg의 물체 A가 마찰이 없는 표면 위를 정지 상태에서 미끄러져 내려가 정지하고 있던 4 kg의 물체 B와 충돌한 후 두 물체가 붙어서 함께 움직였다. 이 때의 속도는 몇 m/s인가? (단, 두

2014년

물체 사이의 수직방향 거리 차이는 5 m이고 중력 가속도는 10 m/s² 로 본다.)

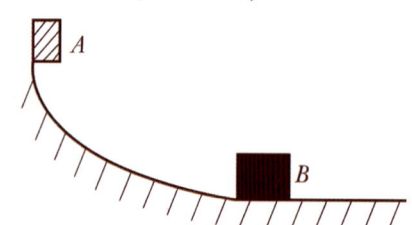

① 3   ② 4   ③ 5   ④ 6

풀이

$V_A = \sqrt{2gh} = \sqrt{2 \times 10 \times 5} = 10 \, m/s$

운동량 보존식 $\sum mv = \sum mv'$ 이므로
$m_A V_A = (m_A + m_B)V'$

$\Rightarrow V' = \dfrac{6 \times 10}{(m_A + m_B)} = \dfrac{6 \times 10}{6+4} = 6 \, m/s$

92 질량이 50 kg이고 반경이 2 m인 원판의 중심에 1000 N의 힘이 그림과 같이 작용하여 수평선 위를 구르고 있다. 미끄럼이 없이 굴러간다고 가정할 때 각가속도는 얼마인가?

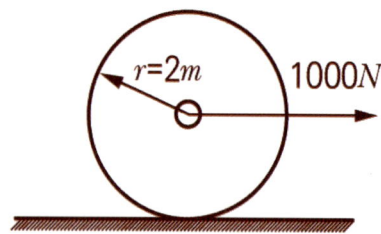

① 3.34 rad/s²   ② 4.91 rad/s²
③ 6.67 rad/s²   ④ 10 rad/s²

풀이

$\sum M = J_0 \, \alpha$

질량관성모멘트
$J_0 = J_G + mr^2$
$= \dfrac{1}{2} \times 50 \times 2^2 + 50 \times 2^2 = 300$

$\therefore \alpha = \dfrac{M}{J_0} = \dfrac{Fr}{J_0} = \dfrac{1000 \times 2}{300}$
$= 6.67 \, rad/s^2$

93 회전속도가 2000 rpm인 원심 팬이 있다. 방진고무로 비감쇠 탄성 지지시켜 진동 전달율을 0.3으로 하고자 할 때, 이 팬의 고유진동수는 약 몇 Hz인가?

① 26   ② 12
③ 16   ④ 24

풀이

$\omega = \dfrac{2\pi N}{60} = \dfrac{2\pi \times 2000}{60} = 209.44 \, rad/s$

$TR = \dfrac{1}{\left|1 - \left(\dfrac{\omega}{\omega_n}\right)^2\right|}$

$0.3 = \dfrac{1}{\left|1 - \left(\dfrac{209.44}{\omega_n}\right)^2\right|}$

$\therefore f = \dfrac{\omega_n}{2\pi} = \dfrac{100.69}{2\pi} = 16.03 \, H_z$

94 외력이 없는 다음과 같은 계의 운동방정식은 어느 것인가?

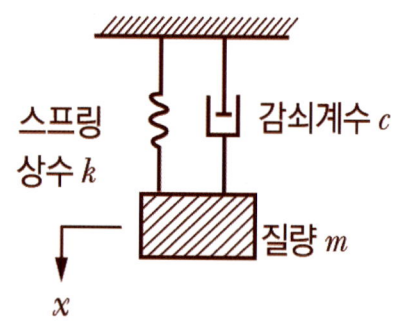

① $m\ddot{x} + c\dot{x} + kx = 0$
② $m\ddot{x} + c\dot{x} + k = 0$
③ $c\ddot{s} + k\dot{x} + mx = 0$
④ $c\ddot{s} + k\dot{x} + m = 0$

풀이

$m\ddot{x} + c\dot{x} + kx = 0$

95 물방울이 떨어지기 시작하여 3초 후의 속도는 약 몇 m/s인가? (단, 공기의 저항은 무시하고, 초기 속도는 0으로 한다.)

① 3　　　　② 9.8
③ 19.6　　　④ 29.4

풀이
$v = v_o + gt = gt \Leftrightarrow v_o = 0$
$= 9.8 \times 3 = 29.4 \ m/s$

96 그림과 같이 질량 1 kg인 블록이 궤도를 마찰없이 움직일 때 A점에서 표면과 접촉을 유지하면서 통과할 수 있는 A지점에서의 블록의 최대 속도 v는 몇 m/s 인가? (단, A점의 곡률반경(ρ)은 10 m, 중력가속도(g)는 10 m/s^2로 본다.)

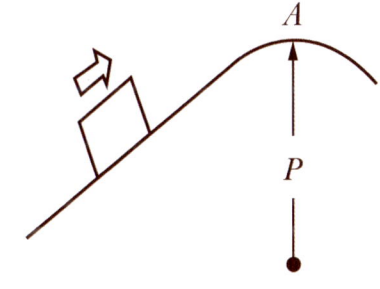

① 100　　　② 10000
③ 0.01　　　④ 10

풀이
$v = \sqrt{\rho g} = \sqrt{10 \times 10} = 10 \ m/s$

97 직선 진동계에서 질량 98 kg의 물체가 16초간에 10회 진동하였다. 이 진동계의 스프링 상수는 몇 N/cm인가?

① 37.8　　　② 15.1
③ 22.7　　　④ 30.2

풀이
$\omega_0 = \sqrt{\dfrac{k}{m}}$
$\Rightarrow k = m\omega_0^2 = 98 \times \left(\dfrac{2\pi N}{16}\right)^2$
$= 98 \times \left(\dfrac{2\pi \times 10}{16}\right)^2 \times 10^{-2}$
$= 15.1 \ N/cm$

98 작은 공이 그림과 같이 수평면에 비스듬히 충돌할 경우 튕겨져 나왔을 경우의 설명으로 틀린 것은 무엇인가? (단, 공과 수평면 사이의 마찰, 그리고 공의 회전은 무시하며 반발계수는 1 이다.)

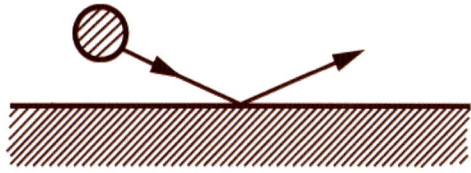

① 충돌직전 직후 공의 운동량은 같다.
② 충돌직전 직후에 공의 운동에너지는 보존된다.
③ 충돌과정에서 공이 받은 충격량과 수평면이 받은 충격량의 크기는 같다.
④ 공의 운동방향이 수평면과 이루는 각의 크기는 충돌직전과 직후가 같다.

풀이
①

99 질량 m, 반경 r인 균질한 구(球)의 질량중심을 지나는 축에 대한 관성모멘트는?

① $\dfrac{2}{5}mr^2$　　　② $\dfrac{1}{3}mr^2$
③ $\dfrac{1}{2}mr^2$　　　④ $\dfrac{2}{3}mr^2$

풀이
구　　$I_x = I_y = I_z = \dfrac{2}{5}mr^2$

정답 95. ④　96. ④　97. ②　98. ①　99. ①

2014년

원판 $I_x = \frac{1}{2}mr^2$, $I_y = I_z = \frac{1}{4}mr^2$

100 고유 진동수 $f(Hz)$, 고유 원진동수 $\omega(rad/s)$, 고유주기 $T(s)$ 사이의 관계를 바르게 나타낸 식은 무엇인가?

① $T = \frac{\omega}{2\pi}$ ② $Tf = 1$
③ $T\omega = f$ ④ $f\omega = 2\pi$

풀이
$f = \frac{\omega}{2\pi} = \frac{1}{T}$ ⇨ $T = \frac{1}{f} = \frac{2\pi}{\omega}$
⇨ $Tf = 1$

정답 100. ②

국가기술자격 필기시험문제

2014년 기사 제4회 경향성 문제

자격종목	일반기계기사	시험시간 2시간 30분	수험번호	성명

제1과목 : 재료역학

01 아래 그림과 같은 보에 대한 굽힘 모멘트 선도로 옳은 것은?

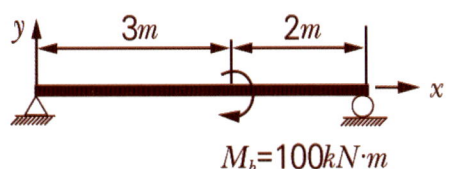

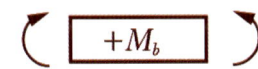

①

②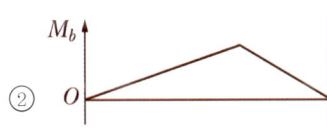

③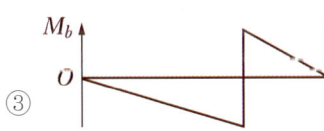

④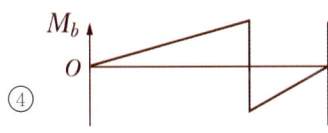

풀이
③

02 지름이 d 이고 길이가 L 인 환축에 비틀림 모멘트가 작용하여 비틀림각 ϕ 가 발생하였다. 이때 환축의 최대전단응력 τ은 얼마인가? (단, G는 전단 탄성계수)

① $\dfrac{Gd}{L\phi}$ ② $\dfrac{Gd}{2L\phi}$

③ $\dfrac{Gd\phi}{L}$ ④ $\dfrac{Gd\phi}{2L}$

풀이

$$\phi = \frac{TL}{GI_P} = \frac{\tau Z_p L}{G\dfrac{d}{2}Z_p} \Rightarrow \therefore \tau = \frac{Gd\phi}{2L}$$

03 어떤 축이 동력 H (kW)를 전달할 때 비틀림 모멘트 T (N · m)가 발생하였다면 이때 축의 회전수를 구하는 식은?

① $N = 7160\dfrac{H}{T}(rpm)$

② $N = 7160\dfrac{T}{H}(rpm)$

③ $N = 9550\dfrac{T}{H}(rpm)$

④ $N = 9550\dfrac{H}{T}(rpm)$

풀이

$T = 974\dfrac{H_{kW}}{N}$ [kN · cm]

$\fallingdotseq 9550\dfrac{H_{kW}}{N} \Rightarrow N = 9550\dfrac{H_{kW}}{T}\ rpm$

정답 1. ③ 2. ④ 3. ④

2014년

04 길이 5 m인 양단고정 보의 중앙에서 집중하중이 작용할 때 최대처짐이 10 cm 발생하였다면, 같은 조건에서 양단지지 보로 하면 처짐은 얼마가 되겠는가?

① 20 cm ② 27 cm
③ 30 cm ④ 40 cm

풀이

양단고정보 $\delta_1 = \dfrac{PL^3}{192EI} = 10\ cm$

양단지지보

$\delta_2 = \dfrac{PL^3}{48EI} = 4\,\delta_1 = 4 \times 10 = 40\ cm$

05 바깥지름 $d_2 = 30\ cm$, 안지름 $d_1 = 20\ cm$의 속이 빈 원형단면의 단면 2차모멘트는?

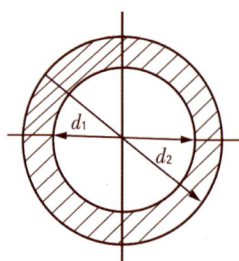

① 27850 cm^4 ② 29800 cm^4
③ 30120 cm^4 ④ 31906 cm^4

풀이

$I = \dfrac{\pi d_2^{\,4}}{64}(1 - x^4)$

$= \dfrac{\pi \times 30^4}{64} \times \left[1 - \left(\dfrac{20}{30}\right)^4\right] = 31907\ mm^4$

06 안지름 80 cm의 얇은 원통에 내압 1 MPa이 작용할 때 안전상 원통의 최소두께는 몇 mm인가? (단, 재료의 허용응력은 80 MPa이다.)

① 1.5 ② 5.0
③ 8   ④ 10

풀이

$\sigma_{hoop} = \dfrac{pd}{2t}$

$t = \dfrac{pd}{2\,\sigma_{hoop}} = \dfrac{1 \times 800}{2 \times 80} = 5\ mm$

07 그림과 같은 정사각형 판이 변형되어, 네 변이 직선을 유지한 채 A, B점이 모두 수평방향 우측으로 1 mm만큼 이동되었다. D점에서의 전단변형률 γ_{xy}는?

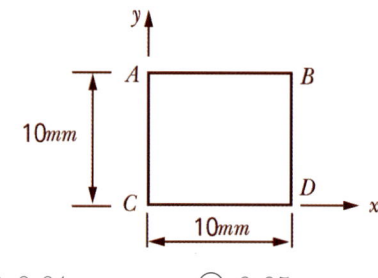

① 0.01   ② 0.05
③ 0.1   ④ 0.15

풀이

전단변형률

$\gamma = \dfrac{\lambda_s}{l} = \dfrac{1}{10} = 0.1$

08 외팔보 AB의 자유단에 브래킷 BCD가 붙어 있으며 D점에 하중 P가 작용하고 있다. B점에서의 처짐이 0이 되기 위한 a/L의 비는 얼마인가?

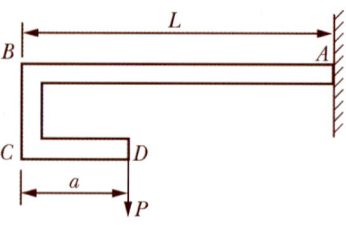

① $\dfrac{1}{4}$ ② $\dfrac{2}{3}$ ③ $\dfrac{1}{2}$ ④ $\dfrac{3}{4}$

정답 4. ④ 5. ④ 6. ① 7. ③ 8. ②

풀이

$$\delta_B = \frac{PL^3}{3EI} - \frac{ML^2}{2EI} = 0$$

$$\Rightarrow \delta_B = \frac{PL^3}{3EI} - \frac{(Pa)L^2}{2EI} = 0$$

$$\Rightarrow \frac{L}{3} = \frac{a}{2} \quad \therefore \frac{a}{L} = \frac{2}{3}$$

09 지름이 50 mm이고 길이가 200 mm인 시편으로 비틀림 실험하여 얻은 결과, 토크 30.6 N·m에서 전 비틀림 각이 7°로 기록되었다. 이 재료의 전단 탄성계수 G는 약 몇 MPa인가?

① 81.6　② 40.6
③ 66.6　④ 97.6

풀이

$$\theta° = \frac{Tl}{GI_P} \times \frac{180}{\pi} [°]$$

$$\Rightarrow G = \frac{TL}{d^4 \times \theta°} \times \frac{180}{\pi}$$

$$= \frac{30.6 \times 10^3 \times 200}{50^4 \times 7°} \times \frac{180}{\pi}$$

$$= 81.69 \ MPa$$

10 $\sigma_x = \sigma_y = 0, \tau_{xy} = 0.1\,GPa$ 일때 두 주응력의 크기 σ_1, σ_2는?

① $\sigma_1 = 0.25$ GPa, $\sigma_2 = 0.1$ GPa
② $\sigma_1 = 0.2$ GPa, $\sigma_2 = 0.05$ GPa
③ $\sigma_1 = 0.1$ GPa, $\sigma_2 = -0.1$ GPa
④ $\sigma_1 = 0.075$ GPa, $\sigma_2 = -0.05$ GPa

풀이

$$\sigma_1 = \frac{\sigma_x + \sigma_y}{2} + \sqrt{\left(\frac{\sigma_x - \sigma_y}{2}\right)^2 + \tau_{xy}^2} = 0.1\ GPa$$

$$\sigma_2 = \frac{\sigma_x + \sigma_y}{2} - \sqrt{\left(\frac{\sigma_x - \sigma_y}{2}\right)^2 + \tau_{xy}^2}$$

$$= -0.1\ GPa$$

11 다음 그림에서 전단력이 0 이 되는 지점에서 굽힘응력은?

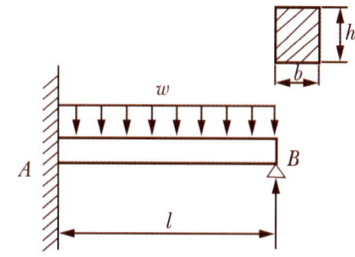

① $\dfrac{27}{64} \dfrac{wl^2}{bh^2}$ 　② $\dfrac{64}{27} \dfrac{wl^2}{bh^2}$
③ $\dfrac{7}{128} \dfrac{wl^2}{bh^2}$ 　④ $\dfrac{64}{128} \dfrac{wl^2}{bh^2}$

풀이

$$M_{max} = \frac{9}{128} wl^2, \quad z = \frac{bh^2}{6}$$

$$\sigma_{max} = \frac{M_{max}}{Z} = \frac{9wl^2}{128} \times \frac{6}{bh^2}$$

$$= \frac{27}{64} \frac{wl^2}{bh^2}$$

12 단면의 형상이 일정한 재료에 노치(notch)부분을 만들어 인장할 때 응력의 분포상태는?

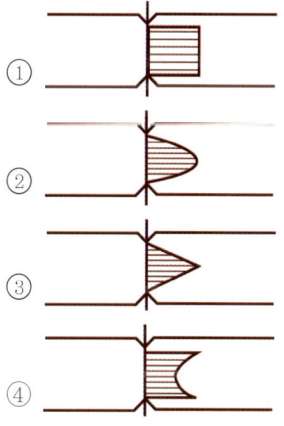

풀이
④

정답　9. ①　10. ③　11. ①　12. ④

13 봉의 온도가 25℃일 때 양쪽의 강성지점들에 끼워 맞추어져 있다. 봉의 온도가 100℃일 때 AC부분의 응력은 몇 MPa인가? (단, 봉 재료의 E = 200 GPa, $\alpha = 12 \times 10^{-6}/℃$, $L_1 = L_2 = 0.5\, m$, $A_1 = 1000\, mm^2$, $A_2 = 500\, mm^2$)

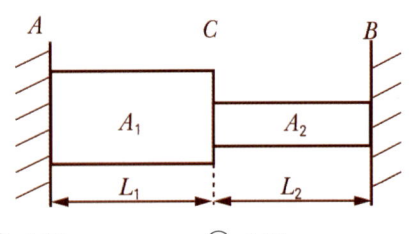

① 120   ② 150
③ 220   ④ 250

풀이

$$\sigma_1 = \frac{E\alpha(L_1 + L_2) \times (t_2 - t_1)}{L_1 + \left(\frac{A_1}{A_2}\right)L_2}$$

$$= \frac{200 \times 10^9 \times 12 \times 10^{-6} \times (0.5 + 0.5) \times (100 - 25)}{0.5 + \left(\frac{1000 \times 10^{-6}}{500 \times 10^{-6}}\right) \times 0.5}$$

$= 120\, MPa$

14 그림과 같이 단순보에서 보 중앙의 처짐으로 옳은 것은? (단, 보의 굽힘강성 EI는 일정하고 M_0는 모멘트, ℓ은 보의 길이이다.)

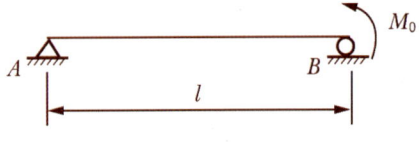

① $\dfrac{M_0 \ell^2}{16 EI}$ ② $\dfrac{M_0 \ell^2}{48 EI}$

③ $\dfrac{M_0 \ell^2}{120 EI}$ ④ $\dfrac{5 M_0 \ell^2}{384 EI}$

풀이

$$\delta_{\max} = \frac{M_o \ell^2}{9\sqrt{3}\,EI}$$

$$\delta_{중앙} = \frac{M_o \ell^2}{8 EI} \times \frac{1}{2} = \frac{M_o \ell^2}{16 EI}$$

15 외팔보의 자유단에 하중 P가 작용할 때, 이 보의 굽힘에 의한 탄성 변형에너지를 구하면? (단, 보의 굽힘강성 EI는 일정하다.)

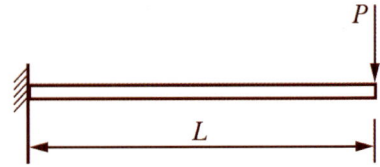

① $\dfrac{PL^3}{6EI}$ ② $\dfrac{PL^3}{3EI}$

③ $\dfrac{P^2 L^3}{6EI}$ ④ $\dfrac{P^2 L^3}{3EI}$

풀이

$U = \dfrac{1}{2} P \lambda$

$\Rightarrow U = \dfrac{1}{2} P \delta = \dfrac{P}{2}\left(\dfrac{PL^3}{3EI}\right) = \dfrac{P^2 L^3}{6EI}$

16 $b \times h = 20\, cm \times 40\, cm$의 외팔보가 두 가지 하중을 받고 있을 때 분포하중 w를 얼마로 하면 안전하게 지지할 수 있는가? (단, 허용굽힘응력 $\sigma_a = 10\, MPa$이다.)

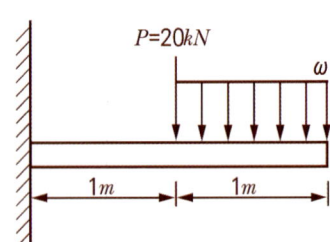

① 22 kN/m   ② 35 kN/m
③ 53 kN/m   ④ 55 kN/m

풀이

$$M_{\max} = M_{고정} = \sigma_a Z = \sigma_a \frac{bh^2}{6}$$

$$\Rightarrow w \times 1.5 + 20 \times 1 = 10 \times 10^6 \times \frac{0.2 \times 0.4^2}{6}$$

$$\therefore w = 22.22 \ kN/m$$

17 직경 10 cm, 길이 3 m인 양단의 고정된 2개의 원형기둥에 가해줄 수 있는 최대하중은? (단, $E = 200000 \ MPa$, $\sigma_r = 280 \ MPa$)

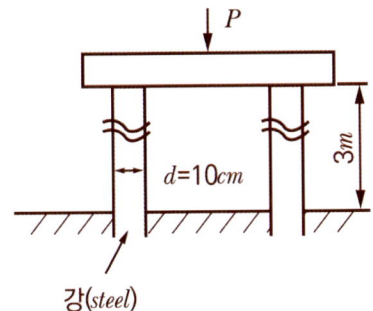

① 2800 kN ② 4400 kN
③ 7800 kN ④ 8770 kN

풀이

$$\sigma = \frac{\frac{P}{2}}{A} = \frac{P}{2A}$$

$$\Rightarrow P = 2\sigma A$$

$$= 2 \times 280 \times 10^6 \times \frac{\pi \times 0.1^2}{4} \times 10^{-3}$$

$$= 4400 \ kN$$

18 포아송(Poission)비가 0.3인 재료에서 탄성계수 (E)와 전단탄성계수(G)의 비(E/G)는?

① 0.15 ② 1.5
③ 2.6   ④ 3.2

풀이

$mE = 2G(m+1)$

$$\Rightarrow G = \frac{mE}{2(m+1)} = \frac{E}{2(1+\nu)}$$

$$\frac{E}{G} = 2(1+\nu) = 2(1+0.3) = 2.6$$

19 그림에서 윗면의 지름이 d, ℓ인 원추형의 상단을 고정할 때 이 재료에 발생하는 신장량 δ의 값은? (단, 단위체적당의 중량을 γ, 탄성계수를 E 라 함.)

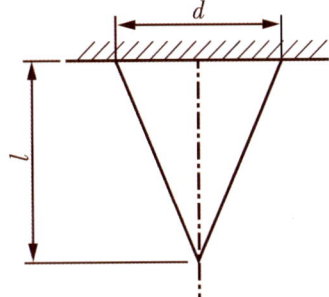

① $\delta = \gamma \ell^2/2E$ ② $\delta = \gamma \ell^2/3E$
③ $\delta = \gamma \ell^2/6E$ ④ $\delta = \gamma \ell^2/8E$

풀이

자중만을 고려 시

원추봉의 신장량은 균일단면봉의 $\frac{1}{3}$ 이다.

$$\therefore \delta = \frac{\gamma \ell^2}{2E} \times \frac{1}{3} = \frac{\gamma \ell^2}{6E}$$

20 그림과 같은 구조물에서 AB 부재에 미치는 힘은?

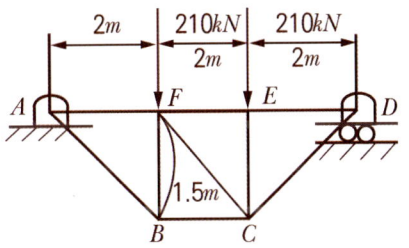

① 250 kN ② 350 kN
③ 450 kN ④ 150 kN

정답 17. ② 18. ③ 19. ③ 20. ②

2014년

풀이

B점에 대한 $\sum F_y = 0$

$\Rightarrow F_{BA} \dfrac{1.5}{\sqrt{2^2 + 1.5^2}} = 210$

$\Rightarrow F_{BA} = \dfrac{2.5}{1.5} \times 210 = 350\,kN$

제2과목 : 기계열역학

21 외부에서 받은 열량이 모두 내부에너지 변화만을 가져오는 완전가스의 상태변화는?

① 정적변화   ② 정압변화
③ 등온변화   ④ 단열변화

풀이

$\delta q = du + pdv = dh - vdp$

$\Rightarrow \delta q = du \quad \Leftarrow dv = 0$ (정적변화)

22 질량 4 kg의 액체를 15℃에서 100℃까지 가열하기 위해 714 kJ의 열을 공급하였다면 액체의 비열은 몇 J/kg·K인가?

① 1100   ② 2100
③ 3100   ④ 4100

풀이

$Q = mC\Delta T$

$\Rightarrow C = \dfrac{Q}{m(t_2 - t_1)} = \dfrac{714 \times 10^3}{4(100 - 15)}$

$= 2100\,J/kg \cdot K$

23 50℃, 25℃, 10℃의 온도인 3가지 종류의 액체 A, B, C가 있다. A와 B를 동일중량으로 혼합하면 40℃로 되고, A와 B를 동일중량으로 혼합하면 30℃로 된다. B와 C를 동일 중량으로 혼합할 때는 몇 ℃로 되겠는가?

① 16.0℃   ② 18.4℃
③ 20.0℃   ④ 22.5℃

풀이

$Q_{평형} = mC\Delta T, \quad Q_{방열량} = Q_{흡열량}$

$\Rightarrow mC_1(50-40) = mC_2(40-25)$

$\therefore 10C_1 = 15C_2$

$\Rightarrow mC_1(50-30) = mC_3(30-10)$

$\therefore C_1 = C_3$

$mC_2(25-x) = mC_3(x-10)$

$\Rightarrow m\dfrac{2}{3}C_1(25-x) = mC_1(x-10)$

$\therefore x = 16\,℃$

24 응축기 온도가 40℃이고, 증발기 온도 -20℃인 이상 냉동사이클의 성능계수 $(COP)_R$는?

① 5.22   ② 4.22
③ 4.02   ④ 3.22

풀이

$COP_{RC} = \dfrac{T_L}{T_H - T_L}$

$= \dfrac{-20 + 273.15}{(40 + 273.15) - (-20 + 273.15)}$

$= 4.22$

25 상태 1에서 경로 A를 따라 상태 2로 변화하고 경로 B를 따라 다시 상태 1로 돌아오는 사이클이 있다. 아래의 사이클에 대한 설명으로 틀린 것은?

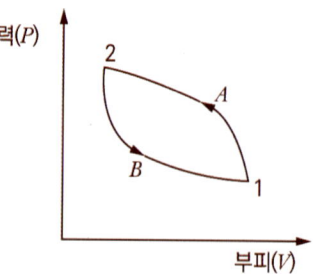

① 사이클과정 동안 시스템의 내부에너지

변화량은 0이다.
② 사이클과정 동안 시스템은 외부로부터 순(net)일을 받았다.
③ 사이클과정 동안 시스템의 내부에 외부로 순(net)열이 전달되었다.
④ 이 그림으로 사이클과정 동안 총 엔트로피 변화량을 알 수 없다.

풀이
④

26 다음 P – h 선도를 이용한 증기압축 냉동기의 성능계수는 얼마인가?

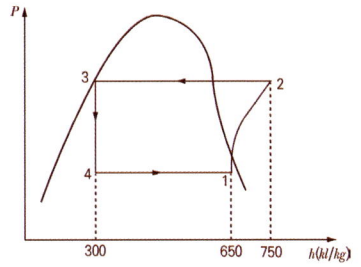

① 3.5 ② 4.5
③ 5.5 ④ 6.5

풀이
$$COP_R = \frac{q_L}{q_H - q_L} = \frac{q_L}{w_c}$$
$$= \frac{(650 - 300)}{(750 - 650)} = 3.5$$

27 이상기체의 내부에너지의 무엇의 함수인가?
① 온도만의 함수이다.
② 압력만의 함수이다.
③ 온도와 압력의 함수이다.
④ 비체적만의 함수이다.

풀이
이상기체의 내부에너지는 온도만의 함수
$$\Rightarrow u = f(T)$$

28 한 밀폐계가 190 kJ의 열을 받으면서 외부에 20 kJ의 일을 한다면 이 계의 내부에너지의 변화는 약 얼마인가?
① 210 kJ 만큼 증가한다.
② 210 kJ 만큼 감소한다.
③ 170 kJ 만큼 증가한다.
④ 170 kJ 만큼 감소한다.

풀이
$$Q = U + W$$
$$\Rightarrow \Delta U = \Delta Q - \Delta W$$
$$= 190 - 20 = 170 \ kJ \quad 증가$$

29 시속 30 km로 주행하고 있는 질량 306 kg의 자동차가 브레이크를 밟았더니 8.8 m에서 정지했다. 베어링 마찰을 무시하고 브레이크에 의해 제동된 것으로 보았을 때, 브레이크로부터 발생한 열량은 얼마인가? (단, 차륜과 도로면의 마찰계수는 0.4로 한다.)
① 약 25.6 kJ ② 약 20.6 kJ
③ 약 15.6 kJ ④ 약 10.6 kJ

풀이
$$Q = \mu W s = \mu (mg) s$$
$$= 0.4 \,(300 \times 9.8) \times 8.8 \times 10^{-3}$$
$$= 10.6 \ kJ$$

30 랭킨사이클을 터빈입구 상태와 응축기 압력을 그대로 두고 재생사이클로 바꾸었을 때 랭킨사이클과 비교한 재생사이클의 특징에 대한 설명으로 틀린 것은?
① 터빈일이 크다.
② 사이클 효율이 높다.
③ 응축기의 방열량이 작다.

2014년

④ 보일러에서 가해야 할 열량이 작다.

풀이
재생사이클은 터빈의 팽창 시, 추기로 인하여 터빈일은 감소한다.
그러나, 추기한 증기의 에너지는 보일러에서의 공급열량으로 재생되므로 열효율은 증가한다.

31 밀폐계에서 기체의 압력이 100 kPa로 일정하게 유지되면서 체적이 $1\,m^3$에서 $2\,m^3$으로 증가되었을 때 옳은 설명은?

① 밀폐계의 에너지 변화는 없다.
② 외부로 행한 일은 100 kJ이다.
③ 기체가 이상기체라면 온도가 일정하다.
④ 기체가 받은 열은 100 kJ이다.

풀이
절대일
$$_1W_2 = \int_1^2 p\,dV = p(V_2 - V_1)$$
$$= 100 \times (2-1) = 100\,kJ$$

32 비열이 0.475 kJ/kg K인 철 10 kg을 20℃에서 80℃로 올리는데 필요한 열량은 몇 kJ인가?

① 222　　② 232
③ 285　　④ 315

풀이
현열
$Q = mC\Delta T = 10 \times 0.475 \times (80 - 20)$
$= 285\,kJ$

33 어느 발명가가 바닷물로부터 매시간 1800 kJ의 열량을 공급받아 0.5 kW출력의 열기관을 만들었다고 주장한다면, 이 사실은 열역학 제 몇 법칙에 위반 되겠는가?

① 제 0 법칙　　② 제 1 법칙
③ 제 2 법칙　　④ 제 3 법칙

풀이
매시 1800 kJ의 열량(0.5kW)을 공급받아 0.5kW의 출력의 열기관을 만들었다는 것은 열역학 제 1 법칙인 열과 일의 교환법칙은 만족하지만 열효율이 100% 이므로 열역학 제 2 법칙에는 위배된다.
열효율이 100%인 기관은 제 2 종 영구기관이라 부르며 제작이 불가능하다.

34 과열과 과냉이 없는 증기압축 냉동사이클에서 응축온도가 일정하고 증발온도가 낮을수록 성능계수는 어떻게 되겠는가?

① 증가한다.
② 감소한다.
③ 일정하다.
④ 성능계수와 응축온도는 무관하다.

풀이
응축온도 일정 시, 증발온도가 낮아지면 냉동효과의 증가량보다 압축일이 상대적으로 더 증가하므로 냉동기 성능계수는 감소한다.

$$\Rightarrow COP_R = \frac{q_L}{q_H - q_L} = \frac{q_L}{w_c}$$

35 어떤 유체의 밀도가 741 kg/m^3이다. 이 유체의 비체적은 약 몇 m^3/kg인가?

① 0.78×10^{-3}　　② 1.35×10^{-3}
③ 2.35×10^{-3}　　④ 2.98×10^{-3}

풀이
비체적 : 단위질량이 점유하는 유체의 체적
$$v = \frac{1}{밀도(\rho)} = \frac{1}{741}$$
$$= 1.35 \times 10^{-3}\,m^3/kg$$

36 공기 10 kg이 정적과정으로 20℃에서 250℃까지 온도가 변하였다. 이 경우 엔트로피의 변화량은?

(단, 공기의 $C_V = 0.717\ kJ/kg \cdot K$이다.)

① 약 2.39 kJ/K ② 약 3.07 kJ/K
③ 약 4.15 kJ/K ④ 약 5.18 kJ/K

풀이

$$\triangle S = m\,C_v \ln\left(\frac{T_2}{T_1}\right)$$
$$= 10 \times 0.717 \ln\left(\frac{250 + 273.15}{20 + 273.15}\right)$$
$$= 4.15\ kJ/K$$

37 100℃와 50℃ 사이에서 작동되는 가역열기관의 최대 열효율은 약 얼마인가?

① 55.0%   ② 16.7%
③ 13.4%   ④ 8.3%

풀이

$$\eta_c = 1 - \frac{T_2}{T_1}$$
$$= \left(1 - \frac{50 + 273.15}{100 + 273.15}\right) \times 100\% = 13.4\%$$

38 27 kPa의 압력차는 수은주로 어느정도 높이가 되겠는가? (단, 수은의 밀도는 13590 kg/m^3 이다.)

① 약 158 mm   ② 약 203 mm
③ 약 26.5mm   ④ 약 577 mm

풀이

$p = \gamma h = \rho g h$

$$\Rightarrow h = \frac{p}{\rho g} = \frac{27 \times 10^3}{13590 \times 9.8} \times 10^3$$
$$= 203\ mm$$

39 어떤 작동유체가 550K의 고열원으로부터 20 kJ의 열량을 공급받아 250 K의 저열원에 14 kJ의 열량을 방출할 때 이 사이클은?

① 가역이다.
② 비가역이다.
③ 가역 또는 비가역이다.
④ 가역도 비가역도 아니다.

풀이

$$\eta_c = 1 - \frac{T_2}{T_1} = \left(1 - \frac{250}{550}\right) \times 100\% \fallingdotseq 55\%$$

$$\eta = 1 - \frac{Q_2}{Q_1} = \left(1 - \frac{14}{20}\right) \times 100\% = 30\%$$

$\Rightarrow \eta_c > \eta$

가역기관 보다는 효율이 낮으므로 실현이 가능한 비가역 사이클이다.

40 냉동기의 효율은 성능계수로 나타낸다. 냉동기의 성능계수에 대한 설명 중 잘못된 것은?

① 성능계수는 증발기에서 흡수된 열량과 압축기에 공급된 일량의 비로 정의된다.
② 성능계수는 일반적으로 1보다 작다.
③ 냉동기의 작동온도에 따라 성능계수는 변한다.
④ 동일한 작동온도에서 운전되는 냉동기라도 사용되는 냉매에 따라 성능계수는 달라질 수 있다.

풀이

② 성능계수는 일반적으로 1보다 크다.

제3과목 : 기계유체역학

41 다음 중 무차원에 해당하는 것은?

① 비중   ② 비중량
③ 점성계수   ④ 동점성계수

풀이

정답 37. ③ 38. ② 39. ② 40. ② 41. ①

2014년

비중은 동일한 질량 또는 중량의 상대 값으로서 단위가 없다. (무차원수)

42 4℃ 물의 체적 탄성계수는 $2.0 \times 10^9 \, N/m^2$이다. 이 물에서의 음속은 약 몇 m/s 인가?

① 141 ② 341
③ 19300 ④ 1414

풀이

$$C = \sqrt{\frac{E}{\rho_w}} = \sqrt{\frac{2 \times 10^9}{1000}} = 1414.2 \, m/s$$

43 바다 속 임의의 한 지점에서 측정한 계기압력이 98.7 MPa이다. 이 지점의 깊이는 몇 m인가? (단, 해수의 비중량은 10 kN/m^3이다.)

① 9540 ② 9635
③ 9680 ④ 9870

풀이

수압은 계기압력
$p = \gamma h$
$$\Rightarrow h = \frac{p}{\gamma} = \frac{98.7 \times 10^6}{10 \times 10^3} = 9870 \, m$$

44 수면의 높이가 지면에서 h인 물통 벽의 측면에 구멍을 뚫고 물을 지면으로 분출시킬 때 지면을 기준으로 물이 가장 멀리 떨어지게 하는 구멍의 높이는?

① $\frac{3}{4}h$ ② $\frac{1}{2}h$
③ $\frac{1}{4}h$ ④ $\frac{1}{3}h$

풀이

② $\frac{1}{2}h$

45 30명의 흡연가가 피우는 담배연기를 처리할 수 있는 흡연실에서 1 인당 최소 30 L/s의 신선한 공기를 필요로 할 때, 공급되어야 할 공기의 최소 유량은 몇 m^3/s 인가?

① 0.9 ② 1.6
③ 2.0 ④ 2.3

풀이

Q = 흡연자 수 × 1인당 최소 신선공기량
= $30 \times 30 \times 10^{-3} = 0.9 \, m^3/s$

46 원관내 완전한 층류로 흐를 경우 관마찰계수 f는?

① 상대 조도만의 함수가 된다.
② 마하수만의 함수이다.
③ 오일러수만의 함수이다.
④ 레이놀즈수만의 함수이다.

풀이

원관 내 층류유동인 경우 관 마찰계수는 레이놀즈수만의 함수. $\Rightarrow f = \frac{64}{Re}$

47 그림과 같은 사이펀에 물이 흐르고 있다. 사이펀의 안지름 5 cm이고, 물탱크의 수면은 항상 일정하게 유지된다고 가정한다. 수면으로부터 출구사이의 총 손실수두가 1.5 m이면, 사이펀을 통해 나오는 유량은 약 몇 m^3/min 인가?

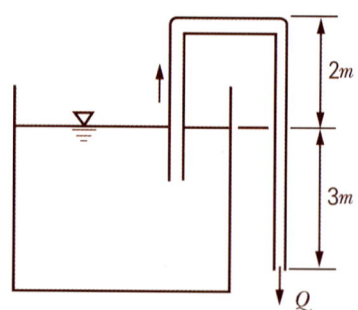

① 0.38 ② 0.41
③ 0.64 ④ 0.92

정답 42.④ 43.④ 44.② 45.① 46.④ 47.③

> 풀이

$$\frac{p_1}{\gamma} + \frac{V_1^2}{2g} + z_1 = \frac{p_2}{\gamma} + \frac{V_2^2}{2g} + z_2 + h_{사이펀}$$

$p_1 = p_2 =$ 대기압. $V_2 \gg V_1$ 이므로 $V_1 = 0$

$\Rightarrow (z_1 - z_2) - h_{사이펀} = \frac{V_2^2}{2g}$

$\Rightarrow 3 - 1.5 = \frac{V_2^2}{2 \times 9.8}$

$\therefore V_2 = 5.42 \ m/s$

$Q = AV = \frac{\pi}{4}d^2 \times V = \frac{\pi}{4} \times 0.05^2 \times 5.42 \times 60$
$= 0.64 \ m^3/min$

48 유속 V의 균일 운동장에 놓인 물체 둘레의 순환이 Γ일 때, 이 물체에 발생하는 $L^{(Kutta-Joukowski의 \ 정리)}$은? (단, 유체의 밀도는 ρ라 한다.)

① $L = \frac{\Gamma}{\rho V}$ ② $L = \frac{\rho \Gamma}{V}$

③ $L = \frac{V\Gamma}{\rho}$ ④ $L = \rho V \Gamma$

> 풀이
>
> 쿠타 - 조우코우스키 가설의 양력 $= \rho V \Gamma$

49 다음 중 경계층에서 유동박리 현상이 발생할 수 있는 조건은?

① 유체가 가속될 때
② 순압력구배가 존재할 때
③ 역압력구배가 존재할 때
④ 유체의 속도가 일정할 때

> 풀이
>
> 경계층에서의 유동박리현상은 역 압력구배가 존재할 때 발생. $\Rightarrow \frac{\partial p}{\partial x} < 0, \ \frac{\partial V}{\partial x} < 0$

50 밀도가 ρ_1, ρ_2인 두 종류의 액체속에 완전히 잠긴 물체의 무게를 스프링 저울로 측정한 결과 각각 W_1, W_2이었다. 공기 중에서 이 물체의 무게 G는?

① $G = \frac{W_1\rho_2 + W_2\rho_1}{\rho_2 - \rho_1}$

② $G = \frac{W_1\rho_2 - W_2\rho_1}{\rho_2 - \rho_1}$

③ $G = \frac{W_1\rho_2 + W_2\rho_1}{\rho_2 + \rho_1}$

④ $G = \frac{W_1\rho_2 - W_2\rho_1}{\rho_2 + \rho_1}$

> 풀이
>
> 공기 중의 무게 = 물속에서의 무게 + 부력
>
> $\Rightarrow G = W + F_B$
>
> $\Rightarrow F_B = \gamma V = G - W$
>
> $\Rightarrow V = \frac{G - W_1}{\rho_1 g} = \frac{G - W_2}{\rho_2 g}$
>
> $\Rightarrow \rho_2 G - \rho_2 W_1 = \rho_1 G - \rho_1 W_2$
>
> $\Rightarrow G(\rho_2 - \rho_1) = W_1\rho_2 - W_2\rho_1$
>
> $\therefore G = \frac{W_1\rho_2 - W_2\rho_1}{\rho_2 - \rho_1}$

51 다음 그림에서 관입구의 부차적 손실계수 K는? (단, 관의 안지름은 20 mm, 관마찰계수는 0.0188이다.)

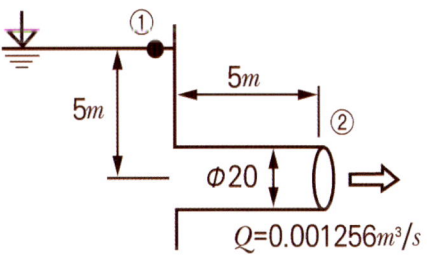

① 0.0188   ② 0.273
③ 0.425   ④ 0.621

> 풀이
>
> $Q = AV = \frac{\pi d^2}{4}V$

2014년

$$\Rightarrow V = \frac{Q}{A} = \frac{4Q}{\pi d^2} = \frac{4 \times 0.001256}{\pi (0.02)^2}$$
$$= 4 \, m/s$$

전체수두
$H_T = z_2 - z_1 = 5$ 이므로

$$\Rightarrow 5 = \frac{4^2}{2g} + K\frac{4^2}{2g} + 0.018 \times \frac{5}{0.02} \times \frac{4^2}{2g}$$
$$\therefore K = 0.425$$

52 2차원 유동 중 속도퍼텐셜이 존재하는 것은?(단, $\vec{V} = (u, v)$ 이다.)

① $\vec{V} = (x^2 - y^2, \, 2xy)$
② $\vec{V} = (x^2 - y^2, \, -2xy)$
③ $\vec{V} = (x^2 + y^2, \, -2xy)$
④ $\vec{V} = (x^2 + y^2, \, 2xy)$

풀이

$\vec{V} = (u, v)$ 이므로

$\frac{\partial u}{\partial x} + \frac{\partial v}{\partial y} = 0$ 을 만족하는 함수를 구하면

② $\frac{\partial}{\partial x}(x^2 - y^2) + \frac{\partial}{\partial y}(-2xy) = 0$

53 압력과 밀도를 각각 P, ρ라 할 때 $\sqrt{\frac{\triangle P}{\rho}}$ 의 차원은? (단, M, L, T는 각각 질량, 길이, 시간의 차원을 나타낸다.)

① $\frac{M}{LT}$ ② $\frac{M}{L^2T}$
③ $\frac{L}{T}$ ④ $\frac{L}{T^2}$

풀이

$\sqrt{\frac{\triangle p}{\rho}} = \left(\frac{\triangle p}{\rho}\right)^{\frac{1}{2}} = \left(\frac{ML^{-1}T^{-2}}{ML^{-3}}\right)^{\frac{1}{2}}$
$= (L^2T^{-2})^{\frac{1}{2}} = LT^{-1} = \frac{L}{T}$

54 유체 속에 잠겨있는 경사진 판의 윗면에 작용하는 압력힘의 작용점에 대한 설명 중 맞는 것은?

① 판의 도심보다 위에 있다.
② 판의 도심에 있다.
③ 판의 도심보다 아래에 있다.
④ 판의 도심과는 관계가 없다.

풀이

판의 도심보다 $\frac{I_{도심}}{Ah_c}$ 만큼 아래에 있다.

55 다음 중 원관 내 층류운동의 전단 응력분포로 옳은 것은?

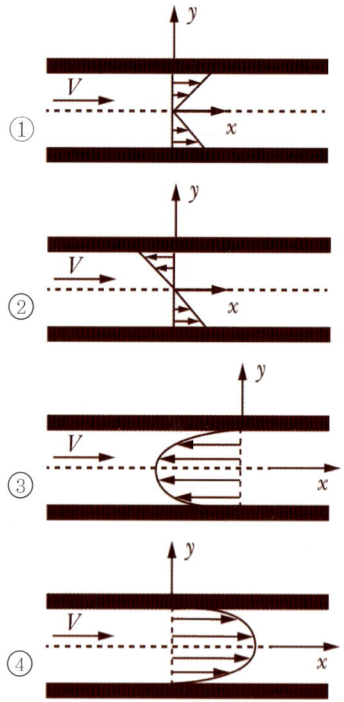

풀이

① $\tau = -\left(\frac{dp}{dl}\right)\frac{r}{2}$

정답 52. ② 53. ③ 54. ③ 55. ①

56 직경 30 mm이고, 틈새가 0.2 mm인 슬라이딩 베어링이 1800 rpm으로 회전할 때 윤활유에 작용하는 전단응력은 약 몇 Pa인가? (단, 윤활유의 점성계수 $\mu = 0.38\,N \cdot s/m^2$이다.)

① 5372 ② 8550
③ 10744 ④ 17100

풀이

$$\tau = \mu \frac{du}{dy} = \mu \frac{\frac{\pi dN}{60}}{dy}$$

$$= 0.38 \times \frac{\frac{\pi \times 0.03 \times 1800}{60}}{0.2 \times 10^{-3}}$$

$$= 5372\,Pa$$

57 유량계수가 0.75이고, 목지름이 0.5 m인 벤투리미터를 사용하여 안지름이 1 m인 송유관 내의 유량을 측정하고 있다. 벤투리 입구와 목의 압력차가 수은주 80 mm이면 기름의 질량유량은 몇 kg/s인가? (단, 기름의 비중은 0.9, 수은의 비중은 13.6이다.)

① 158 ② 166
③ 666 ④ 739

풀이

$$V_c = \sqrt{\frac{2gh}{\left[1 - \left(\frac{d_2}{d_1}\right)^4\right]}\left(\frac{\gamma_{Hg}}{\gamma_o} - 1\right)}$$

$$= \sqrt{\frac{2gh}{\left[1 - \left(\frac{d_2}{d_1}\right)^4\right]}\left(\frac{s_{Hg}}{s_o} - 1\right)}$$

$$= \sqrt{\frac{2 \times 9.8 \times 0.08}{[1 - (0.5)^4]} \times \left(\frac{13.6}{0.9} - 1\right)}$$

$$= 4.86\,m/s$$

$$Q = CA_c V_c = 0.75 \times \frac{\pi (0.5)^2}{4} \times 4.86$$

$$\fallingdotseq 0.72\,m^3/s$$

$$\dot{m} = \rho AV = \rho Q = \rho_w s\,Q$$
$$= 1000 \times 0.9 \times 0.72 = 648\,kg/s$$

58 길이 125 m, 속도 9 m/s인 선박의 모형실험을 길이 5 m인 모형선으로 프루드(Froude) 상사가 성립되게 실험하려면 모형선의 속도는 약 몇 m/s로 해야 하는가?

① 1.80 ② 4.02
③ 0.36 ④ 36

풀이

Froude 상사

$$\left(\frac{V}{\sqrt{Lg}}\right)_p = \left(\frac{V}{\sqrt{Lg}}\right)_m$$

$$\Rightarrow V_m = V_p \sqrt{\frac{L_m}{L_p}} = 9\sqrt{\frac{5}{125}} = 1.8\,m/s$$

59 그림과 같이 유량 $Q = 0.03\,m^3/s$의 물 분류가 $V = 40\,m/s$의 속도로 곡면판에 충돌하고 있다. 판은 고정되어 있고 휘어진 각도가 135°일 때 분류로부터 판이 받는 충격력의 크기는 약 몇 N인가?

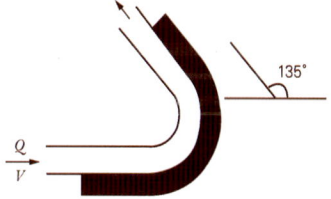

① 2049 ② 2217
③ 2638 ④ 2898

풀이

$$R_x = \rho QV(1 - \cos\theta)$$
$$= 1000 \times 0.03 \times 40(1 - \cos 135°) = 2048\,N$$
$$R_y = \rho QV \sin\theta$$
$$= 1000 \times 0.03 \times 40 \sin 135° = 848\,N$$
$$\therefore R = \sqrt{R_x^2 + R_y^2} = 2216.6\,N$$

정답 56. ① 57. ③ 58. ① 59. ②

2014년

60 2차원 유동장에서 속도벡터가 $\vec{V} = 6y\vec{i} + 2x\vec{j}$일 때 점(3, 5)를 지나는 유선의 기울기는? (단, $\vec{i}, \vec{j}$는 x, y방향의 단위벡터이다)

① $\dfrac{1}{3}$ ② $\dfrac{1}{5}$

③ $\dfrac{1}{9}$ ④ $\dfrac{1}{12}$

풀이

$\dfrac{dx}{u} = \dfrac{dy}{v}$

⇒ $\dfrac{dy}{dx} = \dfrac{v}{u} = \dfrac{2x}{6xy} = \dfrac{2 \times 3}{6 \times 5} = \dfrac{6}{30} = \dfrac{1}{5}$

제4과목 : 기계재료 및 유압기기

61 강에서 열처리 조직으로 경도가 가장 큰 것은?

① 펄라이트   ② 페라이트
③ 마텐자이트   ④ 오스테나이트

풀이
담금질 조직의 경도 순서
탄소를 과포화하게 고용한 α 철인 마텐자이트는 열처리 조직 중에서 가장 경하고 강하다.
마텐자이트(600) > 트루스타이트(400) > 소르바이트(230) > 펄라이트(200) > 오스테나이트(150) > 페라이트(100)

62 자기변태의 설명으로 옳은 것은?

① 상은 변하지 않고 자기적 성질만 변한다.
② 자기변태점에서는 열을 흡수하거나 방출한다.
③ 자기변태점에서는 자유도가 0이므로 온도가 정체된다.
④ 원자내부의 변화로 자기적 성질이 비연

속적으로 변화한다.

풀이
자기 변태
원자 배열의 변화는 없고 단지 자기의 강도만 변하는 것. 철의 자기변태점(A2)인 768℃(퀴리포인트) 이하에서는 강자성체이나 그 이상에서는 상자성체로 자기의 강도가 매우 약해진다.

63 질화법과 침탄법을 비교 설명한 것으로 틀린 것은?

① 침탄법보다 질화법이 경도가 높다.
② 침탄법은 침탄후에도 수정이 가능하지만, 질화법은 질화후의 수정은 불가능하다.
③ 침탄법은 침탄후에는 열처리가 필요없고, 질화법은 질화후에는 열처리가 필요하다.
④ 침탄법은 경화에 의한 변형이 생기지만, 질화법은 경화에 의한 변형이 적다.

풀이
침탄법
저탄소강의 부품을 표면층에 침탄(탄소를 침투확산)시켜 고탄소강으로 만든 후 담금질(퀜칭)하여 표면층만을 경화시키는 표면경화법
침탄강의 구비 조건
㉠ 저탄소강이어야 한다.(0.18%C, SM20CK까지)
㉡ 강괴 주조시 완전을 기해야 하며 표면에 흠이나 결점이 없어야 한다.
㉢ 고온에서 장시간 가열하더라도 입자가 성장하지 않는 강을 선택해야 한다.
질화법(Nitrizing)
㉠ 침탄강보다 경도가 크다.(인성을 주고 표면 경도를 높인다)
㉡ 마모 부식에 대해 강하다.
㉢ 질화강은 담금질 후 질화처리
㉣ 질화처리 후 담금질 하지 않는다.
㉤ 침탄보다 경비가 비싸다.

정답 60. ② 61. ③ 62. ① 63. ③

기출문제

64 델타메탈이라고도 하며 강도가 크고 내식성이 좋아 광산기계, 선박용 기계, 화학기계 등에 사용되는 것은?

① 철 황동 ② 규소 황동
③ 네이벌 황동 ④ 애드미럴티 황동

풀이
철황동(델타메탈)
6-4 황동(Cu+Zn)에 철(Fe)을 1~2% 첨가시킨 황동이다.
델타 메탈(철황동)
구리·아연을 주성분(Cu-Zn합금)으로 하고 소량의 망가니즈(Mn)·철(Fe 1~2%) 등을 함유한 특수 합금으로 잘 늘어나며 내식성이 좋아 광산, 선박, 화학 기계 등을 만드는데 쓰인다.

65 탄소강에 미치는 인(P)의 영향으로 옳은 것은?

① 인성과 내식성을 주는 효과는 있으나 청열취성을 준다.
② 강도와 경도는 감소시키고, 고온취성이 있어 가공이 곤란하다.
③ 경화능이 감소하는 것 외에는 기계적 성질에 해로운 원소이다.
④ 강도와 경도를 증가시키고 연신율을 감소시키며 상온취성을 일으킨다.

풀이
탄소강 중의 5대 원소 중 인(P)의 영향
㉠ 유동성 개선
㉡ 주물의 표면을 거칠게 한다.
㉢ 강도 및 경도 증가, 연신율, 단면 수축률 감소
㉣ 상온 가공시 취성이 일어나 깨지기 쉽다.(상온취성)

66 주조성, 가공성, 내마멸성 및 강도가 우수하고 인성, 연성, 가공성 및 경화능 등이 강의 성질과 비슷하며 자동차용주물로 가장 적합한 주철은?

① 내열주철 ② 보통주철
③ 칠드주철 ④ 구상흑연주철

풀이
구상흑연주철(노듈라주철)의 특징
㉠ 주조성, 가공성, 내마모성, 인장강도 우수
㉡ 연성, 인성 및 경화능(경도의 분포, 경화의 깊이를 지배하는 성질)이 강과 비슷하다.
㉢ 기계적 성질이 강에 가까워 자동차용 부품, 항공기 엔진부품 등에 사용한다.
㉣ 단점으로 수축이 크고, 가스(gas)발생이 많다.

67 고속도공구강에서 요구되는 일반적 성질과 관련이 없는 것은?

① 전연성 ② 고온경도
③ 내마모성 ④ 내충격성

풀이
전연성은 넓게 펴지는 성질인 전성(malleability)과 가는 와이어를 뽑아내는 성질인 연성(ductility)을 합한 용어로 소성가공을 하기 쉬운 성질을 말한다.
고속도공구강의 구비조건
㉠ 고온경도가 커야 한다.
㉡ 내마모성과 점성이 커야 한다.
㉢ Mo을 첨가한 고속도공구강은 취성을 방지한다.
㉣ 열처리가 용이해야 한다.

68 지름 15 mm의 연강 봉에 5000 kg의 인장하중이 작용할 때 생기는 응력은 약 몇 kg_f/mm^2 인가?

① 10 ② 18 ③ 24 ④ 28

풀이
$$\sigma = \frac{P_t}{A} = \frac{P_t}{\frac{\pi d^2}{4}} = \frac{4P_t}{\pi d^2} = \frac{4 \times 5000}{\pi \times 15^2}$$
$$= 28.294 \ kg_f/mm^2$$

69 일반적인 주철의 장점이 아닌 것은?

① 주조성이 우수하다.

정답 64. ① 65. ④ 66. ④ 67. ① 68. ④ 69. ②

② 고온에서 쉽게 소성변형되지 않는다.
③ 가격이 강에 비해 저렴하여 널리 이용된다.
④ 복잡한 형상으로도 쉽게 주조된다.

풀이

주철의 장단점
㉠ 용융점이 낮고 유동성이 좋으며 절삭성이 우수하다. (장점)
㉡ 마찰저항이 좋고 압축강도가 크며 가격이 저렴하다. (장점)
㉢ 충격에 약하고 메짐이 크며 소성변형이 어렵다. (단점)
㉣ 절삭가공이 어렵고 단련, 담금질 및 뜨임 처리가 어렵다. (단점)

70 톱날이나 줄의 재료로 가장 적합한 합금은?

① 황동
② 고탄소강
③ 알루미늄
④ 보통주철

풀이

고탄소강(SM50C~SM58C)
고탄소강은 0.55~1.6%의 탄소를 함유하는 강으로 열처리 효과가 크고 담금질성이 양호하지만 인성이 부족하므로 표면의 경도를 필요로 하는 톱날, 줄, 대패, 칼, 끌 등의 일반 공구용으로 널리 사용된다.

71 전기모터나 내연기관 등의 원동기로부터 공급받은 동력을 기계적 유압에너지로 변환시켜 작동매체인 작동유(압축유)를 통하여 유압계통에 에너지를 가해주는 기기는?

① 유압모터
② 유압밸브
③ 유압펌프
④ 유압실린더

풀이

유압 펌프(Hydraulic Pump)는 유압탱크에서 기름을 흡입하여 밸브를 통해 액츄에이터로 기름을 보내주는 역할을 하며 원동기(전기모터, 내연기관)로부터 공급받은 동력을 기계적 유압 에너지로 변환시켜 작동유를 통해 유압시스템에 에너지를 가해주는 기기(압축유를 공급하는 기기)로 기어 펌프, 베인 펌프, 피스톤 펌프 등이 있다.

72 다음 중 압력단위의 환산이 잘못된 것은?

① 1 bar = 9.80665 Pa
② $1\,mmH_2O$ = 9.80665 Pa
③ 1 atm = 1.01325×10^5 Pa
④ 1 Pa = $1.01972 \times 10^{-5}\,kg_f/cm^2$

풀이

1 bar는 $1m^2$당 100,000 N의 압력
1 bar = 100,000 Pa(N/m^2) = 10^5 Pa = 100 kPa

73 유압유을 이용하여 진동을 흡수하거나 충격을 완화시키는 기기는?

① 유체클러치(fluid clutch)
② 유체커플링(fluid coupling)
③ 쇼크업소버(shock absorber)
④ 토크컨버터(torque converter)

풀이

완충기 또는 미국식 영어로 쇼크 업소버(Shock absorber) 혹은 영국식 영어로 댐퍼(Damper)라고도 하며 스프링을 이용하여 충격을 완충시키는 장치로 오일의 점성 저항을 이용한 완충기이다.

74 기름의 압축률이 $6.8 \times 10^{-5}\,cm^2/kg$일 때 압력을 0 에서 100 kg_f/cm^2까지 압축하면 체적은 몇 % 감소하는가?

① 0.48%
② 0.68%
③ 0.89%
④ 1.46%

풀이

압축률 $K = \dfrac{\Delta P}{-\dfrac{\Delta V}{V}} = \dfrac{1}{\beta}$

체적감소율

$$-\frac{\Delta V}{V} = \beta \Delta P = 6.85 \times 10^{-5} \times 100$$
$$= 0.0068 = 0.68\,\%$$

75 작동유가 갖고 있는 에너지를 잠시 저축했다가 이것을 이용하여 완충작용도 할 수 있는 부품은?

① 축압기
② 제어밸브
③ 스테이터
④ 유체커플링

풀이
축압기(accumulator)는
① 압력에너지 잠시축적
② 맥동(서징), 충격 흡수
③ 액체를 수송하는 역할
　축압기(어큐물레이터, Accumulator)는 용기 내에 고압유를 압입하여 유압유의 에너지를 일시적으로 축적하는 역할을 하는 저장 용기로 다음과 같은 역할을 한다.
　㉠ 에너지(압력 유체)의 저장, 에너지 보조원
　㉡ 충격 압력의 흡수, 서지압 흡수, 유량 보조원
　㉢ 펌프의 압력 맥동 흡수, 일정한 압력 유지

76 유압기기의 통로(또는 관로)에서 탱크(또는 매니폴드 등)로 돌아오는 액체 또는 액체가 돌아오는 현상을 나타내는 용어는?

① 누설
② 드레인(drain)
③ 컷오프(cut off)
④ 인터플로(interflow)

풀이
드레인(drain)은 유압기기의 통로나 관로에서 탱크나 매니폴드 등으로 돌아오는 액체 또는 액체가 돌아오는 현상을 말한다.

77 다음 기호 중 유량계를 표시하는 것은?

① 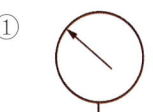　②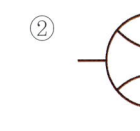

③ 　④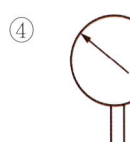

풀이
① 압력계　② 유량계
③ 온도계　④ 차압계

78 유압회로에서 정규조작방법에 우선하여 조작할 수 있는 대체 조작수단으로 정의되는 에너지 제어·조작방식 일반에 관한 용어는?

① 직접파일럿 조작
② 솔레노이드 조작
③ 간접파일럿 조작
④ 오버라이드 조작

풀이
KS B 0120 유압 및 공기압 용어
오버라이드 조작 (override control) : 정규 조작 방법에 우선하여 조작할 수 있는 대체조작 수단

79 오일탱크의 구비조건에 관한 설명으로 옳지 않은 것은?

① 오일탱크의 바닥면은 바닥에서 일정 간격 이상을 유지하는 것이 바람직하다.
② 오일탱크는 스트레이너의 삽입이나 분리를 용이하게 할 수 있는 출입구를 만든다.
③ 오일탱크 내에 방해판은 오일의 순환 거리를 짧게 하고 기포의 방출이나 오

일의 냉각을 보존한다.
④ 오일탱크의 용량은 장치의 운전장치 중 장치내의 작동유가 복귀하여도 지장이 없을 만큼의 크기를 가져야 한다.

풀이
오일탱크 내 방해판(baffle plate)은 오일 탱크 중에 일정한 간격으로 설치한 판을 말하며 충돌 시 흐름을 방해하며 기체와 액체를 분리하고 출렁거림을 막아주므로 오일의 순환거리를 길게 한다.

80 구조가 가장 간단하여 값이 싸고 유압유에 섞인 이물질에 의한 고장 발생이 적으며 가혹한 조건에 잘 견디는 유압모터로 가장 적합한 것은?

① 기어 모터
② 볼 피스톤 모터
③ 액시얼 피스톤 모터
④ 레이디러 피스톤 모터

풀이
기어 모터는 케이싱 내에 2개 이상의 기어(보통 평기어나 헬리컬기어)가 조합되어 유압의 액체에 의해 기어가 회전하는 형식으로 외접형과 내접형이 있으며 다음과 같은 특징이 있다.
㉠ 가격이 저렴
㉡ 가혹한 운전조건에서 사용가능
㉢ 유압유에 이물질이 혼입되더라도 고장 발생이 적음
㉣ 압력 맥동, 진동 및 소음 발생의 단점이 있다.

제5과목 : 기계제작법 및 기계동력학

81 상온에서 가공할 수 없는 내열합금이나 담금질강과 같은 강한 재질의 고온가공(hot machining) 특징이 아닌 것은?

① 소비동력이 감소한다.
② 공구 수명이 연장된다.
③ 공작물의 피삭성이 증가한다.
④ 빌트 업 에지가 발생하여 가공면이 나쁘게 된다.

풀이
빌트업에지(구성인선, Built up Edge)는 연성이 재료를 절삭할 때 공구에 전달되는 압력, 찰저항, 절삭열로 인한 칩의 일부가 공구 선단에 부착되는 현상을 말한다.
고온가공(Hot working, 열간가공) 재결정 온도 이상에서 단조, 압연, 인발, 압출 등을 행하며 강에서 재결정 온도 이상이라 함은 γ(오스테나이트)구역을 말하며 연화도 성장도 빠르게 진행된다.
고온가공 시작온도는 1050~1200℃에서 시작하며 850~900℃에서 완료한다. 이 완료하는 온도를 마무리 온도(Finishing temperature)라 한다.
㉠ 일반적으로 금속은 고온에서 가공성이 우수하고 동력이 적게 든다.
㉡ 가공속도와 변형량을 크게 할 수 있어 대량생산에 적합
㉢ 풀림 효과에 의한 연화 현상이 있어 가공이 쉽게 된다.(피삭성 증가)
㉣ 가공온도가 너무 높으면 조직이 조대화, 너무 낮으면 표면거칠기와 치수 정도는 좋지만 가공경화로 균열 발생 우려

82 서보제어방식 중 아래 그림과 같이 모터에 내장된 펄스 제너레이터에서 속도를 검출하고, 엔코더에서 위치를 검출하여 피드백하는 제어방식은?

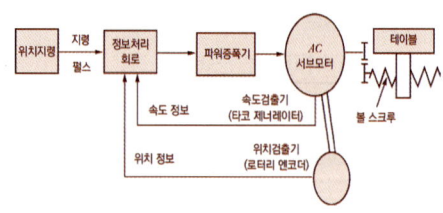

① 개방회로 방식
② 복합회로 방식
③ 폐쇄회로 방식
④ 반 폐쇄회로 방식

풀이
반폐쇄회로 제어방식(semi-closed loop system)은 CNC서보 기구 중에 이송나사의 회전수나 회전각도를

엔코더로 검출한 후 이를 직선방향의 이송거리로 환산한 후 피드백시키는 방식으로 정밀도는 폐쇄회로방식보다 다소 떨어지지만 고정밀도의 볼스크류 등에 의해 정밀도 문제가 해결되어 널리 사용하는 방식이다.

83 절삭유제를 사용하는 목적이 아닌 것은?

① 공작물과 공구의 냉각
② 공구윗면과 칩 사이의 마찰계수 증대
③ 능률적인 칩 제거
④ 절삭열에 의한 정밀도 저하방지

풀이

절삭유의 3대 작용
㉠ 냉각작용 : 공구와 공작물의 온도증가 방지
㉡ 윤활작용 : 공구의 윗면과 칩 사이의 마찰감소로 가공 표면을 양호하게 함
㉢ 세척작용 : 칩을 씻어주고 절삭부를 깨끗하게 하여 절삭작용을 좋게 함

84 삼침법으로 나사를 측정할 때 유효지름(mm)은 약 얼마인가? (단, 외측 마이크로미터로 측정한 외경은 38.526 mm, 피치 3 mm의 나사이며, 준비된 핀의 지름은 1.8 mm로 한다)

① 35.33
② 35.45
③ 35.65
④ 35.76

풀이

삼침법(Three wire method) : 나사의 골에 일정한 굵기의 침을 3개 끼워 침의 외측거리 M을 외측 마이크로미터로 측정하여 수나사의 유효 지름을 계산하는 측정법

미터나사의 유효지름

$d_e = M - 3d + 0.86603\,p$

$= 38.256 - 3 \times 1.8 + 0.866025 \times 3$

$≒ 35.45\ mm$

M : 외측 마이크로미터의 측정길이
   (3침 삽입 후 바깥지름)
d : 3침의 지름
p : 나사의 피치(pitch)

85 보석, 유리, 자기 등을 정밀 가공하는데 가장 적합한 가공방법은?

① 전해연삭
② 방전가공
③ 전해연마
④ 초음파 가공

풀이

초음파 가공(ultrasonic machining)
초음파로 기계적 진동을 하는 공구와 공작물 사이에 연삭 입자와 물 또는 경유의 혼합액을 주입하고 가벼운 압력을 가한 상태에서 공구에 초음파 진동을 주어 가공하는 방법으로 수정, 유리, 도자기, 담금질강, 초경합금, 게르마늄의 반도체 가공 등이 가능하며 복잡한 형상의 구멍도 쉽게 가공할 수 있다.

86 용접봉의 기호 중 E4324에서 세번째 숫자 2의 표시는 용접자세를 나타낸다. 어떠한 자세인가?

① 전 자세
② 아래보기 자세
③ 전 자세 또는 특정자세
④ 아래보기와 수평 필릿자세

풀이

E : 전기용접봉의 뜻(Electrode : E)
43 : 전용착금속(all weld metal)의 인장강도의 최소값
2 : 용접 자세(0과 1은 전자세, 2는 아래보기와 수평필 릿, 4는 특정 자세)
4 : 피복제의 종류 표시(극성에 영향)

87 주물의 후처리 작업이 아닌 것은?

① 주물표면을 깨끗이 청소한다.
② 쇳물아궁이와 라이저를 절단한다.
③ 주형의 각부로부터 가스빼기를 한다.
④ 주입금속이 응고되면 주형을 해체한다.

풀이

주물의 후처리작업은 주물의 필요없는 부분인 탕구, 핀

2014년

등을 제거하는 작업으로 연삭 및 가스 진단작업, 소음 및 분진 발생 등이 물을 뿌려 작업한다.
분진 및 유해가스는 대기오염의 원인이 된다.
- 가스 빼기 : 주형중의 공기, 가스, 수증기를 배출공을 통해 배출시키는 구멍이다.
  주물에서 가스빼기는 용탕을 주입할 때 제품부의 러너(runner)부의 공기나 불순물과 코어에서 발생하는 가스가 잘 배출되도록 하기 위한 것으로 주조 방안에 해당한다.

주물의 후처리
㉠ 주형분리(탈사)
㉡ 주물 표면의 청소
㉢ 압탕 및 탕도의 제거
㉣ 다듬질
㉤ 주물의 보수
㉥ 주물의 열처리(잔류응력 제거, 조직개선, 기계적 성질 향상 등)

88 곧은 날을 갖는 직선 절단기에서 전단각에 관한 설명으로 틀린 것은?

① 전단각이란 아랫날에 대한 윗날의 기울기 각도이다.
② 전단각이 크면 절단된 판재의 끝면이 고르지 못하다.
③ 전단각은 일반적으로 박판에는 크게, 후판에는 작게 한다.
④ 절단날에 전단각을 두는 것은 절단할 때, 충격을 감소시키고 절단소요력을 감소시키기 위한 것이다.

풀이
전단각(Shear angle)은 일반적으로 얇은 판(박판, 3mm 이하)에는 작게, 두꺼운 판(후판, 6mm 이상)에는 크게 한다.

89 프레스가공에서 전단가공에 해당하는 것은?

① 펀칭   ② 비딩
③ 시밍   ④ 업세팅

풀이
전단 가공(shearing operation) : 블랭킹, 펀칭, 전단, 트리밍, 셰이빙, 슬로팅, 노칭, 분단, 슬리팅, 퍼포레이팅 등
성형 가공(forming operation) : 굽힘, 비딩, 엠보싱, 드로잉, 벌징, 스피닝, 시밍, 네킹, 교정, 컬링, 익스펜딩 등
압축 가공(squeezing) : 압인(코이닝), 마킹, 스웨이징, 업세팅, 헤딩, 충격압출 등

90 두께 50 mm의 연강판을 압연 롤러를 통과시켜 40 mm가 되었을 때 압하율(%)은?

① 10   ② 15
③ 20   ④ 25

풀이
압하율
$$= \frac{H_0 - H_1}{H_0} \times 100\% = \frac{50-40}{50} \times 100\%$$
$$= 20\%$$
압하량
$H_0 - H_1 = 50 - 40 = 10$ mm
H_0 : 롤러 통과 전의 두께
H_1 : 롤러 통과 후의 두께

91 강체의 평면운동에 대한 설명 중 옳지 않은 것은?

① 평면운동은 병진과 회전으로 구분할 수 있다.
② 평면운동은 순간중심점에 대한 회전으로 생각할 수 있다.
③ 순간중심점은 위치가 고정된 점이다.
④ 곡선경로를 움직이더라도 병진운동이 가능하다.

풀이
순간중심점은 위치가 이동된 점

92 질량 30 kg의 물체를 담은 두레박 B가 레일을 따라 이동하는 크레인 A에 수직으로 매달려 이동

하고 있다. 매달 줄의 길이는 6 m이다. 일정한 속도로 이동하던 크레인이 갑자기 정지하자, 두레박 B가 수평으로 3 m까지 흔들렸다. 크레인 A의 이동속력은 몇 m/s인가?

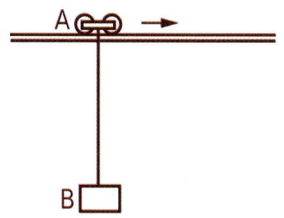

① 1   ② 2   ③ 3   ④ 4

풀이

그림의 위치로부터 두레박이 흔들리다가 정지하는 위치까지의 높이를 H 라 하면

$(6-H)^2 + 3^2 = 6^2 \quad \Rightarrow \quad H = 0.8\,m$

에너지보존 식으로부터

$\frac{1}{2}m(V_2^2 - V_1^2) = -mgH \quad \Leftarrow V_2 = 0$

$\therefore V_1 = \sqrt{2gH} = \sqrt{2 \times 9.8 \times 0.8} \fallingdotseq 4\,m/s$

93 계의 등가스프링 상수 값은 어떤 것인가?

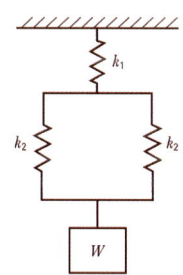

① $\dfrac{2k_1k_2}{k_1+2k_2}$ ② $\dfrac{2k_1k_2}{2k_1+k_2}$

③ $\dfrac{k_1+2k_2}{2k_1k_2}$ ④ $\dfrac{k_1k_2}{2k_1+k_2}$

풀이

$k_{eg.} = \dfrac{1}{\dfrac{1}{k_1}+\dfrac{1}{2k_2}} = \dfrac{2k_1k_2}{k_1+2k_2}$

94 스프링으로 지지되어 있는 질량의 정적처짐이 0.05 cm일 때 스프링의 고유진동수는 얼마인가?

① 22.3 Hz   ② 223 Hz
③ 310 Hz   ④ 3100 Hz

풀이

$\omega_n = \sqrt{\dfrac{g}{\delta}} = \sqrt{\dfrac{980}{0.05}} = 140\,rad/s$

$\Rightarrow f = \dfrac{\omega}{2\pi} = \dfrac{140}{2\pi} = 22.28\,Hz$

95 총포류의 반동을 감소시키는 제동장치는 피스톤과 포신의 이동속도(v)에 비례하여 감속하게 된다. 즉, 가속도 $a=-kv$의 관계로 나타날 때 속도 v를 시간 t에 대한 함수로 나타내는 수식은? (단, 초기속도는 v_o, 초기위치는 0 이라고 가정한다.)

① $v=v_0 t$ ② $v=v_0 e^{-kt}$
③ $v=v_0 - kt$ ④ $v=v_0(1-e^{-kt})$

풀이

$\alpha = \dfrac{dv}{dt} = -kv$

$\Rightarrow -\int_o^t k\,dt = \int_{v_0}^v \dfrac{dv}{v}$

$\Rightarrow -kt = |\ln v|_{v_0}^v = \ln\left(\dfrac{v}{v_0}\right)$

$\Rightarrow e^{-kt} = \dfrac{v}{v_0}$

$\therefore v = v_0 e^{-kt}$

96 각각 중량이 10 kN인 객차 10량이 $2\,m/s^2$의 가속도로 직선주로를 달리고 있을 때, 5번째와 6번째 차량사이의 연결부에 작용하는 힘은?

① 8.2 kN   ② 9.2 kN
③ 10.2 kN ④ 11.2 kN

풀이

객차 1량 당 작용하는 힘은

정답 93. ① 94. ① 95. ② 96. ③

2014년

$$F = ma = \frac{W}{g}a = \frac{10}{9.8} \times 2 = 2.04 \, kN$$

∴ 5번째와 6번째 차량사이의 연결부에 작용하는 힘은
$$F \times 5 = 2.04 \times 5 = 10.2 \, kN$$

97 계의 고유진동수에 영향을 미치지 않는 것은?
① 진동물체의 질량
② 계의 스프링 계수
③ 계의 초기조건
④ 계를 형성하는 재료의 탄성계수

[풀이]
$$f = \frac{\omega_n}{2\pi} \, Hz$$
$$\omega_n = \sqrt{\frac{k}{m}} = \sqrt{\frac{W/\delta}{W/g}} = \sqrt{\frac{g}{\delta}} \, rad/s$$
$$\delta \propto \frac{1}{E}$$

98 1 자유도 시스템 A, B의 전달률을 나타낸 그래프에서 두 시스템의 감쇠비 ζ의 관계로 옳은 것은?

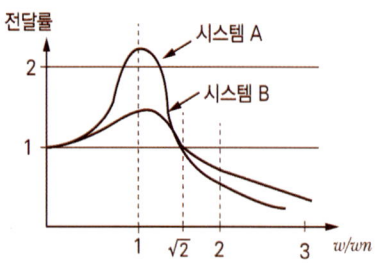

① $\zeta_A < \zeta_B$ ② $\zeta_B < \zeta_A$
③ $\zeta_A = \zeta_B$ ④ $|\zeta_A| = [\zeta_B]$

[풀이]
$\zeta_A < \zeta_B$ ⇐ A의 감쇠비가 더 크다.

99 길이 l, 질량 m인 균일한 막대가 w의 각속도로 회전하고 있다. 막대의 운동에너지는 얼마인가?

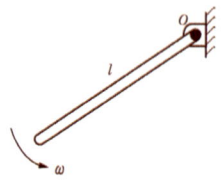

① $\frac{1}{3}ml^2w^2$ ② $\frac{1}{6}ml^2w^2$
③ $\frac{1}{12}ml^2w^2$ ④ $\frac{1}{24}ml^2w^2$

[풀이]
$$E_K = \frac{1}{2}J_0\,\omega^2 = \frac{1}{2}\left(\frac{ml^2}{12} + \frac{ml^2}{4}\right)\omega^2$$
$$= \frac{1}{6}ml^2\omega^2$$

100 20 m/s의 같은 속력으로 달리던 자동차 A, B가 교차로에서 직각으로 충돌하였다. 충돌직후 자동차 A의 속력은 몇 m/s인가? (단, 자동차 A, B의 질량은 동일하며 반발계수 e = 0.7, 마찰은 무시한다.)

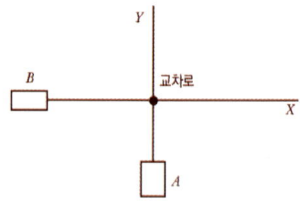

① 17.3 ③ 18.7
③ 19.2 ④ 20.4

[풀이]
● x 방향
$$e = \frac{v_{ax}' - v_{bx}'}{v_{bx}} = 0.7, \quad v_{bx} = 20$$
$$v_{ax}' - v_{bx}' = 14, \quad v_{bx}' = 3, \quad v_{ax}' = 17$$

● y 방향
$$e = \frac{-v_{ay}' + v_{by}'}{v_{ay}} = 0.7, \quad v_{ay} = 20$$
$$-v_{ay}' + v_{by}' = 14, \quad v_{ay}' = 17, \quad v_{by}' = 3$$

$$v_a' = \sqrt{17^2 + 3^2} ≒ 17.3$$

정답 97. ③ 98. ① 99. ② 100. ①

NCS기반 최신 출제 기준에 의한
일반기계기사 필기 7개년 과년도 문제풀이집

발 행 일	2021년 2월 15일 초판 1쇄 발행
저 자	이상만, 노수황
발 행 처	도서출판 메카피아
발 행 인	노수황
출 판 등 록	제2014-000036호(2010년 02월 01일)
주 소	서울 금천구 서부샛길 606, 대성디폴리스지식산업센터 제5층 제502호
전 화	1544-1605(대)
팩 스	02-861-9040/02-6008-9111
영 업 부	02-861-9044
홈 페 이 지	www.mechapia.com
이 메 일	mechapia@mechapia.com
표지 디자인	포인 기획
편집 디자인	다온 디자인
마 케 팅	이예진
I S B N	979-11-6248-115-8 13550
정 가	24,000원

Copyright© 2021 MECHAPIA Co. All rights reserved.

· 이 책은 저작권법에 의해 보호를 받는 저작물로 무단 전재나 복제를 금지하며, 이 책 내용의 전부 또는 일부를 이용하려면 반드시 저작권자나 발행인의 서면동의를 받아야 합니다.
· 파본 및 낙장은 구입하신 서점에서 교환하여 드립니다.